Messpraxis Schutzmaßnahmen

Herausgegeben von Dieter Feulner

Messpraxis Schutzmaßnahmen

Normgerechtes Prüfen von elektrischen Anlagen und Geräten durch Elektrofachkräfte

Autoren
Roland Baer / Klaus Bödeker / Dieter Feulner / Walter Gebhart / Georg Hummel / Karl-Hans Kaul / Robert Kindermann / Christophe Müller / Jürgen Rambusch / Wolfgang Weigt

Herausgegeben von
Dieter Feulner

Pflaum

Die Autoren

Kapitel 1, 2, 3
Klaus Bödeker

Kapitel 4
Klaus Bödeker, Robert Kindermann

Kapitel 5
Klaus Bödeker

Kapitel 6
Dieter Feulner, Klaus Bödeker

Kapitel 7
Abschnitte 7.1, 7.2
Karl-Hans Kaul
Abschnitt 7.3
Robert Kindermann, Klaus Bödeker
Abschnitte 7.4, 7.5, 7.7
Klaus Bödeker
Abschnitt 7.6
Walter Gebhart
Abschnitt 7.8
Wolfgang Weigt

Kapitel 8
Abschnitte 8.1, 8.7
Christophe Müller
Abschnitt 8.2
Roland Baer
Abschnitte 8.3, 8.5
Klaus Bödeker
Abschnitt 8.4
Jürgen Rambusch
Abschnitt 8.6
Klaus Bödeker
Abschnitte 8.8, 8.9
Georg Hummel

Kapitel 9
Abschnitt 9.1
Robert Kindermann
Abschnitt 9.2
Walter Gebhart
Abschnitt 9.3
Klaus Bödeker

Kapitel 10, 11
Klaus Bödeker, Dieter Feulner

Kapitel 12
Klaus Bödeker

Impressum

Bibliografische Information Der Deutschen Bibliothek
Die Deutsche Bibliothek verzeichnet diese Publikation in der Deutschen Nationalbibliografie; detaillierte bibliografische Daten sind im Internet über http://dnb.ddb.de abrufbar.

ISBN 3-7905-0924-8

Satz: Schwesinger, Eichwalde
Druck und Bindung: LegoPrint, Trento

Informationen über unser aktuelles Buchprogramm finden Sie im Internet unter: http://www.Pflaum.de

Vorwort

„Messpraxis Schutzmaßnahmen“, dieses Buch des leider verstorbenen Autors und Seminarleiters *Martin Voigt* war eine der ersten Veröffentlichungen, die schon 1990 den spröden Stoff der Prüfnormen in eine dem Praktiker gut verständliche Darstellung umsetzte. Es wurde gerne verwendet und erreichte 1999 seine fünfte Auflage.
Nunmehr haben es einige, mit der Prüfpraxis, den Prüfgeräten und dem Normengeschehen vertraute Fachkollegen übernommen, die „Messpraxis Schutzmaßnahmen“ in einer aktualisierten und erweiterten Fassung erneut herauszugeben. Inzwischen gibt es jedoch aus fast allen Fachverlagen Bücher zum Prüfen von elektrischen Anlagen und Betriebsmitteln, sodass es nicht zweckmäßig erschien, auch in diesem Buch das gleiche Thema auf die gleiche, schon oftmals benutzte Art und Weise zu behandeln.
Das aktuelle Geschehen auf dem Gebiet der Prüfung, dieser grundlegenden Arbeitsaufgabe des Elektrohandwerks, veranlasste die Autoren, sich im Wesentlichen, und noch mehr als es *Martin Voigt* eigentlich auch immer getan hat, auf **„Das Messen“** – den technische Schwerpunkt des Prüfens – zu konzentrieren. Die anderen Belange des Prüfens werden natürlich ebenfalls, aber nicht in allen ihren Einzelheiten behandelt. Ergänzend werden hingegen auch die Randgebiete sowie einige neue Aufgaben des Messens beim Prüfen elektrischer Erzeugnisse vorgestellt. Aus unserer Sicht wird das Buch damit zu einer guten Ergänzung aller anderen Veröffentlichungen, die bisher zum Prüfen erschienen sind, und gestattet den auf diesem Gebiet tätigen Fachkollegen die nötige Vertiefung ihres Wissens. Damit entspricht der Inhalt des Buches auch weiterhin seinem Titel.
Wie bisher geht es um den Nachweis der Sicherheit der elektrischen Erzeugnisse mit Nennspannungen bis 1000 V und um die Prüf- und Messaufgaben aus den VDE-Bestimmungen DIN VDE 0100 Teil 610, DIN VDE 0113, DIN VDE 0701/0702 und DIN VDE 0751. Behandelt werden aber auch Messungen, die in den angegebenen Bestimmungen noch nicht enthalten sind, sich aber durch die Entwicklungen der letzten Jahre als nötig erwiesen haben. Berücksichtigt wurden zudem die 2004 erfolgten Änderungen in den neuen Ausgaben von DIN VDE 0100 Teil 610 und DIN VDE 0702.
Wir wenden uns wiederum an die Praktiker des Elektrohandwerks und an alle anderen Elektrofachkräfte, die mit dem Errichten und Instandsetzen (wozu Messen und Prüfen zweifellos gehören) elektrischer Erzeugnisse zu tun haben. Ihnen fühlen wir uns im besonderen Maß verpflichtet; für sie haben wir uns um

das praxisgerechte Aufbereiten der Normen und unserer Erfahrungen bemüht. An sie geht die Bitte, mit Kritik und Hinweisen nicht zu sparen.

Im Namen aller Autoren
Dipl.-Ing. *Dieter Feulner*

Inhalt

1 Einleitung

In diesem Buch geht es in erster Linie um Messverfahren und Messeinrichtungen, die eine Elektrofachkraft beim normgerechten Prüfen elektrischer Anlagen, Ausrüstungen und Geräte (Betriebsmittel) anwenden muss. Im Mittelpunkt der Betrachtungen steht die praktische Durchführung des Messens. Schritt für Schritt wird jede Prüf- bzw. dann die Messaufgabe dargestellt und erläutert. Dabei werden aber auch die anderen Teilaufgaben des Prüfens – das Besichtigen und Erproben – in ihren Grundzügen mit behandelt.
Schwerpunkt sind alle Messungen zum Nachweis der Wirksamkeit der Schutzmaßnahmen, die für elektrische Anlagen mit Bemessungsspannungen bis 1000 V in den Normen vorgegebenen werden *(Tabelle 1.1).*
Darüber hinaus wurden auch Messverfahren aufgenommen, die sich durch technische Entwicklungen und die damit entstehenden Anforderungen an die Prüfung als notwendig erwiesen haben, unabhängig davon, ob sie bereits in den Normen vorgegeben werden und in welchem Umfang sie bereits zur Anwendung kommen.
Die rechtlichen Grundlagen sowie die Organisation des Prüfens werden nur im Überblick, aber nicht im Einzelnen behandelt. Ebenso werden die Schutzmaßnahmen nur insoweit erläutert, wie es zum Beschreiben der jeweiligen Prüf- oder Messaufgabe erforderlich ist. Diese Beschränkung erfolgte, um in unserem Buch, seinem Titel entsprechend, möglichst viele Informationen über das Messen und den Umgang mit Prüf- bzw. Messeinrichtungen aufnehmen zu können.
Die Grundlagen des Prüfens – vor allem der Erst- und Wiederholungsprüfungen – wie auch der Schutzmaßnahmen sind bereits Gegenstand mehrerer anderer Fachbücher und werden dort eingehend behandelt (→ Literaturverzeichnis). Gegebenenfalls kann dort nachgeschlagen werden.
In unserem Buch werden nach einer kurzen Einführung in das Messen/Prüfen (Kapitel 2 und 3) in den Kapiteln 4 bis 9 alle Messaufgaben vorgestellt, die sich bei den Erst- und Wiederholungsprüfungen der elektrischen Anlagen [3.1] [3.2] und Ausrüstungen [2.12] sowie der elektrischen Geräte [3.9] [3.10] ergeben.

Die erforderlichen Erläuterungen zu den jeweils anzuwendenden Messverfahren und Messeinrichtungen (Prüfgeräten) sind ebenfalls in diesen Kapiteln aufgeführt.

Abschließend findet der Leser in jedem Kapitel ausführliche Hinweise aus der Prüfpraxis und aus den Erfahrungen der Autoren, die sie bei ihrer Tätigkeit als Entwickler von Messeinrichtungen, Mitarbeiter in den Normenkomitees oder als Vortragende bei Seminaren über Prüfen und Messen gewonnen haben.

Alle Darlegungen und Erläuterungen beziehen sich auf das Messen vor Ort

- an neu errichteten elektrischen Anlagen/Ausrüstungen mit Bemessungsspannungen bis 1000 V (Erstprüfungen),
- an bestehenden elektrischen Anlagen/Ausrüstungen der gleichen Spannungsebenen und an den im Bereich der Anlage eingesetzten elektrischen Geräten (Wiederholungsprüfungen),

Tab. 1.1 Schutzmaßnahmen, deren Wirksamkeit durch die in diesem Buch behandelten Messungen nachgewiesen werden kann

Schutzmaßnahme	Vorgaben nach DIN VDE
Schutz gegen elektrischen Schlag	
für Anlagen und Betriebsmittel bis 1000 V	0140 – Teil 1 Gemeinsame Anforderungen – Teil 479 Wirkungen des elektrischen Stroms
in elektrischen Anlagen bis 1000 V	0100 Teil 410
bei elektrischen Maschinenausrüstungen	0113
bei elektrischen Geräten	0701 alle Teile und 0702
bei medizinischen elektrischen Geräten	0751
Schutz gegen thermische Einflüsse	0100 Teil 420
Schutz gegen Überstrom (Kabel und Leitungen)	0100 Teil 430
Schutz gegen Überspannungen (atmosphärische Einflüsse)	0100 Teil 443 V 0185 Teile 1 bis 4
Schutz gegen elektromagnetische Störungen	0100 Teil 444
Schutz durch Trennen und Schalten	0100 Teil 460
Schutz, Brandschutz	0100 Teil 482

Anmerkung: Weitere Vorgaben sind in den Normen für bestimmte Einsatzfälle zu finden.

▷ in allen anderen Fällen, in denen der Zustand oder die Auswirkungen dieser elektrischen Anlagen/Ausrüstungen/Betriebsmittel auf ihre Umgebung zu beurteilen sind.

Dem entsprechend werden die bei diesen Prüfungen üblichen/nötigen und in ihrer Genauigkeit in der Praxis ausreichenden Messverfahren und -einrichtungen behandelt. Auf Messungen, die im Zusammenhang mit Typprüfungen erforderlich oder bei Laboruntersuchungen sinnvoll sind, sowie auf die dabei zum Einsatz kommenden speziellen, hochgenauen und entsprechend empfindlichen Messeinrichtungen wird nicht eingegangen.

Für jede Messaufgabe werden einige der jeweils einsetzbaren Prüfeinrichtungen verschiedener Hersteller beispielhaft im Bild vorgestellt. Die Adressen der Hersteller sind im Anhang 3 des Buches zu finden. Ausführliche Informationen (CD-ROM oder Katalog) über die einzelnen Messeinrichtungen sind bei den Herstellern auf Anforderung erhältlich.

Über die allgemeinen technischen Grundlagen der Prüfeinrichtungen, ihre sinnvolle Auswahl und rationelle Anwendung wird im Kapitel 10 informiert. Das Dokumentieren der Messungen (→ Kapitel 11) sowie die beim Messen zu beachtenden Maßnahmen des Arbeitsschutzes (→ Kapitel 12) werden abschließend behandelt.

Wer wissen will, welche der Messungen beim Prüfen einer bestimmten Anlagenart oder aufgrund einer bestimmten Norm vorzunehmen sind, findet diese Übersicht jeweils am Beginn der Kapitel 4 bis 6.

Im Anhang sind einige allgemeine Informationen aufgeführt, die im Zusammenhang mit dem Messen nützlich sein können.

Das Ziel der Autoren besteht darin, dem Praktiker mit diesem Buch eine möglichst vollständige und verständliche Anleitung zum Messen zur Verfügung zu stellen, die er am Ort der Prüfung verwenden kann. Das Buch soll ihm aber auch die Möglichkeit geben, sich auf die zu erwartenden Aufgaben und Probleme vorzubereiten, wenn er erstmals mit dem Prüfen oder mit speziellen Messungen beauftragt wird.

Beim Benutzen des Buches ist zu beachten, dass durch eine eckige Klammer im Text – z. B. [2.1] – auf die im Literaturverzeichnis genannte weiterführende Literatur hingewiesen wird. Mit den Angaben in einer runden Klammer wird auf ein Kapitel (→ K 4), einen Abschnitt (→ A 4.7) oder einen Hinweis am Ende des betreffenden Kapitels (→ H 3.01) oder Abschnitts (→ H 4.5.02) verwiesen, in dem weitere Informationen zum betreffenden Sachverhalt zu finden sind.

2 Pflicht zum Prüfen und Messen

2.1 Vorbemerkung

Kaum eine andere Tätigkeit des Menschen ist so alt wie das Prüfen. Schon immer war es für ihn überlebenswichtig, sich beim Beurteilen seiner Lebenssituation nicht zu irren. Und auch heute muss er sofort nach dem ersten Atemzug und dann immer wieder – unbewusst oder bewusst – Besichtigen, Erproben und Messen.

Unsere Vorfahren hatten sehr einfache Messmethoden und sehr grobe Maßstäbe. So gilt als erste Maßeinheit z. B. der Länge der „Fuß der Statue des sumerischen Fürsten Gudea" (2100 v. d. Z.), der in 16 „Fingerbreiten" eingeteilt wurde, und nach unserem Maßsystem 264,5 mm entspricht. Eine der kuriosesten Längeneinheiten ist wohl das Yard (91,44 cm), das von Heinrich I. um 1100 als „Abstand zwischen seiner Nasenspitze und dem Ende seines ausgestreckten Daumens" festgelegt wurde, um das einheitliche Messen der Seile, Bänder und Kleiderstoffe auf seinen Märkten zu gewährleisten.

Noch älter sind das Messen der Zeit sowie deren Maßeinheit, die tägliche Erdumdrehung; und bereits vor etwa 9000 Jahren wurden in Ägypten mithilfe so genannter Wägesteine die Massen/Mengen von Materialien miteinander verglichen.

Vor etwa 250 Jahren kam auch die Elektrizität ins Spiel. Als Erstes vermutlich mit einem Apparat zum Messen der atmosphärischen elektrischen Spannung *(Bild 2.1)*. Als im August 1753 in Sankt Petersburg der Physiker Richmann damit arbeitet, *„... fuhr eine faustgroße Feuerkugel von bläulicher Farbe gegen seinen Kopf ... " [4.41] und tötete ihn auf der Stelle (Bild 2.2).*

Aus der fast unüberschaubaren Vielfalt von nationalen, regionalen, traditionel-

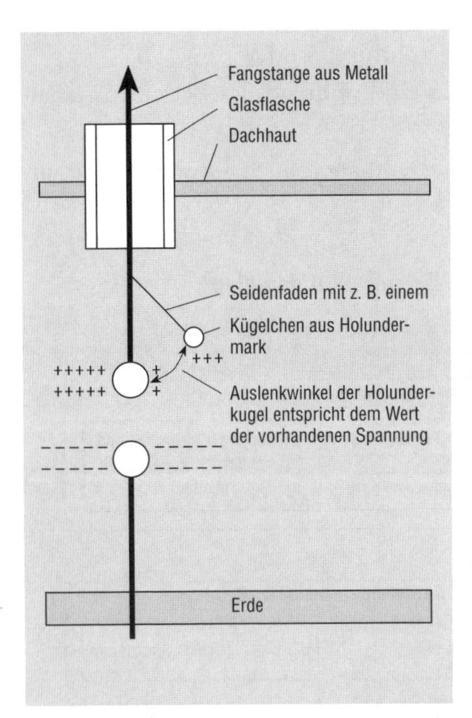

Bild 2.1 (links) Beispiel für die verschiedenen, als Elektrometer oder Elektroskop bezeichneten Apparate, bei denen die das Auslenken der elektrisch gleich geladenen Teilchen bewirkende Kraft und der sich damit ergebende Auslenkwinkel als Maß für die Spannung genutzt wurde.

Bild 2.2 (rechts) Tödlicher Unfall von Professor Richmann beim Messen der atmosphärischen Elektrizität 1753 in Sankt Petersburg [4.41, S. 21]

len, kirchlichen, königlichen und anderen Maßen und Maßsystemen der letzten Jahrhunderte hat sich nach langem Bemühen eine einheitliche internationale Regelung entwickelt. Nunmehr hat sich das so genannte „Internationale Maßsystem" in allen Bereichen des Lebens weitgehend durchgesetzt. Seine Anwendung wird, z.B. innerhalb der Europäischen Union (EU), durch verbindliche Vorgaben und übereinstimmende nationale Gesetze und Normen geregelt. Alles dient – wie bei unseren Vorfahren – dem Zweck, durch Vergleichen und Messen für Recht und Ordnung zu sorgen.

2.2 Gesetzliche Grundlagen der Prüfung

Um ein bestimmtes, den heutigen Anforderungen entsprechendes Qualitätsniveau der Sicherheit elektrotechnischer Erzeugnisse vorgeben und einheitliche Vergleichsmaßstäbe bei deren Beurteilung gewährleisten zu können, wurden in der EU mehrere Richtlinien erarbeitet *(Bild 2.3)*. Ihre Vorgaben sind in Deutschland ebenso wie in den anderen Ländern der EU mit Gesetzen, Vorschriften und Verordnungen umgesetzt worden. So werden alle Hersteller und Betreiber elektrischer Anlagen und Betriebsmittel verpflichtet [1.1] [1.2],

▷ nur sichere Erzeugnisse in den Verkehr zu bringen und
▷ dafür zu sorgen, dass deren sicherer Zustand während des Betreibens erhalten bleibt.

Diese gesetzlichen Vorgaben zur Sicherheit enthalten auch Grundanforderungen, z. B. das Gewährleisten des Schutzes

▷ gegen elektrischen Schlag oder
▷ gegen schädigende elektromagnetische Beeinflussungen [1.6].

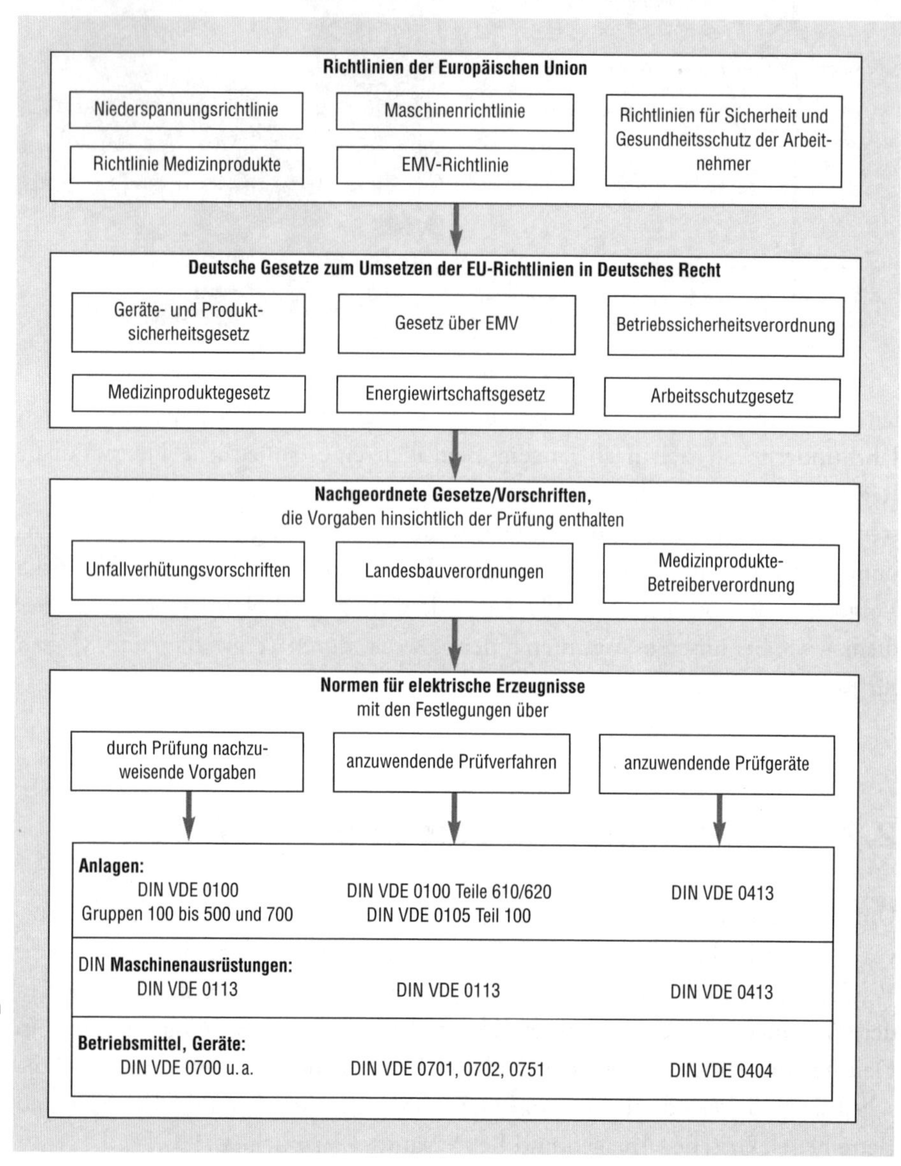

Bild 2.3
Rechtsgrundlagen (Beispiele) der Prüfung von elektrischen Anlagen und Betriebsmitteln sowie Normen mit den bei der Prüfung zu beachtenden Vorgaben im Bereich bis 1000 V

In den Gesetzen werden die Vorgaben mit der zwingenden Festlegung verbunden, dass die jeweils geltenden technischen Regeln – z. B. harmonisierte internationale und nationale Normen – im jeweils erforderlichen Umfang zu beachten sind. Auf diese Weise werden die allgemein gehaltenen technischen Grundanforderungen der Gesetze konkretisiert und für die Praxis anwendbar gemacht.
Eine dieser Festlegungen [1.2] verpflichtet Errichter/Hersteller, den Nachweis zu erbringen, dass sie die Anforderungen der Normen an die Gestaltung der Erzeugnisse hinsichtlich der Sicherheit für Menschen, Nutztiere und Sachen eingehalten haben. Ebenso wird den Betreibern der Erzeugnisse auferlegt, nachweisbar für den Erhalt dieses sicheren Zustands zu sorgen [1.1].
Damit ist für alle elektrotechnischen Erzeugnisse eine **Pflicht zur Prüfung** gesetzlich festgelegt. Sie muss von den jeweils verantwortlichen Personen vor – und dann regelmäßig auch nach – dem In-Verkehr-Bringen technischer Arbeitsmittel oder Verbraucherprodukte wahrgenommen werden.
Aus der Pflicht zum Prüfen ergeben sich dann auch die Pflicht und die Notwendigkeit, die jeweils erforderlichen oder in den elektrotechnischen Regeln vorgegebenen Prüfmethoden anzuwenden. Dazu gehört neben dem Besichtigen und Erproben auch das Messen (→ Kasten).

Prüfen
Maßnahme zum Feststellen des Zustandes eines Erzeugnisses, seiner Eigenschaften und Merkmale. (Anmerkung: Die in diesem Buch erläuterten Prüfungen sind Maßnahmen, die dem Feststellen bzw. dem Nachweisen der Sicherheit gegenüber der Elektrizität dienen.)

Besichtigen
Arbeitsgang, der bei einer Prüfung immer erforderlich ist. Mit ihm wird durch bewusstes, kritisches Betrachten, unter Einsatz aller Sinne (Sehen, Hören, Fühlen, Riechen) festgestellt, in welchem Zustand sich der Prüfling befindet und ob er offensichtliche, die Sicherheit oder andere Merkmale beeinträchtigende Fehler aufweist.

Messen
Arbeitsgang einer Prüfung, der in Abhängigkeit von der Art des Prüflings und der Prüfaufgabe erforderlich sein kann. Mit Hilfe von Messeinrichtungen werden bestimmte Eigenschaften oder Merkmale des Prüflings festgestellt, die durch Besichtigen nicht oder nicht immer erkannt werden können, aber zum Beurteilen der Sicherheit oder anderer Merkmale erforderlich sind. Während des Messens ist der Prüfling auch zu Besichtigen. Das Bewerten der Messergebnisse gehört zum Messen.
(Auch: Feststellen der zu messenden Größe als Vielfaches ihrer Maßeinheit.)

Erproben
Arbeitsgang einer Prüfung, der in Abhängigkeit von der Art des Prüflings und der Funktion seiner Bauteile erforderlich sein kann. Mit ihm wird durch Betätigen/Belasten mit der Hand (Handprobe) und/oder im Zusammenhang mit dem Betreiben des Prüflings (Funktionsprobe) festgestellt, ob die der Sicherheit oder anderen Zwecken dienenden Bauteile bestimmungsgemäß funktionieren. Während des Erprobens ist der Prüfling auch zu besichtigen.

2.3 Normen für die Sicherheitsprüfungen

Im Bild 2.3 sind auch die Normengruppen und Normen aufgeführt, in denen für elektrische Anlagen, Ausrüstungen und Betriebsmittel

▷ die Vorgaben für das Errichten/Herstellen enthalten sind sowie
▷ die Prüfaufgaben und die anzuwendenden Prüfverfahren genannt werden, mit denen das Einhalten der Vorgaben nachgewiesen werden soll.

Bei den Normen handelt es sich zum größten Teil um harmonisierte Europäische Normen (DIN EN), die in Deutschland im VDE-Vorschriftenwerk als VDE-Bestimmungen erfasst werden. In einigen Fällen bestehen auch noch nationale deutsche Normen, z. B. DIN VDE 0701 und DIN VDE 0702 [3.9] [3.10].

In den entsprechenden Kapiteln (Tabellen 4.1.1 bis 4.1.4, 5.1 und 6.1.1) sind alle Einzelprüfungen aufgeführt, die – ausgehend von den Prüfnormen – an elektrischen Anlagen, Ausrüstungen oder Geräten durchzuführen sind. Dort wird auch auf den Abschnitt des Buches hingewiesen, in dem die jeweiligen Messverfahren behandelt werden.

Beim Anwenden und Umsetzen der Prüfnormen muss jeder Prüfer Folgendes beachten:

▷ Die Vorgaben der Prüfnormen sind **Schutzziele,** die nicht immer mit einer konkreten Angabe oder einem bestimmten Wert benannt werden können. Es geht aber immer um den Nachweis des sicheren, d. h. des **normgerechten** und **ordnungsgemäßen** Zustands des Prüflings sowie um die fehlerlose Funktion der **Sicherheitseinrichtungen** und **Schutzmaßnahmen,** also um das Vorhandensein des in den jeweiligen Normen für das Herstellen und Errichten vorgeschrieben sicheren Zustands.
▷ Es werden technische und andere Maßnahmen oder Einrichtungen aufgeführt, mit denen die vorgegebenen Schutzziele erreicht werden können. Zulässig ist es aber auch, das Schutzziel – die für Personen, Nutztiere und Sachen geforderte Sicherheit – auf eine andere als die in den Normen angegebene Weise zu gewährleisten [1.1] [1.2] [1.9] [1.10]. Das gilt auch für die in den Prüfnormen vorgegebenen Prüf- und Messverfahren (→ H 2.06).
▷ In den Normen werden nur Mindestforderungen erhoben. Es kann sein, dass durch die Art des Prüflings und seiner Sicherheitseinrichtungen auch andere, umfangreichere oder gründlichere Prüfungen erforderlich sind, um den geforderten Nachweis der Sicherheit zu erbringen (→ z. B. Tabelle 4.1.4).

- ▷ Die in den Prüfnormen angeführten Prüfschritte sowie die zu kontrollierenden **Normenvorgaben** sind als Beispiele anzusehen. Ob das Einhalten weiterer Normenvorgaben zu kontrollieren ist, hat der Prüfer unter Beachtung der Besonderheiten des Prüflings zu entscheiden.
- ▷ Das Anpassen der Normen an den aktuellen Stand der Technik ist infolge der erforderlichen internationalen Abstimmung sehr zeitaufwändig. Es ist somit notwendig, dass sich der Prüfer in der Fachliteratur ständig über die aus aktuellem Anlass notwendig gewordenen oder geänderten Prüfaufgaben und Messverfahren informiert. Es besteht auch die Möglichkeit, dass die im Gebrauch befindlichen Mess-/Prüfgeräte nicht mehr den aktuellen Vorgaben der für sie geltenden Normen entsprechen und daher nicht mehr die inzwischen
  - – als notwendig erkannte Arbeitssicherheit oder
  - – durch technische Weiterentwicklungen mögliche Messgenauigkeit, Messverfahren (Hard- und Software) usw.

  bieten und somit nur noch eingeschränkt verwendet werden können. Auch über den aktuellen Stand der Messtechnik und über die neuen Erzeugnisse der Messgerätehersteller sollte jeder Prüfer daher immer informiert sein.

2.4 Aufgaben und Verantwortung beim Prüfen und Messen

Verantwortlich für das rechtzeitige und fachgerechte Prüfen der elektrischen Anlagen und Betriebsmittel (Arbeitsmittel) ist deren Eigentümer/Betreiber. Er hat – z. B. als Arbeitgeber/Unternehmer [1.1] [1.9] oder als Privatmann [1.13] nach den Vorgaben der Betriebssicherheitsverordnung und des Arbeitsschutzgesetzes – einer **befähigten Person** (→ Kasten folgende Seite) bzw. einem **befähigten Beschäftigten** die Fachverantwortung für das Prüfen zu übertragen. Diese befähigte Person ist dann der **„Verantwortliche Prüfer"** bzw. die **„Verantwortliche Elektrofachkraft für das Prüfen"**. Sie ist hinsichtlich der **Arbeitsaufgaben** und des **Arbeitsschutzes** zuständig für Anleitung, Aufsicht, Kontrolle und Unterweisung aller ihr zugeordneten, bei der Prüfung mitwirkenden Elektrofachkräfte und elektrotechnisch unterwiesenen Personen (EUP). Ebenso obliegt ihr die Verantwortung für die Sicherheit aller Personen, die sich in dem von der Prüfung betroffenen Bereich aufhalten. Sie allein trägt die Verantwortung dafür, dass

- ein verwertbares Ergebnis der Prüfung erzielt wird,
- die Messmethoden und Messgeräte richtig angewandt wurden und
- die Messergebnisse richtig bewertet worden sind.

Eine **Elektrofachkraft (EF)**, die unmittelbar das Prüfen/Messen durchführt, ist verantwortlich dafür, dass die ihr zugeteilte Prüf-/Messaufgabe fachgerecht, d. h. mit den richtigen Prüfgeräten und Messverfahren sorgfältig durchgeführt und ausgewertet wird. Sie hat dabei auftretende Probleme selbstständig zu klären, den mitwirkenden Personen (EF, EUP) die Arbeitsaufgaben vorzugeben und eindeutig zu benennen sowie die nötige Aufsicht und Anleitung vorzunehmen. Sie hat auch dafür zu sorgen, dass alle das Prüfen und Messen des Prüflings betreffenden Vorgaben – z. B. des Herstellers oder der Landesbauordnungen – sowie die Maßnahmen des Arbeitsschutzes eingehalten werden.

Eine **elektrotechnisch unterwiesene Person (EUP)** ist für die fachgerechte und sorgfältige Durchführung der ihr übertragenen Prüf-/Messaufgabe verantwortlich. Sie hat im Gegensatz zu einer Elektrofachkraft dabei auftretende Probleme und Unklarheiten sowie festgestellte Fehler und Mängel der sie anleitenden bzw. für sie verantwortlichen Elektrofachkraft zu melden. Sie ist nicht – bzw. nur bei

Befähigte Person {nach Betriebssicherheitsverordnung §2 (7)}
Befähigte Person im Sinne dieser Verordnung ist eine Person, die durch ihre Berufsausbildung, ihre Berufserfahrungen und ihre zeitnahe berufliche Tätigkeit über die erforderlichen Kenntnisse zur Prüfung der Arbeitsmittel verfügt.
Welche Befähigung diese Person haben muss, hängt von der Prüfaufgabe, d. h. von Art und Umfang der Prüfung/des Prüflings sowie von der ihr übertragenen Verantwortung ab (→ Tabelle 2.1 und Anhang 1).

Für das Prüfen bzw. den Prüfer können folgende Befähigungsstufen definiert werden:

Befähigungsstufe 1 (Prüfer)
Eine übertragene Prüfaufgabe muss durchgeführt und ihr Ergebnis beurteilt werden können.
Beispiel: elektrotechnisch unterwiesene Person; Durchführung einfacher Prüfungen nach Prüfanweisung; bei jedem Zweifel wird der verantwortliche Prüfer (Elektrofachkraft) eingeschaltet

Befähigungsstufe 2 (Prüfer)
Wie bei 1; eine fachliche Ausbildung und Kenntnisse über die Prüflinge/Prüfgeräte müssen vorhanden sein.
Beispiel: Elektrofachkraft für festgelegte Tätigkeiten; Elektrofachkraft ohne Erfahrungen; Durchführung anspruchsvollerer, aber exakt bestimmter Prüfungen; bei jedem Zweifel wird der verantwortliche Prüfer (Elektrofachkraft) eingeschaltet

Befähigungsstufe 3 (verantwortlicher Prüfer)
Selbstständiges Festlegen von Prüfaufgaben, Prüfumfang und Prüffrist; Beurteilen von Prüflingen/Prüfgeräten; Dokumentieren der Prüfung; Wahrnehmen der Verantwortung für den jeweiligen Prüfprozess; Anleitung und Aufsicht gegenüber Mitarbeitern.
Beispiel: Elektrofachkraft mit Kenntnissen und umfangreichen, auch „zeitnahen" Erfahrungen auf dem betreffenden Fachgebiet

Befähigungsstufe 4 (verantwortliche Elektrofachkraft des Unternehmens)
Wahrnehmen der Gesamtverantwortung für die Vorbereitung und Durchführung von Arbeiten an den elektrischen Anlagen und Geräten des Unternehmens einschließlich der Prüfaufgaben nach Befähigungsstufe 3; Anleitung und Aufsicht gegenüber Mitarbeitern.
Beispiel: Elektrofachkraft, zumeist Meister oder Ingenieur; Bestellung als verantwortliche Elektrofachkraft, Leiter eines Arbeitsbereichs, einer Werkstatt o. ä.

Abwicklung einer ihr von der Elektrofachkraft konkret vorgegebenen Arbeitsanweisung – berechtigt, eine Entscheidung zu treffen. Sie darf nicht allein über das Ergebnis einer Prüfung entscheiden und auch nicht das Prüfprotokoll unterschreiben.

Für eine **Elektrofachkraft für festgelegte Tätigkeiten** gelten gleichfalls die für eine EUP genannten Merkmale. Ihr können jedoch von der für sie zuständigen Elektrofachkraft umfangreichere oder schwierigere, aber ebenfalls exakt „festgelegte" Arbeiten und eine bestimmte festgelegte Verantwortung übertragen werden. *Tabelle 2.1* fasst die Aufgaben der vorstehend genannten Personen zusammen.

Tab. 2.1 Beteiligte Personen und ihre Aufgaben bei Vorbereitung und Durchführung der Prüfung

Arbeitgeber/Unternehmer, Vorgesetzter – Beauftragen einer befähigten Person (Elektrofachkraft) und Festlegen ihrer Befugnisse (→ H 2.01)) – Erarbeiten einer Gefährdungsbeurteilung (→ A 12.1) – Unterweisen der Mitarbeiter – Bereitstellen der erforderlichen Prüf- und Arbeitsschutzmittel – Kontrolle im erforderlichen Umfang
Verantwortliche Elektrofachkraft des Unternehmens bzw. für das Prüfen verantwortliche Elektrofachkraft (→ Anhang 1) – Umsetzen der Vorgaben zur Prüfung aus Gesetzen und Normen, Erkennen von Gefahren und Festlegen der Maßnahmen zur Abwehr – Festlegen der Prüfaufgaben und Prüffristen – Unterweisen der Mitarbeiter – Benennen der Prüf- und Arbeitsschutzmittel – Abstimmen mit dem Arbeitsverantwortlichen des Ortes der Prüfung – Durchführen einer der Aufgabe, den Mitarbeitern und dem Prüfort angepassten Anleitung, Aufsicht und Kontrolle – Information der Kunden/Auftraggeber bezüglich des Arbeitsschutzes – Sachgerechtes Durchführen der Prüfaufgaben und Beurteilen der Prüfergebnisse – Dokumentieren der Prüfungen – Sofortiges sachgerechtes Handeln bei akuter Gefahr
Prüfende Elektrofachkraft (→ Anhang 1) – Wie die verantwortliche Elektrofachkraft, entsprechend der zugeordneten Teilaufgabe und Verantwortung – Selbstständiges sachgerechtes Durchführen der Prüfaufgaben
Prüfende Elektrofachkraft für festgelegte Tätigkeiten oder elektrotechnisch unterwiesene Person (→ Anhang 1) – Regelmäßiges sachgerechtes Durchführen und Beurteilen der ihr zugeteilten Arbeiten – Information der zuständigen Elektrofachkraft, wenn die erforderliche Tätigkeit oder das Klären der auftretenden Probleme/Fehler nicht der ihr zugeordneten Aufgabe entsprechen

2.5 Hinweise

H 2.01 Weisungsrecht gegenüber der Elektrofachkraft

Eine für das Prüfen verantwortliche Elektrofachkraft unterliegt keiner, die fachlichen Belange ihrer Prüfarbeit betreffenden Weisung. Weder ihr Vorgesetzter noch die Mitarbeiter einer Aufsichtsbehörde und auch nicht der Auftraggeber der Prüfung sind dazu berechtigt [2.1]. Das gilt ebenso für die anzuwendenden Prüf- und Messverfahren, die Prüffristen, das Bewerten der Prüfergebnisse und alle anderen Arbeitsschritte, für die sie die Verantwortung trägt. Sie kann diese Verantwortung aber an andere, ihr unterstehende Elektrofachkräfte delegieren.

Diese Weisungsfreiheit bzw. die sich daraus ableitenden Rechte für eigene Entscheidungen – z. B. Abschalten von defekten Betriebsmitteln des Unternehmens – sind gegebenenfalls in der Pflichtenübertragung durch den Vorgesetzten konkret zu benennen.

H 2.02 Unternehmen ohne eigene Elektrofachkraft

Verfügt ein Betrieb, ein Amt oder eine andere Institution nicht über eine fest angestellte Elektrofachkraft, so muss ein zugelassener Elektrofachbetrieb oder ein freier Sachverständiger mit dem Prüfen beauftragt werden und die Aufgaben der verantwortlichen Elektrofachkraft (befähigten Person) wahrnehmen (→ H 2.03).

H 2.03 Elektrotechnisch unterwiesene Person (EUP) als Prüfer

Der Unternehmer bzw. der für einen Bereich Verantwortliche hat nach der Betriebssicherheitsverordnung [1.1] eine „befähigte" Person mit der Fachverantwortung für die Prüfung der Arbeitsmittel zu beauftragen. In diesem Fall ist eine ausreichende „Befähigung" nur dann gegeben [1.9] [4.10], wenn es sich bei dieser Person um eine Elektrofachkraft handelt (→ Tabelle 2.1).

Eine EUP kann jedoch – nach einer entsprechenden Ausbildung und bei einer ständigen Aktualisierung ihrer Kenntnisse – vom Arbeitgeber unter Leitung und Aufsicht einer Elektrofachkraft (verantwortlicher Prüfer) als „befähigt" für das Prüfen z. B. einfacher elektrischer Geräte (→ K 6) angesehen werden. Die Befähigung kann durch eine Ausbildung zur „Elektrofachkraft für festgelegte Tätigkeiten" erworben und dann durch regelmäßige weitere Informationen/Unterweisungen durch eine geeignete Elektrofachkraft/Bildungsstätte aufrechterhalten werden.

Jede Person die vom Unternehmer, vom Chef der Behörde oder von einem in anderer Weise Verantwortlichen als „befähigt" angesehen und mit dem Prüfen beauftragt wird, muss auch selbst für das ständig erforderliche Aktualisieren ihrer Befähigung sorgen.

H 2.04 Besondere Befähigung des Prüfers

Für das Prüfen der elektrischen Anlagen in besonderen Bauten (siehe Bauverordnungen und Prüfverordnungen der Länder) bestehen zum Teil besondere Anforderungen bezüglich der Prüffrist und der Person des Prüfers (anerkannter/vereidigter Sachverständiger/Sachkundiger). Das gilt ebenso für das Prüfen bestimmter Betriebsmittel. Sowohl in Gesetzen [1.3] [1.8], in privatrechtlichen Vereinbarungen oder durch Festlegungen der Hersteller können Vorgaben für die Art und den Turnus der Prüfung sowie bezüglich der Befähigung des Prüfers bestehen.

Unabhängig davon muss immer gewährleistet sein, dass der Prüfer sich mit den Prüfvorgaben, den Messverfahren und Prüfgeräten gründlich auskennt. Das Messen – selbst mit dem Gliedermaßstab – verlangt gründliche Kenntnisse. Nur wer die Messaufgabe versteht und die Funktionsweise des Messgeräts sowie dessen Messwertverarbeitung kennt, kann beurteilen, was der angezeigte Messwert wirklich bedeutet. Nur wer die beim Prüfen/Messen möglichen Gefährdungen berücksichtigt und sich arbeitschutzgerecht verhält, wird das Messen erfolgreich abschließen können.

H 2.05 Berechnen statt Messen

In einigen Normen wird als Prüfmethode anstelle des Messens auch das Berechnen, z. B. der Schleifenimpedanz [3.1] [3.2], zugelassen. Diese Verfahrensweise ist nicht geeignet, ein konkretes Erzeugnis zu beurteilen, sie kann nur dem Prüfen von Planungsunterlagen oder der allgemeinen Information dienen.
Vom Prüfer, der etwaige Fehler am Erzeugnis und Abweichungen gegenüber den Planungsvorgaben zu entdecken hat, darf das Berechnen keinesfalls als alleinige Methode zum Nachweis des ordnungsgemäßen Zustands seines Prüflings genutzt werden.

H 2.06 Rechtliche Bedeutung der Prüfnormen

Ebenso wie der Hersteller/Errichter/ Betreiber eines elektrotechnischen Erzeugnisses/Arbeitsmittels ist auch der Prüfer verpflichtet, nach bestem Wissen und Gewissen die anerkannten technischen Regeln, das heißt z. B. Normen und andere technische Bestimmungen sowie die Grundsätze der Qualität handwerklicher Arbeit einzuhalten. Wird er dem gerecht, und erfüllt er im Besonderen die Vorgaben der innerhalb der EU harmonisierten Normen, so kann er davon ausgehen, dass er richtig und auch „gerichtsfest" gehandelt hat. Werden offensichtlich nötige Prüfungen/Messungen nicht durchgeführt (→ Kasten mit PRESSEMELDUNG) so ist das natürlich eine Fahrlässigkeit, die geahndet wird. Sind keine Normen oder keine zutreffende Normenvorgaben vorhanden, weicht er von den Normen ab und verwendet er z. B. andere Prüfverfahren oder Prüfgeräte, so muss er gegebenenfalls nachweisen, dass seine Lösung zumindest zu der gleichen Sicherheit führt, wie sie durch das Schutzziel bzw. die Festlegung der Norm vorgegebenen wird.
Innerhalb bestimmter, gesetzlich [1.1] [1.2] [1.3] gezogener Grenzen können der Hersteller/Errichter/Betreiber und die mit der Prüfung beauftragte Elektrofachkraft somit eigenverantwortlich über die Art und den Umfang der Prüfung entscheiden.

H 2.07 Verzicht auf Einzelprüfungen

Die für das Prüfen verantwortliche Elektrofachkraft kann auch entscheiden (→ H 2.06), dass bei einem bestimmten Erzeugnis auf bestimmte Einzelprüfungen verzichtet wird, wenn die geforderte Sicherheit auch ohne diese Prüfungen bzw. auf andere Weise [1.9] [4.10] gewährleistet werden kann. Das ist z. B. sinnvoll, wenn von einer Instandsetzung keine für die Sicherheit erforderlichen Teile betroffen waren oder wenn bestimmte Teile nicht zugänglich sind und daher auch keine Gefährdung hervorrufen können oder der Prüfer das zu prüfende Erzeugnis ständig verwendet und betreut. Gegebenenfalls ist der Betreiber über die sich aus diesem Verzicht für ihn ergebenden Konsequenzen in der Prüfdokumentation (→ K 11) zu informieren.

PRESSEMELDUNG

Wegen fahrlässiger Körperverletzung wurde ein Elektriker zu 6 Monaten Haft mit Bewährung verurteilt. Auf Grund einer fehlerhaften Steckdose hatte ein einjähriger Junge einen schweren Stromschlag erlitten. Ein Jahr vor dem Unglück hatte der Angeklagte die Steckdose erneuert und, wie der Sachverständige sagte, dabei den Grundsatz seines Berufs vernachlässigt, die Steckdosen zu prüfen.

3 Prüfen, Messen und Bewerten

3.1 Vorbemerkung

Die mit den Normen geforderten Messungen beim Prüfen der elektrischen Anlagen und Betriebsmittel vorzunehmen, ist für eine Elektrofachkraft heutzutage fast ein Kinderspiel. Moderne Prüfgeräte sind bequem zu handhaben, das Anschließen und Einstellen ist dank der Bedienanleitungen zumeist recht einfach und der Messvorgang wird nach einem Knopfdruck automatisch abgewickelt.

Es ist – so scheint es – nicht erforderlich, über den Funktionsablauf im Prüfgerät oder über den Messvorgang nachzudenken und auch nicht, dem Prüfgerät „Anweisungen“ zu erteilen. Alles läuft wie geschmiert, ein „Input“ und schon steht der “Output“ zum Ablesen auf dem Display bereit. Dann noch der Vergleich des Ablese-/Messwerts mit dem Grenzwert, ein Häkchen in den Messbericht (→ Bild 11.1) und ab zum nächsten Messobjekt.

Das sei übertrieben, meinen Sie? Hoffentlich. Aber unternehmen Sie bitte einen Selbstversuch; erklären Sie sich selbst einmal den Ablauf einer Messung einschließlich der Arbeitsschritte des Prüfgeräts. Oder bitten Sie einen anderen Prüfer, er möge Ihnen begründen, warum er eine bestimmte Größe gemessen hat. Oder erklären Sie, warum Sie ein gerade erzieltes Messergebnis als positiv oder negativ gewertet haben.

Sie können sicher sein: Danach sind Sie mit sich nicht mehr so recht zufrieden. Es sei denn, sie haben zuvor einen Seminarlehrgang über das Prüfen und Messen besucht und eine große Menge praktischer Erfahrungen gespeichert.

Um Ihnen die Möglichkeit zu geben, das Geschehen um und in den Prüfgeräten soweit wie nötig kennen zu lernen, wurde dieses Buch geschrieben. Ehe Sie sich um die einzelnen Messverfahren in den folgenden Kapiteln kümmern, wollen wir Ihnen aber noch einige grundsätzliche Zusammenhänge des Messens erläutern. So zum Beispiel die richtige Bedeutung der Fachausdrücke, die leider – und nicht nur von den Praktikern, sondern auch in den Normen, Fachbüchern, Vorträgen usw. – häufig nicht exakt verwendet werden. Das ist nicht auf die leichte Schulter zu nehmen: Wer sich nicht richtig ausdrückt, Fachausdrücke falsch verwendet, und z. B. vom Nullleiter spricht, wenn er den Neutralleiter meint, der ist oder schafft ein **Sicherheitsrisiko.**

Weiterhin finden Sie einige Informationen über Grundlagen und Hintergründe des Messens, die Sie bisher sehr wahrscheinlich nicht beachtet oder als weniger wichtig eingestuft haben. Aber urteilen Sie selbst. Wir meinen, es ist vorteilhaft z. B. zu wissen, was „ein Ampere“ eigentlich bedeutet und wie genau – oder besser gesagt wie ungenau – wir alle messen.

3.2 Zu messende Größen und Maßeinheiten der Elektrotechnik

Mit der Entwicklung der Technik entstand zwangsläufig die Notwendigkeit, ein Maßsystem zu schaffen, um die Erzeugnisse und ihre Eigenschaften miteinander vergleichen zu können. In der Elektrotechnik war und ist der „Strom“ die markante Größe. Er wird erzeugt, transportiert und verkauft; er bringt Licht und Wärme. In Anbetracht von z. B. Verlustwärme, Lichtbögen, Kontaktabbrand und Durchströmungen war es seinerzeit für die Elektrotechniker das Problem Nummer 1, ihn zu beherrschen. Somit ist verständlich, dass der Strom bzw. die ihm zugeordnete Maßeinheit – das Ampere – neben z. B. Meter, Gramm und Sekunde zu einer Basisgröße unseres Maßsystems erklärt wurde. Aus dem Ampere sowie aus Meter, Gramm und Sekunde werden die uns allen bekannten Grundeinheiten der Elektrizität bzw. der Elektrotechnik abgeleitet. Es sind dies Volt, Ohm, Watt, Farad usw., alle benannt nach den „Größen“, nach den Pionieren der Elektrotechnik.

Um die in den folgenden Kapiteln zu erläuternden Messvorgänge richtig verstehen zu können, muss man wissen, was es bedeutet, eine bestimmte Größe, z. B. einen Strom von „1 Ampere“ oder einen Widerstand „1 Ohm“ zu messen. Es ist sehr aufschlussreich, wenn man sich einmal vor Augen führt, wie sich die „alten Elektrotechniker“ vor etwa 100 Jahren bemühten, eindeutige und verständliche Maßeinheiten zu schaffen.

Im Jahr 1908 wurde das „internationale Ampere“ definiert als

„Der unveränderliche Strom, welcher beim Durchgang durch eine wäßrige Lösung von Silbernitrat in einer ***Sekunde*** *0,001118* ***Gramm*** *Silber abscheidet“.*

Ähnlich wurde bei anderen Größen verfahren; so war z. B. das „internationale Ohm“

„Der Widerstand einer Quecksilbersäule mit der Temperatur des schmelzenden Eises, deren Länge bei durchweg gleichem, einem Quadratmillimeter gleich zu erachtenden Querschnitt 1,063 ***Meter*** *und deren Masse 14,4521* ***Gramm*** *beträgt“.*

Und für das Volt wurde festgelegt,

„daß die bei einem Zink-Quecksilber-Normalelement gemessene Spannung (EMK) eine Größe von 1,434 V hat.“

Das war insgesamt eine recht komplizierte Angelegenheit. Und immer, wenn mit noch mehr Präzision gemessen wurde, stellte sich heraus: Ganz genau war das ohmsche Gesetz nicht zu erfüllen, wenn die drei Messergebnisse zusammengeführt wurden.

So kam es in den Folgejahren zu mehreren Änderungen; letztlich wurde dann 1954 das so genannte „absolute Ampere“ zur maßgebenden Basisgröße ernannt und definiert als

„... Stärke eines zeitlich unveränderlichen elektrischen Stroms durch zwei geradlinige, parallele, unendlich lange Leiter der relativen Permeabilität 1 und von vernachlässigbarem Querschnitt, die einen Abstand von 1 ***Meter*** *haben und zwischen denen die durch den Strom elektrodynamisch hervorgerufene Kraft im leeren Raum je 1* ***Meter*** *Länge der Doppelleitung* 2×10^{-7} ***Newton*** *(Einheit der Kraft) beträgt“.*

Alles klar geworden? Nein? Mit dieser Definition wird es aber zumindest möglich, sich eine konkrete Vorstellung von der Wirkung des Stroms zu machen, der mit unseren Prüfgeräten gemessen wird: Mit der Stromstärke steigt die Kraftwirkung. Mit der Zeitdauer dieser Kraftwirkung wächst die Summe der Arbeit, die der Strom verrichtet. *Bild 3.1* zeigt, wie eine solche Präzisionsmessung der Größe „Strom“ mit der so genannten Stromwaage erfolgt.

Wie die elektrischen Größen rechnerisch miteinander verbunden sind und wie sie aus den Grundgrößen des internationalen Maßsystems abgeleitet werden, wird zur Information im Anhang 2 dargestellt. Aus diesen Zusammenhängen werden die anderen Größen (Spannung, Widerstand usw.) durch die meist elektronische Datenverarbeitung der Messgeräte errechnet. Dies erfolgt auch für die nach den Vorgaben zu messenden und zu beurteilenden Kennwerte der Erzeugnisse wie Schleifen-**Widerstand** und Berührungs-**Spannung** sowie für abgeleitete Kennwerte wie Differenz-**Strom.**

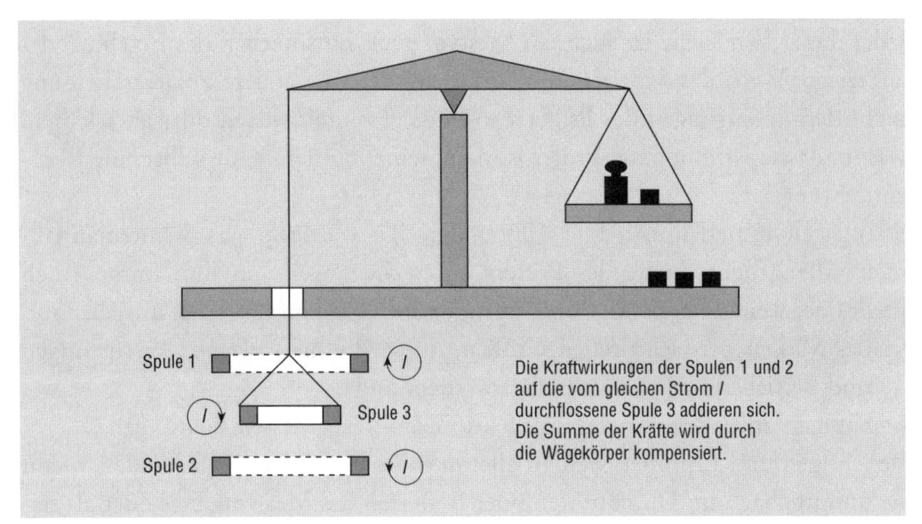

Bild 3.1
Stromwaage, mit der die Kraftwirkung eines elektrischen Stroms sehr präzise gemessen werden kann (Prinzip)

3.3 Besichtigen, Messen und Erproben

Entsprechend den Normen (→ Bild 2.3) und der Fachliteratur erfolgt das Prüfen durch

Besichtigen *und* Messen *und* Erproben.

Auch die Vorgaben und Prüfverfahren werden zumeist in drei Abschnitte mit diesen Überschriften untergliedert.

In der Praxis der Elektrotechnik ist es zwar nicht üblich, aber man sollte wissen, dass auch zwischen dem

▷ **nicht maßlichen Prüfen** (individuelles Besichtigen und Erproben) und dem
▷ **maßlichen Prüfen** (Messen mit objektiven Verfahren)

unterschieden werden kann.

In den Definitionen (→ Kasten im Abschnitt 2.2) lässt sich die Einteilung in die genannten drei Arten des Prüfens noch recht gut aufrechterhalten. Beim Prüfen vor Ort wird dann aber sehr schnell deutlich, dass es in der Praxis anders aussieht; es ist nicht möglich, sie streng gegeneinander abzugrenzen. Beim Besichtigen und Erproben wird immer auch in irgendeiner Form gemessen. Andererseits gibt es auch kein Messen/Erproben, bei dem der Prüfer nicht gleichzeitig kritisch besichtigt und die Ergebnisse bewertet. Was der Prüfer auch tut, immer wird er dabei seine Augen, Ohren, Hände und auch die Nase einsetzen, um den Zustand und das Verhalten seines Prüflings mit dem zu vergleichen, was er als gut und richtig empfindet.

Jeder dieser Vergleiche ist auch ein Messvorgang. Entsprechen das Ergebnis, der angezeigte Wert, das Schalten, ein Auslösen oder eine andere Folgeerscheinung nicht den Erwartungen des Prüfers, so muss er immer wissen oder aber klären, warum das so ist. Ein guter Prüfer ist dank seiner Sinnesorgane selbst eine Messeinrichtung.

Streng genommen müssten wir unter dem Titel „Messpraxis Schutzmaßnahmen" alle Arbeitsschritte des Prüfers besprechen, weil von ihm immer auch mehr oder weniger besichtigt und erprobt wird. Wir konzentrieren uns aber auf

- ▷ das Messen der elektrischen Größen, durch die die Anlagen, Ausrüstungen und Betriebsmittel charakterisiert werden, und
- ▷ auf das Anwenden vorwiegend elektrotechnischer Messeinrichtungen.

Besichtigen und Erproben werden allerdings immer dann mit behandelt, wenn sie unmittelbar zum Durchführen oder Bewerten des Messvorgangs oder als seine Voraussetzung erforderlich sind. Die grundsätzlichen Anforderungen an das Besichtigen sind in *Tabelle 3.1* zusammenfassend dargestellt und werden in jedem Abschnitt um die sich bei der jeweiligen Messung ergebenden Anforderungen ergänzt.

Tab. 3.1 Anforderungen an das Besichtigen und Konsequenzen für das Messen

Das Besichtigen erfolgt, um - äußerlich erkennbare Mängel und - soweit wie möglich die Eignung des Prüflings für seinen Einsatzort und seine Anwendung zu erkennen sowie - festzustellen, welche Messungen erforderlich sind, um Informationen zu erhalten, die durch das Besichtigen nicht zu beschaffen sind.
Der Prüfling ist zum Besichtigen und **auch zum Messen** nur dann zu öffnen, wenn - das ohne Werkzeug möglich ist oder - vom Hersteller in der Gebrauchsanweisung o. ä. ausdrücklich gefordert wird oder - ein begründeter Verdacht auf einen Sicherheitsmangel besteht.
Beim Besichtigen ist zu klären, - an welchen Geräten, Anschlusspunkten usw. **Messungen** erforderlich bzw. zweckmäßig sind und - ob dabei ein Arbeiten in der Nähe unter Spannung stehender Teile erforderlich ist und - welche Voraussetzungen für das sichere Durchführen der Messungen gewährleistet werden müssen (→ K 12).
Zu besichtigen ist auch das Prüfgerät, um - dessen Eignung für die Messung (→ K 10) sowie etwaige offensichtliche Schäden festzustellen und - zu klären, welche Betriebsmessabweichung für das Messverfahren und welcher Absolutwert beim Beurteilen des Messwerts zu berücksichtigen sind.

Das **Messen** mit den Prüfgeräten ist das Weiterführen des Besichtigens mit anderen Mitteln. Wenn die menschlichen Sinnesorgane nicht geeignet sind, den Zustand (Alterung, Lebensdauer, Zuverlässigkeit, Schwachstellen, Sicherheit) der Werkstoffe, des Bauelements oder des Geräts zu erkennen, oder wenn mit ihnen nicht genau genug „gemessen" werden kann, werden sie durch technische Messeinrichtungen „ersetzt".

Da der Zustand der Prüflinge bzw. deren Eigenschaften, nicht direkt messbar sind, wurden „Ersatzeigenschaften" ausgewählt (Isolationswiderstand, Ableitstrom, Temperatur usw.), die – nach Meinung der Fachleute – den Zustand des Prüflings und damit die von ihm gebotene Sicherheit ausreichend genau beschreiben. Für mehrere dieser Eigenschaften wurden Grenzwerte festgelegt, die – nach Meinung der Normensetzer – die ermittelten Messwerte in die Bereiche „Gut" und „Schlecht" teilen. Beides – die Eigenschaften und ihre Grenzwerte – sind in den Normen festgeschrieben und werden zumeist kritiklos als absolute Wahrheit anerkannt – oder manchmal wie folgt infrage gestellt:

▷ **Sind es die richtigen Größen und Eigenschaften, die wir messen?**
Antwort: Die vielen beim Prüfen/Messen gewonnenen Erfahrungen lassen erkennen, dass mit den in den Normen vorgegebenen Messverfahren eine ausreichend genaue Beurteilung der Prüflinge vorgenommen werden kann. Ein Restrisiko ist allerdings nie auszuschließen.

▷ **Sind die in Normen festgelegten Grenzwerte tatsächlich eine echte Grenze, deren Über- oder Unterschreiten den Prüfer zum Unterschreiben oder zum Nichtunterschreiben des Prüfprotokolls berechtigt?**
Antwort: Die Grenzwerte, deren Einhaltung durch das Messen zu kontrollieren ist, haben je nach Messverfahren eine unterschiedliche Bedeutung und Wertigkeit, über die sich der Prüfer Klarheit verschaffen muss. Sie sind für den Prüfer mehr oder weniger nur Anhaltspunkte/Richtwerte, die von ihm beim Beurteilen des Prüflings/Messobjekts zu beachten sind (→ A 3.4).

Aus den vorhergehenden Betrachtungen ergibt sich, dass Prüfen und Messen nur dann zum Erfolg führen, wenn der Prüfer immer ganz bewusst Regie führt, immer kritisch überlegt, warum, wie und wo zu messen ist und was das Messergebnis wirklich aussagt. Diese seine Aufgabe lässt sich in Regeln zusammenfassen (→ Kasten folgende Seite und Seite 40).

Das Messen als Teil des Prüfens ist mit dem Ablesen und Bewerten des Messergebnisses nicht beendet. Es ist unbedingt zu dokumentieren (→ K 11), damit es bei späteren Prüfungen als Vergleichsmaßstab verwendet werden kann.

Regeln für das Messen

1. Der Prüfer muss immer wissen, welchen Sinn das Messen der jeweils zu bewertenden Größe hat und was er eigentlich feststellen/nachweisen will. Beim Messen des Isolationswiderstands z. B. geht es um
   - eventuelle Beschädigungen oder Alterung der Isolierung und
   - die dann möglicherweise vorhandenen Ableit-/Fehlerströme.

   Er muss entscheiden, ob er mit der jeweiligen Messung im konkreten Fall wirklich das gewünschte Ziel erreichen kann.
2. Jedes Messergebnis ist lediglich **eine** Information über **eine** physikalische Eigenschaft (Größe/Kennwert) des Prüflings. Es
   - beschreibt lediglich den im Messmoment vorhandenen Zustand, der sich möglicherweise durch äußere Umstände (Belastung, Erwärmung, Luftfeuchte usw.) schnell ändern kann und
   - ist nur so genau, wie es das Messverfahren und das Messgerät zulassen.

   Um den Wert dieser Information richtig einschätzen zu können, muss der Prüfer das Messverfahren, dessen Wirkungsweise und Aussagekraft sowie sein Prüfgerät sehr gut kennen.
3. Die in den Normen festgelegten Grenzen für bestimmte Größen/Kennwerte, z. B. 0,5 MΩ für den Isolationswiderstand, sind – im Gegensatz zur allgemein üblichen Ansicht – keine allgemein gültigen Grenzen zwischen „in Ordnung, sicher, zuverlässig“ und „nicht in Ordnung, unsicher, unzuverlässig (→ Bild 3.6).

   Ihr Über- oder Unterschreiten ist lediglich eine Information über eine Eigenschaft, hier den Widerstand der Isolation, die allein keine ausreichende Aussagekraft hat.

   Der Prüfer muss wissen, welche Eigenschaft des Prüflings mit diesem Mindestwert eigentlich charakterisiert wird und wie er das Über-/Unterschreiten zu bewerten hat (→ A 3.4, H 3.03).
4. Allein das Ergebnis der Messung ist nicht ausreichend, um über den Zustand des Prüflings und das Ergebnis der Prüfung zu entscheiden. Das Besichtigen (subjektives Prüfen/Messen mit allen Sinnen) sowie die Erfahrungen des Prüfers als Maßstab der Bewertung sind ebenso notwendig und oftmals wichtiger.

3.4 Definitionen für das Prüfen und Messen

Die hier interessierenden Fachausdrücke sind in den Normen, Fachbüchern usw. leider oftmals unterschiedlich und dann meist auch nicht sehr konkret definiert worden. Probleme entstehen dadurch allerdings nicht, weil in den Normen selbst die einzelnen Prüfschritte durch Formulierungen wie

- ▷ Messen der Schleifenimpedanz an der vom Verteiler am weitesten entfernten Stelle des Stromkreises,
- ▷ Nachweis der Funktion des Fehlerstromschutzschalters,
- ▷ Erproben der Funktion der Not-Aus-Einrichtungen

exakt genug vorgegeben werden. Insofern genügen zum Beschreiben der Aufgaben und Arbeiten beim Prüfen von elektrischen Anlagen und Betriebsmitteln recht allgemein gehaltene, aus der Welt des Praktikers stammende Definitionen (→ Kasten).

Wenn auch nachstehend begründet wird, warum es bei den Messungen an den elektrischen Anlagen und Betriebsmitteln „nicht so sehr" auf Genauigkeit ankommt, so sollte doch nicht vergessen werden, dass die Messtechnik eine sehr exakte technische Disziplin ist und als Wissenschaft eine kaum vorstellbare Präzision verlangt (→ Bild 3.1). So müssen in den Fertigungsprozessen der Elektrotechnik z. B. Abstände und Ströme im Nano-Bereich beherrscht und von Prüfern gemessen werden. Auch bei den im Folgenden behandelten Prüfungen ist natürlich immer so genau wie nötig zu messen und darauf zu achten, dass bei der Auswahl und Anwendung der Messverfahren sowie beim Bewerten der Ergebnisse sorgfältig und ohne Abstriche am Wahrheitsgehalt der Aussage „Sicherheit gewährleistet" gearbeitet wird. Um diesen Anspruch an die Arbeit eines jeden Prüfers deutlich zu machen, wird auf die wissenschaftliche Definition des Messens verwiesen (→ Kasten).

Prüfen
Maßnahme zum Feststellen des Zustands eines Erzeugnisses, seiner Eigenschaften und Merkmale. (Nach DIN VDE 0100 Teil 610: Maßnahmen, mit denen die Übereinstimmung mit den Anforderungen von VDE 0100 überprüft wird)

Besichtigten, Erproben, Messen
Arbeitsgänge des Prüfens (Definitionen → Kasten im Abschnitt 2.2)

Nachweis
Ziel der Prüfung/Messung. Was nachzuweisen ist – die Übereinstimmung mit der Dokumentation, den Normenvorgaben oder der Aufgabenstellung, der ordnungsgemäße oder normgerechte Zustand, das ausreichende
Isoliervermögen oder der Durchgang des Schutzleiters usw. – wird in der jeweiligen Aufgabenstellung für die Prüfung/Messung festgelegt.

Messen einer Größe
Quantitativer Vergleich der Größe mit einer Größe gleicher Art, die durch eine Absprache als Einheit festgelegt ist.

Beispiel: Messen des Schutzleiterwiderstands ...
... ist der Vergleich des vom Messwerk des Prüfgeräts gemessenen Werts mit dem Wert des im Prüfgerät eingebauten (einprogrammierten) Widerstandsnormals (→ Bild 3.4).

3.5 Istwert, Messwert und Grenzwert

Welchen Wandel die Mess- und Prüfeinrichtungen sowie die Messverfahren im Laufe der Zeit durchgemacht haben, zeigt ein Vergleich der *Bilder 3.2* und *3.3* mit den Bildern in den folgenden Kapiteln. Zweifellos können wir heute viel rationeller und sehr viel genauer messen. Die Geräte sind allerdings nicht mehr wie früher überschaubare, den Techniker begeisternde Meisterwerke der Feinmechanik, sondern industrielle Massen-Erzeugnisse, deren Wirkungsweise nicht auf einen Blick erkennbar ist. Insofern ist es erforderlich, das Anwenden der heute hergestellten Geräte sowie das Verständnis über den Funktionsablauf zwischen

Messstrecke – Messvorgang – Messwertverarbeitung – Messergebnis

während Seminaren und durch Unterweisungen zu „erlernen". Wer ein Prüfgerät nur „ansteckt" und dann den angezeigten Wert abliest, ohne den Zusammenhang zwischen seinen „Inputs" und „Outputs" zu kennen, der kann das Messergebnis nicht richtig beurteilen und prüft daher – ohne es zu wissen – zwangsläufig im „Blindflug".

Wichtig ist auch, dass der Prüfer die Bedeutung der beim Messen benutzten Fachausdrücke Größe, Einheit, Wert usw. kennt. Dazu einige Erläuterungen.

In diesem Buch wird für jede zu bestimmende, d. h. **zu messende Größe** (z. B. die Schleifenimpedanz) beschrieben,

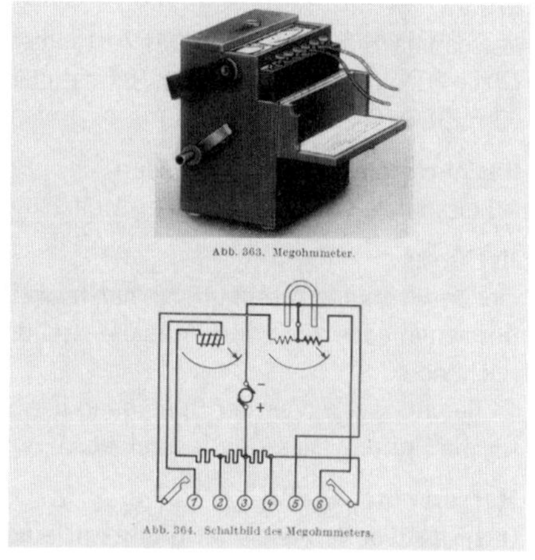

Bild 3.2 (links) Messgeräte aus den Schaltanlagen um 1900[1]

Bild 3.3 (rechts) Isolationsmesser eines Servicemonteurs um 1920[2]

1 *Multhaupt:* Die moderne Elektrizität – Erster Band; Seite 325. Gera: Technischer Verlag Naumann & Co., 1912

2 Siemens-Handbuch – Elektrische Installation für Licht und Kraft; Seite 202. Berlin und Leipzig: Vereinigung wissenschaftlicher Verleger Walter de Gruyter & Co.,1922

▷ wie mit Hilfe der Prüf-/Messeinrichtung der **Istwert dieser Größe** erfasst (*Bild 3.4;* Prüfschritt 1),

▷ verarbeitet und dann als **Messwert/Anzeigewert** ausgegeben wird (Prüfschritt 2).

Erläutert wird dort außerdem,

▷ wie dieser Messwert/Anzeigewert unter Berücksichtigung der bekannten **Betriebsmessabweichung** des benutzten Prüfgeräts (Messeinrichtung) bewertet wird (Prüfschritt 3) und

▷ mit welchem **Sollwert**, d.h. dem in einer Norm vorgegebenen **Grenzwert** oder dem **Erfahrungswert** aus der eigenen Prüfpraxis, er verglichen werden muss (Prüfschritt 4).

Wie die Betriebsmessabweichung eines Prüfgeräts zu ermitteln ist, wird im Abschnitt 10.3 erläutert.

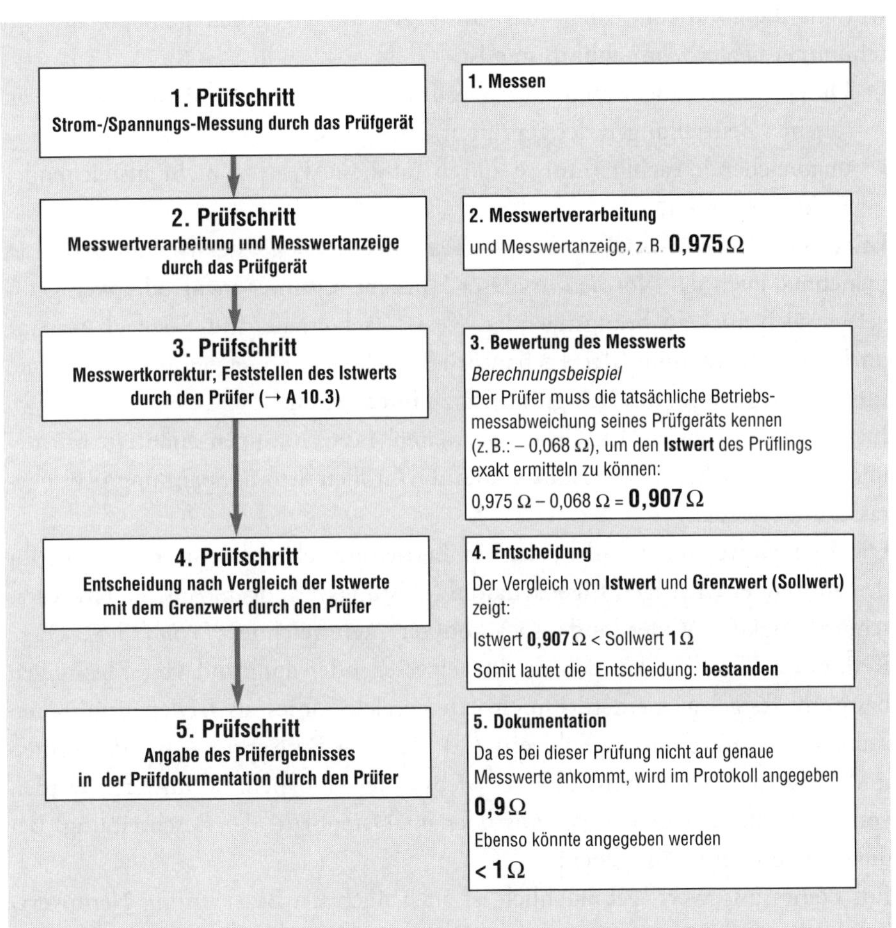

Bild 3.4
Prinzipielle Darstellung der Bewertung des von dem jeweils verwendeten Prüfgerät angezeigten Messwerts
Die Betriebsmessabweichung des Prüfgeräts wurde bei der Kalibrierung festgestellt und ist somit bekannt (→ A 10.5). Der tatsächliche Istwert des zu messenden Widerstands kann somit exakt bestimmt werden (→ H 3.03).

Zu fragen ist natürlich auch, was ein Sollwert eigentlich aussagt, ob er wirklich im jeweils vorliegenden Fall als einziger Maßstab für „Gut oder Schlecht" angewandt werden kann. Auch dies wird bei jedem der in den folgenden Abschnitten erläuterten Messverfahren kritisch betrachtet (→ Bild 3.6).

Die zu messenden Größen – d. h. Strom, Widerstand, Spannung, Kapazität usw. – werden oder sollten immer wie folgt dargestellt werden:

Größe = **Zahlenwert** x **Maßeinheit,**

also z. B.

Strom (Stromstärke) = 1 x Ampere (A) = 1 A

oder

Widerstand = 0,975 x Ohm (Ω) = 0,975 Ω.

Wer über diese korrekte Darstellungsart nicht informiert ist oder sich nicht daran hält, der kann sich im Kreis der Fachleute nicht ordentlich verständigen und wird in die Protokolle nicht das eintragen, was eigentlich gemeint ist. Ein schlimmer Fehler? Am schlimmsten ist:

- ▷ Durch falsch angewandte Fachausdrücke kommt es möglicherweise zu falschen Beurteilungen der geprüften Erzeugnisse und
- ▷ unzureichende Fachkenntnisse führen auf diese Weise zu nicht ausreichender Elektrosicherheit.

Leider muss man feststellen, dass die Texte der Kataloge, der Fachliteratur und manchmal auch der Normen in dieser Hinsicht mitunter mehr oder weniger – gelegentlich auch in beängstigender Weise – fehlerhaft sind. Vielfach ist eine unrichtige Anwendung der Fachausdrücke schon zur Gewohnheit geworden. Ein weiterer Grund, um sich gründlich zu informieren!

Im Folgenden werden deshalb einige weitere Bezeichnungen erläutert, mit denen die elektrischen Betriebsmittel und die Größen Strom, Spannung usw. charakterisiert werden.

Die **Kennwerte** sind Größen, die ein Betriebsmittel und seine typischen, für den Anwender wichtigen **Eigenschaften** (Leistungsvermögen, Auslösezeit, Kurzschlussfestigkeit, Widerstand usw.) konkret „kennzeichnen" *(Bild 3.5).* Diese Kennwerte (Größen) können direkt gemessen oder aufgrund von Messungen bestimmt/festgelegt werden. Durch den Vergleich ihres als Istwert ermittelten Zahlenwerts mit dem des Sollwerts (→ Bild 3.4 Prüfschritt 4) ist das Prüfen und Bewerten des betreffenden Betriebsmittels möglich. Kennwerte werden vom Hersteller auf dem Erzeugnis oder im Datenblatt, der Beschreibung, Bedienanleitung usw. angegeben.

Ein **Bemessungswert** (gebräuchlich ist auch noch die Bezeichnung **Nennwert)** ist eine spezielle Art des Kennwerts. Er beschreibt eine Größe (z. B. Leistung

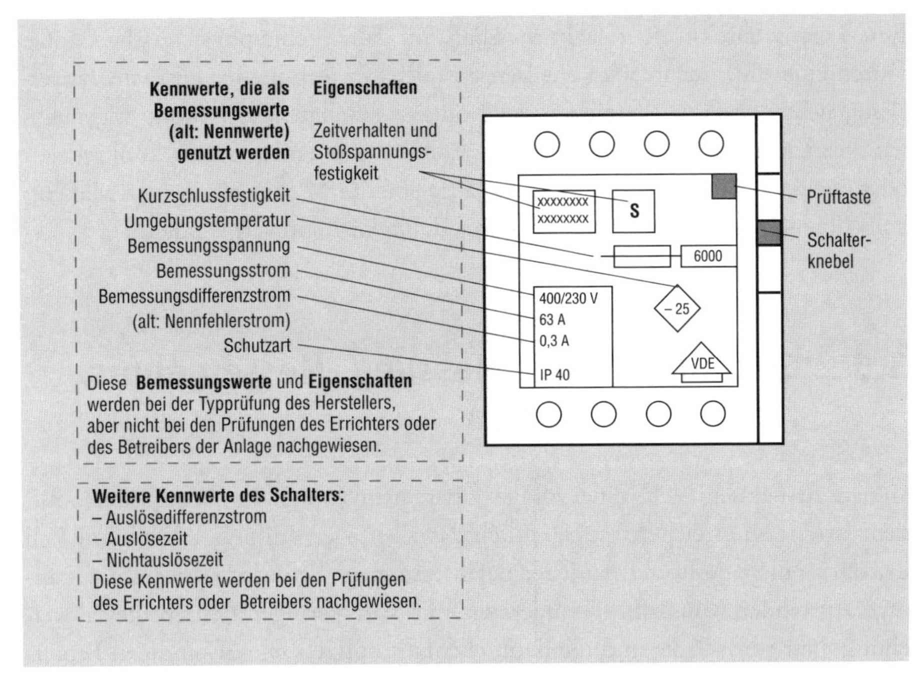

Bild 3.5
Darstellung der Bemessungswerte, Eigenschaften und Kennwerte eines Betriebsmittels am Beispiel eines FI-Schutzschalters

oder Strom), für die ein Betriebsmittel **bemessen** (konstruiert, hergestellt) **worden ist** und mit der dieses Betriebsmittel dann auch **benannt** und direkt **gekennzeichnet** wird. Dieser Bemessungswert wird zumeist nicht direkt durch eine Messung ermittelt, sondern für ein Betriebsmittel festgelegt, nachdem u. a. durch Musterprüfungen, Laborversuche usw. festgestellt wurde, mit welchen Belastungen (Strom, Spannung usw.) es betrieben werden darf und welchen Beanspruchungen (Umgebungstemperatur, Überspannung, Kurzschlussstrom usw.) es widerstehen kann bzw. auch widerstehen muss (Garantie des Herstellers). Bemessungswerte werden zumeist auf dem Betriebsmittel angegeben (→ Bild 3.5).

Beispiele:

▷ Bemessungsströme eines Fehlerstromschutzschalters $I_N = 25\,A$, $I_{\Delta N} = 0{,}3\,mA$

▷ Bemessungsspannung einer Glühlampe, eines Motors $U_N = 230\,V$ oder $400\,V$.

Der **Grenzwert** wird in Normen oder Gesetzen vorgegeben und dient dazu, der für das Beurteilen zuständigen Person (Prüfer) die Bewertung eines Erzeugnisses, einer Eigenschaft oder einer Größe zu ermöglichen. Es ist unbedingt erforderlich genau zu wissen, was mit dem Einhalten (bzw. dem Unter- oder Überschreiten) eines Grenzwerts ausgesagt wird. Mitunter werden in verschiedenen Normen für unterschiedliche Anwendungen mehrere unterschiedliche Grenzwerte für die gleiche Größe festgelegt.

Eine **Eigenschaft** ist nicht exakt messbar und daher keine physikalische Größe. Durch eine Eigenschaft wird ein Betriebsmittel in technischer Hinsicht (zuverlässig, gebrauchsfähig, langlebig usw.) oder ganz allgemein (schön, angenehm handhabbar, nützlich usw.) charakterisiert. Soll diese Eigenschaft konkretisiert oder bewiesen werden, so muss sie als Wert einer Größe (Zahlenwert x Maßeinheit) definiert werden können und somit zu einem Kennwert werden.

3.6 Genauigkeit der Messung, Messergebnis, richtiges Bewerten

Genau zu Messen, d.h. eine völlige Übereinstimmung des Anzeigewerts mit dem Istwert zu erreichen, ist eigentlich das Ziel jeder Prüfung. Aber lohnt sich der dazu nötige Aufwand bei jeder der Messungen? Erforderlich wäre das ständige Anwenden von Mess-/Prüfgeräten mit sehr geringer Betriebsmessabweichung. Nur wer soll sie und die dann ebenfalls nötigen zeitaufwändigen Fehlereinschätzungen bezahlen?
Nirgendwo ist vorgeschrieben, wie genau Messungen sein müssen, die beim Prüfen elektrischer Anlagen und Geräte unter Vor-Ort-Bedingungen durchzuführen sind. Vorgaben dafür gibt es nicht.

Es besteht auch keine Notwendigkeit für eine bestimmte oder besonders hohe Genauigkeit.

Trotzdem ist aber im Interesse des Prüfers zu klären, wie genau er prüfen muss, d.h. wie groß der Messfehler sein darf. Er muss zunächst wissen bzw. sich fragen:

▷ Wie genau muss das von mir einzusetzende/anzuschaffende Prüfgerät sein, d.h. welche Betriebsmessabweichung ist vertretbar, damit ich durch den Vergleich des Messwerts mit dem Grenzwert (→ Bild 3.4) die Messstrecke bzw. das Prüfobjekt richtig bewerten kann? (→ K 10)
▷ Wie genau ist „mein" Prüfgerät tatsächlich, mit dem ich täglich messe und bei dem ich immer wieder die angezeigten Messwerte mit dem Wert der Betriebsmessabweichung nach oben oder unten zu korrigieren habe? (→ K 10)
▷ Wie ist beim Bewerten des Anzeigewerts vorzugehen? Muss dessen Abweichung vom Istwert festgestellt und der korrigierte Messwert mit dem Sollwert vergleichen werden, wie das im Bild 3.4 (Prüfschritt 4) erfolgt, oder ist eine solche Verfahrensweise viel zu genau? (H 3.03)

▷ Wie exakt wurden eigentlich die jeweils zu beachtende Grenzwerte (Sollwerte) in den Normen durch die Normensetzer festgelegt? Teilen diese Grenzwerte die Messwerte wirklich wie ein Scharfrichter haarscharf in die Bereiche „Gut" und „Böse"? Sind sie das Ergebnis wissenschaftlicher Untersuchungen oder nur „Pi mal Daumen" festgelegt worden?

Um beim Vergleich der Messergebnisse mit den Grenzwerten zu einer begründbaren Meinung zu kommen und um daraus eine hieb- und stichfeste Entscheidung über die Sicherheit des zu prüfenden Erzeugnisses ableiten zu können, muss zunächst davon ausgegangen und nochmals deutlich gesagt werden:

Fast keiner der in den Normen festgelegten „Grenzwerte" verkörpert eine unbedingt einzuhaltende Grenze. Sie sind mehr oder weniger Anhaltspunkte/Richtwerte und für den Prüfer kein Dogma.

Es ist keinesfalls so, dass der Prüfer bei einem Unter- bzw. Überschreiten des „Grenzwerts" ohne weiteres Überlegen dem Prüfling ein „Tauglich" oder „Untauglich" ins Prüfprotokoll schreiben muss *(Bild 3.6)*. Vielmehr muss er

▷ beim Über- oder Unterschreiten (in Richtung „Schlecht") entscheiden, ob dies einen Dauerzustand darstellt, eventuell funktionsbedingt ist oder auf einem Messfehler beruht,

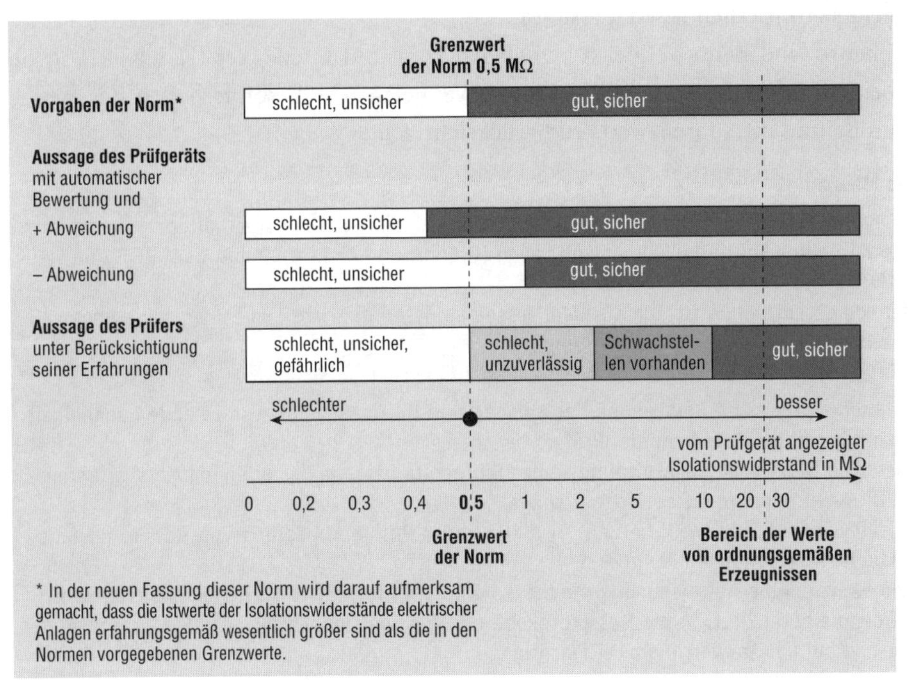

Bild 3.6
Die aufgeführten, zwar offiziellen, trotzdem aber unterschiedlichen Bewertungen des Ergebnisses der Isolationswiderstandsmessung führen zu einer unklaren Situation für den Prüfer, dessen Bewertung die Normenvorgaben und die eigenen Erkenntnisse berücksichtigen muss

▷ beim geringfügigen Über- oder Unterschreiten (in Richtung „Gut“) vor einer Entscheidung die Ursache dieser im Sinne der Norm guten, für eine Elektrofachkraft aber möglicherweise „völlig unbefriedigenden“ Sachlage klären, um zu wissen, ob
  - sich ein entstehender Fehler ankündigt und welche Gefährdungen entstehen können
  - weitere Messungen (Prüfungen) zur Klärung erforderlich sind und
  - Änderungen/Instandsetzungen am Prüfling erforderlich sein könnten.

Dies führt ergänzend zum Abschnitt 3.3 zu weiteren Regeln für das Messen (→ Kasten).

Wie fragwürdig ein in den Normen vorgegebener Grenzwert sein kann, zeigt Bild 3.6 für den Isolationswiderstand. Andere Grenzwerte oder Kennwerte, wie die Schleifenimpedanz und die Auslösezeit eines FI-Schutzschalters, haben eine höhere Qualität und erfordern eine genauere Bewertung. Bei der Erläuterung der Messverfahren in den folgenden Kapiteln wird jeweils darauf eingegangen.

Aus dieser unterschiedlichen Qualität der Grenzwerte als Maßstab für die Sicherheit ist auch zu erkennen, dass

▷ je nach Messverfahren und

▷ je nachdem, welche Kenngröße gemessen werden soll,

eine andere Genauigkeit (Betriebsmessabweichung) des zu verwendenden Prüfgeräts erforderlich bzw. zulässig ist.

Ebenso sind beim Vergleich zwischen Mess- und Grenzwert (Kennwert) sowie beim Bewerten der Ergebnisse dieses Vergleichs die Besonderheiten der Kenngröße und ihres Grenzwerts zu berücksichtigen.

Regeln für das Messen

5. Es kommt beim Prüfen nicht darauf an, möglichst genaue Messergebnisse zu erhalten. Höchstens zwei Stellen sollte der Zahlenwert haben (0,5 mA und nicht 0,52 mA, oder 2 MΩ und nicht 2,1 MΩ). Es ist viel wichtiger, dass
   - der Prüfer kompetent genug ist, um aus den Messergebnissen die richtigen Schlussfolgerungen für die Beurteilung des Prüflings abzuleiten, und
   - er sich dieser Aufgabe auch verantwortungsbewusst unterzieht.
6. Eine für die ordnungsgemäße Beurteilung der Anlagen und Betriebsmittel ausreichende Genauigkeit ist immer dann gewährleistet, wenn der Prüfer
   - die tatsächliche Betriebsmessabweichung seines Prüfgeräts bei dem betreffenden Messverfahren festgestellt und auf dem Gerät notiert hat sowie
   - durch regelmäßige Prüfung (Kalibrierung, → K 10) seines Prüfgeräts dafür sorgt, dass er immer dessen aktuelle Abweichungen kennt und
   - den Anzeigewert um die Abweichung korrigiert (→ Bild 3.4 Prüfschritt 4), den korrigierten Wert als Messergebnis betrachtet, in die Messprotokolle einträgt, gegebenenfalls mit dem Grenzwert vergleicht und bei der Auswertung berücksichtigt.

3.7 Hinweise

H 3.01 Wer entscheidet über die Notwendigkeit einer Messung?

Es ist Aufgabe des Prüfers nachzuweisen, dass sein Prüfling bei bestimmungsgemäßer Anwendung keine Gefährdung für den Benutzer/Bediener hervorruft; er hat zu bestätigen, dass sich alle Schutzmaßnahmen in einem ordnungsgemäßen Zustand befinden und funktionieren.

In den meisten Fällen, in denen ein solcher Nachweis

- ▷ ausdrücklich verlangt wird oder
- ▷ erfahrungsgemäß nur oder am besten durch eine Messung erbracht werden kann,

ist eine entsprechende Festlegung in den Normen für die Erst- oder Wiederholungsprüfungen enthalten.

Dem Prüfer ist jedoch gestattet, den Nachweis auch auf andere Weise zu erbringen, wenn ihm dies mit der gleichen Genauigkeit und Zuverlässigkeit möglich ist. Gegebenenfalls muss er den Beweis für die Gleichwertigkeit seiner Messmethode und seiner Messergebnisse/Schlussfolgerungen antreten.

Wird eine Messung in den Normen nicht gefordert, so ist es Aufgabe des Prüfers, nach bestem Wissen und Gewissen festzustellen, ob im Prüfling weitere Schutzmaßnahmen/-einrichtungen vorhanden und zu prüfen sind, und ob die dazu nötigen Informationen durch eine Messung erreicht werden können. Hinweise dazu sind in Tabelle 4.1.4 aufgeführt.

H 3.02 Wie ist über den Ort der Messung bzw. den Messpunkt zu entscheiden?

Für die Orte oder Betriebsmittel, an denen zu messen ist, gibt es meist keine konkreten Vorgaben. Sie sind aus der Prüfaufgabe, wie

- ▷ Schleifenimpedanzmessung: von der Schutzeinrichtung (elektrisch gesehen) am weitesten entfernte Anschlussstelle,
- ▷ Innentemperaturmessung: thermisch ungünstigste Stelle,
- ▷ Neutralleiterstrommessung: Ort der Auftrennung der Drehstrom-(DS-)Zuführung in Wechselstrom-(WS-)Kreise,

oder aus den beim Prüfen festgestellten besonderen, kritischen, hoch belasteten, durch die Montage überbeanspruchten bzw. anderen, entsprechend herauszuhebenden Stellen, wie

- ▷ Neutralleiter: Oberschwingungsgehalt des Stroms bei Belastung durch nicht lineare Gebrauchsgeräte, Querschnitt bei zu erwartender Belastung durch nicht lineare Gebrauchsgeräte,
- ▷ Klemmentemperatur: hohe Auslastung, Anzeichen von Überlast,

abzuleiten. Außerdem muss durch die bewusste Auswahl des anzutastenden, in die Messung einzubeziehenden Teils sowie des unmittelbaren Ansatzpunkts der Messspitzen/-klemmen gewährleistet werden, dass sich mit der Messung auch tatsächlich die gewünschte Aussage ergibt (→ Bild 4.2.1).

H 3.03 Wie genau muss in der Praxis gemessen werden?

Wie in diesem Kapitel 3 recht ausführlich erläutert wird, ist es möglich, sehr genau zu messen – viel genauer, als es in der Praxis der hier behandelten Prüfungen erforderlich ist. Der mit dieser „möglichen" Genauigkeit zwangsläufig verbundene Messaufwand wäre unbezahlbar.

In Regel 6 für das Messen (→ Kasten vorhergehende Seite) wird dargelegt, wie beim Messen und Bewerten zu verfahren ist, um ausreichend genaue Ergebnisse und Schlussfolgerungen zu gewährleisten. Entscheidend ist letztlich nicht der in jedem Fall zwangsläufig ungenaue Zahlenwert, sondern die Größenordnung des Messwerts und die daraus abgeleitete Entscheidung des Prüfers über „Gut" oder „Schlecht". Diese Entscheidung muss der Prüfer allerdings verantwortungsbewusst treffen auf der Grundlage

- ▷ des ungenauen Messwerts/Anzeigewerts und
- ▷ seines Wissens über die vielen Ungenauigkeiten bei den Vorgaben, Messverfahren und Bewertungen und die damit meist verbundenen „Sicherheitszuschläge" sowie
- ▷ seines Wissens über die mit einer falschen Entscheidung möglicherweise verbundenen Konsequenzen für die Sicherheit.

Es ist keine Aufgabe des Prüfgeräts, dem Prüfer diese Entscheidung abzunehmen (→ A 9.3), denn letztlich wird das Messen mit einer Einschätzung abgeschlossen, die **alle** beim Prüfen gewonnenen Eindrücke zusammenfasst. Diese kann und sollte natürlich nicht mit einem supergenauen Zahlenwert dokumentiert werden. Angaben wie $< 1\,\Omega$, $\approx 0\,\text{mA}$, $> 20\,\text{M}\Omega$ sind ehrlicher und sagen mehr aus, weil aus ihnen zu erkennen ist: „Der Prüfer hat nachgedacht."

4 Prüfen und Messen an elektrischen Anlagen

4.1 Allgemeines, Prüf- und Messaufgaben

Alle nach DIN VDE 0100 und gegebenenfalls auch nach anderen Normen errichteten elektrischen Anlagen sind

▷ nach DIN VDE 0100 Teil 610 der **Erstprüfung** bzw.

▷ nach DIN VDE 0105 Teil 100 regelmäßigen **Wiederholungsprüfungen**

zu unterziehen. Bei beiden Prüfungen geht es um das Erfüllen der gleichen

Prüfaufgabe:
Nachweis des Vorhandenseins und der Wirksamkeit der durch die Normen geforderten und zum Gewährleisten der Sicherheit notwendigen Schutzmaßnahmen. Dabei sind die in den Normen vorgegebenen sowie gegebenenfalls auch andere, vom Prüfer als notwendig erkannte Prüf-/Messverfahren anzuwenden.

Verpflichtet zum Durchführen der Prüfungen (→ K 2) vor der ersten Inbetriebnahme und dann regelmäßig ist der **Betreiber** [1.1] [1.2] [1.9] [1.10]. Dieser kann einen Elektrofachbetrieb, z. B. den **Errichter,** oder einen Sachverständigen damit beauftragen. Des Weiteren hat der Errichter/**Hersteller** einer Anlage bzw. eines Anlagenteils durch eine Prüfung [3.1] dafür zu sorgen [1.1] [1.9], dass diese Erzeugnisse mit den Normen [2.2]f. übereinstimmen, wenn sie in Verkehr gebracht, d. h. dem Betreiber/Anwender übergeben werden.
Im *Bild 4.1.1* wird dargestellt, welche Prüfungen in welcher Reihenfolge durchzuführen sind.

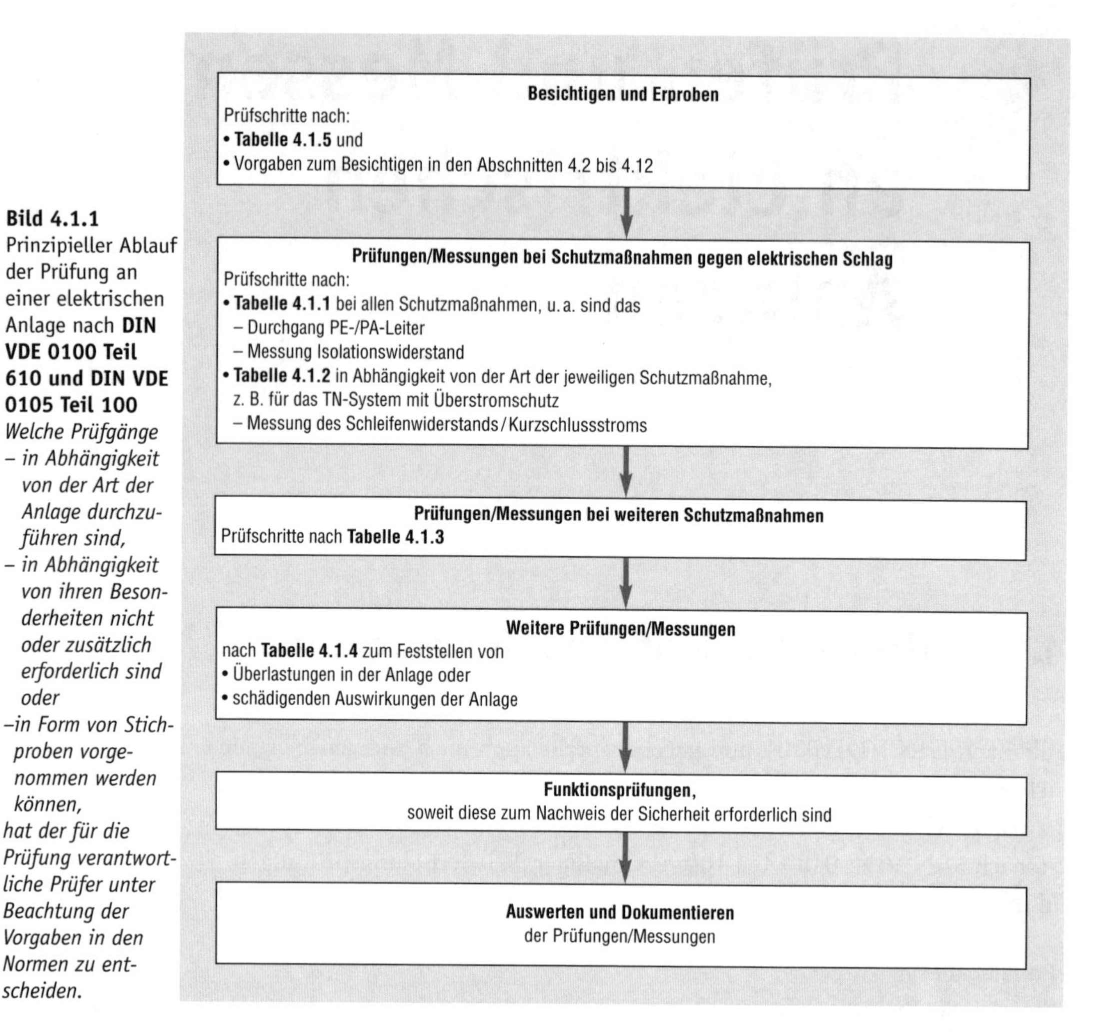

Bild 4.1.1
Prinzipieller Ablauf der Prüfung an einer elektrischen Anlage nach **DIN VDE 0100 Teil 610 und DIN VDE 0105 Teil 100**
Welche Prüfgänge
- in Abhängigkeit von der Art der Anlage durchzuführen sind,
- in Abhängigkeit von ihren Besonderheiten nicht oder zusätzlich erforderlich sind oder
-in Form von Stichproben vorgenommen werden können,
hat der für die Prüfung verantwortliche Prüfer unter Beachtung der Vorgaben in den Normen zu entscheiden.

In *Tabelle 4.1.1* sind jene Prüfungen aufgeführt, die unabhängig von der Art der angewandten Schutzmaßnahmen in jedem Fall durchzuführen sind.

Der Prüfer muss als Nächstes feststellen, welche **Schutzmaßnahmen gegen elektrischen Schlag** *(Tabelle 4.1.2)* in der zu prüfenden Anlage angewandt werden. Selbst in einer sehr einfachen Anlage sind meist mehrere von ihnen wirksam. Der Prüfer darf keine der für die vorhandenen Schutzmaßnahmen erforderlichen Prüfungen und keine der dabei nötigen Messungen übersehen.

Dann ist zu klären, ob **andere, nach DIN VDE 0100 anzuwendende Schutzmaßnahmen** *(Tabelle 4.1.3)* in der betreffenden Anlage wirksam sind und ob es in Anbetracht des Zustands der Anlage (Alterung, Überlastung, Umbauten usw.) zweckmäßig ist, weitere Messungen (Spannungen, Temperaturen usw.) vorzunehmen *(Tabelle 4.1.4).*

Tab. 4.1.1 An **allen Anlagen** durchzuführende Prüfungen/Messungen

Prüf-objekt	**Zu messen/nachzuweisen ist** (unabhängig von der angewandten Schutzmaßnahme gegen elektrischen Schlag)	**Abschnitt in VDE 0100 Teil 610**	**Abschnitt in diesem Buch**
– elektrische Anlagen – elektrische Ausrüstungen von Maschinen	der ordnungemäße Zustand durch Besichtigen und Erproben	611	Tabelle 4.1.5 alle
	Vorhandensein des Potentialausgleichs im Gebäude, in dem sich die Anlage/Ausrüstung befindet		
	Widerstand/Durchgang des Schutzleiters (soweit vorhanden)	612.2	4.2
	Widerstand/Durchgang des Potentialausgleichsleiters	612.2	4.2
	Isolationswiderstand aktiver Leiter gegenüber PE(PEN/E)	612.3	4.3
	Ströme in PE- und PA-Leitern bei Wiederholungsprüfungen	–	4.4
	Drehfeld an den Drehstrom-Steckdosen	6.12.1	Tabelle 4.1.5
	Durchgang des Neutralleiters bis zu den DS-Steckdosen	–	4.13
	Messen des Leiterpotentials (Prüfen der Polarität)	612.7	4.11

Tab. 4.1.2 Prüfungen/Messungen an allen Anlagen/Anlagenteilen mit **Schutzmaßnahmen gegen elektrischen Schlag nach DIN VDE 100 Teil 410**

Schutzmaßnahmen	**Prüf-/Messaufgabe: siehe Tabelle 4.1.1 und zusätzlich:**	**Abschnitt in DIN VDE 0100 Teil 610**	**Abschnitt in diesem Buch**
1. Schutzmaßnahmen mit Schutzleiter			
TN-C-System mit Überstromschutz	Messen von Schleifenimpedanz/Kurzschlussstrom	612.6.1 a) 612.6.3	4.5
TN-S-System mit Überstromschutz			

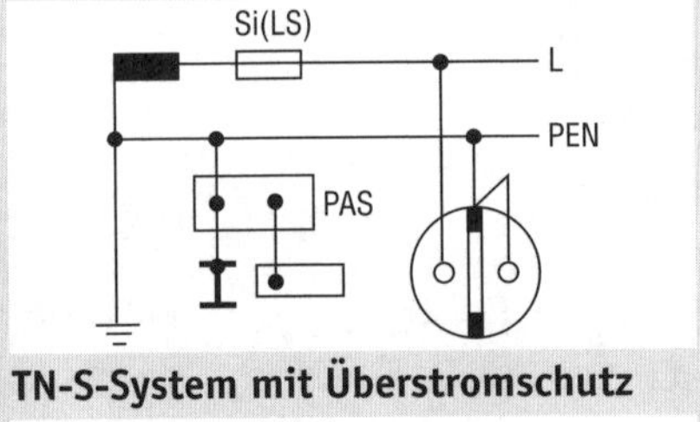

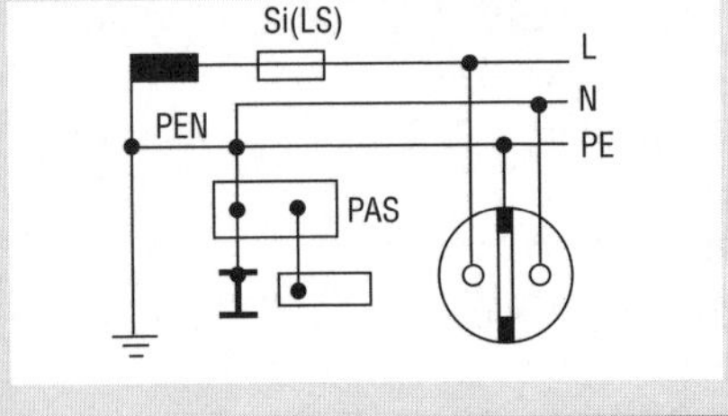

Tab. 4.1.2 Fortsetzung

Schutzmaßnahmen	Prüf-/Messaufgabe: siehe Tabelle 4.1.1 und zusätzlich:	Abschnitt in DIN VDE 0100 Teil 610	Abschnitt in diesem Buch
TN-S-System mit FI-Schutzeinrichtung 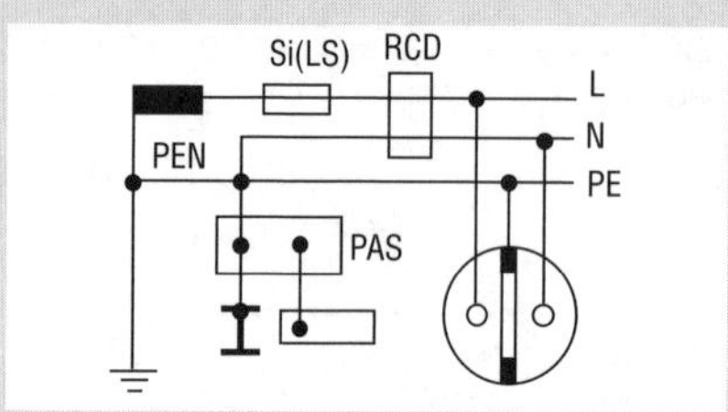	Nachweis der Auslösung der FI-Schutzeinrichtung (gegebenenfalls Messen des Auslösestroms)	612.6.1 a)	4.7
TT-System mit FI-Schutzeinrichtung 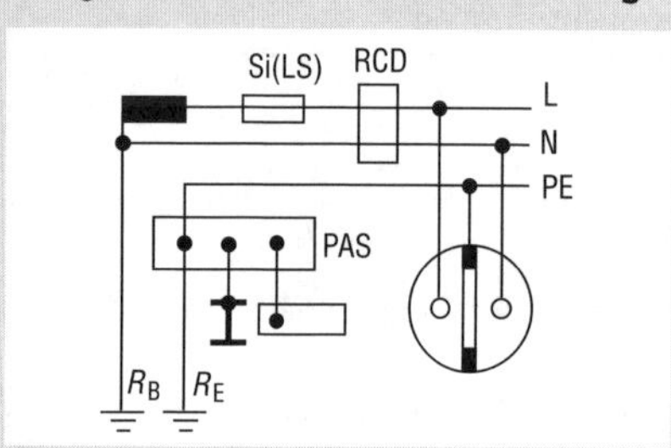	Erdungswiderstand (Erdschleifenwiderstand) oder Berührungsspannung **und** Auslösung der FI-Schutzeinrichtung (gegebenenfalls Messen des Auslösestroms)	612.6.1 b) 612.6.2	4.6 und 4.7
IT-System mit Isolationsüberwachung 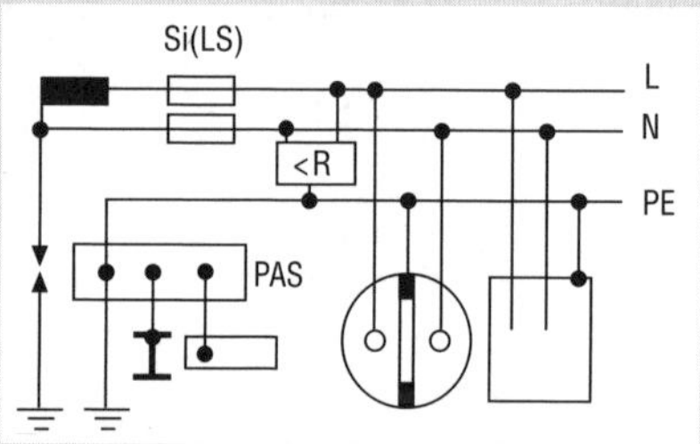	Ansprechwert der Isolationsüberwachung **und** Messung von Schleifenwiderstand/Kurzschlussstrom **und** Messung des Ableitstroms **und** Auslösung des FI-Schutzschalters (soweit vorhanden)	612.6.1 c)	7.1 6.5
2. Schutzmaßnahmen mit sicherer Trennung			
Anlagenteile mit Schutzmaßnahme **Schutztrennung** ($U \leq 500\,\text{V}$) 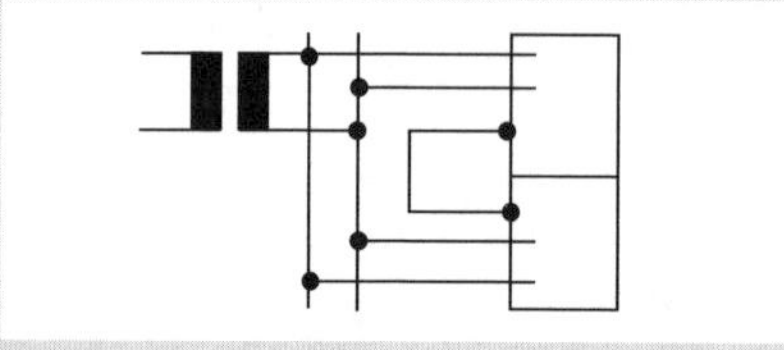	Messen der Spannung Isolationswiderstand Widerstand/Durchgang des Schutzleiters (wenn vorhanden) Nachweis der Abschaltung bei Isolationsfehlern in verschiedenen Phasen (wenn zwei oder mehr Geräte vorhanden)	612.4.3	8.10 4.3 4.2 4.5

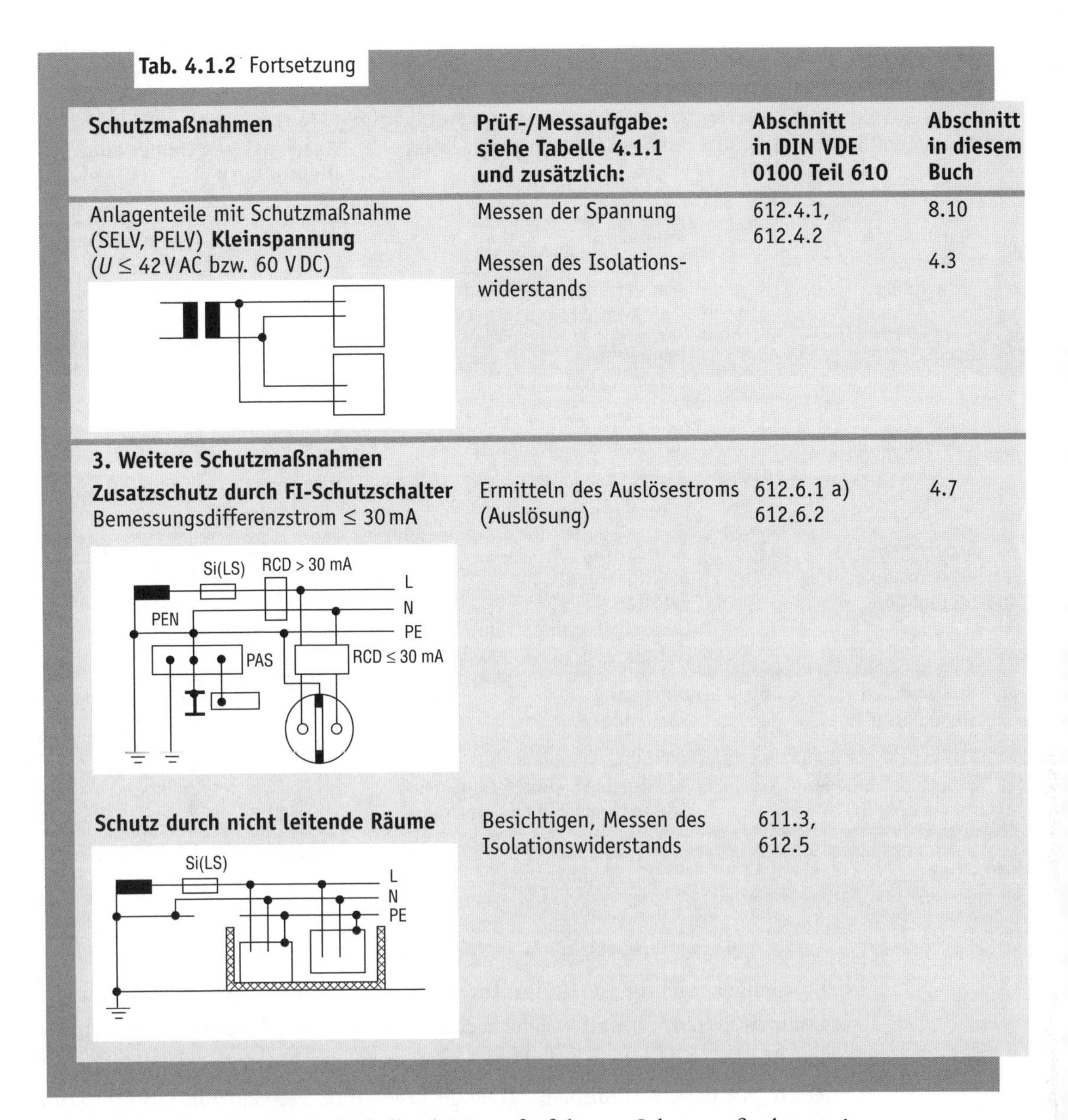

Tab. 4.1.2 Fortsetzung

Schutzmaßnahmen	Prüf-/Messaufgabe: siehe Tabelle 4.1.1 und zusätzlich:	Abschnitt in DIN VDE 0100 Teil 610	Abschnitt in diesem Buch
Anlagenteile mit Schutzmaßnahme (SELV, PELV) **Kleinspannung** ($U \leq 42$ V AC bzw. 60 V DC)	Messen der Spannung	612.4.1, 612.4.2	8.10
	Messen des Isolationswiderstands		4.3
3. Weitere Schutzmaßnahmen			
Zusatzschutz durch FI-Schutzschalter Bemessungsdifferenzstrom ≤ 30 mA	Ermitteln des Auslösestroms (Auslösung)	612.6.1 a) 612.6.2	4.7
Schutz durch nicht leitende Räume	Besichtigen, Messen des Isolationswiderstands	611.3, 612.5	

Das Vorhandensein der in Tabelle 4.1.3 aufgeführten Schutzmaßnahmen ist zum Teil so selbstverständlich, dass man sie gar nicht mehr wahrnimmt. Zunehmend werden in älteren und heute oftmals überlasteten Anlagen z. B. Temperatur- und Ableitstrommessungen erforderlich sein, um eine gründliche Beurteilung vornehmen zu können. Vor allem bei **Wiederholungsprüfungen** sollte sich der Prüfer über die üblicherweise zu erwartenden Schwachstellen der Anlagen gründlich informieren, um dann daraus die Notwendigkeit von Messungen einschätzen zu können.

Tab. 4.1.3 Prüfungen/Messungen zum Nachweis weiterer **Schutzmaßnahmen nach DIN VDE 0100 Teile 420 bis 482**

Schutzmaßnahme	DIN VDE 0100 Teil	Zu messen/nachzuweisen ist	Abschnitt in diesem Buch	Bemerkung
Schutz gegen thermische Einwirkung	420	Temperatur – an Handgriffen u. ä. – in Verteilern/Schaltschränken – an Kontakten	8.6	Entscheidung des Prüfers
Schutz gegen Überstrom	430	Temperatur Netzinnenwiderstand	8.6 4.8	
Schutz gegen Überspannung	443	Ansprechspannung der Ableiter Überstromschutz der Ableiter	7.8	
		Durchgang der Potentialausgleichsleiterverbindungen	7.8/4.2	
Schutz gegen elektromagnetische Störungen	444	Ableitströme elektromagnetische Verträglichkeit Feldstärken Oberschwingungsströme Netzanalyse	4.4 4.13 8.1 8.5 8.7	wenn nötig Entscheidung des Prüfers/ Betreibers
Schutz durch Trennen und Schalten	460	Durchgang Spannung	4.11	Entscheidung des Prüfers
Schutz bei Anlagen im Freien	470	Auslösestrom (Auslösung) des Fehlerstromschutzschalters	4.7	zwingend
Schutz bei äußeren Einflüssen	481			
Brandschutz	482			

Nicht weniger wichtig ist es, im Interesse einer ordnungsgemäßen Prüfung/ Messung zu klären, ob und welche **technischen Besonderheiten** in der zu prüfenden Anlage vorhanden sind. Dies könnte z. B. der Einsatz von halbleitergesteuerten Antrieben (Pumpen, Aufzüge usw. mit Frequenzumrichter), von Schaltnetzteilen/Dimmern und NV-Beleuchtungen in größerer Anzahl oder von Geräten mit erheblichen Streufeldern sein. Gegebenenfalls kann es erforderlich werden, weitere Messungen (→ Tabelle 4.1.4) vorzunehmen. Zu klären ist weiterhin, ob Einwirkungen anderer, im Gebäude vorhandener Anlagen/Systeme (Blitzschutz, Klima, Wasser usw.) auf die zu prüfende elektrische Anlage zu erwarten sind. Gegebenenfalls ist eine Prüfung und/oder Instandsetzung auch dieser Anlagen erforderlich, was dem Betreiber in der Dokumentation (→ K 11) mitzuteilen ist.

Tab. 4.1.4 Sonstige Maßnahmen, Eigenschaften, Betriebsmittel und Merkmale, die eine Messung erfordern können

Anlage/Eigenschaft/Betriebsmittel/ Merkmal	Zu messen/durchzuführen ist	Abschnitt in diesem Buch
Geräte mit steuerbaren Halbleitern	Neutralleiterstrom	4.11
	Ableitstrom in PA-Leitern	4.4
Elektrisch verschmutzte Netze (Oberschwingungen, Spannungsspitzen)	Netzanalyse	8.7
Alte (marode) Anlagen	Durchgangsprüfung	4.2, 8.9
	Leitungssuche	8.9
	Spannungsprüfung	8.4
	Stoßspannungsprüfung	
Anlagenteile mit TN-C-System	Ableitstrom, Betriebsströme in PE- und PA-Leitern	4.4
Isolierender Fußboden	Isolationswiderstand	8.5
Folgen statischer Aufladungen	Oberflächenwiderstand	
Spannungsfall	Messung der Spannungen	8.14
Berührungsspannung	Messung der Spannungen	4.9
Belastung der Menschen durch elektromagnetische Felder		8.1

Achtung! Vor dem Beginn jeder Messung muss durch Besichtigen – und gegebenenfalls **auch durch Erproben** – der Nachweis erbracht worden sein, dass keine offensichtlichen Mängel vorhanden sind. Das ist erforderlich, um

- ▷ eine Gefährdung des Prüfers und anderer Personen bei den mit Netzspannung durchzuführenden Prüfgängen zu vermeiden und um
- ▷ sicherzustellen, dass die Messergebnisse nicht durch Mängel beeinflusst und somit verfälscht werden.

Die wesentlichen Prüfschritte des Besichtigens/Erprobens sind in *Tabelle 4.1.5* und dann ergänzend jeweils bei den Erläuterungen der Messungen in den folgenden Abschnitten aufgeführt.

Grundsätzlich sollte auch während des Messens immer besichtigt werden, um zu erkennen, ob an den Bauelementen der Anlage Reaktionen auftreten, die durch das Messen bedingt sind.

Tab. 4.1.5 Wesentliche Prüfaufgaben des **Besichtigens und Erprobens,** die vor dem Beginn der Messung am betreffenden Prüfobjekt mit positivem Ergebnis abgeschlossen sein müssen

Prüfobjekt	**Durch Besichtigen/Erproben nachzuweisende Eigenschaft**
Allgemeinzustand	Schäden? Verschleißerscheinungen? Vollständigkeit? Übereinstimmung mit Unterlagen?
Potentialausgleich	Vorhandensein und Vollständigkeit (→ A 4.3, 7.8)
Anordnung von Betätigungselementen	Schutz gegen unbeabsichtigtes Berühren? Handrückenschutz? Fingerschutz?
Leitungstypen, Aderkennzeichnung	Richtige Auswahl? Richtige Verlegung? Richtige Kennzeichnung von Neutral- und Schutzleiter?
Kennzeichnung Schalt- und Schutzeinrichtungen	Überstromschutz? Schalter? Klemmen?
Umgebungseinflüsse	Veränderungen? Schutzart ausreichend?
Zugänglichkeit zum Bedienen und Warten	Verteiler? Überstromschutz? Klemmen?
Verbindung zum Versorgungsnetz sowie anderen Systemen und Ausrüstungen	Ordnungsgemäß? Zuverlässig?
Brandschutz, Vorsorge gegen Ausbreitung von Feuer	Brandschotte? Abstand? Brennbare Flüssigkeiten?
Elektrischer und/oder technologischer Zusammenhang mit anderen Ausrüstungen	Vorhanden? Gefahr bringend? Absprachen mit Anlagenverantwortlichen nötig?
Räumliche Begrenzung der Anlage	Vorhanden? Erkennbar? Sichtposten nötig?
Einfluss von Fremdanlagen (Antennen-, Blitzschutz-, Informationsanlagen)	Vorhanden? Einflüsse? Potentialausgleich?
Änderungen, Anpassungen	Vorgenommen? Ordnungsgemäß?
Dokumentation	Vorhanden? Vollständig? Auf dem aktuellen Stand der Ausrüstung?
Nicht unterwiesene Personen	Betreten möglich? Unterweisen nötig?

Ortsfeste Geräte und Ausrüstungen gehören zu der Anlage, mit der sie elektrisch verbunden sind. Werden sie von der Prüfung ausgenommen, so müssen dieser Sachverhalt und damit entstehende Auswirkungen auf die Prüfung und das Prüfergebnis vom Prüfer dokumentiert werden.

Wie intensiv eine Prüfung durchzuführen ist und ob z. B. Stichproben genügen, muss und darf der Prüfer entscheiden. Er trägt die Verantwortung dafür, dass die dem Betreiber nach der Prüfung übergebene Anlage normgerecht, ordnungsgemäß und somit sicher ist. Er unterschreibt diese Aussage im Prüfprotokoll.

Dabei ist zu bedenken und muss akzeptiert werden, dass eine 100%ige Prüfung (Besichtigen, Erproben und Messen) aller Teile – insbesondere bei der Wiederholungsprüfung – praktisch unmöglich weil unbezahlbar ist. Sie ist auch unsinnig, da das dann vielfach erforderliche Öffnen von Abdeckungen, das Lösen von Klemmen usw. zumeist erhebliche Schäden hervorruft.

Jede Prüfung ist daher ein vom Prüfer zu findender **Kompromiss** zwischen der Vielzahl der nachzuweisenden Kennwerte/Eigenschaften/Zustände und den nur in begrenzter Anzahl möglichen bzw. sinnvollen Prüfschritten.

Die unterschiedliche Wahrscheinlichkeit des Vorhandenseins von Mängeln (Qualität des Errichtens, Beanspruchung durch das Betreiben, Alter, verwendete Materialien usw.) sowie die vorhandenen Informationen über den Prüfling (bisher durchgeführte Arbeiten, Vergleich mit gleichartigen bekannten Anlagen, Protokolle früherer Prüfungen) sind dabei zu berücksichtigen. Um ordnungsgemäß prüfen und über den **Umfang der Prüfschritte** entscheiden zu können, ist es für den Prüfer erforderlich,

▷ eine **Erstprüfung** bereits während des Errichtens/Instandsetzens zu beginnen bzw.
▷ sich vor einer **Wiederholungsprüfung** bereits einen Gesamteindruck von der zu prüfenden Anlage zu verschaffen.

Natürlich ist auch bei sorgfältigster Arbeit ein gewisses **Restrisiko** unvermeidbar. Das wissen und berücksichtigen auch die Sachverständigen, die gegebenenfalls ihre Meinung zu sagen haben (→ H 2.04).

4.2 Prüfen und Messen der Schutzleiter- und Potentialausgleichsleiterverbindungen

4.2.1 Allgemeines, Prüf- und Messaufgaben

Als Schutzleiter werden in der Praxis und in Erweiterung der ursprünglichen Definition (→ Kasten übernächste Seite) alle Leiter bezeichnet, deren Vorhandensein eine Voraussetzung für die Wirksamkeit einer in **elektrischen Anlagen/Betriebsmitteln angewandten Schutzmaßnahme** ist. Mit ihnen wird eine Verbindung zwischen leitenden Teilen hergestellt, um

▷ das Ansprechen einer Schutzeinrichtung (z. B. automatische Abschaltung im Fehlerfall, Überstrom- oder Überspannungsschutz) oder
▷ das Auftreten einer Spannungsdifferenz (z. B. Berührungsspannung) zwischen fremden leitfähigen Teilen zu verhindern oder
▷ die Ableitung elektrischer Energie (z. B. Überspannung, Ableitstrom, HF-Vorgänge) zu ermöglichen.

Der Nachweis, dass der oder die Schutzleiter(-verbindungen) zwischen den anzuschließenden Teilen *(Bild 4.2.1)* bzw. zwischen dem Körper eines elektrischen Geräts und dem Schutzleiter der versorgenden elektrischen Anlage (→ Bild 4.2.2)

▷ vorhanden sind und
▷ sich in einem normgerechten/ordnungsgemäßen Zustand befinden,

gehört zur Prüfung der jeweiligen Schutzmaßnahme.

Zu beachten ist, dass die Wirksamkeit jeder Schutzmaßnahme vom Gesamtwiderstand der Schutzleiterverbindung, also vom Widerstand des Leiters und von den Übergangswiderständen an allen Verbindungsstellen abhängt. Das ist bei der Wahl der Messpunkte (→ Bild 4.2.1) und beim Beurteilen des Messergebnisses zu berücksichtigen.

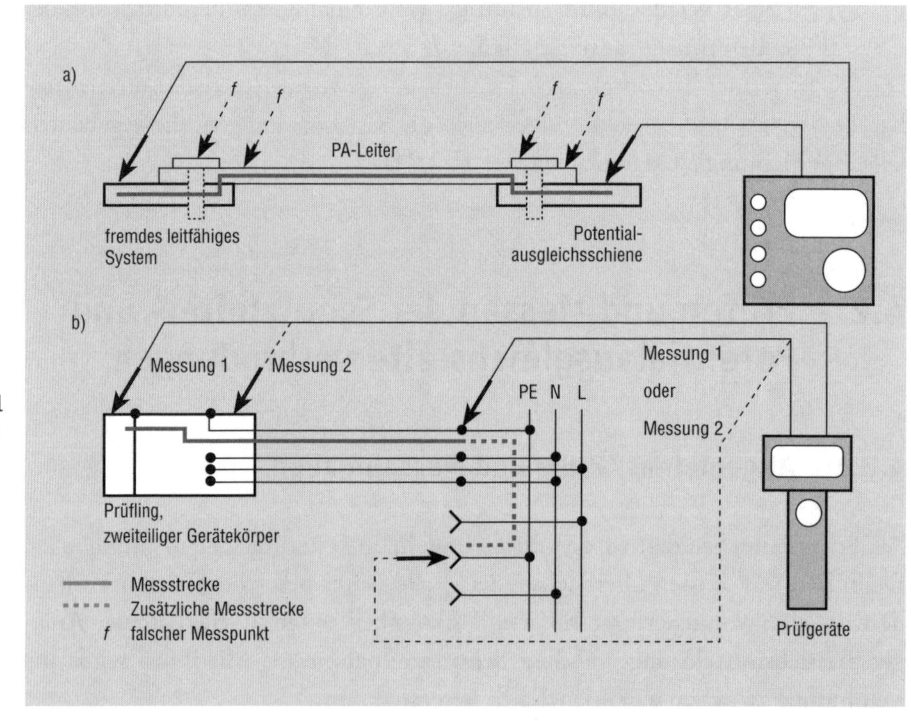

Bild 4.2.1
Messung des Schutzleiterwiderstands und Auswahl des richtigen Messpunkts (bei den Messpunkten *f* werden nicht alle Leiter- oder Übergangswiderstände erfasst)
Beispielhafte Anwendung der Prüfgeräte (→ Bild 4.2.5)

Prüfaufgabe:

Neben dem Besichtigen der Schutzleiterstrecke und aller ihrer Verbindungen sowie einem angemessenen Erproben (Handprobe bezüglich der Festigkeit, → *Tabelle 4.2.1)* erfordert die Prüfung

- ▷ das Messen des Widerstands der Leiterstrecke und
- ▷ den Vergleich des Messwerts mit dem sich aus den Merkmalen (Querschnitt, Länge, Übergangswiderstand)
  der Leiterstrecke schätzungsweise ergebenden Wert.

Das betrifft die Schutzleiter

- ▷ der Stromkreise der elektrischen Anlage (Ausrüstungen) (→ Bild 4.2.2),
- ▷ des zentralen sowie jedes örtlichen Potentialausgleichs (→ Bild 4.2.3) und
- ▷ des Blitzschutzpotentialausgleichs.

Diese Messung wird - sprachlich unkorrekt - auch als „Niederohmmessung" bezeichnet.

Tab. 4.2.1 Prüfaufgaben des Besichtigens/Erprobens an Schutz- und Potentialausgleichsleitern (Ergänzung zur Tabelle 4.1.5)

Prüfobjekt	**Durch Besichtigen/Erproben nachzuweisende Eigenschaft**
Anschlussklemmen, Schellen	Keine Provisorien, fester Sitz (Handprobe), Schutz gegen Selbstlockern, keine Korrosion, saubere Kontaktflächen
Leiter	Einhalten des Mindestquerschnitts, Befestigung, Kennzeichnung als Schutzleiter, keine eingebauten Schalter
Leitungswege	So kurz wie möglich und direkt, keine Schleifenbildung
EMV-gerechte Gestaltung	→ [4.28], [4.29]

Schutzleiter

Leiter der dem Schutz von Personen, Nutztieren und Sachen dient.

Beispiele:

- ▷ **Schutzleiter** bei einer Schutzmaßnahmen gegen elektrischen Schlag (auch PE-Leiter)
- ▷ **Schutzerdungsleiter** zum Herstellen der Verbindung zur Erde/Erdungsanlage (auch **Funktionserdungsleiter**)
- ▷ **Schutzpotentialausgleichsleiter** zum Herstellen des Potentialausgleichs für den Schutz gegen elektrischen Schlag (auch Potentialausgleichsleiter, PA-Leiter)
- ▷ **PEN-Leiter** (ehemals Nullleiter) übernimmt gleichzeitig die Funktion des Schutzleiters/Schutzerdungsleiters und des Neutralleiters.

4.2.2 Messverfahren, Durchführen der Messung

Der Wert eines Widerstands kann nicht direkt gemessen werden. Um ihn festzustellen, wird an das Messobjekt (hier die zu messende Schutzleiterstrecke des Prüflings) eine nach Größe und Art bekannte Spannung (4…24 V AC oder

DC) angelegt. Der dann fließende Strom bzw. seine Wirkungen auf das mechanische, elektronische oder andere Messwerk der Mess-/Prüfeinrichtung (→ A 4.2.4) sind ein Maß für den Wert des Widerstands. Er wird z. B. bei analogen Messwerken direkt oder bei einer digitalen Anzeige nach entsprechender elektronischer Verarbeitung zur Anzeige gebracht.
Für die Messung sind **Prüfgeräte** nach DIN VDE 0413 Teil 4 zu verwenden. Sie sichern, dass eine Messung mit der angegebenen Betriebsmessabweichung und unter Gewährleistung der Sicherheit für den Prüfer erfolgen kann.
Der **Messstrom** soll mindestens 0,2 A (AC oder DC) betragen. Messgeräte mit geringeren Spannungen/Strömen, z. B. Multimeter (→ A 9.1), sind daher für diese Messung nicht geeignet. Die Stärke des Messstroms ist in Abhängigkeit von den möglichen Auswirkungen auf den Prüfling und auf das Messergebnis ganz bewusst und gezielt auszuwählen. Dabei ist zu berücksichtigen:

- ▷ Hohe Messströme (≈ 10 A und mehr) können durch ihre Wärmewirkung an punktförmigen Verbindungsstellen (Kontaktstifte/lose Verbindungen/gelöste Adern) zum Verschweißen der Teile und/oder zum Verbrennen von Schmutzpartikeln führen. Damit werden möglicherweise ein ordnungsgemäßer Zustand oder eine saubere Steckverbindung vorgetäuscht (→ H 4.2.02).
- ▷ Der Messstrom kann bei Verbindungen des Schutzleiters mit fremden Systemen über Abschirmungen und Datenleitungen fließen und dort Zerstörungen verursachen. Bestehen derartige Möglichkeiten, so ist unbedingt mit dem geringsten zulässigen Wert des Stroms von 0,2 A zu messen.
- ▷ Bei unübersichtlichen Messstrecken (Potentialausgleich einer älteren Anlage) sollten keinesfalls hohe Messströme verwendet werden, um die Möglichkeit einer Funkenbildung/Beschädigung auszuschließen.
- ▷ Hohe Messströme führen zwangsläufig zum Verwenden schwererer Prüfgeräte.

Im Folgenden werden die Messungen an den Schutzleitern der Stromkreise *(Bild 4.2.2)* und des zentralen Schutzpotentialausgleichs *(Bild 4.2.3)* erläutert.
Im Zusammenhang mit dem Messen sind die Verbindungsstellen am Schutzleiter soweit wie möglich zu besichtigen. Es ist außerdem zu bedenken, dass ihre **Übergangswiderstände** nur den Zustand im Augenblick der Messung widerspiegeln und zu einem anderen Zeitpunkt (Betriebszustand!) ein höherer/geringerer Widerstandswert vorhanden sein kann.

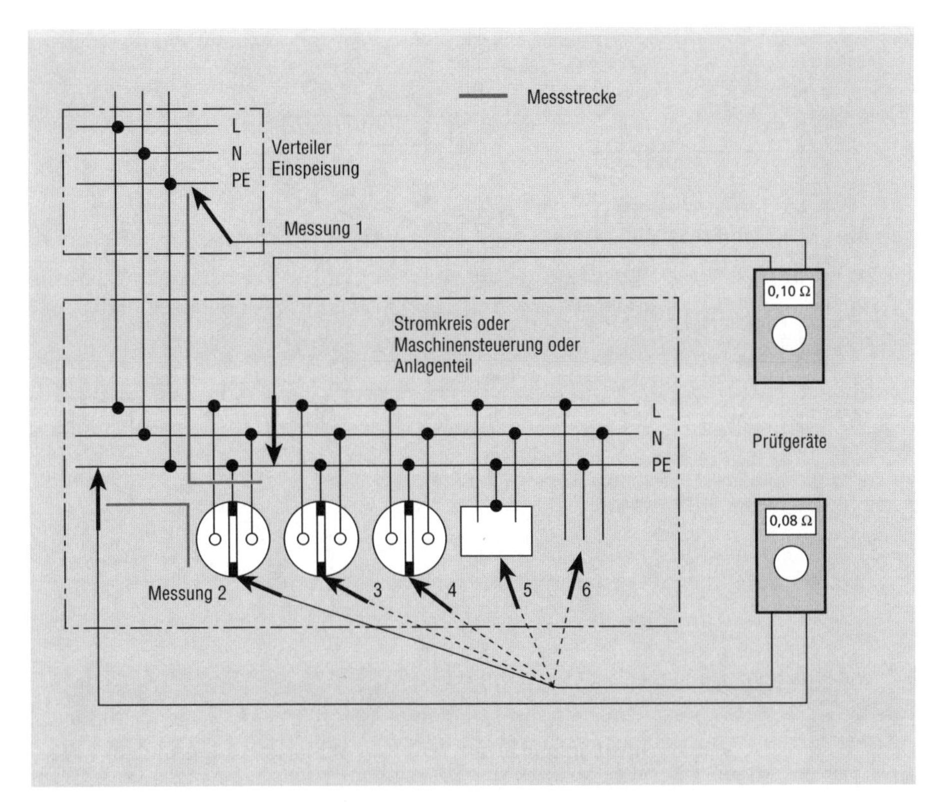

Bild 4.2.2
Messung der Schutzleiterwiderstände eines Anlagenteils, Verteilers, Stromkreises oder einer Maschinensteuerung
Beispielhafte Anwendung der Prüfgeräte (→ Bild 4.2.5)

Erläuterungen zur Messung des Schutzleiterwiderstands im Bild 4.2.2

Messaufgabe nach DIN VDE 0100 Teil 610:

„Nachweis der galvanischen Verbindung zwischen der Schutzleiterschiene/-klemme der Versorgungsanlage und den Schutzleiteranschlussstellen/fest angeschlossenen Geräten der Schutzklasse I des zu versorgenden Stromkreises/Anlagenteils".

▷ **Die gleiche Messaufgabe** ergibt sich auch bei Schaltgerätekombinationen nach DIN VDE 0660, Maschinensteuerungen nach DIN VDE 0113 (→ A 5.2) und ähnlichen Anlagenteilen.

▷ **Vor der Messung** ist zu klären, ob
- notwendige Verbindungen (→ H 4.2.06 und Bild 4.2.3 auf Seite 57) fehlen und/oder
- Verbindungen über den Schutzleiter und die Körper ortsfester elektrischer Geräte (Warmwasserbereiter) oder leitfähige Systeme oder ihrer Teile untereinander (Wasser, Gas, Heizung, Informationsanlagen, Antennen, Konstruktionen, Verkleidungen usw.) vorhanden sind und demzufolge eine Verfälschung des Messergebnisses entstehen kann *(Bild 4.2.4)*. Gegebenenfalls ist die Verbindung zwischen der PAS und dem Schutzleiter oder zum betreffenden System aufzutrennen, um solche Verbindungen zu erkennen.

▷ Die **Reihenfolge der Messungen** (Messungen 2 bis 6 im Bild 4.2.2) sollte so gewählt werden, dass die sich ändernde Länge der Messstrecke zu systematisch aufsteigenden oder absteigenden Messwerten führt. Damit kann der Prüfer etwaige Unregelmäßigkeiten (parallele Verbindungen über PA-Leiter, Unterbrechungen im Schutzleiter, Vertauschen von N und PE am Abgang) leichter erkennen.

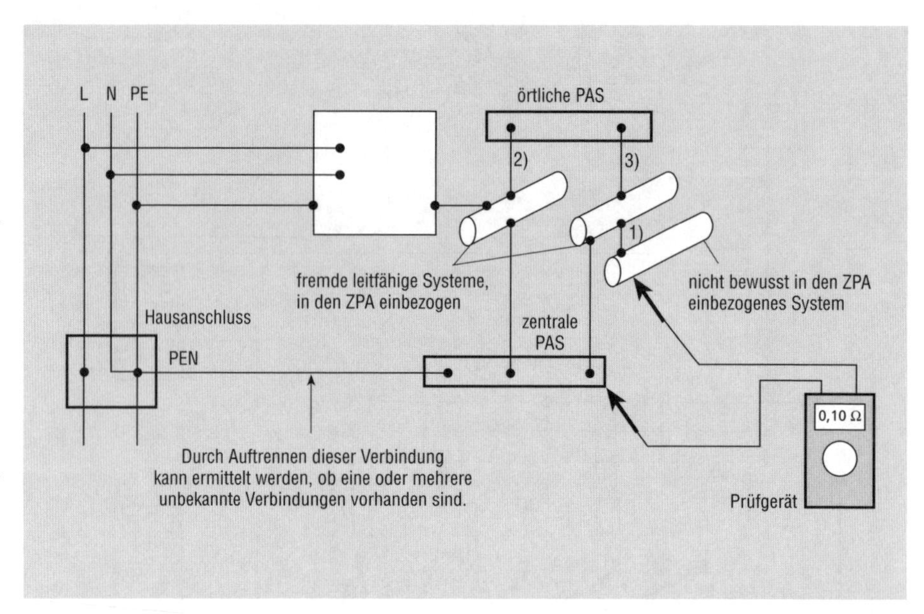

Bild 4.2.4
Mögliche unbekannte Verbindungen, die den Anschluss eines fremden leitfähigen Systems an den zentralen Potentialausgleich vortäuschen durch:

1) Verbindungen zweier Systeme, z. B. über Befestigungen
2) die Verbindung des PE zu einem fremden leitfähigem System
3) den Anschluss an einen örtlichen PA

Tab. 4.2.2 Widerstandswerte von Leitungsstrecken (Cu)

Länge in m	Querschnitt in mm^2	Widerstand (gerundet) in Ω
1	1,5	0,01
5	1,5	0,05
5	2,5	0,03
10	2,5	0,06

▷ Wird bei allen oder einigen Messungen ein **überhöhter Widerstand** gemessen, so kann die Ursache das Vertauschen des Schutzleiters mit dem Neutralleiter sein

▷ Ein **Höchstwert** für den Widerstand der gesamten Schutzleiterstrecke oder für den der Teilstrecken wird in den Normen nicht vorgegeben. Es genügt, wenn durch die Messung das Vorhandensein einer ordnungsgemäßen Verbindung nachgewiesen wurde und der Messwert annähernd dem aus den Daten der Leitung folgendem Widerstand *(Tabelle 4.2.2)* entspricht oder geringer ist. Dass die Schutzleiterwiderstände insgesamt ausreichend klein sind, wird auch durch das **Messen der Schleifenimpedanz** (→ A 4.5) bzw. durch den **Nachweis des Einhaltens der Abschaltbedingungen** der jeweiligen Schutzmaßnahme gegen elektrischen Schlag nachgewiesen.

▷ Der gemessene **Schutzleiterwiderstand** liegt entsprechend der Aufgabenstellung meist unter 0,1 … 0,3 Ω und nur in wenigen Sonderfällen bei 1 Ω oder mehr. Es besteht keine Vorgabe für den Höchstwert der Teilstrecken der Schutzleiterbahn. Der Widerstand der Gesamtstrecke entspricht etwa dem halben Schleifenwiderstand (Impedanz).

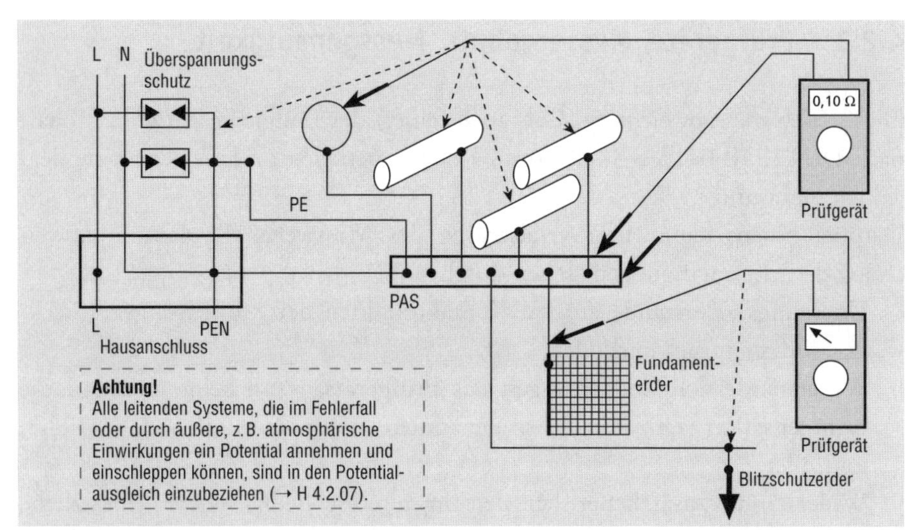

Bild 4.2.3 Messung der Widerstände der Verbindungen des zentralen Potentialausgleichs einer Gebäudeinstallation (Darstellung am Beispiel des TN-Systems)

Erläuterungen zur Messung des Widerstands der Verbindungen des Potentialausgleichs im Bild 4.2.3

Messaufgabe nach DIN VDE 0100 Teil 610 oder DIN VDE 0105 Teil 100:
„Nachweis der galvanischen Verbindung zwischen der Potentialausgleichsschiene und den fremden leitfähigen Systemen/Teilen".

▷ Die **gleiche Messaufgabe** ergibt sich auch bei allen anderen elektrischen Anlagen, in denen ein Potentialausgleich vorgenommen wurde (z. B. nach DIN VDE 0108 und DIN VDE 0113).

▷ Vor dem **Beginn** der Messungen ist festzustellen, ob alle Systeme und Teile, die in den Potentialausgleich einbezogen werden müssen, auch tatsächlich mit der Potentialausgleichsschiene verbunden sind (→ H 4.2.06).

▷ Werden **PA-Leiterverbindungen gelöst,** so können durch die damit entstehenden Berührungsspannungen bzw. Stromunterbrechungen Unfälle/Schäden entstehen. Eine vorherige Strommessung mit einer Strommesszange (→ A 4.4 und A 9.2) oder das Überbrücken der Verbindungsstelle ist zu empfehlen.

▷ Eine Vorgabe (**Höchstwert**) für den Widerstand eines Potentialausgleichsleiters besteht nicht. In einer inzwischen zurückgezogenen Norm wurde ein Höchstwert von 3 Ω genannt. Da der Potentialausgleich immer die an einem bestimmten Ort (HA-Raum, Heizungskeller, Bad usw.) vorhandenen berührbaren leitenden Systeme zu verbinden hat, sind die PA-Leiter immer relativ kurz. Somit sind – unter Beachtung der möglichen Übergangswiderstände – Widerstandswerte zwischen 0,1 und 0,5 Ω zu erwarten und als ordnungsgemäß anzusehen. Größere Messwerte als etwa 0,5 Ω ergeben sich zumeist durch Verbindungen zwischen verschiedenen Systemen an entfernten Stellen Wassererwärmer, Heizungen usw.) und lassen darauf schließen, dass der betreffende, die Systeme direkt verbindende PA-Leiter nicht ordnungsgemäß angeschlossen wurde oder die Teilstrecken des betreffenden leitenden Systems nicht durchgängig verbunden sind.

▷ Die **Messpunkte** sind so zu wählen, dass die Übergangswiderstände der Verbindungsstellen immer mit in das Messergebnis eingehen (→ Bild 4.2.1).

▷ Das **Vorhandensein einer PA-Leiter-Verbindung** kann auch durch das Messen der über sie fließenden Ableitströme beurteilt werden (→ A 4.4).

4.2.3 Prüfgeräte, Messergebnis, Messgenauigkeit

Die Betriebsmessabweichung (Gebrauchsfehler) der Prüfgeräte *(Bild 4.2.5)* darf nach DIN VDE 0413 ± 30 % vom Messwert betragen *(Tabelle 4.2.3)*, sie liegt jedoch meist unter 5 %.

Darüber hinaus kann eine **Verfälschung des Messwerts** (Betriebsmessabweichung der Messmethode) entstehen durch

- ▷ **Übergangswiderstände** an den Kontaktpunkten der Messleitungen (Steckdose, Messspitzen) und/oder
- ▷ **Widerstände der Messleitungen des Prüfgeräts,** wenn keine automatische Kompensation (z. B. mit der so genannten „Vierpolmessmethode") erfolgt, und/oder
- ▷ **Widerstände zusätzlicher Messleitungen** einschließlich deren zusätzliche Übergangswiderstände (→ H 4.2.01), die bei der Protokollierung nicht berücksichtigt werden.

Besonders die Übergangswiderstände sind so groß, dass die Betriebsmessabweichung des Prüfgeräts vernachlässigt werden kann.

Achtung! Bei den hier möglichen relativ großen Fehlern würde die genaue Angabe des abgelesenen Messwerts eine nicht vorhandene Genauigkeit der Messung vortäuschen *(Tabelle 4.2.4)*. Messwerte unter etwa 0,3 Ω sind bezüglich ihrer Genauigkeit wertlos. Im Protokoll sollte daher nur die Größenordnung (z. B. „< 0,5 Ω" oder „o. k.") angegeben werden.

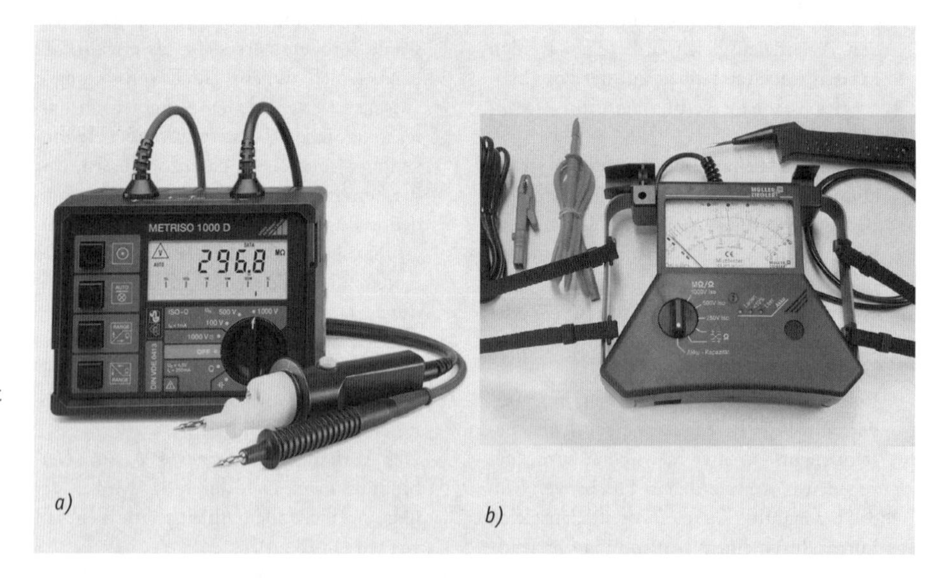

Bild 4.2.5
Beispiele für Prüfgeräte, die zum Messen kleiner Widerstände (und des Isolationswiderstands) geeignet sind

a) Metriso 1000 D (GMC)

b) ISO-Prüfer (Müller-Ziegler)

Tab. 4.2.3 Kennwerte/Bemessungswerte **der Prüfgeräte** zum Messen von Widerständen nach DIN VDE 0413 Teil 4 (→ Bilder 4.2.5)

Art	Normenvorgabe	Übliche Angaben (Beispiele)	Bemerkung
Messbereich	keine	0 bis 2/20/200 Ω	keine Vorzugsvariante
Art der Anzeige	keine	meist digital, mitunter analog	keine Vorzugsvariante
Betriebsmess-abweichung	±30 %	bei 0,2 A: ±(1,5 % + 3 Digit) bei 10 A: ±(10 % + 8 Digit)	→ A 4.2.3
Messspannung (Leerlaufspannung)	4 bis 24 V	12 oder 24 V AC oder DC	Batterie oder sichere Trennung
Messstrom	≥ 0,2 A	zumeist nur 0,2 A oft zusätzlich 5 oder 10 A	Ströme bis 15 A als Sonderfall
Besondere Eigenschaften	Zweite Messung mit geänderter Polarität; bei allen Prüfeinrichtungen nach DIN VDE 0413 vorhanden		
	Kompensation des Widerstands der Messleitung des Prüfgeräts durch die Vierpolmessmethode		

Tab. 4.2.4 Mögliche Fehler der Messwerte von Schutzleiterwiderständen (Betriebsmessabweichung ±30 %)

Messwert (Beispiele)	Toleranzbereich	Mögliche Abweichung des Istwertes vom Messwert	Angabe im Protokoll für den Istwert
0,01 Ω	0,00 bis 0,04 Ω	> 100 %	< 0,01 Ω oder „nicht messbar"
0,05 Ω	0,02 bis 0,08 Ω	60 %	< 0,1 Ω
0,10 Ω	0,07 bis 0,13 Ω	30 %	≈ 0,1 Ω oder ca. 0,1 Ω
0,50 Ω	0,47 bis 0,53 Ω	7 %	≈ 0,5 Ω oder ca. 0,5 Ω

4.2.4 Daten der Prüfgeräte

Die grundlegenden Informationen über die für diese Prüfungen/Messungen an elektrischen Anlagen zu verwendenden und nach DIN VDE 0413 Teil 4 [3.7] hergestellten Prüfeinrichtungen sind im Kapitel 10 und in Tabelle 4.2.3 aufgeführt. Darüber hinaus ist es für den Prüfer immer sinnvoll, sich in den Katalogen der Hersteller genau über die dort angegebenen Eigenschaften, Daten und Anwendungsmöglichkeiten zu informieren.

Für die hier behandelte Messung der notwendigerweise kurzen Schutzleiterstrecken sind noch folgende Angaben wichtig:

▷ Die für den normgerechten Nachweis der Wirksamkeit der Schutzleiter wichtigen Kennwerte der Prüfeinrichtungen (Messstrom und -spannung) werden von den herkömmlichen Widerstandsmessgeräten oder den Multimetern (→ A 9.1) nicht erbracht. Sie sollten daher bei den hier behandelten Prüfungen nicht zur Anwendung kommen.

▷ Bei der hier zu erfüllenden Messaufgabe – Nachweis der sicheren Verbindung mit geringem Widerstand (≈ 0,1 Ω … 0,3 Ω … 1 Ω) – und angesichts der vielen, nicht zu quantifizierenden Einflüsse auf die Messstrecke kommt es nicht darauf an, eine Prüfeinrichtung mit einer besonders geringen Betriebsabweichung oder einem großen Messbereich anzuwenden.

▷ Bei der Messung an einer Ader, die sich in einer erwärmten Leitung/Umgebung befindet, kann eine Abweichung von bis zu + 20 % gegenüber dem kalten Zustand auftreten.

4.2.5 Hinweise

H 4.2.01 Zusätzliche Messleitung

In vielen Fällen, und vor allem, wenn wie im Bild 4.2.2 dargestellt, in einer systematischen Reihenfolge gemessen wird, ist eine zusätzliche Messleitung erforderlich. Es ist empfehlenswert, dafür immer dieselbe, für diesen Zweck hergestellte flexible Messleitung mit einem Widerstand von z. B. exakt 1 Ω (1 mm^2 Cu; 55,18 m) zu verwenden, um rationell arbeiten zu können und beim Ermitteln des eigentlichen Messwerts Irrtümer, Rechenfehler usw. zu vermeiden. Auf die Sauberkeit der Steckkontakte dieser Leitung muss immer wieder und vor jeder Prüfung geachtet werden. Zu beachten ist auch, dass die Messleitung nicht versehentlich unbenutzt bleibt, wenn ihr Widerstandswert bei der Kalibrierung des Prüfgeräts berücksichtigt wurde.

H 4.2.02 Korrosion, Übergangswiderstände

Verschmutzte Kontakte haben Übergangswiderstände von meist etwa 0,1 … 0,3 Ω, aber auch 1 Ω und mehr wurden bereits gemessen. Diese Unterschiede ergeben sich durch die Art der Verschmutzung und die Anzahl der Kontaktstellen an den Steckerstiften/-buchsen, Auflageflächen. Fließt der gesamte Prüfstrom von z. B. 10 A über eine einzige Kontaktstelle mit z. B. 1 Ω, so führt die dort entstehende Wärmeleistung (in diesem Fall je nach Messspannung bis zu 100 W) zu einem Verbrennen der Schmutzteilchen an dieser Stelle und damit zu einer sofortigen Verminderung des Widerstands/Messwerts. Bei einer dann folgenden Bewegung der Verbindungsstelle, z. B. einem erneuten Stecken, ist dann zumeist wieder ein erhöhter Widerstand festzustellen, da der Kontakt an einem anderen Punkt erfolgt.

Diese Erscheinung erklärt z. B. auch, dass sich beim Messen derselben Schutzleiterstrecke mit verschiedenen Prüfgeräten (z. B. 0,2 A und 10 A Prüfstrom) unterschiedliche Messwerte ergeben können.

H 4.2.03 Messmethode mit einem hohen Prüfstrom

Für Maschinensteuerungen ist nach DIN VDE 0113 z. B. die Messung mit einem Strom von 10 A vorzunehmen und dann jeweils der Spannungsfall über der Messstrecke zu messen und daraus der Widerstand der Schutzleiterstrecke zu berechnen. Diese etwas umständliche Me-

thode führt natürlich auch zum Ziel. Ein exakteres Ergebnis erbringt sie in Anbetracht der vorn dargelegten Messfehler allerdings nicht.
Hinzu kommt, dass infolge der vielfachen Verbindungen der Schutzleiter mit den Körpern der Maschinensteuerungen oder eines Schaltschranks und den PA-Leitern gar nicht feststellbar ist, welche Leiter-Strecke(n) eigentlich gemessen werden. Mit jeder Messmethode, egal mit welchem Prüfstrom, kann bei derartigen Erzeugnissen nur festgestellt werden, ob eine Verbindung vorhanden ist oder nicht. Der Prüfer muss aufgrund seiner Erfahrungen, der Ergebnisse des Besichtigens und des gemessenen Widerstandswertes einschätzen/entscheiden, ob eine ordnungsgemäße Schutzleiterverbindung vorliegt oder nicht.

H 4.2.04 Methode der Zweifachmessung

Bei den in den Bildern gezeigten Prüfgeräten erfolgt die Messung zumeist mit einem Messstrom von 0,2 A DC und dann in zwei Schritten jeweils mit der anderen Polarität. Diese Methode ist geeignet, um Schwachstellen (z. B. lockere Verbindungen) in der Schutzleiterbahn finden. Bei Nässe und Korrosion können sich an diesen Stellen galvanische Elemente bilden, die sich je nach Stromrichtung unterschiedlich auf die im Messkreis wirkende Gleichspannung und damit auf das Messergebnis auswirken. In derartigen Fällen werden beide Messwerte angezeigt und der Prüfer somit über den Mangel informiert. Besonders vorteilhaft ist die Anwendung dieser Prüfgeräte bei den Messungen in Anlagen, bei denen äußere Einflüsse (Nässe, Wärme, Bewegung) wirksam werden.
Werden bei den beiden Messungen unterschiedliche Widerstandswerte angezeigt, so kann dies auch auf einen über die Messstrecke fließenden Fremdstrom hinweisen.

H 4.2.05 Durch das Messen nicht entdeckte Fehler

Die hier behandelte Messung wird vielfach als Routinehandlung angesehen und möglichst schnell ein Messpunkt nach dem anderen abgetastet, sodass der Messwert vom Prüfer gar nicht bewusst erfasst werden kann.
Auf diese Weise darf nicht gemessen werden, wenn es um die Sicherheit geht. Der Prüfer sollte

▷ vor jeder Messung überlegen, welcher Messwert zu erwarten ist,
▷ dann den angezeigten Wert exakt erfassen und ihn abschließend unter Beachtung der möglichen Abweichungen vom Istwert (→ H 4.2.01 bis H 4.2.04) beurteilen.

Bei Messgeräten mit analoger Anzeige ist die Auswertung besser möglich.
Zum Messvorgang gehört auch, soweit wie dies möglich ist, die Handprobe, d. h. der Versuch, den Prüfling (Leitung, Anschlüsse, Verbindungsstellen usw.) zu bewegen, um lose Klemmen oder Unterbrechungen einer Aderleitung durch die dann einsetzenden Schwankungen des Anzeigewerts zu erkennen. Letzteres ist nur mit Prüfgeräten möglich, bei denen die Messzeit vom Prüfer und nicht vom Prüfgerät bestimmt wird.
Bei ordnungsgemäß hergestellten und dabei exakt besichtigten Anlagen/Betriebsmitteln sind die angeführten und andere Fehler selten vorhanden. Bei bereits längere Zeit bestehenden Anlagen sind sie schon wahrscheinlicher. In jedem Fall aber muss der Prüfer mit ihrem Auftreten rechnen und entsprechend sorgfältig Messen. Ein nicht entdeckter Schutzleiterfehler kann beim späteren Betreiben des Prüflings verhängnisvoll werden.

H 4.2.06 Einbeziehen von leitenden Systemen/Teilen in den Potentialausgleich

An jedem leitenden Teil, dass nach den Normenvorgaben mit dem Schutzleiter/Potentialausgleich zu verbinden ist, muss das Vorhandensein dieser Verbindung durch Messen nachgewiesen werden. Bei einem negativen Ergebnis wurde die Prüfung nicht bestanden. Es ist darum erforderlich, dass dem Prüfer bekannt ist, für welche leitenden Systeme/Teile und dann unter welchen Bedingungen diese Verbindung in den Normen gefordert wird. Die grundsätzlichen Festlegungen dazu sind:

▷ **Mit dem Schutzleiter** der Anlage, sind alle Teile zu verbinden, die nur durch den Basisschutz/Basisisolierung gegenüber aktiven Teilen isoliert/geschützt sind und die bei deren Versagen Spannung annehmen können (→ A 6.2).

▷ **Mit dem Potentialausgleich** sind alle Teile zu verbinden (→ Bild 4.2.3), die eine Spannung in den Bereich der Anlage (Gebäude) einschleppen können. Hierzu gehören auch Stahlschornsteine, Antennenmaste, Solarkollektoren usw., sowie gegebenenfalls auch Fassadenelemente (→ A 7.8).

4.3 Messen des Isolationswiderstands

4.3.1 Allgemeines, Prüf- und Messaufgaben

Die Isolation bzw. die Isolierungen (→ Kasten und *Bild 4.3.1)* von elektrischen Geräten, Leitungen oder anderen Bauelementen haben die Aufgabe,

▷ für deren ordnungsgemäße und zuverlässige elektrotechnische Funktion zu sorgen (Funktionsisolierung/Betriebsisolierung) sowie

Isolation (→ Bild 4.3.1)
Gesamtheit der Isolierungen eines Erzeugnisses/Bauelements

Isolierung
Zum Gewährleisten des Isoliervermögens in eine technische Gestalt gebrachte Isolierstoffe

Isoliervermögen
Eigenschaft eines Erzeugnisses bzw. seiner Isolierungen, die eine elektrische Spannung führenden Teile gegen andere Teile so zu isolieren, dass bei bestimmungsgemäßer Anwendung, kein die Funktion oder die Sicherheit beeinträchtigender Vorgang (Fehlerstrom, Überschlag, Durchschlag) entsteht

Isolationswiderstand
Ohmscher Widerstand der Isolierungen zwischen zwei leitenden Teilen eines elektrischen Betriebsmittels

Basisisolierung
Isolierung, die den grundlegenden Schutz gegen elektrischen Schlag gewährleistet (Berührungsschutz/Schutz gegen direktes Berühren)

Zusätzliche Isolierung
Zusätzlich zur Basisisolierung angewandte Isolierung, die bei deren Versagen den Schutz gegen elektrischen Schlag gewährleistet (Schutz bei indirektem Berühren; früher Schutzisolierung)

Doppelte Isolierung
Basisisolierung und zusätzliche Isolierung

Verstärkte Isolierung
Durchgängig aus dem gleichen Isolierstoff bestehende Isolierung, die den gleichen Schutz bietet wie eine doppelte Isolierung

Funktionsisolierung/Betriebsisolierung
Isolierung, mit der unter Spannung stehende Teile eines elektrischen Erzeugnisses voneinander getrennt/isoliert werden, um dessen Funktionsfähigkeit zu gewährleisten

▷ zu gewährleisten, dass bei bestimmungsgemäßem Einsatz keine Gefährdung durch die Elektrizität entstehen kann (Basisisolierung und zusätzliche Isolierung).

Daher gehört zur Prüfung jeder elektrischen Anlage der Nachweis, dass alle erforderlichen Isolierungen zwischen den gegeneinander unter Spannung stehenden Teilen

▷ vorhanden sind und
▷ sich in einem normgerechten/ordnungsgemäßen Zustand befinden.

Für diesen Nachweis des Isoliervermögens der Anlage stehen die in *Tabelle 4.3.1* aufgeführten Verfahren zur Verfügung.

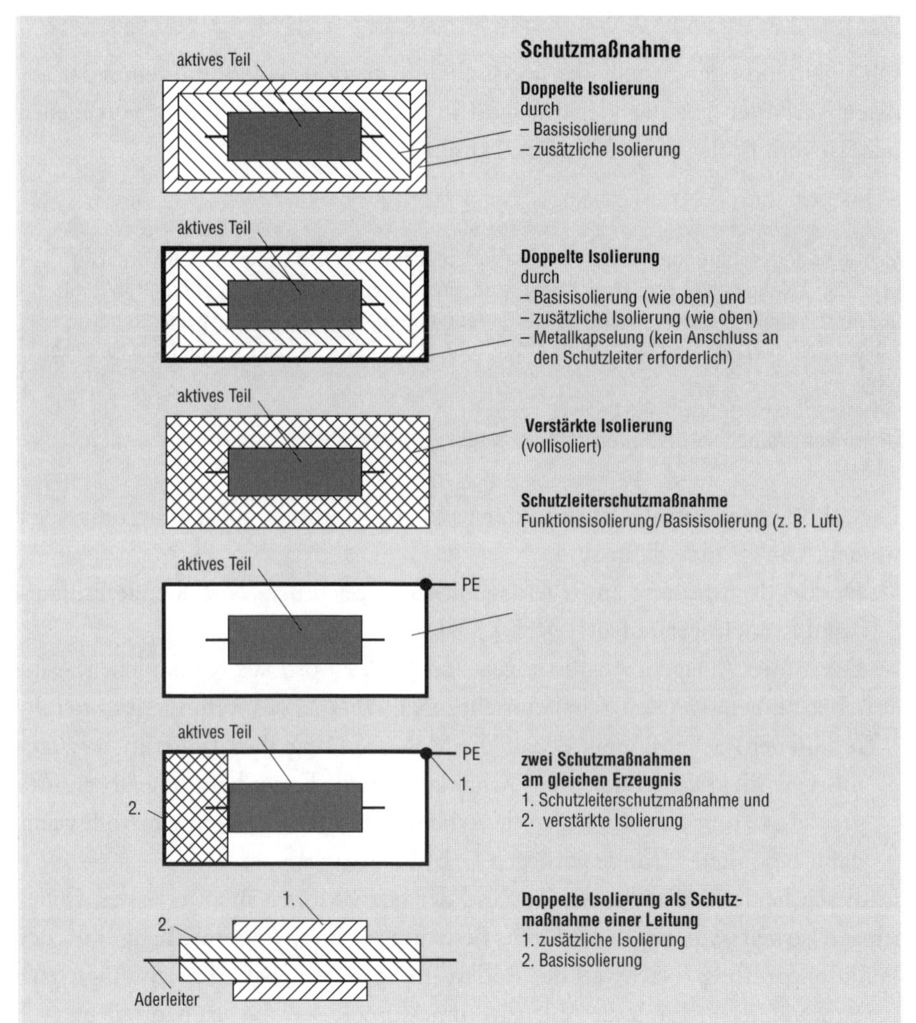

Bild 4.3.1
Ausführungsarten der Isolierung

Tab. 4.3.1 Verfahren zum **Nachweis des Isoliervermögens** eines elektrischen Erzeugnisses

Verfahren	**Hauptsächliche Zielstellung**	**Abschnitt in diesem Buch**
Besichtigen	Entdecken von offensichtlichen Mängeln (Beschädigung, Alterung)	4.1 (Tabelle 4.1.5)
Messen des Isolationswiderstands	Nachweis der Qualität des Zustands der Isolierung	4.3.2
Messen des Ableit-/Fehlerstroms	Ermitteln der Gefährdung von Personen	4.4, 6.4
Spannungsprüfung, Nachweis der Spannungsfestigkeit	Ermitteln der Betriebszuverlässigkeit und eventueller Schäden der Isolation	8.4

Ob ergänzend oder anstelle der Messung des Isolationswiderstands eines der anderen Verfahren anzuwenden ist, wird in der jeweiligen Prüfnorm vorgegeben oder ist vom Prüfer zu entscheiden. Damit lautet die

Prüfaufgabe:

Neben dem Besichtigen der Isolierungen und aller aus isolierendem Material bestehenden Körper/Abdeckungen/Teile der Anlage sowie dem Besichtigen und einem angemessenen Erproben (Handprobe) der zugehörigen Befestigungen, ist zum Nachweis des Isoliervermögens der Isolationswiderstand zwischen den aktiven Teilen (L, N) und den Erdpotential führenden Teilen zu messen und der Messwert mit

- ▷ dem üblicherweise zu erwartendem Wert sowie
- ▷ dem in der Norm vorgegebenem Grenzwert (Mindestwert) zu vergleichen.

Diese Prüf-/Messaufgabe kann in der Praxis nicht immer vollständig umgesetzt werden. Die Gründe dafür sind:

- ▷ Der bei der Messung an Regelungen/Steuerungen usw. entstehende Prüfaufwand ist nicht vertretbar (→ H 4.3.01).
- ▷ Die in den Anlagen, Ausrüstungen und Geräten oftmals vorhandenen, elektrisch zu betätigenden Schalteinrichtungen *(Bild 4.3.2)* verhindern durch ihre (offenen) Schaltkontakte, dass die Messspannung allen Isolierungen zugeführt wird. Die hinter den Schaltkontakten liegenden Leiterabschnitte gesondert zu prüfen, ist wegen des erheblichen Aufwands nur sinnvoll, wenn dafür besondere Gründe vorliegen (z. B. Ex-Schutz).

In diesen beiden Fällen ist der Zustand der beim Messen nicht erfassten Isolierungen soweit wie möglich durch Besichtigen, im Zusammenhang mit der Funktionsprüfung (Nachweis des Isoliervermögens mit Betriebsspannung) oder – wenn möglich – durch die Ableitstrommessung (→ A 4.4) zu beurteilen.

Das im *Bild 4.3.3* dargestellte Ersatzschaltbild zeigt, wie eine Isolierung bzw. die Gesamtheit aller Isolierungen zwischen zwei leitenden Teilen im Normalzustand bzw. im Fehlerfall wirksam ist. Anhand dieses Ersatzschaltbildes

- ▷ ist zu erkennen, welche Messmethoden zum Ermitteln der Eigenschaften der Isolierung angewandt werden können,
- ▷ lässt sich erklären, wie die Messergebnisse entstanden sind und
- ▷ aufgrund welcher Merkmale der Zustand der Isolierungen beurteilt werden kann.

Der **Widerstand** der Isolierungen kann nicht direkt gemessen werden. Um seinen Wert festzustellen, wird eine nach Größe und Art bekannte Gleichspannung angelegt. Der dann fließende Strom bzw. dessen Wirkungen auf das mechanische, elektronische oder andere Messwerk der Mess-/Prüfeinrichtung sind ein Maß für den Wert des Widerstands. Der Messwert wird bei analogen Messwerken direkt oder bei einer digitalen Anzeige nach entsprechender elektronischer Verarbeitung zur Anzeige gebracht. Die Messung erfolgt mit Gleichspannung, um einen Einfluss der Kapazitäten (Leitungskapazität, Beschaltungen) auszuschließen.

Mit dieser *Messung* werden vor allem Schäden in den festen Isolierungen gefunden, dies allerdings nur dann, wenn die Isolierung verschmutzt und/oder feucht ist und sich ein geerdetes Teil (PE, E) in unmittelbarer Nähe befindet. Durch mechanische Einwirkung, Montagefehler oder z. B. durch verzunderte Isolierungen entstandene, für einen ordnungsgemäßen Betrieb zu geringe Abstände (< 2mm) werden durch eine Isolationswiderstandsmessung nicht entdeckt, hierzu ist eine Spannungsprüfung (→ A 8.4) erforderlich.

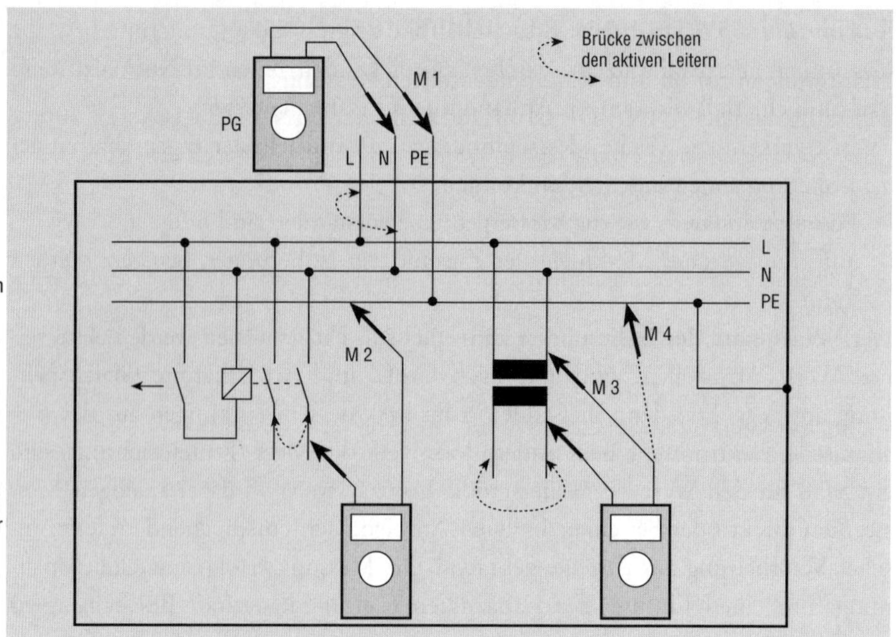

Bild 4.3.2
Anlage (Ausrüstung, Gerät), bei der ein **Nachweis des Isoliervermögens** mit der Isolationswiderstandsmessung wegen elektrisch zu betätigender Schalteinrichtungen oder infolge von Netzteilen im Erzeugnis nur teilweise möglich (Messung M1) oder sehr aufwändig (Messung M2) und/oder nicht immer sinnvoll (Messungen M3/4) ist *(Prüfgeräte → Bilder 4.2.5 und 4.5.4)*

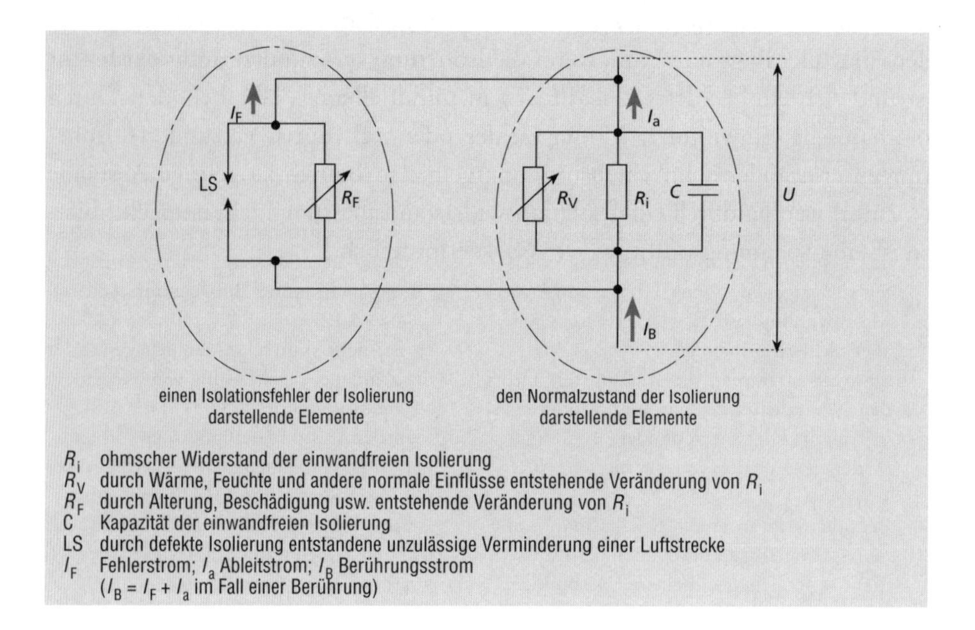

Bild 4.3.3
Ersatzschaltbild einer Isolierung

4.3.2 Messverfahren, Durchführen der Messung

Erläuterungen zur im Bild 4.3.2 dargestellten Messung

Messaufgabe nach DIN VDE 0100 Teil 610 oder DIN VDE 0105 Teil 100:

„Der Isolationswiderstand muss zwischen jedem aktiven Leiter und dem Schutzleiter oder Erde gemessen werden".

- ▷ **Vorgeschrieben** ist die Messung des Isolationswiderstands in der Regel nur für die Isolierungen zwischen den aktiven Leiter (Außenleitern sowie Neutralleiter) und anderen leitenden, berührbaren Teilen. Damit werden die Wirksamkeit der Isolierungen (→ Bild 4.3.1), d.h. des Schutzes gegen elektrischen Schlag – teilweise aber auch die Funktionsfähigkeit des Prüflings – nachgewiesen. Auf die Messung des Isolationswiderstands zwischen den aktiven Teilen, d.h. den Nachweis des Schutzes gegen Kurzschluss (Überstrom) und der Funktionsfähigkeit, wird bewusst verzichtet (→ H 4.3.02).
- ▷ Die Messung erfolgt **zwischen den aktiven Leitern und dem Schutzleiter** der Anlage. Sie sollte jeweils für
  - jeden Stromkreis oder
  - gemeinsam für alle Stromkreise z.B. eines Verteilers

  vorgenommen werden. Auch das Messen des Isolationswiderstands jedes einzelnen Leiters ist zulässig (→ H 4.3.06). Wegen der möglichen Zerstörung von Bauelementen der angeschlossenen Geräte durch die Messspannung ist diese Verfahrensweise aber nicht zu empfehlen.

  Sinnvoll ist immer, die Außenleiter und den Neutralleiter des gleichen Stromkreises miteinander zu verbinden und ihren Widerstand gemeinsam zu messen *(Bild 4.3.4).*
- ▷ Befinden sich an einem Schaltschrank, einem Gebrauchsgerät usw. auch berührbare, nicht mit dem Schutzleiter verbundene Teile, die durch doppelte/verstärkte Isolierung von den aktiven Teilen getrennt sind, so ist auch an ihnen eine Isolationswiderstandsmessung vorzunehmen (→ A 6.3), wenn sich beim Besichtigen Hinweise auf mögliche Fehler ergeben haben.
- ▷ Können bei der Messung nicht alle Isolierungen erfasst werden, so müssten an den durch Kontaktelemente vom Einspeisepunkt getrennten Leitungen und Geräten gegebenenfalls gesonderte Messungen (→ Bild 4.3.2 Messung 2) vorgenommen werden. Das wird aber in Anbetracht des entstehenden Aufwands nicht gefordert. Der Prüfer hat zu entscheiden, ob die bei einem unentdeckten Isolationsfehler möglichen Folgen eine Messung erforderlich machen oder ob eine Ableitstrommessung (→ A 4.4) sinnvoll ist. Mit der Ableitstrommessung wird ebenfalls das Isoliervermögen nachgewiesen, die Betriebsspannung dient dabei als Messspannung.
- ▷ **Der Nachweis der (sicheren) galvanischen Trennung** der (Schutz)Kleinspannungs-Stromkreise sowie ihrer ordnungsgemäßen Isolierung gegenüber Erde (PE, PA) (→ Bild 4.3.2 Messungen 3 und 4) wird zwar gefordert, kann aber wegen
  - der Schwierigkeiten beim Adaptieren an Anschlussbuchen und
  - der möglichen Zerstörung von elektronischen Bauelementen durch die Prüfspannung nicht immer durchgeführt werden (→ A 4.12).
- ▷ Es ist **nicht sinnvoll, Gebrauchsgeräte** für die Zeitdauer der Messung von der Anlage zu trennen (→ H 4.3.05). Die Aussagekraft der Messung bezüglich der vorhandenen/nicht vorhandenen Sicherheit wird damit gemindert. Ist die Trennung von der Anlage bei empfindlichen elektronischen Geräten jedoch unumgänglich, so sind
  - das Isoliervermögen des abgetrennten Geräts auf andere Weise zu kontrollieren (Prüfung nach DIN VDE 0701/0702, → K 6) und
  - der ordnungsgemäße Wiederanschluss des Geräts gesondert nachzuweisen.
- ▷ Überspannungsschutzgeräte der Klassen B oder C können beim Anlegen der Prüf-

spannung möglicherweise ansprechen. Wenn sie nicht leicht von der Anlage getrennt werden können (steckbare Geräte), darf die Prüfspannung für den betroffenen Stromkreis auf z. B. 250 V reduziert werden (→ A 7.8). Diese Reduzierung ist auch in anderen, vom Prüfer zu beurteilenden Fällen zulässig.

▷ Das **Bewerten der Prüfergebnisse** erfordert viele Prüferfahrungen und ein gründliches Nachdenken über die Aussagekraft der jeweiligen Messwerte (→ A 4.3.3). Allein das Einhalten der nach den Normen vorgegebenen Grenzwerte (→ Bild 3.6 und *Tabelle 4.3.2*)
- ist keine Beweis für die Fehlerfreiheit und die Zuverlässigkeit der Isolierungen und
- genügt nicht, um die Anlage freizugeben.

▷ Es sind **Prüfeinrichtungen** nach DIN VDE 0413 Teil 2 zu verwenden. Sie sichern, dass eine bezüglich der Betriebsmessabweichung **und des Arbeitsschutzes** ordnungsgemäße Messung erfolgen kann.

Die Höhe der Messspannung ist in den Normen aber nicht einheitlich und unter Berücksichtigung von Ausnahmen vorgegeben. Üblich sind 100 V, 250 V, 500 V und 1000 V (→ Tab. 4.3.2). Sie sollte mindestens der Bemessungsspannung des Prüflings entsprechen. Es ist messtechnisch nicht sinnvoll, eine möglichst hohe Messspannung zu verwenden. Vor der Messung ist zu klären, welche Prüfspannung in Anbetracht der im Prüfling vorhandenen Überspannungsschutzgeräte (→ A 7.8) oder spannungsempfindlichen Bauelemente (→ H 4.3.02) verwendet werden sollte oder ob gegebenenfalls ganz auf diese Messung verzichtet werden muss (→ A 6.4).

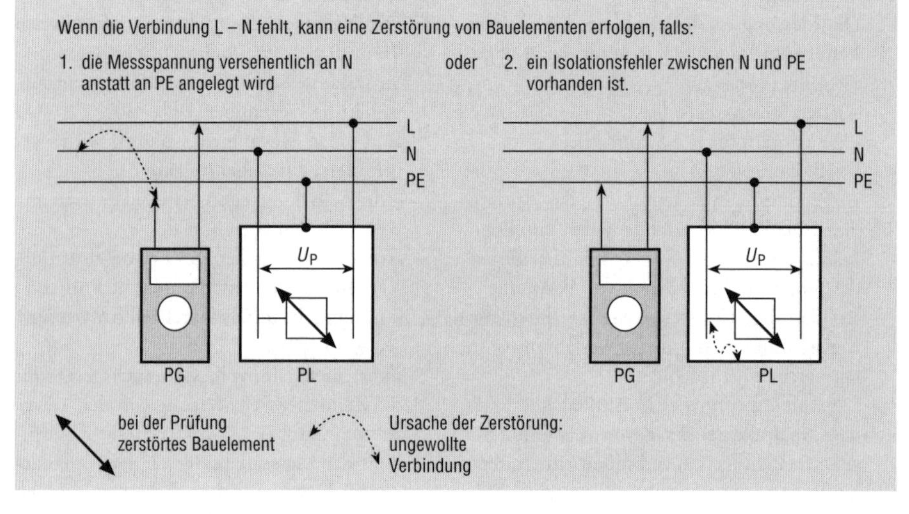

Bild 4.3.4
Eine mögliche Zerstörung von Bauelementen durch die Prüfspannung kann durch das Verbinden aller aktiven Leiter während der Messung verhindert werden *(Prüfgeräte → Bilder 4.2.5 und 4.5.4)*

4.3.3 Prüfgeräte, Messergebnis, Messgenauigkeit

Die in den Normen vorgegebenen Mindestwerte (Grenzwerte) für den Isolationswiderstand markieren die Grenze zwischen folgenden Zuständen:

▷ **Messwert < Grenzwert,**
d. h. die Isolierung ist fehlerhaft, es besteht akute Gefährdung;

▷ **Messwert ≥ Grenzwert,**
d. h. die Isolierung ist mehr oder weniger fehlerhaft, es besteht gerade noch keine akute Gefährdung;

▷ **Messwert >> Grenzwert,**
d. h. die Isolierungen ist fehlerfrei, es besteht keine Gefährdung für eine die Anlage (Ausrüstung, Gerät) benutzende Person.

> Zu beachten ist:
> Das Einhalten des Grenzwerts allein bedeutet nicht, dass die Isolierungen einwandfrei sind (→ H 4.3.03).

Hinzu kommt, dass jeder Messwert und damit die abzuleitende Aussage über den Zustand der Isolierung nur für den Moment der Messung gilt. Durch äußere Einwirkungen (Nässe, Hitze, Druck, Kriechströme usw.) auf eine bereits geschädigte, durch geringen Isolationswiderstand aufgefallene Isolierung kann in kurzer Zeit eine weitere Verschlechterung eintreten.

Weiterhin ist beim Bewerten des Messwerts auch die Betriebsmessabweichung des Prüfgeräts zu berücksichtigen. Damit der Istwert des betreffenden Stromkreises den vorgegebenen Grenzwert von z. B. 1 MΩ nicht unterschreitet, muss der vom Prüfgerät angezeigte Messwert bei einer Betriebsmessabweichung von ± (5 % vom Messwert + 5 Digit) mindestens 1,055 MΩ betragen.

Für das Bewerten des Messwerts gilt somit:

▷ Eine positive Beurteilung der zu prüfenden Anlage (Ausrüstung, Gerät) ist nicht möglich, wenn der Messwert den Grenzwert nach *Tabelle 4.3.2* lediglich erreicht oder geringfügig überschreitet.

▷ Ein Isolationswiderstand in der Größenordnung des Grenzwerts oder darunter ist immer ein Anzeichen für einen Defekt (Beschädigung, Nässe, Schmutz). Seine Ursache muss ermittelt und beseitigt werden (→ H 4.3.06).

Tab. 4.3.2 In den Normen vorgegebene **Mindestwerte** (Grenzwerte) für den Isolationswiderstand (R_{iso}) eines End-Stromkreises (ab Überstromschutzeinrichtung) elektrischer Anlagen (Ausrüstungen)

<table>
<tr><th>Norm
DIN VDE</th><th>Bemessungsspannung der Anlage/
des Anlagenteils</th><th colspan="2">Mindestwert
für R_{iso}</th><th>Empfohlene Mess-spannung in V</th><th>Bemerkung</th></tr>
<tr><td rowspan="3">0100-610
Erstprüfung</td><td>mit Schutzkleinspannung (SELV, PELV)</td><td>0,25 MΩ</td><td rowspan="3">gilt für Anlagen inRäumen und im Freien</td><td>250</td><td>sofern möglich (→ A 6.3)</td></tr>
<tr><td>bis 500 V
außer (SELV, PELV)</td><td>0,5 MΩ</td><td>500</td><td rowspan="2">gegebenenfalls mit Nennspannung</td></tr>
<tr><td>über 500 V</td><td>1,0 MΩ</td><td>1000</td></tr>
<tr><td rowspan="4">0105-100
Wieder-holungs-prüfung</td><td>mit Schutzklein-spannung (SELV, PELV)</td><td colspan="2">0,25 MΩ</td><td>250</td><td>sofern möglich (→ A 6.3)</td></tr>
<tr><td>bis 1000 V, mit (ange-schlossenen und einge-schalteten) Gebrauchs-geräten</td><td colspan="2">300 Ω je V der Bemessungsspannung
• 400 V → 0,12 MΩ
• 600 V → 0,18 MΩ
• 1000 V → 0,3 MΩ</td><td rowspan="3">≥ Bemessungs-spannung</td><td>gegebenenfalls mit Nennspannung</td></tr>
<tr><td>bis 1000 V, ohne Ge-brauchsgeräte</td><td colspan="2">1000 Ω je V der Bemessungsspannung
• 400 V → 0,4 MΩ
• 600 V → 0,6 MΩ
• 1000 V → 1,0 MΩ</td><td rowspan="2">von der Anlage getrennte Gebrauchsgeräte nach Kapitel 6 prüfen</td></tr>
<tr><td>bis 1000 V, im Freien oder in nassen (abge-spritzten) Räumen</td><td colspan="2">• mit Gebrauchsgeräten 150 Ω je V der Bemessungsspannung,
• ohne Gebrauchsgeräte 300 Ω je V der Bemessungsspannung</td></tr>
</table>

4.3.4 Daten der Prüfgeräte

Die grundlegenden Informationen über die für diese Prüfungen/Messungen an elektrischen Anlagen zu verwendenden, nach DIN VDE 0413 Teil 2 [3.7] hergestellten Prüfgeräte sind im Kapitel 10 und in *Tabelle 4.3.3* aufgeführt. Darüber hinaus ist es für den Prüfer immer sinnvoll, sich in den Katalogen der Hersteller exakt über die dort angegebenen Eigenschaften, Daten und Anwendungsmöglichkeiten zu informieren. Nicht immer werden die Normenvorgaben 1 zu 1 umgesetzt.

Tab. 4.3.3 Kennwerte/Bemessungswerte der Prüfgeräte nach DIN VDE 0413 zum Messen des Isolationswiderstands (→Bild 4.2.5)

Art	Normenvorgabe	Übliche Angaben (Beispiele)	Bemerkung
Messbereich	keine	0 bis 2/20/200 MΩ	keine Vorzugsvariante
Art der Anzeige	keine	meist digital, mitunter analog	keine Vorzugsvariante
Betriebsmessabweichung	±30 %	±(5 % vom Messwert + 3 Digit)	
Messspannung	bis 1000 V DC	100 bis 500 (750) V 1000 (5000) V DC	sichere Trennung Leerlaufspannung beachten
Messnennstrom		1 mA	

Wie die vorstehenden Erläuterungen zeigen, kommt es weniger auf ganz exakte Messwerte, sondern vielmehr auf eine schnelle, sichere und zuverlässige Messung, d. h. auch auf ein gut handhabbares Prüfgerät an. Sowohl ein Kurbelinduktor als auch ein mit einem Akkumulator oder einer Batterie ausgestattetes Prüfgerät können vorteilhaft sein, wenn vorwiegend an abgelegenen Stellen ohne Netzspannungsversorgung zu messen ist.
Im Bild 4.2.5 wurden bereits beispielhaft einige Prüfgeräte vorgestellt, mit denen auch die Isolationswiderstandsmessung vorgenommen werden kann. Auch die so genannten Kombigeräte (→ Bild 4.5.4) sind dafür geeignet.

4.3.5 Hinweise

H 4.3.01 Nachweis des Isoliervermögens zwischen den aktiven Leitern

Der Nachweis des Isoliervermögens bzw. das Messen des Isolationswiderstands zwischen den Außenleitern (L – L) oder zwischen dem Neutralleiter und den Außenleitern (N – L) wird nicht bzw. nur bei besonderen Anlagen (feuergefährdeten Betriebsstätten) gefordert. Ein Isolationsfehler zwischen diesen Leitern führt zu keiner unmittelbaren Gefährdung von Personen. Zu empfehlen ist aber, bei Wiederholungsprüfungen älterer Anlagen, deren Leitungen, Verteilerdosen usw. mit brennbaren Stoffen in Berührung kommen, die Zweckmäßigkeit dieser Messungen oder einer entsprechenden Spannungsprüfung (→ A 8.3) zu bedenken.
Es kann aber angenommen werden, dass der Zustand dieser Isolierungen (L–L, L–N) ebenso gut/schlecht ist wie der der Isolierungen zwischen den aktiven Leitern und dem Schutzleiter (PE). Insofern gilt das Ergebnis der vorgeschriebenen Isolationswiderstandsmessung für die gesamte Anlage.

H 4.3.02 Abtrennen der Geräte während der Messung

In einer elektrischen Anlage kann ein Berührungsstrom entstehen, wenn

▷ eine bestimmte Stelle berührt wird, die einen Isolationsfehler aufweist, oder
▷ mehrere Ableit-/Fehlerströme über ein leitendes Teil, z. B. den defekten Schutzleiter, und über die berührende Person gemeinsam abfließen *(Bild 4.3.5)*.

Um alle diese Fehlerstellen bzw. die durch diese Ströme entstehende Gefährdung zu erkennen und zu vermeiden, wird die Isolationswider-

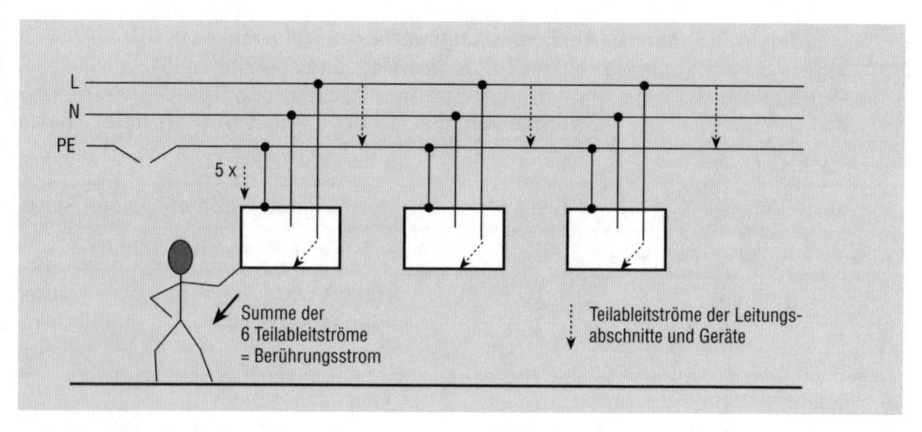

Bild 4.3.5 Möglichkeit der Durchströmung einer Person in einer Anlage
Werden Anlagenteile oder Geräte nicht in die Isolationswiderstands- oder Ableitstrommessung einbezogen, so kann die damit im Fall eines Schutzleiterfehlers mögliche Gefährdung (Berührungsstrom bei einer Berührung des Schutzleiters/Gerätekörpers) nicht erkannt werden

standsmessung angewandt. Mit jedem Teil der Anlage das nicht in die Messung einbezogen wird, vermindert der Prüfer die Qualität seiner Prüfung und die Sicherheit für die an/in der Anlage tätigen Personen. Es muss somit das Ziel der **Sicherheitsprüfung** sein, die Messungen immer am „kompletten Stromkreis", einschließlich aller vom Stromkreis versorgten, fest angeschlossenen und eingeschalteten Gebrauchsgeräte vorzunehmen.
Wird ein ortsfestes Gerät – aus welchen Gründen auch immer – nicht mitgeprüft, so muss der Nachweis seines ordnungsgemäßen Zustands auf andere Weise erbracht werden (→ A 6.3).

H 4.3.03 Begründung der Grenzwerte

Die in Tabelle 4.3.2 genannten Grenzwerte haben ihren Ursprung in der Festlegung, dass zum Gewährleisten der Sicherheit der mit einer Anlage und ihren Leitungen in Berührung kommenden Person höchstens ein Berührungsstrom von 1 mA über die betreffende Person fließen darf. Dieser Stromwert ist somit die mehr oder weniger willkürlich festgelegte Grenze zwischen dem für einen Menschen spürbaren/gefährlichen und einem noch nicht spürbaren/ungefährlichen Körperstrom. Daraus ergeben sich für die Grenzen des Isolationswiderstands die Vorgaben

- ▷ $R_{iso} \geq 1000\ \Omega$/Volt der Bemessungsspannung der Anlage bzw.
- ▷ $R_{iso} \geq 0{,}5\ \text{M}\Omega$ bei 500 V Bemessungsspannung und
- ▷ $R_{iso} \geq 1\ \text{M}\Omega$ bei 1000 V Bemessungsspannung.

Alle anderen in der Tabelle genannten Grenzwerte wurden von diesen Ausgangswerten mehr oder weniger willkürlich und ohne exakte physikalische Begründungen abgeleitet. Sie markieren alle die Grenze

- ▷ zwischen „defekt/gefährlich" und
- ▷ „schon etwas defekt aber gerade noch nicht gefährlich".

Das heißt, das Einhalten der Grenzwerte des Isolationswiderstands ist keine Bestätigung einer als „ausreichend gut" oder „einwandfrei" oder „zuverlässig" anzusehenden Isolierung. Eine solche Aussage setzt einen Messwert voraus, der den üblicherweise bei einwandfreien Anlagen erreichten Werten (5…20 MΩ) entspricht, also wesentlich über dem „Grenzwert" der Norm liegt.
Es ist daher nicht korrekt, wenn Messgeräte ein positives Ergebnis der Prüfung z. B. durch einen Signalton, eine optische Anzeige oder auf einem Ausdruck bestätigen, wenn der Messwert über dem Grenzwert liegt. Nur der Prüfer kann entscheiden, ob ein unter oder knapp über dem Grenzwert liegender Messwert einen fehlerhaften, betriebsmäßig üblichen oder ordnungsgemäßen Zustand beschreibt.
Unschön ist für den Praktiker auch, dass die in den Prüfnormen vorgegebenen Grenzwerte nicht übereinstimmen (→ Tabelle 4.3.2). Es wird daher empfohlen, bei allen Messungen wie folgt zu verfahren:

- ▷ Ergibt die Messung, dass der Wert des Isolationswiderstands geringer ist als 1 MΩ, so ist der Prüfling vom Versorgungsnetz zu trennen und instand zu setzen.
- ▷ Liegt der Messwert über 1 MΩ, aber unter dem üblicherweise bei einem ordnungsgemäßen Prüfling der gleichen Art zu er-

wartendem Messwert, oder – falls ein solcher Vergleich nicht möglich ist – unter z. B. 5 MΩ, ist die Ursache dieses geringen Isolationswiderstands zu klären und dann vom Prüfer über die weitere Verfahrensweise (Instandsetzung oder Fortsetzung des Betriebs) zu entscheiden.

H 4.3.04 Defekte als Ursache geringer Isolationswiderstände

Jedes Betriebsmittel, das nach den Vorgaben der jeweiligen Norm (Werkstoffe, Abstände, Gestaltung) hergestellt wurde, hat im Neuzustand einen Isolationswiderstand von einigen MΩ. Dieser Ausgangswert kann sich durch die betriebsmäßigen Beanspruchungen (Staub, Feuchtigkeit, Alterung) vermindern, muss jedoch auch dann noch so hoch sein, dass beim weiteren Betreiben – bis zur nächsten turnusmäßig vorgesehenen Prüfung – die ordnungsgemäße Funktion und die Sicherheit zuverlässig gewährleistet sind. Die in Tabelle 4.3.1 angegebenen Werte ermöglichen die Aussage, ob vom Prüfling im Moment der Messung eine unzulässige Gefährdung ausgeht oder nicht, und ob er nach der Messung noch mit ausreichender Sicherheit – oder besser nicht mehr – betrieben werden kann. Wie die Praxis zeigt, ergeben sich derart geringe Isolationswiderstände aber nur dann, wenn

- ▷ erhebliche, im Normalbetrieb nicht übliche Einwirkungen auftreten, oder
- ▷ die betroffenen Betriebsmittel sich nicht mehr in einem ordnungsgemäßen Zustand befinden (Schutzart, Kriechstrecken, Eigenschaften der Umgebung). Das heißt, die betreffenden Anlagen/Anlagenteile/Betriebsmittel werden falsch eingesetzt oder sind fehlerhaft.

Insofern müssen Anlagen oder Betriebsmittel, bei denen Isolationswiderstände in der Größenordnung der Grenzwerte gemessen werden, fast immer

- ▷ als defekt oder
- ▷ bezüglich ihrer Gestaltung (Schutzart) als für den betreffenden Einsatz nicht tauglich

eingestuft werden. Die Prüfung kann dann nicht als bestanden gewertet werden. Besonders die in DIN VDE 0105 Teil 100 angegebenen geringen und „krummen" Grenzwerte sind nicht vertretbar.

Nur in wenigen Fällen – die dann vom Prüfer ganz bewusst festzustellen und zu bestätigen sind – können derart geringe Isolationswiderstände als unvermeidbare und „beständige" betriebsmäßige Zustände angesehen werden.

H 4.3.05 Bedeutung der Isolationswiderstandsmessung

Wie aus den vorstehenden Abschnitten zu erkennen ist, kann mit der Isolationswiderstandsmessung kein vollständiger und auch, technisch gesehen, bei weitem kein 100%iger Nachweis des Isoliervermögens erreicht werden. Dieser Umstand berechtigt aber nicht, auf die Isolationswiderstandsmessung zu verzichten oder sie grundsätzlich durch andere, ebenso nur eingeschränkt wirkende Methoden zu ersetzen, z. B. die ständige Überwachung der Isolierungen durch

- ▷ einen FI-Schutzschalter – damit wird ein Isolationswiderstand von etwa 0,07 MΩ (230 V/30 mA) ständig zugelassen – oder
- ▷ ein Isolationsüberwachungsgerät – dessen Ansprechwert wird auf etwa 0,04 MΩ eingestellt.

Das sind deshalb unbefriedigende Lösungen, weil sie zulassen, dass sich Isolationsfehler langsam aber stetig entwickeln und dann ein plötzliches Abschalten der Anlage bewirken; der Basisschutz wird nicht gewährleistet.

Isolationsfehler sind Mängel im Schutz gegen das Berühren aktiver Teile. Die Messung des Isolationswiderstands sollte daher so weit wie irgend möglich durchgeführt werden.

H 4.3.06 Zusammenfassen der aktiven Leiter bei der Messung

Ausgangspunkt ist das Messen des Isolationswiderstands des Außenleiters eines Stromkreises. Der von ihm ausgehende Ableitstrom kann bei einer Unterbrechung des Schutzleiters dieses Stromkreises zum Berührungsstrom werden. Der Grenzwert in Tabelle 4.3.1 gilt eigentlich nur für den Isolationswiderstand dieses Außenleiters. Wenn nun gestattet ist, diese Messung gemeinsam für mehrere Leiter vorzunehmen (Parallelschaltung ihrer Isolationswiderstände) so ist das ein erheblicher Kompromiss.

Es zeigt sich auch hier sehr deutlich, dass es bei diesen Messungen nicht auf Genauigkeit, sondern auf das Entdecken der Abweichungen vom Normalzustand und somit der Fehlerstellen in den Isolierungen ankommt.

H 4.3.07 Isolationswiderstandsmessung bei bestehenden Anlagen

Alle hier genannten Messungen des Isolationswiderstands erfordern einen mehr oder weniger großen, bei der Wiederholungsprüfung mitunter kaum noch vertretbaren Aufwand. Mitunter sind sie sogar undurchführbar. Besonders zeigt sich das in folgenden Fällen:

▷ Bei Stromkreisen mit dem TN-C-System ist es meist nicht möglich, den PEN-Leiter freizuschalten, und auch der geschaltete Außenleiter erhält über ortsfeste Geräte und den PEN-Leiter Erdpotential.

▷ Bei Stromkreisen mit dem TN- und dem TT-System muss der Neutralleiter im Verteiler von der Einspeisung getrennt werden. Das ist bei älteren Anlagen oftmals ein gewagtes Unternehmen und mit Beschädigungen der Isolierungen/Klemmen usw. verbunden.

In derartigen Fällen müssen vom Prüfer das Für und Wider abgewogen und eine Entscheidung getroffen werden. Wenn entschieden wird, aufgrund der technischen Unmöglichkeit, des Aufwands oder der möglichen Folgen die Messung nicht vorzunehmen, so ist dies zu dokumentieren (→ Bild 11.1c). Das Besichtigen – und bei Stromkreisen mit dem TN- und dem TT-System wenn möglich die Ableitstrommessung (→ A 4.4) – muss in diesen Fällen zum Beurteilen des Isoliervermögens genügen.

4.4 Messen der Ströme in Schutz- und Potentialausgleichsleitern

4.4.1 Allgemeines, Prüf- und Messaufgaben

Die betriebsmäßigen Ableitströme der Isolierungen elektrischer Betriebsmittel (→ K 6) addieren sich im Schutz- und/oder in den Potentialausgleichsleitern des jeweiligen Stromkreises der elektrischen Anlage. Im Normalfall, d. h. bei ordnungsgemäßen Betriebsmitteln, ist der Schutzleiterstrom kaum messbar. Im Schutzleiter eines Anlagenteils (Verteiler, Ausrüstung) beträgt er dann auch nur wenige Milliampere. Negative Folgen, z. B. durch die entstehenden elektromagnetischen Felder, sind nur bei sehr empfindlichen elektronischen Einrichtungen zu erwarten.

Anders sieht es aus, wenn

▷ ein oder mehrere Betriebsmittel fehlerhaft und/oder

▷ mehrere Betriebsmittel mit EMV-Beschaltungen ausgestattet sind und betriebsmäßige Ableitströme zur Folge haben und/oder

▷ kein ordnungsgemäßer Potentialausgleich vorhanden ist und vagabundierende Ströme aus fremden Quellen auf unkontrollierbaren Wegen eindringen und/oder

▷ Verbindungen/Verwechslungen zwischen Neutralleiter und Schutzleiter, z. B. in den Endstromkreisen,

entstanden sind.

In diesen Fällen können die Ströme im Schutzleiter erhebliche höherfrequente Anteile enthalten und Werte von mehreren Ampere aufweisen. Bei derartigen Strömen kann es zur Erwärmung an den Klemmstellen der PA-Leiter sowie infolge der elektromagnetischen Felder zu erheblichen Störungen an elektronischen Einrichtungen (Steuerungen, Überwachungen) kommen. Möglich sind bei Mängeln im Potentialausgleichssystem oder beim Öffnen von PA-Verbindungen (Lichtbogen!) auch durch Erschrecken ausgelöste Folgeunfälle von Personen oder das Entzünden von Bränden.

Mit größeren Strömen und erheblichen Auswirkungen auf die EMV ist zu rechnen, wenn in den Schutz- oder Potentialausgleichsleitern infolge eines in der Anlage vorhandenen TN-C-Systems funktionsbedingte Betriebsströme fließen (→ Bild 4.4.1) [4.31].

Von dieser Problematik wurden und werden die Elektrotechniker mehr oder weniger überrascht. Demzufolge findet man in den Errichtungsnormen bisher noch keine verbindlichen Vorgaben für eine Anlagengestaltung, die diesen Störungen entgegenwirkt. Die Schutzleiterströme sind daher – formal gesehen – für die bestehenden Anlagen Folgen eines normgerechten und zulässigen Betriebszustands. Erst seit einigen Jahren wird im Zusammenhang mit dem Errichten von Informationsanlagen empfohlen bzw. gefordert, das TN-C-System nicht mehr einzusetzen [2.2]). In den Normen für das Prüfen elektrischer Anlagen [3.1] [3.2] wird bisher nicht verlangt, die Werte der genannten Ströme zu ermitteln und ihre Auswirkungen auf Funktion und Sicherheit zu beurteilen.
Da aber zunehmend festzustellen ist, dass diese „vagabundierenden Ströme" (auch „Streuströme" genannt) Störungen in den elektrischen Anlagen verursachen, entsteht – über die derzeit vorhandenen Vorgaben der Normen hinaus – bei Erst- und Wiederholungsprüfungen folgende

Prüfaufgabe:

Es ist festzustellen,

▷ ob die Anlage so gestaltet ist, dass keine bezüglich der EMV (→ A 4.13) unverträglichen Schutzleiterströme fließen können und

▷ ob in den Schutz- und Potentialausgleichleitern der zu prüfenden Anlage Ströme fließen, die störende Auswirkungen hinsichtlich Funktion und/oder Sicherheit auf die elektrischen Anlagen und die von diesen versorgten Systeme haben können.

Gegebenenfalls sind die Ursachen der Ströme (Isolationsfehler, EMV-Beschaltungen, TN-C-System, Fremdströme) zu ermitteln.

Die in den Schutz- und Potentialausgleichsleitern fließenden Ströme sind vor allem in älteren, vielfach reparierten/erweiterten Anlagen ein Gemisch mehrerer, aus der zu prüfenden oder aus anderen Anlagen stammender Teilströme. Ihre Ursachen und Wege sind oftmals nicht erkennbar, sie können eine unterschiedliche Phasenlage aufweisen, sich ständig ändern und in Grenzfällen auch entgegengesetzt fließen.

Für den Prüfer bzw. den Betreiber der Anlage sollte ein solches Messergebnis Anlass sein, über eine möglicherweise nötige Änderung der Anlagengestaltung und der eingesetzten Gebrauchsgeräte nachzudenken. Grenzwerte für zulässige Schutzleiterströme können nicht festgelegt werden, da in jedem Einzelfall

▷ der gemessene Strom durch unterschiedliche – zum Teil auch unvermeidliche betriebsmäßige – Bedingungen entstanden sein kann und
▷ je nach Art der Anlage ein anderer Stromwert störend wirkt oder gerade noch vertretbar ist.

In gewissem Umfang ist es möglich, aus dem Messwert auf die Ursache des Stroms zu schließen. Eine sehr grobe Orientierung bieten folgende Aussagen:

▷ Bei allen Anlagen können – je nach Größe und Anzahl der eingesetzten Gebrauchsgeräte – immer PE-/PA-Leiter-Ströme von wenigen bis zu einigen Dutzend mA auftreten.
▷ Ströme von 20 mA bis zu einigen 100 mA und mehr deuten auf Isolationsfehler und/oder EMV-Beschaltungen hin.
▷ Noch höhere Ströme zeigen das Vorhandensein von Frequenzumrichtern (auch in Haushaltsgeräten), umfangreichen EMV-Beschaltungen oder den Einsatz des TN-C-Systems oder Verbindungen zwischen N- und PE-Leiter im TN-S- oder TT-System an.

Zu beachten ist,

▷ dass die Höhe der Ströme vom Schaltzustand und von der Auslastung der Anlage abhängig ist und dass daher die Messung mehrfach – zu unterschiedlichen Tageszeiten bzw. bei unterschiedlichen Betriebszuständen – vorgenommen werden sollte und
▷ dass mit der Anzahl der zusätzlich zur Anwendung kommenden modernen Gebrauchsgeräte auch die Belastung durch diese Schutzleiterströme zunimmt.

Werden derartige Ströme festgestellt, so ist anhand von Erfahrungswerten [4.31] zu entscheiden, ob sie

▷ bei den elektronischen Einrichtungen zu Störungen oder
▷ zu Überlastungen oder
▷ zu Gefährdungen

führen können, und ob ihre Ursache sofort oder zu einem späteren Zeitpunkt zu beseitigen ist.

4.4.2 Messverfahren, Prüfgeräte, Messergebnis, Messgenauigkeit

Die Ableitströme können am besten mit einer Strommesszange gemessen werden (*Bild 4.4.1*), weil damit kein Auftrennen der Leiterbahnen zum Einsatz eines Strommessers erforderlich ist (→ A 9.2). Die Zange sollte für das Erfassen von Strömen mit einer Frequenz von wenigstens bis zu 1 kHz geeignet sein, um das Messen eventueller Oberschwingungsanteile des Stroms zu ermöglichen (→ A 8.5 und A 9.2) und seine Entstehungsorte leichter lokalisieren zu können. Möglicherweise ist wegen des erforderlichen Strom-Messbereichs das Verwenden mehrerer Strommesszangen zweckmäßig.

Festzustellen ist zunächst, ob in dem zu dem Verteiler o. ä. führenden Schutzleiter ein Strom fließt; anschließend muss gegebenenfalls die Messung der Ströme in den Schutzleitern der Stromkreise erfolgen. Ist dem Verteiler eine Potential-

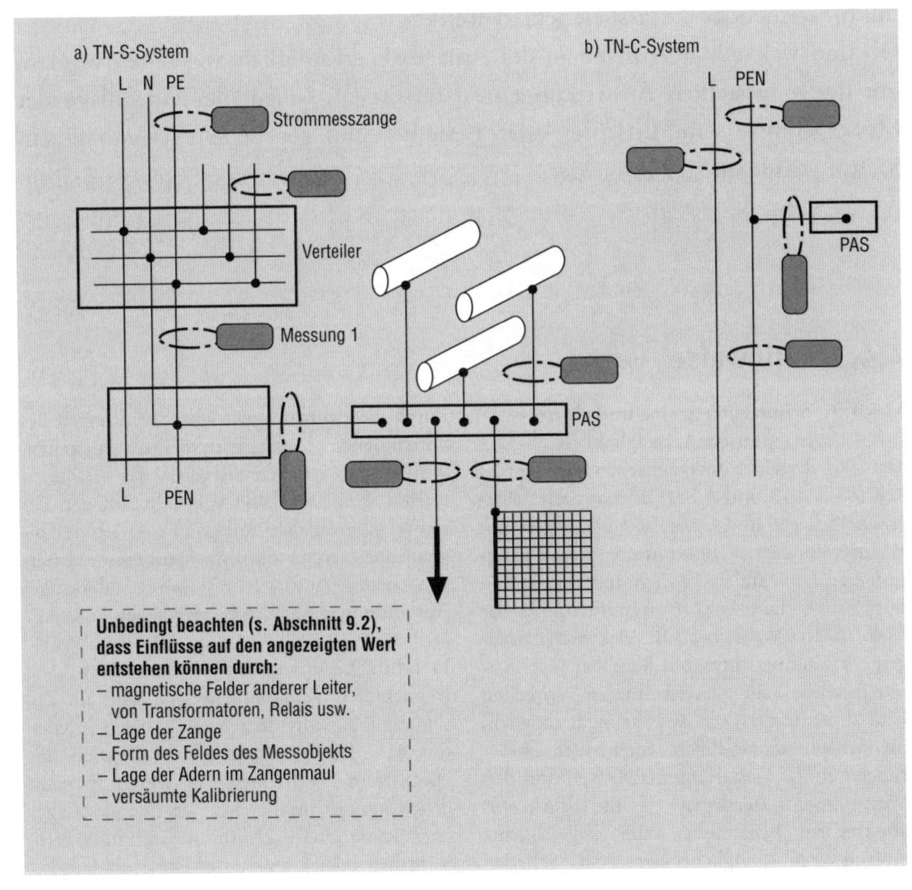

Bild 4.4.1 Messung der Ableitströme in einer Installationsanlage mit dem TN-System (→ A 9.2)
a) TN-S-System: *Wird durch die Messung 1 festgestellt , dass im ankommenden Schutzleiter des Verteilers ein Strom fließt, so ist durch weitere Messungen festzustellen, von welchem Anlagenteil/ Gebrauchsgerät dieser Strom hervorgerufen wird.*
b) TN-C-System: *Durch den Vergleich des Außenleiterstroms mit dem PEN-Leiterstrom kann ermittelt werden, ob über das Potentialausgleichssystem im betreffenden Gebäude Ströme fließen, von denen Störungen hervorgerufen werden können.*

ausgleichsschiene (PAS) zugeordnet oder sind an der PE-Schiene Verbindungen zu einem örtlichen Potentialausgleich angeschlossen, so sind auch die Ströme in den zur PAS führenden Potentialausgleichsleitern der Systeme zu ermitteln. So können dann Schritt für Schritt die Orte der Entstehung der Ströme (Ableit-, Fehler-, Betriebsströme) und ihre Ursachen aufgespürt werden.

Bei Anlagen mit dem TN-C-System sollte durch das Messen der Ströme auch im Außen- und im PEN-Leiter (Bild 4.4.1b) festgestellt werden, welcher Anteil der Ströme im PA-System bei einer Umstellung auf das TN-S-System vermieden werden kann.

In Drehstromsystemen ist zu beachten, dass sich die Ableitströme der Außenleiter geometrisch und damit möglicherweise zu null addieren können.

An die Messgenauigkeit werden keine Anforderungen gestellt. Es genügt, wenn

- ▷ Entstehungsursache/–ort, Größenordnung und Wege der Ströme sowie
- ▷ ihre möglichen Auswirkungen (Erwärmung, Spannungsdifferenzen) im PA-System

mit hinreichender Gewissheit geklärt werden.

Ob und welche Änderungen in der Anlage als erforderlich angesehen werden, um die festgestellten Auswirkungen zu beseitigen, ist auf der Grundlage der Messergebnisse vom Errichter oder Betreiber und gegebenenfalls von einem Sachverständigen zu entscheiden.

4.4.3 Hinweise

H 4.4.01 Schutzleiterströme und elektromagnetische Verträglichkeit

Das Ziel der elektromagnetischen Verträglichkeit (→ A 4.13 und A 8.9) besteht darin, elektrische Anlagen und Geräte so zu gestalten und einzusetzen, dass sie bestimmungsgemäß funktionieren ohne andere Einrichtungen zu stören oder durch diese gestört zu werden. Da das EMV-Gesetz [1.15] auch für elektrische Anlagen gilt, sind Errichter und Betreiber verpflichtet, störende Schutzleiterströme zu vermeiden bzw. zu verhindern. Es ist zwar nicht möglich, die sich aus dieser Pflicht ergebenden Forderungen an die Gestaltung der Anlage und den Wert eines „zulässigen" Schutzleiterstroms konkret zu benennen; wenn jedoch eine Störung und möglicherweise ein Schaden durch die elektromagnetischen Wirkungen des vorhandenen Schutzleiterstroms entstehen, wird das als ein Verstoß gegen das Gesetz zu werten sein. Dies kann vor allem für den Errichter einer solchen Anlage unangenehme Folgen haben, wenn die Informationseinrichtungen seines Auftraggebers infolge derartiger Auswirkungen nicht in Betrieb gehen können.

H 4.4.02 Leckströme

In mehreren Veröffentlichungen wird im Zusammenhang mit dem Messen des Schutzleiter- bzw. Berührungsstroms die Bezeichnung „Leckstrom" verwendet. Für diesen Fachausdruck gibt es im Bereich der Energieanlagen [2.3] keine exakte Definition und auch keine Vorgaben oder Grenzwerte. Diese unklare Bezeichnung kann demzufolge auch nicht zum Bestimmen einer Messaufgabe oder zur Angabe von fehlerhaften Zuständen oder von Messwerten in der Dokumentation verwendet werden. Im Bereich der Elektroenergieanlagen ist der „Leckstrom" mit dem „Fehlerstrom" [2.3] gleichzusetzen. Die Bezeichnung „Leckstrom" zu benutzen ist daher nicht nur unnötig und unkorrekt, sondern für die Elektropraktiker sogar irreführend.

Ebenso fehlerhaft wie ein solches Benennen von Ableit- oder Fehlerströmen ist die werbewirksame Bezeichnung „Leckstromzange". Diese Zange misst jeden Strom den ihr „Maul" umschließt, unabhängig davon, ob er betriebsmäßig entsteht oder durch einen Isolationsfehler verursacht wird (→ A 9.2.4).

Sinnvoller sind in diesem Zusammenhang die Bezeichnungen „Streustrom" oder „vagabundierender Strom".

H 4.2.03 Schutzleiterstrommessung zum Nachweis des Isoliervermögens

Die Ableitströme der Aderisolierungen, Klemmböcke und anderer Isolierstrecken einer elektrischen Anlage fließen von den Außenleitern zur Erde, zu den anderen Außenleitern, zum Neutralleiter und zum Teil auch zum Schutzleiter. Bei einer ordnungsgemäßen Anlage betragen sie höchsten wenige mA und sind praktisch nicht messbar. Welche der genannten Ursachen Ströme mit Werten von dann mehreren oder einigen 10 mA, von einem oder mehr Ampere zur Folge haben, kann allein aufgrund der Messung des Schutzleiterstroms nicht festgestellt werden. **Insofern ist die Schutzleiterstrommessung keine verlässliche Methode zum Erkennen von Isolationsfehlern in der zu prüfenden Anlage.** Der gemessene Stromwert ist lediglich dann ein Hinweis auf mögliche Isolationsfehler, wenn die angeschlossenen Gebrauchsgeräte (EMV-Beschaltungen!) und eventuelle Verbindungen des betreffenden Schutzleiters zum Potentialausgleich, zu fremden leitfähigen Systemen usw. bekannt sind.

Vorteilhaft ist die Messung jedoch zum Ermitteln der Ströme, die den Auslösestrom der FI-Schutzschalter des betreffenden Stromkreises beeinflussen.

4.5 Messen von Schleifenimpedanz und Kurzschlussstrom beim TN-System

4.5.1 Allgemeines, Prüf- und Messaufgaben

Die Schutzwirkung der Schutzmaßnahmen TN-C-System und TN-S-System mit Überstromschutzeinrichtung (→ Tabelle im Bild 4.5.2) beruht auf

- ▷ der direkten Verbindung aller berührbarer leitfähigen Teile der Betriebsmittel mit dem Schutzleiter (PE) der Anlage *(Bild 4.5.1)*,
- ▷ dessen Verbindung mit dem Sternpunkt der Umspannstation (PE) und
- ▷ der schnellen Trennung einer fehlerhaften Stelle der Anlage von ihrer Spannungs-/Stromversorgung durch eine Schutzeinrichtung.

Das Abschalten der treibenden Spannung muss so schnell erfolgen, dass z. B. eine durch den Fehler hervorgerufene Durchströmung einer Person (Bild 4.5.1a) nicht unmittelbar zu einem Gesundheitsschaden führen kann. Bild 4.5.1b zeigt, wie schnell abzuschalten ist: in weniger als 0,5 s – also praktisch „sofort".

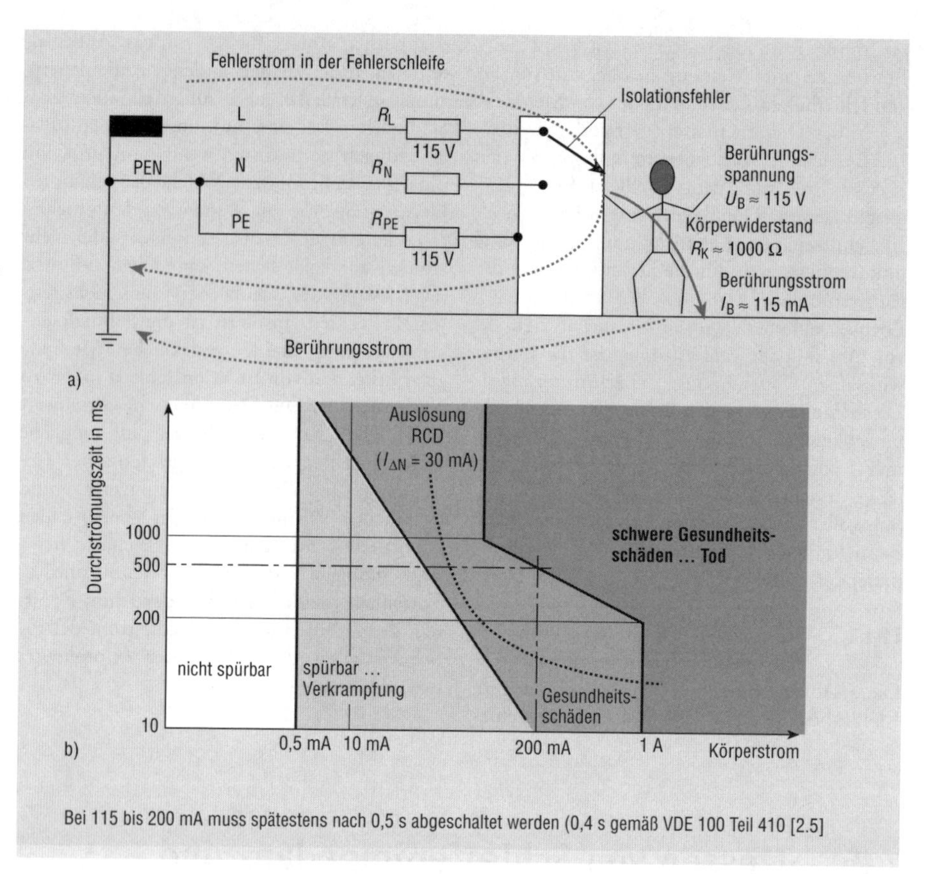

Bild 4.5.1 Ermittlung der Abschaltzeit, bei der kein bleibender Gesundheitsschaden durch den Körperstrom zu befürchten ist, wenn im Moment des Isolationsfehlers das fehlerbehaftete Betriebsmittel berührt wird

a) Prinzip der Durchströmung (Beispiel TN-System)

b) Zum Vermeiden von Gesundheitsschäden der durchströmten Person ***erforderliche Abschaltzeit***

Die Tabelle im Bild 4.5.2 lässt erkennen, wie groß der Kurzschlussstrom I_K **mindestens sein muss,** nämlich größer als der Auslösestrom der Überstromschutzeinrichtung, wenn diese in weniger als 0,5 s abschalten soll[3].

Aus dem so ermittelten Wert des Kurzschlussstroms und dem Zusammenhang

$$I_K = \frac{U_0}{Z_{Sch}}$$

lässt sich nach Umstellung aus

$$Z_{sch} = \frac{U_0}{I_K} \text{ (im Beispiel } 2{,}2\ \Omega \approx \frac{230\ \text{V}}{105\ \text{A}})$$

berechnen, wie groß die Impedanz (Widerstand) der Leitungsstrecke bis zur Fehlerstelle **höchstens** sein darf, um das Einhalten der Abschaltzeit 0,5 s – bzw. **0,4 s mit Sicherheitsabschlag nach Norm** [2.5] – zu gewährleisten.

3 Der Strom, bei dem eine Überstromschutzeinrichtung in einer bestimmten Zeit auslöst, ist ihrer Abschaltcharakteristik zu entnehmen.

Für den Prüfer ist es einfach, den im Fehlerfall auftretenden Kurzschlussstrom und die Schleifenimpedanz zu messen (→ Bild 4.5.3). Der Errichter der Anlage hingegen muss die Schleifenimpedanz aus den Daten der in der möglichen Fehlerschleife liegenden Kabel, Leitungen und Geräte (→ Bild 4.5.2) und daraus – siehe Formel – den zu erwartenden Kurzschlussstrom berechnen.
Auf der Grundlage des ermittelten Kurzschlussstroms wird die erforderliche Schutzeinrichtung ausgewählt (Errichter) oder kontrolliert, ob sie richtig ausgewählt wurde (Prüfer).
Somit ergibt sich die

Prüfaufgabe:
Es ist zu kontrollieren, ob die Abschaltbedingung der Schutzmaßnahme TN-System eingehalten wird. Erforderlich ist beim Einsatz einer Überstromschutzeinrichtung (→ *Bild 4.5.2)*
- ▷ das Messen des Kurzschlussstroms je Endstromkreis und
- ▷ der Vergleich des gemessenen Werts des Kurzschlussstroms mit dem Auslösestrom der Überstromschutzeinrichtung des betreffenden Stromkreises (Beispiel siehe Tabelle im Bild 4.5.2).

Von den üblicherweise angewandten Prüfgeräten (→ Bilder 4.5.4 und 4.5.5) werden aus den gemessenen Daten die Werte des Kurzschlussstroms und die Schleifenimpedanz (Schleifenwiderstand) berechnet und angezeigt (→ Formel). Mit dem Kurzschlussstrom kann schnell und einfach der Nennstrom der zulässigen Überstromschutzeinrichtung ermittelt werden (→ Bild 4.5.2). Die Anzeige der Schleifenimpedanz bietet dem Prüfer die Möglichkeit, eine Information über den Zustand des Leitungswegs – insbesondere der dort vorhandenen Klemmstellen – zu erhalten.

Bild 4.5.2 Darstellung der Schleifenimpedanz und ihrer Messung in einer Anlage mit der Schutzmaßnahme „TN-System mit Überstromschutzeinrichtung“ *Verfahren zum Ermitteln des mindestens erforderlichen Werts des Kurzschlusstroms I_K (oder des Werts der höchstens zulässigen Schleifenimpedanz Z_{Sch}) und der Überstromschutzeinrichtung (Bemessungsstrom) die in ≤* ***0,4 s nach dem Auftreten des Fehlers auslöst*** *(d. h., den fehlerhaften Stromkreis von der Versorgungsanlage trennt)*

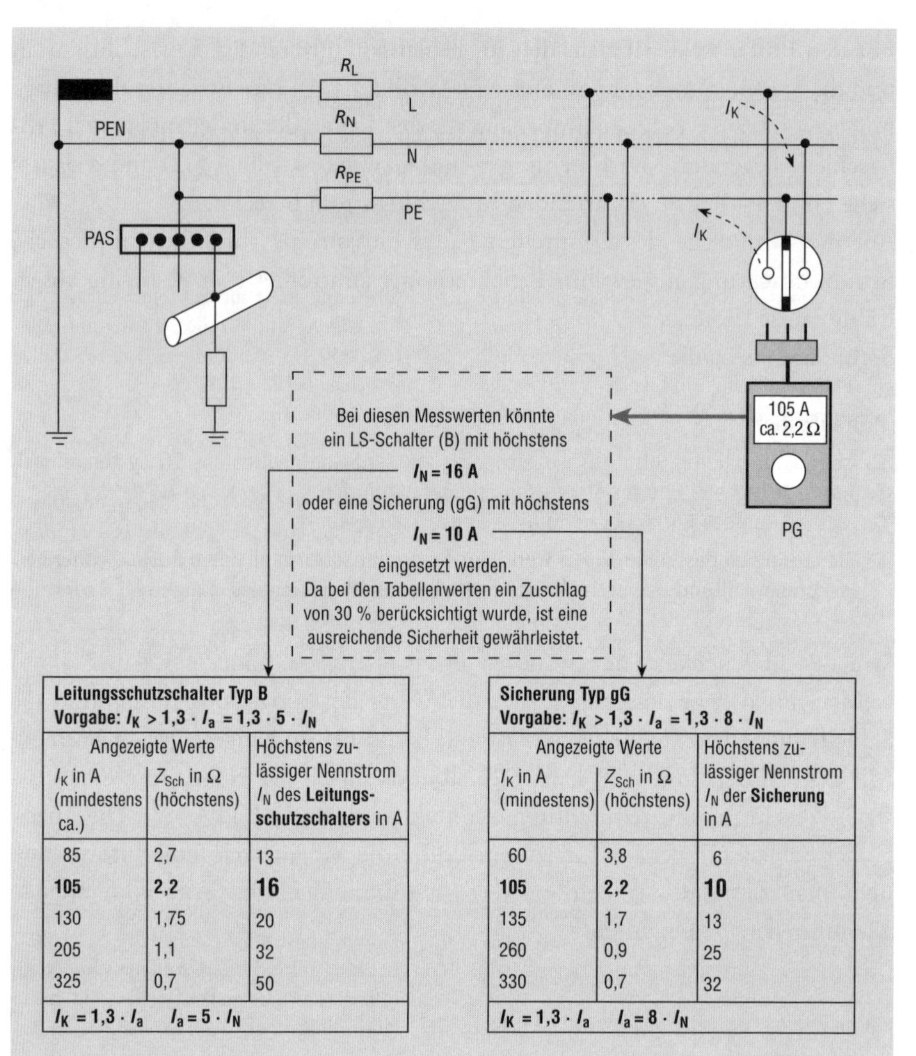

Leitungsschutzschalter Typ B
Vorgabe: $I_K > 1{,}3 \cdot I_a = 1{,}3 \cdot 5 \cdot I_N$

Angezeigte Werte: I_K in A (mindestens ca.)	Angezeigte Werte: Z_{Sch} in Ω (höchstens)	Höchstens zulässiger Nennstrom I_N des **Leitungsschutzschalters** in A
85	2,7	13
105	**2,2**	**16**
130	1,75	20
205	1,1	32
325	0,7	50

$I_K = 1{,}3 \cdot I_a$ $I_a = 5 \cdot I_N$

Sicherung Typ gG
Vorgabe: $I_K > 1{,}3 \cdot I_a = 1{,}3 \cdot 8 \cdot I_N$

Angezeigte Werte: I_K in A (mindestens)	Angezeigte Werte: Z_{Sch} in Ω (höchstens)	Höchstens zulässiger Nennstrom I_N der **Sicherung** in A
60	3,8	6
105	**2,2**	**10**
135	1,7	13
260	0,9	25
330	0,7	32

$I_K = 1{,}3 \cdot I_a$ $I_a = 8 \cdot I_N$

4.5.2 Messverfahren, Durchführen der Messung

Erläuterungen zur im Bild 4.5.2 dargestellten Messung

Messaufgabe nach DIN VDE 0100 Teil 610 oder DIN VDE 0105 Teil 100:

„Das Einhalten der Anforderungen nach DIN VDE 0100 Teil 410 – sinngemäß: ‚Das Abschalten in der geforderten Zeit muss gewährleistet sein' – ist nachzuweisen."

▷ Im Bild 4.5.2 werden die Kurzschlussströme ermittelt, die fließen müssen, damit es zum Auslösen nach längstens 0,4 s kommt. Bei Stromkreisen, in denen andere Auslösezeiten zulässig sind (z.B. 5 s), genügen geringere Kurzschlussströme, um die rechtzeitige Auslösung zu bewirken. Die Zuordnung des Kurzschlussstroms zur Schutzeinrichtung erfolgt dann auf die gleiche Weise wie im Bild 4.5.2 dargestellt.

▷ Bei einem defekten Schutzleiter kann der Messstrom völlig oder teilweise über parallele Wege zur Erde fließen (Verbindung von Gebrauchsgeräten über PA-Verbindungen/-Systeme oder über Schirme von Datenleitungen). Das kann nicht nur zur Fehlmessung, sondern auch zu Gefährdungen sowie zu Zerstörungen (z.B. der Hard- oder Software elektronischer Geräte/Systeme) führen (→ H 4.5.03). Daher sollte der Nachweis der Schutzleiterverbindungen vor dieser Messung erfolgen.

▷ Das Messen der Schleifenimpedanz darf auf die Messung an der vom Verteiler am weitesten entfernten Anschlussstelle beschränkt werden.

▷ Durch den Vergleich der Werte der Schleifenimpedanzen an verschiedenen Messpunkten untereinander und mit den Werten der Schutzleiterwiderstände können Unregelmäßigkeiten (z.B. Übergangswiderstände in den Leiterbahnen) erkannt werden.

▷ Um trotz aller möglichen Abweichungen (Messvorgang, Auslösezeit der Überstromschutzeinrichtungen usw.) immer zu erreichen, dass die Auslösung in den vorgeschriebenen 0,4 s erfolgt, sollte grundsätzlich gewährleistet werden, dass der Kurzschlussstrom 30 % höher ist als der Auslösestrom der Überstromschutzeinrichtung.

Bei den in der Tabelle im Bild 4.5.2 aufgeführten Werten für den Kurzschlussstrom (ca. +30 %) und für die Schleifenimpedanz (ca. −30 %) wurde dieser Sicherheitsab-/-zuschlag berücksichtigt (→ A 4.5.3).
Damit werden
– sowohl die Betriebsmessabweichung des Prüfgeräts
– als auch der durch die Messmethode/den Prüfling entstehende Fehler (z.B. erhöhter Widerstand durch die Betriebstemperatur der Leitungsadern; → A 4.5.3)
berücksichtigt.

▷ Bei LS-Schaltern vom Typ C muss der zehnfache Bemessungsstrom (Nennstrom) I_N fließen, damit die Auslösung in 0,5 s (0,4 s) erfolgt. Die beim Einsatz dieses Schalters mindestens erforderlichen Kurzschlussströme können aus $I_K = 10 \times 1{,}3 \times I_N$ berechnet werden.

▷ Liegt der Messwert für den Kurzschlussstrom nur wenig unter dem Auslösestrom der vorgesehenen/vorhandenen Schutzeinrichtung und müsste daher eine Schutzeinrichtung mit geringerem Bemessungsstrom (Nennstrom) eingesetzt werden, so ist zu kontrollieren, ob dann tatsächlich ein Sicherheitszuschlag von 30 % erforderlich ist (→ A 4.5.3).

▷ Der Kurzschlussstrom und die Schleifenimpedanz werden innerhalb eines Messvorgangs auf der Grundlage von zwei Strom-Spannungs-Messungen berechnet *(Bild 4.5.3)*. Um den Einfluss von Last- und/oder Netzspannungsänderungen in der Zeit (< 0,1 s) zwischen diesen beiden Messungen auszugleichen, werden bei einigen Prüfgeräten mehrere Messvorgänge vorgenommen und aus deren Ergebnissen der Mittelwert errechnet.

▷ Die Messung erfolgt bei den verschiedenen Typen der Prüfgeräte mit unterschiedlichen Verfahren. Sowohl die Höhe des Messstroms (1 bis 40 A) als auch die Anzahl der Messvorgänge (1 bis 12 Voll- oder Halbwellen) können verschieden sein. Je nach dem im Prüfgerät angewandten Verfahren haben Last- oder Spannungsänderungen der Anlage unterschiedliche Einflüsse auf den Mess- bzw. Rechenvorgang und damit auf die vom jeweiligen Prüfgerät ermittelten Messwerte (→ A 4.5.3).

▷ Bei **Stromkreisen mit FI-Schutzschaltern** ($I_{\Delta N}$ ≤ 500 mA) darf das Messen der Schleifenimpedanz entfallen [3.1], weil auch im ungünstigsten Fall (sehr hohe Schleifenimpedanz) der entstehende Kurzschlussstrom immer sehr viel höher ist als der Auslösestrom des FI-Schutzschalters. Das Auslösen des FI-Schutzschalters mit einem **Prüfstrom in der Höhe des Bemessungsfehlerstroms genügt dann als Nachweis der ordnungsgemäßen Funktion** der Schutzmaßnahme TN-S-System mit FI-Schutzschalter (→ Tabelle 4.1.2 und A 4.7).

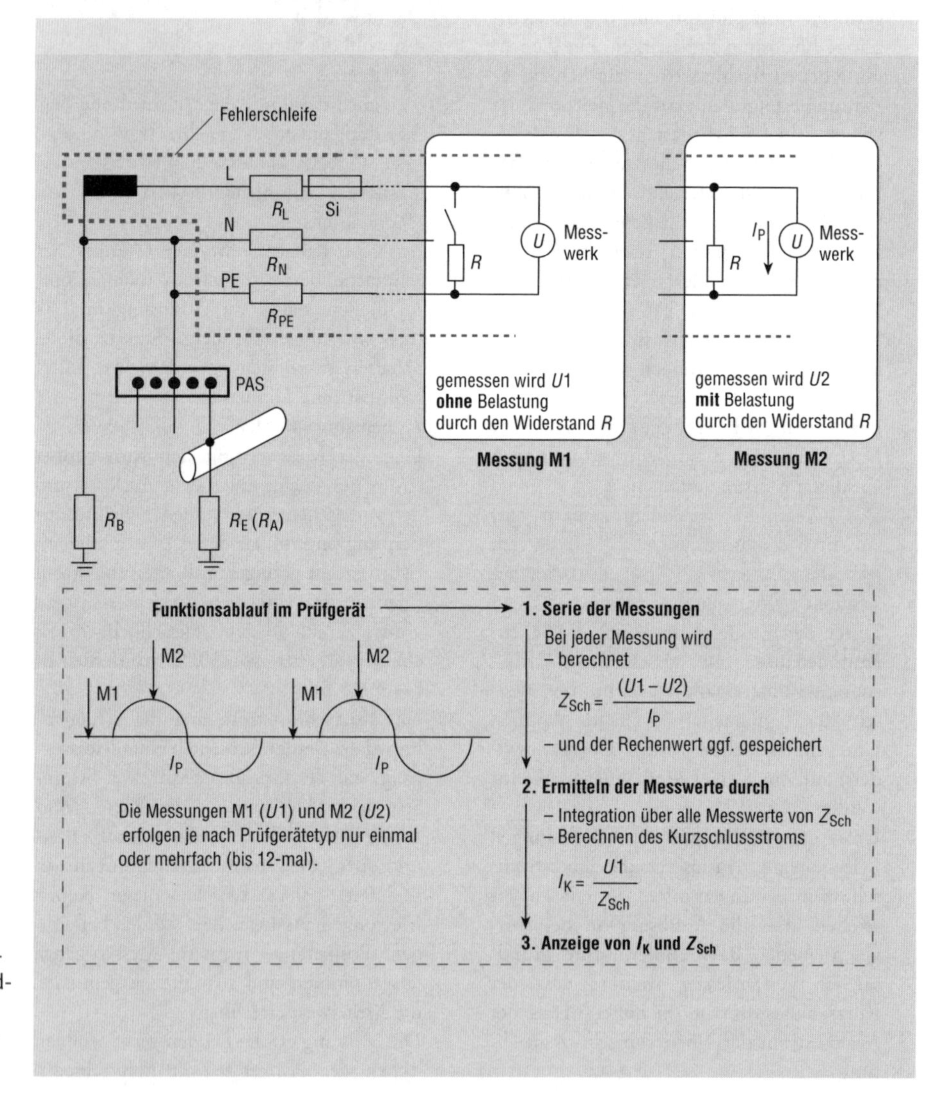

Bild 4.5.3 Funktionsablauf im Prüfgerät zum Ermitteln (durch Messen und Rechnen) des Kurzschlussstroms und der Schleifenimpedanz auf der Grundlage von zwei Strom-Spannungs-Messungen

4.5.3 Prüfgeräte, Messergebnis, Messgenauigkeit

Mit dem Sicherheitsabschlag von 30 %, um den der Messwert des Kurzschlussstroms verringert wird, bevor sich der Vergleich mit dem Auslösestrom der Überstromschutzeinrichtung anschließt, werden alle möglichen und nicht immer genau zu bestimmenden Einflüsse, z. B. die Betriebsmessabweichung des Prüfgeräts, die Abweichung des Auslösewerts von der Kennlinie (Alterung, Erwärmung) und der bei einer Messung im kalten (unbelasteten) Zustand verminderte Widerstand der Leitungsadern, erfasst.
Es kann durchaus sein, dass dieser Sicherheits**ab**schlag im konkreten Fall unnötig oder nicht in voller Höhe erforderlich ist. Deshalb werden im Folgenden alle Einflüsse erläutert, die mit dem Korrekturfaktor von 30 % berücksichtigt sind. Ob sie tatsächlich auftreten und wenn ja, in welcher Größenordnung, muss gegebenenfalls vom Prüfer eingeschätzt werden:

- ▷ Die Vorgaben der Prüfgeräte-Norm [3.7] gestatten eine **Betriebsmessabweichung** von 30 %, die aber von modernen Prüfgeräten zumeist nicht in Anspruch genommen wird. Üblich sind in der Regel weniger als ±10 % v. M. (vom Messwert). Welche Betriebsmessabweichung das Gerät aufweist, mit dem gemessen wird, sollte jeder Prüfer feststellen (→ A 10.2.1).
- ▷ Die Betriebsmessabweichung des Prüfgeräts wird von seinem Hersteller nur dann garantiert, wenn am Messort die so genannten **Bemessungsbedingungen** (Spannung, Temperatur usw., → K 10) vorliegen. Sind sie – was selten vorkommt – nicht gegeben, so ist die dann auftretende Betriebsmessabweichung vom Prüfer zu berücksichtigen und gegebenenfalls ein höherer Sicherheitsabschlag als 30 % anzusetzen.
- ▷ Treten während der Messung **Spannungs-/Lastschwankungen** in der betreffenden oder in einer anderen, über dieselbe Leitung versorgten Anlage auf, so entstehen zwangsläufig Mess- bzw. Rechenfehler des Prüfgeräts (→ Bild 4.5.3). Werden diese nicht durch Mehrfachmessungen (des Prüfgeräts) kompensiert, muss der Prüfer selbst mehrere Messungen vornehmen und das Messergebnis als Durchschnittswert unter Vernachlässigung von stark abweichenden Einzelwerten ermitteln.
- ▷ Bei erheblichen Abweichungen zwischen den Messungen sollte für das Messen ein anderer **Zeitpunkt** – geringe Belastung der Anlage – gewählt werden.
- ▷ Bei Prüfgeräten, die mit der so genannten **„Vierpolmessmethode“** ausgestattet sind, geht der Wert des Widerstands ihrer Messleitungen nicht in den Messwert ein.
- ▷ Bei Messungen nahe der **Umspannstation** oder an einem **Freileitungs-Haus-**

anschluss, bei denen die gemessene Schleifenimpedanz zum großen Teil von den Induktivitäten der Schleife bestimmt wird, ergibt sich eine Betriebsmessabweichung, die möglicherweise über dem für das Prüfgerät genannten Wert liegt. In diesen Fällen – Messwerte unter 0,3 Ω – sollte ein größerer Korrekturfaktor (bis 50 %) verwendet werden. Diese Korrektur bzw. das Errechnen der Schleifenimpedanz ist nicht erforderlich, wenn eine Installationsleitung von 20 m oder mehr in die Messung einbezogen wird.

▷ Sollte es erforderlich sein, die Schleifenimpedanz an diesen Messstellen ganz exakt zu bestimmen, so ist das nur mit einer Berechnung und einem PC-gestützten Rechenprogramm möglich. Diese „Prüfung der Planung der Anlage" gehört nicht zu den hier zu behandelnden Prüfungen.

▷ Die Messungen nach Bild 4.5.3 erfolgen oftmals an einer **unbelasteten Anlage** oder zu Zeiten geringer Last. Demzufolge haben die Leitungen der Schleife bei der Messung nicht die übliche Betriebstemperatur und auch nicht den Widerstand, der sich bei dieser Temperatur einstellt. Der Kurzschlussstrom/ohmscher Anteil der Schleifenimpendanz liegt dann im „wärmeren" Betriebszustand etwa um 10 bis 20 % niedriger/höher als der im „kälteren" Zustand gemessene.

Aus den vorstehenden Betrachtungen ist zu entnehmen, dass der Anzeigewert und auch die korrigierten Werte erheblich von den tatsächlichen Werten abweichen können. Es ist daher nicht möglich und auch nicht nötig, einen exakten Wert zu ermitteln und zu dokumentieren. Wesentlich ist, dass der tatsächliche Wert des Kurzschlussstroms mit Sicherheit über dem Auslösewert der Überstromschutzeinrichtung liegt. Diese Forderung muss durch einen ausreichenden **Sicherheitsabschlag** (→ Tabelle im Bild 4.5.2: –30 % für I_K) erfüllt werden.

Welchen Bereich der Betriebsmessabweichung das jeweilige Prüfgerät aufweist, ist in Anbetracht der genannten Abweichungen und der Einflüsse auf den Messwert weniger wichtig. Der Prüfer sollte aber die tatsächliche Betriebsmessabweichung seines Geräts kennen (→ A 10.3)

4.5.4 Daten der Prüfgeräte

Kurzschlussstrom und Schleifenimpendanz können mit den so genannten Kombiprüfgeräten *(Bild 4.5.4)* oder mit speziell für diese Messung hergestellten Geräten *(Bild 4.5.5)* ermittelt werden. Welches Gerät zweckmäßigerweise zu verwenden ist, hängt von der Prüfaufgabe und der Organisation der Prüfungen ab. Grundlegende Informationen über die für diese Prüfungen/Messungen an elektrischen Anlagen zu verwendenden, nach DIN VDE 0413 Teil 3 [3.7] hergestellten Prüfgeräte sind im Kapitel 10 aufgeführt. Darüber hinaus ist es für den Prüfer immer sinnvoll, sich in den Katalogen der Hersteller exakt über die dort angegebenen Eigenschaften, Daten und Anwendungsmöglichkeiten (→ *Tabelle 4.5.1)* zu informieren.

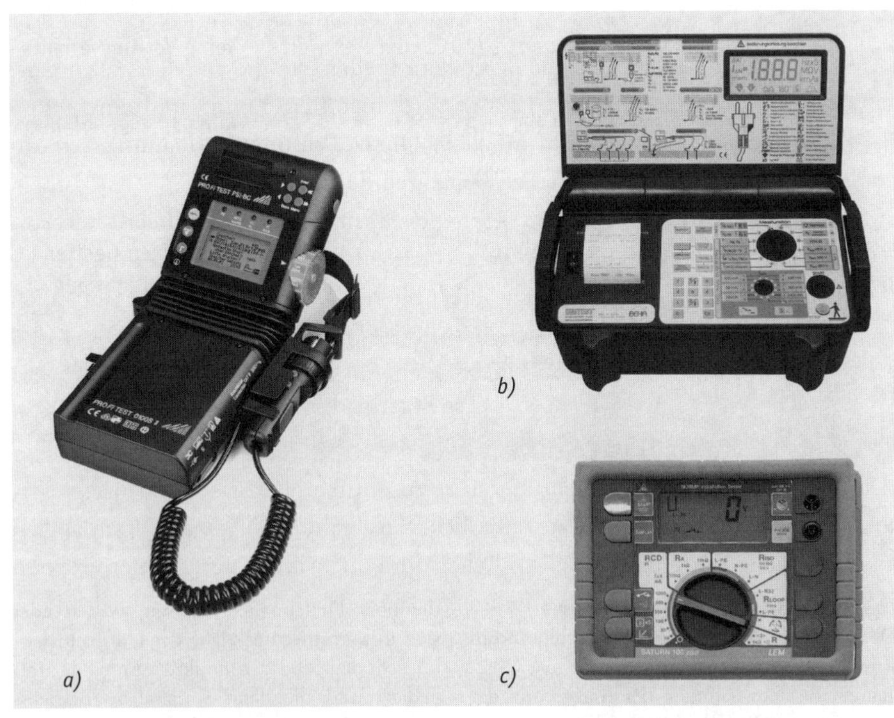

Bild 4.5.4
Prüfgeräte für elektrische Anlagen (Kombiprüfgeräte), mit denen alle Größen gemessen werden können, deren Werte nach DIN VDE 0100 Teil 610 ermittelt werden sollen

a) Profitest S 100 II (GMC)

b) Unitest 0100 Expert plus (BEHA)

c) Saturn 100 plus (LEM)

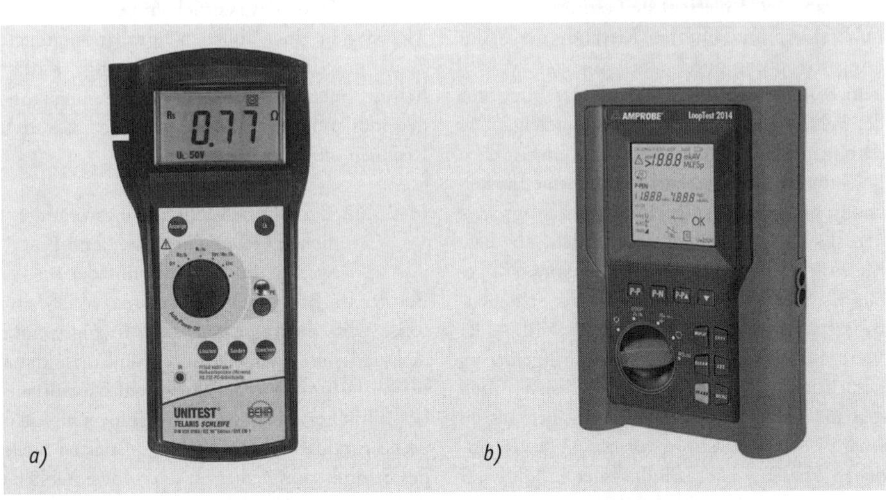

Bild 4.5.5
Prüfgeräte zum Messen des Schleifenwiderstands in elektrischen Anlagen

a) Unitest Telaris 0100 Schleife (BEHA)

b) Looptest 2014 (Amprobe)

Tab. 4.5.1 Wesentliche Kennwerte/Bemessungswerte der Prüfgeräte nach DIN VDE 0413 Teil 3

Art	Normenvorgabe	Üblicher Angaben (Beispiele)	Bemerkung
Messbereich	keine	0 bis 20/200/2000 Ω	keine Vorzugsvariante
Art der Anzeige	keine	meist digital, mitunter analog	keine Vorzugsvariante
Betriebsabweichung	±30 %	meist ±(10 % vom Messwert + 3 Digit)	keine Vorzugsvariante
Messstrom	keine	1 bis 25 A	je nach Messverfahren
Fremdspannungs-festigkeit	1,73 · Bemes-sungsspannung		
Anzahl der Messungen zum Ermitteln des Messwerts		1 bis 12	bei einigen Geräten nur eine Halbwelle
Kompensation des Mess-leitungswiderstands	keine!	teilweise	je nach Hersteller

4.5.5 Hinweise

H 4.5.01 Impedanz oder Widerstand?

Der im Fehlerfall auftretende Kurzschlussstrom wird von der im Augenblick des Messens anliegenden Betriebsspannung der Anlage und der Impedanz der Fehlerschleife bestimmt. Mit der im Bild 4.5.3 erläuterten Methode der Spannungsabsenkung durch einen Widerstand wird jedoch nur der ohmsche Anteil der Impedanz der Fehlerschleife ermittelt und angezeigt. Der damit immer vorhandene Fehler muss nach [3.7] in der angegebenen Betriebsmessabweichung bei jedem Prüfgerät berücksichtigt werden. Es ist somit völlig unerheblich, ob diese Messung in der Dokumentation eines Prüfgeräts als Schleifenimpedanz- oder als Schleifenwiderstandsmessung bezeichnet wird. Der Wert dieses, vom Hersteller der Prüfgeräte zu berücksichtigenden Fehlers ergibt sich durch den im Mittel bei Installationsanlagen bis zu einem Bemessungsstrom von ca. 63 A vorhandenen Phasenwinkel (Einfluss der Induktivität der Leitungen) von bis zu 18°. Bei Anlagen, die über Freileitungen versorgt werden oder sich in unmittelbarer Nähe der Umspannstation befinden, sind der induktive Anteil der Impedanz und die dann vorhandene Betriebsmessabweichung wesentlich höher als bei der Messung in einer üblichen Installationsanlage. Wenn in solchen Fällen eine Messung erforderlich ist, muss dafür ein spezielles Messgerät angewandt oder die Schleifenimpedanz durch Rechnen ermittelt werden.

H 4.5.02 Berücksichtigung der ortsveränderlichen Gebrauchsgeräte beim Bewerten der Schleifenimpedanz

Bei der im Bild 4.5.3 dargestellten Verfahrensweise wird die Impedanz am Anschlusspunkt der ortsfesten Anlage ermittelt und diese dann beim Bestimmen des Überstromschutzorgans berücksichtigt. Das ist im Allgemeinen nicht zu beanstanden, da an der ungünstigsten Stelle des Stromkreises gemessen und eine erhebliche Sicherheit (ca. 30 %) berücksichtigt wird.

Wird jedoch in Anlagen gemessen, in denen ortsveränderliche Betriebsmittel der Schutzklasse I mit langen Anschluss- oder Verlängerungsleitungen zu erwarten sind, muss deren Einfluss auf die bei einem Fehler **im** angeschlossenen Gerät entstehende Schleifenimpedanz geschätzt und berücksichtigt werden. Eine solche Leitung von insgesamt 20 m (1,5 mm^2 Cu) erhöht die Impedanz der Fehlerschleife um mindestens 0,5 Ω (R_{PE} und R_L). Es ist durchaus möglich, dass dem Betreiber in solchen Fällen der Einsatz von FI-Schutzschaltern empfohlen werden muss.

H 4.5.03 Schutzleiter als Erstes prüfen

Es ist unvermeidlich, dass der vom Prüfgerät erzeugte Prüf-/Messstrom über die mit dem Schutzleiter und Erde verbundenen leitfähigen Teile fließt. Besonders problematisch kann dies sein, wenn

- ▷ der Schutzleiter der Anlage defekt ist und der Prüf-/Messstrom dann vollständig über die Abschirmungen von Datenleitungen fließt und/oder
- ▷ infolge der oberschwingungshaltigen Netzspannung ebenfalls oberschwingungshaltig ist und/oder
- ▷ Mängel (Übergangswiderstände, Reflexionen) an den Anschlüssen der Abschirmungen vorhanden sind

In derartigen Fällen können erhebliche Schäden, besonders an der Hard- und Software von Systemen/Geräten der Informationselektronik, auftreten. Um diese zu vermeiden, sollten

- ▷ der ordnungsgemäße Zustand des Schutzleiters vor der Schleifenwiderstandsmessung nachgewiesen und
- ▷ durch das Messen der Ableitströme (→ A 4.4) eventuelle ungewollte Verbindungen zum Potentialausgleichssystem erkannt worden sein, bevor die Schleifenimpedanzmessung erfolgt.

Weiterhin ist zu empfehlen, vor einer solchen Messung die informationselektronischen Geräte möglichst immer und vollständig (Datenleitungen) von der Anlage zu trennen.

H 4.5.04 Messfehler durch den zentralen Potentialausgleich

Im Bild 4.5.2 ist zu erkennen, dass parallel zum PE/PEN-Leiter über den Potentialausgleich und den Erdboden eine Verbindung zum Sternpunkt der Umspannstation führt. Diese Verbindung vermindert den Messwert für den Schleifenwiderstand und müsste, wenn es auf genaue Werte ankommt, berücksichtigt werden.

Das ist jedoch aus den im Abschnitt 4.5.3 genannten Gründen und infolge des im Vergleich zum PEN-Leiter hohen Widerstands über den Erdboden nicht bzw. nur bei einer unmittelbaren Verbindung, z. B. über ein gemeinsames Wasserleitungssystem, erforderlich.

4.6 Messen von Erdschleifenwiderstand und Berührungsspannung beim TT-System

4.6.1 Allgemeines, Prüf- und Messaufgaben

Die Wirkung der Schutzmaßnahme TT-System (→ Tabelle 4.1.2) beruht auf

- ▷ dem Anschluss aller Körper der elektrischen Betriebsmittel an einen gemeinsamen Erder,

- ▷ dessen Verbindung über den Erdboden mit dem geerdeten Sternpunkt der Umspannstation (PE) und
- ▷ der schnellen Trennung einer fehlerhaften Anlage von ihrer Stromversorgung durch eine Schutzeinrichtung.

Das Abschalten der treibenden Spannung muss dann erfolgen, wenn durch einen Fehler am Erder (Erdungswiderstand) eine Berührungsspannung $U_B > 50$ V $= U_L$ zwischen dem Schutzleitersystem und Erde hervorgerufen wird. Eine höhere Berührungsspannung als der Grenzwert U_L kann nach [2.5] [2.13] zu einer gefährlichen Durchströmung einer Person führen (→ Bild 4.5.1a). Bild 4.5.1b zeigt, wie schnell abzuschalten ist: in weniger als 0,5 bzw. 0,4 s – also praktisch „sofort".

Im Gegensatz zum TN-System hat die Fehlerschleife des TT-Systems durch den Erder *(Bild 4.6.1)* einen relativ hohen Widerstand (Erdschleifenwiderstand/Erdungswiderstand). Demzufolge ist der entstehende Fehlerstrom (Erd-Kurzschlussstrom) recht gering und führt erst nach einer relativ langen Zeit zum Auslösen einer Überstromschutzeinrichtung (Sicherung/Leitungsschutzschalter) im betroffenen Stromkreis. Es ist daher mit wenigen Ausnahmen immer erforderlich, den „schnellen" Schutzschalter, den „FI" einzusetzen. Aus diesem Grund ist die Schutzmaßnahme „TT-System mit Überstromschutzeinrichtung" nur selten anwendbar und wird hier nicht weiter behandelt (→ H 4.6.05).

Um festzustellen, ob die Schutzmaßnahme „TT-System mit Fehlerstromschutzschalter" rechtzeitig abschaltet, wenn im Fall eines Fehlers eine zu hohe Berührungsspannung ($U_B > U_L = 50$ V) auftritt, entsteht die

Prüfaufgabe:

Es ist nachzuweisen, dass

- ▷ die beim Fließen eines Ableit-/Fehlerstroms $I_F = I_{\Delta N}$ auftretende Berührungsspannung U_B kleiner oder höchstens genauso groß ist wie die zulässige Berührungsspannung $U_L = 50$ V[4] und somit der Erdungswiderstand R_E den vorgegebenen Bedingungen genügt *(Tabelle 4.6.1)* und dass
- ▷ der FI-Schutzschalter der betreffenden Anlage auslöst, wenn ein Ableit-/Fehlerstrom $I_F = I_{\Delta N}$ fließt (Messung 1 im Bild 4.6.1).

Bei einem Wert des Erdungswiderstands, der so groß ist wie der in Tabelle 4.6.1 genannte Höchstwert, tritt eine Berührungsspannung von etwa 50 V nur dann auf, wenn der FI-Schutzschalter im Fehlerfall erst bei einem Fehlerstrom $I_F = I_{\Delta N}$ abschaltet. Das Abschalten erfolgt tatsächlich aber bereits bei etwa $0{,}7 \cdot I_{\Delta N}$ (→ A 4.7).

4 Für spezielle Anlagen kann ein geringerer Grenzwert für die Berührungsspannung vorgegeben werden.

Tab. 4.6.1 Höchstwerte für den Widerstand R_E des Schutzerders der Schutzmaßnahme „TT-System mit Fehlerstromschutzschalter"
Achtung! Die Berührungsspannung soll möglichst wesentlich geringer als 50 V sein. Das heißt, dass ein geringerer Erdungswiderstand als der hier genannte, theoretisch zulässige Höchstwert zweckmäßig ist.

Bemessungsfehlerstrom $I_{\Delta N}$ des FI-Schutzschalters in mA	10	30	100	300	500
Theoretisch zulässiger Höchstwert des Erdungswiderstands ($R_E \leq 50\ V/I_{\Delta N}$) in Ω	5000	1666	500	166	100
Empfohlener Höchstwert des Erdungswiderstands (→ H 4.6.01)			**< 100 Ω**		

In der Prüfaufgabe, im Bild 4.6.1 und in der zugehörigen Erläuterung wird zwischen dem Erdschleifenwiderstand R_{ESch} und dem Erdungs-/Erderwiderstand R_E unterschieden, um zu zeigen, welchen Einfluss der Potentialausgleich auf den Erdschleifenwiderstand haben kann. Möglich ist, dass der Potentialausgleich das Vorhandensein eines ordnungsgemäßen Erders vortäuscht, wenn nur der Erdschleifenwiderstand (Messung M1) an einer Steckdose gemessen wird. Deshalb ist es zweckmäßig, auch die Messung M2 durchzuführen.
Im Allgemeinen genügt es aber, wenn nur der Erdschleifenwiderstand (Messung M1) gemessen wird. Dies wird auch in der Norm DIN VDE 0100 Teil 610 empfohlen. Dort und auch bei der Anzeige der Prüfgeräte wird der zu messende Erdschleifenwiderstand mit R_A ($R_A = R_{ESch} \approx R_E$) bezeichnet und es gilt

$$R_A \leq \frac{U_L}{I_{\Delta N}} \ .$$

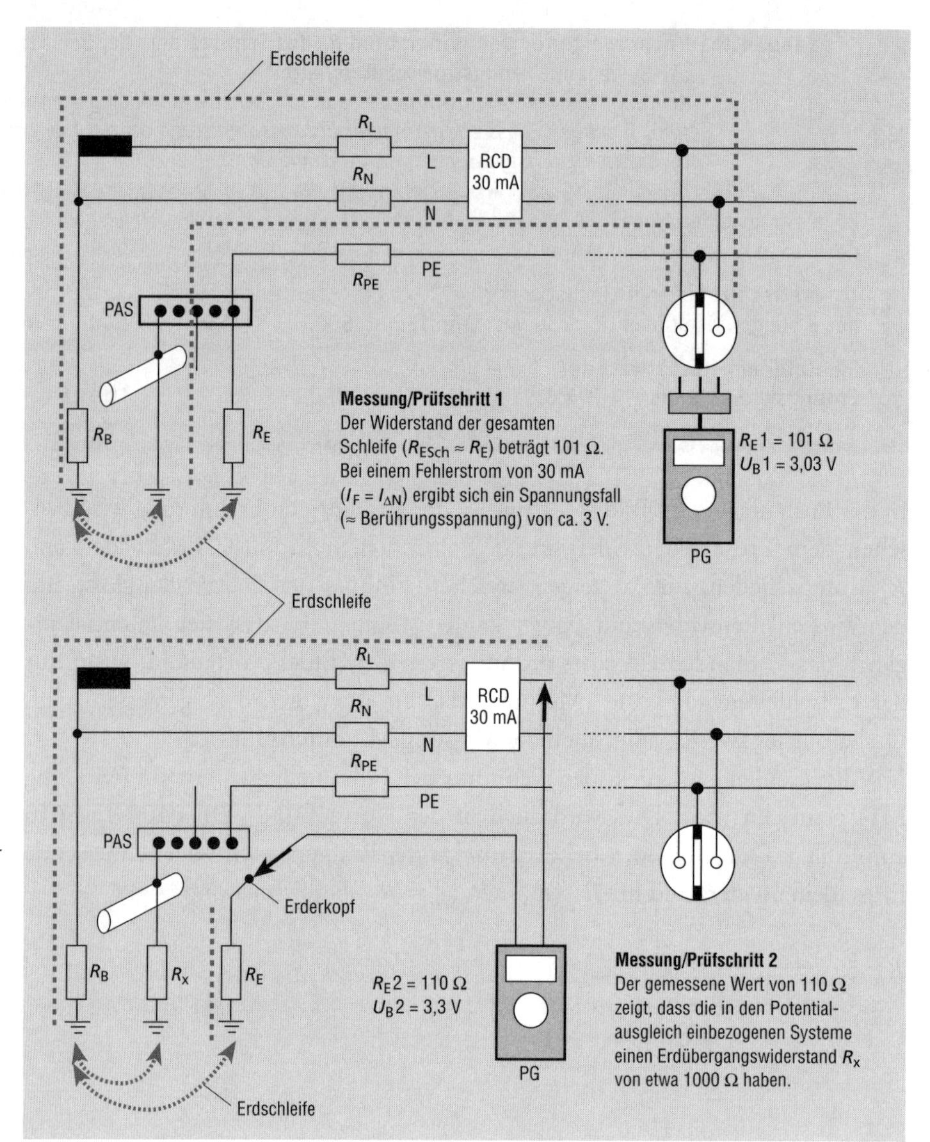

Bild 4.6.1
Darstellung des Erdschleifenwiderstands und seiner Messung in einer Anlage mit der Schutzmaßnahme „TT-System mit Fehlerstromschutzschalter“

Messung 1:
Ermitteln des Erdschleifenwiderstands R_{Esch} und der Berührungsspannung U_B sowie Kontrolle des Auslösens des FI-Schutzschalters

Messung 2:
Ermitteln des Erdungswiderstands $R_E \approx R_{Esch}$ zur Kontrolle

4.6.2 Messverfahren, Durchführen der Messung

Erläuterungen zur im Bild 4.6.1 dargestellten Messung der Erdschleifenimpendanz

Messaufgabe nach DIN VDE 0100 Teil 610 oder DIN VDE 0105 Teil 100:

„Nachweis der Wirksamkeit des Schutzes durch automatische Abschaltung durch

▷ *Messung von Berührungsspannung/Erdungswiderstand und*

▷ *Prüfung der Schutzeinrichtung."*

▷ Durch das Anwenden eines Prüfgeräts nach DIN VDE 0413 (→ Bilder 4.5.4 und 4.6.2) kann der Prüfer mühelos die oben genannte Prüfaufgabe erfüllen. Alle nötigen Informationen (R_{ESch}, U_B, I_a) werden ihm automatisch zur Verfügung gestellt (Messung 1). Mit der Messung 2 verschafft er sich dann „nur" noch die Gewissheit, dass der Erder – auch ohne die Unterstützung des Potentialausgleichs – einen ausreichend geringen Widerstandswert hat.

▷ Je besser der Erder, d.h. je geringer der Wert seines Übergangswiderstands zur Erde ist, umso geringer ist auch der Wert der Berührungsspannung, die beim Fließen eines Ableit- oder Fehlerstroms auftreten kann.

▷ Zur Fehlerschleife mit dem Widerstand R_{ESch} gehören außer dem Schutzerder (R_E) auch der Betriebserder (R_B), der Außenleiter (R_L) und der Schutzleiter (R_{PE}) zwischen der Fehlerstelle und dem Schutzerderkopf. Deren Widerstandswerte sind gegenüber dem Erdungswiderstand sehr gering und können vernachlässigt werden, sodass gilt:

$$R_{ESch} \approx R_E.$$

▷ Die Erdungswiderstände der in den Potentialausgleich einbezogenen leitfähigen Systeme (R_x) liegen parallel zum Schutzerder und unterstützen die TT-Schutzmaßnahme der Anlage. Ob deren Erderwirkung ständig erhalten bleibt, ist fraglich; sie darf somit bei der Beurteilung des Schutzerders nicht mit berücksichtigt werden.

Als Widerstand R_{ESch} des Schutzerders sollte daher nur der nach dem Abtrennen des Schutzerders von der Potentialausgleichsschiene am Erderkopf gemessene Erdungswiderstand (Messung 2 in Bild 4.6.1) berücksichtigt werden. Die erste Messung (Messung 1 in Bild 4.6.1) an einem Anschluss in der Anlage liefert hinsichtlich der Berührungsspannung und des Erdschleifenwiderstands streng genommen nur eine erste Orientierung und dient der Prüfung des FI-Schutzschalters. Erst die zweite Messung und der Vergleich beider Messwerte für den Erdschleifenwiderstand/Erdungswiderstand bringen eine ausreichende Information über die Wirksamkeit der Schutzmaßnahme und des Erders. Der Vergleich der Werte gestattet dem Prüfer eine Beurteilung der zusätzlichen Erderwirkung der mit dem Schutzerder zusammengeschlossenen fremden leitfähigen Systeme (R_x).

Achtung! Während der Messung 2 ist infolge der Trennung des Erders von PAS/Schutzleiter der Anlage die Schutzmaßnahme der Anlage nicht in Funktion. Daher sollte für diese Zeit die gesamte Anlage abgeschaltet werden.

▷ Bei der Messung 1 werden im Zusammenhang mit dem Auslösen des FI-Schutzschalters die Berührungsspannung U_B und der Widerstand R_{ESch} der Schleife angezeigt. Dieser Anzeigewert wird vom Prüfgerät aus dem Zusammenhang

$$U_B = R_{ESch} \cdot I_P$$

berechnet. Diese Berechung erfolgt

- bei einigen Prüfgeräten auf der Grundlage des Auslösestroms ($I_P = I_{\Delta a} \leq I_{\Delta N}$), oder durch das Hochrechnen der bei $I_P = 0{,}3\ I_{\Delta N}$ gemessenen Berührungsspannung

– bei anderen auf der Grundlage des Bemessungsdifferenzstroms ($I_P = I_{\Delta N}$) des FI-Schutzschalters

und somit leider nicht einheitlich.

▷ **Achtung!** Die Wirksamkeit der Schutzmaßnahme muss immer nach der Berührungsspannung beurteilt werden, die bei einem Isolationsfehler im ungünstigsten Fall, d. h. $I_F = I_{\Delta N}$, ständig auftreten kann (→ H 4.6.03). Sie beträgt

$U_B = R_{ESch} \cdot I_{\Delta N}$.

▷ Das Vorhandensein der Schutzleiterverbindungen von den Anschlussstellen zum PAS muss durch Widerstandsmessungen gesondert nachgewiesen werden (→ A 4.2). Mit der Messung des Erdschleifenwiderstands (Messung 1) wird zwar bewiesen, dass diese Verbindung vorhanden ist, aus dem Messwert R_{ESch} kann jedoch nicht auf die Qualität, d. h. den Widerstandswert der Schutzleiterverbindung zum Erder geschlossen werden.

▷ Für die Messung des Erdungswiderstands ist die einfach zu handhabende Strom-Spannungs-Messmethode zu empfehlen (Messung 2 in Bild 4.6.1). Ebenso können aber auch die im Abschnitt 7.6 beschriebenen Methoden zum Messen des Erdungswiderstands angewandt werden.

▷ In den Prüfprotokollen sind zumeist Spalten für Messwerte der Berührungsspannung und des Erdungswiderstands vorgesehen und auszufüllen. Das ist eigentlich unnötig, da beide Größen über die oben angegebene Beziehung fest miteinander gekoppelt sind, bietet aber eine zusätzliche Kontrollmöglichkeit. Eine Messung an mehreren Anschlussstellen ermöglicht den Vergleich der Messwerte, die bei den Anlagenteilen einer ordnungsgemäßen Anlage etwa gleich sein oder – in Abhängigkeit von den Abständen der Messstellen – gleichmäßig größer oder kleiner werden müssen.

▷ **Achtung!** Der beim Messvorgang 1 angezeigte Messwert von U_B gibt an, wie groß die Fehlerspannung und damit die maximal mögliche Berührungsspannung ungefähr sein wird, wenn infolge eines Isolationsfehlers ein Fehlerstrom I_F von z. B. der Größe des Bemessungsdifferenzstroms $I_{\Delta N}$ über den Erder fließt.
Die so gemessene und angezeigte Berührungsspannung wird durch den Prüfstrom verursacht und ist damit **nur im Moment der Messung** vorhanden.

▷ **Achtung!** Der als Berührungsspannung U_B angezeigte Messwert ist der Wert des Spannungsfalls in der **gesamten** Erd-Fehlerschleife. Dieser ist etwas größer als die am Erder abfallende Fehler-/Berührungsspannung (→ H 6.4.02)

4.6.3 Prüfgeräte, Messergebnis, Messgenauigkeit

Die Widerstände der Erder sind zumeist erheblichen, vom Wetter und von der Jahreszeit abhängenden Schwankungen unterworfen. Insofern kommt es nicht so sehr auf das exakte Ermitteln des im Moment der Messung vorhandenen Widerstandswerts an. Wichtig ist vielmehr, aus dem Messwert, der Art des Erders und den zu erwartenden klimabedingten Einflüssen auf den Wertebereich zu schließen, in dem der Erderwiderstand voraussichtlich schwanken wird. Dieser Schwankungsbereich der Widerstandswerte muss unter Beachtung der erforderlichen Sicherheit deutlich unter den in Tabelle 4.6.1 angegebenen Grenzwerten und möglichst unter dem empfohlenen Wert liegen. Der **obere** Wert dieses

Schwankungsbereichs ist dann – mit entsprechender Begründung/Erläuterung – als Messwert im Protokoll anzugeben.
Welche Betriebsmessabweichung das jeweilige Prüfgerät aufweist, ist in Anbetracht der genannten Abweichungen und der vielen nicht genau zu erfassenden Einflüsse auf den Messwert weniger wichtig. Der Prüfer sollte aber die tatsächliche Abweichung des Messwerts seines Geräts kennen (→ A 3.6).
Bei der im Bild 4.6.1 dargestellten Messmethode wird der Widerstand der Erdschleife (Erdschleifenwiderstand) gemessen, der dann aber vom Prüfgerät als Widerstand des Erders (Erdungswiderstand) ausgewiesen wird. Diese Abweichung kann vernachlässigt werden.
Eine genauere Messung des Erdungswiderstands R_E ist mit den im Abschnitt 7.6 beschriebenen Verfahren möglich, jedoch für das Prüfen nicht unbedingt notwendig. Bemerkenswert ist allerdings, dass bei der Zangen-Erdungsmessung (→ Bild 7.6.3) das Auftrennen der Verbindung zum Potentialausgleich und damit eine Fehlerquelle entfällt.

4.6.4 Daten der Prüfgeräte

Zu verwenden sind auch hier Prüfgeräte nach DIN VDE 0413 Teile 5 und 6, die als Kombiprüfgeräte (→ Bild 4.5.4) oder Erdungsmessgeräte *(Bild 4.6.2)* zur Verfügung stehen. Außerdem können die zum Prüfen der FI-Schutzschalter vorgesehenen Prüfgeräte (→ Bild 4.7.7) verwendet werden, wenn von ihnen auch Erdungswiderstand/Berührungsspannung angezeigt werden (→ H 4.6.03).

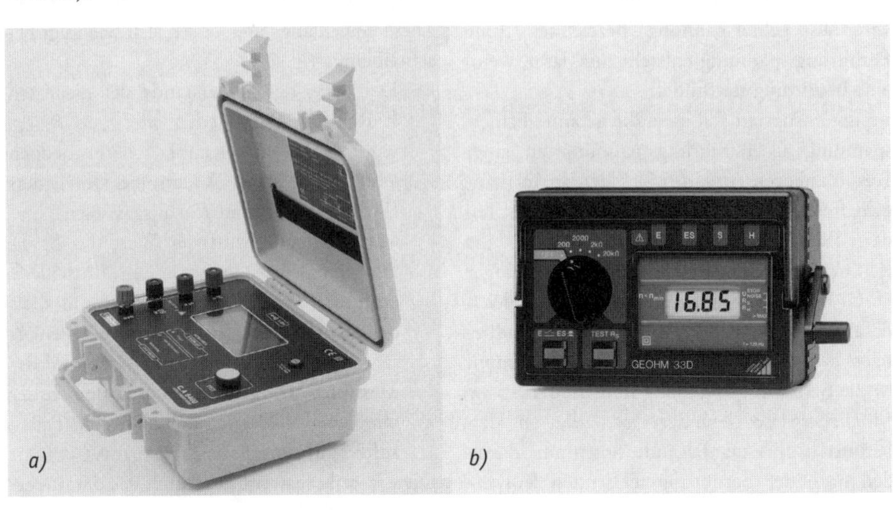

Bild 4.6.2 Prüfgeräte zum Messen des Erdungswiderstands

a) C.A 6460 (Chauvin Arnoux)

b) Erdungsmessgerät mit Kurbelinduktor (GMC)

4.6.5 Hinweise

H 4.6.01 Grenzwerte für den Erdungswiderstand

An einem Schutzerder, der den Vorgaben nach Tabelle 4.6.1 genügt, kann infolge des im Fehlerfall ständig fließenden Ableitstroms eine Spannung von bis zu 50 V auftreten, **wenn der Fehlerstromschutzschalter erst bei $I_{\Delta N}$ abschaltet.** Ihr Wert ist umso geringer, je kleiner der Wert des Erdungswiderstands R_E ist und umso geringer ist dann auch die mögliche Berührungsspannung U_B. Insofern ist im Interesse einer hohen Sicherheit anzustreben, die Höchstwerte der Tabelle zu unterschreiten.

Ein möglichst geringer Erdungswiderstand R_E wird auch deshalb angestrebt, damit Verbindungen zwischen dem Neutral- und dem Schutzleiter – ein Teil des Betriebsstroms fließt dann als Fehler-/Streustrom über den Schutzleiter und das Potentialausgleichssystem (→ A 4.4) – rechtzeitig entdeckt, d.h. durch den FI-Schutzschalter des Stromkreises abgeschaltet werden.

H 4.6.02 Entstehen der Berührungsspannung

Als Berührungsspannung wird die Spannung bezeichnet, die an den von einer Person berührten Teilen anliegt. Tritt in einer Anlage mit dem TT-System ein Isolationsfehler auf, so fließt der Fehlerstrom über den Erder. Der dabei entstehende Spannungsfall über dem Erder wird als Fehlerspannung bezeichnet. Eine Berührungsspannung entsteht nur dann, wenn eine Berührung stattfindet.

Im ungünstigsten Fall kann die gesamte Fehlerspannung als Berührungsspannung an einer Person anliegen *(Bild 4.6.3a)*. Bei einem mangelhaften Potentialausgleich wird nur ein Teil der Fehlerspannung überbrückt und die Berührungsspannung ist entsprechend geringer *(Bild 4.6.3c)*. Sorgt ein Potentialausgleich dafür, dass die Fehlerspannung im Handbereich der Person nicht wirksam werden kann, ist die Berührungsspannung null *(Bild 4.6.3b)*.

Möglicherweise verändert sich die an den berührten Teilen anliegende Spannung durch den nach der Berührung fließenden Körperstrom. Die Berührungsspannung ist dann während einer Berührung geringer als die „Leerlauf-Berührungsspannung" vor dem Berühren.

Ob in einer Anlage eine Fehlerspannung und somit die Möglichkeit des Entstehens von Berührungsspannungen vorhanden sind, lässt sich durch eine Spannungsmessung *(Bild 4.6.4)* mit den Prüfgeräten nach DIN VDE 0413 ermitteln.

Fließen Ströme in den Schutz- und/oder Potentialausgleichsleitern und damit dann auch über den Schutzerder, so ist zwangsläufig auch eine Fehlerspannung vorhanden. Ob in dieser Anlage dann auch Berührungsspannungen auftreten können bzw. gefährdende Berührungen möglich sind (Bild 4.6.3a/c), hängt von der Qualität des Potentialausgleichs ab.

Beim Messen des Widerstands R_{ESch} der Erdschleife wird der im Bild 4.6.3 gezeigte Isolationsfehler durch das Prüfgerät simuliert. Der Funktionsablauf im Prüfgerät entspricht bei dieser Messung dem Ablauf, wie er im Bild 4.5.3 dargestellt wurde.

Beachtet werden muss, dass mit dem Anwenden der Strom-/Spannungsmessmethode bzw. beim Auswerten der Messergebnisse durch das Prüfgerät geringe Ungenauigkeiten zugelassen werden (→ A 4.6.3), um die Berechnung der Berührungsspannung nicht zu komplizieren. Diese Ungenauigkeiten lassen sich wie folgt beschreiben:

- ▷ Der Wert des Widerstands der gesamten Erdschleife (Erdschleifenwiderstand R_{ESch}) wird gemessen/berechnet, dann jedoch vom Prüfgerät als Widerstand des Erders (Erdungswiderstand R_E) ausgewiesen.
- ▷ Vom Prüfgerät wird der Wert des Spannungsfalls über der gesamten Erdschleife ermittelt. Dieser Wert ist etwas größer, als der Spannungsfall am Erder – die Fehlerspannung – sein kann. Bezeichnet wird der Messwert dann jedoch als über dem Erder möglicherweise – im ungünstigsten Fall – auftretende Berührungsspannung U_B.

Diese Verfahrensweise hat durch das damit ver-

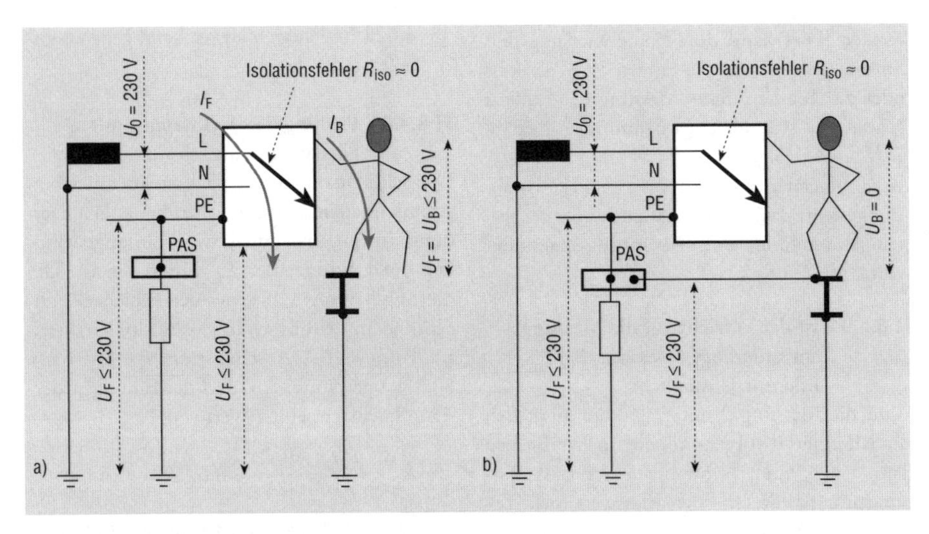

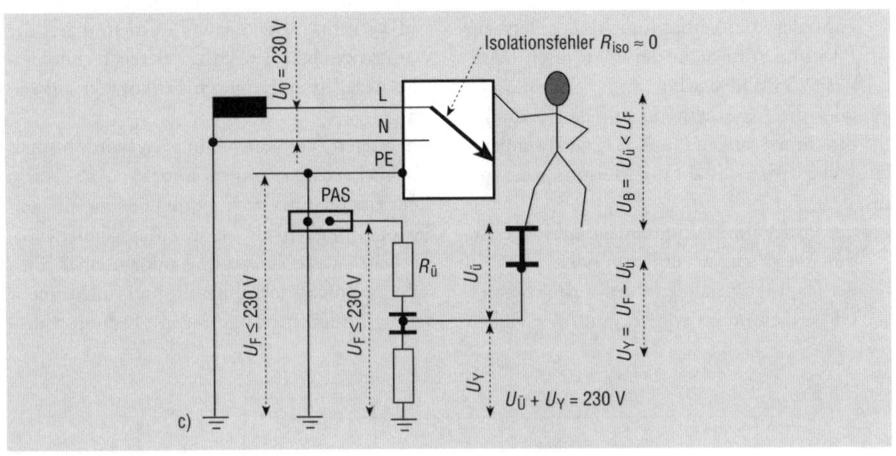

Bild 4.6.3
Entstehen der Berührungsspannung durch einen Isolationsfehler im TT-System

a) Infolge des fehlenden Potentialausgleichs wird die gesamte über dem Erder abfallende Spannung (Fehlerspannung) als Berührungsspannung wirksam

b) Der Potentialausgleich verhindert, dass die Fehlerspannung als Berührungsspannung abgegriffen werden kann

c) Berührungsspannung infolge eines schlechten Potentialausgleichs ($R_{ü}$)

bundene Erhöhen der Messwerte für Berührungsspannung und Erdungswiderstand eine zusätzliche Sicherheit zur Folge.

H 4.6.03 Gefährdung durch die beim Messen entstehende Berührungsspannung

Wenn der Erdungswiderstand in einer Anlage gemessen wird, die einen Isolationsfehler aufweist, so fließen deren Fehler-/Ableitstrom **und** der Prüfstrom über den Schutzerder. Beide addieren sich. Ebenso addieren sich die am Schutzerder durch den Fehler-/Ableitstrom hervorgerufene und die durch den Prüfstrom entstehende (vom Prüfgerät angezeigte) Berührungsspannung. Das heißt, im Moment der Messung

- ▷ kann der Wert der in der Anlage vorhandenen Summen-Fehlerspannung und damit die Berührungsspannung höher sein als der zugelassene Grenzwert (U_L = 50 V) und es
- ▷ kann eine Gefährdung für den Prüfer und andere Personen entstehen, die sich in der Anlage aufhalten.

Zu beachten ist:
In einer fehlerhaften Anlage kann die während der Messung tatsächlich wirksame Fehler-/Berührungsspannung höher sein als die vom Prüfgerät angezeigte Berührungsspannung. Ob in den Schutz-/Potentialausgleichsleitern einer Anlage Ableit-/Fehlerströme fließen, sollte daher vor dem Beginn oder als erster Schritt der Prüfung festgestellt

werden. Dies kann durch eine Messung der Ströme mit Strommesszangen (→ A 4.4) oder durch eine direkte Messung der Fehlerspannung (Berührungsspannung) gemäß *Bild 4.6.4* erfolgen.
Bei Prüfgeräten nach DIN VDE 0413 ist sichergestellt, dass sie abschalten, wenn bei ihrer Anwendung eine Berührungsspannung von ≥ 50 V auftritt.

H 6.4.04 Ist der Verzicht auf die Messung am Erderkopf (Messung 2 im Bild 4.6.1) möglich?

Wird die Messung 2 am Erderkopf zusätzlich zur Messung 1 vorgenommen, so hat sie nur dann einen Sinn, wenn die anderen Verbindungen zur Erde (R_x) den Messwert nicht beeinflussen. Das heißt, es ist

▷ entweder die Verbindung des Erders zur PAS und zum Schutzleiter zu lösen (Messung 2 in Bild 4.6.1)
▷ oder die Messmethode mit den Erdungs-Strommesszangen (→ A 7.7) anzuwenden.

Ein völliger Verzicht auf die Messung setzt voraus, dass

▷ der Prüfer die Erdungsanlage und ihre Erdungsverhältnisse gut kennt oder
▷ der Erder hinsichtlich des ausreichenden Übereinstimmens von R_E und R_{ESch} allein durch Besichtigen ausreichend genau beurteilt werden kann.

H 6.4.05 Prüfung des TT-Systems mit Überstromschutzeinrichtung

Die Schutzmaßnahme „TT-Systems mit Überstromschutzeinrichtung“ (früher Schutzerdung) ist nur anwendbar, wenn ein ungewöhnlich guter Schutzerder R_E vorhanden ist. Um die Abschaltung z. B. eines der Fehlerstelle zugeordneten Leitungschutzschalters (Charakteristik B, I_N = 16 A, Abschaltstrom I_a = 5 · 16 A = 80 A) zu gewährleisten, darf der Erdungswiderstand höchstens einen Wert von

$$R_E = \frac{R_E}{I_a} = \frac{50\,V}{80\,A} = 0{,}62\,\Omega$$

haben. Ein solcher Wert ist nur bei Industrie- und Verkehrsanlagen sowie Einrichtungen der Wasserwirtschaft erreichbar, deren technologische Anlagen einen guten Erdkontakt aufweisen.
Bei älteren Verbraucheranlagen wird oftmals fälschlicherweise angenommen, dass diese Schutzmaßnahme noch vorhanden ist, obwohl die ursprünglich als Schutzerder genutzte öffentliche Wasserversorgung infolge einer Umstellung (nicht leitfähige Rohre) nicht mehr den erforderlichen geringen Erdungswider-

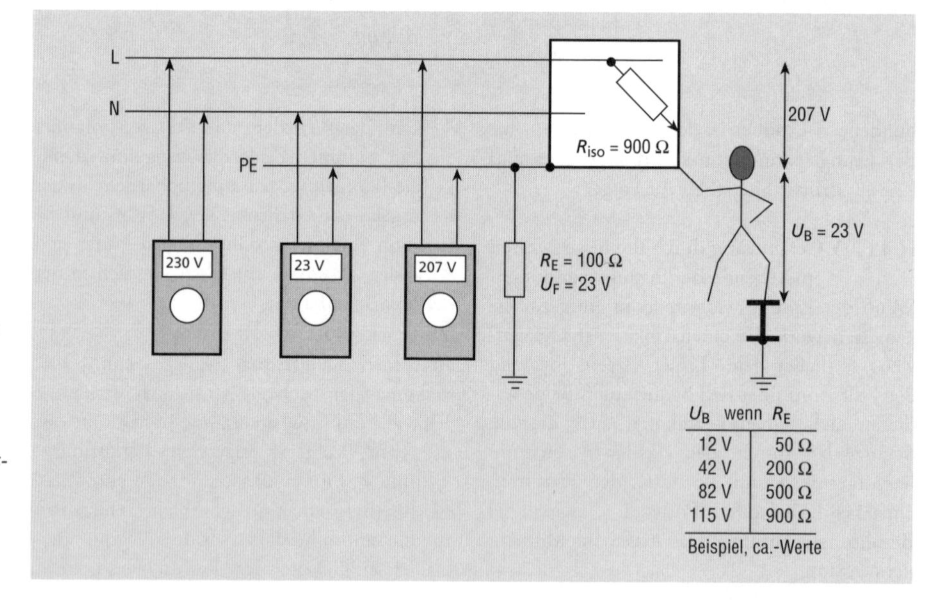

Bild 4.6.4
Messung der Fehlerspannung, die durch einen Isolationsfehler (z. B.: R_{iso} = 900 Ω) in der Anlage entsteht
Die Fehlerspannung wird im Beispiel auch als Berührungsspannung wirksam, weil der Potentialausgleich defekt/nicht vorhanden ist

stand aufweist. In derartigen Fällen muss unverzüglich eine Anpassung/Umstellung der Anlage erfolgen.

H 4.6.06 Schutzwirkung der Schutzmaßnahme TT-System mit Fehlerstromschutzeinrichtung

Es gehört zwar nicht zur Erst- oder Wiederholungsprüfung einer elektrischen Anlage, die Schutzwirkungen der angewandten – den Normenvorgaben entsprechenden – Schutzmaßnahmen zu beurteilen oder zu vergleichen. In Anbetracht der unterschiedlichen örtlichen Bedingungen und der damit oft auch unterschiedlichen Höhe der Gefährdung dort anwesender Personen ist eine diesbezügliche Empfehlung des Prüfers für nicht fachkundige Betreiber aber oftmals sehr sinnvoll.

Es wird daher hier darauf hingewiesen [4.3] dass bei der Schutzmaßnahme TT-System eine Berührungsspannung von bis fast 230 V auftreten kann (→ Bild 4.6.3a). Beim TN-System sind höchstens 115 V möglich (→ Bild 4.5.1a). Unter sonst gleichen Bedingungen (Stromweg, Hautwiderstand) ergibt sich somit im Fall einer Durchströmung beim TT-System ein erheblich höherer Körperstrom (Bild 4.5.1 b). Durch den FI-Schutzschalter wird der nach dem ohmschen Gesetz entstehende Körperstrom ja nicht begrenzt.

Hinzu kommt, dass beim TN-System mit FI-Schutzschalter im Fehlerfall mehrere Schutzvorrichtungen (FI- und Überstromschutzschalter) wirksam werden können und daher insgesamt eine höhere Zuverlässigkeit der Schutzmaßnahme gegen elektrischen Schlag gewährleistet ist.

4.7 Prüfen und Messen an Fehlerstrom-Schutzeinrichtungen

4.7.1 Allgemeines, Prüf- und Messaufgaben

Das im *Bild 4.7.1* dargestellte Funktionsprinzip eines FI-Schutzschalters *(Tabelle 4.7.1)* ist bekannt. Es beruht auf dem Erfassen der Summe der Ströme aller seiner Strombahnen (Pole) und wird auch in anderen Fällen, z. B. bei der Isolationsüberwachung (→ A 7.2) oder der Prüfung elektrischer Geräte (→ A 6.4) angewendet. Ist die Stromsumme nicht null – infolge eines Ableit- oder Fehlerstroms – wird diese Stromdifferenz (Differenzstrom I_Δ) erfasst; überschreitet sie den eingestellten Wert (Auslösedifferenzstrom $I_{\Delta a}$), so erfolgt die Abschaltung. Die Ursache der Stromdifferenz und damit der Auslösung des FI-Schutzschalters muss nicht immer ein Fehlerstrom sein, wie es der Name des Schalters zunächst vermuten lässt.

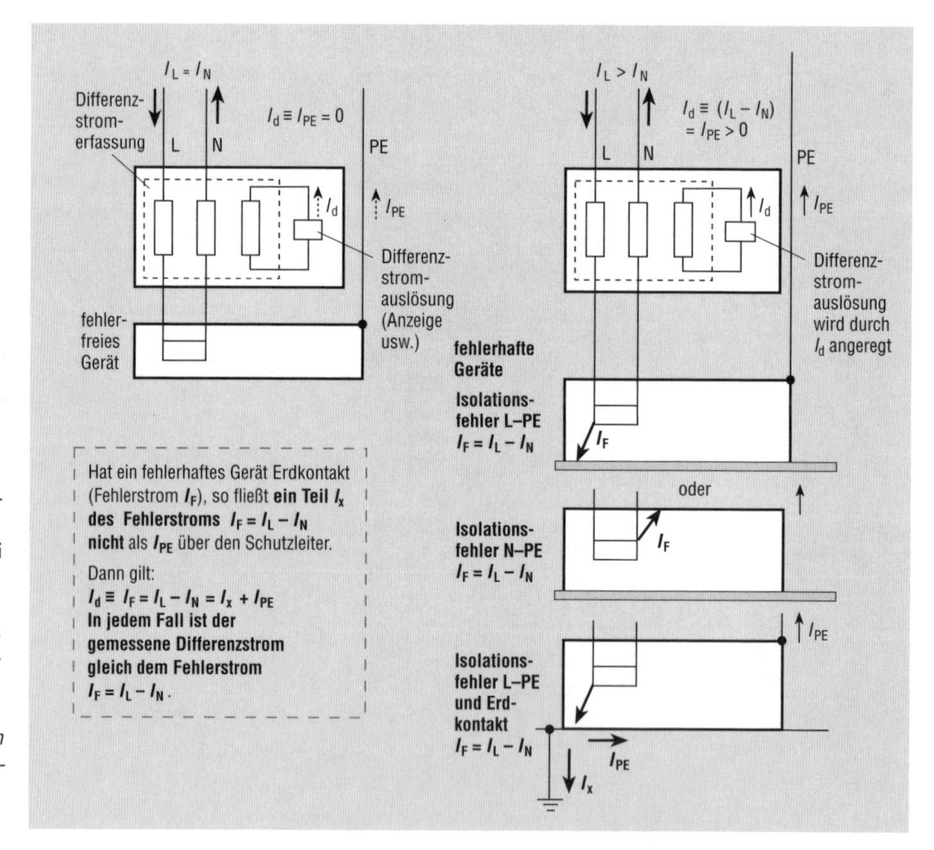

Bild 4.7.1
Wirkungsweise der Differenzstrommessung eines FI-Schutzschalters bei einem Isolationsfehler; Auswirkung der Verbindung des Schutzleiters/Gerätekörpers mit Erde
I_d im Auslösekreis fließender Strom, in der Größe proportional dem Differenzstrom

Der Schalter ist das Herzstück der im Abschnitt 4.6 behandelten Schutzmaßnahme „TT-System mit FI-Schutzschalter", er wird aber auch in anderen Fällen, z. B. beim TN-System (→ A 4.5) oder zum Schutz vor elektrisch gezündeten Bränden eingesetzt. Seine Empfindlichkeit beim Erfassen des Differenzstroms und sein schnelles Abschalten des fehlerhaften Teils einer elektrischen Anlage sind die entscheidenden Vorteile gegenüber anderen Schutzeinrichtungen.

Im *Bild 4.7.2* sind die durch die Normen [2.18] vorgegebenen Grenzwerte und Toleranzbereiche der Auslöseströme und Auslösezeiten eines FI-Schutzschalters (RCD) dargestellt. Nur wenn der Schalter in dem dort grau gekennzeichneten Strom-Zeit-Bereich auslöst, ist die Wirksamkeit der Schutzmaßnahme, für die er eingesetzt wurde, gewährleistet. Natürlich ist es in der Praxis nicht sinnvoll und auch nicht erforderlich, durch mehrere Messungen die Lage der Kennlinie

Tab. 4.7.1 Kurzzeichen und Typenbezeichnung der FI-Schutzschalter (RCD)

Kurzzeichen/Bezeichnung	**Erläuterung**	**Bemerkung**
RCD steht für Fehlerstrom-Schutzschalter **und** Differenzstrom-Schutzschalter	**R**esidual **c**urrent protective **d**evice	→ H 4.7.09
PRCD	**P**ortabel **c**urrent protective **d**evice	
PRCD-S	PRCD – **S**afety	
SRCD	fixed – **s**ocket outless RCD	
RCCB	**R**esidual **c**urrent operated **c**ircuit **b**raekers without integral overcurrent protection	ohne Überstromauslöser
RCBO	RCCB with integral overcurrent protection	mit Überstromauslöser
RCM	**R**esidual **c**urrent **m**onitors	→ A 7.2
A	Erfasst nur Differenz**wechselströme**	Keine besonderen Vorgaben zur Prüfung
AC	Erfasst auch **pulsierende** Differenz**ströme**	
B	Erfasst auch **glatte** (Gleich-) Differenzströme	zur Prüfung → H 4.7.08
[S]	Kennzeichen für „stoßstromfest" und eine definierte verzögerte Auslösung	→ Bild 4.7.6

zu kontrollieren. Nach den Erfahrungen der bisherigen Prüfpraxis erhält man die

Prüfaufgabe:

Um nachzuweisen, dass ein FI-Schutzschalter ordnungsgemäß funktioniert und seine gesamte Auslösekennlinie im vorgegebenen Toleranzbereich liegt, ist festzustellen, dass er durch einen Differenzstrom in der Höhe des Bemessungsdifferenzstroms $I_{\Delta N}$ innerhalb einer Zeitspanne von 0,3 s ausgelöst wird.
Anmerkung: Zum Nachweis der Wirksamkeit der Schutzmaßnahmen „TN-S- oder TT-System mit Fehlerstrom-Schutzschalter" gehören außerdem auch noch die in den Abschnitten 4.5 oder 4.6 erläuterten Messungen.

Vor dem Messvorgang – und auch das gehört zur **Prüfaufgabe** – muss durch das Besichtigen und Erproben nachgewiesen werden (→ Tabelle 4.1.5 und *Tabelle 4.7.2),* dass sich der FI-Schutzschalter

▷ in einem ordnungsgemäßen Zustand befindet und
▷ den Vorgaben der Dokumentation entsprechend richtig ausgewählt und eingesetzt wurde.

Anderenfalls ist die Messung wertlos.

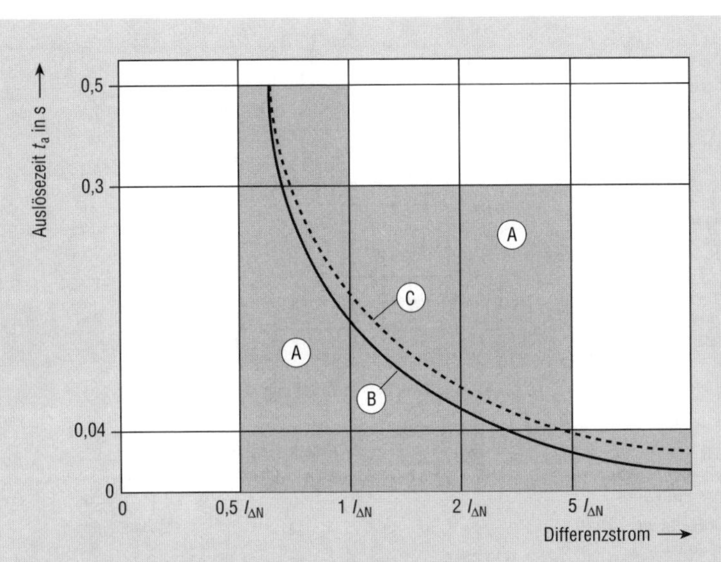

(A) Bereich, in dem die Strom-Zeit-Kennlinie eines unverzögerten (B) oder eines kurz verzögerten (C) FI-Schutzschalters mit einem Bemessungsdifferenzstrom $I_{\Delta N} \geq 30$ mA liegen muss
(B) Strom-Zeit-Kennlinie eines unverzögerten FI-Schutzschalters (Beispiel),
(C) Strom-Zeit-Kennlinie eines kurz verzögerten FI-Schutzschalters (Beispiel)

Bild 4.7.2 Vorgaben aus der Norm [2.17] für die in Abhängigkeit vom auftretenden Differenzstrom (Fehlerstrom) einzuhaltenden Auslösezeiten der Fehlerstrom-Schutzschalter des Typs AC

Tab. 4.7.2 Besichtigen und Erproben des FI-Schutzschalters

Prüfschritt	Bemerkung
Kontrolle des Allgemeinzustands	→ Tabelle 4.1.5
Kontrolle der Übereinstimmung der Bemessungsdaten mit den Vorgaben der Dokumentation, der Schutzaufgabe und der Art des zu schützenden Verbrauchsmittels - Bemessungsstrom - Bemessungsdifferenzstrom - Charakteristik (A, AC, B)	Zusatzschutz, $I_{\Delta n} = 30$ mA! Fehlergleichströme!
Vorhandensein eines ordnungsgemäßen Überstromschutzes des FI-Schutzschalters	Vorgeordnete Sicherung
Kontrolle der Verlustwärmebilanz im Verteiler	Verlustleistung je Pol bei Volllast (16/63 A), z. B. 2/5 W
Ein- und Ausschalten mit dem Schalthebel	
Betätigen der Prüftaste	Nach der Auslösung beim Messen

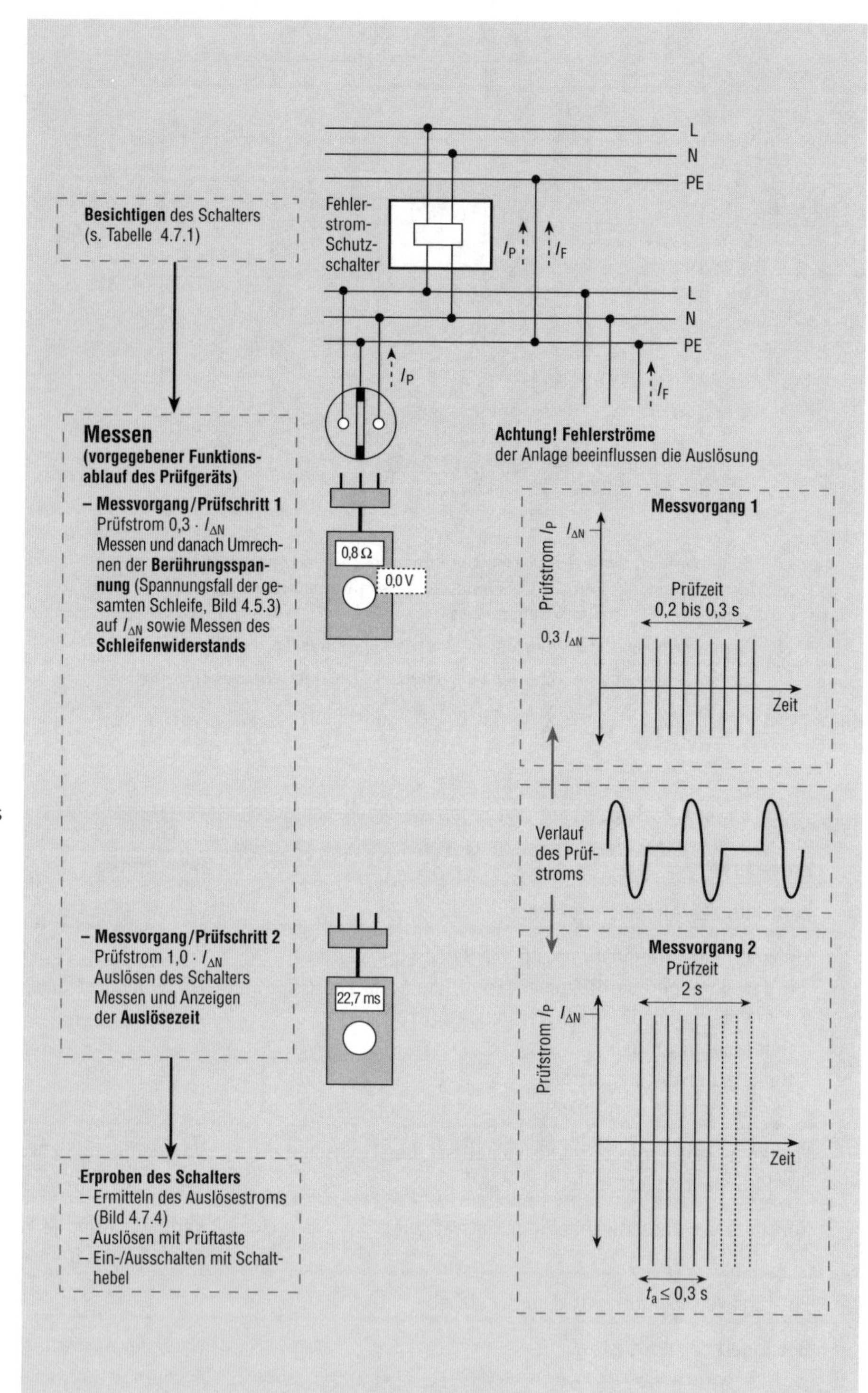

Bild 4.7.3
Ablauf der Prüfung und Darstellung des Messvorgangs zum Nachweis der Auslösung/Auslösezeit eines FI-Schutzschalters

Messvorgang/ Prüfschritt 1:
Nachweis der Daten der Anlage im Zusammenhang mit der Prüfung ihrer Schutzmaßnahme gegen elektrischen Schlag (→ Bilder 4.5.2 und 4.6.1)

Messvorgang/ Prüfschritt 2:
Prüfung des FI-Schutzschalters, Nachweis der Auslösung und der Auslösezeit

4.7.2 Messverfahren, Durchführen der Messung

Erläuterungen zu der im Bild 4.7.3 dargestellten Messung

Messaufgabe nach DIN VDE 0100 Teil 610 oder DIN VDE 0105 Teil 100:

▷ *Nachweis der richtigen Zuordnung und der Wirksamkeit des FI-Schutzschalters;*

▷ *Die Funktion des FI-Schutzschalters ist nachgewiesen, wenn die Abschaltung spätestens beim Bemessungsdifferenzstrom* $I_{\Delta N}$ *erfolgt…"*

Im *Bild 4.7.3* werden die Prüfschaltung und der Ablauf der Prüfung des FI-Schutzschalters dargestellt. Mit der dort erläuterten Prüfmethode wird festgestellt, ob das Auslösen des FI-Schutzschalters bei einem Prüfstrom $I_P = I_{\Delta N}$ spätestens in der durch die Norm vorgegebenen Höchstzeit von 0,3 s erfolgt.

In den Normen [3.1] [3.2] für das Prüfen der elektrischen Anlagen wird nicht gefordert, die **tatsächliche Auslösezeit** des Schalters zu ermitteln. Wird sie von dem angewandten Prüfgerät angezeigt, so bietet sich damit die Möglichkeit einer zusätzlichen Kontrolle des Zustands des FI-Schutzschalters (→ H 4.7.06).

In diesen Normen wird auch nicht gefordert, den **tatsächlichen Auslösestrom** festzustellen. Trotzdem sollte die dazu nötige Messung *(Bild 4.7.4)* mit der Methode des ansteigenden Prüfstroms vorgenommen werden. Wenn der tatsächliche Auslösestrom vom üblicherweise eingestellten Wert ($0{,}7 \cdot I_{\Delta N}$) abweicht, so kann dies ein Hinweis darauf sein, dass

▷ in der Anlage Ableit-/Fehlerströme vorhanden sind (→ A 4.4, *Bild 4.7.5)* und/oder

▷ äußere Einflüsse zu Veränderungen im Auslösekreis geführt haben.

Wenn der Schalter beim Messen mit ansteigendem Prüfstroms **bereits im ersten Prüfschritt auslöst,** ist dies ebenfalls ein Hinweis auf in der Anlage vorhandene Ableit-/Fehlerströme.

Zu beachten ist weiterhin:

▷ Um ordnungsgemäß nachzuweisen, dass der FI-Schutzschalter beim Auftreten eines Differenzstroms in der Höhe seines Bemessungsdifferenzstroms $I_{\Delta N}$ in spätestens 0,3 s (früher 0,2 s) auslöst, müssen Prüfgeräte nach DIN VDE 0413 Teil 6 angewendet werden, die
– entweder die Auslösezeit (→ Bild 4.7.3) oder
– das Überschreiten der vorgegebenen Auslösezeit von 0,3 s *(Bild 4.7.6)* anzeigen.

▷ Die gemessene Auslösezeit sollte nicht nur mit dem Normwert 0,3 s sondern auch mit der bei der jeweiligen Schaltertype üblichen Auslösezeit (bei $I_{\Delta N} \approx 0{,}02 \ldots 0{,}1$ s) verglichen werden. Werden Abweichungen festgestellt, ist die Messung sicherheitshalber zu wiederholen. Als Ursachen kommen – wie auch bei den Auslöseströmen – Korrosion, Verschmutzung, Auswirkung magnetischer Felder (Trafos, Schützspulen), Erwärmung usw. infrage.

▷ Die Messvorgänge sind in den Bildern nur beispielhaft dargestellt, die Art und Weise der Messung – z. B. die Anzahl der Messungen und das Ermitteln des dann angezeigten Messwerts – sind bei den Prüfgeräten unterschiedlich. Der Prüfer sollte sich über die Eigenschaften seines Prüfgeräts informieren, um dessen Qualität und Aussagen besser beurteilen zu können.

▷ Wenn die Daten des FI-Schutzschalters exakt festgestellt werden sollen, ist er abgangsseitig freizuschalten, bevor die Messung vorgenommen wird. Erfolgt das nicht, sind also an den zu prüfenden FI-Schutzschalter bzw. seinen Stromkreis während der Messung Gebrauchsgeräte (auch Dimmer, Transformatoren usw.) angeschlossen, addieren sich die Ableit-/Fehlerströme dieser Geräte zum Prüfstrom. Der als Auslösestrom angezeigte Prüfstrom ist dann nicht der tatsächliche Auslösestrom des FI-Schutzschalters (→ Bild 4.7.5).

▷ Das Erproben der Funktion des Prüfkreises (Prüftaste) und damit des Auslösekreises (Wandler, Auslöserelais, mechanische Auslösung) **muss nach den Messvorgängen** erfolgen. Mit dem „gewaltsamen" Auslösen durch die Prüftaste (ca. $2 \cdot I_{\Delta N}$) erfolgt gewissermaßen eine „Reinigung" der mechanischen Teile, sodass die Auswirkungen von Verschmutzungen oder Verklebungen auf Auslösezeit und Auslösestrom durch die erst danach erfolgenden Messungen nicht mehr festgestellt werden können.

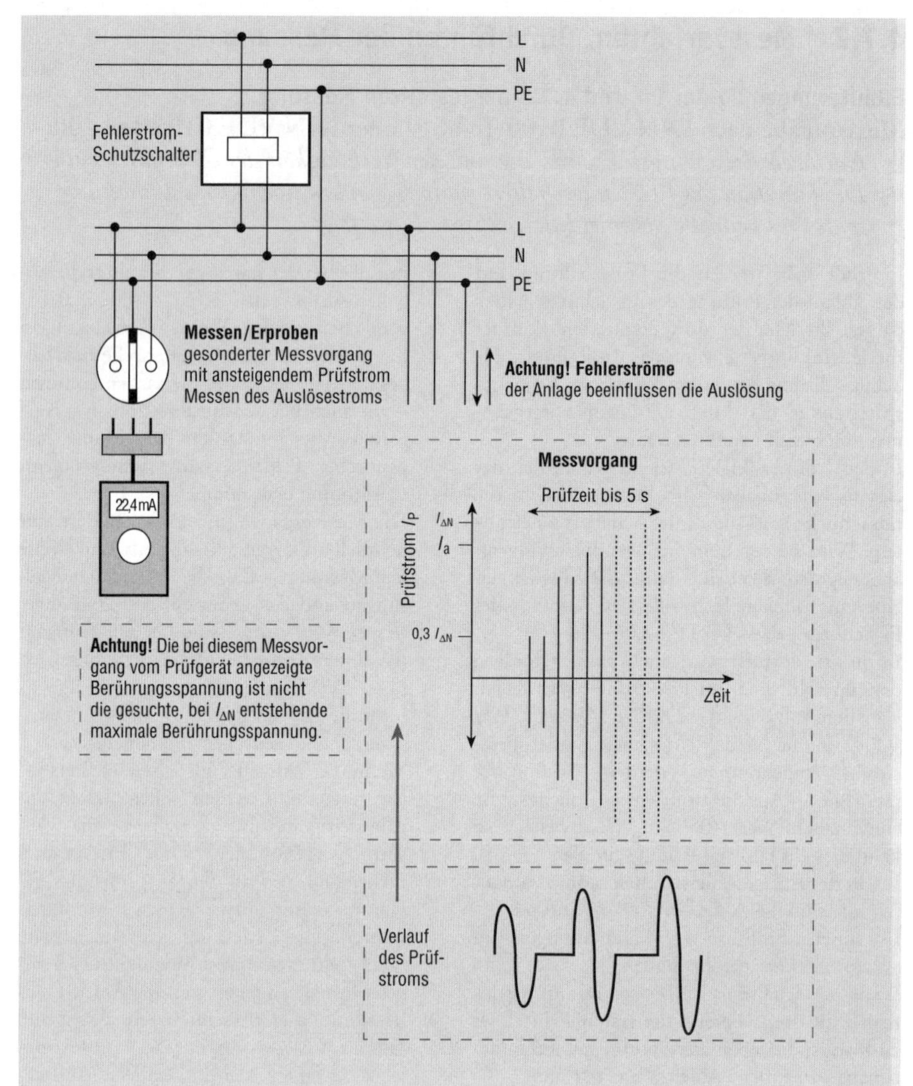

Bild 4.7.4
Darstellung des Messvorgangs zum Nachweis des Auslösestroms eines FI-Schutzschalters mit der Messmethode des ansteigenden Prüfstroms
Je nach Prüfgerät wird eine andere Art des Anstiegs des Prüfstroms angewandt.

4.7.3 Prüfgeräte, Messergebnis, Messgenauigkeit

Die Betriebsmessabweichung der Prüfgeräte spielt bei diesen Messungen (→ Bilder 4.7.3 und 4.7.4) praktisch eine untergeordnete Rolle. Ihr Einfluss ist unerheblich und kann selbst dann vernachlässigt werden (→ Bild 4.7.2), wenn die Messwerte in der Nähe der Grenzwerte (Bemessungs- bzw. Kennwerte des FI-Schutzschalters) liegen und diese dann um einen geringen Betrag über- bzw. unterschritten werden.

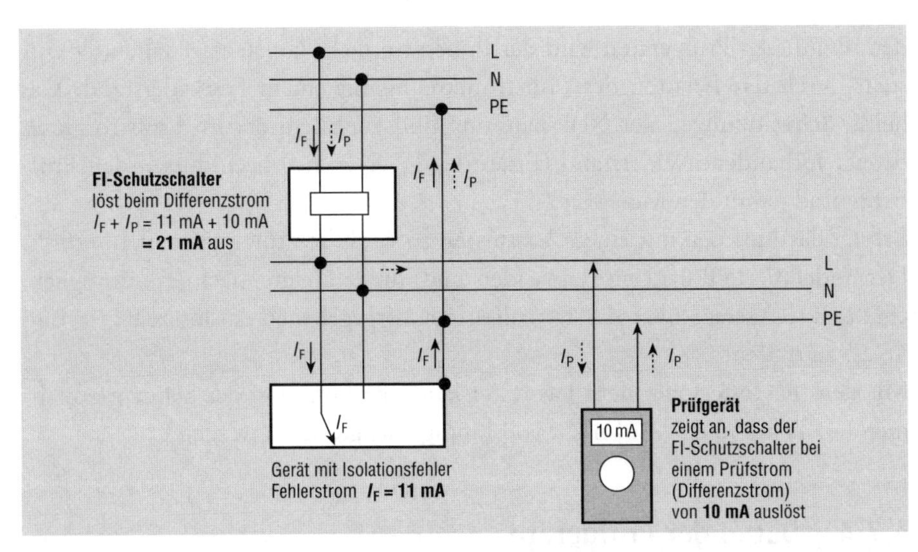

Bild 4.7.5
Ableit-/Fehlerströme der Anlage überlagern sich dem Prüfstrom, der Prüfer wird falsch informiert
Der vom Prüfgerät angezeigte Auslösestrom des FI-Schutzschalters stimmt nicht mit dem tatsächlichen Auslösestrom überein.

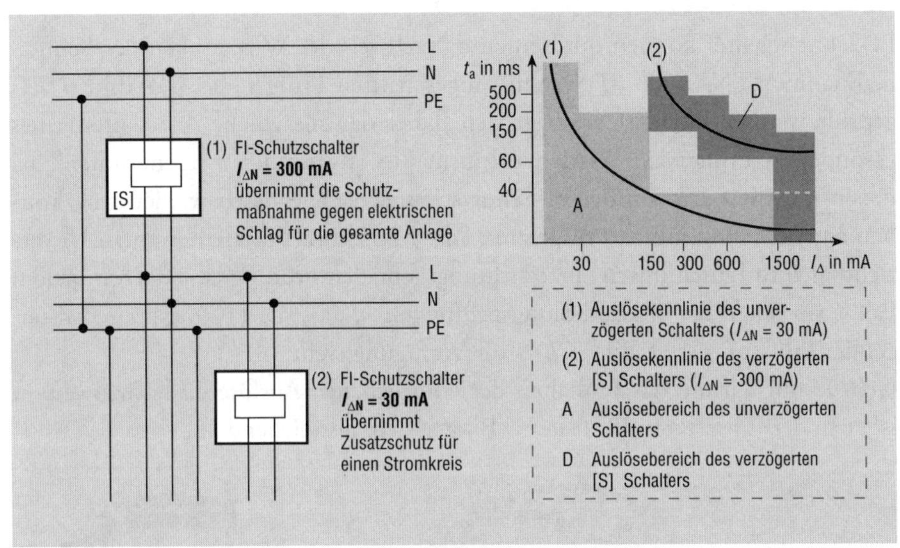

Bild 4.7.6
Abschaltzeiten von zwei in Reihe geschalteten FI-Schutzschaltern (Nachweis der Selektivität)

Um das Messergebnis richtig bewerten und beurteilen zu können, sollte der Prüfer vor der Messung klären, wodurch der Messwert des Auslösestroms möglicherweise beeinflusst werden kann (→ Bild 4.7.5). Eine Messung des Differenzstroms des Stromkreises der Anlage (→ Bild 4.4.1) kann dafür nützlich sein. Diese Messung sollte auch dann erfolgen, wenn bereits durch den ersten Prüfschritt beim Messen mit ansteigendem Prüfstrom ein unerwartetes Auslösen erfolgt.

Werden **FI-Tester** (→ Bild 4.7.7 b) zum Auslösen des FI-Schutzschalters verwendet, muss die Betriebsmessabweichung möglicherweise berücksichtigt werden. Bei diesen Prüfgeräten wird der Prüfstrom nicht konstant gehalten, er entsteht durch das Belasten des Prüfstromkreises mit einem Festwiderstand. Das heißt, Schwankungen der Netzspannung und vor allem der im Prüfstromkreis bereits vorhandene Widerstand (Erder des TT-Systems!) beeinflussen den Prüfstrom und damit den Messwert.

Erfolgt das Auslösen mit einem **Lasttester,** so wird die Prüfaufgabe nicht erfüllt. Der undefinierte Prüfstrom (Lastwiderstand) dieser Geräte macht es unmöglich, eine exakte Aussage über das Einhalten der vorgegebenen Auslösezeit (→ Bild 4.7.2) zu treffen.

Mit dem FI-Tester oder dem Lasttester kann die Funktion der Schutzmaßnahmen (→ A 4.5 und A 4.6) nicht vollständig nachgewiesen werden.

4.7.4 Daten der Prüfgeräte

FI-Schutzschalter können mit den zum Nachweis der Wirksamkeit der Schutzmaßnahme „TN- oder TT-System" angeschafften Prüfgeräten (→ Bild 4.5.4) geprüft werden. Zumeist erübrigt sich daher das zusätzliche Anschaffen eines gesonderten Prüfgeräts. Werden turnusmäßige Kontrollen vorgenommen, bei denen nur die Funktion der FI-Schutzschalter nachgewiesen werden soll, können auch die einfacheren Prüfgeräte *(Bild 4.7.7)* zum Einsatz kommen. Unverzichtbar zum Durchführen einer ordnungsgemäßen Prüfung ist jedoch in jedem Fall – vor allem bei Wiederholungsprüfungen –, dass die Prüfmethode „ansteigender Prüfstrom" (→ Bild 4.7.4) zur Verfügung steht.

Geht es nur darum, das Einhalten der vorgegebenen Auslösezeit nachzuweisen, ist auch der Einsatz von FI-Testern (Bild 4.7.7b) ausreichend.

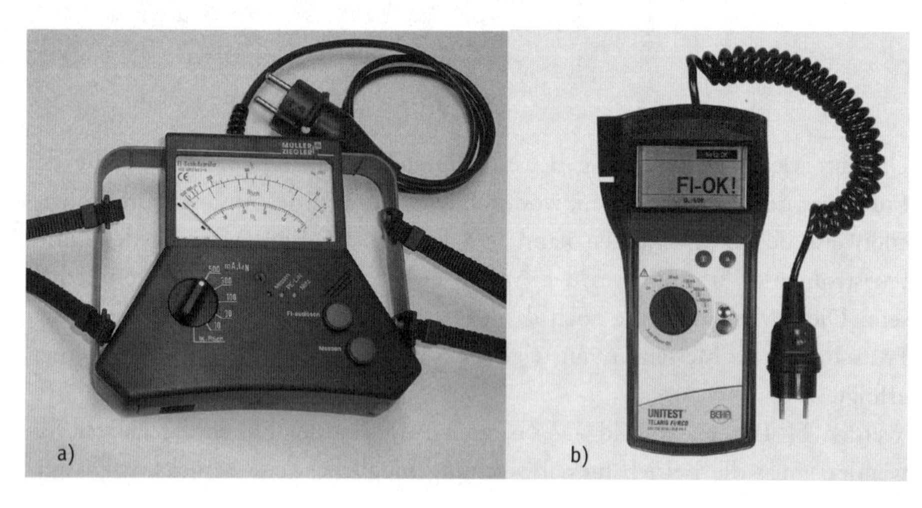

Bild 4.7.7
Prüfgeräte zum Prüfen der Fehlerstrom-Schutzeinrichtungen
a) FI-Schleife-Prüfer (Müller-Ziegler)
b) FI-Tester, Telaris 0100 Elektrocheck (BEHA)

4.7.5 Hinweise

H 4.7.01 Notwendigkeiten mehrerer Messungen bei vierpoligen FI-Schutzschaltern

Es ist im Prinzip gleichgültig, an welchen Außenleiter (Phase) des von einem FI-Schutzschalter versorgten Drehstromkreises das Prüfgerät angeschlossen wird. Die Phasenlage des Prüfstroms (Differenzstroms) hat keinen Einfluss auf den Wert des Auslösestroms. Sowie jedoch von einem der Außenleiter ein Fehlerstrom ausgeht, ist – wie im Bild 4.7.5 dargestellt – der als Auslösestrom angezeigte Prüfstrom nicht der tatsächliche Auslösestrom des FI-Schutzschalters. Einfluss auf die Größe des Differenzstroms und damit auf den Anzeigewert hat dann auch die Phasenlage des Fehlerstroms.

Hat der ermittelte Auslösestrom einen anderen Wert als üblicherweise erwartet wird, so sollte das Prüfgerät an einen anderen Außenleiter angeschlossen und eine zweite Messung vorgenommen werden. Aus beiden Messwerten und gegebenenfalls noch aus einem dritten, durch Messen am dritten Außenleiter ermittelten Messwert lässt sich dann erkennen, ob ein Fehler des FI-Schutzschalters vorliegt oder ob die Fehlerströme der anderen Außenleiter die Ursache für den unüblichen Anzeigewert sind.

H 4.7.02 Nachweis der Selektivität

Der Nachweis, dass die Kombination zweier in Reihe geschalteter FI-Schutzschalter (Bild 7.4.6) die Eigenschaft „Selektivität" – hier gestaffelte Abschaltzeiten – aufweist, wird in den Prüfnormen nicht gefordert. Ein Abschalten des „Haupt-FI-Schalters" im Fehlerfall ist zwar störend, hat aber keine Auswirkungen auf die Elektrosicherheit.

Trotzdem gehört es natürlich auch zu einer ordnungsgemäßen Prüfung, die Übereinstimmung der Anlage mit den Vorgaben der Dokumentation (Planung) sicherzustellen. Dies erfolgt in diesem Fall durch

- ▷ den Nachweis, dass Schalter 1 die Prüfvorgaben für einen verzögerten Schalter (Kennzeichnung [S]) (→ H 4.7.08) und Schalter 2 die für den unverzögerten Schalter erfüllt hat, oder
- ▷ durch Vergleich der bei einem gleichen Differenzstrom zu messenden Auslösezeiten beider Schalter.

Im Fall 2 muss dann – wie für den Fall 1 aus dem Diagramm im Bild 4.7.6 zu ersehen ist – ein hinreichend großer zeitlicher Unterschied vorhanden sein.

Ein Nachweis der Selektivität kann auch erbracht werden, indem ein ausreichend hoher Strom (Prüfstrom der Schleifenwiderstandsmessung; → A 4.5.2) über beide Schalter geschickt wird. Löst nur Schalter 2 aus, so ist Selektivität vorhanden.

Die verzögert auslösenden FI-Schutzschalter (Kennzeichnung [S]) **können** auch den Fehlerschutz übernehmen (→ A 4.5 und A 4.6), wenn sie die geforderte Abschaltzeit 0,3 s bei $I_{\Delta N}$ gewährleisten. Dies ist durch eine Messung oder die Bestätigung des Herstellers nachzuweisen.

H 4.7.03 Unterschiedliche Messergebnisse bei mehreren Messungen

Unterschiedliche Messergebnisse bei in kurzen zeitlichen Abständen vorgenommenen Messungen sind recht selten. Sie können auftreten,

- ▷ wenn verschiedene Messgeräte eingesetzt werden oder
- ▷ bei Wiederholungsprüfungen zwischen der ersten und den dann folgenden Messungen infolge geringfügiger Klebeeffekte (Schmutz, Korrosion) an den mechanischen Teilen des Schalters.

Abweichungen bei den Messergebnissen der Auslöseströme können

- ▷ bei unmittelbar aufeinander folgenden Messungen durch kurzzeitige, plötzlich auftretende/verschwindende Ableitströme (Einschalten/Ausschalten, Regelvorgänge usw.) der Betriebsmittel der Anlage sowie
- ▷ bei Messungen, die im Abstand von Stunden oder Tagen erfolgen, z. B. durch Nässeeinwirkung oder andere ähnliche Beanspruchungen

entstehen (→ H 4.7.05).

H 4.7.04 Veränderungen der Kennwerte im Verlauf der Betriebszeit

Beim Entwickeln und Herstellen der FI-Schutzschalter ist höchste Präzision und Sauberkeit angesagt. Die Montagestätten für die Auslösemechanismen sind bei den führenden Herstellern dieser Wunderwerke der Präzision so genannte „Clean-Räume". Es ist unvermeidlich, dass die Betriebsbedingungen – insbesondere wenn sie nicht dem bestimmungsgemäßen Einsatz entsprechen – ihre Spuren hinterlassen. Folgende Einflüsse sind zu beachten:

▷ Magnetfelder von Schützen und Transformatoren beeinflussen den Magnetkreis.
▷ Luftverschmutzungen greifen Kontaktflächen und die feingliedrige Mechanik an; es kommt zum „Kleben".
▷ Zu hohe Umgebungstemperaturen fördern die genannten Vorgänge.

Und wenn dann in einer ungepflegten Umgebung noch Nässe und Verschmutzungen dazu kommen, sind Veränderungen auch der Kennwerte nicht auszuschließen. Erfahrungsgemäß aber entstehen bei den heutigen Erzeugnissen der führenden Hersteller dadurch keine gravierenden, d.h. die Sicherheit unzulässig beeinflussenden Folgen. Nicht auszuschließen ist aber, dass sich solche Folgen bei Billigprodukten oder überalterten Schaltern einstellen.

H 4.7.05 Bestehen unterschiedliche Prüfvorgaben in Abhängigkeit von der Schutzmaßnahme?

Der Einsatz eines FI-Schutzschalters erfolgt unabhängig von der ihm zugeteilten Schutzaufgabe um

▷ Fehlerströme einer Anlage oder eines Stromkreises zu erfassen und
▷ deren Ursachen, die fehlerhaften Anlagenteile/Betriebsmittel, schnell abzuschalten.

Egal aus welchem Grund der Schalter eingesetzt wurde, welche speziellen Eigenschaften er aufweist und welche Auslöseempfindlichkeit als nötig angesehen wurde – von ihm werden in jedem Fall **alle** mit dem schnellen Abschalten verbundenen Schutzwirkungen, d.h.

▷ Schutz gegen elektrischen Schlag,
▷ Brandschutz und
▷ Zusatzschutz

wahrgenommen. Beim Prüfen/Messen eines jeden FI-Schutzschalters kommt es – unabhängig von seiner Prüfaufgabe – immer darauf an nachzuweisen, dass er

▷ aufgabengerecht eingesetzt wurde und
▷ beim Auftreten des Bemessungsdifferenzstroms $I_{\Delta N}$ in der vorgegebenen Zeit normgerecht (→ Bild 4.7.2) auslöst.

H 4.7.06 Welche Auslösezeiten sind üblicherweise zu erwarten

Die Auslösezeiten der FI-Schutzschalter können im Rahmen des vorgegebenen Strom-Zeit-Bereichs fast beliebig eingestellt werden. Zumeist – zumindest bei seriösen Herstellern – erfolgt die Einstellung derart, dass die Auslösekurve (→ Bild 4.7.2) trotz der im Betrieb zu erwartenden „betriebsmäßigen" Beanspruchungen mit hoher Wahrscheinlichkeit immer im vorgegebenen Auslösebereich bleiben wird. Die Auslösezeiten betragen im Neuzustand üblicherweise:

▷ für unverzögerte Schalter
  – bei $I_{\Delta N}$ Sollwert ≤ 0,3 s
  Istwert 0,05 … 0,15 s
  – bei 5 · $I_{\Delta N}$ Sollwert ≤ 0,04 s
  Istwert … 0,01s
▷ für verzögerte Schalter (→ Bild 4.7.6)
  – bei $I_{\Delta N}$ Sollwert ≤ 0,5 s
  Istwert 0,2 … 0,3 s
  – bei 5 · $I_{\Delta N}$ Sollwert ≤ 0,15 s
  Istwert … 0,05 s.

Sind die Veränderungen der Werte der Auslösezeit zu ermitteln, so sollten immer die mit dem gleichen Prüfgerät gemessenen Werte miteinander verglichen werden. Die möglicherweise vorhandenen und zu den Messzeitpunkten sehr wahrscheinlich unterschiedlichen Ableit-/Fehlerströme der Anlage und deren Auswirkung auf die Auslösezeiten sind zu beachten.

H 4.7.07 Prüfung von mobilen FI-Schutzschaltern (PRCD)

Einige Typen der mobilen FI-Schutzschalter können mit den üblichen Prüfgeräten nicht so geprüft werden wie die ortsfesten FI-Schutzschalter. Das hat folgende Gründe:

▷ Aus funktionellen Gründen kann im Schutzleiter ein spannungsabhängiger Widerstand (Varistor) angeordnet sein, der bei der Schutzleiterwiderstandsmessung infolge der üblichen geringen Messspannungen (≤ 24 V) noch hochohmig bleibt, so dass die Prüfung mit einem negativen Ergebnis beendet wird.

- ▷ Der Schutzleiter wird mit über den Wandler der Differenzstrommessung geführt, was – je nach dem Weg des Fehlerstroms – zu einer Abweichung vom üblichen Auslösewert führt (→ H 4.7.11).

Der ordnungsgemäße Schutzleiterdurchgang kann in diesen Fällen durch

- ▷ das mithilfe der Methode „ansteigender Prüfstrom" (→ Bild 4.7.4) erreichte Auslösen oder
- ▷ das Messen des Schutzleiterwiderstands mit einer höheren Spannung (Anwendung der Isolationswiderstandsmessung mit U_P = 100 V)

nachgewiesen werden. Einige Prüfgeräte (→ Bild 4.5.4) verfügen über Prüfprogramme, bei denen die Besonderheiten dieser Schalter berücksichtigt werden.

H 4.7.08 Prüfung von FI-Schutzschaltern mit verzögerter Auslösung

Die Wirkungsweise von Schaltertypen, die als „stoßstromfest" bezeichnet und mit dem Symbol [S] gekennzeichnet sind, beruht auf einer Verzögerung des durch den Differenzstrom entstehenden Auslöseimpulses. Das Auslösen erfolgt in dem durch die Norm vorgegebenen Strom-Zeit-Bereich (→ Bild 4.7.2). Mit dieser Verzögerung gegenüber den allgemein anzuwendenden FI-Schutzschaltern wird eine zeitliche Staffelung (→ Bild 4.7.6) – die Selektivität – der im gleichen Stromweg liegenden Schalter ermöglicht (→ H 7.4.02).

Ihre Prüfung sowie das Messen von Auslösezeit und -strom erfolgen in der gleichen Weise wie bei den unverzögerten Schaltertypen (→ Bilder 4.7.3 und 4.7.4). Es muss allerdings ein Prüfgerät verwendet werden, das für diesen Prüfvorgang vorbereitet ist (→ Bild 4.5.4); die bei dem verzögerten Schalter [S] nach der Norm [2.17] zu beachtenden Grenzwerte der höchstzulässigen Auslösezeit und der so genannten „Nicht-Auslösezeit" sowie des Auslösestroms müssen als Sollwerte einprogrammiert sein.

Bei dem so genannten kurz verzögerten FI-Schutzschalter (→ Bild 4.7.2) ist für das Messen die gleiche Einstellung zu verwenden wie bei den unverzögerten Schaltertypen. Ihr Auslösen wird nur sehr kurz verzögert, um den durch atmosphärische oder Schalt-Überspannungen entstehenden Auslöseimpuls abzublocken. Mit ihnen ist es aber nicht möglich, die Selektivität zweier Schalter zuverlässig zu sichern.

H 4.7.09 Prüfung von Schutzschaltern (RCD) mit Hilfsspannung (DI-Schutzschalter)

Bei Schutzschaltern (RCDs), deren vom Differenzstrom ausgehender Auslöseimpuls durch eine netzspannungsabhängige Elektronik verstärkt wird (in Deutschland als **Differenzstrom-Schutzschalter** bekannt), sind Auslösestrom und -zeit in der gleichen Weise zu prüfen, wie es in den Bildern dieses Abschnitts dargestellt ist. Zu beachten ist, dass ihr Einsatz in Deutschland nur dann zulässig ist, wenn sie zusätzliche, d.h. nicht zwingend durch die Normen vorgegebene Schutzfunktionen gewährleisten. Grund für die Beschränkung ist ihre infolge der Elektronik möglicherweise geringere Zuverlässigkeit.

H 4.7.10 Prüfung von allstromsensitiven FI-Schutzschaltern

Diese Schalter werden vor allem bei umrichtergesteuerten Antrieben eingesetzt, deren Betriebsströme infolge der Funktionsweise der Antriebe einen Gleichstromanteil aufweisen. Um die damit im Fehlerfall auch entstehenden Gleichfehlerströme erfassen und abschalten können, verfügen die Schalter neben dem „normalen", d.h. wechselstrom- und pulsstromsensitiven Auslösekreis auch über einen gleichstromsensitiven Auslösekreis. Der Nachweis der Funktion des gleichstromsensitiven Auslösekreises kann nicht mit den üblichen Prüfgeräten, sondern nur mit einem speziellen Prüfgerät oder Prüfgerätezusatz erfolgen. Mit diesem Gerät wird ein langsam ansteigender Prüf-Gleichstrom über einen der Strompfade(pole) geleitet.

H 4.7.11 Prüfung von Steckdosen mit FI-Schutzschalter

Diese dezentralen Schutzgeräte mit $I_{\Delta N} \leq 30$ mA dienen ausschließlich dem Zusatzschutz. Ihre Prüfung kann mit den üblichen Verfahren und Prüfgeräten (Bilder 4.7.3 und 4.7.4), aber auch mit den FI-Testern (Bild 4.7.7b) erfolgen. Es ist ja lediglich das Abschalten in der vorgegebenen Zeit von 0,3 s beim Auftreten eines Fehlerstrom $I_F = I_{\Delta N}$ nachzuweisen. Zu beachten ist, dass einige dieser Steckdosen mit einer Schutzleiterüberwachung ausgestattet sind, d. h der Schutzleiter wird gegenläufig mit durch den Differenzstromwandler geführt. Das hat zur Folge, dass sie bereits bei $0{,}5 \cdot I_{\Delta N}$ auslösen.

4.8 Messen des Netzinnenwiderstands

Das Messen des Netzinnenwiderstands (-impedanz) *(Bild 4.8.1)* bzw. des Kurzschlussstroms (L – N) wird in den Prüfnormen nicht verlangt. Es wird darauf verzichtet, weil der Nachweis des Schutzes gegen Überstrom praktisch bereits dadurch erbracht wurde, dass

▷ die Abschaltbedingungen beim Schutz gegen elektrischen Schlag (→ A 4.5) und

▷ die Übereinstimmung der Daten der eingesetzten Überstrom-Schutzeinrichtungen mit den Vorgaben des Netzbetreibers [1.10] bei der Sichtprüfung

nachgewiesen worden sind. Zu empfehlen ist diese Messung aber als zusätzliche Kontrolle, vor allem, wenn größere Leitungslängen den Kurzschlussstrom möglicherweise erheblich begrenzen.

Sinnvoll ist das Messen des Netzinnenwiderstands auch, um den Anschluss und den ordnungsgemäßen Zustand des Neutralleiters an den Anschlussstellen von Drehstrom-Gebrauchsgeräten nachzuweisen und damit etwas für den immer noch vernachlässigten Brandschutz zu tun (→ A 4.9). Die Messung erfolgt mit einem der handelsüblichen, ohnehin zum Messen des Schleifenwiderstands anzuwendenden Prüfgeräte (→ Bild 4.5.4). Bezüglich der einzuhaltenden Grenzwerte und der Messgenauigkeit gelten die Hinweise im Abschnitt 4.5. Eventuelle Unterschiede zwischen den Messwerten für den Schleifen- bzw. den Netzinnenwiderstand können ein Hinweis auf defekte Anschluss- oder Verbindungsstellen sein.

Geht es lediglich um den Nachweis des richtigen Anschlusses der Leitungsadern einschließlich des Neutralleiters, so können auch entsprechend ausgestattete einfache Prüfgeräte *(Bild 4.8.2)* verwendet werden.

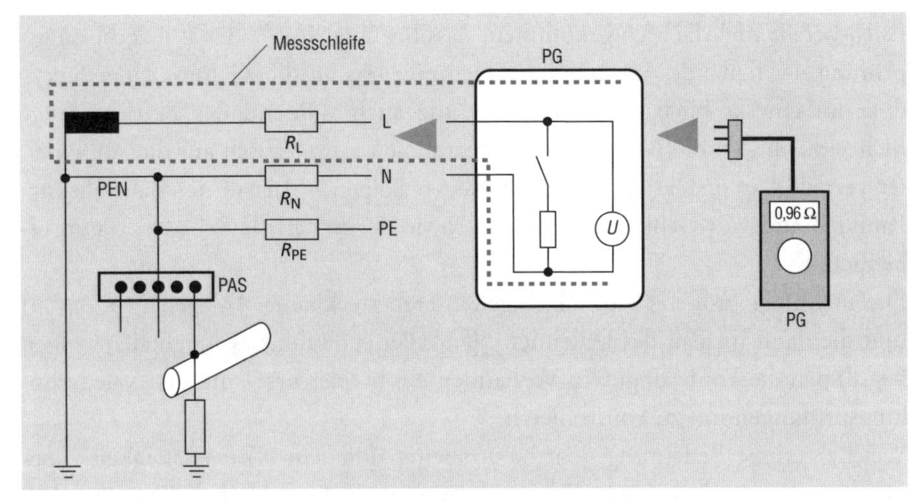

Bild 4.8.1
Prinzip der Messung des Netzinnenwiderstands (Funktionsablauf im Prüfgerät wie im Bild 4.5.3)

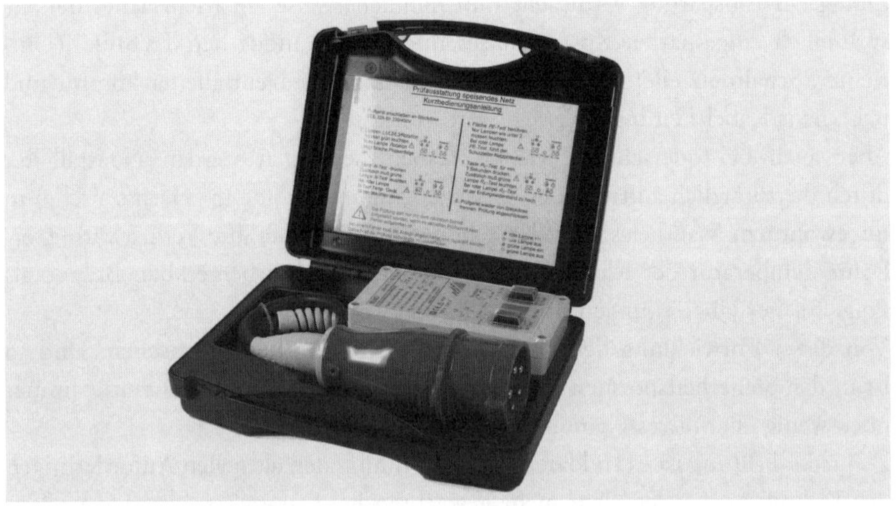

Bild 4.8.2
Steckdosenprüfgerät BUND (GMC) zur Prüfung des ordnungsgemäßen Anschlusses der Leitungsadern einschließlich des Schutz- und des Neutralleiters an einer Drehstrom-CEE-Steckdose sowie zur Kontrolle des Drehfelds

4.9 Messen des Neutralleiterstroms

4.9.1 Allgemeines, Prüf- und Messaufgaben

Der Neutralleiter wird bei den Prüfungen/Messungen zum Nachweis der Wirksamkeit der Schutzmaßnahmen nicht unmittelbar erfasst und bewertet. Ihn zu prüfen ist auch keine ausdrückliche Vorgabe der Normen [3.1] [3.2]. Er wird lediglich bei einigen Prüfgängen bzw. Prüfgeräten zum Bereitstellen der Prüfspannung benötigt und dadurch indirekt mit kontrolliert.

Es ist bereits mehrfach vorgekommen, dass bei einer Erst- oder Wiederholungsprüfung der fehlende Anschluss des Neutralleiters an die Klemme einer Steckdose unbemerkt blieb. Sein Fehlen wurde auch während des Betriebs lange nicht erkannt, da die Belastungen einigermaßen symmetrisch auf die Außenleiter verteilt waren. Die daraus entstandenen Folgen – Ausfall der Beleuchtung, Panik, Brand von Gebrauchsgeräten – sowie der materielle Schaden waren erheblich.

Die in immer größerer Anzahl eingerichteten steckbaren Anlagen (→ A 7.4) und die dann im Fall des fehlenden Neutralleiteranschlusses möglichen Folgen begründen die Forderung, sein Vorhandensein bei der Erst- und den Wiederholungsprüfungen mit zu kontrollieren.

Welche geringe Bedeutung dem Neutralleiter und seiner Zuverlässigkeit zugemessen wurde, zeigen auch die so genannten 3½-Leiter-Kabel. Der damalige Drang zur Einsparung verursacht nun möglicherweise ein Mehrfaches der ursprünglich eingesparten Kosten, da es infolge der „modernen Technik“ (Umrichter, Schaltnetzteile) zur Be- und Überlastung der Neutralleiter kommt und u. U. neue Kabel/Leitungen verlegt werden müssen.

Aber auch bei querschnittsgleichen Kabeln/Leitungen werden Neutralleiter durch die zusätzlich auftretenden Oberschwingungsströme (3. Harmonische) in ungewohntem Maß belastet und machen sich z. B. durch ihre Verlustwärme, erhöhte Temperatur der Klemmstellen usw. unangenehm bemerkbar. Brände als Folge solcher Überlastungen sind bereits entstanden.

Von dieser Entwicklung ließen sich die Elektrotechniker überraschen. Und so ist in den Sicherheitsnormen nur sehr zaghaft und auch in der Literatur immer noch wenig über dieses Phänomen zu lesen.

Ziel jeder Prüfung ist es zu klären, ob der Prüfling den aktuellen Anforderungen der Technik noch oder nicht mehr gewachsen ist. Daraus ergeben sich im Zusammenhang mit dem Neutralleiter die

Prüfaufgaben:

- ▷ Nachweis des ordnungsgemäßen Anschlusses des Neutralleiters an allen Anschlüssen für ortsfeste und
  insbesondere für ortsveränderliche Drehstrom-Betriebsmittel sowie
- ▷ Kontrolle der Belastung des Neutralleiters der Verteiler und der leistungsstarken Drehstrom-Gebrauchsgeräte/Maschinen bei den jeweils typischen Betriebszuständen.

4.9.2 Messverfahren, Prüfgeräte, Messgenauigkeit

Der Nachweis des **Vorhandenseins eines ordnungsgemäß angeschlossenen Neutralleiters** bzw. des Neutralleiterpotentials an den Anschlussklemmen/ Steckbuchsen eines Drehstrom-Abgangs kann auf folgende Weise geführt werden:

▷ Messen des Netzinnenwiderstands (→ A 4.8), z. B. an einem Steckdosenverteiler,
▷ Anwenden eines speziell für diese Prüfung ausgestatteten Steckdosen-Prüfgeräts (→ Bild 4.8.2),
▷ Messen der Spannung an den Anschlüssen.

Die **Belastung des Neutralleiters** (Größenordnung genügt) ist zweckmäßigerweise mit einer Strommesszange zu prüfen (→ A 9.2). Diese sollte auch dafür geeignet sein, die Oberschwingungsanteile des Stroms zu messen und auszuweisen (→ A 8.5), um deren Vorhandensein und Quellen ermitteln zu können. Hinweise auf einen im Neutralleiter fließenden Strom ergeben sich auch aus

▷ den Temperaturen der Klemmen des Neutralleiters (→ A 8.6) oder
▷ der unsymmetrischen Belastung der Außenleiter.

Der höchste ermittelte Wert ist mit Angabe der Uhrzeit der Messung im Prüf /Messbericht anzugeben (→ Bild 11.1b).

Grenzwerte für eine zulässige Belastung des Neutralleiters bestehen nicht. Jeder Neutralleiterstrom kann durch nicht betriebsmäßige, aber auch durch betriebsmäßige Zustände hervorgerufen worden sein. Der Prüfer muss in jedem Fall klären,

▷ ob der gemessene Strom durch eine betriebsmäßige Belastung der angeschlossenen Gebrauchsgeräte (50 Hz) hervorgerufen wird oder
▷ ob ein Teil des Stroms auf Oberschwingungen (150 Hz) zurückzuführen ist und
▷ welche Ursache eine Überlastung des Neutralleiters hat.

Alle bezüglich des Querschnitts zu hohe oder durch Oberschwingungen entstehende unerwartete Belastungen können zwar durch normale betriebliche Vorgänge entstanden sein, sind letztlich aber in jedem Fall für den Neutralleiter und die betreffende Anlage ein Mangel, der dem Betreiber in der Prüfdokumentation mitgeteilt werden muss (→ Bild 11.1c).

4.10 Bestimmen/Messen des Spannungsfalls

Die heutigen Versorgungsnetze sind im Allgemeinen so ausgelegt, dass der auftretende Spannungsfall und damit die Betriebsspannung der Abnehmeranlagen in den festgelegten [1.10] [1.11], für die Funktion der Betriebsmittel vertretbaren Grenzen bleiben *(Tabelle 4.10.1)*.
Es sind Ausnahmefälle, in denen

- ▷ die Betriebsspannung trotz Lastschwankungen in ungewöhnlich engen Grenzen konstant bleiben muss oder
- ▷ der Spannungsfall die zugelassenen Werte z. B. infolge ungewöhnlich langer Leitungen überschreitet.

Die Abnehmer in Deutschland können voraussetzen, dass – von Störfällen abgesehen – ihnen und ihren Betriebsmitteln eine praktisch ausreichend konstante Spannung zur Verfügung steht. Insofern ist es nicht oder nur selten erforderlich, den in den Abnehmeranlagen tatsächlich auftretenden Spannungsfall zu ermitteln. Auch in den Prüfnormen wird Derartiges nicht gefordert. Es wird auch nicht verlangt, bei der Prüfung die Betriebsspannung am Prüfling zu messen, um ihre Übereinstimmung mit der Bemessungsspannung (Nennspannung) dokumentieren zu können.

Tab. 4.10.1 Vorgaben für den Spannungsfall

Festlegung/Empfehlung			**Quelle**
Art der Spannung	**Vorgabe**	**Bemerkung**	
Betriebsspannung 230/400 V an der Übergabestelle	**±10 %**	Toleranzbereich 207 bis 253 V	DIN IEC 38
Spannungsfall zwischen Übergabestelle und Gebrauchsgerät	**4 %**	9,2 V bei 230 V, 16 V bei 400 V, bei Einschaltvorgängen sind höhere Werte zulässig	DIN VDE 0100 Teil 520
Spannungsfall zwischen Hausanschluss und Zähler	**0,5 %** (bis 1,5 %)	bei Anschlussleistungen von mehr als 100 kVA sind höhere Werte zulässig	AVBEltV [1.11]
Spannungsfall zwischen Zähler (Messeinrichtung) und Gebrauchsgerät	**3 %**	ergibt sich bei einer Leitungslänge von ca. 18 m (1,5 mm^2 Cu) und Legeart C	DIN 18015-1

Eigentlich ist diese Verfahrensweise unkorrekt, da das Vorhandensein der Bemessungsspannung in ihren vorgegeben Grenzen eine Voraussetzung für

- ▷ den ordnungsgemäßen Ablauf aller Prüfverfahren und für
- ▷ die Richtigkeit der Protokollangaben (→ K 11), mit denen die ordnungsgemäße sichere Funktion bestätigt wird,

ist. Schließlich sind ja Verlustwärme (Betriebstemperatur), Ableitströme (Sicherheit für Personen und Sachen), Stromaufnahme (Funktion, garantierte Leistung, Erwärmung) und weitere Kennwerte von der Betriebsspannung abhängig. Weiterhin sind unübliche Abweichungen von der Bemessungsspannung ein zu bewertendes Merkmal für den Zustand der Anlage und für das Vorhandensein/Nichtvorhandensein grundsätzlicher oder beim Betreiben entstandener Mängel.

Somit gehören das Messen der Betriebsspannung im Leerlauf und bei betriebsmäßiger Belastung sowie das Protokollieren der Messwerte eigentlich zur korrekten Prüfung einer Anlage/Ausrüstung. Mit diesen Werten wäre dann auch der Nachweis für das Einhalten des vorgegebenen Spannungsfalls mit ausreichender Genauigkeit erbracht *(Bild 4.10.1)*.

Daraus ergeben sich die

Prüfaufgaben:

- ▷ Messen der Betriebsspannung der Anlage an wesentlichen Anschlussstellen unter den Bedingungen einer betriebsmäßigen Belastung.
- ▷ Vergleich dieser Messwerte miteinander und mit der Bemessungsspannung der Anlage.

Gegebenenfalls ist für diese Messung der Einsatz von Messgeräten sinnvoll, die den Messverlauf über einen bestimmten Zeitraum, möglicherweise im Zusammenhang mit einer im Abschnitt 8.7 erläuterten Netzanalyse dokumentieren.

Bei zu verschiedenen Zeiten vorgenommenen Messungen (Leerlauf/Betriebslast) ist zu beachten, dass unterschiedliche Leitertemperaturen zu unterschiedlichen Leiterwiderständen und Spannungsfällen führen.

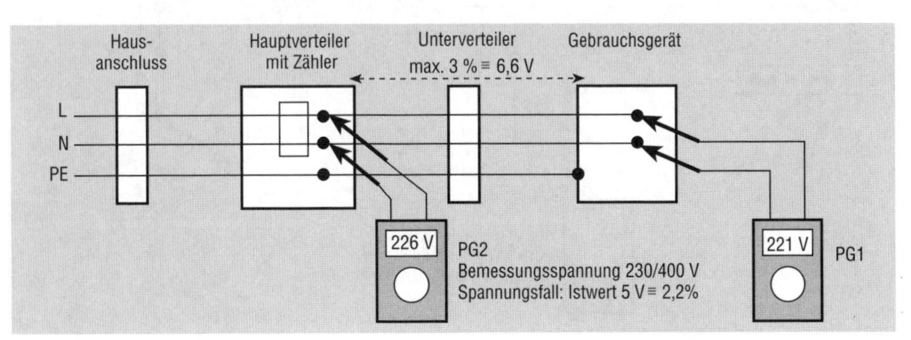

Bild 4.10.1
Ermittlung des Spannungsfalls
Erforderlich sind Messgeräte mit der Möglichkeit des Dokumentierens der Messwerte über einen längeren Zeitabschnitt.
PG1 Prüfgerät nach DIN VDE 0413
PG2 Prüfgerät mit Netzanalyse und Langzeitspeicher

4.11 Bestimmen der Polarität der geschalteten Leitungen

Hinter der Vorgabe „Prüfung der Polarität“ in DIN VDE 0100 Teil 610 verbirgt sich folgende

Prüfaufgabe:

▷ Es ist nachzuweisen, dass in den Neutralleitern der Anlagen keine einpoligen Schaltgeräte angeordnet wurden.

Dieser Nachweis kann durch eine Spannungsmessung geführt werden *(Bild 4.11.1)*. Zwischen den Anschlussklemmen des geschlossenen einpoligen Schalters und dem Schutzleiterkontakt einer Steckdose ist keine Spannung vorhanden, wenn fälschlicherweise der Neutralleiter über den Schalter geführt wird.

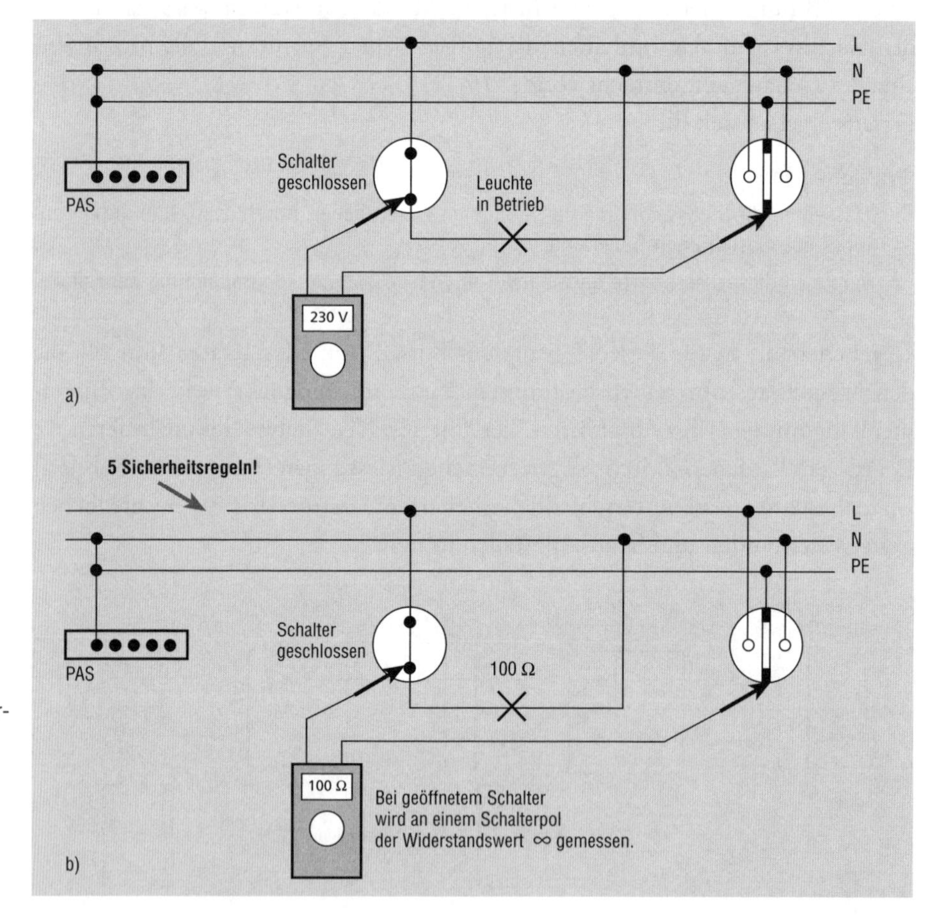

Bild 4.11.1
Nachweis der Anordnung des einpoligen Schalters in der Schalterleitung durch eine Messung
a) Spannungsmessung
b) Widerstandsmessung

Möglich ist es auch, durch eine Widerstandsmessung zwischen diesen Messstellen an der spannungsfreien Anlage festzustellen, ob eine direkte Verbindung zum Neutralleiter besteht (geringer Widerstand (Verbraucher): d. h. Schalter im Neutralleiter) oder nicht (hoher Widerstand (∞): d. h. Schalter im Außenleiter). Wegen des bei diesen Messungen entstehenden Aufwands ist es aber sinnvoller, bereits bei der Montage durch eine entsprechende Sichtkontrolle (Aderfarben!) für eine ordnungsgemäß errichtete Installation zu sorgen.

4.12 Messen an Erzeugnissen mit Kleinspannungsstromkreisen

4.12.1 Allgemeines, Prüf- und Messaufgaben

Kleinspannungen (→ Kasten Seite 122) werden zumeist als Steuerspannung genutzt. Sie dienen aber auch zur Versorgung von Gebrauchsgeräten, bei deren Verwendung besondere Sicherheitsansprüche (Kinderspielzeug, nasse oder enge Räume) erfüllt werden müssen. Welche Messungen vorzunehmen sind, hängt von der konstruktiven Gestaltung dieser Geräte ab und davon, ob die Kleinspannung als Schutzmaßnahme (SELV, PELF) wirksam werden muss oder nicht (FELV). In jedem Fall lautet die

Prüfaufgabe:
Es ist das Isoliervermögen zwischen den Kleinspannung führenden Teilen und den im Erzeugnis vorhandenen
- ▷ berührbaren leitfähigen und/oder
- ▷ einem anderen Spannungssystem angehörenden

Teilen durch eine Messung nachzuweisen.

In *Tabelle 4.12.1* werden die verschiedenen Varianten der zu prüfenden Erzeugnisse mit Kleinspannungsstromkreisen dargestellt und die jeweils erforderlichen Messungen angegeben.

Tab. 4.12.1 Erzeugnisse mit Kleinspannung führenden Stromkreisen sowie Messung
- des Isolationswiderstands (→ A 6.3) und
- des Berührungsstroms (→ A 6.4)

Bezeichnung	Schaltung	Prüfung/Messung	Bemerkung
1. Erzeugnis der Schutzklasse I oder II, in dem eine Kleinspannung erzeugt wird. Die aktiven Teile des Kleinspannungsstromkreises sind **nicht berührbar,** die Kleinspannung dient **nur der Versorgung** interner Bauelemente.	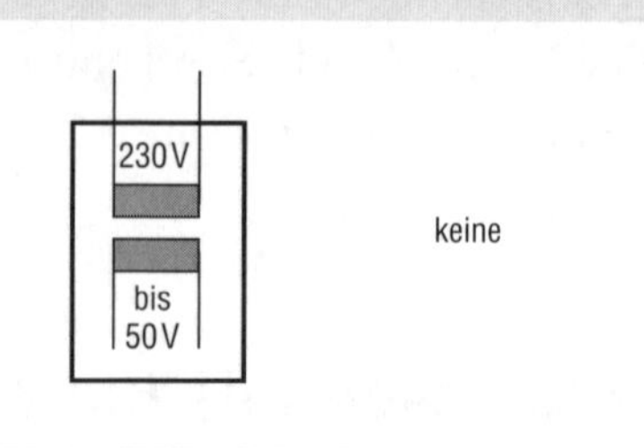	keine	Keine, durch den Nachweis der Sicherheit bedingten Prüfungen/Messungen
2. Erzeugnis der Schutzklasse I, in dem eine **Kleinspannung SELV** erzeugt wird. Die aktiven Teile des Kleinspannungsstromkreises sind berührbar und/oder die Kleinspannung **SELV (Schutzmaßnahme) dient der Versorgung** anderer Erzeugnisse, z. B. von Geräten der Schutzklasse III.	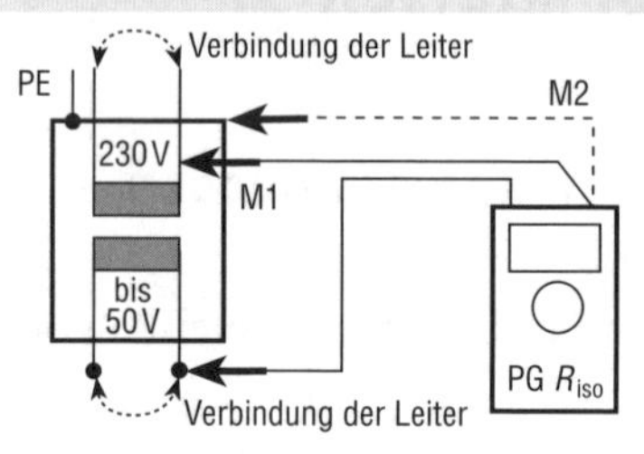 Bei Geräten der Schutzklasse II erfolgt die Prüfung in gleicher Weise, aber ohne Messung M2		**1. Isolationswiderstandsmessung** M1 $R_{iso} \geq 1\,M\Omega$ M2 $R_{iso} \geq 0{,}25\,M\Omega$ **2. Berührungsstrommessung** (bei Geräten → A 6.4) M1 $I_B \leq 0{,}5$ mA M2 nicht **3. Messung der Kleinspannung** (nicht dargestellt)
3. Erzeugnis der Schutzklasse I, in dem eine **Kleinspannung PELV** erzeugt wird. Die aktiven Teile des Kleinspannungsstromkreises sind berührbar (bei Spannungen bis 25 V AC erlaubt) und/oder die Kleinspannung **PELV** (Schutzmaßnahme) **dient der Versorgung** anderer Erzeugnisse, z. B. von Geräten der Schutzklasse III.	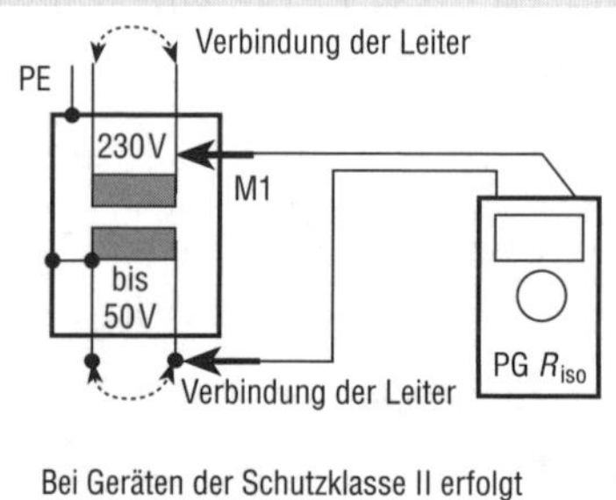 Bei Geräten der Schutzklasse II erfolgt die Prüfung in gleicher Weise		**1. Isolationswiderstandsmessung** M1 $R_{iso} \geq 1\,M\Omega$ **2. Berührungsstrommessung** (bei Geräten → A 6.4) M1 $I_B \leq 0{,}5$ mA **3. Messung der Kleinspannung** (nicht dargestellt)
4. Erzeugnis der Schutzklasse III (SELV, PELV)	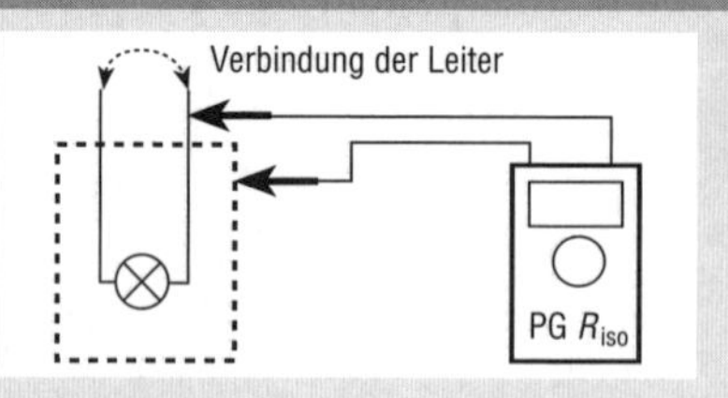		**Isolationswiderstandsmessung** $R_{iso} \geq 0{,}25\,M\Omega$ (entfällt, wenn der Körper aus Isolierstoff besteht)

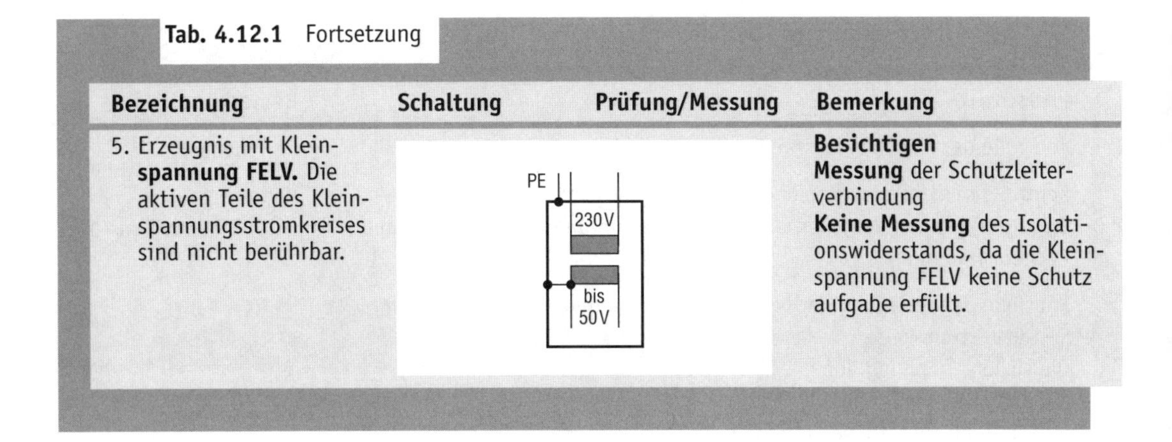

Tab. 4.12.1 Fortsetzung

Bezeichnung	Schaltung	Prüfung/Messung	Bemerkung
5. Erzeugnis mit Kleinspannung **FELV.** Die aktiven Teile des Kleinspannungsstromkreises sind nicht berührbar.	PE 230V bis 50V		**Besichtigen** **Messung** der Schutzleiterverbindung **Keine Messung** des Isolationswiderstands, da die Kleinspannung FELV keine Schutz aufgabe erfüllt.

4.12.2 Messprinzip, Messverfahren, Durchführen der Messung

Erläuterungen zu den in Tabelle 4.12.1 dargestellten Messungen

Messaufgabe nach DIN VDE 0100 Teil 610 oder DIN VDE 0105 Teil 100:

„Die Trennung der aktiven Teile von denen anderer Stromkreise muss durch Messen des Isolationswiderstands nachgewiesen werden."

Vor der Messung ist durch Besichtigen nachzuweisen, dass sich alle für die Schutzmaßnahme wesentlichen Teile in einem ordnungsgemäßen Zustand befinden (→ Tabelle 4.1.5 und *Tabelle 4.12.2).*

▷ Der Nachweis der sicheren Trennung ist nur erforderlich, wenn die Kleinspannung als Schutzmaßnahme (SELV, PELV) gegen elektrischen Schlag [2.5] genutzt wird (Erzeugnis 2 und 3).

▷ Wenn die Kleinspannung als Funktionskleinspannung (FELV) verwendet wird (Erzeugnis 5), so muss der Kleinspannungsstromkreis mit dem Schutzleiter des Versorgungsnetzes verbunden sein; Messungen des Isolationswiderstands sind dann nicht erforderlich.

▷ Wenn es möglich ist, dass ein Adaptieren der aktiven Teile der Kleinspannungsstromkreise zu einer Beschädigung der Anschlüsse (Steckkontakte, -stifte) führt (Erzeugnisse 2 und 3), so darf auf die Messungen verzichtet werden, wenn
- der Hersteller des Geräts den normgerechten Zustand, d. h. auch die sichere Trennung, durch ein Prüfzeichen (VDE, GS) bestätigt und
- die sichere Trennung des Stromkreises der Kleinspannung vom Gerätekörper/Primärstromkreis durch das Besichtigen weitgehend nachgewiesen wurde.

▷ Wenn es möglich ist, dass Bauelemente des Prüflings (Erzeugnisse 2 und 3) bei der Isolationswiderstandsmessung durch die vorgegebene Messspannung beschädigt werden können, so darf die Messung mit einer geringeren Spannung – mindestens Bemessungsspannung – durchgeführt werden.

Tab. 4.12.2 Besichtigen des Kleinspannungsstromkreises

Prüfschritt	Bemerkung
Kontrolle des Allgemeinzustands	→ Tabelle 4.1.5
Kontrolle der Übereinstimmung der Bemessungsdaten des Spannungserzeugers mit den Vorgaben der Dokumentation und der Schutzaufgabe (sichere Trennung)	Vorgaben aus DIN VDE 0100 Teil 410
Kontrolle der Verlegung der Leitungen, Trennung von Leitern anderer Systeme/Stromkreise Die sichere Trennung durch – räumliche Anordnung oder – Basis- und zusätzliche Isolierung müssen gewährleistet sein.	
Kontrolle des richtigen Einsatzes von Steckern und Steckdosen. Das Verbinden mit anderen Spannungssystemen und das Verbinden von SELV- mit PELV- Stromkreisen darf nicht möglich sein.	
Kontrolle des Nichtvorhandenseins von Verbindungen der aktiven Teile zu Teilen mit Erdpotential, z. B. dem Schutzleiter bei der Schutzmaßnahme SELV.	
Kontrolle des Schutzes gegen direktes Berühren	
Vorgaben bezüglich des Wertes der Kleinspannung beachten!	

Kleinspannung
Spannung, die zwischen den Leitern des Netzes (Stromkreises) oder zwischen einem der Leiter und Erde auftritt und die Werte 50 V AC (Effektivwert) oder 120 V DC (oberschwingungsfrei) nicht überschreitet (Spannungsbereich 1 nach IEC 60 449 – englisch; **e**xtra-**l**ow **v**oltage, abgekürzt **ELV**).

SELV
Schutzmaßnahme gegen elektrischen Schlag. Die aktiven Teile führen eine Kleinspannung, die von einer Sicherheitsstromquelle (sichere Trennung vom Versorgungsnetz) bereitgestellt wird. Sie sind von Teilen mit Erdpotential (z. B. Schutzleiter, Körper usw.) sicher getrennt (**s**afety **e**lv).

PELV
Schutzmaßnahme gegen elektrischen Schlag wie SELV. Die aktiven Teile dürfen jedoch mit dem Schutzleiter (Teil mit Erdpotential) oder anderen fremden leitfähigem Teilen (z. B. Körper) verbunden sein (**p**rotective **elv**). Bei einer Verbindung mit dem Schutzleiter ist der Schutz gegen direktes Berühren nicht erforderlich, wenn die Kleinspannung nicht höher ist als 25 V AC.

FELV
Kleinspannung, deren aktive Teile nur durch eine Basisolierung vom Versorgungsnetz und daher **„nicht sicher getrennt"** und mit dem Schutzleiter des Primärkreises verbunden sind (Funktionskleinspannung **f**unctional **elv**).

4.13 Prüfen der EMV-gerechten Gestaltung

Nach dem EMV-Gesetz [1.15] muss gewährleistet sein, dass von elektrischen und elektronischen Geräten keine elektromagnetischen Felder ausgehen, die andere Geräte und Systeme in ihrer Funktion stören. Im § 5 wird allerdings eingeschränkt, dass für

„Geräte, die ausschließlich zur Verwendung in eigenen Laboratorien, Werkstätten und Räumen hergestellt, Anlagen, die erst am Betriebsort zusammengesetzt werden, … keine Bestätigung der EG-Konformität und somit auch keine Aussage zur EMV erfolgen muss".

Das heißt aber auch, vom Hersteller oder Betreiber einer Anlage wird nicht verlangt,

▷ eine diesbezügliche Prüfung/Messung vorzunehmen, um

▷ das Nichtvorhandensein elektromagnetischer Störungen (EMI) oder die ausreichende elektromagnetische Verträglichkeit (EMV) nachzuweisen.

Eine Ausnahme besteht bei Schaltgerätekombinationen, Ausrüstungen usw. [2.17], die als selbstständiges Erzeugnis in den Verkehr gebracht werden und für die daher eine Konformitätserklärung und eine CE-Kennzeichnung erforderlich sind, bevor sie – wie ein Betriebsmittel – in eine Anlage eingefügt werden.

Errichter und Prüfer einer elektrischen Anlage müssen allerdings berücksichtigen, dass die in den Normen für das Prüfen einer elektrischen Anlage vorhandenen allgemeinen Vorgaben wie

„Jede neu errichtete Anlage sowie Änderungen und Erweiterungen … haben den zum Zeitpunkt der Errichtung geltenden Bestimmungen zu entsprechen …" [3.1]

und

„Der Zweck von Prüfungen besteht in dem Nachweis, dass eine elektrische Anlage den Errichtungsnormen und Sicherheitsvorschriften entspricht" [3.2],

auch bezüglich der in DIN VDE 100 Teil 444 „…; Schutz gegen elektromagnetische Störungen" getroffenen Festlegungen gelten.

Das führt unter Beachtung des Anwendungsbereichs von DIN VDE 100 Teil 444 zu folgender

Prüfaufgabe für die Erstprüfung:

Kontrolle, ob die hinsichtlich der elektromagnetischen Verträglichkeit zweckmäßige Gestaltung der Anlage und die richtige Auswahl der Betriebsmittel *(Tabelle 4.13.1)*

▷ bei der Planung berücksichtigt und

▷ beim Errichten umgesetzt

wurden.

Diese Prüfaufgabe geht weit über das hinaus, was üblicherweise zur Prüfung während oder zum Abschluss der Errichtung einer elektrischen Anlage am/im Bauwerk gehört. Somit sind rechtzeitig auch alle Mängel

▷ der Planung der elektrischen Anlage und

▷ des Bauwerks.

zu ermitteln, die die EMV beeinflussen. Werden solche Mängel erst im Zusammenhang mit der Inbetriebnahme der elektrischen Anlage entdeckt, so kommt es zu grundsätzlichen Funktionsmängeln beim Betreiben der technischen Systeme und/oder zu kostspieligen Änderungen.

Der Prüfer oder – falls dieser nicht über entsprechende Kenntnisse verfügt – ein EMV-Sachverständiger müssen bereits im Entwurfsstadium der Anlage mitwirken und auch eine baubegleitende Kontrolle ausüben.

Tab. 4.13.1 Prüfschritte zum Beurteilen der EMV bei der Erstprüfung einer neu zu errichtenden bzw. einer bereits errichteten Anlage

Prüfschritt	Weitere Angaben in diesem Buch	Bemerkung, weitere Informationen
Vorhandensein eines Konzepts für die EMV-gerechte Gestaltung der Anlage	Abschnitt 4.13	[4.28], [4.29]
Ordnungsgemäße Bauausführung; baubegleitende Prüfung		
Betriebsmittel müssen die für sie geltenden EMV-Anforderungen erfüllen	Tabelle 4.1.5	DIN VDE 0100 Teil 510
Störanfällige Betriebsmittel (Steuerungen, Informationsgeäte usw.) müssen außerhalb der Bereiche von Störquellen angeordnet sein		
Ordnungsgemäßer – auch EMV-gerechter – Potentialausgleich; Einbeziehen von Bewehrungen und Kabelbahnen	Abschnitt 4.2	
Vorhandensein eines der Nutzung/Art des Gebäudes entsprechenden, normgerechten inneren und äußeren Blitzschutzes; Einhalten der erforderlichen Abstände	Abschnitt 7.8	[3.8], [4.18]
Kein PEN-Leiter im Gebäude		[4.28], [4.29]
Gemeinsame Einführung der Systeme in das Gebäude		
Vermeiden von Schleifen bei der Leitungsführung		
Vermeiden von Potentialdifferenzen zwischen den Signalleitungen verschiedener Gebäude; parallele Potentialausgleichsleiter müssen vorhanden sein!		

Noch schwieriger ist es, die EMV-gerechte Gestaltung einer bestehenden Anlage zu beurteilen. Die dafür erforderlichen Untersuchungen gehen ebenfalls weit über den Umfang einer bisher nach DIN VDE 0105 Teil 100 durchzuführenden Wiederholungsprüfung hinaus. Sie müssen – falls sich die Notwendigkeit einer Beurteilung der EMV ergibt – Gegenstand eines gesonderten Auftrags sein. Andererseits kann aber heutzutage das Beurteilen der EMV einer bestehenden Anlage auch bei einer „normalen" Wiederholungsprüfung nicht völlig ausgeklammert werden Zu einer solchen „Sicherheitsprüfung" gehört auch die Feststellung, ob elektromagnetische Störungen zu Sicherheitsmängeln führen können. Demzufolge lautet die

Prüfaufgabe für die Wiederholungsprüfung:

Besichtigen und Messen in einem solchen Umfang, dass die Einschätzung des Zustands der Anlage hinsichtlich der möglicherweise auftretenden elektromagnetischen Störungen erfolgen kann *(Tabelle 4.13.2)*.

Die Prüfaufgaben sowohl für die Erst- als auch für die Wiederholungsprüfung lassen sich im Wesentlichen unter der Überschrift „Nachweis des ordnungsgemäßen, normgerechten Zustands der Anlage und ihrer Betriebsmittel" einordnen, da fast alle zum Beurteilen der EMV erforderlichen Prüfschritte (→ Tabellen 4.13.1 und 4.13.2) bereits nach den in den Prüfnormen [3.1] [3.2] genannten üblichen Prüfgängen mehr oder weniger vorgenommen werden müssen. Es ist aber notwendig, dass der Prüfer bei diesen Prüfschritten immer auch die genannten speziellen Belange der EMV im Auge behält.

Tab. 4.13.2 Prüfschritte zum Beurteilen der EMV bei der Wiederholungsprüfung

Prüfschritt	Weitere Angaben im Abschnitt	Bemerkung, weitere Informationen
Ermitteln der Verbrauchsgeräte, Maschinen usw. mit nicht linearer Lastcharakteristik	Abschnitte 8.1, 8.5 und 8.7	Gegebenenfalls Absprache mit dem Betreiber [4.28], [4.29]
Ermitteln von störanfälligen Betriebsmitteln		
Messen der Ströme in den Neutralleitern der Anlage/Hauptverteilungen	Abschnitte 4.9 und 8.5	
Messen der Ströme in den Schutzleitern der Anlage/Hauptverteilungen	Abschnitte 4.4	
Messen der Feldstärken	Abschnitte 8.1	
Durchführen einer Netzanalyse	Abschnitte 8.7	

5 Prüfen und Messen an elektrischen Ausrüstungen von Maschinen

5.1 Allgemeines, Prüf- und Messaufgaben

Die elektrische Ausrüstung einer Maschine (→ Kasten) ist aufgrund der technischen und technologischen Zusammenhänge ein Teil der elektrischen Anlage des Gebäudes, in dem die Maschine aufgestellt wurde. Die daraus resultierenden Wechselwirkungen zwischen elektrischer Ausrüstung und elektrischer Anlage sind bei der Prüfung zu beachten.

„Maschine …
… ist die Gesamtheit untereinander verbundener Teile – mindestens ein Teil davon muss beweglich sein – und der elektrischen Ausrüstung (Antrieb, Steuerung, Energieversorgung), die alle zusammen eine Funktion ausüben, z B. das Verarbeiten von Stoffen." [2.12]

Anmerkung:
Diese Definition umreißt einen sehr großen Anwendungsbereich; eingeschlossen sind:
- relativ kleine **ortsveränderliche Geräte,** z. B. eine automatisierte Waschmaschine,
- fest installierte **Einzelmaschinen, z. B. Werkzeugmaschinen,** die als Einzelprodukte oder in Kleinserien hergestellt und meist erst beim Anwender aus Einzelkomponenten zusammengestellt werden und auch
- **umfangreiche Produktionsanlagen,** z. B. eine Walzstraße.

Errichter und Betreiber können somit weitgehend selbst festlegen, wie sie eine elektrische Ausrüstung einordnen.

Andererseits ist das Prüfen der elektrischen Anlage eines Gebäudes – zum Nachweis der Sicherheit – nur möglich, wenn ihr Zusammenwirken mit den von ihr versorgten elektrischen Ausrüstungen der Maschinen berücksichtigt wird. Somit gelten die Prüfnormen

▷ DIN VDE 0100 Teil 610 und
▷ DIN VDE 0105 Teil 100

zwangsläufig auch für den Anlagenteil „elektrische Maschinenausrüstung“. Die Vorgaben dieser Normen sind umfassend genug, um auch einen vollständigen Nachweis der elektrischen Sicherheit der Maschinenausrüstung zu gewährleisten *(Tabelle 5.1)*. Selbst die Besonderheiten der Maschinenausrüstung, z. B. das oftmals sehr verzweigte System der Schutz- und Potentialausgleichsleiter, die meist umfangreichen Steuerungen mit Netz- und Sicherheitskleinspannungen sowie die technologisch bedingten Sicherheitsschaltungen, erfordern keine anderen Prüf- und Messverfahren, als sie bei einer Anlage üblich sind.

In der für die Erst- und Wiederholungsprüfung elektrischer Ausrüstungen von Maschinen geltenden Norm DIN VDE 0113 werden nur einige der Messungen vorgegeben, die nach DIN VDE 0100 Teil 610 ohnehin durchzuführen sind; zum Nachweis der Schutzmaßnahmen gegen elektrischen Schlag, z. B. nur das Messen des Schutzleiterwiderstands. Das ist verständlich, da der Nachweis des normgerechten Zustands der Versorgungsanlage nicht zum Prüfumfang der Ausrüstung gehört.

In der Norm DIN VDE 0113 enthaltene Besonderheiten der Prüfung sind lediglich die Empfehlungen zum

▷ Durchführen der Spannungsprüfung (→ A 8.4) und zum
▷ Messen der Restspannung (→ A 8.3.4).

Tab. 5.1 Messungen an der elektrischen Ausrüstung einer Maschine nach DIN VDE 0100 als Teil der elektrischen Anlage am Einsatzort (Werkstatt bzw. Gebäude) (→ Tabellen 4.1.1 und 4.1.2)

Schutzmaßnahme/ Ausrüstungsteil	Messung	Abschnitt in diesem Buch
Schutz gegen elektrischen Schlag	Schutzleiterwiderstand	4.2
(z. B. TN-S-System)	PA-Leiterverbindung	4.2
	Isolationswiderstand	4.3
	Schleifenwiderstand	4.5
	Zusatzschutz durch RCD	4.7
Sicherheitskleinspannung	Isolationswiderstand	4.12

Beides ist aber, wie in anderen Fällen bei der Prüfung von Installationsanlagen, jeweils der Entscheidung des Prüfers überlassen.
In dieser Norm wird außerdem auf weitere Prüfvorgaben in der Produktnorm des jeweiligen Maschinentyps verwiesen. Es ist zu klären, ob eine solche Bezugnahme in der Dokumentation der Maschine einschließlich der Bedienanleitung vorhanden ist. Gegebenenfalls sind die damit vorgegebenen Prüfungen vom Errichter bei der Erstprüfung oder vom Betreiber bei der Wiederholungsprüfung am Einsatzort zu beachten.
Bei einer elektrischen Maschinenausrüstung ist – ebenso wie bei einer Anlage – vom Prüfer zu entscheiden, ob möglicherweise die in Tabelle 4.1.3 aufgeführten Prüfungen/Messungen zusätzlich erforderlich sind.
Aus diesen Überlegungen ergibt sich die folgende

Prüfaufgabe:
Nachweis des ordnungsgemäßen, den Vorgaben für eine elektrische Anlage entsprechenden Zustands der elektrischen Ausrüstung der Maschine unter Anwendung der für eine elektrische Anlage vorgegebenen Prüfverfahren. Dabei sind die zusätzlich für die spezielle elektrische Ausrüstung geltenden Festlegungen zu berücksichtigen.

Vor dem Beginn der Prüfung, sind mit dem Betreiber der Anlage zu klären:
- ▷ die räumliche und technische/technologische Abgrenzung der Maschinenausrüstung gegenüber den anderen technischen Einrichtungen des Aufstellungsorts/Gebäudes,
- ▷ die Notwendigkeit, technologische Prozesse in die Prüfung/Messung einzubeziehen,
- ▷ die Verantwortlichkeiten des Prüfers sowie des Anlagenverantwortlichen der Maschine bei der Prüfung.

Bei größeren Maschinenausrüstungen mit mehreren Einspeisungen ist es empfehlenswert, jede einer Einspeisung zugeordnete Teilausrüstung getrennt zu prüfen.
Bei modernen Maschinensteuerungen ergeben sich außerdem fast immer Besonderheiten (Datenleitungen, Oberschwingungen, elektromagnetische Felder, Temperaturabhängigkeit, Regelverhalten usw.), die nur im jeweils vorliegenden Fall erkannt werden können und dann bei der Prüfung zu berücksichtigen sind. Welche Einzelprüfungen über das übliche Prüfprogramm hinaus vorgenommen werden sollten *(Tabelle 5.2)*, müsste der Prüfer – immer gemeinsam mit dem Betreiber bzw. dessen Anlagenverantwortlichen – ermitteln und festlegen. Auch dabei sind die Vorgaben oder Hinweise einer gegebenenfalls vorhandenen Produktnorm und die Festlegungen des Herstellers in der Dokumentation der Maschine zu berücksichtigen.

Tab. 5.2 Messungen, die durch das Vorhandensein weiterer Schutzmaßnahmen nach DIN VDE 0100 oder infolge sonstiger Merkmale/Eigenschaften erforderlich werden (→ Tabellen 4.1.3 und 4.1.4)

Ursache, Vorgabe	Messung	Abschnitt in diesem Buch	Bemerkung
Empfehlung für die Prüfung nach DIN VDE 0113	Spannungsprüfung	8.4	
	Messen der Restspannung	8.3.4	
Sinnvoll zum Nachweis der Einhaltung von Vorgaben aus nach DIN VDE 0100 und DIN VDE 0113	Messen der Innentemperatur der Schränke, Pulte usw.	8.6	
	Messen der Umgebungstemperatur	8.6	
	Messen des Spannungsfalls	4.10	
	Beeinflussung von Sensoren	–	Besichtigen
	Auswirkungen von Vibrationen	–	Besichtigen
	Vorgaben aus der Produktnorm	–	Besichtigen
Auswirkungen der elektrischen Maschinenausrüstungen	Messen der elektromagnetischen Felder	8.1	
	Messen der Oberschwingungsströme	8.5	
	Ermitteln von Spannungs-/Stromverzerrung	8.7	

5.2 Messverfahren, Durchführen der Messungen

Als erste Prüfgänge, vor dem Beginn der Messungen, sind

▷ der ordnungsgemäße Zustand der Ausrüstung und

▷ das Einhalten der in der Herstellernorm vorgegebenen speziellen Anforderungen an die Ausführung der elektrischen Ausrüstung

soweit wie möglich durch Besichtigen und Erproben nachzuweisen (→ Tabelle 4.1.5 und *Tabelle 5.3).*

Die dann folgenden Messungen sind in der gleichen Reihenfolge vorzunehmen, wie bei einer elektrischen Anlage (→ Bild 4.1.1 und *Bild 5.1)*

Tab. 5.3 Prüfschritte des Besichtigens der Maschinenausrüstungen (Ergänzung zu Tabelle 4.1.5)

Merkmal/Prüfschritt	Bemerkung
Vorhandensein der Dokumentation, Bedienanleitung des Herstellers Vorgaben für die Prüfung in der Dokumentation/Bedienanleitung	Besichtigen
Vorhandensein der CE-Kennzeichnung	→ H 5.02
Handrücken- und Fingerschutz, Nachrüstung erforderlich?	→ VDE 0106 Teil 100
Verriegelungen elektrischer Einrichtungen, Überfahrschutz	Erproben
Endschalter, Messeinrichtungen außerhalb des unmittelbaren Maschinenbereichs	Besichtigen
Vorhandensein der Not-Aus-Schalteinrichtungen an den richtigen Stellen	Besichtigen, Erproben
Zweihandbedienungen und ähnliche Vorrichtungen, ordnungsgemäßer Zustand, Sauberkeit, keine Fehlfunktionen durch Metallspäne o. ä.	Besichtigen, Erproben
Der Vibration ausgesetzte Betriebsmittel, Klemmstellen usw., Kontrolle der Festigkeit, eventuell öffnen	Besichtigen
Einfluss der Umgebung	
PE- und PA-Leiter und ihre Anschlüsse	Auch bei Montage und beim Messen Besichtigen
Warnschilder an Schaltschränken usw.	Besichtigen
Technologisch bedingte Verschmutzungen/Nässe, Einwirkungen auf elektrische Bauelemente	Besichtigen
Schutzart, richtige Zuordnung entsprechend der auftretenden Verschmutzung	Besichtigen

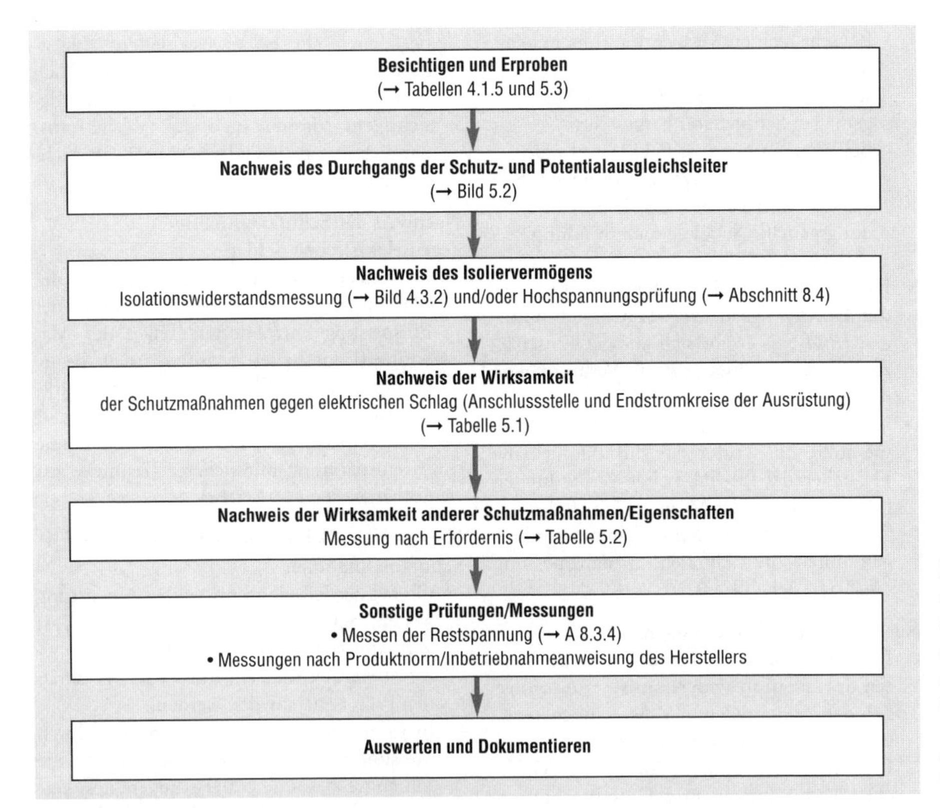

Bild 5.1
Ablauf der Prüfung der elektrischen Ausrüstung einer Maschine (Auszug und Ergänzung des Prüfablaufs für eine elektrische Anlage im Bild 4.1.1)

Erläuterungen zur im Bild 5.1 dargestellten Prüfung/Messung an einer elektrischen Maschinenausrüstung

Messaufgabe nach DIN VDE 0113:

„Nachweis der Übereinstimmung mit den Normenvorgaben"

Durchgang der Schutz- und Potentialausgleichsleiter

▷ Im Gegensatz zur Prüfung der anderen elektrischen Erzeugnisse wird in der Norm DIN VDE 0113-1 eine sehr umständliche Methode der Messung des Schutzleiterwiderstands (Schutzleitersystems) vorgegeben. Sie wird wahrscheinlich künftig entfallen, da keine Vorteile bekannt sind, die den Prüfaufwand bzw. ein spezielles Prüfgerät rechtfertigen. Der Prüfer konnte ohnehin schon immer eine andere zugelassene Messmethode, wie allgemein üblich mit einem Messstrom von 0,2 A DC (→ A 4.2.2), anwenden.

▷ Wegen der Unübersichtlichkeit des Schutzleitersystems der Maschine sollten die Messungen zwischen einem Festpunkt (PE-Schiene an der Einspeisestelle der Ausrüstung) und den an den Schutzleiter angeschlossenen Teilen erfolgen (→ Bild 4.2.2). Mit der wachsenden Entfernung müssen dann auch die Messwerte entsprechend größer werden.

▷ Infolge der vielfachen Parallelverbindungen zum Schutzleiter wird zwar das Vorhandensein einer Verbindung durch **den Schutzleiter und/oder** die Körper der Anlage und/oder über den örtlichen/zentralen Potentialausgleich, **nicht aber** mit Sicherheit das Vorhandensein bzw. der Durchgang des einzelnen Schutzleiters nachgewiesen. Der Messwert ist lediglich eine Aussage über den Gesamtwiderstand der mehrfachen parallelen Verbindungen. Die aus der Messung ableitbaren Aussagen sind:

- Bei sehr kleinen Messwerten (unter etwa 0,1 Ω) wird die Verbindung sehr wahrscheinlich auch durch den ordnungsgemäßen Schutzleiter hergestellt.
- Bei Werten über etwa 0,1 Ω ist es wahrscheinlich und bei Werten von mehr als 0,3 Ω ziemlich sicher, dass keine ordnungsgemäße Schutzleiterverbindung vorhanden ist.

▷ Der Umfang der Messungen zum Nachweis des Durchgangs der PA-Leiter-Verbindungen *(Bild 5.2)* ergibt sich aus der Einschätzung der Qualität dieser Verbindungen durch den Prüfer.

▷ In Anbetracht der genannten Messprobleme sollte der Prüfer das ordnungsgemäße Herstellen der PE-/PA-Leiter-Verbindungen bereits während der Montage kontrollieren.

▷ Zum Nachweis der Schutzleiterverbindungen durch die Schleifenimpedanzmessung *(Bild 5.3)* siehe H 5.01.

Nachweis des Isoliervermögens

▷ Das bei Anlagen zwingend geforderte **Messen des Isolationswiderstands** (→ A 4.3) ist bei den Steuerteilen der Maschinenausrüstung nicht durchführbar. Auch bei den Leistungsteilen kann es infolge der vielfachen Verbindungen und Unterbrechungen durch Schaltelemente oftmals nur unter Schwierigkeiten vorgenommen werden. Aus diesem Grund wird das Messen des Isolationswiderstands für die Maschinenausrüstungen nicht zwingend vorgegeben. In Einzelfällen wird es durch den Hersteller für bestimmte Teile der elektrischen Ausrüstung in der Dokumentation gefordert. Der Prüfer muss entscheiden, ob das im konkreten Fall (Verschmutzungen, Alterung) sinnvoll ist. Im Interesse der Sicherheit sollte es aber soweit wie ohne zusätzlichen Aufwand möglich vorgenommen werden (Hauptstromteile bis zum Abgang, Hauptstromleitungen).

▷ Anstelle der Isolationswiderstandsmessung darf bei Hauptstromkreisen auch eine Spannungsprüfung (Prüfspannung 2 · U_N, aber mindestens 1 kV; Prüfzeit 1 s) erfolgen (→ A 8.4). Auf die früher übliche zwingende Vorgabe dieser Prüfmethode wurde verzichtet.

▷ An kritischen Stellen, z. B. den Endschaltern, Tastern der Zweihandbedienung usw., bei denen ein Isolationsfehler zu folgenschweren Fehlfunktionen und Unfällen führen kann, muss auf geeignete Weise (Besichtigen, Messen auch des Ableitstroms) das ordnungsgemäße Isoliervermögen nachgewiesen werden.

Nachweis der Schutzmaßnahme gegen elektrischen Schlag

▷ Es ist nachzuweisen, dass am Einsatzort der Maschinenausrüstung und an den von der Einspeisung entferntesten Teilen der Maschine (Endschalter, Sensoren usw.) die jeweilige Schutzmaßnahme der Anlage wirksam ist (→ Bild 5.2).

▷ Die Wirksamkeit der Schutzmaßnahme „Kleinspannung mit sicherer Trennung" ist nachzuweisen (→ A 4.12)

Nachweis der Wirksamkeit anderer Schutzmaßnahmen

▷ Ob bei der jeweils zu prüfenden Ausrüstung weitere Schutzmaßnahmen (Tabelle 4.1.3) wirksam werden und in die Prüfung einbezogen werden müssen, muss vor Ort durch den Prüfer entschieden werden.

▷ In jedem Fall ist einzuschätzen oder durch Messungen festzustellen, ob durch die Maschine besondere Belastungen des Versorgungsnetzes oder anderer elektrischer Ausrüstungen entstehen (Oberschwingungsströme, → A 8.5; Gleichfehlerströme; → A 4.7).

▷ Die Schutzeinrichtungen der Ausrüstung bzw. der Anlage müssen den möglicherweise vorhandenen besonderen Bedingungen der Maschinenausrüstung entsprechend ausgewählt worden sein (z. B. Gleichstromanteil im Fehlerstrom, Strombegrenzung im Kurzschlussfall).

▷ An berührbaren leitfähigen Teilen, die nicht an den Schutzleiter angeschlossen sind, ist die Berührungsstrommessung (→ A 6.4) vorzunehmen.

Messen der Restspannung

▷ Das Messen der Restspannung ist nur dann notwendig, wenn der Hersteller das ausdrücklich verlangt oder wenn die Entladeeinrichtung der Kondensatoren und deren Zustand nicht offensichtlich erkennbar sind. Die Restspannung muss 5 s nach dem Abschalten auf höchsten 60 V abgeklungen sein (→ A 8.3.4).

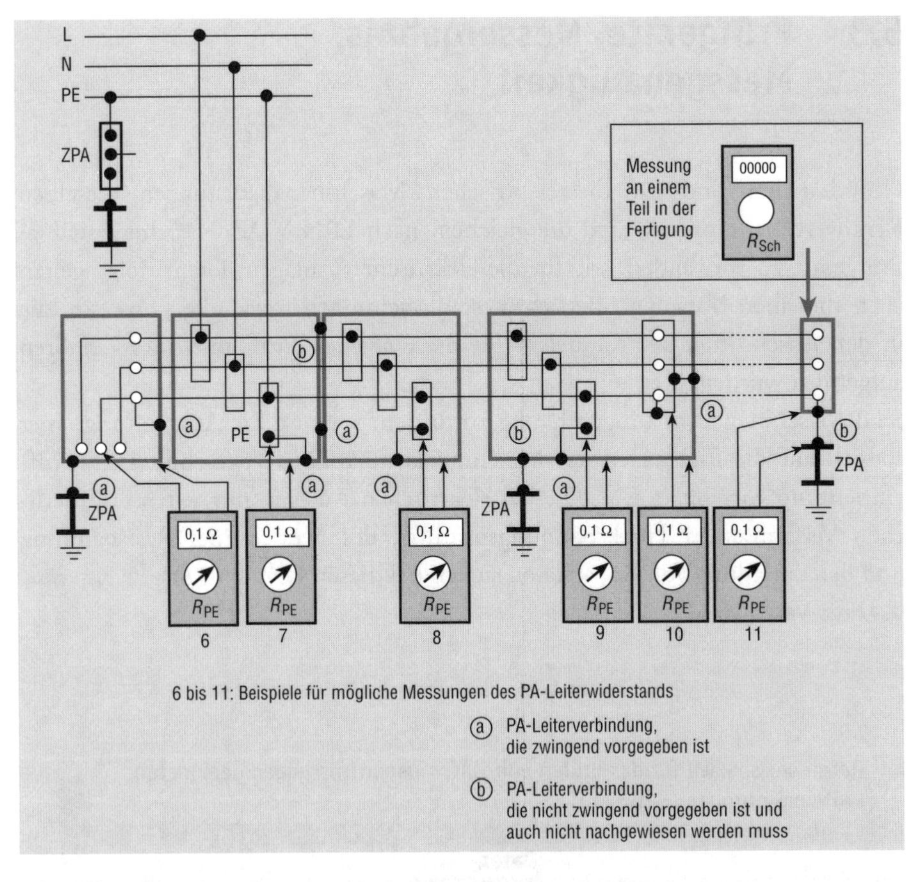

Bild 5.2
Messorte der Schleifenimpedanz (a) und des Potentialausgleichsleiterwiderstands (b) an der elektrischen Ausrüstung einer Maschine

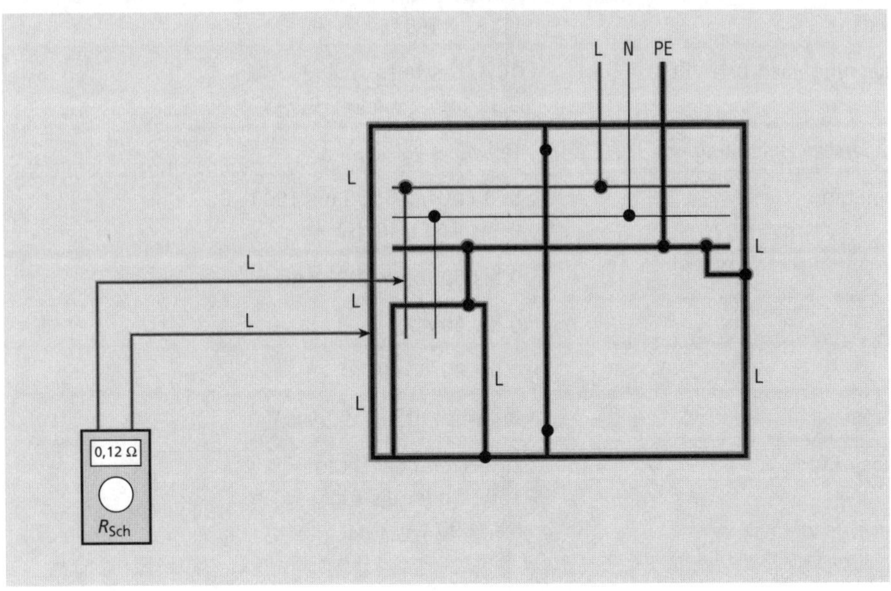

Bild 5.3
Gefährdung beim Messen des Schutzleiterwiderstands mit der Methode der Schleifenimpedanzmessung
An allen mit L gekennzeichneten Teilen kann Nennspannung anliegen!

5.3 Prüfgeräte, Messergebnis, Messgenauigkeit

Grundsätzlich sind für die elektrischen Maschinenausrüstungen dieselben Kennwerte zu ermitteln und die gleichen, nach DIN VDE 0413 hergestellten Prüfgeräte zu verwenden, wie für die elektrischen Anlagen. Demzufolge gelten auch dieselben Vorgaben, Betriebsmessabweichungen sowie alle Hinweise, die in den Abschnitten des Kapitels 4 für die einzelnen Prüf- und Messverfahren aufgeführt wurden.

Sind Maschinenausrüstungen häufig zu prüfen, so kann die Anschaffung einer speziell auf die Eigenarten der Maschinenausrüstungen zugeschnittenen Prüfeinrichtung vorteilhaft sein. Die bei elektrischen Anlagen nur selten erforderlichen Verfahren der Hochspannungsprüfung, des Messens der Restspannung und der Entladung von Kapazitäten stehen bei diesen Geräten *(Tabelle 5.4, Bild 5.4)* zur Verfügung.

Tab. 5.4 Daten der speziell für das Prüfen von Maschinenausrüstungen geeigneten Prüfeinrichtungen (Beispiele)

Kennwert	Daten
Schleifenimpedanz	0,12 bis 199 Ω
Schutzleitermessung nach DIN VDE 0113	10 A, teilweise auch 25 A AC 0,12 bis 12 V oder 19,99 V
Schutzleiterwiderstandsmessung mit ± 0,2 A DC	teilweise vorhanden
Isolationswiderstand	500 V DC oder 100 bis 1000 V DC 0 bis 1 MΩ/10 MΩ
Spannung	0 bis 500 oder 1000 V AC
Restspannung	0 bis 60 V DC
Ableitstrom	0 bis 20/50 mA
Ersatzableitstrom	teilweise, 0 bis 19,99 mA
Hochspannungsprüfung	Zusatzteil oder intern 1500 V oder bis 4 kV bis 4500 VA

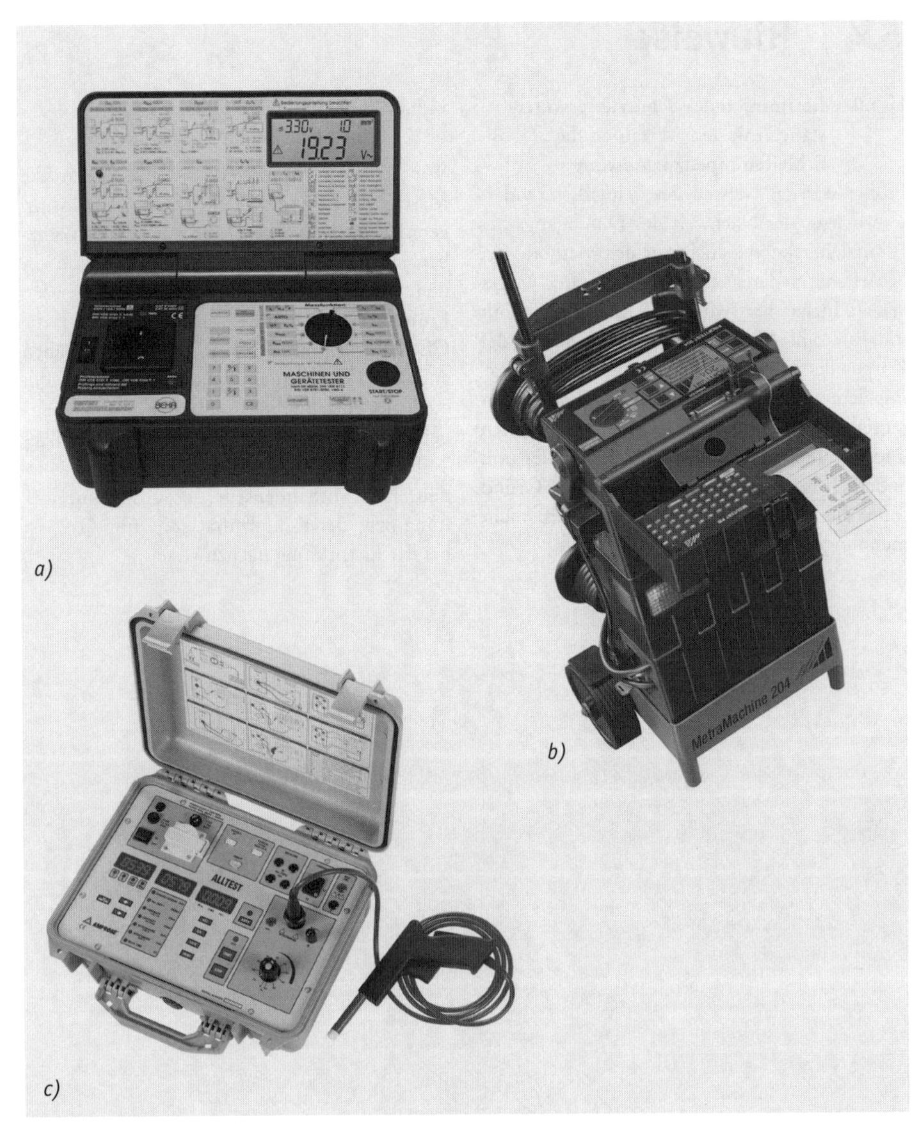

Bild 5.4
Speziell für die Prüfung von elektrischen Maschinenausrüstungen geeignete Prüfeinrichtungen (→ Tabelle 5.4)

a) Maschinenmaster (BEHA)
b) MetraMachine 204/439 (GMC)
c) Alltest (Amprobe)

5.4 Hinweise

H 5.01 Bestimmen des Schutzleiterwiderstands mit dem Verfahren der Schleifenimpedanzmessung

Früher war das Messen des Schutzleiterwiderstands bzw. der Nachweis des Durchgangs des Schutzleitersystems auch mit der Methode der Schleifenimpedanzmessung üblich und zugelassen. Inzwischen wurde erkannt, dass damit im Fall einer Schutzleiterunterbrechung der Körper der Maschinenausrüstung und andere, mit dem Schutzleiter verbundene Teile das Potential des Außenleiters annehmen können und somit eine Gefährdung für den Prüfer und andere Personen entsteht. Aus diesem Grund sollte dieses Messverfahren (→ Bild 5.3) nicht mehr angewendet werden.

H 5.02 CE- und GS-Prüfzeichen der elektrischen Ausrüstungen

Wie jedes andere Erzeugnis unterliegen die Maschinen bzw. deren elektrische Ausrüstungen den internationalen und nationalen Vorgaben [1.1] [1.2 f.]. Demzufolge müssen sie vor dem Inverkehrbringen den entsprechenden Prüfungen unterzogen worden sein und die CE-Kennzeichnung bzw. in bestimmten Fällen auch ein GS-Zeichen erhalten haben. Das gilt auch für einzelne Schaltschränke u. ä. (Schaltgerätekombinationen), die als selbständiges Teil hergestellt und verkauft/angeschafft wurden. Das Vorhandensein der CE-Kennzeichnung bzw. der Konformitätserklärung [1.2] ist bei der Erstprüfung nachzuweisen.

6 Prüfen und Messen an elektrischen Geräten

6.1 Allgemeines, Prüf- und Messaufgaben

Die Pflicht, bei allen elektrischen Geräten für die Sicherheit zu sorgen und sie den erforderlichen Prüfungen zu unterziehen, ergibt sich für die Verantwortlichen der Betriebe, Behörden, Institutionen usw. aus der Betriebssicherheitsverordnung und anderen gesetzlichen Vorgaben [1.1] [1.7] [1.14] sowie für jeden, der im privaten Bereich Verantwortung für Andere wahrzunehmen hat, aus dem BGB [1.13] (→ A 2.2).
In den Normen DIN VDE 0701/0702/0751 und in anderen, jeweils geltenden speziellen Normen ist festgelegt, wie

▷ die Wiederholungsprüfungen bzw.
▷ die Prüfungen nach der Instandsetzung

der elektrischen Geräte durchzuführen sind. Diese Prüfungen betreffen die gleichen Schutzmaßnahmen, wie sie auch bei den elektrischen Anlagen oder Ausrüstungen zur Anwendung kommen. Somit sind im Prinzip die gleichen Messungen und Messverfahren erforderlich, wie sie bereits im Kapitel 4 behandelt wurden.
Die Ausführungsformen der zu prüfenden elektrische Geräte sind ebenso vielfältig wie ihre Funktionen; demzufolge werden sie auch nach mehreren verschiedenen Normen, z. B. DIN VDE 0700 Teil 1 bis 7000, DIN VDE 0710/720/740/750, DIN VDE 0805/0860 u. a. hergestellt. Die dabei erforderlichen, sehr umfangreichen Typprüfungen durch die Hersteller, mit denen sie

das Vorhandensein der geforderten und gegenüber dem Anwender zu garantierenden Sicherheits-Eigenschaften des Gerätetyps nachweisen, werden hier nicht behandelt.

Die beiden Normen DIN VDE 0702 (Wiederholungsprüfung) und DIN VDE 0701 (Prüfung nach der Instandsetzung) sind bezüglich der durchzuführenden Messungen praktisch identisch. Da vorgesehen ist, sie in absehbarer Zeit zusammenzufassen, wurden der Prüfablauf im *Bild 6.1.1* sowie die Messungen und Messverfahren in *Tabelle 6.1.1* bereits für beide Prüfungen gemeinsam dargestellt.

Die an medizinischen elektrischen Geräten durchzuführenden Messungen werden in *Tabelle 6.1.2* aufgeführt. Den Prüfablauf dieser Geräte zeigt *Bild 6.1.2.*

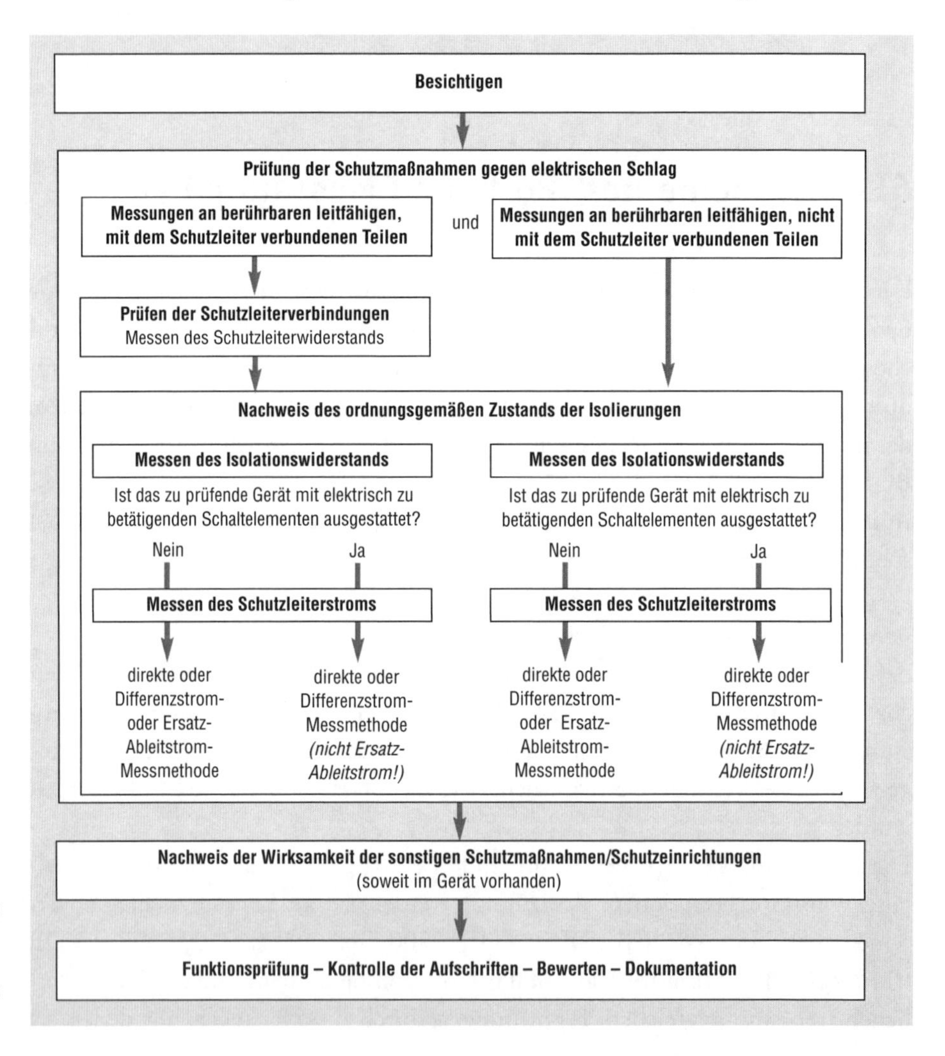

Bild 6.1.1
Ablauf der Prüfung nach DIN VDE 0701/0702 an einem elektrischen Gerät

Tab. 6.1.1 Messungen an elektrischen Geräten nach DIN VDE 0701/0702

Schutzmaßnahme	**Geräteteil**	**Messungen**	**Abschnitt in diesem Buch**	**Bemerkung**
Schutz gegen elektrischen Schlag	nicht an den Schutzleiter angeschlossene, berührbare leitfähige Teile (Schutz durch doppelte oder verstärkte Isolierung; Schutzisolierung)	Isolationswiderstand	6.3	
		Berührungsstrom	6.4	
	an den Schutzleiter angeschlossene, berührbare leitfähige Teile (Schutz durch Abschaltung)	Schutzleiterwiderstand	6.2	
		Isolationswiderstand	6.3	unter bestimmten Bedingungen kann darauf verzichtet werden
		Schutzleiterstrom	6.4	erforderliche Bewertung für den Schutz im Fall des ersten Fehlers (Schutzleiter unterbrochen; → Bilder 6.4.2 und 6.4.3)
	aktive Teile, die durch Schaltnetzteile oder auf andere Weise vom Versorgungsnetz sicher getrennt sind (Sicherheitskleinspannung SELV, PELV)	Spannung	8.4	
		Isolationswiderstand	4.12	nur, wenn diese Teile berührbar sind oder die Kleinspannung zur Versorgung anderer Geräte dient
Schutz gegen elektromagnetische Störungen	Beschaltungen	Schutzleiterstrommessung (Ableitstrom ist Teil des Schutzleiterstroms)	6.4	
Schutzeinrichtungen	Fehlerstromschutzschalter	Auslösestrom (Auslösung)	4.7	
	Isolationsüberwachungsgeräte	Ansprechwert	7.1	
	Überspannungsableiter	Ansprechwert	7.8	
	Überstromschutzeinrichtung	Einstellwert	–	
Sonstiges	Klemmen, Handgriffe	Temperatur	8.6	

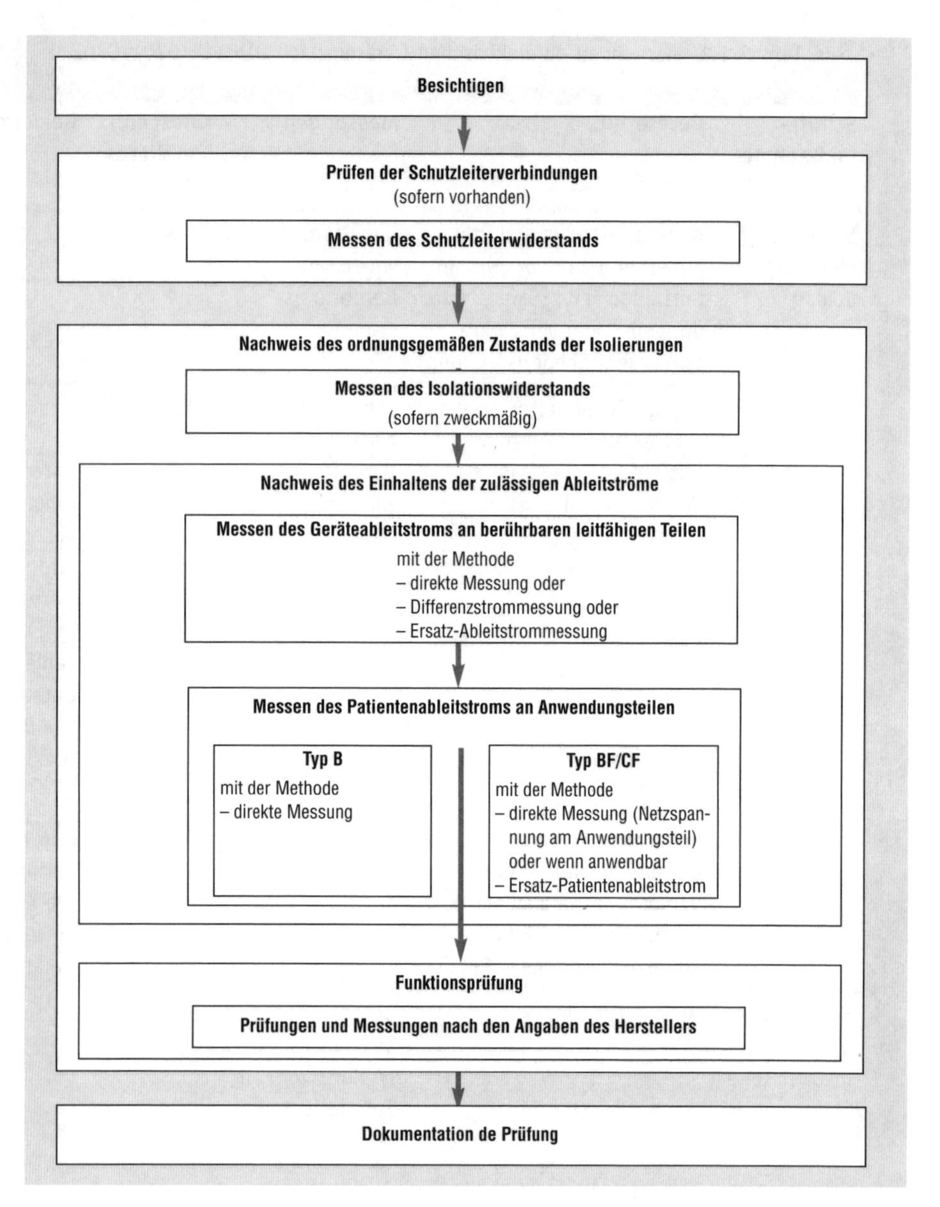

Bild 6.1.2
Ablauf der Prüfung nach DIN VDE 0751 an einem medizinischen elektrischen Gerät

In den folgenden Abschnitten wird dargestellt, wie die Messungen vorgenommen werden, einschließlich aller Besonderheiten, die sich beim Messen in Abhängigkeit von folgenden Merkmalen der zu prüfenden Geräte ergeben:

▷ konstruktive Gestaltung, z. B.
  – Verbindung mit dem Versorgungsstromkreis über Stecker oder Klemmen,
  – Eignung für den ortsfesten oder ortsveränderlichen Einsatz,
  – Schutzklasse/Schutzmaßnahme;

Tab. 6.1.2 Messungen an medizinischen elektrischen Geräten nach DIN VDE 0751 Teil 1, DIN VDE 0750 Teil 1

Prüfaufgabe, Schutzmaßnahme	Geräteteil	Messungen	Abschnitt in diesem Buch	Bemerkung
Schutz gegen el. Schlag				
Isoliervermögen des Versorgungsteils (Primärstromkreis)	nicht an den Schutzleiter angeschlossene, leitfähige berührbare Teile	Isolationswiderstand	6.3	wenn vom Hersteller gefordert
Einbeziehung in die Schutzmaßnahme mit Schutzleiter	an den Schutzleiter angeschlossene, leitfähige berührbare Teile	Schutzleiterwiderstand		6.2
Isoliervermögen des Versorgungsteils (Primärstromkreis)	an den Schutzleiter angeschlossene, leitfähige berührbare Teile	Isolationswiderstand	6.3	wenn vom Hersteller gefordert
Isoliervermögen des Versorgungsteils (Primärstromkreis)	Anwendungsteile	Isolationswiderstand	6.3	wenn vom Hersteller gefordert
im Fall des ersten Fehlers „Schutzleiter unterbrochen"	alle berührbaren leitfähigen Teile (Gehäuse und Anwendungsteile)	Ableitstrom als Geräteableitstrom	6.4	
im Fall des ersten Fehlers „Versorgungsnetz am Anwendungsteil"	Anwendungsteile	Patientenableitstrom mit Netz am Anwendungsteil	6.4	nur an isolierten Anwendungsteilen Typ BF oder CF
Schutz gegen elektrischen Schlag	Anwendungsteile	Patientenableitstrom	6.4	nur bei An wendungsteilen Typ B
Funktionstest	nach Angaben des Herstellers	nach Angaben des Herstellers	–	gegebenenfalls durch eine mit dem Gerät vertraute Person

▷ beim Prüfen vorhandener Betriebszustand, z. B.
 – unter Spannung stehend oder spannungsfrei,
 – mit der Anlage elektrisch verbunden oder von ihr getrennt;

▷ funktionelle Aufgaben, z. B.
 – Energieumsetzung oder
 – Informationsverarbeitung.

Nicht behandelt werden spezielle Vorgaben und Verfahren, z. B. für das Prüfen der in explosionsgefährdeten Räumen oder im Bergbau eingesetzten Geräte.

Bei dem im Bild 6.1.1 dargestellten Prüfablauf wird nicht unterschieden, welcher Schutzklasse die zu prüfenden Geräte zugeordnet wurden. Es wird vielmehr von den bei den berührbaren leitenden Teilen der Geräte wirksamen Schutzmaßnahmen gegen elektrischen Schlag ausgegangen. Das deshalb, weil

- ▷ eine eindeutige Zuordnung der Schutzklasse zu einer der zu prüfenden Schutzmaßnahmen nicht immer möglich ist und
- ▷ vielfach auf den Geräten die Schutzklasse nicht oder falsch angegeben wird.

Bild 6.1.3 zeigt den möglichen Zusammenhang zwischen der Schutzklasse und den angewandten Schutzmaßnahmen.

Wie aus dem Prüfablauf zu ersehen ist, sollen grundsätzlich

- ▷ die Isolationswiderstandsmessung und die
- ▷ Ableitstrommessung (Schutzleiter- bzw. Berührungsstrommessung)

vorgenommen werden, um etwaige Mängel mit großer Wahrscheinlichkeit zu entdecken.

Wenn die vorgegebenen Messungen (→ Tabellen 6.1.1 und 6.1.2) nicht alle durchgeführt werden können, z. B. bei Geräten, deren Trennung vom Versorgungsstromkreis aus betrieblichen Gründen nicht möglich ist, so hat der Prüfer zu entscheiden, ob und bis wann die restlichen Messungen nachzuholen sind, ob und wann die Prüfung abgeschlossen und dann gegebenenfalls als bestanden zu werten ist. Hierzu wird in DIN VDE 0702 angegeben:

„Ist einer der in dieser Norm vorgegebenen Prüfgänge aus technischen Gründen nicht durchführbar, bedingt durch die örtlichen Gegebenheiten oder durch den dazu erforderlichen Aufwand, so ist vom Prüfer zu entscheiden, ob trotz dieses Verzichts die Sicherheit bestätigt werden kann oder nicht. Die Entscheidung ist zu begründen und zu dokumentieren.“

Für alle Geräte gilt die gleiche

Prüfaufgabe:
Nachweis des Vorhandenseins und der Wirksamkeit der durch die Normen (→ Tabelle 4.1.2) geforderten und zum Gewährleisten der elektrischen Sicherheit notwendigen Schutzmaßnahmen. Dazu sind die in den Normen vorgegebenen, sowie andere vom Prüfer als notwendig erkannte Messungen/Messverfahren anzuwenden (→ Tabellen 6.1.1 und 6.1.2).

Vor dem Beginn der Messungen muss durch Besichtigen und gegebenenfalls auch durch Erproben der Nachweis erbracht worden sein, dass keine offensichtlichen Mängel vorhanden sind. Das ist vor allem erforderlich, um eine Gefährdung des Prüfers bei den mit Netzspannung durchzuführenden Prüfgängen zu vermeiden. Die wesentlichen Prüfschritte des Besichtigens/Erprobens sowie spezielle Messungen an besonderen Geräten sind in *Tabelle 6.1.3* aufgeführt.

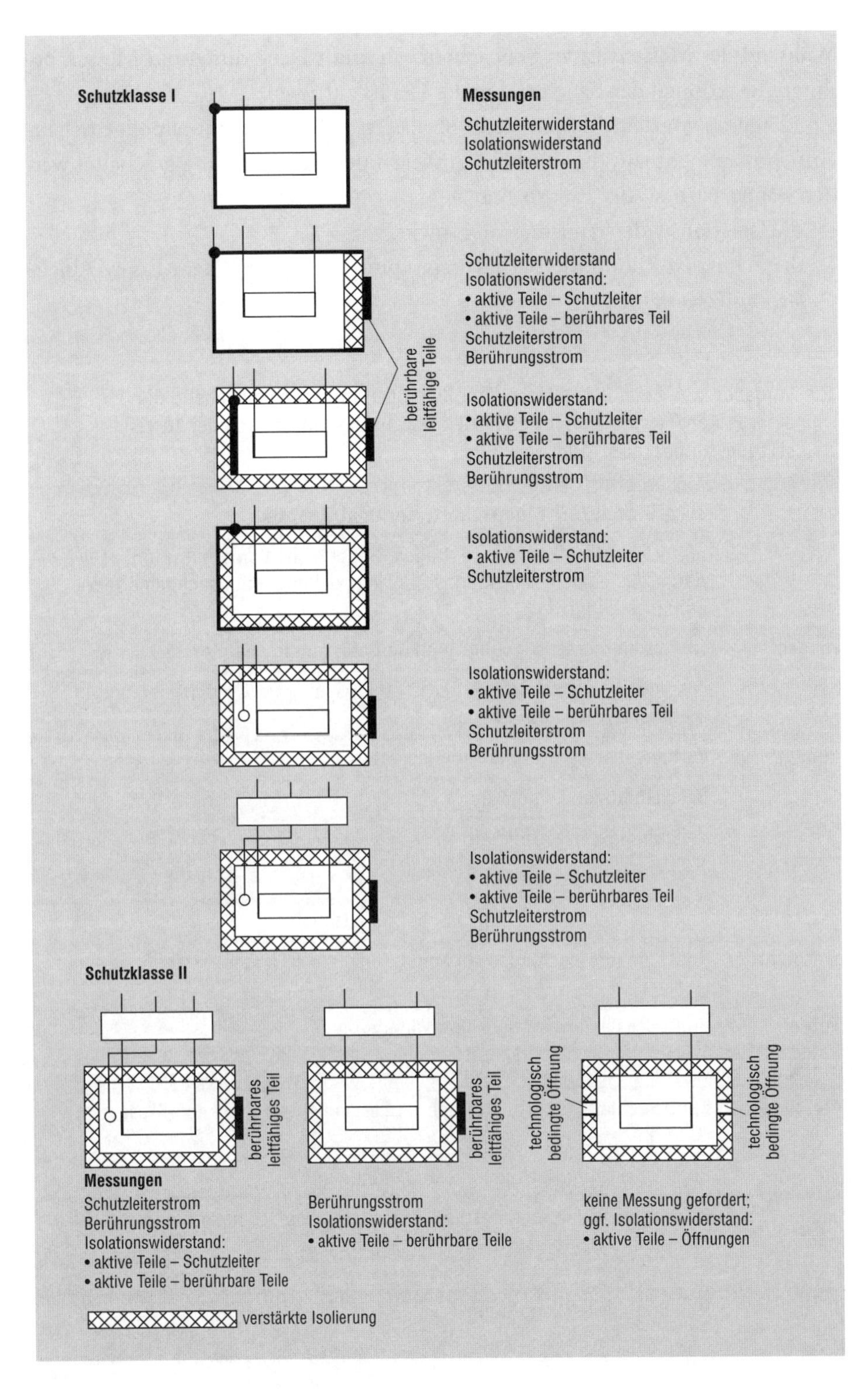

Bild 6.1.3
Zuordnung der Schutzklassen zu den an einem elektrischen Gerät angewandten Schutzmaßnahmen gegen elektrischen Schlag und Angabe der je nach Schutzmaßnahme durchzuführenden Messungen

Während des Messens ist zu beobachten, ob und welche durch das Messen bedingte Reaktionen der Bauelemente des Geräts auftreten.
Zu klären ist vor dem Messen auch, ob das zu prüfende Gerät allpolige Schalteinrichtungen enthält, die nur beim Anliegen der Netzspannung geschaltet werden können. Ist das der Fall, so sind

- ▷ die Isolationswiderstandsmessung sowie
- ▷ die Schutzleiter- und die Berührungsstrommessung nach dem Ersatz-Ableitstrommessverfahren

Tab. 6.1.3 Vorgaben, die beim Besichtigen/Erproben oder ergänzend zu Tabelle 6.1.1 beim Prüfen/Messen an speziellen Geräten, insbesondere nach der Instandsetzung, zu beachten sind

Geräteteil/-art	Zu prüfende/s/r Eigenschaft/Merkmal/Zustand
Gesamtgerät	offensichtlich erkennbare Schäden, Sauberkeit, Korrosion, Einfluss von Nässe, Anzeichen von Überlastung, Anzeichen von unsachgemäßem Gebrauch/Eingriff
Schutzabdeckungen	wie Gesamtgerät, ordnungsgemäße Befestigung (Handprobe)
Anschlussleitung	Zustand, offensichtliche Schäden (Quetschung usw.), richtiger Typ, Biegeschutz, Zugentlastung
Belüftung, Kühlung	Vorhandensein, Wirkungsmöglichkeit
Behälter	Beschädigung, Abdichtung
Aufschriften	Vollständigkeit, Lesbarkeit
Gartenpflegegeräte	Kontrolle der mechanischen Schutzfunktionen
Bodenreinigungsgeräte	Kontrolle der mechanischen Schutzfunktionen, Nachweis der Spannungsfestigkeit
Sprudelbadegeräte	Kontrolle des Eindringens von Wasser
Großküchengeräte	Funktion eines zusätzlichen Potentialausgleichsleiters
Wassererwärmer, ortsfest	Kontrolle der Schutzfunktionen im Zusammenhang mit dem Wasser (Überdruck, Austropfen usw.)
Raumheizgeräte	Berücksichtigung besonderer Gefährdungen
Elektrowerkzeuge, handgeführt und transportabel	Prüfung der Spannungsfestigkeit zusätzlich zur Isolationswiderstands- und dann anstatt der Ableitstrommessung
Mikrowellengeräte	Messung der Leckstrahlung

nicht bzw. nicht vollständig durchführbar *(Bild 6.1.4,* → A 6.3.2). In diesen Fällen ist vom Prüfer zu entscheiden, ob bzw. inwieweit trotz eines Verzichts auf die Isolationswiderstandsmessung die Sicherheit nachgewiesen werden kann.
Für die Messungen der elektrischen Geräte sind Prüfgeräte nach DIN VDE 0404 zu verwenden. Werden Geräte geprüft, die mit einer unter Spannung stehenden elektrischen Anlage verbunden sind, müssen gegebenfalls Prüfgeräte nach DIN VDE 0413 angewendet werden. Ausführliche Hinweise zur Gestaltung und Anwendung der Prüfgeräte befinden sich im Kapitel 10. Beispiele für Prüfgeräte nach DIN VDE 0404 zeigt *Bild 6.1.5.*

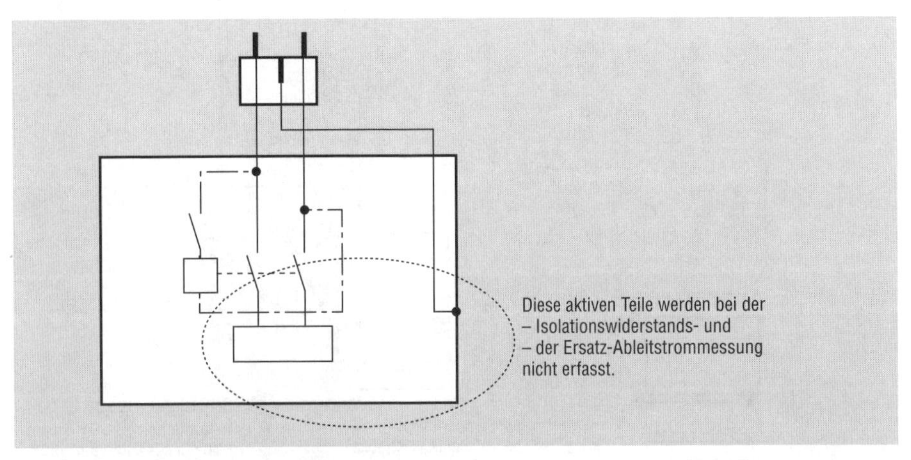

Bild 6.1.4
Eingeschränkte Messmöglichkeit an elektrischen Geräten mit allpoligen, nur durch Netzspannung zu betätigenden Schalteinrichtungen

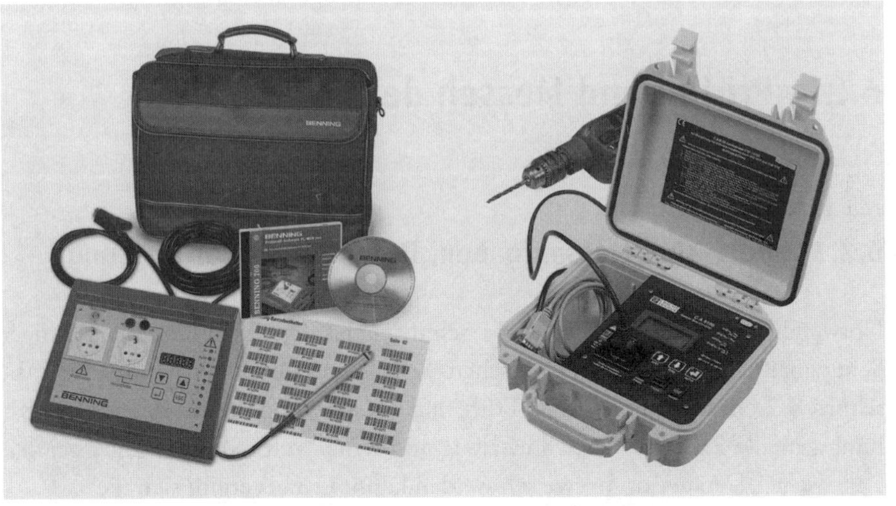

Bild 6.1.5
Beispiele für Prüfgeräte nach DIN VDE 0404 zum Prüfen elektrischer Geräte

a) Geräteprüfset Benning 700 (Benning)

b) Geräteprüfer C.A 6105 (Chauvin Arnoux)

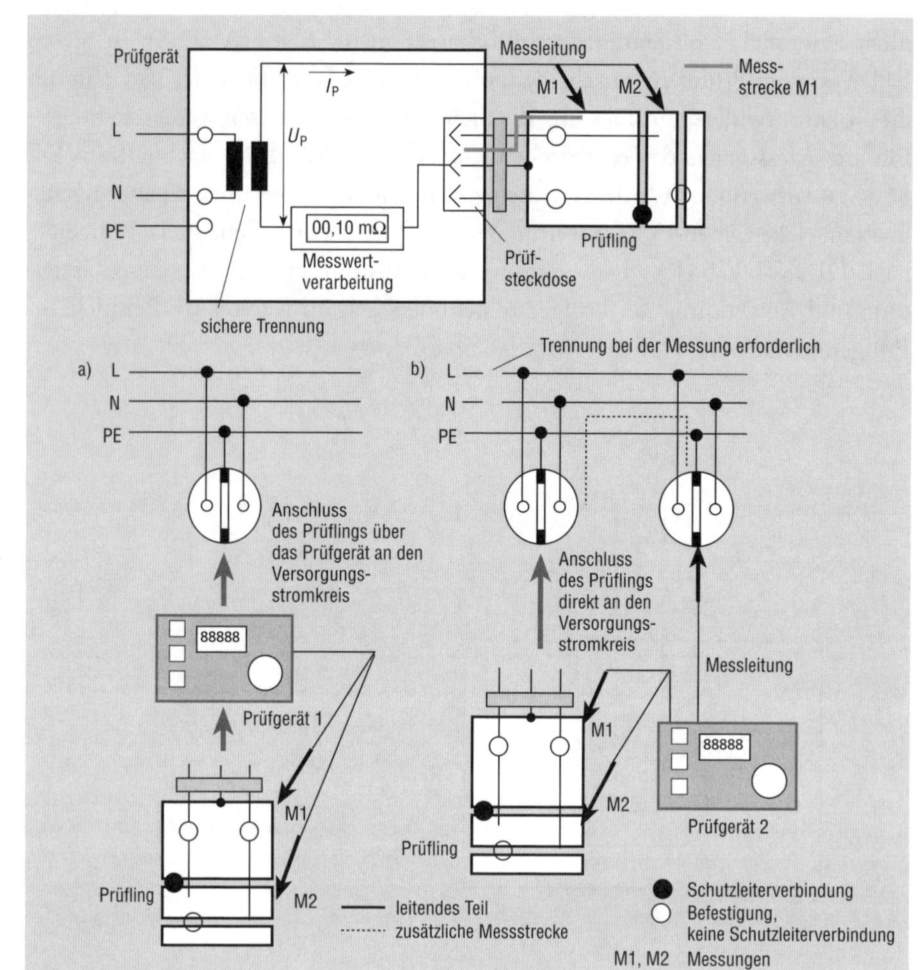

Bild 6.2.1
Messung des Schutzleiterwiderstands an einem elektrischen Gerät: Prinzip der Messschaltung (oben) und Möglichkeiten der Messanordnung (darunter)

a) Prüfling mit oder ohne Steckverbinder wird zur Messung über das Prüfgerät 1 an den Versorgungsstromkreis angeschlossen (sichere Trennung)

b) Prüfling ist über Steckverbinder oder Klemmen mit dem Netz verbunden, Messung erfolgt mit dem Prüfgerät 2

6.2 Prüfen und Messen der Schutzleiterverbindungen

6.2.1 Prüf- und Messaufgaben, Durchführen der Messung

Notwendigkeit und Aufgaben eines Schutzleiters, der die Wirksamkeit einiger Schutzmaßnahmen gegen elektrischen Schlag gewährleistet, wurden im Abschnitt 4.2 erläutert; ebenso die Prüf- und Messmethoden, mit denen der ordnungsgemäße Zustand des Schutzleiters und seiner Verbindungen auch bei den elektrischen Geräten nachgewiesen werden kann. Daraus ergibt sich die

Prüfaufgabe:
Es ist nachzuweisen, dass bei allen berührbaren leitfähigen Teilen, die bestimmungsgemäß an den Schutzleiter angeschlossen sein müssen, deren Verbindung zum Schutzleiteranschluss des Geräts vorhanden ist und den in den Normen vorgegebenen Bedingungen genügt. Zu diesem Nachweis gehören das Messen des Schutzleiterwiderstands sowie dessen Vergleich mit dem vorgegebenem Grenzwert bzw. mit dem üblicherweise bei diesen Geräten zu erwartendem Wert.

Erläuterungen zur im Bild 6.2.1 dargestellten Prüfung/Messung an einem elektrischen Gerät

Messaufgabe nach DIN VDE 0701/0702/0751:

„Nachweis der Übereinstimmung mit den Normenvorgaben"

▷ Der **Istwert (Messwert) für den Widerstand des Schutzleiters** darf bis zu 0,3 Ω betragen. Diese ziemlich großzügige **Normenvorgabe (Grenzwert)** berücksichtigt, dass sich bei derartig geringen Istwerten eine relativ große Betriebsmessabweichung ergibt und ein unbestimmter Übergangswiderstand an den Steckkontakten und Messspitzen vorhanden ist. Beim Bewerten des Messwertes sollte trotzdem der nach Länge und Querschnitt der Schutzleiterbahn zu erwartende Widerstandswert beachtet werden.
Hat der Schutzleiter eine Länge von mehr als 5 m, gilt für Leitungen mit einem Nennstrom bis 16 A ein höherer Grenzwert, und zwar zusätzlich 0,1 Ω je weitere 7,5 m Leitungslänge. Im Höchstfall ist jedoch ein Messwert (Istwert) von 1 Ω zulässig.

▷ Bei **medizinischen elektrischen Geräten** sind als Grenzwerte vorgegeben: für die Anschlussleitung 0,1 Ω, für das Gerät 0,2 Ω sowie für Gerät plus Anschlussleitung 0,3 Ω.

▷ Es ist erforderlich, die Anschlussleitung **während der Messung zu bewegen.** Fehler im Schutzleiter werden möglicherweise durch die dann entstehenden Schwankungen des Messwerts erkannt. Dafür muss ein Prüfgerät verwendet werden, bei dem die Zeitdauer der Messung vom Prüfer bestimmt werden kann.

▷ Grundsätzlich sollte das **zu prüfende Gerät auf einer isolierenden Unterlage** stehen. Verbindungen zu anderen Systemen (Erdpotential!) sind zu lösen. Ist das nicht möglich, so muss die damit möglicherweise entstehende Auswirkung auf das Messergebnis (Parallelverbindung zur Messstrecke) ermittelt und/oder geschätzt werden. Möglich ist auch, dass damit das Vorhandensein eines ordnungsgemäßen Schutzleiters vorgetäuscht wird.

▷ Wenn **Daten-, Antennen- und ähnliche Leitungen** nicht gelöst werden können, so sollte diese Messung nicht oder zumindest nur mit einem sehr geringen Messstrom (< 0,2 A) vorgenommen werden, um Schäden durch den über diese Leitungen fließenden Teilstrom an möglicherweise nicht einwandfreien Informationsgeräten/-teilen zu vermeiden. In diesen Fällen hat das Besichtigen eine entsprechend hohe Bedeutung.

▷ Kann das zu prüfende **Gerät nicht von der Versorgungsanlage getrennt** werden (Bild 6.2.1 b), so ist diese für den Zeitraum der Messung freizuschalten. Ist das nicht möglich, so muss das Prüfgerät die erforderliche Spannungsfestigkeit aufweisen (→ K 10).

▷ Zur Messung können Geräte mit **Netzstrom-** (Bild 6.2.1 a) **oder Batteriestromversorgung** (Bild 6.2.1 b) eingesetzt werden.

▷ Die Messung des Schutzleiterwiderstands an **inneren, mit dem Schutzleiter verbundenen Teilen** des Geräts wird nicht gefordert. Wenn das Gerät ohnehin geöffnet werden muss, z. B. bei der Instandhaltung, sollte jedoch auch diese Messung durchgeführt werden.

6.2.2 Prüfgeräte, Messergebnis, Messgenauigkeit

Beispiele für die anzuwendenden Prüfgeräte nach DIN VDE 0404 zeigt Bild 6.1.5.

Beim **Bewerten** des Messwerts (Anzeigewerts) und bei der Entscheidung über den Prüfling kommt es in Anbetracht der sehr kleinen Widerstandswerte des Schutzleiters (→ Kasten) nicht so sehr auf Genauigkeit (Betriebsmessabweichung, s. Tabelle 6.2.1), sondern vielmehr darauf an, ob die unter Beachtung der möglichen Abweichungen ermittelte Größenordnung realistisch ist.

Aus der Dokumentation sollte hervorgehen, dass keine exakte Messung erfolgt ist. Angaben wie beispielsweise 0,12 Ω lassen erkennen, dass sich der Prüfer mit den hier vorliegenden Zusammenhängen nicht auskennt. Realistisch ist, wenn z. B. > 0,1 Ω oder ≈ 0,1 Ω notiert werden.

Die **Betriebsmessabweichung** beträgt bei einem Messwert (Anzeigewert) von 0,3 Ω etwa ± 0,005 bis 0,03 Ω (→ K 10). Sie kann, bedingt durch die oben begründete Toleranz des Grenzwerts, vernachlässigt werden.

Die wesentlichen **Kennwerte** der anzuwendenten Prüfgeräte für das Messen kleiner Widerstände (→ Bild 6.1.5) sind in *Tabelle 6.2.1* zusammengestellt.

Tab. 6.2.1 Kennwerte der Prüfgeräte für die Messung kleiner Widerstände

Messbereich	Messstrom/Messspannung	Betriebsmessabweichung
bis 19,99 Ω	0,2 A/4 V AC	± (3 % + 3 Digit)
bis 19,99 Ω	0,35 A/20 V AC	± (2,5 % + 2 Digit)
bis 19,99 Ω	0,2 A/10 V AC	± (5 % + 3 Digit)

Schutzleiter
Definitionen siehe Kasten im Abschnitt 4.2.1

niederohmig
Bezeichnung für den Widerstand eines Schutz- oder Potentialausgleichsleiters, einer Leiterschleife oder einer anderen Leiterbahn, wenn deren Wert etwa 1 Ω oder weniger beträgt.

Anmerkungen:
- Als Niederohmbereich wird z. B. auch der Messbereich von 0 bis 30 Ω bezeichnet.
- Je nach Anwendungsfall kann ein anderer Absolutwert als „niederohmig“ angesehen werden. Die alleinige Verwendung dieses Ausdrucks ermöglicht somit keine exakte Aussage.

6.2.3 Hinweise (→ A 4.2.5)

H 6.2.01 Unterschiedliche Wirkungen des Messstroms

Zunehmend wird ein Messstrom von 0,2 A DC (Prüfspannung zwischen 4 und 24 V) angewandt. Die damit entstehenden Vorteile, ein kleines handliches Prüfgerät und bei der Anwendung von Gleichstrom die Möglichkeit einer zweiten Messung nach dem Umpolen, sind überzeugend. Messtechnische Nachteile gegenüber einem höheren Prüfstrom sind nicht bekannt geworden. Geräte mit höheren Prüfströmen sind jedoch in Sonderfällen, z. B. bei der Fehlerlokalisierung, vorteilhaft.
Die Übergangswiderstände an Steckkontakten können bis zu 0,1 Ω, in Einzelfällen auch mehr betragen. Bei hohen Messströmen werden die Verunreinigungen der Kontakte durch die am Kontaktpunkt entstehende Wärme möglicherweise beseitigt, so dass sich ein anderer Messwert ergibt als beim Messen mit einem Strom von 0,2 A. In diesen Fällen sind die Kontaktflächen insgesamt zu reinigen.
Die Messung muss bei der Wiederholungsprüfung nur an den für den Benutzer des Geräts **berührbaren** leitfähigen Teilen vorgenommen werden. Das Öffnen von Steckern oder Abdeckungen ist nur dann erforderlich, wenn das Gerät entgegen seiner Bestimmung z. B. Vibrationen ausgesetzt war, Überlastungen auftraten oder Anzeichen für Mängel an inneren Teilen zu erkennen sind (Hören, Riechen, Sehen). Bei der Prüfung nach der Instandsetzung ist die Messung auch an den dann zugänglichen, mit dem Schutzleiter verbundenen inneren Teilen vorzunehmen.

H 6.2.02 Fehlende Kennzeichnung durch das Doppelquadrat

Verfügen Geräte der Schutzklasse II oder vollisolierte Geräte ohne das Kennzeichen der Schutzklasse II (Doppelquadrat) über einen Schutzleiter in der Anschlussleitung, so besteht keine Notwendigkeit für die Messung des Schutzleiterwiderstands. Diese „Schutzleiter" haben – im Sinne der Schutzmaßnahme gegen elektrischen Schlag – keine Schutzfunktion. Wenn gesonderte Anschlüsse für den Schutzleiter oder einen Potentialausgleichsleiter vorhanden sind, so ist die Messung zwischen diesem Anschluss und dem Schutzleitereingang vorzunehmen. Zu beachten ist, dass die Kennzeichnung mit dem Doppelquadrat mitunter nicht normgerecht ist. So erhalten z. B.

- vollisolierte Geräte kein Doppelquadrat, weil in der Anschlussleitung ein Schutzleiter mitgeführt wird (unberechtigt) oder weil der Schutzleiter im Gerät angeschlossen ist (berechtigt) oder
- vollisolierte Geräte mit im Gerät angeschlossenem Schutzleiter erhalten ein Doppelquadrat, weil die Gerätenorm dies vorgibt.

Die Kennzeichnung/Nichtkennzeichnung kann aber auch vor allem bei importierten Geräten fehlerhaft sein.

H 6.2.03 Isolierung durch Lackschicht

Bei Geräten, die über äußere leitende, mit einem isolierenden Lack überzogene Teile verfügen, ist nachzuweisen, dass diese Teile in eine Schutzmaßnahme einbezogen worden sind. Das kann wie folgt geschehen:

- bei Geräten der Schutzklasse II (Doppelquadrat) mit CE-Kennzeichnung und Prüfzeichen durch Besichtigung,
- bei Geräten ohne Doppelquadrat durch die Messung des Schutzleiterwiderstands an dem betreffenden Teil (Prüfpunkt schaffen).

Bei Geräten mit dem Kennzeichen der Schutzklasse II (Doppelquadrat), aber ohne CE-Kennzeichnung oder ohne Prüfzeichen, sind eine Information über das Gerät beim Hersteller und/oder das Besichtigen/Messen nach dem Öffnen erforderlich.

H 6.2.04 Bauelemente im Schutzleiter

Als Sonderfall sind Geräte anzusehen, bei denen z. B. eine Entstördrossel im Schutzleiter angeordnet ist. Der ohmsche Widerstand dieser Drossel darf nicht zu einer Überschreitung des Grenzwerts für den Schutzleiterwiderstand führen.
Der Betreiber dieser Geräte ist darauf hinzuweisen, dass bei einem Körperschluss im Gerät die Abschaltbedingungen der Schutzmaßnah-

me durch diese Drossel beeinträchtigt werden. In derartigen Fällen ist das Gerät über einen FI-Schutzschalter zu betreiben.

H 6.2.05 Schutzleiter bei Gerätesystemen

Wenn mehrere Geräte über Steckvorrichtungen miteinander als funktionelle Einheit (System) verbunden (Gerät + Anschlussleitung, Mehrfachsteckdosen mit Geräten) sind, sollte – soweit das sinnvoll ist – eine Einzelprüfung erfolgen. Anderenfalls sind die Vorgaben für den Schutzleiterwiderstand sinngemäß umzusetzen *(Bild 6.2.2)*. Zu beachten ist, dass der Schutzleiterwiderstand die Abschaltbedingungen der Schutzmaßnahmen der Anlage (→ A 4.5) beeinflusst.

H 6.2.06 Berührbare Teile ohne Schutzleiteranschluss

Leitfähige berührbare Teile eines Gerätekörpers müssen nicht an den Schutzleiter angeschlossen bzw. nicht mit der Schutzleiteranschlussstelle verbunden sein, wenn sie

- durch die doppelte oder die verstärkte Isolierung (Schutzisolierung) von den aktiven Teilen getrennt sind oder
- auf anderen leitfähigen Teilen angeordnet sind, die selbst an den Schutzleiter angeschlossen werden *(→ Bild 6.2.3)*.

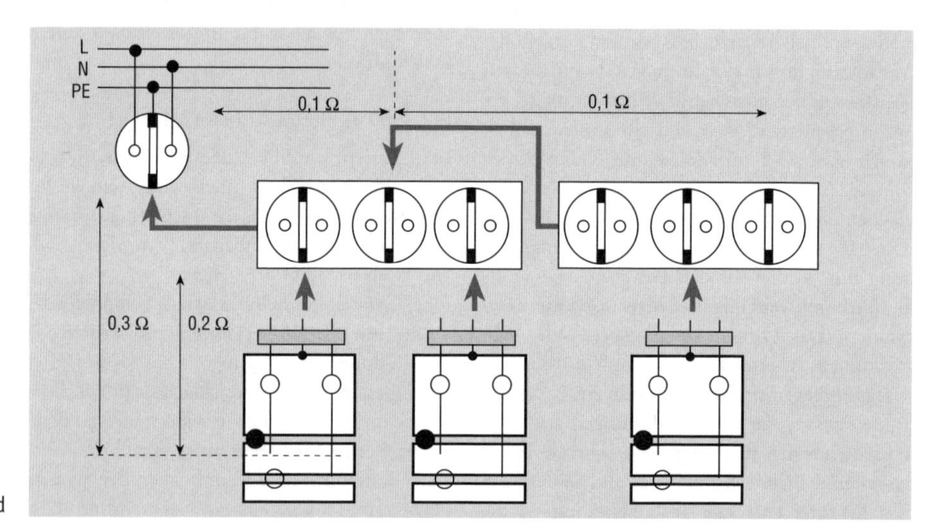

Bild 6.2.2
Vorgaben (Richtwerte) für die Schutzleiterwiderstände von Geräten im Verbund

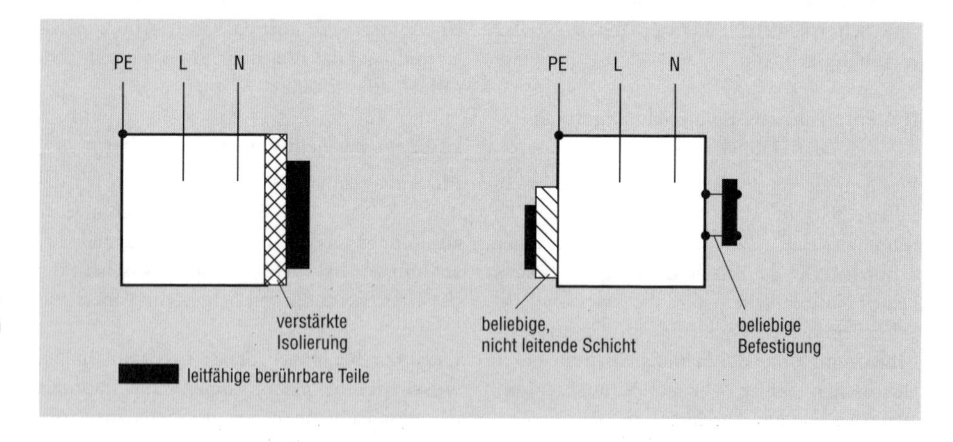

Bild 6.2.3
Beispiele für leitfähige berührbare Teile, die nicht an den Schutzleiter angeschlossen werden müssen

6.3 Nachweis des Isoliervermögens durch Messen des Isolationswiderstands

6.3.1 Allgemeines, Prüf- und Messaufgaben

Die Aufgaben der Isolierungen sowie der Nachweis des Isoliervermögens (→ Kasten) elektrischer Erzeugnisse durch das Messen des Isolationswiderstands wurden im Abschnitt 4.3.1 grundsätzlich erläutert. Die Bilder 6.3.1 und 6.3.2 zeigen, wie diese Messung an elektrischen Geräten erfolgt.

Prüfaufgabe:
Es ist nachzuweisen, dass an den Isolierungen, die unmittelbar aktive Teile und berührbare leitfähige Teile gegeneinander isolieren, kein Isolationsfehler vorhanden ist. Zu diesem Nachweis gehören das Messen des Isolationswiderstands sowie der Vergleich des Messwerts mit dem vorgegebenen Grenzwert (→ Tabelle 6.3.1) und dem üblicherweise zu erwartenden Wert.

Achtung: In den Normen [3.9] [3.10] [3.11] wird nicht verlangt, auch das Isoliervermögen zwischen den aktiven Teilen (L–L, L–N) der Geräte nachzuweisen.

Allein mit dem **Messen des Isolationswiderstands** kann das Isoliervermögen nicht immer ausreichend nachgewiesen werden, weil Beschädigungen der Isolierungen, die durch mechanische Einwirkungen oder auf andere Weise entstanden sind, oder Verminderungen der Luftstrecken praktisch keinen Einfluss auf den gemessenen Isolationswiderstand haben. Derartige Mängel werden nur dann festgestellt, wenn an diesen Stellen außerdem leitender Staub oder Nässe vorhanden sind.

Ein gründliches **Besichtigen** (→ Tabelle 4.1.5) muss diese Messung immer vorbereiten und ergänzen.

Isoliervermögen
Eigenschaft eines elektrischen Erzeugnisses, bei bestimmungsgemäßer Anwendung den durch die Bemessungsspannung und betriebsmäßige Überspannungen entstehenden Beanspruchungen standzuhalten

Isolationswiderstand
Eigenschaft eines elektrischen Erzeugnisses, mit der das Isoliervermögen und damit der Zustand der Isolierung(en) beschrieben werden.
Mit Gleichspannung gemessener ohmscher Widerstand der Isolierung(en)

Isolierung
Isolierstoffe, die zum Gewährleisten des Isoliervermögens in eine für den Verwendungszweck geeignete technische Form gebracht wurden

Isolation
Gesamtheit der Isolierungen eines elektrischen Betriebsmittels

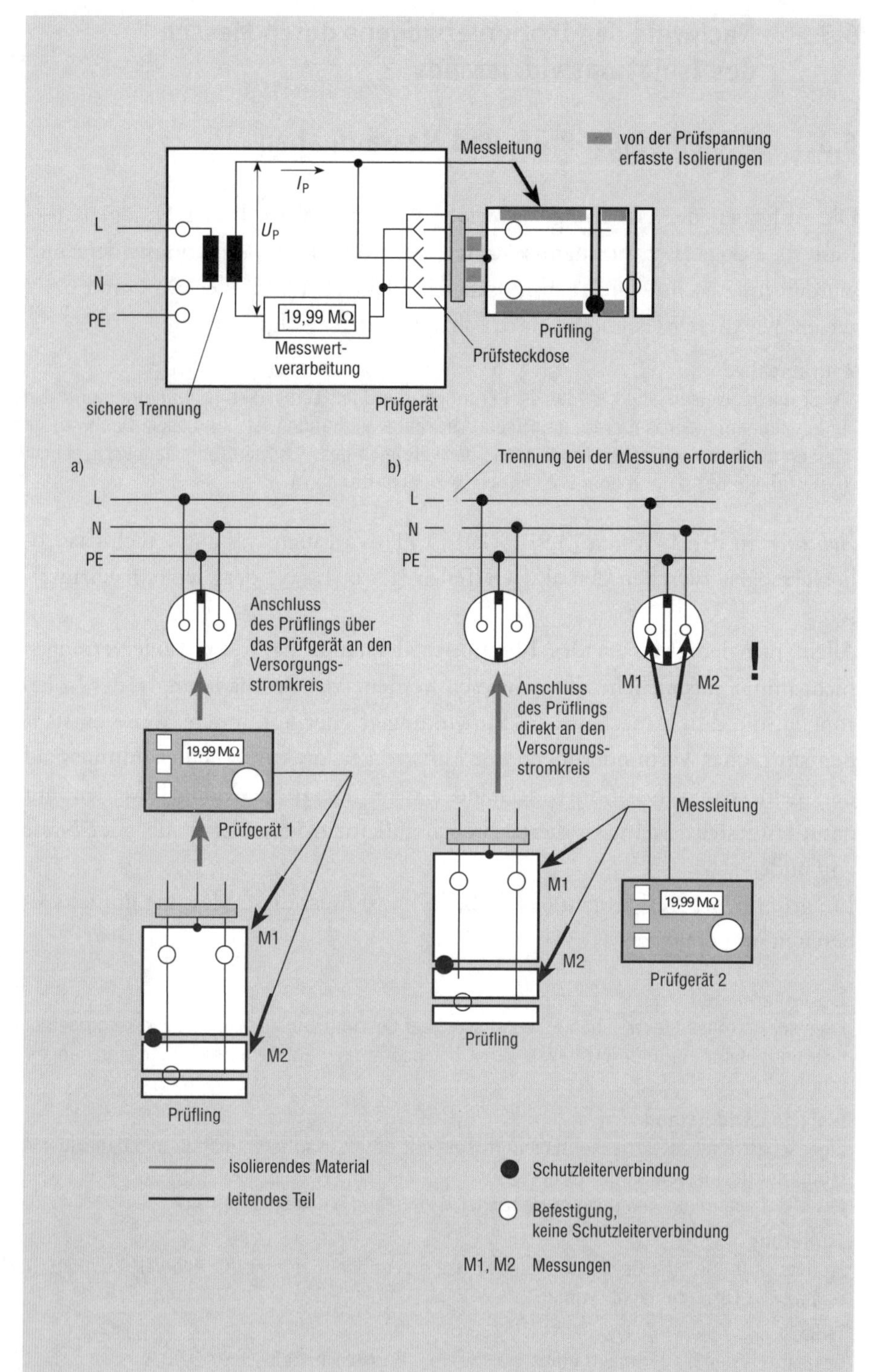

Bild 6.3.1
Messung des Isolationswiderstands an den leitenden, mit dem Schutzleiter verbundenen Teilen eines Geräts (Schutzklasse I): Prinzip der Messschaltung (oben) und Möglichkeiten der Messanordnung (darunter)

a) Prüfling mit oder ohne Steckverbinder wird zur Messung über das Prüfgerät 1 angeschlossen.

b) Prüfling ist über Steckverbinder oder Klemmen direkt mit dem Netz verbunden. Messung erfolgt mit Prüfgerät 2 (Batterie- oder Netzversorgung).

6.3.2 Messverfahren, Durchführen der Messung

Erläuterungen zur im Bild 6.3.1 und 6.3.2 dargestellten Prüfung/ Messung an einem elektrischen Gerät

Messaufgabe nach DIN VDE 0701/0702/0751:

„Nachweis der Übereinstimmung mit den Normenvorgaben"

▷ Mit dem Messverfahren lässt sich feststellen, ob Schmutz und/oder Nässe in das Gerät eingedrungen sind und ob dadurch die Sicherheit beeinträchtigt wird (→ H 6.3.01).
Bei der Vorbereitung und Durchführung ist Folgendes zu beachten:

▷ Bei dieser Messung werden
- die Steuerungen nur bis zum Trafo- bzw. Schaltnetzteil und
- die hinter allpoligen Schalteinrichtungen des Energieteils oder z. B. hinter Steuerrelais usw. liegenden Leiter/Isolationen gar nicht erfasst.

Bei Geräten, die in dieser Weise ausgestattet sind, wird die Aussagekraft der Messung erheblich eingeschränkt (→ H 6.3.04).

▷ Die **Messung erfolgt mit Gleichspannung,** um ausschließlich den ohmschen Widerstand der Isolierungen zu messen und damit eine Aussage über ihren Zustand zu erhalten. Üblicherweise wird eine Spannung von 500 V DC verwendet. Es ist zulässig, auch eine andere Messspannung, z. B. in der Höhe der Bemessungsspannung des Prüflings, anzuwenden (→ H 6.3.05).

▷ Für den Isolationswiderstand eines elektrischen Geräts werden in den Normen **Mindestwerte (Grenzwerte)** festgelegt *(Tabelle 6.3.1),* die sich an der erforderlichen Sicherheit orientieren. Werden sie unterschritten (R_{iso} < Grenzwert), können unzulässig hohe Berührungsströme (mehr als etwa 1 mA) auftreten. Da eine ordnungsgemäße Isolation einen viel höheren Isolationswiderstandswert aufweist, muss vor der Messung geklärt werden, welcher Messwert bei dem betreffenden Prüfling als „Gut" anzusehen ist (→ Bild 3.6 und A 6.3.3).

▷ In den **Messwert** gehen auch die (allerdings sehr hohen) ohmschen Widerstände von Beschaltungskondensatoren ein.

▷ Kann das zu prüfende **Gerät nicht von der Versorgungsanlage getrennt** werden, so ist der betreffende Stromkreis (Bild 6.3.1 b und 6.3.2 bB), für den Zeitraum der Messung freizuschalten und in die Messung einzubeziehen.

▷ Bei der Messung sind alle **aktiven Teile** des Geräts zu **verbinden,** um die Wahrscheinlichkeit einer Zerstörung von Bauelementen des Geräts zu vermindern. Prüfgeräte nach VDE 0404 sichern diese Verbindung durch eine entsprechende Innenschaltung (Bild 6.3.1).

▷ Die Messung ist nacheinander an **allen** berührbaren leitenden Teilen vorzunehmen. Sinnvoll ist, für alle Messungen den gleichen Grenzwert vorzugeben (A 6.3.3)

▷ **Vor dem Ablesen** des Messwerts ist zu kontrollieren, ob der Messkreis geschlossen ist.

▷ Zur Messung können Geräte mit Netz- (Bild 6.3.1 a) oder Batteriestromversorgung (Bild 6.3.1 b) eingesetzt werden.

▷ Bei Geräten, in denen eine **Schutzkleinspannung** erzeugt und auf berührbare leitfähige Teile geführt wird (Anschlussklemmen, Steckerstifte, Teile von Arbeitsmitteln), ist die sichere Trennung durch eine Isolationswiderstandsmessung nachzuweisen *(Bild 6.3.3:* Prüfling 2, M1; → A 4.12). Dies gilt für SELV und, sofern keine betriebsmäßige Verbindung zum Schutzleiter besteht, auch bei PELV.
Auf diese Messungen **darf verzichtet werden,** wenn eine Beschädigung des Prüflings durch die Messspannung oder das Adaptieren des Prüfgeräts nicht ausgeschlossen werden kann. Eine positive Bewertung der Prüfung ist dennoch zulässig, wenn
- der normgerechte Zustand durch ein Prüfzeichen (VDE, GS) bestätigt und
- die Trennung des Stromkreises der Schutzkleinspannung vom Gerätekörper/Primärstromkreis durch Besichtigen weitgehend nachgewiesen wurde.

▷ Bei **Geräten der Schutzklasse III** (Schutzkleinspannung) *(Bild 6.3.3:* Prüfling 1, M3) ist der vorstehend genannte Verzicht auf die Messung ebenfalls zulässig. Im Allgemeinen erübrigt sich diese Messung, da die Körper derartiger Geräte zumeist aus Isoliermaterial bestehen und keine leitfähigen berührbaren Teile aufweisen.

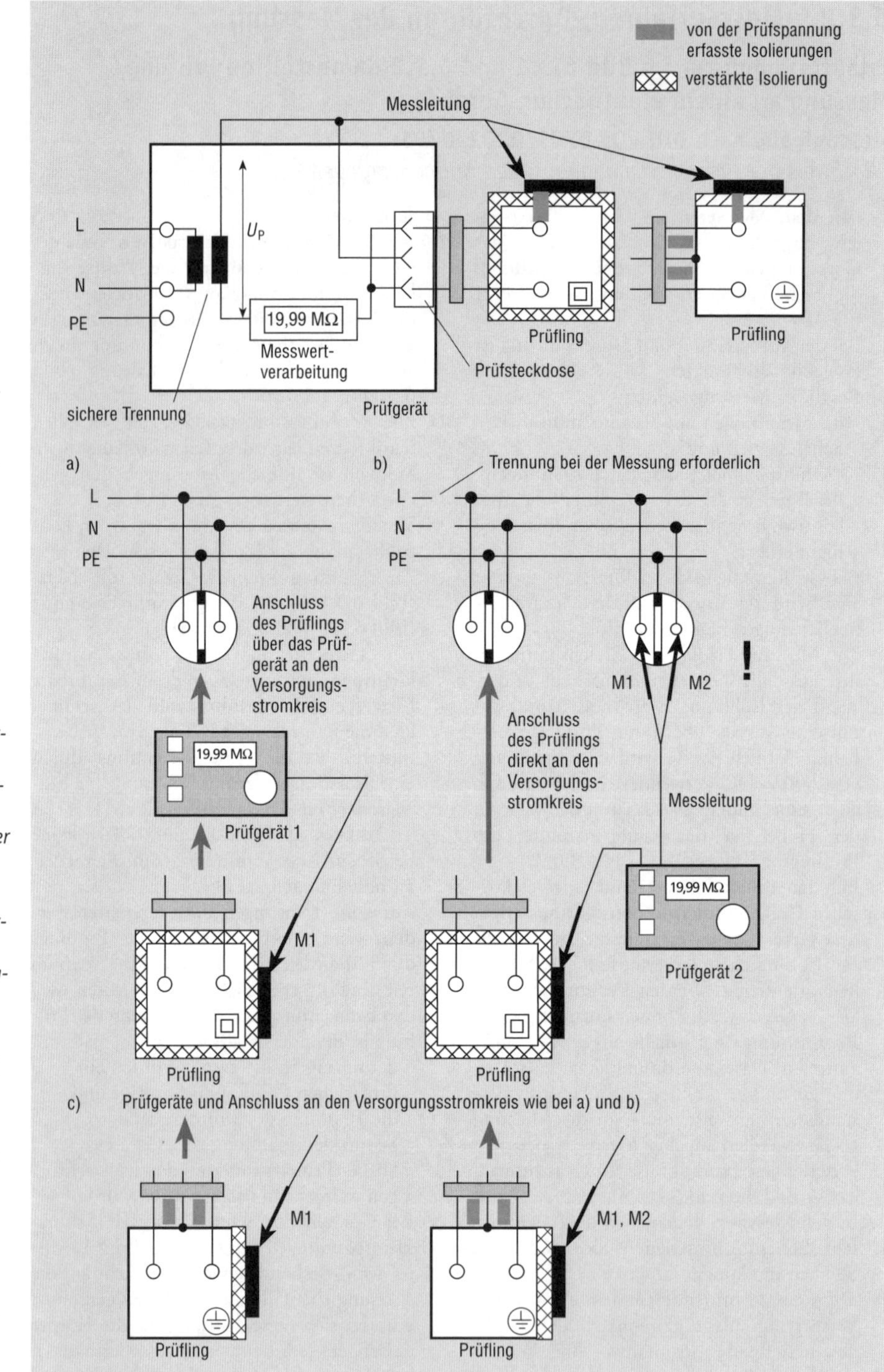

Bild 6.3.2
Messung des Isolationswiderstands an den leitfähigen berührbaren Teilen eines Geräts (Schutzklasse II bzw. Schutzklasse I): Prinzip der Messschaltung (oben) und Möglichkeiten der Messanordnung (darunter)

a) Prüfling (Schutzklasse II) mit oder ohne Steckverbinder wird zur Messung über das Prüfgerät 1 angeschlossen.

b) Prüfling (Schutzklasse II) ist über Steckverbinder oder Klemmen mit dem Netz verbunden, Messung erfolgt mit Prüfgerät 2 (Batterie- oder Netzversorgung)

c) Messung wie nach a) oder b) an leitfähigen berührbaren, nicht mit dem Schutzleiter verbundenen Teilen an Geräten der Schutzklasse I

▷ **Bei vollisolierten Geräten,** die keine berührbaren leitfähigen Teile aufweisen, muss der Nachweis des ordnungsgemäßen Zustands der Isolierungen allein durch das Besichtigen erbracht werden.

▷ **Wasserbehälter** eines Prüflings (z. B. Warmwasserbereiter) sollten bei der Messung gefüllt sein.

Tab. 6.3.1 Grenzwerte des Isolationswiderstands an Geräten nach DIN VDE 0701/0702

Teile	Grenzwert	Messspannung	Bemerkung
Aktive Teile Messung gegen die mit einem Schutzleiter verbundenen berührbaren Teile	1 MΩ	500 V oder wenn sinnvoll, 250 oder 100 V (z. B. bei Geräten mit Überspannungsschutz, mit elektronischen Bauelementen oder Geräten der Informationstechnik)	Bild 6.3.1
Aktive Teile Messung gegen die mit einem Schutzleiter verbundenen, berührbaren leitfähigen Teile bei Geräten mit Heizelementen	0,3 MΩ		Bild 6.3.1 nur nach längerer Betriebsruhe nach Aufnahme von Luftfeuchtigkeit
Aktive Teile Messung gegen die nicht mit einem Schutzleiter verbundenen, berührbaren leitfähigen Teile (auch gegen Teile mit Schutzkleinspannung)	2 MΩ		Bild 6.3.2
Teile mit Schutzkleinspannung Messung gegen berührbare leitfähige Teile	0,25 MΩ	100 V	Bild 6.3.3

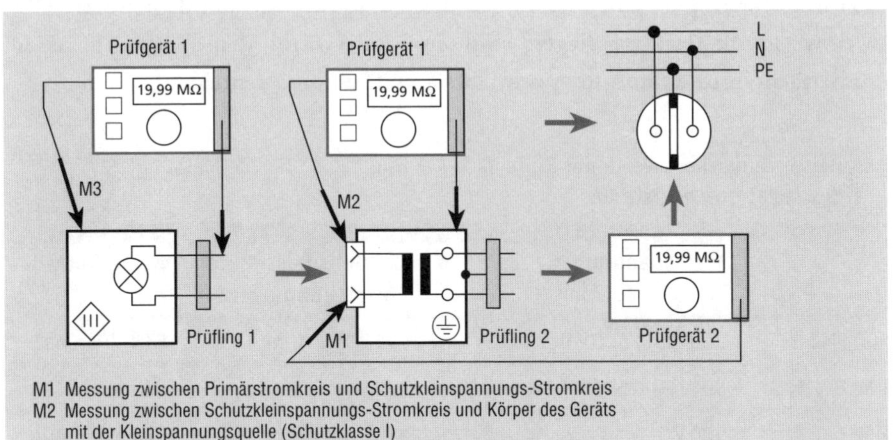

Bild 6.3.3 Messung des Isolationswiderstands an Teilen mit Schutzkleinspannung

6.3.3 Prüfgeräte, Messergebnis, Messgenauigkeit

Zur Messung sind Prüfgeräte nach DIN VDE 0404 zu verwenden (→ Bild 6.1.5, *Tabelle 6.3.2)*. Beim Messen an Geräten, die mit der Versorgungsanlage verbunden sind (Bild 6.3.1 b), sollten auch bei ordnungsgemäßer Trennung vom Netz Prüfgeräte nach DIN VDE 0404 mit einer Spannungsfestigkeit von 175 % (→ K 10) oder nach VDE 0413 hergestellte Geräte verwendet werden.

Um den Prüfling normgerecht mit „Gut" bewerten zu können, muss dessen Messwert (Istwert) für den Isolationswiderstand über dem Grenzwert lt. Tabelle 6.3.1 liegen. Wenn der Messwert etwa dem Grenzwert entspricht und das Messgerät eine Betriebsmessabweichung von z. B. ±(5 % + 5 Digit) hat, so darf der Messwert zwischen 0,95 und 1,05 MΩ liegen, um eine positive Bewertung des Prüflings zu rechtfertigen. Eine solche scheinbar exakte Bewertung ist aber nicht nur unnötig, sondern kann auch falsch sein. Wenn man nämlich berücksichtigt,

- ▷ wie ungenau die Ausgangspositionen sind, die zum Festlegen der unterschiedlichen, in Tabelle 6.3.1 und anderen Normen aufgeführten Grenzwerte geführt haben, und
- ▷ dass auch unmittelbar über den Grenzwerten liegende Messwerte (Istwerte) durch Schmutz oder Nässe entstanden sein können, also weit ab von wirklich guten Ergebnissen liegen,

kann man auch getrost darauf verzichten, die Betriebsmessabweichung zu berücksichtigen.

Es ist durchaus vertretbar, wenn sich der verantwortliche Prüfer einen eigenen praktikablen Grenzwert – z. B. 4 bis 6 MΩ – für alle Messaufgaben festlegt und diesen bei allen Messungen des Isolationswiderstands benutzt. Alle Messwerte, die darunter liegen, sind ein guter Grund, den Prüfling genauer zu betrachten und dann über sein „Schicksal" zu entscheiden.

Tab. 6.3.2 Beispiele der Kennwerte der Prüfgeräte (→ Bild 6.1.5) für die Messung des Isolationswiderstands

Messbereich	Messspannung	Betriebsmess-abweichung	Bemerkung
0,05 ... 600/900 MΩ	100/250/500 V DC	±(6 % + 1 Digit)	DIN VDE 0413
1 ... 19,99 MΩ	50/100/250/500/1000 V DC	±(2 % + 2 Digit)	DIN VDE 0413
0 ... 19,99 MΩ	500 V DC	±(5 % + 5 Digit)	DIN VDE 0404

6.3.4 Hinweise

H 6.3.01 Auswirkungen von Verschmutzungen

Verschmutzungen – verbunden mit Nässe – können vor allem
– im Anschlussteil, an Klemmen usw. oder
– an defekten Isolierungen
zu Kriechströmen und somit zu einer Gefährdung führen. Um derartige Zustände und ihre Ursachen (Defekt, falscher Einsatzort) festzustellen, sollten die zur Prüfung angelieferten Geräte vor einer eventuellen Reinigung einer Isolationswiderstands- oder einer Ableitstrommessung unterzogen werden.
Trockene Verschmutzungen sind nur messbar, wenn es sich um leitenden Staub, Metallspäne oder z. B. um Schmiermittel mit leitendem Abrieb handelt. Aber selbst dann können sie nur festgestellt werden, wenn die Strecke zwischen den aktiven und den berührbaren Teilen vollständig bedeckt ist.

H 6.3.02 Arbeit unter Spannung

Mögliche Mängel eines zur Prüfung angelieferten Geräts (Schmutz, Nässe, Isolationsfehler, Schutzleiterbruch usw.) und die mögliche Berührung von Teilen, die Prüfspannung führen, sind ein Grund dafür, das Prüfen als „Arbeit unter Spannung" anzusehen.
Bei Geräten mit einer Vollisolierung, die in feuchter Umgebung betrieben oder die möglicherweise durch Nässe beansprucht werden, können mitunter Fehler/Gefährdungen dadurch ermittelt werden, dass Isolationswiderstands- oder Ableitstrommessungen an ihren Öffnungen (Schlitze, Verbindungsflächen) vorgenommen werden. Auch das Arbeiten an einem Gerät mit derartigen Stellen ist praktisch ein Arbeiten unter Spannung.
Eine ähnliche Gefährdung ergibt sich, wenn versehentlich Teile berührt werden, die mit der Prüfspannung (500/750V) beaufschlagt wurden. Zwar ist der mögliche Körperstrom begrenzt, durch die unvermeidbare Schreckreaktion kann jedoch ein Folgeunfall entstehen.

H 6.3.03 Geräte mit elektronischen Bauelementen

Wie die Prüfpraxis zeigt, führt die Isolationswiderstandsmessung mitunter zu Defekten an elektronischen Bauelementen der Prüflinge. Da alle mit dem Netzeingang verbundenen Teile die vorgeschriebene Spannungsfestigkeit (> 1 kV) aufweisen müssen und sie daher im Normalfall auch der Isolationswiderstandsmessung mit einer Spannung von 500 (750 V) widerstehen können, liegt die Ursache des Ausfalls nicht am Messprinzip. Möglich sind neben einem Prüffehler (fehlende Verbindung der aktiven Leiter (L – N) des Prüflings)
– eine nicht normgerechte Herstellung des Geräts oder
– ein bereits vorhandener Isolationsfehler, der durch die Prüfspannung zum Totalausfall geführt wird.

Letzteres nachzuweisen ist allerdings für den Prüfer kaum möglich. Insofern sollte, um einer Zerstörung vorzubeugen, mit einer Spannung von 250 V gemessen oder auf die Messung verzichtet werden, wenn Derartiges zu befürchten ist. Das gründliche Besichtigen und die Ableitstrommessung müssen dann auch hier – wie bei den Geräten mit elektrisch zu betätigenden Schalteinrichtungen – zum Nachweis des Isoliervermögens ausreichen.

H 6.3.04 Verzicht auf die Isolationswiderstandsmessung

Wie im Abschnitt 6.3.2 und auch unter H 6.3.03 dargelegt, ist es nicht immer möglich bzw. sinnvoll die Isolationswiderstandsmessung vorzunehmen. Es ist dann vom Prüfer dafür zu sorgen, dass trotzdem ordnungsgemäß geprüft, d. h. die Sicherheit nachgewiesen wird. In gleicher Weise ist der Prüfer natürlich berechtigt, auch in anderen, hier nicht aufgeführten Fällen, auf die Isolationswiderstandsmessung zu verzichten, wenn er dies – in eigener Verantwortung! – als zweckmäßig ansieht.
Bei Geräten mit allpoligen Schaltelementen, die nur mit Netzspannung betätigt werden können (→ Bild 6.1.4), kann keine vollständige Isolationswiderstandsmessung vorgenommen werden. Bei ihnen muss der Nachweis der ordnungsgemäßen Isolierungen durch das Besichtigen und die Ableitstrommessung erbracht werden. Trotz der eingeschränkten Wirksamkeit sollte auf die Isolationswiderstandsmessung des Eingangsteils aber nicht verzichtet werden, wenn stark beanspruchte Geräte (Schmutz, Nässe, Stoß) zu prüfen sind.

H 6.3.05 Anwenden von Messspannungen ≤ 500 V DC

In DIN VDE 0404 wird festgelegt, dass bei den Prüfgeräten zum Messen des Isolationswiderstands 500 V DC anzuwenden sind. In den das Prüfen betreffenden Normen sind unterschiedliche Messspannungen, z. B. auch in der Höhe der Betriebsspannung des Prüflings, vorgegeben. Teilweise werden Abweichungen vom Normwert 500 V DC zugelassen, z. B. bei Stromkreisen mit Überspannungsableitern. In allen diesen Fällen wird davon ausgegangen, dass eine ordnungsgemäße Widerstandsmessung mit z. B. 250 V DC ebenso möglich ist wie mit 500 V DC.

Zu begründen ist diese Verfahrensweise außerdem damit, dass

- es sich bei dieser Messung nicht um eine Stressprüfung handelt, die eine möglichst hohe „Prüf"-Spannung erfordern würde und dass
- aus physikalischen Gründen mit einer Messspannung von 100 oder 250 V nun einmal an einem bestimmten Messobjekt kein anderer Widerstandswert gemessen werden kann als mit einer Spannung von 400, 500 oder 1000 V.

Somit spricht nichts dagegen, bei der Isolationswiderstandsmessung an elektrischen Geräten auch „*... solche Messgeräte oder/und Messbedingungen zu verwenden, die* (mit einer Messspannung von z. B. 250 V; d. A.) *gleiche Messergebnisse sicherstellen*" [4.9].

6.4 Nachweis des Isoliervermögens durch Messung der Ableit- und Fehlerströme

6.4.1 Allgemeines, Prüf- und Messaufgaben

Die Aufgaben der Isolierungen und der Isolationswiderstandsmessung wurden im Abschnitt 4.3 bereits erläutert. Bild 4.3.3 zeigte das elektrische Prinzip einer Isolierung und die Möglichkeiten, den Isolationswiderstand sowie den Ableit-/Fehlerstrom messtechnisch zu erfassen.

Ableit- bzw. Fehlerstrom sind – wie der Isolationswiderstand – Kennwerte für das Isoliervermögen eines Geräts bzw. seiner Isolierungen. Abweichend von diesen allgemeingültigen Bezeichnungen wurden in der Prüftechnik der elektrischen Geräte die Fachausdrücke **Schutzleiterstrom** bzw. **Berührungsstrom** eingeführt, um unverwechselbare und bewertbare Kennwerte für die Sicherheit elektrischer Geräte sowie für das Benennen der Prüfergebnisse zu haben. Beide Begriffe bezeichnen die jeweils vorhandene Summe der Ableit- und Fehlerströme, die bei einem elektrischen Gerät auftreten sowie möglicherweise zum Schaden/Unfall führen können und daher bei einer Prüfung zu messen sind.

Bild 6.4.1 zeigt den Zusammenhang zwischen dem Ableitstrom der elektrischen Geräte und den bei den Prüfverfahren angewandten Bezeichnungen „Schutzleiterstrom" und „Berührungsstrom". Besonders wird auf Folgendes hingewiesen:

▷ Etwaige Fehlerströme addieren sich zum Ableitstrom; sie sind im Bild nicht dargestellt.

▷ Bei Geräten mit Schutzleiter addieren sich die kapazitiven Ableitströme von Beschaltungen (Phasenverschiebung 90°) ebenfalls zu den Ableitströmen und sind dann Teil des Schutzleiterstroms.

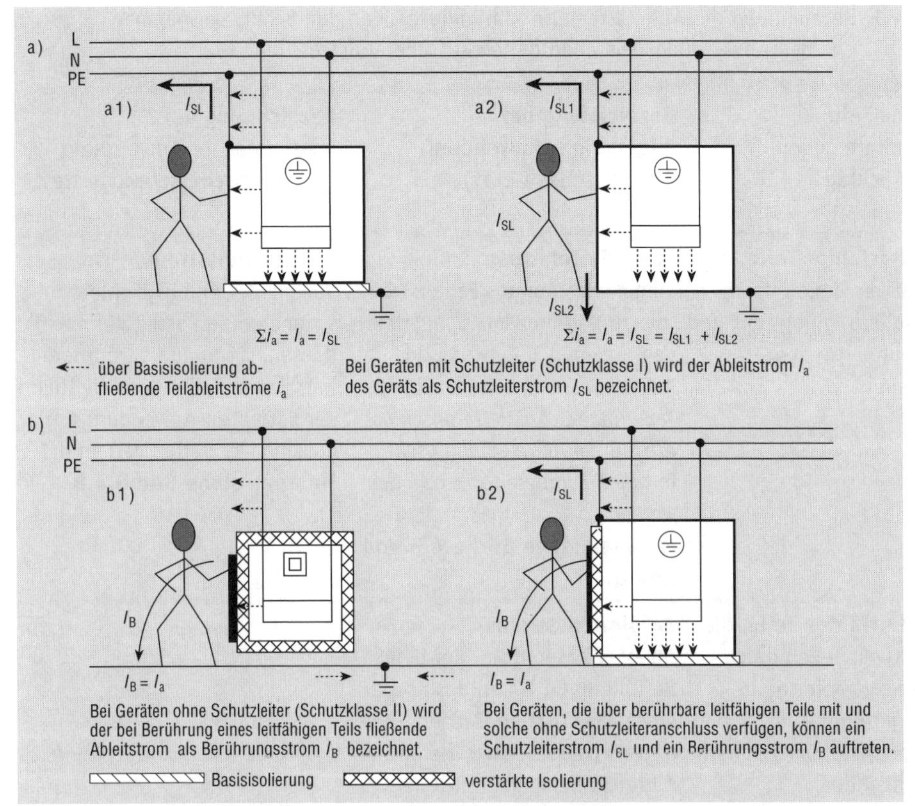

Bild 6.4.1 Zusammenhang zwischen den Ableit-/Fehlerströmen und dem Schutzleiter- bzw. Berührungsstrom bei einem elektrischen Gerät (medizinische elektrische Geräte → Bild 6.4.4)

a) Geräte mit Schutzleiter

b) Geräte mit berührbaren leitfähigen Teilen, die nicht an den Schutzleiter angeschlossen, sondern schutzisoliert sind (verstärkte Isolierung)

▷ Hat der Gerätekörper keinen Erdkontakt (Bild 6.4.1 a1), so fließen alle Ableitströme als Schutzleiterstrom des Geräts über den Schutzleiter ab.

▷ Hat der Gerätekörper einen Erdkontakt (Bild 6.4.1 a2), so fließt ein Teil des Ableitstroms (Schutzleiterstroms) nicht über den Schutzleiter des Geräts sondern direkt zur Erde ab.

▷ Hat ein berührbares leitfähiges, nicht an den Schutzleiter angeschlossenes Teil (Bild 6.4.1 b) Erdkontakt (im Bild 6.4.1 b nicht dargestellt), so kann der Berührungsstrom durch die dargestellten Messungen nicht exakt ermittelt werden. Gegebenfalls ist der Erdkontakt (vorübergehend) zu beseitigen.

Für medizinische elektrische Geräte ist dieser Zusammenhang im Bild 6.4.4 a erklärt.

Tabelle 6.4.1 fasst die für die Prüfung wichtigsten und in Abhängigkeit von

▷ der konstruktiven Gestaltung des elektrischen Geräts,

▷ seinem Anwendungsbereich/Einsatzgebiet und

▷ den jeweils wirksamen Schutzmaßnahmen gegen elektrischen Schlag

unterschiedlichen Bezeichnungen und Definitionen zusammen (Ergänzungen → Kasten übernächste Seite).

Tab. 6.4.1 Bezeichnung der Ableitströme in Abhängigkeit von den Schutzmaßnahmen und den Anwendungsbereichen der elektrischen Geräte

Zu schützende Teile, Schutzmaßnahme gegen elektrischen Schlag	**Bezeichnung bei allgemeiner Anwendung (elektrisches Gerät)**	**Bezeichnung bei medizinischer Anwendung (medizinisches elektrisches Gerät)**
Berührbare leitfähige Teile, die – von den aktiven Teilen durch die Basisisolierung getrennt und – an den Schutzleiter angeschlossen sind.	**Schutzleiterstrom** Summe der Ableit-/Fehlerströme, die zu den mit dem Schutzleiter verbundenen Teilen fließen. ***Achtung!*** *Berührbare leitfähige Teile ohne Schutzleiteranschluss* ***dürfen*** *bei der Messung* ***nicht*** *mit dem Schutzleiter verbunden werden.* **Messung siehe Bild 6.4.5 und Bild 6.4.7**	**Geräteableitstrom** Summe der Ableit-/Fehlerströme, die im Schutzleiter fließen, wenn alle berührbaren leitfähigen Teile einschließlich der Patienten-Anwendungsteile miteinander verbunden sind. **Messung siehe Bild 6.4.8**
Berührbare leitfähige Teile, die – von den aktiven Teilen durch die doppelte/verstärkte Isolierung getrennt und – nicht an den Schutzleiter angeschlossen sind.	**Berührungsstrom** Ableit-/Fehlerstrom, der beim Berühren von Teilen des Körpers eines elektrischen Betriebsmittels (Geräts) über die berührende Person zur Erde fließt. **Messung siehe Bild 6.4.6 und Bild 6.4.7**	
Patienten-Anwendungsteile Typ B	–	**Patientenableitstrom** Ableit-/Fehlerstrom, der von berührbaren leitenden Patienten-Anwendungsteilen des Typs B zur Erde fließt. **Messung siehe Bild 6.4.9**
Patienten-Anwendungsteile Typ BF oder CF	–	**Patientenableitstrom mit Netz am Anwendungsteil** Strom, der durch eine nicht vorgesehene Fremdspannung am Patienten verursacht wird und über diesen und ein Anwendungsteil des Typs F zur Erde fließt. **Messung siehe Bild 6.4.10**

Ableitstrom
Strom, der im fehlerfreien Stromkreis/Gerät zur Erde oder zu einem fremden leitfähigen Teil fließt

Berührungsstrom (→ Körperstrom)
Strom, der von einem berührbaren Teil, das nicht mit dem Schutzleiter verbunden ist, über eine das Teil berührende Person zur Erde fließt
Anmerkung: Ein Berührungsstrom kann auch bei der Berührung anderer Teile entstehen und nicht zur Erde fließen

Differenzstrom
Summe (Differenz) der Momentanwerte der Ströme, die am netzseitigen Anschluss eines Gerätes durch alle aktiven Leiter fließen
Anmerkung: Durch die Messung der Stromdifferenz der aktiven Leiter (L, N) am netzseitigen Anschluss wird der über andere Anschluss-/Verbindungsstellen fließende Strom (Berührungs-, Schutzleiter-, Fehlerstrom) ermittelt

Ersatz-Ableitstrom
Ableitstrom, der nicht unter betriebsmäßigen Bedingungen des Prüflings, sondern z. B. mit einer Ersatz-Messschaltung gewonnen und dann auf die Betriebsbedingungen (Nennwert der Netzspannung und der Netzfrequenz) umgerechnet wurde

Fehlerstrom
Strom, der als Folge eines Isolationsfehlers über die Fehlerstelle fließt

Geräteableitstrom
Strom im Schutzleiter (Voraussetzung ist eine gegenüber Erde isolierende Aufstellung des Geräts), wenn alle berührbaren leitfähigen Teile (Anwendungsteile, Signalein- und Signalausgänge, Gehäuse) miteinander verbunden sind
Ersatz-Geräteableitstrom: statt der Netzspannung wird eine Prüfspannung von 230 V zwischen einerseits den miteinander verbundenen Anschlüssen L/N und andererseits dem Anschluss PE angelegt (→ Bild 6.4.8 b).

Körperstrom (→ Berührungsstrom)
Strom, der durch den Körper eines Menschen oder Nutztiers fließt

Leckstrom
Fachausdruck aus der Elektronik. Er beschreibt die bei Halbleitern entstehenden ungewollten Ströme, die zu Fehlkommandos führen können.
Im Bereich der Elektrosicherheit ist diese Bezeichnung nicht definiert, führt zu Irritationen und sollte daher nicht verwendet werden.

Patientenableitstrom
Strom, der vom Anwendungsteil eines in Betrieb befindlichen medizinischen elektrischen Geräts über den Patienten zur Erde oder zu einem leitfähigen Teil fließt
Ersatz-Patientenableitstrom: statt der Netzspannung wird eine Prüfspannung von 230 V zwischen einerseits den miteinander verbundenen Anschlüssen L/N/PE und andererseits dem Anwendungsteil angelegt (→ Bild 6.4.9 b).

vagabundierender Strom, Streustrom
ungewollter Strom vorwiegend unbekannter Herkunft in fremden leitfähigen Systemen, im Erdboden und/oder auch in Schutz- oder Potentialausgleichsleitern

Zu beachten ist:
Durch das Messen des Isolationswiderstands kann vor allem der Zustand der Isolierungen (Defekt, Schmutz, Nässe) beurteilt werden. Das Messen des Ableit-/Fehlerstroms hingegen ermöglicht das Bewerten der Sicherheit/Gefährdung, die ein Gerät seinen Benutzern bietet.

Weiterhin ist der nachfolgend erläuterte Zusammenhang für das Verständnis der Prüfaufgabe wichtig:

Eine Gefährdung ist für eine das Gerät berührende Person

- ▷ im normalen Betrieb nicht vorhanden *(Bilder 6.4.2 a* und *6.4.3 a)* und
- ▷ wird beim Auftreten des ersten Fehlers durch die Schutzmaßnahme bei indirekten Berühren (Fehlerschutz) abgefangen *(Bilder 6.4.2 b* und *6.4.3 b).*

Der zweite Fehler *(Bilder 6.4.2* c und *6.4.3 c)* kann zu Gesundheitsschäden führen.

Bei medizinischen elektrischen Geräten können dagegen bereits infolge eines ersten Fehlers – am Patienten/Anwendungsteil liegt Netzspannung – *(Bild 6.4.4 b)* Gesundheitsschäden entstehen.

Durch das Messen des Schutzleiter- bzw. des Berührungsstroms wird festgestellt, ob eine Gefährdung vorhanden ist oder wie groß sie für die das Gerät berührende Person werden kann.

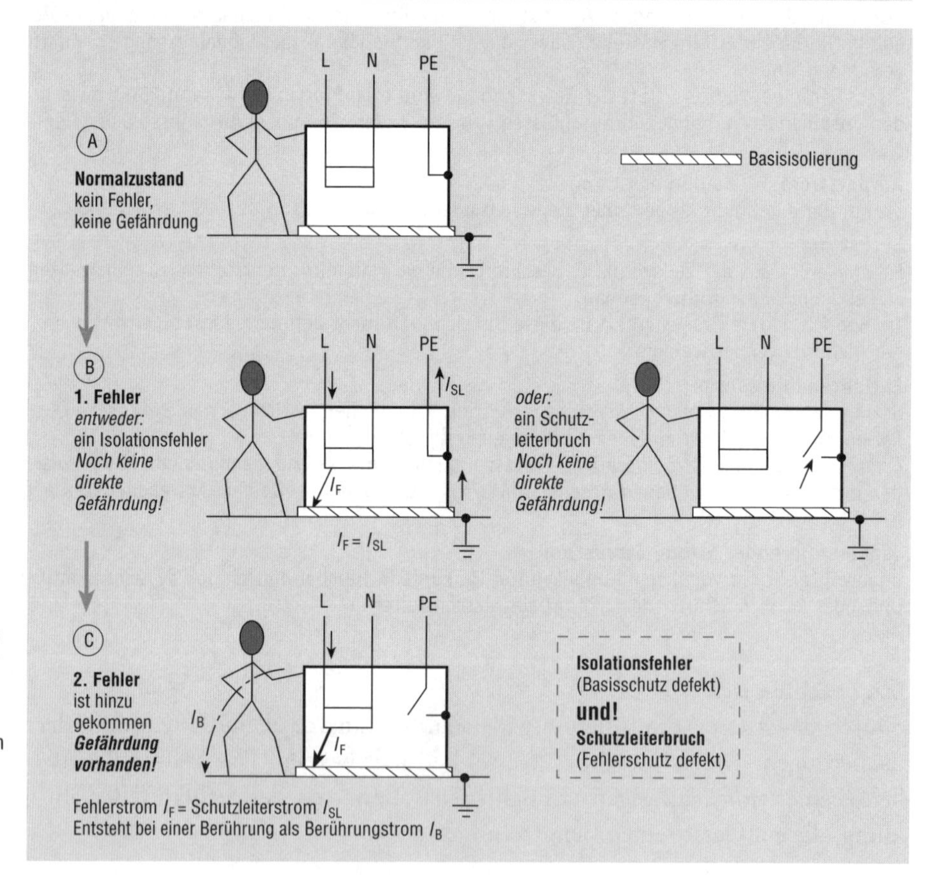

Bild 6.4.2
Mögliche Fehler als Ausgangspunkt der Gefährdung einer das defekte Gerät berührenden Person (Gerät mit Schutzleiterschutzmaßnahme – Schutzklasse I)

Diese Bemerkungen machen deutlich, dass der Ableitstrommessung und ihrem Messergebnis eine größere Bedeutung zukommt als der Isolationswiderstandsmessung, wenn es um das Bewerten der im Moment der Prüfung vorhandenen Sicherheit/Gefährdung eines elektrischen Geräts bzw. der das Gerät benutzenden Personen geht. Deshalb wird das Messen des Ableit-/Fehlerstroms bei allen Geräteprüfungen zwingend und vorrangig gefordert.

Es ist **unbedingt erforderlich,** dass eine für das Prüfen elektrischer Geräte zuständige Elektrofachkraft den in diesem Abschnitt dargestellten Zusammenhang kennt und versteht. Anderenfalls kann sie keine Prüfung beurteilen und dürfte dann auch kein Prüfprotokoll unterschreiben!

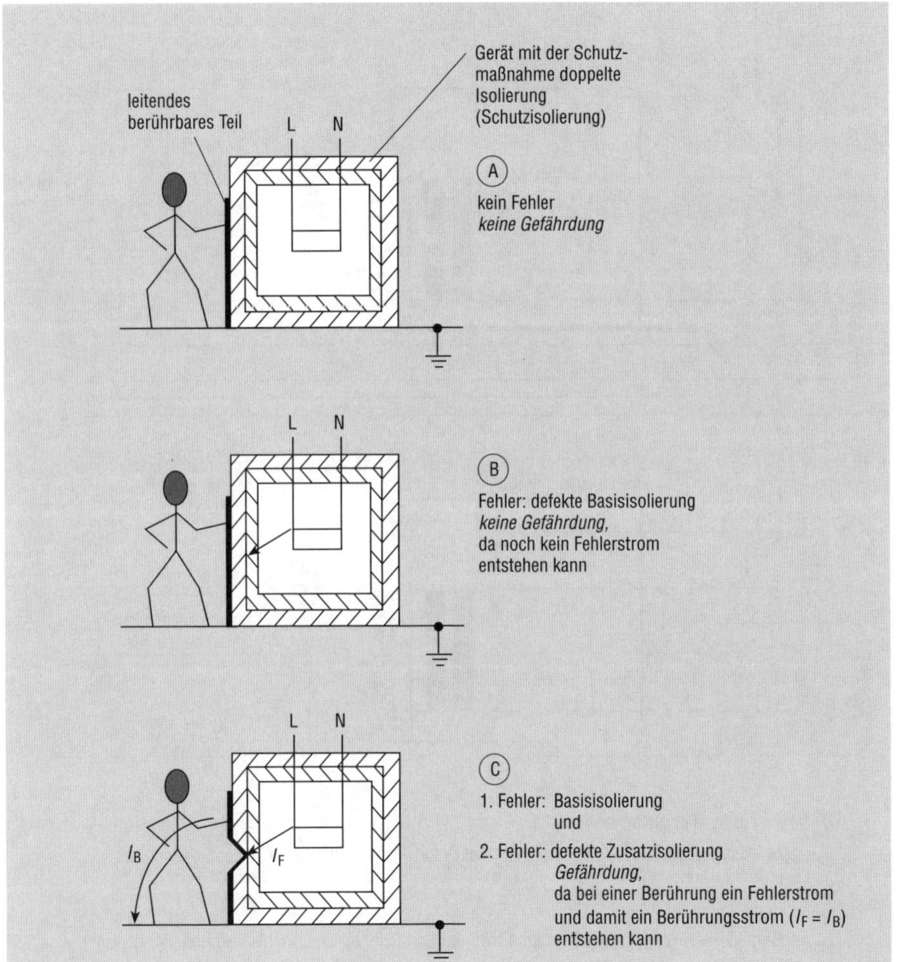

Bild 6.4.3
Mögliche Fehler als Ausgangspunkt der Gefährdung einer das defekte Gerät berührenden Person (Gerät mit der Schutzmaßnahme doppelte/verstärkte Isolierung – Schutzklasse II)

Aus diesem Zusammenhang entsteht die folgende

Prüfaufgabe:
Durch die Messungen ist nachzuweisen, dass über die Isolierungen des Geräts und **seine berührbaren leitfähigen Teile**
- **unter normalen Betriebsbedingungen** (Bilder 6.4.2 a und 6.4.3 a) **sowie**
- **unter den Bedingungen des ersten Fehlers** (Bilder 6.4.2 b und 6.4.3 b)

kein Ableit-/Fehlerstrom fließt, der bei der Berührung durch eine Person zu einer Gefährdung führen kann.
Der Nachweis ist erbracht, wenn die in Tabelle 6.4.1 aufgeführten Messungen durchgeführt wurden und die gemessenen Werte die Grenzwerte nach Tabelle 6.4.2 (siehe Seite 171) nicht überschreiten.

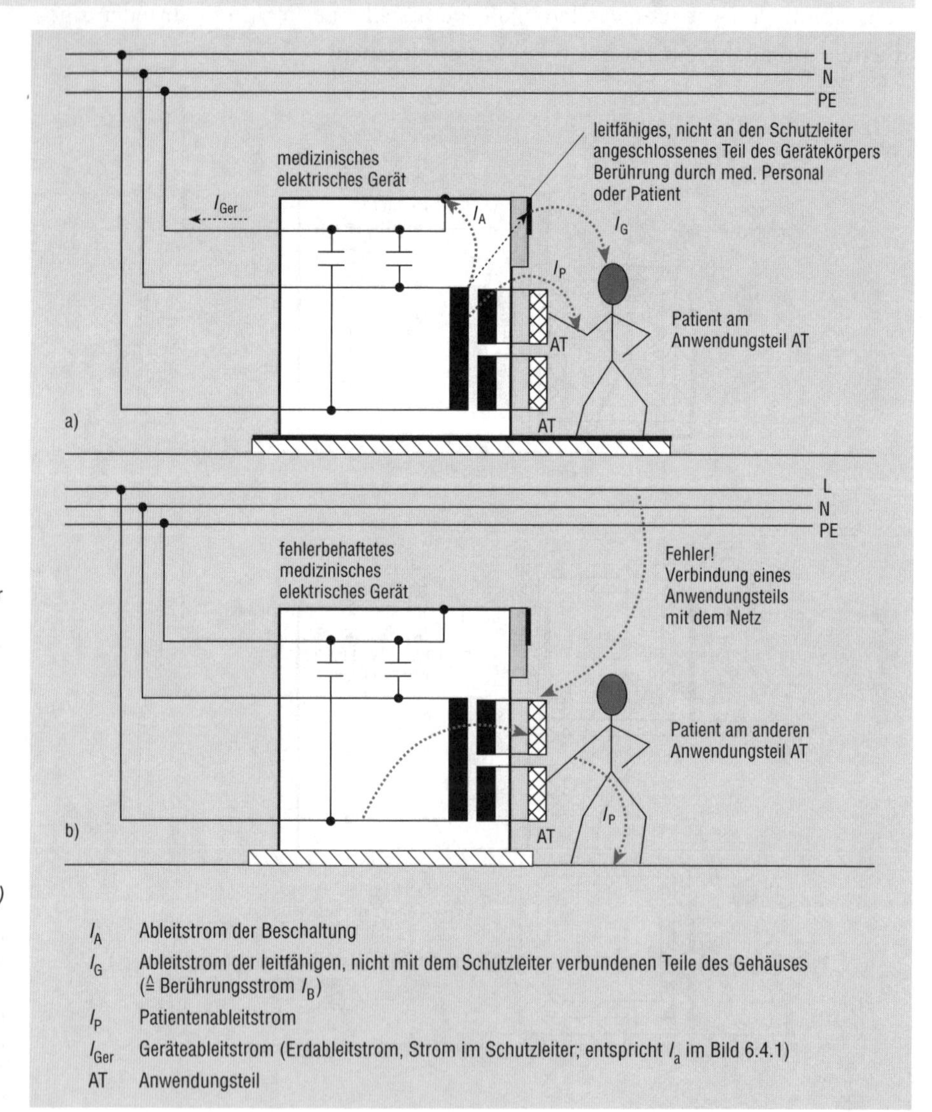

Bild 6.4.4
Zusammenhang der Ableitströme/Fehlerströme mit dem Schutzleiter- und Berührungsstrom bei einem medizinischen elektrischen Gerät

a) Normalfall (Geräteableitstrom $I_{Ge} = I_A + I_G + I_P$)

b) Fehlerfall: Kontakt des Anwendungsteils mit dem Netz, Patient berührt ein anderes Anwendungsteil

6.4.2 Durchführen der Messungen, Messmethoden

Bei den Messungen des Schutzleiter- und des Berührungsstroms nach *Bild 6.4.5* bzw. *Bild 6.4.6* sind zu beachten:

- ▷ Fehler in den Luft und Kriechstrecken (z. B. durch Verschmutzung oder Feuchte) sind sehr hochohmig, es entsteht höchstens ein sehr geringer, praktisch nicht messbarer Fehlerstrom. Derartige Fehler können daher zumeist nur mit der Isolationswiderstandsmessung (→ A 6.3) oder mit höheren Prüfspannungen (→ A 8.4) erkannt werden.
- ▷ Mit den vorzunehmenden Ableitstrommessungen werden die Isolierungen zwischen den aktiven Teilen und den berührbaren leitenden Teilen (z. B. L/N – PE), nicht aber die zwischen den aktiven Teilen (L – L, L – N) geprüft.
- ▷ Die in den Normen genannten Grenzwerte für den noch zulässigen Schutzleiter-/Berührungsstrom (→ Tabelle 6.4.2) sind die für den Menschen als noch vertretbar erkannten Höchstwerte (→ Bild 4.5.1). Sie sind keine Grenze für die Gut/Schlecht-Bewertung der Isolierungen.
- ▷ Auch ein geringer, gerade noch messbarer Wert, der unter dem Grenzwert liegt und daher zum Prüfergebnis "Bestanden" führt, kann bereits einen Isolationsfehler signalisieren, der sich mit der Zeit ausweiten kann.

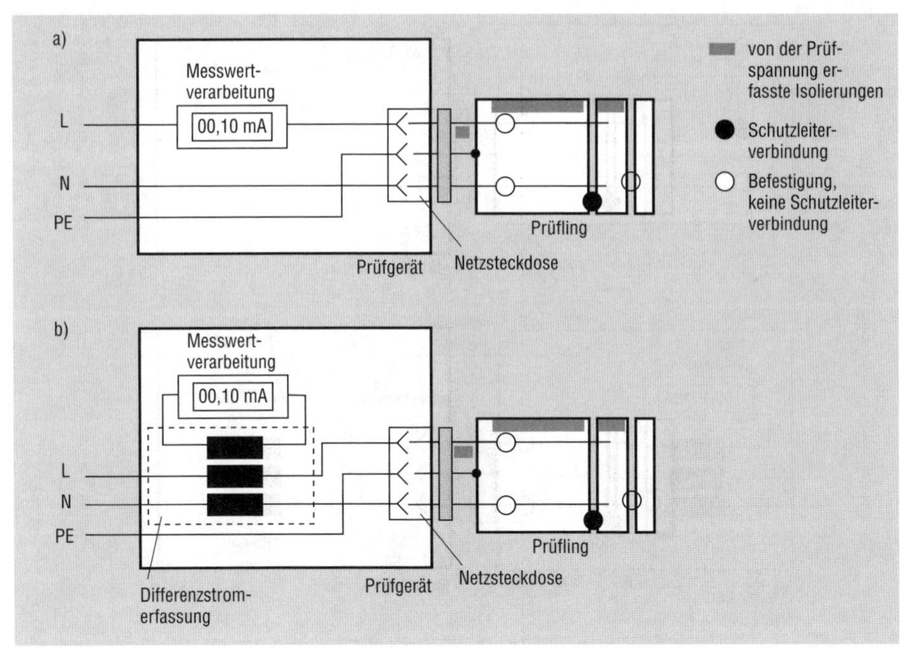

Bild 6.4.5
Messung des Schutzleiterstroms mit Netzspannung (Prüfgeräte → Bild 6.1.5)

a) nach dem Verfahren der direkten Messung

b) nach dem Verfahren der Differenzstrommessung

▷ Vorzugsweise sind die Messmethoden der direkten Messung oder der Differenzstrommessung zu verwenden. Die so genannte Ersatz-Ableitstrommessung *(Bild 6.4.7)* darf nur dann angewandt werden, wenn der Prüfling keine allpoligen, mit Netzspannung zu betätigenden Schalteinrichtungen aufweist (→ H 6.4.02).

▷ Um zu gewährleisten, dass alle Isolierungen erfasst werden, ist in jeder Stellung der Schalter/Steller des Geräts eine Messung vorzunehmen. Bei den Messmethoden der direkten und der Differenzstrommessung sind die Messungen in allen Schalterstellungen **und jeweils** in beiden Polaritäten des Anschlusses (Steckerstellungen) vorzunehmen.

▷ Bei Geräten, in denen eine Schutzkleinspannung erzeugt und diese auf berührbare leitende Teile geführt wird (Anschlussklemmen, Steckerstifte), ist nachzuweisen, dass die sichere Trennung gewährleistet ist und die Kennwerte der Schutzmaßnahme eingehalten werden (→ Tabelle 4.1.2) Eine Berührungsstrommessung ist aber nicht zweckmäßig. Der Nachweis erfolgt durch die Isolationswiderstandsmessung (→ A 6.3.2) sofern dies möglich ist.

▷ Wasserbehälter des Prüflings (z.B. bei Warmwasserbereiter) sollten bei diesen Messungen gefüllt sein.

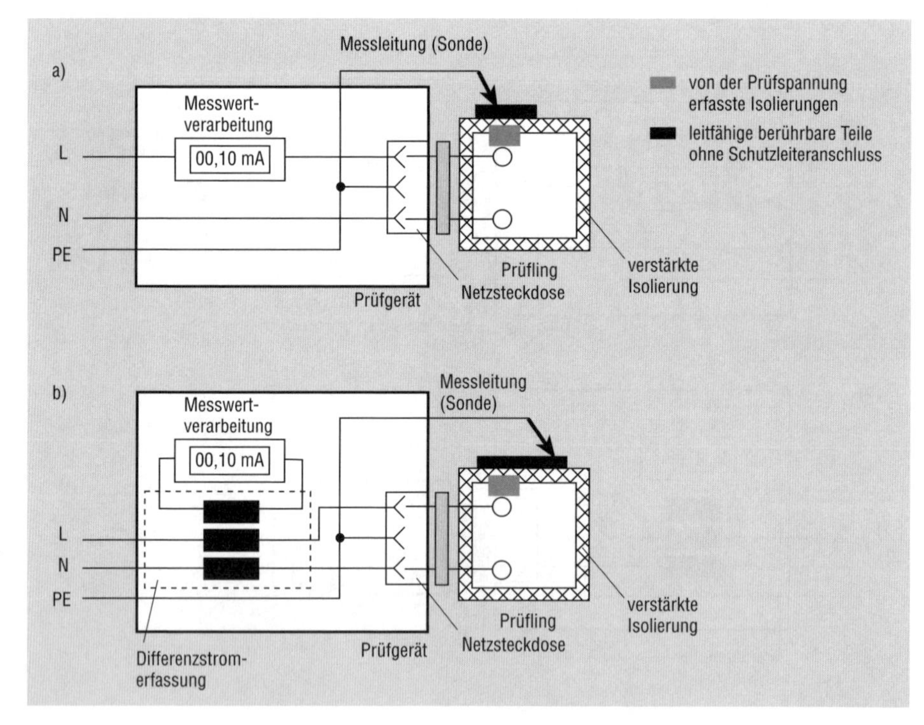

Bild 6.4.6
Messung des Berührungsstroms mit Netzspannung (Prüfgeräte → Bild 6.1.5)

a) nach dem Verfahren der direkten Messung

b) nach dem Verfahren der Differenzstrommessung

- ▷ Bei Geräten der Schutzklasse III (Schutzkleinspannung) ist die Ableitstrommessung nicht erforderlich bzw. nicht durchführbar.
- ▷ Bei vollisolierten Geräten und vor allem bei solchen, die keine berührbaren leitfähige Teile aufweisen, muss der Nachweis des ordnungsgemäßen Zustands der Isolierungen weitgehend durch das Besichtigen geführt werden. Zu überlegen ist, ob eine Messung, verbunden mit dem Abtasten der Ritzen/Spalte/Schlitze, an den funktionsbedingten Öffnungen der Gehäuse sinnvoll ist.

Für die Messung des Schutzleiterstroms (→ Bild 6.4.5) **gilt:**

- ▷ Die Messung ist an jedem Gerät vorzunehmen, das einen Schutzleiter aufweist, auch wenn dieser Schutzleiter nicht an berührbare leitfähige Teile geführt wird und/oder die Kennzeichnung mit dem Doppelquadrat erfolgt.
- ▷ In den Messwert gehen auch die Ableitströme der Beschaltungskondensatoren ein (Phasenlage 90° verschoben gegenüber dem Ableit-/Fehlerstrom der Isolierungen!). Möglicherweise wird ein Isolationsfehler (Fehlerstrom) nicht bemerkt, wenn die Daten der Beschaltung nicht bekannt sind, der betriebsmäßige kapazitive Ableitstrom somit nicht errechnet werden kann und ein Fehlerstrom demzufolge vom kapazitiven Ableitstrom überdeckt wird.

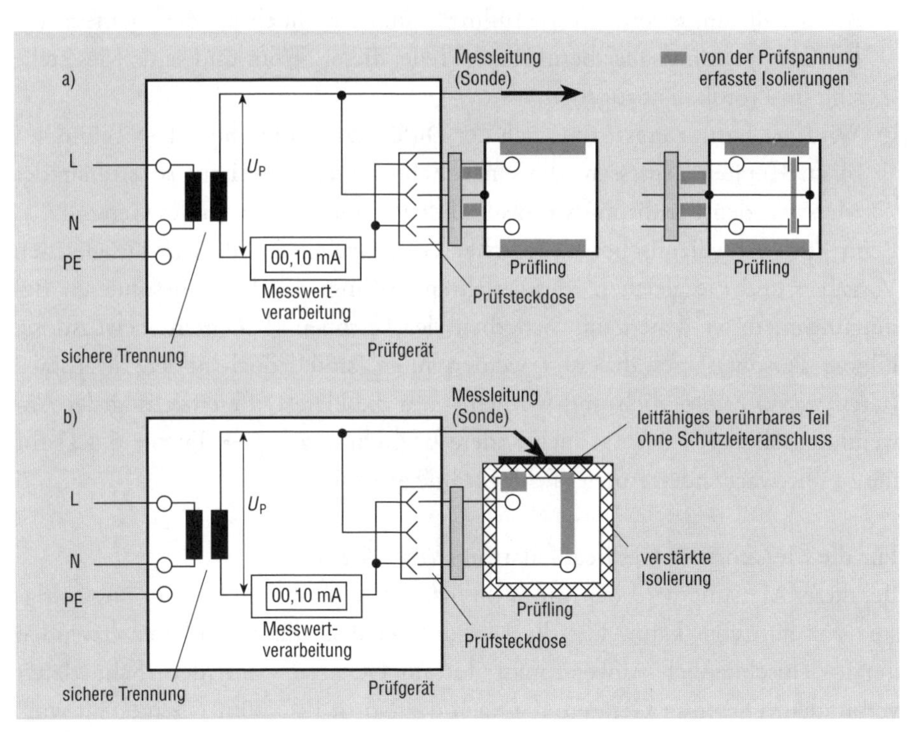

Bild 6.4.7
Anwendung des Messverfahrens „Ersatz-Ableitstrommessung" beim Ermitteln des Schutzleiter- oder des Berührungsstroms

a) Messung des Schutzleiterstroms; Anzeigewert halbieren, wenn symmetrische Beschaltung vorhanden ist

b) Messung des Berührungsstroms

▷ Wird der Schutzleiterstrom mit der direkten Messmethode gemessen, so kann es zu einer Gefährdung des Prüfers kommen, wenn bei dem zu prüfenden Gerät der Schutzleiter unterbrochen ist. Daraus folgt, dass die **Prüfung des Schutzleiters unbedingt vor der Messung des Ableitstroms** vorzunehmen ist.

Für die Messung des Berührungsstroms (→ Bild 6.4.6) **gilt:**

▷ Vor der Messung sollten die Isolierteile des Gehäuses sorgfältig besichtigt werden, um eventuelle Defekte zu entdecken und die dadurch möglichen Berührungen aktiver Teile zu vermeiden. Besteht der Verdacht, dass leitfähige berührbare Teile Verbindungen zu aktiven Teilen haben könnten, so sollte an diesen Teilen ganz gezielt der Isolationswiderstand gemessen werden.

▷ Die Messung ist an jedem berührbaren leitfähigen Teil vorzunehmen, das nicht mit einem Schutzleiter verbunden ist. Sind berührbare leitfähige Teile so angeordnet, dass zwei oder mehr von ihnen gemeinsam mit einer Hand berührt werden können, so sind sie für die Messung miteinander zu verbinden.
  Wenn nicht sicher geklärt werden kann, ob das Teil mit dem Schutzleiter verbunden ist, sollte immer der Berührungsstrom gemessen werden.

▷ Als Berührungsstrom des Prüflings gilt der höchste der gemessenen Berührungsströme aller berührbaren Teile; dieser Strom und seine Messstelle sind im Protokoll anzugeben.

▷ Wird der Berührungsstrom nach der Differenzstrommethode (→ Bild 6.4.5 b) an Geräten gemessen, die einen Schutzleiter aufweisen, so enthält der Messwert den Berührungsstroms und den Schutzleiterstrom des Geräts.

Beim Prüfen medizinischer elektrischer Geräte gelten im Prinzip die gleichen Vorgaben und die gleichen Messverfahren. Bedingt durch die besonderen Bedingungen, unter denen die Sicherheit der Personen (Patienten, bewusstlose, hilflose Personen) gewährleistet werden muss, sind jedoch andere Maßstäbe (Grenzwerte) erforderlich und wurden – um die klare Differenzierung der Anwendungsfälle zu sichern – auch andere Bezeichnungen (→ Tabelle 6.4.1) für die zu überwachenden Ableit-/Fehlerströme gewählt.

Für die Messung des Geräteableitstroms *(Bild 6.4.8)* **gilt:**

Bei dieser Messung wird der Strom im Schutzleiter ermittelt, der im ungünstigsten Fall auftreten kann. Für die Messung werden alle berührbaren leitenden Teile – einschließlich Anwendungsteile und Gehäuse – mit dem Schutzleiter verbunden. Dieser an Geräten, die nach der Norm IEC 60601 hergestellt wurden, zu messende Geräteableitstrom wird auch als **Erdableitstrom mit „normal condition“** (d. h. Anwendungsteile, Gehäuse und berührbare leitfähige Teile sind geerdet) bezeichnet.

Für die Messung des Patientenableitstroms gilt:

▷ Im Gegensatz zu den bisher erläuterten Messungen der Schutzleiter- oder Berührungsströme werden bei den Patientenableitströmen der AC- und der DC-Anteil getrennt gemessen; es gelten auch unterschiedliche Grenzwerte. Grund dafür ist, dass ein Gleich-Körperstrom einen größeren Gesundheitsschaden hervorruft als ein ebenso großer Wechsel-Körperstrom. Selbst geringe Gleichströme können schon verheerende chemische Reaktionen (Verätzungen!) im Blut hervorrufen.

▷ Je nach dem Typ des Anwendungsteils ist bei der Messung des Patientenableitstroms eine andere Verfahrensweise anzuwenden :

– Typ B (B = Body)
  Das Anwendungsteil ist von der Netzversorgung (L, N, PE) nicht (doppelt) isoliert. Der Ableitstrom wird direkt gemessen *(Bild 6.4.9).*

– Typ F (F = Float)
  Das Anwendungsteil ist von der Netzversorgung (L, N, PE) (doppelt) isoliert. Der Ableitstrom wird unter den Bedingungen des 1. Fehlers „Netzspannung am Anwendungsteil“ gemessen *(Bild 6.4.10).*

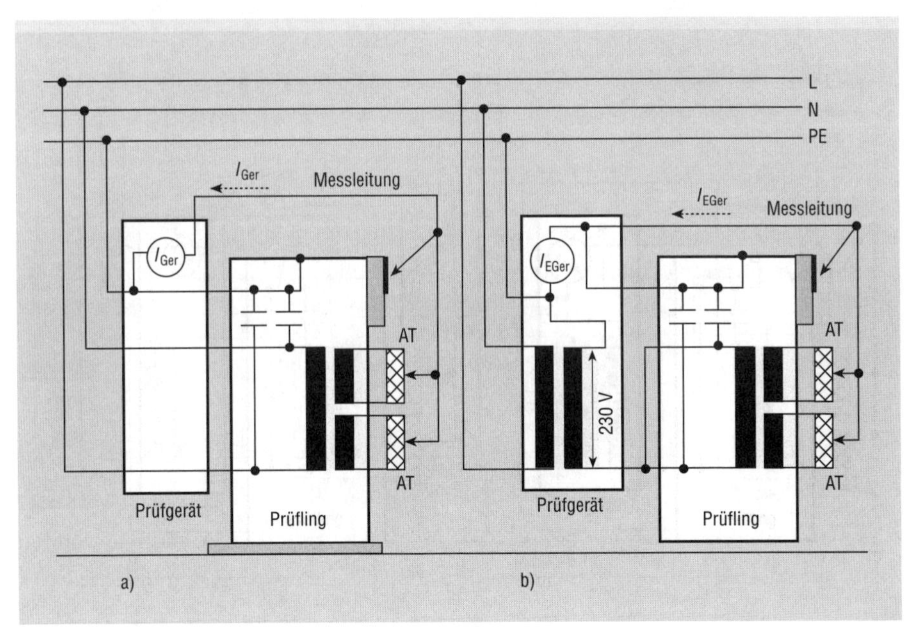

Bild 6.4.8
Messung des Geräteableitstroms bei medizinischen elektrischen Geräten an allen Typen der Anwendungsteile (Prüfgeräte → Bild 6.4.11)

a) Geräteableitstrom mit Netzspannung: Prüfling ist in Betrieb

b) Ersatz-Geräteableitstrom: Prüfling ist vom Versorgungsnetz getrennt

▷ Wenn der Prüfling nicht mit Schalteinrichtungen ausgestattet ist, die mit Netzspannung zu betätigen sind (→ Bild 4.3.2), darf die Ersatz-Geräteableitstrommessung *(Bild 6.4.10)* bzw. bei Anwendungsteilen vom Typ F die so genannte Ersatz-Patientenableitstrommessung angewandt werden. Dabei ist sicherzustellen, dass alle die Sicherheit des Geräts bewirkenden Teile von der Messspannung erfasst werden.

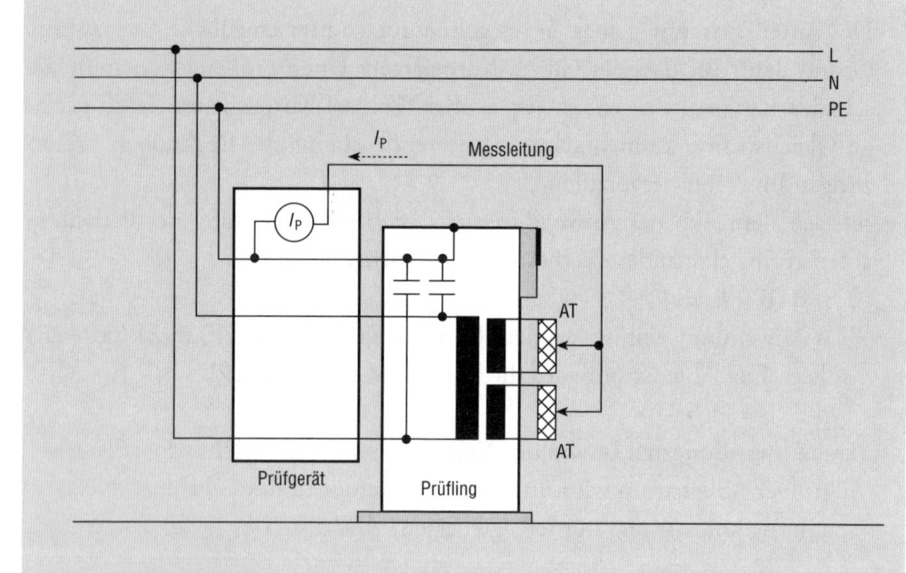

Bild 6.4.9
Messung des Patientenableitstroms bei medizinischen elektrischen Geräten an Anwendungsteilen Typ B im normalen fehlerfreien Betrieb (Prüfgeräte → Bild 6.4.11)

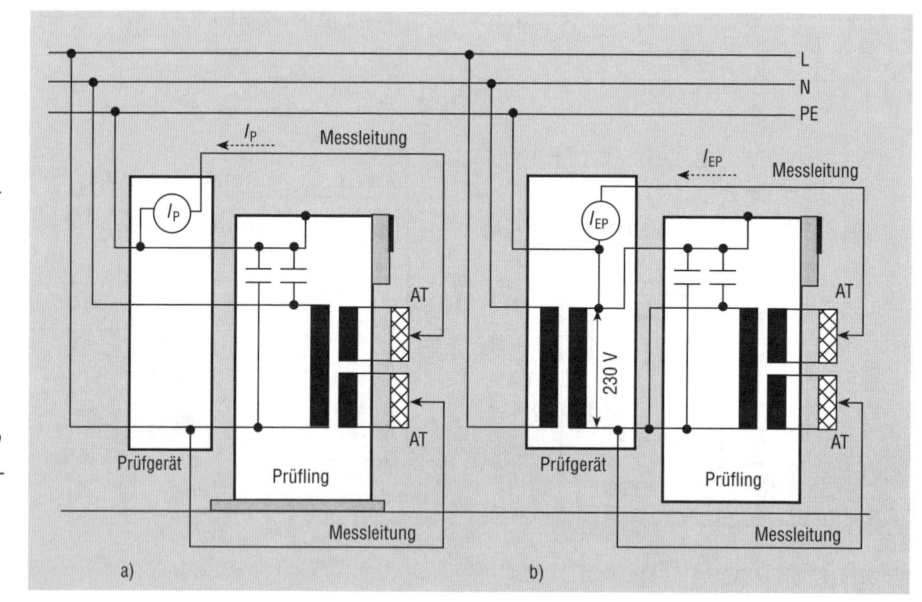

Bild 6.4.10
Messung des Patientenableitstroms an Anwendungsteilen Typ BF oder CF im Zustand des ersten Fehlers

a) Patientenableitstrom mit Netzspannung an einem Anwendungsteil: Prüfling ist in Betrieb

b) Ersatz-Patientenableitstrom: Prüfling ist vom Versorgungsnetz getrennt

6.4.3 Prüfgeräte, Messergebnis, Messgenauigkeit

Der Messwert (Istwert) für die Ableitströme (Schutzleiterstrom, Geräteableitstrom usw.) darf bei den üblichen elektrischen Geräten nicht über dem Grenzwert der *Tabelle 6.4.2* liegen. Anderenfalls, also bei einem größeren Istwert, kann es zu einer Gefährdung für den Anwender kommen.

Tab. 6.4.2 Grenzwerte der Ableitströme nach DIN VDE 0701/0702/0751

Art des Ableitstroms	Art des Geräts, der Teile	Grenzwert	Quelle DIN VDE	Bemerkung
Schutzleiterstrom Bild 6.4.5 Bild 6.4.7 a	Allgemein	3,5 mA	0701/0702	
	Geräte mit kapazitiver Beschaltung	3,5 mA		Bei der Messung mit dem Ersatz-Ableitstrommessverfahren ist das Messergebnis zu halbieren, wenn eine symmetrische Beschaltung vorliegt.
	Geräte mit Heizelementen	1 mA/kW max. 10 mA		
Berührungsstrom Bild 6.4.6 Bild 6.4.7 b	Allgemein	0,5 mA		
	Informationsgeräte	0,25 mA		
Geräteableitstrom Bild 6.4.8	Allgemein	0,5 mA 1 mA	0751	Bei der Messung mit dem Ersatz-Ableitstrommessverfahren ist das Messergebnis zu halbieren, wenn eine symmetrische Beschaltung vorliegt (bzw. es sind die doppelten Grenzwerte zulässig).
Patientenableitstrom Bild 6.4.9	Typ B	0,01 mA DC 0,1 mA AC		Bei der Messung muss auch der DC-Ableitstrom berücksichtigt werden.
	Typ BF	–		Entfällt, da die Prüfung durch Messung im ersten Fehlerfall – Netz am Anwendungsteil – mit abgedeckt wird.
	Typ CF	–		
Patientenableitstrom Fehlerfall Bild 6.4.10	Typ B	–		entfällt
	Typ BF	5 mA		
	Typ CF	0,05 mA		

Wird für den Berührungsstrom ein Messwert in der Größe des Grenzwerts, z. B. 0,5 mA, angezeigt, so kann bei einer Betriebsmessabweichung von z. B. ± (5 % + 5 Digit) der Istwert etwa zwischen 0,43 und 0,57 mA liegen. Bei einem Messwert von 3,5 mA für den Schutzleiterstrom kann der Istwert zwischen 3,3 und 3,7 mA liegen.

Bei einer korrekten Beurteilung des Messwerts ist das sichere Einhalten des Grenzwerts somit nur gewährleistet, wenn die angezeigten Werte

▷ bei der Messung des Berührungsstrom unter 0,43 mA und
▷ bei der Messung des Schutzleiterstroms unter 3,3 mA

liegen.

Zu berücksichtigen ist auch, dass üblicherweise bei einem einwandfreien Gerät keine oder nur sehr geringe, praktisch nicht messbare Ableitströme fließen. Das heißt, auch ein Schutzleiter- oder Berührungsstrom von z. B. 0,1 mA ist möglicherweise bereits ein Hinweis auf einen „beginnenden" Isolationsfehler, auf Verschmutzungen oder ähnliche Unregelmäßigkeiten, deren Ursache ermittelt werden sollte.

Zu unterscheiden sind diese, auf einen Fehler hinweisenden Ableitströme von denen, die

▷ betriebsmäßig durch Beschaltungen hervorgerufen werden oder
▷ infolge betriebsbedingter Feuchtigkeit nur zeitweise auftreten.

Bei medizinischen elektrischen Geräten bzw. für die zugelassenen Grenzwerte und für die Prüfgeräte, die auch Ströme in der Größenordnung von 10 µA zu messen haben, gelten allerdings entsprechend „schärfere" Bewertungsmaßstäbe.

Das sachgerechte Bewerten der Messwerte der Ableitströme setzt in jedem Fall viel Prüferfahrungen und gute Kenntnisse über das jeweils zu prüfende Gerät voraus. Allein das Einhalten/Nichteinhalten der Grenzwerte, z. B. mit einem Ja/Nein-Prüfgerät (→ A 9.3), ist keine ausreichende Grundlage für die Beurteilung eines elektrischen Geräts.

Beispiele für Prüfgeräte, mit denen die in den Bildern 6.4.5 bis 6.4.10 dargestellten Messungen vorgenommen werden können, zeigen Bild 6.1.5 sowie *Bild 6.4.11* speziell für die Prüfung medizinischer elektrischer Geräte. Beispiele für die wesentlichen Kennwerte der Prüfgeräte enthält *Tabelle 6.4.3.*

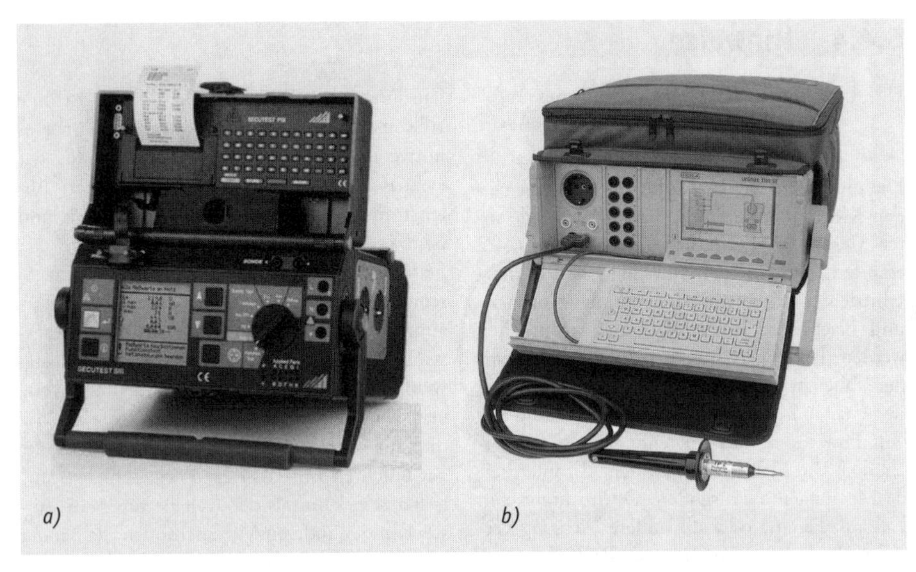

Bild 6.4.11
Beispiele für Prüfgeräte zum Prüfen medizinischer elektrischer Geräte
a) Secutest II (GMC)
b) Unimed 1100ST (Bender)

Tab. 6.4.3 Beispiele für die Daten der Prüfgeräte (→ Bild 6.1.5, Bild 6.4.11)

Messverfahren	**Messbereich in mA (wenn nicht anders angegeben)**		**Mess-spannung**	**Betriebs-mess-abweichung**	**Bemerkung**
	Schutzleiter-strom	**Berührungs-strom**			
Direkte Messung	0,01 ... 1,99	0,01 ... 1,99	230 V	15 % gemäß DIN VDE 0404	
Differenzstrom-messung	0,05 ... 4	0,05...1	230 V		
Ersatz-Ableit-strommessung	0,25 ... 19,99 0 ... 120		4...24 V 40 V, 230 V		Bei Medizingeräten muss die Prüfspannung 230 V betragen
Geräteableit-strom alle Verfahren	0,5 ... 5		230 V		Der Grenzwert ist abhängig von der Art und vom Typ des Prüflings
Patienten-ableitstrom alle Verfahren DC AC	 10 ... 100 μA 10μA ... 5 mA		 230 V 230 V		

6.4.4 Hinweise

H 6.4.01 Vergleich der Ableitstrommessung mit der Isolationswiderstandsmessung

Die unterschiedlichen Wirkprinzipe dieser beiden Messverfahren sowie die Unterschiede ihrer Messaussagen wurden im Abschnitt 6.4.2 erläutert. Wegen der physikalischen Unterschiede der Prüfaufgaben kann nicht von Vor- und Nachteilen beider Verfahren gesprochen werden. Beide Verfahren ermöglichen eine andere, aber in jedem Fall wichtige Aussage über den Zustand des zu prüfenden Geräts und der von ihm für seinen Anwender gebotenen Sicherheit. Empfehlenswert ist daher, immer beide Messungen anzuwenden. Ob im konkreten Fall auf die eine oder die andere Messung verzichtet werden kann, hat der Prüfer zu entscheiden. Zu bedenken ist dabei auch, dass bei Geräten mit der Schutzmaßnahme Schutzisolierung (Schutzklasse II) ohne berührbare leitende Teile ebenso wie bei vollisolierten Geräten der Schutzklasse I weder die eine noch die andere Messung durchführbar ist und die Geräte trotzdem zu beurteilen sind.

H 6.4.02 Bedeutung der Ersatz-Ableitstrommessmethode

Elektrogeräte, oder nach heutiger Terminologie „elektrische Gebrauchsgeräte“, wurden früher vorwiegend durch handbetätigte Schalter und Steuereinrichtungen betätigt. Sie konnten auf einfache Weise mit einfachen Prüfgeräten (→ Bild 6.1.5 b) den Sicherheitsprüfungen unterzogen werden. Es war möglich, für alle Prüfungen eine sicher vom Netz getrennte Messspannung zu verwenden. Das Messen des Ableitstroms (Schutzleiterstroms) erfolgte hinreichend genau mit einer den Betriebszustand annähernd nachbildenden Ersatz-Messschaltung.

Diese Verfahrensweise ist bei modernen Gebrauchsgeräten, deren allpolige Schalt- und Steuereinrichtungen nur direkt oder indirekt mit Netzspannung zu betätigen sind, nicht mehr möglich. Weder mit der Isolationswiderstandsmessung noch mit Messungen unter Anwendung der Ersatz-Ableitstrommessmethode können der Zustand der Isolierungen der aktiven Teile des Prüflings und eine eventuelle Gefährdung durch Ableit-(Berührungs-)ströme vollständig ermittelt werden. Somit wurde es notwendig, zum Ermitteln des Zustands der elektrischen Geräte die betriebsmäßigen Ableitströme zu messen (→ Bilder 6.4.5 und 6.4.6).

Das Anwenden der Ersatz-Ableitstrommessschaltung zum Ermitteln des Schutzleiterstroms (→ Bild 6.4.7 a) oder des Berührungsstroms (→ Bild 6.4.7 b) ist nur dann zulässig, wenn der Zustand des Geräts auf diese Weise genauso gut beurteilt werden kann, wie mit der direkten oder der Differenzstrommessmethode. Zu beachten ist, dass der „Ersatz-Ableitstrom“ höher sein kann als der Ableitstrom beim Anwenden der anderen Messmethoden, da bei der Ersatz-Messschaltung alle aktiven Teile, einschließlich der Beschaltungen, gleichzeitig die Messspannung gegen die berührbaren leitenden Teile führen (→ Bild 6.4.7 a).

Die Ersatz-Ableitstrommessmethode ist aber vorzüglich geeignet, innerhalb von Prüflingen oder an nicht von der Anlage zu trennenden (spannungsfreien) Prüflingen Messungen vorzunehmen, also über die eigentliche Aufgabenstellung der Normen hinaus tätig zu werden.

H 6.4.03 Schutzleiterstrom wird zum Berührungsstrom

Der Schutzleiterstrom kann nur zum Berührungsstrom werden (→ Bild 6.4.2 C), wenn die Betriebsisolierung defekt (1. Fehler) und der Schutzleiter unterbrochen ist (2. Fehler).

Bei den nicht an den Schutzleiter angeschlossenen Teilen sind für das Auftreten eines Berührungsstroms gleichfalls zwei Fehler erforderlich, wenn das Prinzip der „doppelten Isolierung“ (→ Bild 6.4.3) angewendet wurde. Weniger sicher ist das Prinzip der „verstärkten Isolierung“ da dann „nur" ein Fehler, das Versagen der als eine Einheit aufzufassenden verstärkten Isolierung, zu einem Berührungsstrom führen kann. Um diese unterschiedlichen Möglichkeiten einer Gefährdung zu berücksichtigen, werden an diese beiden Isolierungen grundsätzlich höhere Prüfanforderungen (Grenzwert 0,5/0,25 mA) gestellt.

H 6.4.04 Messung der Spannungsfreiheit

In einigen Fachbüchern, Normen und Firmenkatalogen ist vom „Messen der Spannungsfreiheit" die Rede. Diese Bezeichnung, die erstmals bei den Vorgaben für das Prüfen von Büromaschinen verwendet wurde, ist heute nicht mehr üblich. Das so bezeichnete Prüfverfahren entspricht dem Messen der Berührungsspannung.

H 6.4.05 Höhere Ableitströme nach Norm zugelassen

Bei einigen elektrischen Geräten werden Beschaltungen eingesetzt, deren Ableitströme – ähnlich wie bei den Geräten mit Heizelementen – aus funktionellen Gründen über dem allgemein zugelassenen Grenzwert (→ Tabelle 6.4.2) liegen. In diesen Fällen sind die sich ergebenden Ableitströme als Grenzwert anzusehen, wenn die Beschaltungen in der betreffenden Herstellernorm vorgegeben sind. Es ist darauf zu achten, dass die Anwender der Geräte auf den hohen Ableitstrom hingewiesen werden und das gegebenenfalls vorgeschriebene [3.9] Schild **„Achtung! Hoher Ableitstrom"** vorhanden ist.

H 6.4.06 Abgrenzung zwischen Ableitstrom und Fehlerstrom

Der Ableitstrom wird als der Strom definiert, der über eine einwandfreie Isolierung fließt. Ein Fehlerstrom hingegen ist der Strom, der entsteht, wenn die Isolation fehlerhaft ist. Für den Prüfer wird die Grenze zwischen Ableit- und Fehlerstrom durch die Grenzwerte nach Tabelle 6.4.2 gezogen. Das ist sachlich nicht ganz korrekt, da die dort aufgeführten Grenzwerte unter Beachtung der Wahrscheinlichkeit einer Gefährdung für Personen festgelegt wurden. Damit kommt es zu dem Widerspruch, dass ein über eine Isolation fließender Strom von z. B. 1 mA beim Messen des Berührungsstroms als Fehlerstrom und bei der Messung des Schutzleiterstroms als Ableitstrom anzusehen ist.
Es wird aber deutlich, dass es bei diesen Messungen nicht so sehr auf die Höhe des gemessenen Stroms ankommt. Vielmehr ist durch das Ermitteln der Ursache des Stroms zu klären, ob er betriebsmäßig (Ableitstrom) oder durch einen Isolationsfehler (Fehlerstrom) entsteht.

H 6.4.07 Oberschwingungen im Fehlerstrom

Bei einigen elektrischen Geräten entstehen durch Schaltnetzteile, Kollektoren u. a. Bauelemente funktionsbedingt Ableitströme, die neben der Grundfrequenz von 50 Hz auch höherfrequente Anteile enthalten. Diese höherfrequenten Ableit-(Schutzleiter-)ströme, deren Werte möglicherweise über den in der Norm vorgegebenen Grenzwerten liegen, werden gemeinsam mit dem 50-Hz-Ableitstrom erfasst und können gegebenenfalls (bei Schutzleiterbruch) auch gemeinsam mit ihm als Berührungsstrom zur Wirkung kommen.
Die in den Normen vorgegebenen zulässigen Höchstwerte (Grenzwerte) der Ableitströme (Berührungs- bzw. Schutzleiterströme) von z. B. 0,5 und 3,5 mA wurden auf der Grundlage der von diesen Strömen bei einer Frequenz von 50 Hz hervorgerufenen physiologischen Wirkungen festgelegt. Ströme höherer Frequenz haben eine geringere physiologische Wirkung, d. h., sie erbringen auch eine geringere Gefährdung für die durchströmten Personen. Demzufolge müssen die höherfrequenten Anteile der Ableitströme niedriger bewertet werden, z. B. bei Frequenzen von 1 bis 10 kHz nur zu 50 bis 20 %.
Viele der in den letzten Jahren hergestellten Messeinrichtungen enthalten bereits Filter für eine entsprechende Korrektur des angezeigten Werts. Einige der älteren Messeinrichtungen, die zurzeit noch in Gebrauch sind, enthalten diese Korrekturfilter noch nicht. Bei ihnen erfolgt somit eine zu hohe Bewertung der höherfrequenten Anteile des gemessenen Ableitstroms, was damit auch zu einem zu hohen Messwert und gegebenenfalls zu einer Grenzwertüberschreitung führt. Es ist daher zu empfehlen, sich durch Vergleichsmessungen oder Rückfragen beim Hersteller über diesen Sachverhalt zu informieren.

H 6.4.08 Erläuterung zur Bezeichnung Leckstrom

Der Schutzleiterstrom kann durch ernste Mängel oder auf völlig normale Weise – bestimmungsgemäß – entstanden sein. Keinesfalls darf man ihn mit einem „Leckstrom“ gleichsetzen, zumal diese Bezeichnung nirgendwo exakt definiert ist. Ein Berührungsstrom ist zumeist ein Fehlerstrom; da hätte die Bezeichnung „Leckstrom“ vielleicht noch eine gewisse Logik.

Wer vom Leckstrom spricht, sollte erklären, was er darunter versteht. Gilt jeder Isolationsfehler als „Leck“ oder nur der, dessen Isolationswiderstand unterhalb der Normen-Grenzwerte liegt? Sind auch die Ableit- oder nur die Fehlerströme als Leckströme zu bezeichnen? Sind die betriebsmäßigen Ableitströme der Beschaltungen auch Leckströme? Und dann gibt es ja auch noch die Streuströme.

Wenn, was sprachlich für uns wohl am logischsten wäre, unter „Leckstrom“ der Fehlerstrom verstanden wird, dann zeigt sich bei einem Blick über die Landesgrenzen, wie überflüssig und irreführend dieser Ausdruck ist. In DIN VDE 0100-200 findet man für den deutschen „Ableitstrom“ die englische Bezeichnung „leakage current“ sowie „läckström“ und „lekstroom“ als schwedische bzw. niederländische Benennung. In der Elektronik hat der Leckstrom dann wiederum eine völlig andere Bedeutung.

Da dieser Begriff nicht definiert ist, sollte ein auf Eindeutigkeit bemühter Elektrotechniker das „Phantom“ Leckstrom aus seinem Vokabular streichen.

6.5 Messen an mehrphasigen Geräten

Bei mehrphasigen Geräten sind die gleichen Prüfungen und Messungen vorzunehmen wie sie für die anderen elektrischen Geräte in den Abschnitten 6.1 bis 6.4 erläutert wurden. Änderungen werden, bedingt durch die Phasenzahl, lediglich in einigen Messschaltungen erforderlich. Für das Messen des Isolationswiderstands und des Schutzleiterstroms mit dem Ersatz-Ableitstromverfahren werden Adapter benötigt *(Bilder 6.5.1 a und 6.5.2 a)*. Für das Messen des Schutzleiterstroms mit dem Differenzstrommessverfahren ist ein spezielles Prüfgerät *(Bilder 6.5.1 d und 6.5.2 b)* erforderlich.

Problematisch ist bei dieser Prüfung das Bewerten der Schutzleiterströme. Der im Betriebszustand ermittelte Schutzleiterstrom ist die geometrische Summe der Ableit-/Fehlerströme aller Außenleiter *(Bild 6.5.1 c)*. Der Messwert bietet somit „nur" eine Aussage über die bei einem Schutzleiterbruch mögliche Gefährdung von Personen (→ Bild 6.4.2), aber nicht über den Zustand der Isolierungen. Der mit dem Ersatz-Ableitstrom ermittelte Schutzleiterstrom ist die arithmetische Summe der Ableit-/Fehlerströme aller Außenleiter *(Bild 6.5.1 a)* und ermöglicht somit nur eine Aussage über den Zustand der Isolierungen bzw. der Beschaltungen; ein Maß für die Sicherheit/Gefährdung ist dieser Messwert nicht.

Auf der Grundlage dieser Messergebnisse ist nicht festzustellen, ob die gemessene/angezeigte Stromsumme von einem oder von mehreren Außenleitern

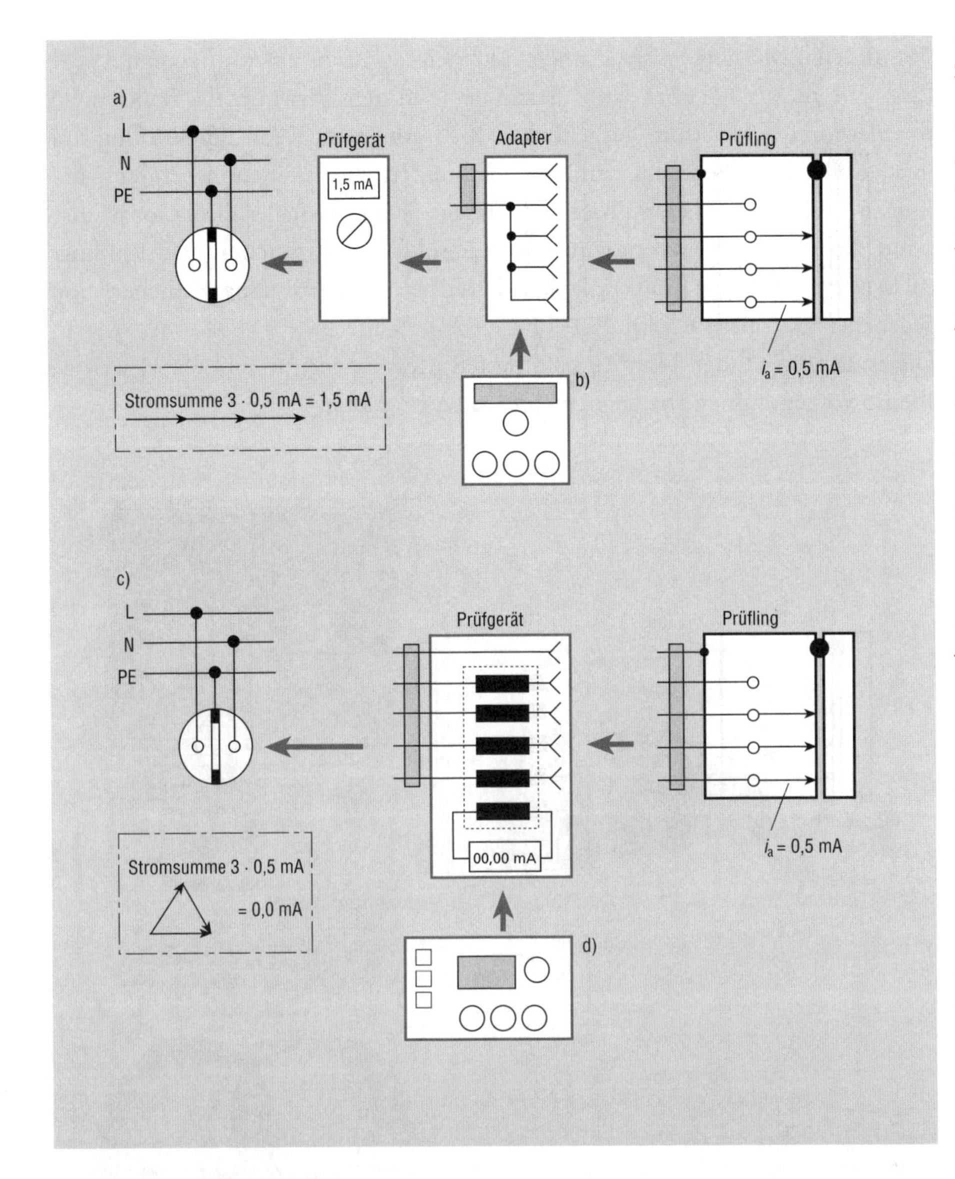

Bild 6.5.1
Schutzleiterstrommessung an einem dreiphasigen Gerät

a) Messung nach dem Ersatzstrommessverfahren; gemessen wird mit einem Prüfgerät zur Prüfung von einphasigen Geräten die Summe der Ableitströme der drei Außenleiter mit gleicher Phasenlage, arithmetische Addition $I_a = 3\ i_a$

b) zugehöriger Adapter zur Messung des Ableitstroms nach dem Ersatzstrommessverfahren und des Isolationswiderstands (→ Bild 6.5.2a)

c) Messung nach dem Differenzstrommessverfahren; gemessen wird die Summe der Ströme der drei Außenleiter mit jeweils um 120° verschobener Phasenlage, geometrische Addition $I_a = 0$

d) Prüfgerät zur Prüfung von ein- und dreiphasigen elektrischen Geräten (→ Bild 6.5.2b)

stammt. Somit ist auch eine exakte Beurteilung des Zustands des Prüflings nicht immer möglich. Grundsätzlich ist das zu prüfende Gerät nach diesen Messungen nur dann einwandfrei, wenn

▷ beide gemessenen Ströme null sind, oder
▷ der im Betriebszustand gemessene Strom ungefähr null und der mit dem Ersatz-Messverfahren gemessene Strom ebenfalls ungefähr null ist oder – sofern eine Beschaltung vorhanden ist – höchstens dem dreifachen Ableitstrom der Beschaltungen entspricht.

Alle anderen Messergebnisse können auf einen Isolationsfehler hindeuten.

Eine weitere Aussage über den Zustand des Prüflings oder über das Bauelement von dem ein Fehlerstrom ausgeht, lässt sich ermitteln, wenn der Prüfling nur mit jeweils einer Phase mit dem Netz verbunden wird und dann bei den Messungen nur der in dieser Phase vorhandene Isolationsfehler (Isolationswiderstand, Ableitstrom) wirksam wird. Ob eine solche Beanspruchung des Prüflings zulässig ist, muss der Prüfer mit dem Betreiber (Anlagenverantwortlicher) und gegebenenfalls durch Rückfrage beim Hersteller klären.

Die anderen nach den Normen geforderten Messungen (→ Bild 6.1.1) werden ebenso vorgenommen wie bei den einphasigen Geräten.

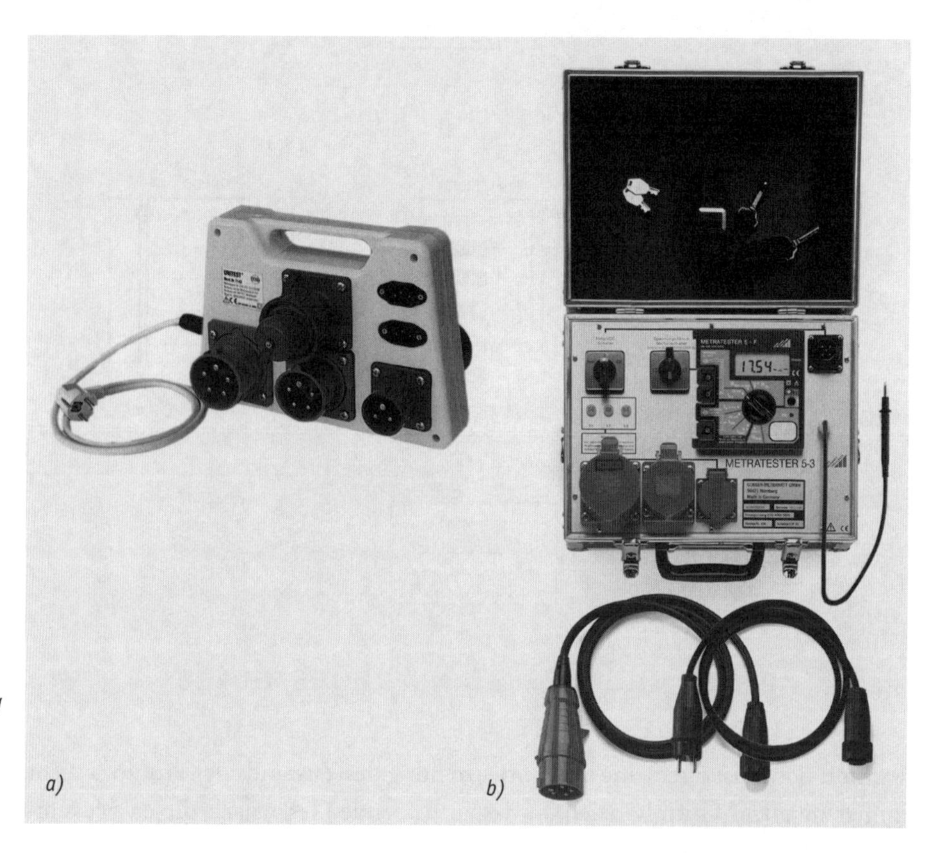

Bild 6.5.2
Adapter und Prüfgerät zur Prüfung von Drehstromgeräten

a) Drehstromadapter UNITEST 1143 (BEHA)

b) Prüfgerät zur Messung des Schutzleiterstroms nach dem Differenzstrommessverfahren unter Verwendung eines üblichen Prüfgeräts METRATESTER 5-3 (GMC)

7 Prüfen und Messen an speziellen Anlagen, Anlagenteilen und Geräten

In diesem Kapitel geht es um das Prüfen und Messen an speziellen Anlagen, Anlagenteilen oder Geräten, bei denen ergänzend zu den allgemein üblichen und bereits in vorhergehenden Kapiteln behandelten Vorgaben weitere oder andere Prüfaufgaben, Prüfverfahren und Prüfgeräte erforderlich sind. Die in den Kapiteln 2 und 3 behandelte Pflicht zur Prüfung und die grundsätzlichen Anforderungen an das Prüfen und Messen gelten auch hier.

7.1 Prüfen und Messen an ungeerdeten (isolierten) Netzen (IT-Sytemen)

7.1.1 Allgemeines, Prüfaufgabe

Ungeerdete Netze, in den nationalen und internationalen Normen als IT-Systeme bezeichnet, werden aus folgenden Gründen eingesetzt:

▷ **höhere Betriebssicherheit** gegenüber geerdeten Netzen, weil in der Regel auch nach dem Auftreten eines ersten Isolationsfehlers ein Weiterbetrieb möglich ist;

- ▷ **rationelle vorbeugende Instandhaltung** durch kontinuierliche Isolationsüberwachung und Anzeige des Isolationswiderstands;
- ▷ **Lokalisierung von Isolationsfehlern** während des Betriebs;
- ▷ Begrenzung der Ableit- und Fehlerströme;
- ▷ **Anwendung der gleichen Schutzmaßnahme** gegen elektrischen Schlag für alle Arten von Betriebsmitteln (Ableit- und Fehlerströme mit und ohne Gleichstromkomponenten).

Für Anlagen mit dem IT-System (isoliertes Netz) ist ebenso wie bei denen mit dem TN- oder dem TT-System (geerdetes Netz) die Wirksamkeit der Schutzmaßnahmen nachzuweisen. Das führt infolge der Besonderheiten des Systems auch zu einigen besonderen oder zusätzlichen Prüfungen bei ihrer Erst- oder Wiederholungsprüfung und somit zu folgender

Prüfaufgabe:
Die im Kapitel 4 für elektrische Anlagen aufgeführten Prüfaufgaben sind unter Berücksichtigung der im folgenden Abschnitt 7.1.2 aufgeführten Besonderheiten des gegenüber Erde isolierten Netzes durchzuführen. Dabei sind die im Abschnitt 7.1.3 erläuterten und aufgrund dieser Besonderheiten notwendigen Messungen vorzunehmen, um für die Anlage mit dem isolierten Netz das Vorhandensein der Sicherheit nachzuweisen.

7.1.2 Besonderheiten der ungeerdeten Netze (IT-Systeme)

In ungeerdeten Netzen (IT-Systemen) sind die aktiven Teile des Netzes (Außen- und Neutralleiter) nicht direkt mit Erde bzw. mit dem Schutzleiter verbunden *(Bild 7.1.1)*. Dadurch ist der Fehlerstrom im Falle eines ersten Isolationsfehlers klein und das Netz kann selbst mit diesem Fehler ohne Beeinträchtigung der elektrischen Sicherheit weiterbetrieben werden. Der Fehler kann – soweit er erkannt, d. h. durch eine Überwachungseinrichtung gemeldet wird – während des dann folgenden weiteren Betriebs der Anlage gesucht und beseitigt werden. Eine Isolationsüberwachungseinrichtung gehört somit obligatorisch zu dieser Schutzmaßnahme gegen elektrischen Schlag nach DIN VDE 0100 Teil 410. In anderen Einsatzfällen einer gegenüber Erde isolierten Stromversorgung – Schutztrennung, Kleinspannung (SELV) (→ A 4.12) – ist sie dagegen nicht einsetzbar oder nicht zwingend erforderlich.

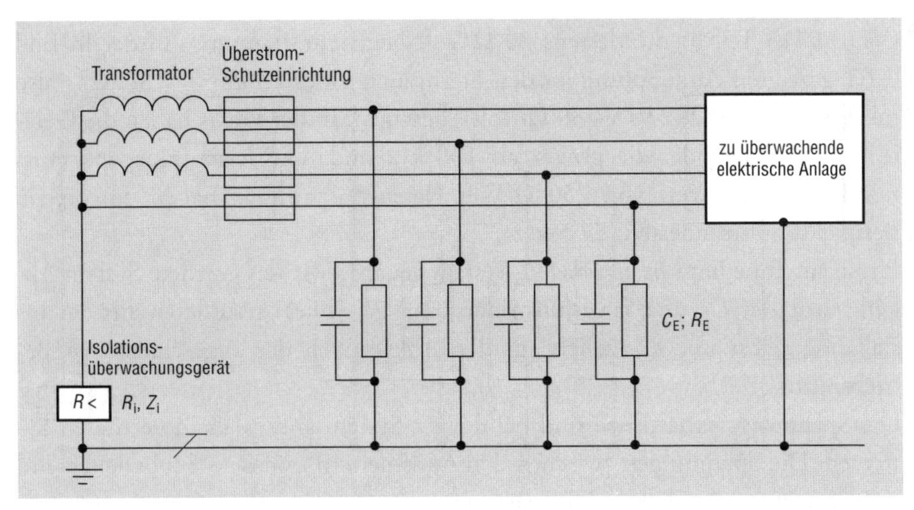

Bild 7.1.1
Prinzip des Aufbaus eines isolierten Netzes (IT-System)
C_E Kapazitäten des isolierten Netzes gegen Erde (E, PE);
R_E Widerstände der Isolierungen des Netzes gegenüber Erde (Isolationswiderstand);
R_i, Z_i Innenwiderstand (-impedanz) des Isolationsüberwachungsgeräts.

Als IT-Systeme werden

▷ Einphasen-Wechselstromnetze,
▷ Drehstromnetze ohne und – seltener – mit Neutralleiter oder
▷ Gleichstromnetze

errichtet, alle mit den gleichen Nenn-(Bemessungs-)spannungen wie sie auch für geerdete Netze gelten. Eine Ausnahme bilden einphasige oder Drehstromsysteme nach DIN VDE 0100-710 (Medizinisch genutzte Räume), die ohne Neutralleiter mit 230 V Außenleiterspannung installiert werden.

Netze mit dem IT-System bestehen aus:

▷ der speisenden, ungeerdeten Stromquelle, d. h.
  – einem Transformator, der auf der Primärseite aus einem geerdeten Netz gespeist wird, oder
  – einer unabhängigen Energiequelle (z. B. Generator, Akkumulator/Batterie) oder
  – einer sonstigen Stromquelle (z. B. Photovoltaikanlage);
▷ den Schutz- und Überwachungseinrichtungen
  – zum Überstromschutz (F),
  – zur Isolationsüberwachung (R<) und
  – ggf. zur Isolationsfehlersuche sowie
▷ in Sonderfällen aus zusätzlichen Fehlerstrom-Schutzeinrichtungen im Kabel- und Leitungssystem, im Schutzleiter-(Erdungs-)system und/oder in der zu überwachenden elektrischen Anlage.

Das **Isolationsüberwachungsgerät** (*R*<) wird zwischen dem Schutzleiter der Anlage und dem Sternpunkt bzw. einem oder mehreren Außenleitern angeschlossen. Der Innenwiderstand des Geräts muss nach der Gerätebestimmung

(VDE 0413 Teil 8) mindestens 30 Ω/Volt Netznennspannung, in der in Bild 6.1.1 gezeigten Ankopplung an den Sternpunkt eines 230/400-V-Systems also mindestens 6,9 kΩ (230 V · 30 Ω/Volt), betragen. In der Praxis haben die Geräte Innenwiderstände, die größer als 100 kΩ sind. Die Innenimpedanz muss mindestens den Wert von 250 Ω/Volt Netznennspannung haben, im obigen Beispiel somit mindestens 57,5 kΩ.

Physikalisch bedingt besitzt das IT-System genauso wie das geerdete System Ableitkapazitäten C_E und Isolationswiderstände R_E. Diese resultieren aus der Installation selbst und zusätzlich aus den Ableitungen der angeschlossenen Betriebsmittel.

Die **Spannungsverhältnisse** sind bei diesem System anders als in geerdeten Systemen. Die Spannungen zwischen den Außenleitern und dem Schutzleiter sind in IT-Systemen variabel und hängen von

▷ der Außenleiterspannung sowie
▷ den unterschiedlichen Ableitkapazitäten und Isolationswiderständen der Außenleiter

ab. Das ist für den Praktiker oft nicht nachvollziehbar, lässt sich jedoch aus den physikalischen Zusammenhängen *(Bild 7.1.2)* leicht damit erklären, dass die Spannung gegenüber Erde, d. h. zwischen den Außenleitern und dem Schutzleiter, Werte zwischen 0 V und der Außenleiterspannung annehmen kann.

Die Voltmeter V1 und V2 sind hochohmige Multimeter (→ A 9.1) mit Innenwiderständen von z. B. 10 MΩ. In dem hier gezeigten Beispiel eines einphasigen IT-Systems wird das Isolationsüberwachungsgerät in der Regel symmetrisch an die Außenleiter angeschlossen. In diesem einphasigen System können sich die in *Tabelle 7.1.1,* für ein Drehstromsystem mit der Bemessungsspannung 230/400 V die in *Tabelle 7.1.2* aufgeführten Spannungsverhältnisse ergeben. Die Messung erfolgt jeweils gegen den Schutzleiter.

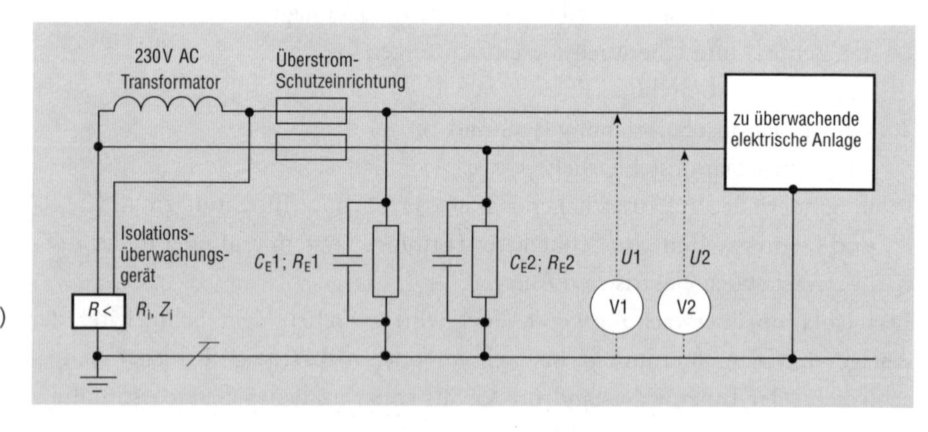

Bild 7.1.2
Erklärung für unterschiedliche Spannungen zwischen den Leitern des isolierten Netzes (IT-System)
Erläuterung der Kurzzeichen siehe Bild 7.1.1

In Netzen ohne Neutralleiter sind die Spannungen der Außenleiter unter den in beiden Tabellen genannten Fehlerbedingungen identisch.
Die symmetrische Ankopplung des Isolationsüberwachungsgeräts beeinflusst die Messung der Spannungsverhältnisse nicht wesentlich. Jedoch können sich die in den Tabellen angegebenen Spannungswerte durch die aktive Überlagerung der Messspannung des Isolationsüberwachungsgeräts um den Betrag des durch die Messspannung/-strom an den Isolationswiderständen und dem Innenwiderstand des Multimeters entstehenden Spannungsfalls verschieben.

Tab. 7.1.1 Spannungsverhältnisse in einem einphasigen IT-System

Zustand	**Spannung *U*1 in V**	**Spannung *U*2 in V**
Netz ohne Isolationsfehler und ohne Verbraucher (nur bei Symmetrie der Ableitungen)	115	115
Isolationsfehler auf L1	0	230
Isolationsfehler auf L2	230	0
Isolationsfehler auf L1 und L2 (symmetrisch)	115	115
Unsymmetrische Verteilung der Ableitkapazitäten und Isolationswiderstände, z. B. $Z_E1 = 1/3 \cdot Z_E2$	76,66	153,32

Tab. 7.1.2 Spannungsverhältnisse in einem dreiphasigen IT-System

Zustand	**Spannung *U*1 in V**	**Spannung *U*2 in V**	**Spannung *U*3 in V**	**Spannung *U*4 in V**
Netz ohne Isolationsfehler und ohne Verbraucher (nur bei Symmetrie der Ableitungen)	230	230	230	0
Isolationsfehler auf L1	0	400	400	230
Isolationsfehler auf L2	400	0	400	230
Isolationsfehler auf L3	400	400	0	230
Isolationsfehler auf N	230	230	230	0
Unsymmetrische Verteilung der Isolationsfehler auf mehrere Außenleiter (Beispiel)	Die entstehende Spannungsverteilung ergibt sich aus der Verteilung der Ableitwiderstände/-kapazitäten (R_E, C_E) auf die verschiedenen Außenleiter bzw. den Neutralleiter			
Anmerkung: U1, U2 und U3 sind die Spannungen zwischen den Außenleitern (L). U4 ist die Spannung zwischen Neutralleiter (N) und dem Schutzleiter (PE).				

Misst man die Spannung mit einem Effektivwert-Multimeter, das AC- und DC-Anteile erfasst, addiert sich der Messspannungsanteil zu beiden AC-Spannungsanteilen $U1$ und $U2$ gleichermaßen. Das bedeutet z. B. bei der Messung an einem einphasigen IT-System, dass die Summe der gegen den Schutzleiter gemessenen Spannungen $U1$ und $U2$ größer sein kann als die Spannung des Netzes zwischen L1 und L2.

Da die Impedanzverteilung (Verteilung von R_E, C_E auf die einzelnen Leiter) für die Spannungsverhältnisse maßgeblich ist, kann aus den gemessenen Spannungen nicht in allen Fällen auf den Isolationszustand des Netzes geschlossen werden.

Als **Isolationsfehler** bezeichnet man in IT-Systemen das Absinken des Isolationswiderstands unter einen Wert, der sich aus den Erfahrungen mit dem Betrieb von IT-Systemen ergeben hat. In den Installationsnormen sind die in *Tabelle 7.1.3* aufgeführten Richtwerte für Isolationswiderstände in IT-Systemen enthalten, bei deren Unterschreiten eine Meldung durch das Isolationsüberwachungsgerät erfolgen soll.

In der Praxis sollte der eingestellte Ansprechwert der Isolationsüberwachungsgeräte mindestens 50 % höher sein als der nach der Errichtungsbestimmung vorgeschlagene Wert. Besser ist aber die Einstellung auf einen um mindestens 100 % höheren Wert, da Isolationsüberwachungsgeräte eine Ansprechtoleranz zwischen 0 und 50 % des Soll-Ansprechwerts haben können.

Tab. 7.1.3 Mindest-Isolationswiderstände von IT-Systemen

Installationsnorm	Meldung bei Unterschreitung von
DIN VDE 0100-551 Niederspannungs-Stromerzeugungsanlagen	100 Ω/V
DIN VDE 0100-725 Hilfsstromkreise	100 Ω/V
DIN VDE 0100-710 Medizinisch genutzte Bereiche	50 kΩ
DIN VDE 0105-100 Betrieb von elektrischen Anlagen	50 Ω/V

Anmerkung: Die Angabe ... Ω/V bezieht sich auf die jeweilige Netznennspannung. In Drehstromsystemen ist das die Außenleiterspannung.

Achtung! Diese Werte unterscheiden sich deutlich von den Werten, die für die bei Erst- und Wiederholungsprüfungen an IT-Systemen nachzuweisenden Isolationswiderstände (Grenzwerte) vorgegeben werden. Der wesentliche Grund dafür ist, dass

- ▷ bei der Isolationsüberwachung immer der Isolationswiderstand des **Netzes mit allen angeschlossenen Verbrauchern** im Betrieb überwacht wird und
- ▷ bei den Prüfungen die Messung in der Regel erfolgt, wenn **keine Gebrauchsgeräte angeschlossen** sind.

Bezüglich der Betriebsführung und der einzuleitenden Maßnahmen ist zwischen **dem ersten und dem zweiten Isolationsfehler** zu unterscheiden.
Beim ersten Fehler kann die zu überwachende Anlage weiterbetrieben werden, bis der Fehler gefunden und beseitigt wurde. Zu dieser Fehlerart gehören:

- ▷ einpolige Isolationsfehler unterhalb des Wertes, bei dem eine Meldung nach der entsprechenden Installationsnorm erfolgen soll, bis hin zum direkten Erdschluss (0 Ω),
- ▷ symmetrische Isolationsfehler unterhalb des Meldewertes nach der Installationsnorm bis hinab zu einem Wert, bei dem die Schutzeinrichtung anspricht.

Beim zweiten Fehler **muss** die Schutzeinrichtung ansprechen und das Netz abschalten. In der Regel ist der zweite Fehler ein niederohmiger Fehler (Erdschluss), der an einem weiteren Außenleiter auftritt, wenn an einem anderen Außenleiter bereits ein niederohmiger Fehler vorhanden ist.

7.1.3 Schutzmaßnahmen gegen elektrischen Schlag

In isolierten Netzen werden anstelle oder zusätzlich zu den in den geerdeten Netzen üblichen Schutzmaßnahmen (→ A 4.5 und A 4.6) folgende Maßnahmen getroffen:

- ▷ Außen- oder Neutralleiter werden nicht oder nur hochohmig über die Isolationsüberwachungseinrichtung mit dem Schutzleiter verbunden.
- ▷ Wenn die Abschaltbedingungen des TN-Systems mit Überstrom-Schutzeinrichtungen nicht zu erfüllen sind, muss ein zusätzlicher Potentialausgleich errichtet werden. Dieser verbindet alle gleichzeitig berührbaren Teile des Netzes, die im Fehlerfall eine Berührungsspannung annehmen können [4.14].

- ▷ Das Isolationsüberwachungsgerät nach DIN VDE 0413 Teil 8 ist Teil der Schutzmaßnahme; es erkennt und meldet den ersten Fehler.
- ▷ Eine Isolationsfehler-Sucheinrichtung nach DIN VDE 0413 Teil 9 kann zur automatischen Lokalisierung des ersten Fehlers eingesetzt werden.
- ▷ Eine Fehlerstrom-Schutzeinrichtung kann eingesetzt werden. Da eine Abschaltung im Fall des ersten Fehlers im Allgemeinen nicht erforderlich und das Ansprechen dieser Schutzeinrichtung von den (unbestimmten) Erdungsverhältnissen abhängig ist, wird die Fehlerstrom-Schutzeinrichtung nur in besonderen Fällen zur Einhaltung der Abschaltbedingungen beim zweiten Fehler eingesetzt.

Weitere Informationen können der Literatur entnommen werden [4.14].

7.1.4 Prüfverfahren, Durchführen der Prüfung, Prüfgeräte

Auch im IT-System sind die Erstprüfungen nach der Errichtung, Erweiterung oder Änderung sowie wiederkehrende Prüfungen während des Betriebs der Anlagen durchzuführen. Wegen der Besonderheiten des IT-Systems können diese durch die kontinuierliche Isolationsüberwachung ergänzt und erweitert werden (→ H 7.1.01).

Erläuterung zu dem in Bild 7.1.3 dargestellten Prüfablauf

Prüfaufgabe nach DIN VDE 0100 Teil 610 und DIN VDE 0105 Teil 100:

„Die Wirksamkeit der Schutzmaßnahme im ungestörten und im gestörten Betrieb ist nachzuweisen."

- ▷ Durch **Besichtigen** ist nachzuweisen, dass kein aktiver Leiter der Anlage direkt geerdet ist. Das ist der Fall, wenn das Isolationsüberwachungsgerät zwischen dem Netz (ein oder mehrere Außenleiter oder Neutralleiter) und dem Schutzleiter angeschlossen ist und keinen Isolationsfehler anzeigt.
- ▷ Durch **Besichtigen** ist nachzuweisen, dass ein angemessener Ansprechwert am Isolationsüberwachungsgerät eingestellt ist (→Tab. 7.1.3) und die Körper der Betriebsmittel der Anlage gruppenweise oder in ihrer Gesamtheit mit dem Schutzleiter verbunden sind.
- ▷ Durch **Besichtigen** ist nachzuweisen, dass der zusätzliche Potentialausgleich zwischen gleichzeitig berührbaren leitenden Teilen vorhanden ist.
- ▷ Der ordnungsgemäße Zustand der **Schutzleiterverbindungen ist durch Messen** nachzuweisen. Ein Grenzwert ist nicht vorgegeben (→ A 4.2).
- ▷ Das **Messen des Isolationswiderstands** erfolgt mit dem gleichen Verfahren wie in geerdeten Netzen (→ A 4.3). Das Isolationsüberwachungsgerät ist während dieser Messung von den aktiven Leitern zu trennen, die Schutzleiterverbindung kann bestehen bleiben. Es gelten die Grenzwerte der geerdeten Systeme (≥ 0,5 MΩ bis zu einer Netzspannung von einschließlich 500 V).
- ▷ Wie der **Ableitstrom** gemessen werden

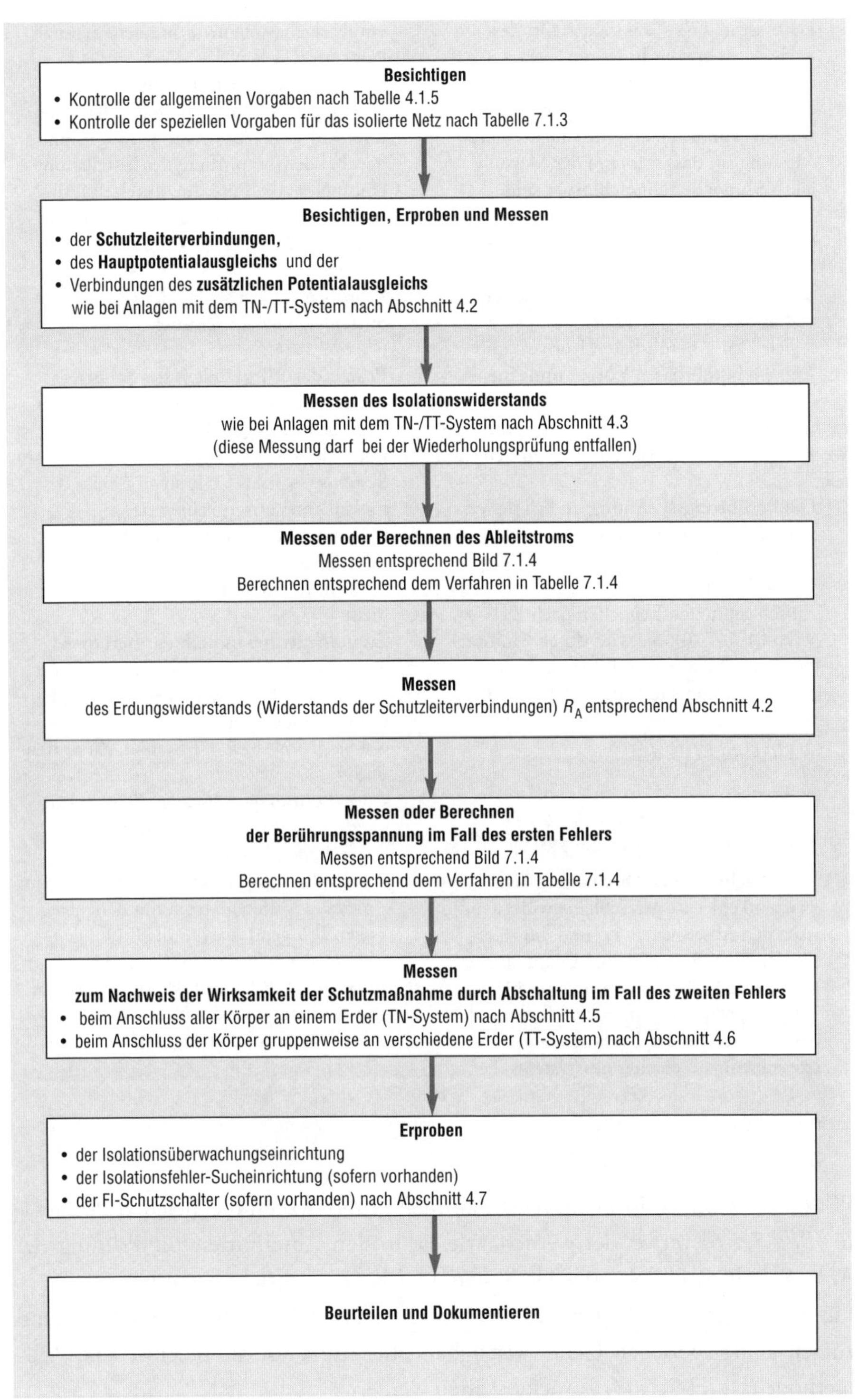

Bild 7.1.3
Ablauf der Prüfung eines isolierten Netzes

kann, ist in *Bild 7.1.4* dargestellt. Er kann auch aus dem vom Isolationsüberwachungsgerät angezeigten Wert der Ableitkapazität des gesamten Netzes berechnet werden. Voraussetzung für eine korrekte Messung ist, dass während der Messung alle **Verbraucher angeschlossen** sind.

▷ Um die durch den Ableitstrom möglicherweise entstehende Berührungsspannung ermitteln zu können, ist der **Erdungswiderstand/Widerstand der Schutzleiterverbindungen** R_A zwischen
- gleichzeitig berührbaren Körpern und
- einem berührbaren Körper und einem leitfähigen Standort

zu messen. Mit dem größten der gemessen Werte ist die Berührungsspannung zu berechnen.

▷ Die **Berührungsspannung** im Fall des ersten Fehlers muss unter der dauernd zulässigen Berührungsspannung U_L liegen (50 V AC oder 120 V DC; 25 V in medizinisch genutzten Bereichen nach DIN VDE 0100-710). Sie wird durch Multiplikation des beim ersten Fehler auftretenden Ableitstroms mit dem Widerstand R_A berechnet:

$$U_B = R_A \cdot I_d \leq U_L$$

Beispiel:
Summe I_d = 137,5 mA, $R_A = 2\,\Omega$
$U_B = 2\,\Omega \cdot 137{,}5\ \text{mA} = 0{,}275\ \text{V}$.

▷ Zum **Nachweis der Abschaltung** beim zweiten Fehler ist der Schleifenwiderstand nach den Abschnitten 4.5 und 4.6 zu ermitteln. Für diese Messung ist am Speisepunkt eine Verbindung mit vernachlässigbarer Impedanz zwischen dem Sternpunkt des Systems (bei Drehstromsystemen) bzw. einem Außenleiter des Systems (bei einphasigen Systemen) und dem Schutzleiter herzustellen.

▷ Das **Erproben der Isolationsüberwachungsgeräte** erfolgt durch das Betätigen ihrer Prüftaste. Außerdem wird – zumindest bei der Erstprüfung der Installation – empfohlen, die Funktion durch das Ansprechen auf einen (künstlichen) Isolationsfehler *(Bild 7.1.5;* → H 7.1.03) nachzuweisen.

▷ **Erproben** (soweit vorhanden) **der Isolationsfehler-Sucheinrichtung** (→ H 7.1.04).

▷ **Prüfen der Wirksamkeit des Schutzes durch Fehlerstrom-Schutzeinrichtungen**
Zum **Schutz gegen direktes Berühren** muss die Ableitkapazität des IT-Systems (→ Bild 7.1.1) so groß sein, dass im Fall eines ersten Fehlers in dem durch die Fehlerstrom-Schutzeinrichtung geschützten Abgang des IT-Systems mindestens der Nennfehlerstrom fließt.
Zum **Schutz bei indirektem Berühren** durch eine Fehlerstrom-Schutzeinrichtung gelten im Fall des zweiten Fehlers die gleichen Bedingungen wie beim TN- bzw. TT-System. Zu prüfen sind
- der ordnungsgemäße, den Planungsunterlagen (Ort, Bemessungsdaten) entsprechende Einsatz und
- das ordnungsgemäße Auslösen beim Bemessungsdifferenzstrom mit dem gleichen Prüfgerät, das für die Prüfungen in geerdeten Systemen verwendet wird (→ A 4.7). Bei dieser Messung muss ein Außenleiter oder der Neutralleiter an der Einspeisung direkt geerdet werden.

Für die Messungen in IT-Systemen können grundsätzlich die gleichen Prüfgeräte *(Bild 7.1.6)* verwendet werden, wie sie in den Abschnitten zur Prüfung der Anlagen mit dem TN- oder TT-System (→ K 4) beschrieben wurden.
Für das Messen des Ansprechwerts von Isolationsüberwachungsgeräten sind zurzeit keine speziellen Geräte verfügbar. Hier muss auf die beschriebene Prüfmethode (→ H 7.1.03) zurückgegriffen werden.

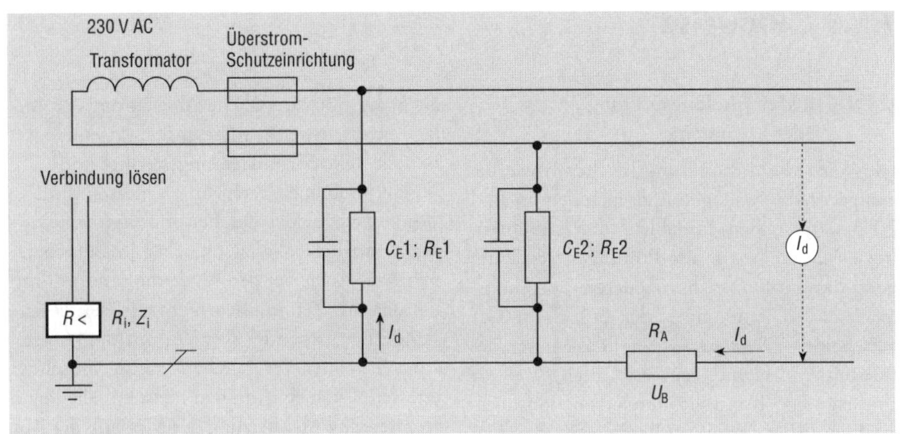

Bild 7.1.4
Messen des Ableitstroms
(→ H 7.1.02)
zur Berechnung der Berührungsspannung
(→ Tabelle 7.1.4)

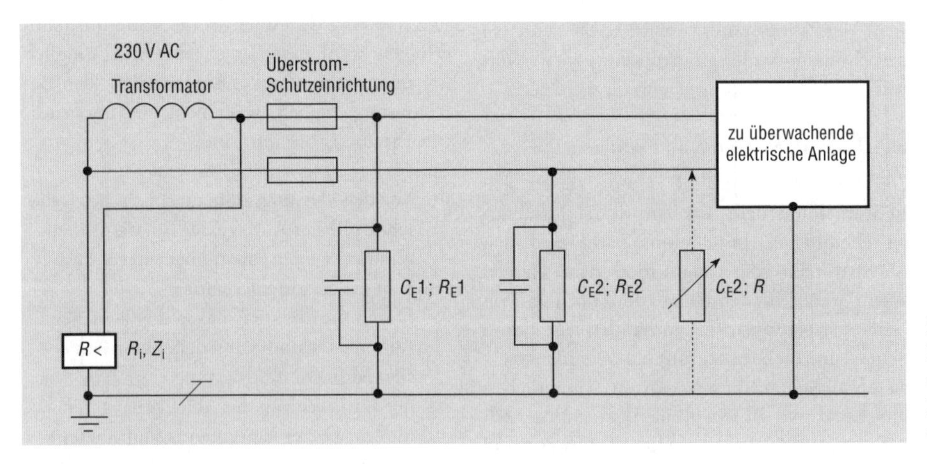

Bild 7.1.5
Erproben des Ansprechens des Isolationsüberwachungsgeräts

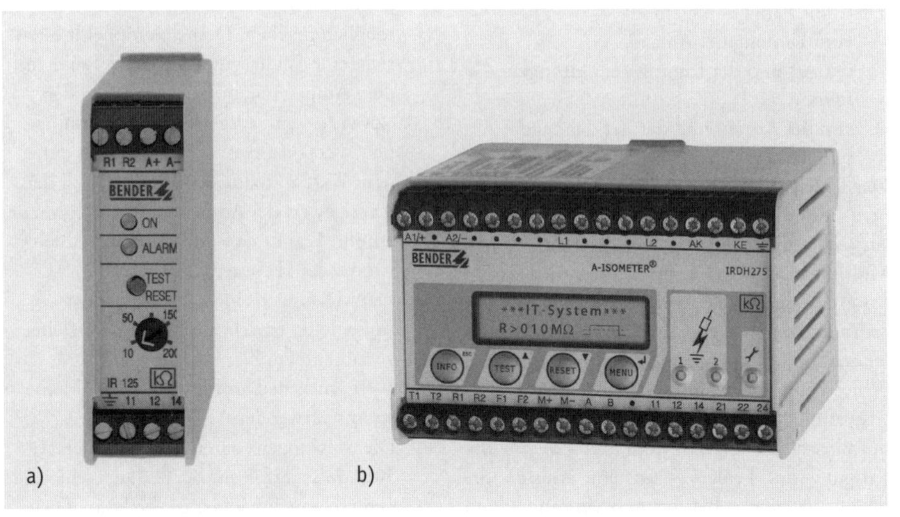

Bild 7.1.6
Beispiele für Isolationsüberwachungsgeräte (Bender)
a) Isometer für IT-Wechselstromnetz;
b) Isometer für IT-Wechselstrom- und Drehstromnetz

7.1.5 Hinweise

H 7.1.01 Wiederholungsprüfung der IT-Systeme

Die Wiederholungsprüfung ist ebenso wie bei den geerdeten Systemen und nach dem in Bild 7.1.3 dargestellten Prüfablauf durchzuführen. Inwieweit auf bestimmte Prüfungen verzichtet oder das Prüfen stichprobenartig vorgenommen werden kann, muss der Prüfer vor Ort entscheiden. Denkbar wäre, auf das Messen des Isolationswiderstands zu verzichten, weil ja eine ständige Kontrolle durch Isolationsüberwachungsgeräte erfolgt. Allerdings ist dann zu bedenken, dass beim Isolationsüberwachungsgerät der Widerstandswert 100 Ω/V und bei der Isolationswiderstandsmessung der Wert von 1000 Ω/V als „Gut" beurteilt werden.

H 7.1.02 Ableitströme im IT-System

Die Ableitströme des IT-Systems setzen sich zusammen aus dem Ableitstrom der Installation (Leitungen, Installationsgeräte) und den Ableitströmen der angeschlossenen Geräte. Wenn weder in der Installation noch in den Geräten Isolationsfehler vorhanden sind, kann man – um die Betrachtung zu vereinfachen – davon ausgehen, dass es sich im Wesentlichen um kapazitive Ableitströme der symmetrisch auf die Außenleiter verteilten Leitungs- und Filterkapazitäten handelt. Die Größe der Ableitströme hängt vor allem

- ▷ vom Umfang der Anlage,
- ▷ der Art und der Legung der Leitungen sowie
- ▷ von der Anzahl und der Art der angeschlossenen Gebrauchsgeräte ab.

Der Ableitstrom (→ Bild 7.1.4) kann mit einem bezüglich des Messbereichs entsprechend ausgestatteten Prüfgerät (→ A 4.4.2), einem Multimeter (→ A 9.1) oder Strommesszangen (→ A 9.2) ermittelt werden. Er dient zur Berechnung der bei einem ersten Fehler auftretenden Berührungsspannung. Da beim ersten Fehler keine Abschaltung der fehlerhaften Anlage erfolgt und die Berührungsspannung somit über einen längeren Zeitraum – bis zur Beseitigung des Fehlers – ansteht, müssen die höchstmögliche Berührungsspannung und auch der höchstmögliche Ableitstrom der Anlage ermittelt werden. Dieser fließt, wenn

- ▷ alle Teile der Anlage eingeschaltet und
- ▷ alle Gebrauchsgeräte angeschlossen sind.

Zumeist ist es bei der Erstprüfung(-messung) nicht möglich, alle Verbraucher in Betrieb zu nehmen. Auch bei der Wiederholungsprüfung können aus Zeitgründen nicht alle Betriebszustände berücksichtigt werden, um den Ableitstrom mit allen Verbrauchern messtechnisch zu erfassen. Deshalb ist in den meisten Fällen eine rechnerische Abschätzung der Messung der Ableitströme vorzuziehen *(Tab. 7.1.4)*.

Die Messung der Ableitströme sollte nur dann erfolgen, wenn eine Berechnung nicht möglich ist, oder wenn Zweifel am Ergebnis der Berechnung bestehen, weil nicht alle notwendigen Parameter bekannt sind.

Bei der Messung ist zu beachten:

- ▷ Vor der Messung sollte man sich durch die Kontrolle der Anzeige des Isolationsüberwachungsgeräts davon überzeugen, dass kein Isolationsfehler vorliegt.
- ▷ Durch die direkte Ankopplung zwischen Außenleiter und Schutzleiter kann im ersten Moment der Messung ein relativ hoher Entladestrom der Ableitkapazitäten fließen. Dieser kann die im Multimeter eingebaute Überstrom-Schutzeinrichtung auslösen und eine Messung dadurch unmöglich machen. Deshalb empfiehlt es sich, eine Widerstandsdekade in Reihe mit dem Amperemeter zu schalten und den Vorwiderstand ausgehend von einem hohen Wert (kΩ-Bereich) langsam bis auf einem Wert zu reduzieren, ab dem sich der Anzeigewert des Amperemeters nicht mehr erhöht. Das ist dann der Wert des Ableitstroms des IT-Systems.
- ▷ Die Messungen sind zwischen jedem Außenleiter einzeln und dem Schutzleiter vorzunehmen. Der höchste gemessene Wert wird zur Berechnungen des Ableitstroms verwendet.
- ▷ Die Messungen sollten jeweils an den Steckdosen erfolgen. Bei fest angeschlossenen Gebrauchsgeräten ist direkt an den

Tab. 7.1.4 Ablauf der rechnerischen Ermittlung des gesamten Ableitstroms des Systems (Installation und Gebrauchsgeräte)

1. Ermittlung der Ableitkapazität der Installation gegen Erde

Folgende Leitungsdaten können angesetzt werden:

- Installationskabel, Ableitkapazitäten C_E pro km Leitungslänge:
  50 ... 300 nF/km bei einphasigen Kabeln (3 Leiter)
  100 ... 600 nF/km bei Drehstromkabeln (4 oder 5 Leiter)
- Bei speziellen Kabeln, z. B. mit konzentrischem Schutzleiter, kann die Ableitkapazität des Kabels bis zu 1 µF/km betragen.

Für die Berechnung sollte der jeweils maximale Wert als ungünstigster Fall angenommen werden.

2. Der Ableitstrom der Leitung kann wie folgt überschlägig berechnet werden:

- in einphasigen Kabeln:

  $I_d = (U_N \cdot \omega \cdot C_E \cdot l) \cdot 0{,}5;$

  U_N Nennspannung des Netzes,
  C_E = 300 nF/km,
  l Gesamtlänge des Leitungssystems in km,
  $\omega = 2 \cdot \pi \cdot f = 314\ s^{-1}$

  Der Faktor 0,5 berücksichtigt, dass im einphasigen IT-System bei der Ermittlung des Ableitstroms ein Außenleiter mit dem PE-Leiter verbunden wird.

  Beispiel: Mit U_N = 230 V und l = 500 m ergibt sich ein Ableitstrom von 5,5 mA.

  Faustformel für einphasige 230-V-Netze: max. 10 mA/km
- in Drehstromkabeln:

  $I_d = (U_N \cdot \omega \cdot C_E \cdot l) \cdot 0{,}67$

  U_N Außenleiterspannung des Netzes.

Faustformel für 400-V-Drehstromnetze: ca. 15 mA/km.

3. Ermittlung der Ableitströme der Verbraucher gegen Erde

- Anzahl der Steckdosen für einphasige Geräte: je Steckdose kann ein Ableitstrom von max. 3,5 mA angenommen werden
- Anzahl der Drehstrom-Steckdosen: für Drehstromgeräte, die über Steckdosen angeschlossen werden, kann ein Ableitstrom von max. 15 mA angenommen werden
- Anzahl der fest angeschlossenen Geräte: bei diesen muss die Angabe des Geräteherstellers über den Wert des Ableitstroms beachtet werden. Wenn diese Angabe nicht vorhanden ist, muss er geschätzt werden.

4. Ermittlung des überschlägig ermittelten Ableitstroms des IT-Systems durch Addition der Einzelströme:

Ableitströme		**Beispiel**	
Leitung	siehe Formel	500 m einphasig	5,5 mA
Steckdosen	Anzahl · 3,5 mA	30 Steckdosen	105,0 mA
Fest angeschlossene Geräte	Ableitstrom aus Unterlagen ermitteln	1 Gerät mit 15 mA	15,0 mA
Summe I_d			**125,5 mA**

Bemerkungen:

Durch solche überschlägigen Berechnungen ergeben sich nur bei annähernd symmetrischer Verteilung der Ableitkapazitäten Werte, die für weitere Berechnungen verwendet werden können.

In einer ordentlich ausgeführten, neuen Installation kann in der Regel von einer Symmetrie der Ableitkapazitäten ausgegangen werden.

Ob Symmetrie vorliegt, kann mit den Messungen nach Bild 7.1.2 ermittelt werden.

Anschlussklemmen der Gebrauchsgeräte zu messen.

- Da die Messung direkt am Netz vorgenommen wird, handelt es sich um „Arbeiten in der Nähe unter Spannung stehender Teile". Die notwendigen Sicherheitsmaßnahmen sind unbedingt zu beachten.

H 7.1.03 Erprobung des Ansprechens des Isolationsüberwachungsgeräts

Das Erproben erfolgt in folgenden Schritten:

- Feststellen des am Isolationsüberwachungsgerät (→ Bild 7.1.6) eingestellten Ansprechwerts: Es muss ein der Anlage angemessener Ansprechwert (z. B. 100 Ω/V) eingestellt sein.
- Kontrolle der Anzeige des Isolationsüberwachungsgeräts: Es darf kein Isolationsfehler angezeigt werden.
- Simulation eines künstlichen Isolationsfehlers durch Einschalten eines veränderbaren Widerstands zwischen dem Netz und dem Schutzleiter (→ Bild 7.1.5).

Achtung!
- Die Spannungsfestigkeit des Widerstands muss mindestens der Netz-Nennspannung entsprechen.
- Die Nennleistung des Widerstands muss größer sein als die bei der Prüfung entstehende Verlustleistung. Diese ist zu berechnen. Um unabhängig von der vorhandenen kapazitiven Ableitung des Netzes zu sein, sollte der ungünstigste Fall angenommen werden, d. h. am Prüfwiderstand liegt die volle Netzspannung.

- Berechnung der (Verlust-)Nennleistung des Widerstands:

$$P_V = 3 \cdot (U_N^2 / R_F);$$

Faktor 3 Sicherheitsfaktor,
U_N Nennspannung des Netzes,
R_F Prüfwiderstand.

Als Widerstandswert ist ein Wert zu wählen, der dem eingestellten Ansprechwert entspricht (Dabei berücksichtigen, dass der Ansprechwert des Isolationsüberwachungsgeräts nach der Gerätenorm eine Toleranz zwischen 0 und +50 % aufweisen darf!).

- Das Isolationsüberwachungsgerät muss nach einer angemessenen Messzeit den Isolationsfehler melden. In der Gerätenorm sind Anforderungen für die Ansprechzeiten nur für Nennbedingungen angegeben. Es können Ansprechzeiten zwischen einer Sekunde und mehreren Minuten auftreten; sie sind Im Wesentlichen abhängig von der Ableitkapazität des Netzes sowie von niederfrequenten Überlagerungsspannungen gegen Erde, wie sie z. B. in Netzen mit Frequenzumrichtern vorkommen können. Das Feststellen der tatsächlichen Ansprechzeit ist deshalb nicht sinnvoll.

H 7.1.04 Erprobung des Ansprechens der Isolationsfehler-Sucheinrichtung

Die Erprobung des Ansprechens der Isolationsfehler-Sucheinrichtung erfolgt sinngemäß wie die Prüfung des Ansprechens des Isolationsüberwachungsgeräts. Hierzu wird der den Isolationsfehler simulierende Widerstand in einen der selektiv überwachten Abgänge geschaltet. Dabei empfiehlt es sich, einen direkten Erdschluss (R praktisch 0 Ω) zu simulieren. Die Isolationsfehler-Sucheinrichtung muss den fehlerbehafteten Zweig des Netzes anzeigen.

7.2 Prüfen und Messen an Einrichtungen zur Differenzstrom-Überwachung

7.2.1 Allgemeines, Prüfaufgabe

Differenzstrom-Überwachungsgeräte (RCM; → Tab. 4.7.1) werden eingesetzt, wenn zusätzlich zu den für geerdete Systeme (TN-/TT-System) zwingend vorgegebenen Schutzmaßnahmen und Schutzeinrichtungen (→ K 4) [4.14] Ableit- und/oder Fehlerströme des zu überwachenden Stromkreises (Anlage, Anlagenteil, Gebrauchsgeräte) erfasst werden sollen. Die Entscheidung über die jeweilige Aufgabe, den Einsatzort und die Bemessungswerte der Differenzstrom-Überwachungseinrichtung muss der Errichter der Anlage bzw. deren Betreiber treffen. *Bild 7.2.1* zeigt die prinzipielle Anordnung einer RCM in der zu überwachenden Anlage.
Für den Prüfer entsteht damit in jedem Fall folgende

Prüfaufgabe:
Es ist festzustellen, ob sich das Differenzstrom-Überwachungsgerät in einem ordnungsgemäßen Zustand befindet. Durch eine Messung ist zu ermitteln, ob der vom Gerät angezeigte oder zur Meldung führende Wert dem des tatsächlich fließenden Differenzstroms entspricht.

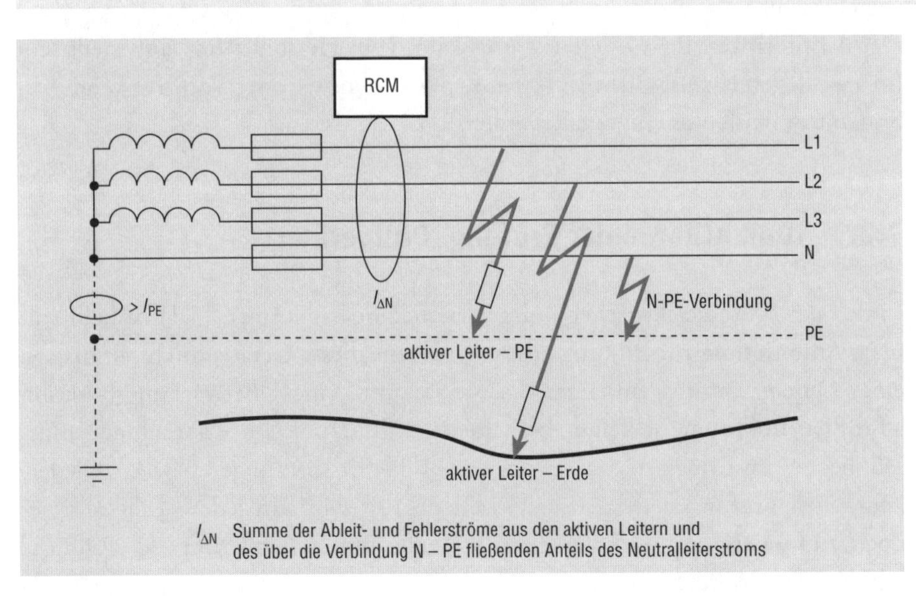

Bild 7.2.1
Prinzip der Anordnung einer Differenzstrom-Überwachungseinrichtung (RCM) in einem Stromkreis sowie Wirkungsweise der Erfassung der Ableit- und/oder Fehlerströme

7.2.2 Wirkungsweise des Differenzstrom-Überwachungsgeräts

Die Wirkungsweise und die messtechnische Erfassung des Differenzstroms sowie die Charakteristiken dieser Geräte entsprechen den im Abschnitt 4.7 behandelten Fehlerstrom-Schutzeinrichtungen.
Im Unterschied zu Fehlerstrom-Schutzeinrichtungen erfolgt jedoch beim Erreichen des eingestellten Ansprechwerts keine Abschaltung der Versorgungsspannung, sondern das Überschreiten dieses Grenzwerts wird durch eine Meldeleuchte, eine akustische Meldung über einen Alarmkontakt oder ein durch eine separate Meldeeinrichtung visualisiertes Signal angezeigt. Zusätzlich zu dieser Meldung können die Geräte mit einer analogen oder digitalen Anzeige für den jeweils aktuellen Differenzstrom ausgestattet sein.
Die Mess- und Einstellbereiche für den Ansprech-Differenzstrom reichen je nach Ausführung von einigen Milliampere bis in den Amperebereich. Die Geräte können mit einem oder auch mehreren Messkanälen ausgestattet sein, die durch die Elektronik des Geräts nacheinander ausgewertet werden.
Die Vorgaben für die Ansprechzeit unterscheiden sich erheblich von denen der Fehlerstrom-Schutzeinrichtungen; nach DIN VDE 0663 darf sie maximal 10 Sekunden betragen. Darüber hinausgehende Forderungen zur Ansprechzeit existieren nicht.
Der Ansprechwert des Differenzstroms kann vom Hersteller fest eingestellt sein (in der Regel 10 mA, 30 mA, 100 mA, 300 mA usw.) oder vom Anwender in Stufen bzw. stufenlos eingestellt werden.

7.2.3 Durchführen der Prüfung, Prüfgerät

In den das Prüfen elektrischer Anlagen betreffenden Normen [3.1] ist keine direkte Anforderung zur Prüfung des Ansprechens dieser Geräte durch Simulation eines Differenzstroms enthalten. Da sie ja „nur“ eine Überwachungsfunktion ausführen und zumeist keine abschaltende Schutzfunktion wahrnehmen müssen, liegt es im Ermessen des Anwenders, ob bei Erstprüfungen bzw. bei wiederkehrenden Prüfungen der Ansprechwert geprüft wird. In jedem Fall sollte jedoch zumindest die Wirksamkeit des Geräts durch Betätigung der Prüftaste nachgewiesen werden.
Vor dem Beginn der Messung sollte das Gerät unter Berücksichtigung der in den Tabellen 4.1.5 und 4.7.2 angegebenen Prüfschritte besichtigt werden. Zum

Messen und Erproben ist es dann „lediglich" erforderlich, einen definierten Prüfstrom (Differenzstrom) zwischen einem Außen- und dem Schutzleiter zu erzeugen.

Da die Mess- und Ansprechcharakteristik von Differenzstrom-Überwachungsgeräten weitgehend der von Fehlerstrom-Schutzeinrichtungen entspricht, können grundsätzlich auch die bei deren Prüfung eingesetzten Prüfeinrichtungen zur Anwendung kommen. Diese müssten jedoch einen konstanten Prüfstrom in der Höhe des Ansprech-Differenzstromes mindestens für 10 Sekunden abgeben können, weil die Ansprechzeit der Differenzstrom-Überwachungsgeräte bis zu 10 Sekunden betragen kann. Da die üblichen Prüfgeräte den Prüfstrom meist nur für sehr kurze Zeit (< 1 s) zur Verfügung stellen, ist es notwendig, eine geeignete Prüfeinrichtung unter Verwendung einer Widerstandsdekade oder eines einstellbaren Widerstands selbst herzustellen *(Bild 7.2.2)*. Dies sollte unbedingt durch den Betreiber der RCMs erfolgen, da

- ▷ dieser sicherlich auch zwischenzeitlich Kontrollen vornehmen will und
- ▷ es sich bei dieser Prüfeinrichtung nicht um ein „Provisorium" handeln darf.

Dieses betriebliche Prüfmittel muss normgerecht nach den Vorgaben von DIN VDE 0100 hergestellt und von der verantwortlichen Elektrofachkraft des Betreibers abgenommen worden sein (→ K 10). Es ist als elektrisches Gerät in die betrieblichen Prüfungen (→ K 2) einzubeziehen.

Da beim Ansprechen der Differenzstrom-Überwachungsgeräte *(Bild 7.2.3)* keine Abschaltung der überwachten Anlage erfolgt, gehört zum Messen das Beobachten seiner Meldeeinrichtung. Der genaue Wert der Ansprechzeit muss nicht

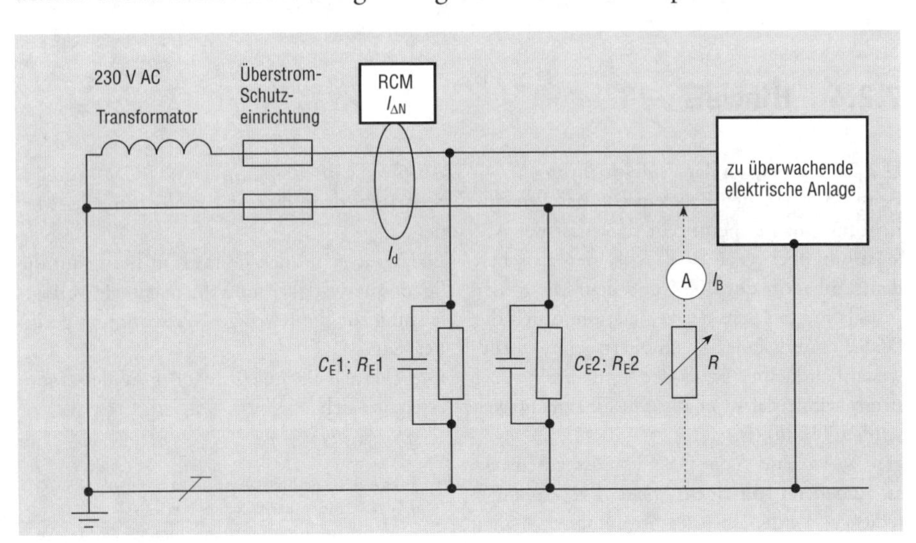

Bild 7.2.2
Prinzip der Prüfung einer Differenzstrom-Überwachungseinrichtung

ermittelt werden, da ja ohnehin keine Abschaltung erfolgt. Soll die Ansprechzeit trotzdem gemessen werden, kann dies unter Verwendung einer Zeitmesseinrichtung erfolgen, mit der die Zeit zwischen dem Einschalten des Prüfstromes und dem Ansprechen manuell erfasst wird (z. B. Stoppuhr). Das ist natürlich nur bei längeren Ansprechzeiten (>> 1 s) sinnvoll.

Wird ein Differenzstrom-Überwachungsgerät in Verbindung mit einem Leistungsschalter als Fehlerstrom-Schutzeinrichtung nach VDE 0660 Teil 102 eingesetzt, so muss die Prüfung der Wirksamkeit dieser Kombination mit einem Prüfgerät nach VDE 0413 und unter den gleichen Bedingungen wie für einen Fehlerstrom-Schutzschalter (→ A 4.7) durchgeführt werden.

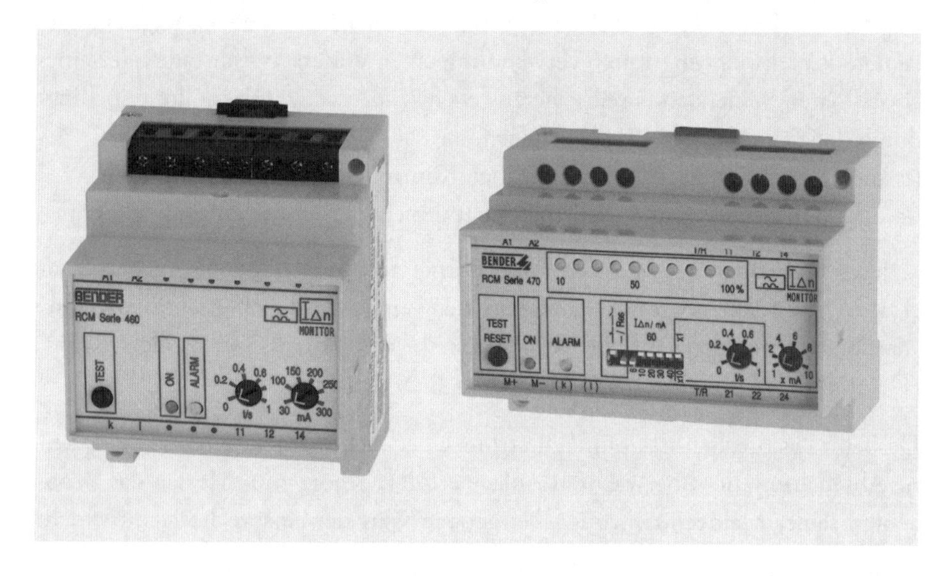

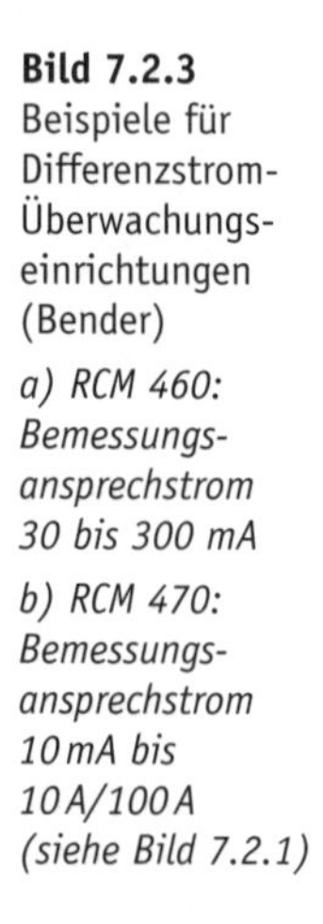

Bild 7.2.3
Beispiele für Differenzstrom-Überwachungseinrichtungen (Bender)

a) RCM 460: Bemessungsansprechstrom 30 bis 300 mA

b) RCM 470: Bemessungsansprechstrom 10 mA bis 10 A/100 A (siehe Bild 7.2.1)

7.2.4 Hinweis

H 7.2.01 Funktion der Prüfeinrichtung

Beim Auslegen der Bauelemente der Prüfeinrichtung muss sichergestellt sein, dass der Ableitstrom über $C_E 1$ bzw. $R_E 1$, der zwischen dem Einbauort des RCM und dem Ort in der Installation, an dem der Fehlerstrom durch die Widerstandsdekade R simuliert wird, fließt, wesentlich kleiner ist als der simulierte Fehlerstrom selbst, damit er die Messung nicht wesentlich beeinflusst.

Der Widerstand R der Dekade muss stufenweise, ausgehend von einem hohen Wert, so lange reduziert werden, bis der Strommesser A den Ansprech-Differenzstrom des RCM anzeigt. Spätestens dann muss der Fehler gemeldet werden.

Die Widerstandsdekade muss in Bezug auf die Spannungsfestigkeit und die maximale Verlustleistung für die jeweilige Netzspannung geeignet sein.

Die (Verlust-)Nennleistung des Widerstandes errechnet sich aus:

$$P_V = 3 \cdot (U_N \cdot I_\Delta);$$

Faktor 3 Sicherheitsfaktor,
U_N Nennspannung des Netzes,
I_Δ Ansprech-Differenzstrom des RCMs.

7.3 Prüfen und Messen in nicht leitenden Räumen

7.3.1 Allgemeines, Prüfaufgabe

In elektrischen Anlagen mit einem geerdeten Netz sind auch zwei spezielle, wenig bekannte und nur in Sonderfällen anwendbare Schutzmaßnahmen gegen elektrischen Schlag zugelassen [2.5]. Das sind der

▷ Schutz durch nicht leitende Räume und der
▷ Schutz durch erdfreien örtlichen Potentialausgleich.

Bei beiden beruht der Fehlerschutz (Schutz bei indirektem Berühren) im Wesentlichen auf der Isolierung des Standorts von Personen gegenüber Erde (→ A 7.3.2). Bei den elektrischen Betriebsmitteln in diesem Raum kann dann auf den Fehlerschutz verzichtet werden (Schutzklasse 0). Zu unterscheiden ist, dass an diesem isolierten Standort beim

▷ **Schutz durch nicht leitende Räume**
auch der „Schutz durch Abstand“ gesichert werden muss, d. h. einer Person darf nicht das gleichzeitige Berühren von Körpern/Teilen möglich sein, die beim Versagen des Basisschutzes gegeneinander Spannung führen könnten *(Bild 7.3.1)* oder beim
▷ **erdfreien örtlichen Potentialausgleich**
auch die „Schutzmaßnahme Potentialausgleich“ wirksam wird, indem alle im Bereich des isolierten Standorts der Personen vorhandenen leitenden berührbaren Teile durch einen erdfreien Potentialausgleichsleiter (Schutzleiter) verbunden sind *(Bild 7.3.2)*.

Aus dieser Wirkungsweise ergibt sich für beide Schutzmaßnahmen die

Prüfaufgabe:
Nachweis
- des/der ausreichenden Widerstands/Impedanz der isolierenden Böden und Wände gegenüber leitenden Teilen und
- der normgerechten, dem zu erwartenden Gebrauch entsprechenden Gestaltung (Schutz durch Abstand) sowie – gegebenenfalls –
- der erdfreien Verbindung aller im betreffenden Raum vorhandenen berührbaren leitenden Teile.

Die einzelnen Prüfschritte sind in *Tabelle 7.3.1* aufgeführt.

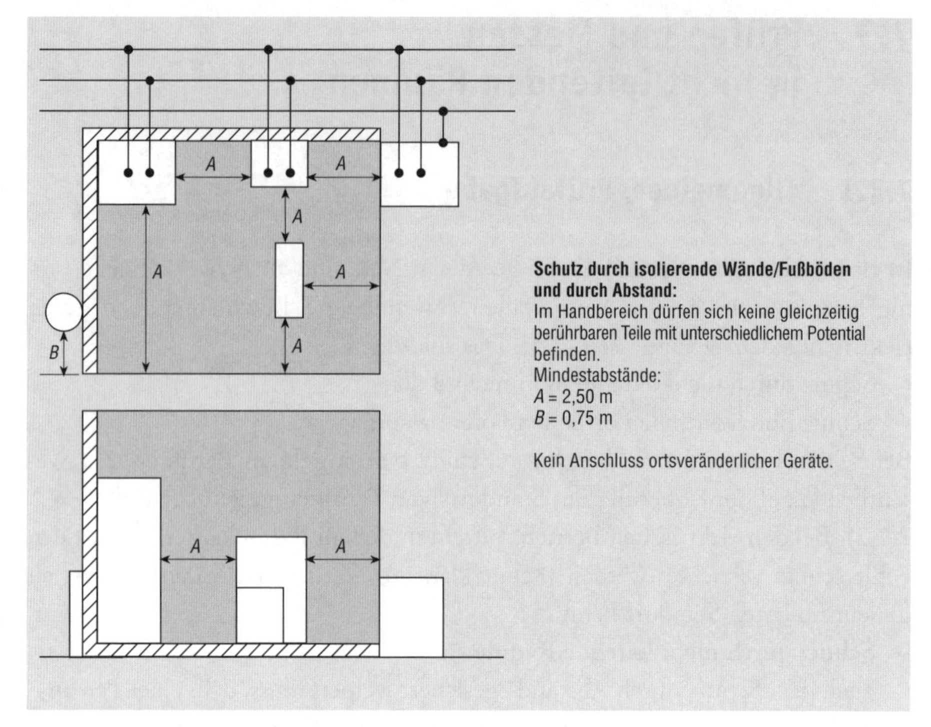

Bild 7.3.1
Prinzipdarstellung der Schutzmaßnahme „Nicht leitende Räume"

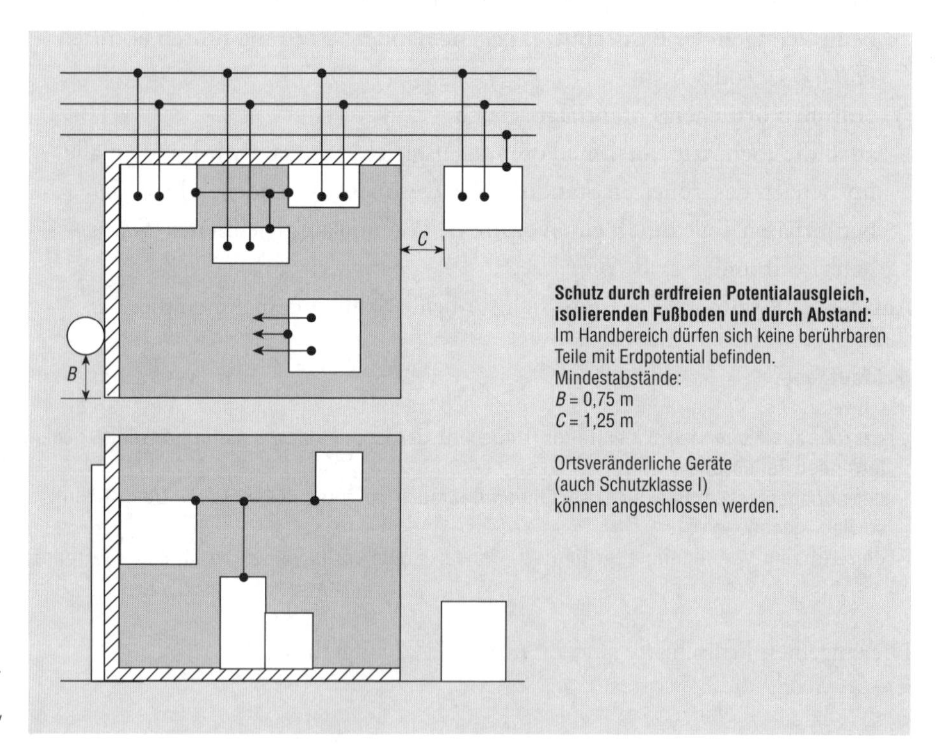

Bild 7.3.2
Prinzipdarstellung der Schutzmaßnahme „Erdfreier Potentialausgleich"

Tab. 7.3.1 Prüfschritte zum Nachweis der ordnungsgemäßen Gestaltung der Schutzmaßnahmen in nicht leitenden Räumen

Prüfschritt, Vorgabe	Schutzmaßnahme nicht leitender Raum (Bild 7.3.1)	erdfreier örtlicher Potentialausgleich (Bild 7.3.2)
Körper müssen so angeordnet sein, dass eine Person nicht gleichzeitig zwei Körper oder einen Körper und ein leitfähiges Teil berühren kann (Besichtigen und Erproben)	X	–
Es darf kein Schutzleiter und kein geerdetes Teil im Raum vorhanden sein (Besichtigen; Messen nach A 4.3)	X	–
Es darf nicht möglich sein, dass eine Person einen Körper im Raum und gleichzeitig ein leitfähiges Teil außerhalb des Raums berühren kann (Besichtigen, Erproben)	X	X
Messen des Widerstands der Isolierungen je nach Spannungssystem und nach Bild 7.3.4 und/oder 7.3.5	X	X
Prüfen von Isolierteilen, die zum Abdecken leitfähiger berührbarer Teile dienen (Besichtigen, Spannungsprüfung mit 2 kV, Ableitstrommessung mit Grenzwert 1 mA)	X	–
Nachweis der Verbindung aller berührbaren leitfähigen Teile, Körper und Anschlussstellen für ortsveränderliche Geräte durch den erdfreien Potentialausgleich (Messen → A 4.2)	–	X
Nachweis der Erdfreiheit des Potentialausgleichs (Messen → A 4.3)	–	X

7.3.2 Kennwerte von isolierenden Böden oder Wänden

Nicht nur bei der Anwendung der im Abschnitt 7.3.1 genannten Schutzmaßnahmen gegen elektrischen Schlag z. B. in Prüffeldern oder anderen elektrischen Betriebsstätten, sondern auch in einer Vielzahl von Räumen in Fertigungs-, Labor- oder Gesundheitsbereichen sind bestimmte elektrische Eigenschaften des Fußbodens und/oder der Wände eine Voraussetzung sowohl für Sicherheit und Gesundheitsschutz als auch für eine funktionsgerechte Verwendung. Hierzu gehören die Eigenschaften/Kennwerte

▷ ohmscher Widerstand und
▷ Durchgangskapazität bzw. Wechselspannungswiderstand (Impedanz)

des verwendeten Materials, bzw. der daraus hergestellten Bauelemente bzw. Fußböden oder Wände, die neben anderen Merkmalen (z. B. mechanische Festigkeit, nicht hygroskopisch) bereits bei der Planung der baulichen Anlage mit berücksichtigt werden müssen.

Vorgegeben ist in DIN VDE 0100 Teil 410 für den **Schutz durch nicht leitende Räume,** dass der „Widerstand" dieser Fußböden/Wände an keiner Stelle den Wert von

- ▷ 50 kΩ bei einer Bemessungsspannung der elektrischen Anlage bis 500 V und
- ▷ 100 kΩ bei einer Bemessungsspannung der elektrischen Anlage über 500 V

unterschreiten darf. Ziel ist, gefährliche Berührungsströme/Körperströme für die dort anwesenden Personen zu verhindern. Unverständlich sind allerdings die angegebenen geringen Grenzwerte, die einen Körperstrom von 500 V/50 kΩ = 10 mA zulassen würden.

Der einzuhaltende „Widerstand" ist je nach der Art der Spannung des im betreffenden Raum vorhandenen Versorgungssystems

- ▷ bei Wechselspannung **der Wechselstromwiderstand** (Impedanz), zu messen mit einer Wechselspannung (Frequenz der Versorgungsspannung),
- ▷ bei Gleichstrom der **Gleichstromwiderstand** (ohmscher Widerstand), zu messen mit einer Gleichspannung.

Für den Schutz durch **erdfreien örtlichen Potentialausgleich** sind diese Vorgaben ebenfalls einzuhalten, da der isolierende Fußboden auch bei dieser Schutzmaßnahme in gleicher Weise wirksam werden muss und daher ebenso beurteilt werden sollte.

7.3.3 Messverfahren

Der Nachweis des ausreichenden Widerstands der Isolierungen erfolgt mit folgenden Messverfahren:

Bei DC-Versorgungsanlagen

ist der **Isolationswiderstand** (Erdableitwiderstand) zu messen. Zu verwenden sind die Messschaltung nach *Bild 7.3.3* und ein Isolationswiderstandsmessgerät nach DIN VDE 0413 [3.7] mit einer Messspannung in der Höhe der Bemessungsspannung der am Ort vorhandenen elektrischen Niederspannungs-Versorgungsanlage, mindestens aber 500 V DC.

Bewertung: Der Messwert des Widerstands darf an keiner Stelle die in Abschnitt 7.3.2 genannten Grenzwerte unterschreiten. Empfohlen wird als Grenzwert jedoch 1 MΩ, da üblicherweise Werte von >> 1 MΩ zu erwarten sind.

Bei AC-Versorgungsanlagen

Variante 1: Es ist der **Wechselstromwiderstand** (Erdableitimpedanz) mit der Bemessungsspannung der Versorgungsanlage zu messen. Messschaltung nach *Bild 7.3.4*.

Variante 2: Zulässig ist nach DIN VDE 0100 Teil 610 auch die Messung mit einer geringeren Wechselspannung (mindestens 25 V, gleiche Frequenz wie die Versorgungsspannung), wenn außerdem auch der Isolationswiderstand (siehe DC-Versorgungsanlagen) gemessen wird.

Bewertung: Für alle Messungen gilt, dass der Messwert des Widerstands an keiner Stelle die im Abschnitt 7.3.2 genannten Grenzwerte unterschreiten darf. Empfohlen wird als Grenzwert jedoch 1 MΩ, da üblicherweise Werte von > 1 MΩ zu erwarten sind.

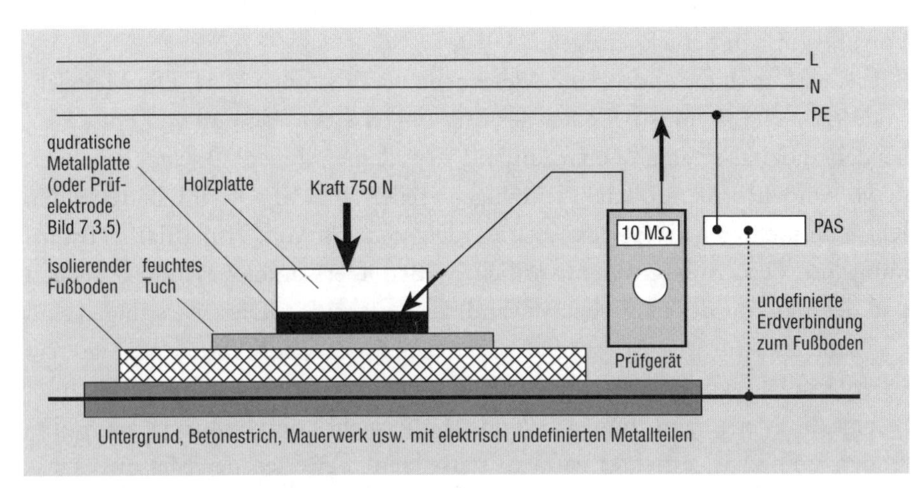

Bild 7.3.3 Messanordnung zum Ermitteln des Widerstands (Isolationswiderstand, Erdableitwiderstand) oder des Ableitstroms des isolierenden Fußbodens *Seitenlänge der quadratischen Metallplatte: 250 mm*

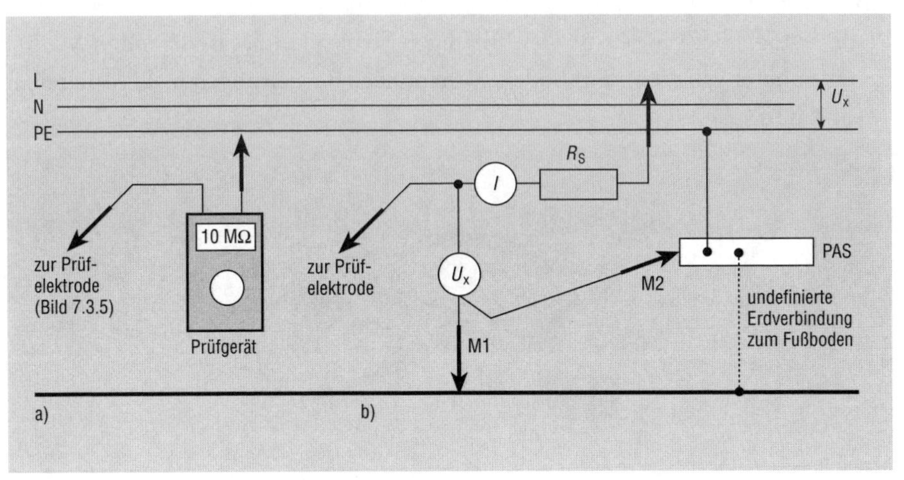

Bild 7.3.4 Messanordnung zum Ermitteln des Wechselstromwiderstands (Impedanz) des isolierenden Fußbodens

a) mit einem Prüfgerät nach DIN VDE 0413

b) mit selbst hergestellter Messschaltung (möglichst vom Versorgungsnetz sicher zu trennen)

Anmerkung: Es wird empfohlen, die zweite Variante zu verwenden. Anstelle des Wechselstromwiderstands kann unter Verwendung der Ersatz-Ableitstrommessschaltung (Bild 6.4.7; → A 6.4) auch der Berührungsstrom (Körperstrom) gemessen werden; er sollte 0,5 mA nicht überschreiten.

7.3.4 Durchführen der Messungen

Der Nachweis ist für jeden Ort zu führen, an dem sich bestimmungsgemäß Personen aufhalten können.
Vor dem Messen ist durch Besichtigen festzustellen, dass die Normenvorgaben eingehalten werden (→ Tab. 7.3.1). Die Messbedingungen sind mit dem Anlagenverantwortlichen (Betreiber) abzustimmen, um etwaige funktionsbedingte Vorgaben mit zu berücksichtigen.
Für jeden Ort sind mindestens 3 Messungen vorzunehmen [3.1]. Die Messelektrode *(Bild 7.3.5)* muss bei einer der Messungen einen Abstand von etwa 1 m, bei den anderen einen größeren Abstand von allen an diesem Ort möglicherweise vorhandenen berührbaren leitfähigen Teilen haben. Ob im betreffenden Raum an mehreren Orten gemessen werden sollte, ist vom Prüfer nach Abstimmung mit dem Anlagenverantwortlichen (Betreiber) unter Beachtung der Art und der Struktur des Fußbodens (Wand) zu entscheiden. Diese Messungen sind gegebenenfalls für jede Art des Fußbodens oder der Wände (Struktur, Material, Oberfläche) zu wiederholen.
Erfolgt die Messung an Böden (Wänden), die nicht von vornherein als „isolierender Fußboden" errichtet wurden, muss beim Bewerten der Messungen beachtet werden,

- ▷ dass möglicherweise keine gleichmäßigen Strukturen des isolierenden Materials und etwaiger, im Fußboden vorhandener Bewehrungen o. Ä. vorhanden sind und

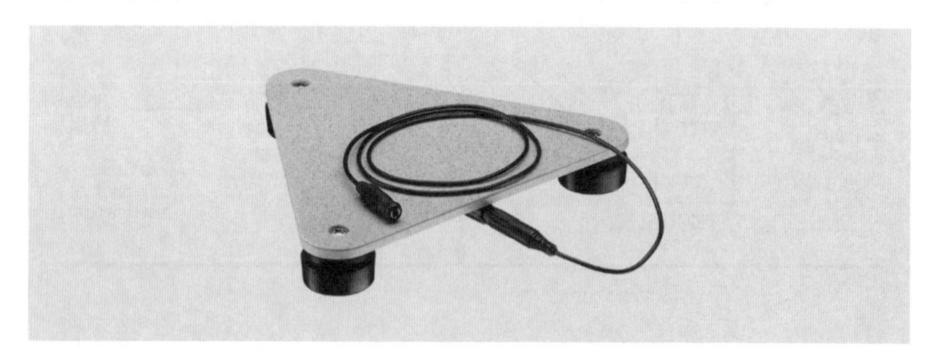

Bild 7.3.5 Prüfelektrode (Fußbodensonde) mit Anschlussklemme *(GMC)*

▷ dass sich das Potential von Bewehrungen o. Ä. durch Änderungen der Betriebs-/Schaltzustände ebenfalls ändern kann.

Messungen an Wänden sind nur schwer zu realisieren. Es wird empfohlen, anstelle der Messung gegebenenfalls das Besichtigen und anschließend einen Vergleich mit anderen, mit positiven Ergebnissen gemessenen Bauteilen vorzunehmen.

Bei neu errichteten Anlagen muss der Errichter der elektrischen Anlage bereits in der Planungsphase des Bauwerks dafür sorgen, dass die im Baukörper unter/hinter den vorgesehenen isolierenden Schichten liegenden fremden leitfähigen Teile in den Potentialausgleich einbezogen werden. Die Bauteile sollten möglichst so gestaltet sein, dass die Messungen vor ihrer Montage erfolgen können und dann nach der Montage eine Besichtigung ausreicht.

Bei bestehenden Anlagen ist soweit wie möglich sicherzustellen, dass die im Untergrund des isolierenden Fußbodens liegenden leitenden Systeme (Bewehrung, Träger o. Ä.) während der Messung in den Potentialausgleich einbezogen werden.

Für die Messung ist bevorzugt eine speziell für diese Messung vorgesehene Prüfelektrode (→ Bild 7.3.5) zu verwenden, um vergleichbare Messbedingungen und Messwerte sicherzustellen. Der Fußboden muss feucht sein oder ist entsprechend Bild 7.3.3 mit einem feuchten Tuch zu bedecken. Auch wenn die Prüfelektrode nach Bild 7.3.5 nicht vorhanden ist, darf dennoch die Messanordnung nach Bild 7.3.3 angewandt werden.

Die mit der Bemessungsspannung der AC-Versorgungsanlage vorzunehmende Messung sollte mit einer von der Versorgungsanlage sicher getrennten Messanordnung oder einem dementsprechenden Prüfgerät (→ Bild 7.3.4a) vorgenommen werden.

Wird sie mit Netzspannung und einer Strom-/Spannungs-Messschaltung nach Bild 7.3.4b) vorgenommen, so muss dies unter Beachtung der erforderlichen Sicherheitsmaßnahmen (Innenwiderstand des Spannungsmessers mindestens 1 MΩ, Widerstand R_S zur Begrenzung des Stromes auf höchstens 3,5 mA) gegen die bei einem Isolationsdefekt mögliche Spannungsverschleppung/Durchströmung erfolgen. Der Wechselstromwiderstand (Impedanz) errechnet sich aus

$$Z_{iso} = U_x / I.$$

Kann bei den Messungen kein unter dem isolierenden Fußboden im Raumfußboden liegendes leitendes Teil mit der Messelektrode angetastet werden (M1 in Bild 7.3.4), ist dazu der Potentialausgleich des Gebäude-Bereichs (M2) zu verwenden.

7.3.5 Hinweise

H 7.3.01 Erdableitwiderstand, elektrische Ableitfähigkeit bzw. Ableitwiderstand des Fußbodens

Bei der Errichtung von elektrischen Anlagen mit einer der beiden genannten Schutzmaßnahmen und beim Einrichten von Arbeitsstätten, in denen elektrostatische Aufladungen zu vermeiden sind, müssen bei der Auswahl des Fußbodenmaterials neben anderen Nutzeigenschaften auch alle elektrischen Kennwerte mit berücksichtigt werden. Wird das versäumt, kann es zu erheblichen Kosten, z. B. durch eine notwendige Neuverlegung, oder zu Schäden an Personen oder Sachen während des Betreibens der Einrichtungen kommen.

Für die Beurteilung der Eignung der elektrischen Eigenschaften des bereits verlegten Fußbodens sind neben den bereits oben erwähnten Kennwerten

- ▷ der Ableitwiderstand (auch Oberflächenwiderstand) bzw. die Ableitfähigkeit des Fußbodens gegenüber elektrostatischen Aufladungen

und für das Fußbodenmaterial bei einer Prüfung vor dem Verlegen

- ▷ der Durchgangswiderstand

maßgebliche Merkmale.

Bei den Messungen zur Beurteilung der Eigenschaften geht es um das Beurteilen der

- ▷ ableitfähigen und antistatischen Fußböden (vorwiegend in Produktionsstätten) und
- ▷ der in diesem Abschnitt für die Schutzmaßnahmen wirksamen isolierten Fußböden und Wände.

Die statischen Aufladungen können zur Schädigung von ladungsempfindlichen elektronischen Bauelementen, Komponenten oder Einrichtungen führen. Eine direkte Gefährdung von Personen oder Sachen kann durch die dabei auftretenden elektrischen Ladungen bzw. Entladungsvorgänge nicht entstehen, jedoch können sich die Sekundärfolgen (Brand, Explosion, Unfall durch Schreck) sehr gravierend auswirken.

Einige Fußbodenmaterien, die über einen hohen Durchgangswiderstand (Erdableitwiderstand) verfügen; sind infolge einer hohen Durchgangskapazität (bis zu 100 nF/m^2) häufig für die Schutzmaßnahmen gegen elektrischen Schlag nicht geeignet: Der bei dieser Durchgangskapazität mögliche Ableitstrom gegen Erde überschreitet den vorgegeben Grenzwert von 0,5 mA erheblich.

H 7.3.02 Einsatz der Schutzmaßnahme „örtlicher erdfreier Potentialausgleich“

Das Einrichten eines Raums mit dieser Schutzmaßnahme ist auch sinnvoll

- ▷ als Prüfplatz (das versehentliche Berühren aktiver Teile führt nicht zur Durchströmung) und
- ▷ zum Gewährleisten der elektromagnetischen Verträglichkeit (es werden keine Störungen über den Schutzleiter/Potentialausgleich eingeschleppt).

Vorteilhaft ist diese Lösung vor allem für Prüfplätze, an denen Geräte mit hoher Leistung zu prüfen sind und das Einführen einer anderen Schutzmaßnahme einen kostenintensiven Transformator erfordern würde.

7.4 Prüfen und Messen an „gesteckten" Anlagen

7.4.1 Allgemeines, Prüfaufgabe

Es bedarf keiner großen Mühe, eine zeitweilig benötigte Anlage/Teilanlage durch das Zusammenstecken von ortsveränderlichen Verteilern und Gebrauchsgeräten zu errichten und sie dann über eine Steckdose mit der bereits vorhandenen, ortsfesten elektrischen Anlage zu verbinden.
Ein solches Gebilde ist rechtlich gesehen keine selbstständige Abnehmeranlage. In technischer Hinsicht kann es sich um

- ▷ eine lang- oder kurzlebige, oft chaotische Kombination von mehreren Verlängerungs- und Anschlussleitungen in einem Büro- oder Wohnraum oder
- ▷ eine umfangreiche, aber kurzlebige Installation, z. B. für ein Gartenfest, eine Riesen-Hochzeit o. Ä. mit Grill-, Ton- und Beleuchtungstechnik oder
- ▷ ein doch langlebiges Produktions-Provisorium z. B. auf dem Freigelände eines Betriebs handeln.

Gleichgültig, ob eine solche Installation nun als Anlage bezeichnet wird oder nicht, bezüglich der Sicherheit ergeben sich erfahrungsgemäß oft mehrere der in *Tabelle 7.4.1* aufgeführten Probleme.
Zunächst ist festzustellen:

Jeder Betreiber einer ortsfesten Abnehmeranlage – meist ein Elektrolaie – ist berechtigt, von einer 16-, 32- oder 63-A-Steckdose aus, eine solche steckbare „Anlage" mit einer beliebigen Anzahl von Verteilern und Gebrauchsgeräten herzustellen. Es besteht keine für ihn direkt erkennbare Veranlassung, eine Elektrofachkraft mit dem Zusammenstecken zu beauftragen.

Dass eine solche Anlage (Anlagenteil/Gerätekombination) – bedingt durch die Art ihrer Nutzung – möglicherweise als elektrische Anlage einer besonderen Betriebsstätte (→ Tab. 7.4.2) auszuführen wäre und somit eine Elektrofachkraft mit dem Zusammenstecken (Errichten) beauftragt werden müsste, ist dem Betreiber sehr wahrscheinlich nicht bekannt.
Eine solche Situation kann – infolge des Steckprinzips – in jeder normalen Abnehmeranlage und auch dann entstehen, wenn die ordnungsgemäß errichtete und geprüfte Anlage einer besonderen Betriebsstätte, z. B. nach Schaustellerart (VDE 0100 Teil 722), von ihrem nicht fachkundigen Betreiber durch das Hinzufügen (Stecken) von weiteren Verteilern oder Gebrauchsgeräten erweitert wird.

Das Besondere an diesen zusammengesteckten Anlagen sind hinsichtlich der Sicherheit nicht nur die Steckverbinder (Schutzart, Kontaktgabe, Übergangswiderstände, Zugentlastung). Sicherheitsprobleme entstehen vielmehr auch, weil

▷ die in diesem Fall zu beachtenden Regeln des Errichtens (Zusammensteckens) nirgendwo offiziell aufgeführt sind,

Tab. 7.4.1 Mögliche Gefährdungen bei elektrischen Anlagen (Anlagenteilen, Gerätekombinationen) mit vorwiegend steckbaren Verteilern und Gebrauchsgeräten

Mögliche Gefährdung	Bemerkung
– Abschaltbedingungen sind infolge einer zu großen Leitungslänge nicht mehr gewährleistet – Am Einsatzort der Gebrauchsgeräte erforderlicher Fehler-/Zusatzschutz durch FI-Schutzschalter ist nicht vorhanden – Unzulässige Schutzleiterströme (> 3,5 mA) am Speisepunkt infolge der Beschaltungen der Gebrauchsgeräte	Ursache ist das praktisch unbegrenzt mögliche Erweitern (Anstecken) durch Leitungen und Gebrauchsgeräte.
– Überlastung des/der als Speisepunkt dienenden Stromkreises/Steckdose durch den Dauerbetrieb mit ihrem Bemessungsstrom – Übermäßige Erwärmung der Steckkontakte durch Übergangswiderstände (Schmutz, Alterung) – Übermäßige Erwärmung bei Steckdosenverteilern mit zu geringem Bemessungsstrom (10 A) oder ungenügender Qualität (Billigprodukte)	Ungenügender Schutz durch die Überstrom-Schutzeinrichtungen der ortsfesten Anlage im Bereich geringer Überlastung (100 ... 120 %)
– Nicht ausreichender mechanischer Schutz der Leitungen – Für den Einsatzort nicht ausreichende Schutzart der Steckvorrichtungen und/oder der Gebrauchsgeräte – Stolpergefahr – Leitungslegung unsachgemäß, Berührungsgefahr – Veränderung der Leitungswege im Verlauf des Betreibens – Hohe Wahrscheinlichkeit von unkontrollierten und/oder unsachgemäßen Eingriffen der anwesenden Personen	– Möbel, Schuhe, Transporte, Nässe – Verwendung von für Innenräume vorgesehenen Geräten im Freien – hohe Beanspruchung durch die anwesenden Personen (Menge, Art)
– Verwendung defekter und/oder nicht geprüfter Betriebsmittel – Einsatz von provisorischen Halterungen, Schutzabdeckungen usw. – Fehlende Unterweisung der anwesenden Personen	Dem Betreiber sind die Gefährdungen und seine Verantwortung nicht bewusst.

▷ jeder Elektrolaie unbegrenzt zusammenstecken kann und auch darf,
▷ der fachunkundige Betreiber einer ortsfesten Anlage von keiner ihm „vorgesetzten" Person über die beim Zusammenstecken zu beachtenden Grundsätze/Vorsichtsmaßnahmen informiert wird,
▷ es von der unkontrollierten Größe der zusammengesteckten Anlage und der abgenommenen Leistung abhängt, ob Überstrom- und Fehlerschutz der ortsfesten Anlage normgerecht funktionieren oder eine Gefährdung entsteht.

Hinzu kommt, dass ein solches zusammengestecktes Gebilde nicht zur ortsfesten Anlage gehört und daher formal gesehen auch bei deren Wiederholungsprüfung nach DIN VDE 0105 Teil 100 nicht mit „unter die Lupe genommen" werden muss.

Es ist fast vorprogrammiert, dass bei einem solchen Zusammenstecken der Verteiler und der Gebrauchsgeräte durch Elektrolaien Mängel oder Schwachstellen „mit errichtet" werden oder durch das dann folgende sorglose Betreiben entstehen (→ Tab. 7.4.1). Und selbst eine Elektrofachkraft ist sich vielfach nicht darüber im Klaren, dass bei einem solchen scheinbar unproblematischen Zusammenstecken im konkreten Fall bestimmte allgemeingültige Normenvorgaben und mitunter sogar spezielle Festlegungen *(Tabelle 7.4.2)* einzuhalten sind.

Ungeachtet des nicht vorhandenen Wissens um die Gefährdungen und der mit einem sachgerechten Errichten verbundenen Schwierigkeiten sind natürlich der

Tab. 7.4.2 Elektrische Anlagen (Anlagenteile, Gerätekombinationen) mit vorwiegend steckbaren Verteilern und Gebrauchsgeräten

Art, Ort, Einsatzfall	Besonderheit, Norm
Baustellen	DIN VDE 0100 Teil 704
Märkte, Rummelplätze, Großveranstaltungen	DIN VDE 0100 Teil 722
Campingplätze, Marinas	DIN VDE 0100 Teil 708/709
Unterrichtsräume	DIN VDE 0100 Teil 723
Ortsveränderliche Prüfplätze	DIN VDE 0104, Buchabschnitt 7.7
Arbeitsplätze (Werkstatt, Büro) mit mehreren Gebrauchsgeräten/Arbeitsmitteln	Schutzart und Schlagfestigkeit entsprechend Einsatzart
Außenanlagen von Betrieben, Sportanlagen	DIN VDE 0100 Teile 470 und 735
Kinder-, Gartenfest von Privatpersonen, Vereinen usw.	Schutzart und Schlagfestigkeit entsprechend Einsatzart
Sanitätszelte u. ä.	DIN VDE 0100 Teil 710

Betreiber und gegebenenfalls dessen Elektrofachkraft dafür verantwortlich, dass ein solches zusammengestecktes Gebilde – gleichgültig welcher Art und Größe – sicher betrieben werden kann. Daraus ergibt sich die von prüfenden Elektrofachkräften in eigener Regie zu beachtende

Prüfaufgabe:
Werden mehrere steckbare Gebrauchsgeräte über einen gemeinsamen Verteiler versorgt, so ist durch Besichtigen und gegebenenfalls durch Messen festzustellen, ob sich durch den gewählten Speisepunkt, durch Art, Anzahl oder Betriebsverhalten der angesteckten Geräte oder durch andere Umstände Sicherheitsmängel ergeben haben oder während des Betreibens dieser Kombination entstehen können.

7.4.2 Durchführen der Prüfung

In *Tabelle 7.4.3* sind die Prüfungen aufgeführt, die

- ▷ als Erstprüfung einer solchen Kombination gesteckter Gebrauchsgeräte und ebenso
- ▷ bei der Wiederholungsprüfung dieser Kombination bzw. ihrer Versorgungsanlage

im jeweils nötigen Umfang vorgenommen werden sollten. Der Zeitpunkt der Wiederholungsprüfung ergibt sich aus den Besonderheiten dieser Kombination und den jeweiligen Betriebsbedingungen. Da es auch für Elektrolaien jederzeit möglich ist, weitere Verteiler oder Gebrauchsgeräte hinzuzufügen, muss vom Betreiber möglicherweise täglich eine Kontrolle erfolgen, um unzulässige Veränderungen rechtzeitig festzustellen.

Auf die Notwendigkeit dieser Prüfungen sind die Betreiber solcher Anlagen durch die mit ihnen in Kontakt kommenden Elektrofachkräfte bei jeder sich bietenden Gelegenheit hinzuweisen.

Prüfverfahren und Prüfgeräte sind in der gleichen Weise anzuwenden wie bei den ortsfesten Anlagen (→ K 4) bzw. den ortsveränderlichen Geräten (→ K 6).

Tab. 7.4.3 Prüfschritte zum Ermitteln von Mängeln, Schwachstellen und Gefährdungen an Anlagen (Anlagenteilen/Gerätekombinationen) mit vorwiegend steckbaren Verteilern und Gebrauchsgeräten

Anlagenteil, Prüfobjekt	Prüfung, Prüfschritt, zu klärender Sachverhalt	Bemerkung
1. Besichtigen		
Gesamte zusammengesteckte Anlage/Anlagenteil/Gerätekombination	Feststellen, ob für die Betriebsstätte/Art der Anlage oder für anzuschließende Anlagenteile (Zelte/mobile Wagen usw.) eine spezielle Norm existiert. **Wenn ja, Errichten/Prüfen nach dieser Norm!**	(→ Tab. 7.4.2)
Versorgungsanlage und die für den Anschluss vorgesehene Steckdose	– Feststellen, welche Schutzmaßnahme gegen elektrischen Schlag vorhanden ist, – klären, ob diese Schutzmaßnahme für die angesteckte Anlage zulässig ist, – klären, ob die Nennstromstärke der Steckdose der zu erwartenden Last entspricht, – Kontrolle des Zustands der Steckdose.	– Einsatzbedingungen der angesteckten Anlage berücksichtigen – für diese Einsatzbedingungen vorgegebenen FI-Schutzschalter beachten/nachrüsten
	Schukosteckdosen sollte nur **eine** Mehrfachsteckdose nachgeordnet werden.	(→ H 7.4.01)
Nachgeordnete Verteiler	Feststellen, ob – Zustand ordnungsgemäß, – CE-Zeichen und VDE-Prüfzeichen vorhanden, – aktuelle Prüfmarke vorhanden, – ausschließlich Steckdosenabgänge vorhanden.	Keine Anwendung von Betriebsmitteln ohne CE-Zeichen oder ohne gültige Prüfmarke!
Gebrauchsgeräte	Feststellen, ob – Zustand ordnungsgemäß, – CE-Zeichen und VDE-Prüfzeichen vorhanden, – aktuelle Prüfmarke vorhanden, – besondere Bedingungen (→ Tab. 7.4.2) oder besondere technische Belange (Umrichter) beachtet werden müssen.	
Anschluss- und Verlängerungsleitungen	Feststellen, ob – Zustand ordnungsgemäß, – CE-Zeichen und VDE-Prüfzeichen vorhanden, – aktuelle Prüfmarke vorhanden.	
	Feststellen, ob – Leitungstyp und Legungsart/mechanischer Schutz den zu erwartenden Beanspruchungen entsprechen, – Vorgaben für die Mindesthöhe aufgehängter Leitungen eingehalten wurden.	(→ DIN VDE 0100-722 Anlagen nach Schaustellerart)

Tab. 7.4.3 Fortsetzung

Anlagenteil, Prüfobjekt	Prüfung, Prüfschritt, zu klärender Sachverhalt	Bemerkung
2. Messen		
Als Speisepunkt benutzte Steckdose	Ermitteln, ob – Kurzschlussstrom/Schleifenimpedanz bzw. Auslösestrom des FI-Schutzschalters den Vorgaben entsprechen, – Rechtsdrehfeld vorhanden ist, – Neutralleiter ordnungsgemäß angeschlossen ist.	(→ K 4)
Anschlusspunkte der Gebrauchsgeräte	– gegebenenfalls (große Innenräume) Kurzschlusstrom/Schleifenimpedanz – Schutzleiterdurchgang an den Anschlusspunkten der Gebrauchsgeräte – gegebenenfalls Auslösestrom des jeweils vorgeordneten FI-Schutzschalters	

7.4.3 Hinweise

H 7.4.01 Wie viele Gebrauchsgeräte dürfen über einen gemeinsamen Verteiler angeschlossen werden?

Eine direkte Vorgabe dafür besteht nicht. Lediglich für fliegende Bauten nach Schaustellerart (→ Tab. 7.4.2) ist das Benutzen einer Schutzkontaktsteckdose „nur für den Anschluss eines Stromkreises" gestattet. Das heißt sinngemäß wohl, dass an eine damit vorhandene erste Steckdosenleiste keine weitere zweite angeschlossen werden soll.

Somit gibt es keine praktikable und durchsetzbare Einschränkung für die ja praktisch grenzenlos mögliche Erweiterung einer solchen „gesteckten Anlage". Lediglich die Einsicht in die für einen nachdenklichen Menschen offensichtliche Unlogik einer derartigen Verfahrensweise und das sinnvolle Anwenden der allgemein gültigen Normenvorgaben können zu einer sinnvollen Beschränkung des Steckprinzips führen.

Gefährdungen können sich vor allem dann ergeben, wenn als Folge einer nicht fachgerechten Erweiterung die Schutzmaßnahmen der ortsfesten Anlage in ihrer Wirksamkeit eingeschränkt werden (→ Tab. 7.4.1).

Zu empfehlen ist, je Steckdose einer ortsfesten Anlage oder eines fest angeschlossenen Speisepunkts (Baustromverteiler) nur einen weiteren mobilen Verteiler (Steckdosenleiste) und die dementsprechende Anzahl von Gebrauchsgeräte anzuschließen. Eine weitere Verteilerebene sollte nur kurzzeitig und nur dann zur Anwendung kommen, wenn es sich um Verteiler mit dem CEE-Stecksystem handelt.

Wenn die Anzahl der mobilen Steckdosenleisten die Anzahl der ortsfesten Steckdosen übersteigt, sollte dies kritisch bewertet werden und gegebenenfalls Grund einer Beanstandung sein.

Wie die Erfahrungen zeigen, sind Mehrfachsteckdosen bei Belastung mit dem Bemessungsstrom nach längerem Gebrauch unter ungünstigen Umgebungsbedingungen (Übergangswiderstände, Erwärmung) nicht mehr sicher gebrauchsfähig. Hinzu kommt, dass die Überstromschutzeinrichtungen eine geringe Überlast praktisch nicht (10 %) oder erst nach einer oder zwei Stunden (20 bis 40 %) abschalten. In dieser Zeit kann es infolge der entstehenden Wärmeleistung (20 bis 50 W und mehr) zu Ausfällen/Schäden kommen.

H 7.4.02 Welche Normen sollten bei den gesteckten Anlagen zur Anwendung kommen?

In Tabelle 7.4.2 sind die für bestimmte Einsatzorte geltenden Vorgaben aufgeführt. In allen Fällen in denen keine speziellen Vorgaben bestehen, sollte immer DIN VDE 0100 Teil 722 Grundlage für das Errichten einer solchen Anlage sein. Darüber hinaus sind aber die sich aus den Tabellen 7.4.1 und 7.4.3 ergebenden Hinweise zu berücksichtigen.

7.5 Prüfen und Messen an Ersatzstromerzeugern

7.5.1 Allgemeines, Prüfaufgaben

Ersatzstromerzeuger, vornehmlich die zum mobilen Einsatz vorgesehenen Aggregate mit Verbrennungsmotor und Generator, müssen

- ▷ alle Schutzeinrichtungen enthalten, die für ihren ordnungsgemäßen und sicheren Betrieb erforderlich sind, sowie
- ▷ für die anzuschließenden elektrischen Anlagen neben der normgerechten Versorgung mit Elektroenergie eine Schutzmaßnahme bei indirektem Berühren gewährleisten.

Bei einem neuen, normgerecht hergestellten Ersatzstromerzeuger ist davon auszugehen, dass dies gewährleistet ist, nicht jedoch immer bei einem Aggregat, das sich bereits im Einsatz befindet. Deswegen ergibt sich für Wiederholungsprüfungen eine gegenüber elektrischen Geräten und Maschinenausrüstungen etwas erweiterte

Prüfaufgabe:
Bei der Wiederholungsprüfung eines Ersatzstromerzeugers ist nachzuweisen, dass
- seine elektrische Sicherheit gewährleistet ist und
- mit ihm alle erforderlichen Maßnahmen bereitgestellt werden, die den Schutz der zu versorgenden elektrischen Anlagen und der im Bereich dieser Anlage anwesenden Personen, Nutztiere und Sachen gewährleisten.

Die zweite Forderung betrifft im Wesentlichen die

▷ **Qualität der elektrischen Spannung** (Konstanz, Form, → A 8.7) als eine Voraussetzung für z. B. die ordnungsgemäße Funktion der vom Ersatzstromerzeuger versorgten Sicherheitseinrichtungen und

▷ die **Schutzmaßnahme bei indirektem Berühren,** also den Schutz gegen elektrischen Schlag für alle Personen, die mit den Betriebsmitteln der angeschlossenen elektrischen Anlage in Berührung kommen.

Zu berücksichtigen sind bei der Prüfung

▷ die bestimmungsgemäße Betriebsführung,

▷ die mitunter erschwerten Bedingungen, unter denen die mobilen Ersatzstromerzeuger und die von ihnen versorgten elektrischen Anlagen bestimmungsgemäß (üblicherweise) eingesetzt werden,

▷ die Normenvorgaben für elektrische Anlagen an den vorgesehenen Einsatzorten des Aggregats,

▷ das zu erwartende Betreiben auch unter eigentlich nicht vorgesehenen „unnormalen“ Bedingungen und

▷ das vorauszusetzende Bedienen durch ungenügend eingewiesene Personen.

Im Ergebnis der Prüfung muss sich das Aggregat in einem betriebsfertigen, sicheren Zustand befinden und mit einer für die Anwendung am Einsatzort gedachten Bedienanleitung ausgestattet sein.

Achtung! Die Sicherheit der angeschlossenen Anlage/Betriebsmittel darf nicht davon abhängen, dass der Betreiber des Aggregats bestimmte Bedingungen/Regeln für das Betreiben einzuhalten hat, die ihm oder seinen Mitarbeitern möglicherweise unbekannt sind. Dabei ist zu bedenken, dass oft ungenügend qualifizierte Personen das Betreiben des Aggregats übernehmen bzw. zu organisieren haben.

7.5.2 Durchführen der Prüfung

Die Wiederholungsprüfung läuft im Prinzip ebenso ab wie bei einem elektrischen Gerät (→ K 6). Wenn der Einsatz des Aggregats als Teil einer elektrischen Anlage vorgesehen ist (Parallelbetrieb, automatische Umschaltung, Vorgaben für besondere Einsatzfälle), so sind zusätzliche und zum Teil sehr spezielle Vorgaben zu beachten, die hier nicht mit aufgeführt werden.

In *Tabelle 7.5.1* werden alle Prüfschritte angegeben, die sich aus den Besonderheiten des Ersatzstromerzeugers und seines Einsatzorts ergeben. Die dazu erforderlichen Messverfahren und Messgeräte sind die gleichen, wie sie bei der Wiederholungsprüfung von Geräten (→ K 6) oder Anlagen (→ K 4) benötigt werden. Die grundsätzlich bei allen Anlagen/Betriebsmitteln erforderlichen Prüfschritte sind hier ebenfalls erforderlich – für das Besichtigen somit die in den Tabellen 4.1.5 und 6.1.3 aufgeführten Vorgaben. Bei dem Verwenden von Strommesszangen (→ Bild 7.5.2d) ist auf deren Beeinflussung durch die am Messpunkt vorhandenen Einwirkungen von Magnetfeldern des Generators und der Regeleinrichtung zu achten.

Tab. 7.5.1 Ablauf der Wiederholungsprüfung eines Ersatzstromerzeugers

Aggregat mit der Schutzmaßnahme Schutztrennung *(Bild 7.5.1)*	**Aggregat mit der Schutzmaßnahme TN-S-System** *(Bild 7.5.2)*
1. Besichtigen	
Prüfschritte nach Tabellen 4.1.5 und 6.1.3. Nachzuweisen sind weiterhin: - Vorhandensein der Bedienanleitung/Betriebsvorschrift des Herstellers, gegebenenfalls mit den Vorgaben nach DIN VDE 0100-551 für den Einsatz des Aggregats im Insel- oder Parallelbetrieb - Ordnungsgemäßer Zustand und richtige Bestückung/Einstellung der Überstromschutzeinrichtungen - Normgerechte Ausführung der Schutzmaßnahmen bei indirektem Berühren, z. B.:	
Schutztrennung - ordnungsgemäßer Zustand der Isolation der aktiven Leiter gegenüber Erde - Vorhandensein eines von Erde getrennten Potentialausgleichsleiters, wenn mehr als eine Steckdose/Anschluss für die Versorgung der Gebrauchsmittel vorhanden ist	**TN-S-System** - Vorhandensein der Verbindung des Sternpunkts mit der Potentialausgleichsschiene - Vorhandensein der Ausrüstung zum Setzen eines Erders oder zum Anschließen an einen Erder am Einsatzort - Versorgung der Steckdosen/Anschlüsse mit Bemessungsströmen bis 20 A (32 A) über Fehlerstrom-Schutzschalter ($I_D \leq 30$ mA)
2. Nachweis der Schutzleiterverbindung durch eine Widerstandsmessung	
Schutztrennung Nachweis durch eine Messung, dass die Schutzkontakte der Steckdosen/Anschlüsse - miteinander über einen Potentialausgleichs leiter verbunden sind (Abb. 7.5.1 a M1) und - keine Verbindung des Potentialausgleichsleiters zum Körper des Aggregats besteht (Bild 7.5.1 a M2 und Bild 7.5.1b); Grenzwert ≤ 0,3 Ω (üblich ≤ 0,1 Ω)	**TN-S-System** Nachweis durch eine Messung, dass die Schutzkontakte der Steckdosen/Anschlüsse - miteinander, - mit der Potentialausgleichsschiene/-Klemme, - mit dem Sternpunkt und - mit dem Körper (soweit nicht aus Isolierstoff) des Aggregats über den Schutzleiter verbunden sind (Bild 7.5.2 a M1 bis M3); Grenzwert ≤ 0,3 Ω (üblich ≤ 0,1 Ω)

Tab. 7.5.1 Fortsetzung

Aggregat mit der Schutzmaßnahme Schutztrennung *(Bild 7.5.1)*	**Aggregat mit der Schutzmaßnahme TN-S-System** *(Bild 7.5.2)*
3. Nachweis des Isoliervermögens, d. h. der sicheren Trennung der aktiven Leiter des Aggregats – einschließlich der Wicklungen usw. des Stromerzeugers – von den leitenden Teilen (Konstruktion, Körper) und vom Potentialausgleichsleiter. Bei den nachfolgend aufgeführten Messungen ist darauf zu achten, dass alle Schaltelemente geschlossen sind. Gegebenenfalls ist in mehreren Schalt-/Betriebszuständen zu messen. Erläuterungen zu den Messungen siehe Abschnitt 4.3.	
Schutztrennung Es ist eine Isolationswiderstandsmessung nach Bild 7.5.1 b vorzunehmen; Mindestwert: 5 MΩ (Empfehlung: 20 MΩ). Zusätzlich kann auch eine Ableitstrommessung nach dem Ersatz-Ableitstrommessverfahren erfolgen (Bild 7.5.1 c); Höchstwert: 3,5 mA (Empfehlung: 0,5 mA)	**TN-S-System** Es ist eine Isolationswiderstandsmessung nach Bild 7.5.1b vorzunehmen; Mindestwert: 5 MΩ (Empfehlung: 20 MΩ). Dazu ist die Verbindung zwischen dem Sternpunkt und der Potentialsausgleichsschiene/-klemme zu öffnen (Bild 7.5.2). Ist das nicht problemlos möglich, so sollte der über den Sternpunkt fließende Ableit-/Fehlerstrom gemessen werden (Bild 7.5.2d), sofern diese Stelle zugänglich ist, um einen Isolationsfehler im Aggregat zu erkennen; Höchstwert: 3,5 mA (Empfehlung: 0,5 mA). Anderenfalls ist der Nachweis des Isoliervermögens durch sorgfältiges Besichtigen zu erbringen. Sind am Aggregat berührbare leitfähige, nicht mit dem Schutzleiter verbundene Teile vorhanden, sollte auch die Messung des Berührungsstroms nach dem direkten Verfahren (Abb. 7.5.2 e) oder nach dem Ersatz-Ableitstrommessverfahren erfolgen (Bild 7.5.1 c)
4. Nachweis der Abschaltbedingungen	
Messen des Netzinnenwiderstands und Kontrolle des Kurzschlussschutzes (→ A 4.8). Gegebenenfalls Prüfung der Funktion der Isolationsüberwachung durch Betätigen ihrer Prüftaste	Messen des Schleifenwiderstands und Kontrolle der Schleifenimpedanz (Abschaltbedingungen) (→ A 4.5) sowie des Kurzschlussschutzes (→ A 4.8)
Sind diese Messungen infolge des sehr geringen Widerstands mit den entsprechenden Prüfgeräten nicht durchführbar, so ist die Messung im spannungslosen Zustand (→ A 4.2 oder A 6.2) vorzunehmen.	

Tab. 7.5.1 Fortsetzung

5. Funktionsprüfung
Nach den vorstehend genannten Prüfgängen ist durch einen Funktionslauf mit beliebiger Last nachzuweisen, dass ein ordnungsgemäßes und sicheres Betreiben möglich ist. Lässt sich aus den Betriebserfahrungen ableiten, dass im Aggregat oder seinen Regeleinrichtungen möglicherweise Mängel vorhanden sind, so sollte eine Spannungsmessung unter Lastbedingungen (→ A 8.3)und gegebenenfalls eine Netzanalyse nach Abschnitt 8.7 vorgenommen werden.
6. Dokumentation
Die Prüfergebnisse sind zu dokumentieren (→ Bild 11.2).

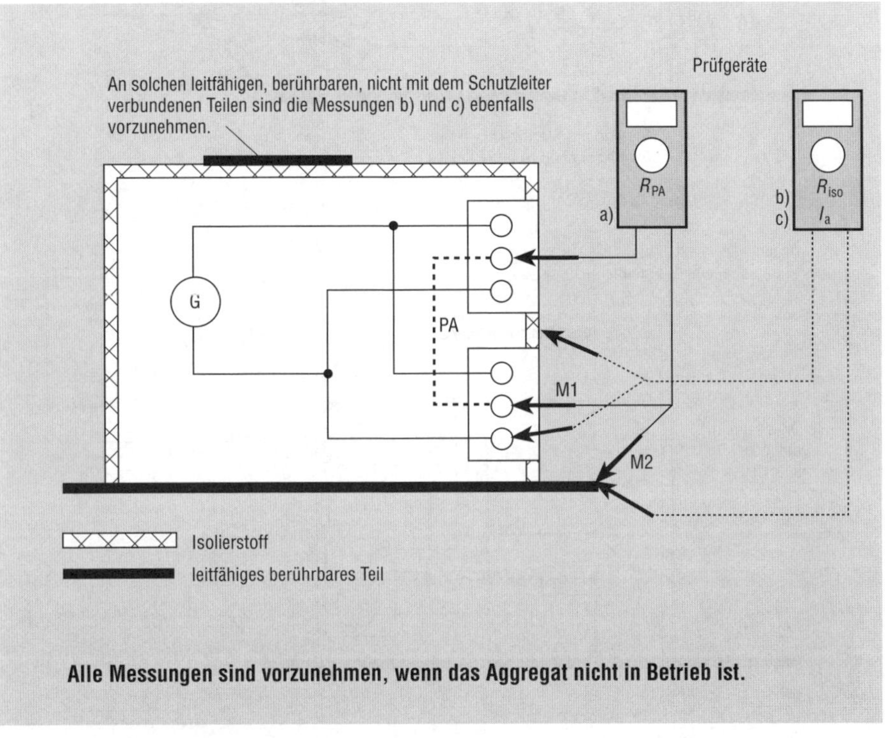

Bild 7.5.1 Ersatzstromerzeuger mit der Schutzmaßnahme Schutztrennung

a) Messungen zum Nachweis der Verbindung der Schutzkontakte der Steckdosen durch den Potentialausgleichsleiter (M1) und des Nichtvorhandenseins einer Verbindung zwischen dem Potentialausgleichsleiter und dem Körper des Aggregats (M2)

b) Isolationswiderstandsmessung

c) Ableitstrommessung nach dem Ersatz-Ableitstrommessverfahren

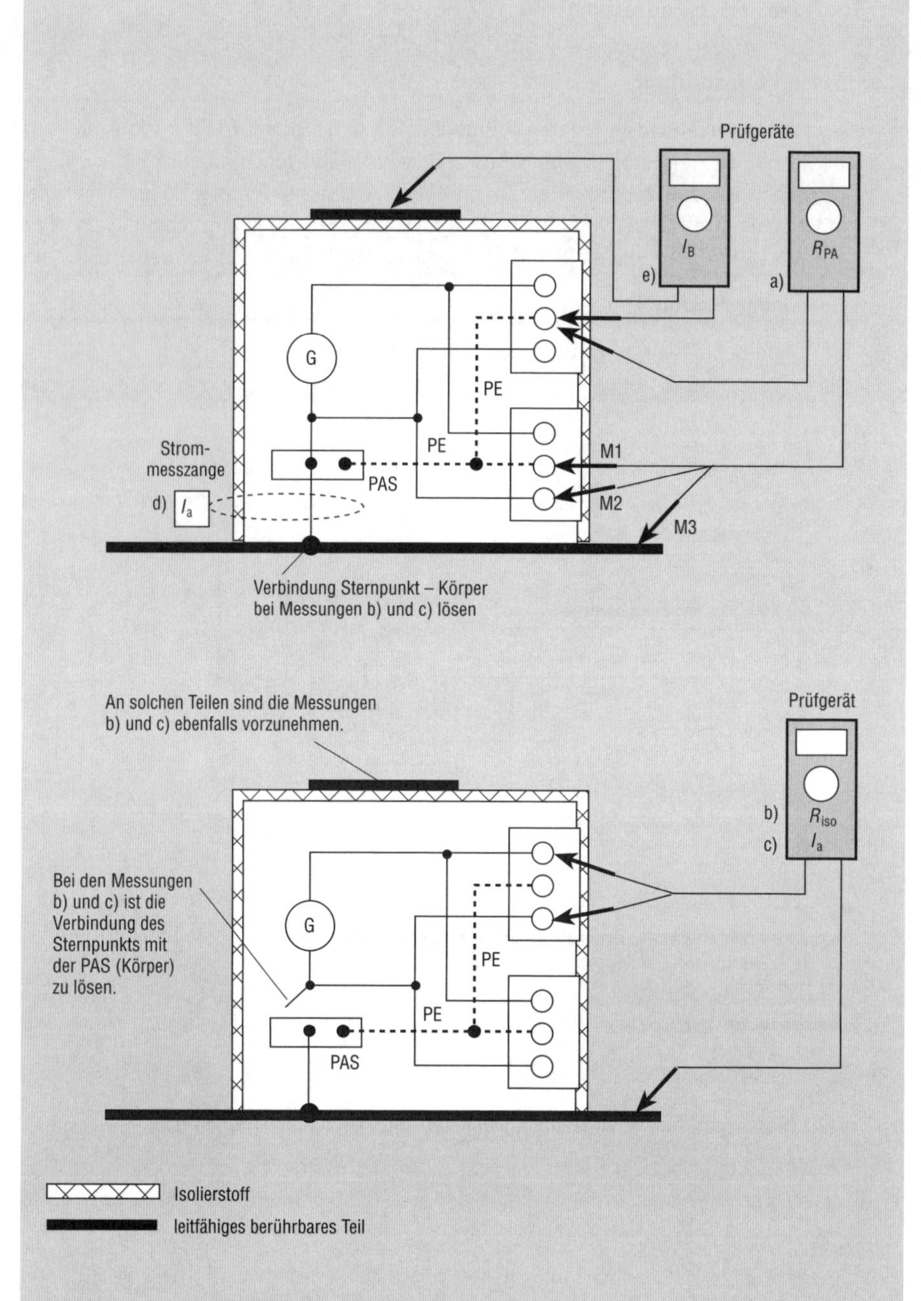

Bild 7.5.2
Ersatzstromerzeuger mit der Schutzmaßnahme TN-S-System

a) Messungen zum Nachweis der Verbindungen der Steckdosen-Schutzkontakte mit der PAS (M1), dem Sternpunkt (M2) sowie einer leitfähigen Bodenplatte (M3) durch den Schutzleiter PE

b) Isolationswiderstandsmessung

c) Ableitstrommessung (Schutzleiterstrom) nach dem Ersatz-Ableitstrommessverfahren

d) Ableitstrommessung (Schutzleiterstrom) mit einer Strommesszange

e) Ableitstrommessung (Berührungsstrom) nach dem direkten Messverfahren

7.6 Messen des Erdungswiderstands

7.6.1 Allgemeines, Prüfaufgabe

Ein ordnungsgemäßer, zuverlässig wirksamer Erder ist eine wichtige Voraussetzung für Funktion und Sicherheit elektrischer Anlagen. Ausschlaggebende Bedeutung haben der Erder und die zu ihm führenden niederohmigen Verbindungen, d. h.

▷ die Schutzleiter bei den Schutzmaßnahmen gegen den elektrischen Schlag (TT-System) nach DIN VDE 0100 Teil 410 (→ A 4.6) und
▷ die Ableitungen der Blitzschutzanlagen (äußerer Blitzschutz) nach DIN VDE 0185 (→ A 7.8).

Hinzu kommen weitere Anwendungsfälle: So erleichtert z. B. ein niederohmiger Anlagenerder das Einhalten der Abschaltbedingung des TN-Systems (→ A 4.5). In einigen Ländern, zum Beispiel in Österreich, ist der Anschluss eines funktionstüchtigen Erders an den PEN-Leiter der Abnehmeranlagen auch eine Vorgabe der nationalen Norm. Eine zuverlässige, niederohmige Erdverbindung ist ebenso Voraussetzung für das Gewährleisten der elektromagnetischen Verträglichkeit in einer elektrischen Anlage.

In allen diesen Fällen ist es notwendig, im Zusammenhang mit dem Nachweis der Wirksamkeit der betreffenden Schutzmaßnahme oder der Funktion der Anlage auch den Erder zu prüfen. Damit ergibt sich die

Prüfaufgabe:
Der Zustand des Erders oder der Erder, ihrer Anschlussstellen und ihrer Verbindung mit der Potentialausgleichsschiene sowie der Verbindungsstellen aller Erdungsleiter ist durch Besichtigen (→ Tab. 7.8.4 und Tab. 4.2.1) und durch Messen (→ A 7.6.2) festzustellen. Der Übergangswiderstand der Erder (Erdungswiderstand) ist mit den jeweiligen Normenvorgaben oder z. B. mit den durch die Schutzmaßnahme bedingten Höchstwerten zu vergleichen.

7.6.2 Messverfahren, Durchführen der Messung

Die bisher üblichen Verfahren zum Messen des Erdungswiderstands,

▷ die klassische Methode (Kompensationsmessverfahren), bei der mit Hilfe von Sonden (→ Bild 7.6.1) gemessen wird und ein hinreichend genaues Messergebnis erzielt werden kann, sowie
▷ das Messen der Erdschleifenimpedanz bzw. des Erdschleifenwiderstands (Strom-/Spannungsmessverfahren → A 4.6),

sind in der Norm DIN VDE 0100 Teil 610 beschrieben.

Beim Anwenden dieser beiden Messmethoden, vor allem aber des Kompensationsmessverfahrens, ergeben sich in der Praxis immer wieder erhebliche Schwierigkeiten. Die Ursachen werden im folgenden Text noch erläutert.

Anders ist es bei den Messmethoden mit moderner Messtechnik. Zur Verfügung stehen

▷ die selektive Erdungsmessung mit **einer Strommesszange** (→ Bild 7.6.2) und

Anlagenerder
Erder (z. B. Fundamenterder), der im Bereich einer bestimmten elektrischen Anlage (z. B. Abnehmeranlage) vorhanden und mit deren Schutzleiter und Potentialausgleich verbunden ist

Bezugserde
Bereich in der Erde, der außerhalb des Einflussbereichs des Erders bzw. der Erdungsanlage liegt und in dem zwischen beliebigen Punkten keine vom Erdungsstrom herrührenden Spannungen auftreten

Erder
Teil der Erdungsanlage, der den direkten Kontakt zur Erde herstellt und gegebenenfalls z. B. den Blitzstrom in die Erde leitet

Erdungsanlage
Erder und Erdungsleiter sowie weitere mit diesen verbundenen, für die Funktion erforderlichen Teile
Auch: Teil des Äußeren Blitzschutzes, der den Blitzstrom in die Erde einleitet und verteilt

Erdungssystem
Gesamtes System, das Potentialausgleich-Netzwerk und Erdungsanlage umfasst

Erdungswiderstand
Der Erdungswiderstand eines Erders bzw. einer Erdungsanlage ist der (ohmsche) Widerstand zwischen dem Erder bzw. der Erdungsanlage und der Bezugserde.

Schutzerder
Erder (Anlagenerder), der die Schutzmaßnahme TT-System bewirkt

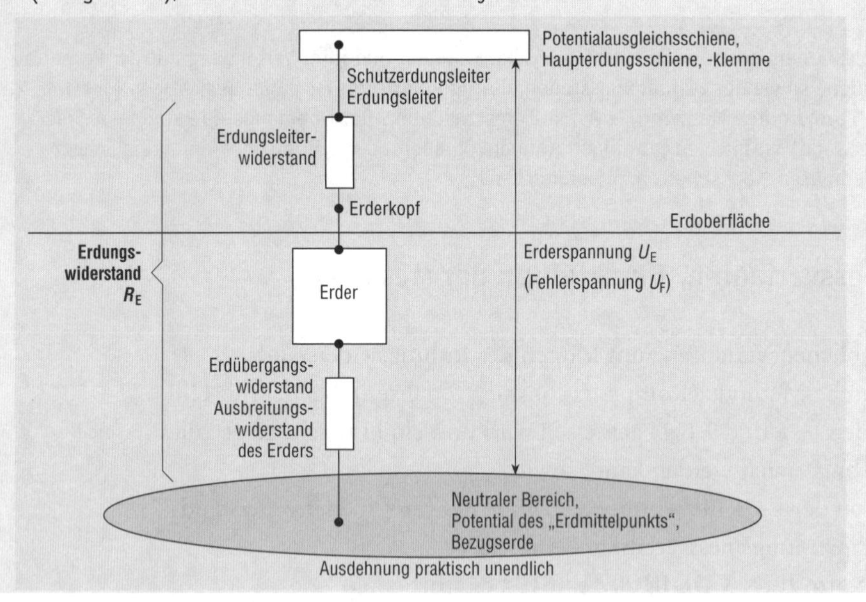

▷ die Erdschleifenmessung mit **zwei Strommesszangen** (→ Bild 7.6.3 und 7.6.4).

Beide Verfahren bieten die Möglichkeit, auch bei ungünstigen Verhältnissen und auf recht einfache Weise reproduzierbare Ergebnisse zu erhalten. Im Folgenden werden zunächst das Messen mit der klassischen Methode und danach die modernen Messmethoden beschrieben. Die Messung des Erdschleifenwiderstands wurde bereits im Abschnitt 4.6 ausführlich dargestellt.

Klassische Methode

Bild 7.6.1 zeigt das Grundprinzip dieser Messung. Um den Erdungswiderstand R_E (→ Kasten) zu ermitteln, wird eine Wechselspannung zwischen dem Erder E und einem mindestens ca. 20 m entfernten Hilfserder H angelegt. Je nach der Richtung, in der ausgehend vom Erder E die Sonde S unter Beachtung der örtlichen Bedingungen gesetzt werden kann, sind auch andere Abstände erforderlich bzw. möglich. Zu beachten ist, dass die Sonde S auf keinen Fall im Bereich des Spannungstrichters des Hilfserders H (Radius etwa 20 m) gesetzt werden darf. Damit wird für das Setzen der Sonden S und H ein erheblicher Platzbedarf (etwa 40 m Messstrecke) erforderlich, wenn beide in einer Linie angeordnet werden müssen. Eine Platz sparende Alternative ist, die Sonden als gleichseitiges Dreieck mit einer Seitenlänge von ca. 20 m zu setzen.

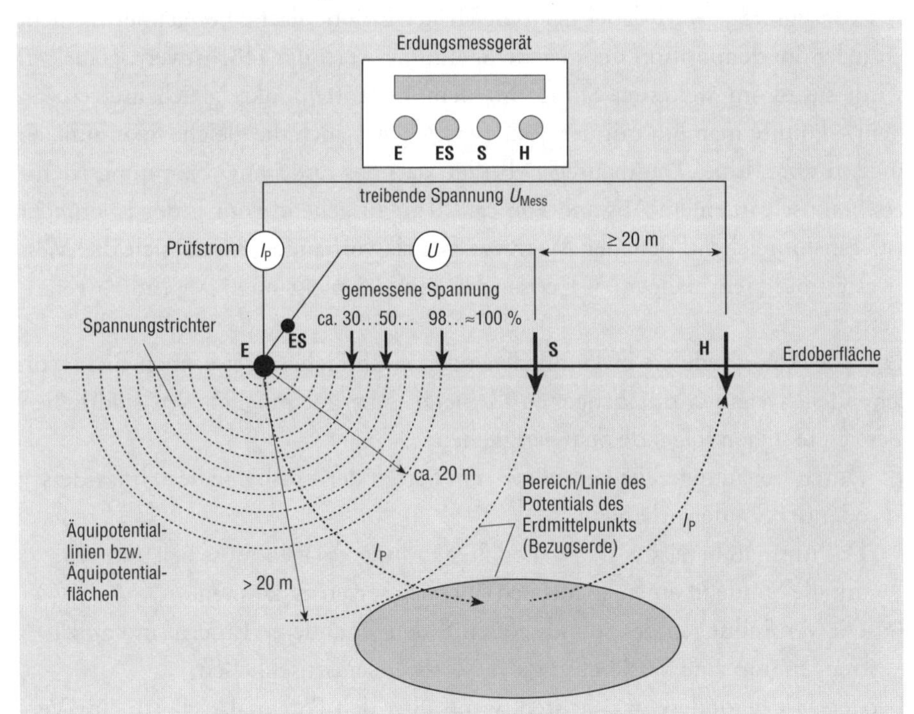

Bild 7.6.1
Klassisches Verfahren (Kompensationsmessverfahren) zum Messen des Erdungswiderstands

Vorzugsweise wird für die Messung eine von der üblichen Netzfrequenz (50 Hz oder 16 ⅔ Hz) abweichende Messfrequenz verwendet, um den Einfluss der im Erdreich vagabundierenden Ströme auszuschalten. Eine Wechselspannung ist erforderlich, weil sich beim Anwenden von Gleichspannung im Erdreich elektrochemische Wirkungen und dadurch völlig unrealistische, sich ständig ändernde Messwerte ergeben würden.

Es geht darum, den am Erdungswiderstand R_E durch den (Prüf-)Wechselstrom I_P entstehenden Spannungsfall zu ermitteln. Ist das Erdreich gleichmäßig beschaffen und ohne störende leitende Teile, so bildet sich ein Spannungstrichter mit annähernd konzentrischen (kreis- bzw. kugelförmigen) Äquipotentiallinien bzw. -flächen aus. In der Realität allerdings ähneln diese Äquipotentiallinien bzw. -flächen infolge der ungleichmäßigenen Beschaffenheit des Erdreichs im Bereich des Erders eher den Höhenlinien eines zerklüfteten Gebirges: Der Messvorgang wird dadurch erheblich erschwert.

Durch das Setzen der Sonde S muss nun versucht werden, die räumliche Ausdehnung dieses Spannungstrichters gegenüber der Bezugserde durch mehrere Messungen zu bestimmen bzw. „auszumessen“. Dabei soll durch mehrmaliges Verschieben der Sondenposition so gut wie möglich der Grenzwert (höchster auftretender Wert) des Spannungsfalls ermittelt werden.

Als „Bezugserde“ wird dabei der Bereich der Erdoberfläche bezeichnet, in dem an jeder Sondenposition der gleiche Spannungswert, der Höchstwert, gemessen wird; sie ist im weitesten Sinne mit dem Erdmittelpunkt, gleichzusetzen, an dem – könnte man ihn mit der Sonde erreichen – auch die gleiche Spannung zu messen wäre. Eine „Daumenregel“ besagt, dass das Ende eines Spannungstrichters praktisch in einem Abstand von ca. 20 m, ausgehend vom Erder E, erreicht ist. Ein hinreichend genauer Messwert gilt als vorhanden, wenn sich die Messwerte trotz mehrmaligem Versetzen der Sonde S nicht mehr wesentlich verändern.

Diese Messmethode ist in ländlichen oder in ähnlicher Weise noch nicht von leitenden Systemen durchzogenen Gebieten sehr gut möglich. Im städtischen Bereich bestehen folgende Schwierigkeiten:

- ▷ Durch Bebauungen ist kein Platz zum Setzen der Erdspieße des Hilfserders oder der Sonde vorhanden.
- ▷ Das Ausmaß bereits vorhandener alter Erdungsanlagen muss bekannt sein, um die Sonde in einen „neutralen“ Bereich setzen zu können.
- ▷ Die Verbindungen des zu messenden Erders zu anderen Erdern sind aufzutrennen, um eine Verfälschung des Messwerts auszuschließen.

Letzteres ist besonders zu beachten, wenn über den Potentialausgleich eine Verbindung zu Wasserleitungen und anderen leitenden Systemen besteht, deren Erdungswiderstände dann mit in die Messung eingehen. Diese Verbindungen täuschen oft ausgezeichnete Ergebnisse vor, die dann aber bei einem späteren Einsatz von Kunststoffrohren nicht aufrechterhalten werden können oder jahreszeitlichen Schwankungen unterworfen sind.

Andererseits kann dieses Auftrennen auch nicht empfohlen werden. Jeder Praktiker weiß, wie mühevoll das Öffnen von korrodierten Erdanschlüssen ist und wie gefährlich das dabei unvermeidliche Unterbrechen von Ausgleichs- und Ableitströmen sein kann (→ A 4.4). Außerdem sind Arbeitsfehler, z. B. das Vergessen des Wiederanklemmens oder eine nicht sorgfältig ausgeführte Verbindung, nicht auszuschließen.

In DIN VDE 0100 Teil 610 wird die Messung des Erdschleifenwiderstands (→ A 4.6) empfohlen, um diese Nachteile zu vermeiden. Allerdings treten auch hier einige Schwierigkeiten auf:

- ▷ In der Nähe des zu messenden Erders ist möglicherweise die Netzspannung nicht vorhanden und muss über ein Kabel herangeführt werden, wodurch der Vorteil einer netzunabhängigen Messspannung entfällt.
- ▷ Es besteht die Gefahr einer Spannungsverschleppung, wenn die Messung an einem schlechten, d. h. hochohmigen Erder erfolgt.
- ▷ Das Trennen des zu messenden Erders vom Potentialausgleich mit allen genannten Nachteilen ist ebenfalls erforderlich.
- ▷ Die Messung wird mit Netzfrequenz durchgeführt, vagabundierende Ströme können das Messergebnis verfälschen.

Damit wird in vielen Fällen auch nach dieser Methode das ordnungsgemäße Messen schwierig oder sogar unmöglich.
Mit der modernen Messtechnik, d. h. durch den Einsatz von speziellen Strommesszangen, kann dieser Problematik teilweise oder gänzlich begegnet werden. Sie ist bereits Stand der Technik, sodass deshalb die nachstehend vorgestellten Messmethoden schon in den Entwurf der IEC-Norm aufgenommen wurden.

Selektive Erdungsmessung mit einer Strommesszange

Die in *Bild 7.6.2* dargestellte Messanordnung erfordert zwar ebenfalls den Einsatz von Erdspießen, nicht aber das Auftrennen von Teilerdungsverbindungen. In dieser Messanordnung erfasst die Strommesszange nur den über den jeweiligen Teilerdungswiderstand fließenden Strom. Damit wird ausschließlich der gewünschte Widerstand des Teilerders ermittelt; die parallel zu ihm liegenden Teilerdungswiderstände gehen nicht in das Messergebnis ein. Aus den gemessenen

Teilerdungswiderständen wird der Gesamterdungswiderstand aller parallel geschalteten Erder berechnet.
Um den tatsächlich wirksamen Erdungswiderstand zu ermitteln (für die Schutzmaßnahme TT-System (→ A 4.6) ist das der so genannte Schutzerdungswiderstand), dürfen die Teilerdungswiderstände der Wasserleitung oder ähnlicher Systeme nicht in die Berechnung einbezogen werden.
Der Vorteil dieser selektiven Methode besteht nicht nur darin, dass ein Auftrennen der Erdanschlüsse nicht notwendig ist, sondern dass jede Verschlechterung eines jeden einzelnen Erders, z. B. durch Korrosion, bei wiederkehrenden Prüfungen frühzeitig erkannt wird und jahreszeitliche Schwankungen besser überwacht werden können.
Zu klären ist bei dieser Messmethode noch, was zu tun ist, wenn der Hilfserder (R_{H}) oder die Sonde (R_{S}) wegen Platzmangel nicht gesetzt werden können. In diesem Fall muss auf die in der bestehenden Erdungsanlage vorhandenen Erdschleifen zurückgegriffen werden. In Bild 7.6.2 wäre z. B. der Messkreis dabei nicht über den fehlenden Hilfserder R_{H}, sondern über die Parallelschaltung der Teilerdungswiderstände $R_{\mathrm{E}}2$ oder $R_{\mathrm{E}}3$ zu schließen.

Erdschleifenmessung mit zwei Strommesszangen

Bei dem in *Bild 7.6.3* dargestellten Prinzip handelt es sich um eine zweipolige Messung einer geschlossenen Widerstandsschleife. Die Messspannung ist eine Wechselspannung mit einer von der Netzspannung abweichenden Frequenz. Diese Spannung wird über die erste Strommesszange Z_U in den Messkreis induziert, während mit der zweiten Strommesszange Z_I der im Widerstandskreis fließende Strom gemessen wird. Zur Entkopplung ist ein Mindestabstand von ca. 10 cm einzuhalten. Nach dem ohmschen Gesetz wird aus den beiden Werten der Schleifenwiderstand ermittelt (→ A 4.6) und am Grundgerät angezeigt.
Der wesentliche Unterschied zu den vorangegangenen Messmethoden besteht darin, dass hier ein Schleifenwiderstand gemessen wird. Das ist bei der Interpretation der Messergebnisse zu beachten, denn je mehr parallel liegende Teilerder vorhanden sind, desto näher liegt der Messwert an dem zu ermittelndem Erdungswiderstand.
Inzwischen sind bereits kombinierte Strommesszangen auf dem Markt, die sowohl die induzierende Zange als auch die messende Zange in einem Messmittel vereinigen. Zum besseren Verständnis werden in *Bild 7.6.4* beim Anwenden dieser Messmethode in einem Netz mit dem TT-System zwei getrennte Zangen dargestellt. Die Messschleife besteht aus dem zu ermittelnden Erdungswiderstand $R_{\mathrm{E}}1$, der Potentialausgleichsschiene PAS und der Parallelschaltung aller

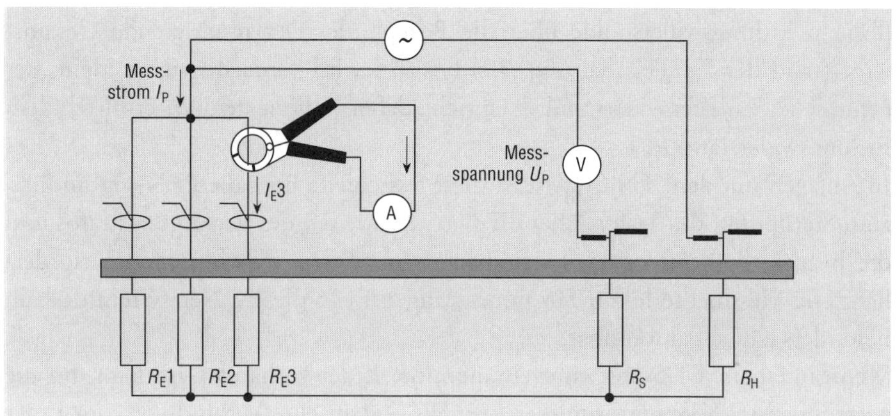

Bild 7.6.2
Selektive Erdungsmessung mit einer Strommesszange

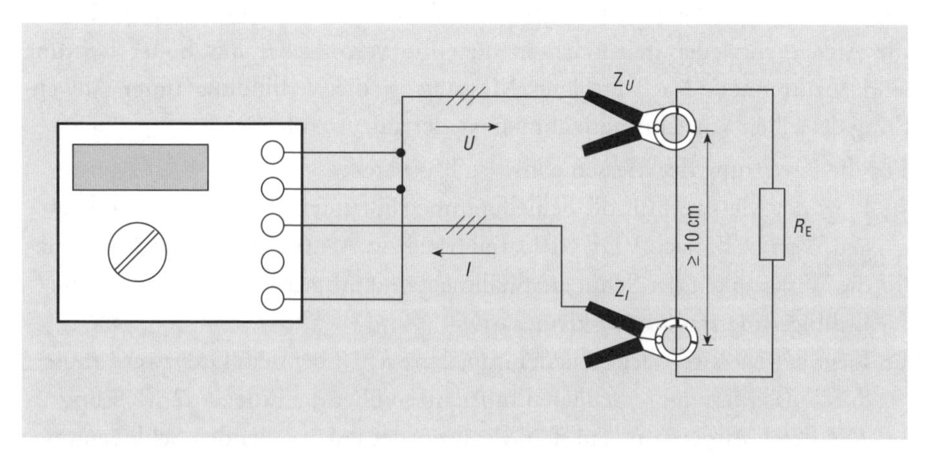

Bild 7.6.3
Messprinzip des Erdungswiderstands (Erdschleifenmessung) mit zwei Strommesszangen

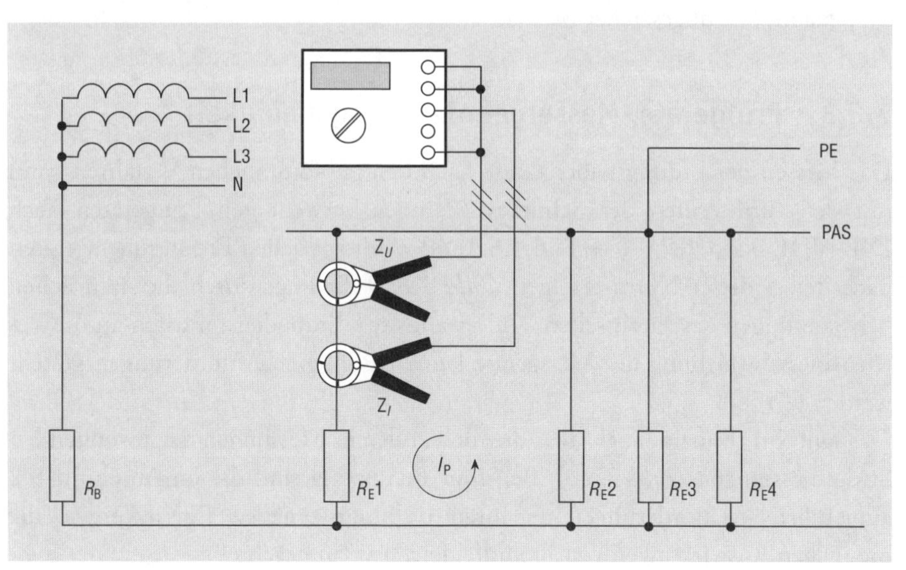

Bild 7.6.4
Erdschleifenmessung in einer Anlage mit dem TT-System
Die hier dargestellten zwei Messsysteme (-zangen) können in einer Strommesszange vereint sein.

übrigen Erdungswiderstände über die Bezugserde. Der resultierende Gesamtwiderstand der Parallelschaltung R_E2 bis R_E4 wird vernachlässigbar klein, der gemessene Schleifenwiderstand entspricht daher nahezu dem zu ermittelndem Erdungswiderstand R_E1.
In Anlagen mit dem TN-System ist die Messschleife über die PEN-Verbindung zum Sternpunkt des Trafos, über die Betriebserde RB des Versorgungstrafos und die Bezugserde geschlossen. Es sind keine parallelen Teilwiderstände erforderlich. Die Messmethode mit Strommesszangen ist in diesem Netzsystem deshalb besonders einfach anwendbar.
Wenn in einem TT-System nur ein einzelner Erder vorhanden ist, kann für die Messung ein TN-System simuliert werden, indem eine Verbindung vom Erder zum Neutralleiter hergestellt wird. Um hohe Ausgleichströme zu vermeiden, ist die Anlage entweder freizuschalten oder die Verbraucher mit hoher Leistung sind abzutrennen. Nach erfolgter Messung ist die Verbindung unter Anwendung derselben Vorsichtsmaßnahmen wieder aufzutrennen!
Für die Bewertung der Messergebnisse gilt generell:

- ▷ Liegt der Messwert für die Schleifenimpedanz unter dem höchstens zulässigen Wert (z. B. nach VDE 0100 Teil 610 bzw. A 4.6.1) ist der Nachweis für die Wirksamkeit der Schutzmaßnahme damit erbracht, da der tatsächliche Erdungswiderstand noch kleiner ist.
- ▷ Liegt der Messwert der Schleifenimpedanz R_E1 über dem Grenzwert, muss durch das Messen der Schleifenimpedanzen über die Erder R_E2, R_E3 und R_E4 deren Auswirkung auf den Messwert der festzustellenden Schleifenimpedanz R_E1 abgeschätzt werden.

7.6.3 Prüfgeräte, Messergebnis, Messgenauigkeit

Das Messen der Erdungswiderstände nach den herkömmlichen Verfahren kann mit den zum Prüfen der Schutzmaßnahmen verwendeten Prüfgeräten nach DIN VDE 0413 Teil 3 (→ Bild 4.6.2) oder mit speziellen Erdungsmessgeräten nach Teil 5 dieser Norm erfolgen *(Bild 7.6.5)*. Bedingt durch die natürlichen Schwankungen des spezifischen Widerstands des Erdbodens, müssen an die Betriebsmessabweichung der Messgeräte keine besonderen Anforderungen gestellt werden (→ Tab. 4.5.1).
Das gilt im Prinzip auch für die bei anderen Messungen anzuwendenden Strommesszangen *(Bild 7.6.6)*. Bei ihrer Benutzung sind die im Abschnitt 9.2 aufgeführten Anforderungen an ihren ordnungsgemäßen Einsatz sowie die möglichen Auswirkungen von Fremdfeldern usw. zu beachten.

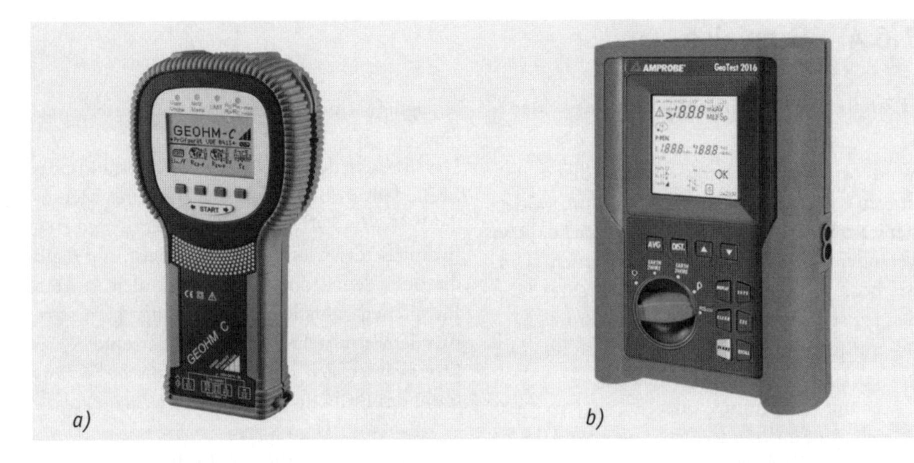

Bild 7.6.5 Prüfgeräte zum Messen des Erdungswiderstands

a) GEOHM C (GMC)

b) GeoTest 2016 (Amprobe)

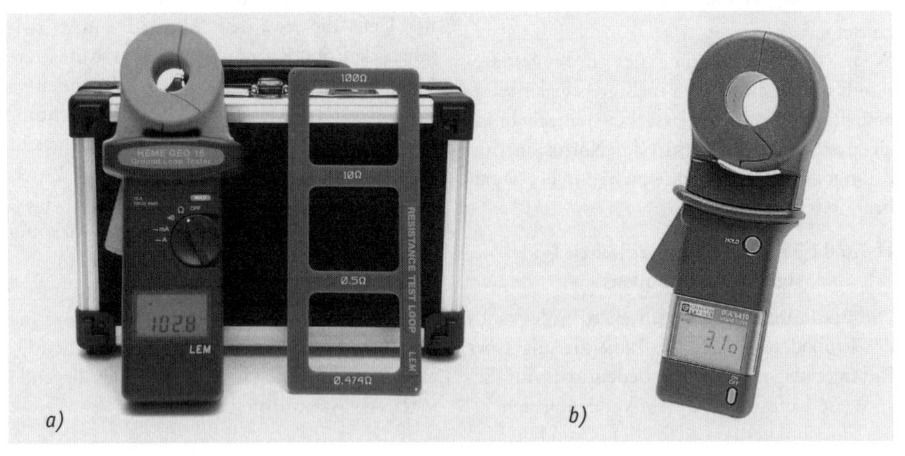

Bild 7.6.6 Erdungsmesszangen

a) HEME GEO 15 (LEM)

b) C.A 6410 (Chauvin Arnoux)

Erhebliche Messfehler können entstehen, wenn

▷ unbekannte leitende Systeme im Bereich der Sonden liegen und die idealen Äquipotentiallinien bzw. -flächen (→ Bild 7.6.1) verändern oder wenn

▷ zufällig die Verbindungslinie vom Erder zur Sonde der Lage eines leitenden Systems entspricht oder – und das gilt auch für die Messungen mit Strommesszangen – wenn

▷ sich in der Nähe eines Erders leitende Systeme befinden, die eine gute Erderwirkung aufweisen und damit die Wirkung des zu messenden Erders verstärken.

Wenn mit unterschiedlichen Messgeräten oder bei Messungen zu unterschiedlichen Zeiten auch unterschiedliche Messwerte ermittelt werden, so ist der höchste Wert als Messergebnis zu betrachten. Die Unterschiede sind zu klären und deren Ursachen beim Einschätzen der möglichen Veränderungen des Erdungswiderstands zu berücksichtigen.

7.6.4 Hinweise

H 7.6.01 Veränderungen des Erdungswiderstands

Wird bei Wiederholungs- oder anderen Prüfungen festgestellt, dass sich der Erdungswiderstand verändert hat, so sollte die Ursache dieser Veränderung unbedingt geklärt werden. Umweltbedingt (Temperatur, Bodenfeuchte) können je nach Art des Erders und des Erdreichs

- ▷ nur relativ geringe Veränderungen bis etwa 1:2 (Fundamenterder im Keller, Lehm/Ton/Humus) oder
- ▷ sehr große Veränderungen bis etwa 1:10 (Oberflächenerder, Sand/Kies)

auftreten.

Wenn die Veränderung des Erdungswiderstands nur an einem von mehreren Erdern festgestellt wird, so ist die Ursache (wahrscheinlich ein mechanischer Defekt oder Korrosion) unbedingt – gegebenenfalls auch durch Aufgraben – festzustellen.

H 7.6.02 Messung des spezifischen Widerstands des Erdbodens

Die Bestimmung des spezifischen Widerstands des Erdbodens ist für die Projektierung einer Erdungsanlage von großer Bedeutung. Auf diese Weise kann die optimale Verlegungstiefe eines Horizontalerders oder die notwendige Einschlagtiefe eines Vertikalerders ermittelt werden.

Das Messen des spezifischen Widerstands des Erdbodens erfolgt nach der Vierleiter-Methode. Wie *Bild 7.6.7* zeigt, wird über die äußeren Erdspieße der Messstrom eingespeist und dann die über den Erdboden zwischen den inneren Erdspießen abfallende Spannung gemessen. Aus dem ermittelten Erdungswiderstand R_E in Ω errechnet sich dann der spezifische Widerstand des Erdboden ρ_E in $\Omega{\cdot}m$ aus

$$\rho_E = R_E \cdot \Pi \cdot a$$

Das Ergebnis gilt für den Erdboden bis zu einer Tiefe, die etwa dem Abstand a in m zwischen den Sonden entspricht. Durch mehrere Messungen mit ansteigenden Abständen a kann somit ein Tiefenprofil der Erdschichtungen und ihrer spezifischen Widerstände erstellt werden. Die in den Abschnitten 7.6.2 und 7.6.3 aufgeführten Bedingungen und Fehlermöglichkeiten treffen auch bei dieser Messung zu.

Zu empfehlen ist es, mehrfach und mit unterschiedlicher Sondenausrichtung zu messen. Ergeben sich dabei erheblich voneinander abweichende Messwerte, so sind im Boden liegende leitfähige Systeme die Ursache.

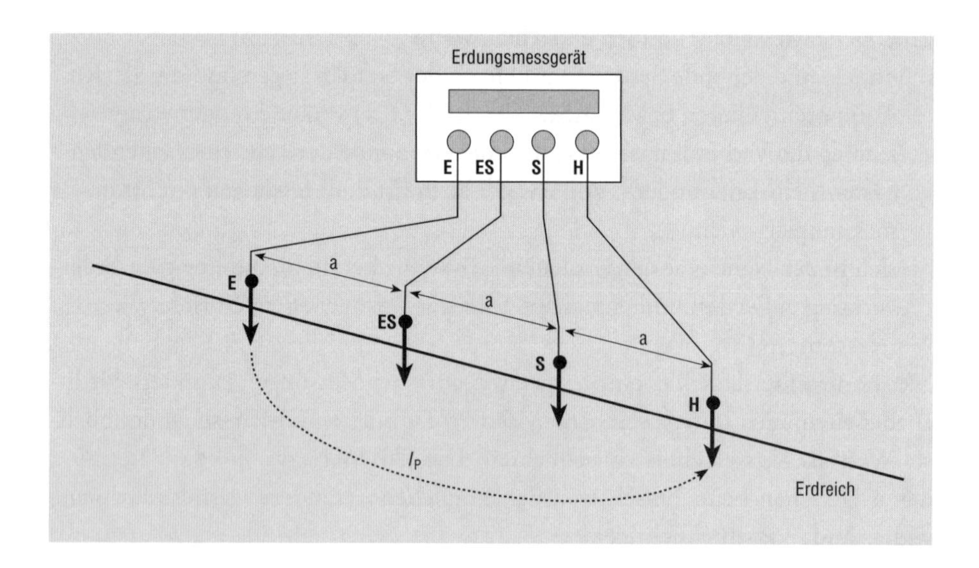

Bild 7.6.7 Bestimmen des spezifischen Widerstands des Erdbodens

7.7 Prüfen und Messen an Prüfplätzen

7.7.1 Allgemeines, Prüfaufgabe

Prüfplätze als Arbeitsplätze des Prüfers
- ▷ sind selbst Gegenstand der Prüfung, wenn eine Elektrowerkstatt oder eine Fertigungsstätte mit eingeordneten Prüfplätzen z. B. der für elektrische Anlagen vorgeschriebenen Erst- oder Wiederholungsprüfung unterzogen wird, und
- ▷ müssten Gegenstand der Prüfung sein, wenn ein Prüfer seinen Prüfplatz zeitweilig
  - an einem beliebigen Ort zum Prüfen über eine begrenzte Zeit oder
  - an einer zu prüfenden Ausrüstung (Verteiler, ortsfestes Gerät) einrichtet.

Notwendig ist eine Kontrolle des sicheren Zustands in angemessenem Umfang natürlich auch, wenn der Prüfplatz praktisch nur aus einem Tisch und dem darauf stehenden Prüfgerät besteht und alles nur für wenige Minuten zur Prüfung eines einzigen elektrischen Geräts „errichtet“ wurde.
In jedem Fall besteht folgende

Prüfaufgabe:
Vor dem Beginn der Prüfung an einem elektrischen Erzeugnis ist festzustellen, ob an dem zur Prüfung benötigten Platz und an der zur Prüfung verwendeten Anlage/Ausrüstung die Sicherheitsmaßnahmen nach DIN VDE 0104 berücksichtigt wurden und wirksam sind.

7.7.2 Durchführen der Prüfungen und Messungen

Die Versorgungsanlage des Prüfplatzes unterliegt den gleichen Bedingungen des Errichtens und Betreibens wie jede andere elektrische Anlage. Für ihre Prüfung gibt es deshalb keine besonderen Vorgaben. Im Unterschied dazu gelten für die Prüfstromkreise mit den angeschlossenen Prüfgeräten und Prüflingen sowie für die Plätze, an denen sie angeordnet sind, besondere Bedingungen, mit denen die Sicherheit für den Prüfer, andere Personen und Sachen gewährleistet werden soll. Ausgangspunkt sind die beim Prüfen elektrischer Erzeugnisse bestehenden Möglichkeiten
- ▷ des Berührens aktiver Teile durch den Prüfer oder andere Personen und
- ▷ des Verschleppens von Spannungen in andere Bereiche.

Derartige Ereignisse sind nicht auszuschließen, da außer mit dem nicht völlig vermeidbaren „Arbeiten in der Nähe unter Spannung stehender Teile“ auch mit

Tab. 7.7.1 Sicherheitsvorgaben für die Prüfstromkreise der Prüfplätze elektrischer Erzeugnisse; Prüfungen und Prüfschritte ergänzend zu Tabelle 4.1.5

Sicherheitsvorgaben	Prüfung	Bemerkung
A Prüfplätze mit zwangsläufigem Berührungsschutz		
Ordnungsgemäßer Zustand der elektrischen Anlage und der angewandten Schutzmaßnahmen	Vorgaben nach Kapitel 4	
Vollständiger Schutz gegen Berühren; Schutzart mindestens IP 3X	Besichtigen (regelmäßig durch eine Elektrofachkraft und täglich durch den Prüfer)	
Verriegelungen derart, dass die Prüfspannung nur bei geschlossenem Berührungsschutz anliegen kann		(→ Bild. 8.4.5)
Schutzeinrichtungen dürfen nicht einfach umgangen werden können		
Unterweisung des Prüfpersonals durch eine Elektrofachkraft	Anweisung, Protokoll	
B Ortsfeste Prüfplätze ohne zwangsläufigen Berührungsschutz *(Bild 7.7.1 a):* **Ergänzungen zu A** Prüftermin: im regelmäßigen Turnus und täglich im nötigen, festzulegenden Umfang		
Ausstattung mit ordnungsgemäßen, für die Prüfung geeigneten Prüfgeräten/Prüf- und Prüfhilfsmitteln Anwendung der Schutzmaßnahmen nach DIN VDE 0104		[2.8]
Nachweis der Wirksamkeit der Schutzmaßnahmen – FI-Schutzschalter	(→ A 4.7)	Bild 7.7.1, Variante V1
– sichere Trennung gegen elektrischen Schlag	(→ A 4.12)	Bild 7.7.1, Variante V2
Nachweis der ausreichenden Isolierung gegenüber den im Handbereich vorhandenen leitenden Teilen	Besichtigen Erproben	soweit wie sinnvoll
Not-Aus-Schaltung	Erproben	
Absperrung gegen versehentliches Betreten	Besichtigen	
Signalleuchten	Besichtigen	
C Zeitweilige ortsfeste Prüfplätze *(Bild 7.7.2):* **Ergänzungen zu A** Prüftermin: vor jeder Inbetriebnahme; täglich im erforderlichen, festzulegenden Umfang		
Nachweis der Wirksamkeit der Schutzmaßnahmen gegen elektrischen Schlag an der den Prüfplatz versorgenden Anschlussstelle der Anlage	Messen nach Kapitel 6	
Auswahl der Geräte des Prüfplatzes derart, dass die Prüfstromkreise – über FI-Schutzschalter $I_{\Delta N} \leq 30$ mA (Bild 7.7.1 a, Variante V1) oder – die sichere Trennung (Bild 7.7.1 a, Variante V2) versorgt werden	Besichtigen, tägliches Prüfen des FI-Schutzschalters mit der Prüftaste durch den Prüfer	Prüfgeräte müssen eine gültige Prüfmarke aufweisen

Tab. 7.7.1 Fortsetzung

Sicherheitsvorgaben	Prüfung	Bemerkung
Kontrolle der Absperrungen für fremde Personen		(→ K 12)
Vorhandensein einer Isoliermatte am Standort des Prüfers, falls ein Prüfstromkreis Netzspannung führt		
D Mobile Prüfplätze: Ergänzungen zu C Prüftermin: vor Prüfbeginn und ständige Kontrolle während der Prüfungen		
Versorgung des Prüfaufbaus über – Prüfgerät mit FI-Schutzschalter $I_{\Delta N} \leq 30$ mA (*Bild 7.7.1b,* Variante V3) – FI-Schutzschalter (PRCD, *Bild 7.7.3*) mit $I_{\Delta N} \leq 30$ mA (*Bild 7.7.1 b,* Variante V4) – Prüfgerät mit sicherer Trennung (*Bild 7.7.1b,* Variante V5)	Besichtigen, tägliches Prüfen des FI-Schutzschalters mit der Prüftaste durch den Prüfer	Prüfgeräte müssen eine gültige Prüfmarke aufweisen
Absperren und Isolieren des Standortes entsprechend den örtlichen Gegebenheiten	ständige Kontrolle durch den Prüfer	

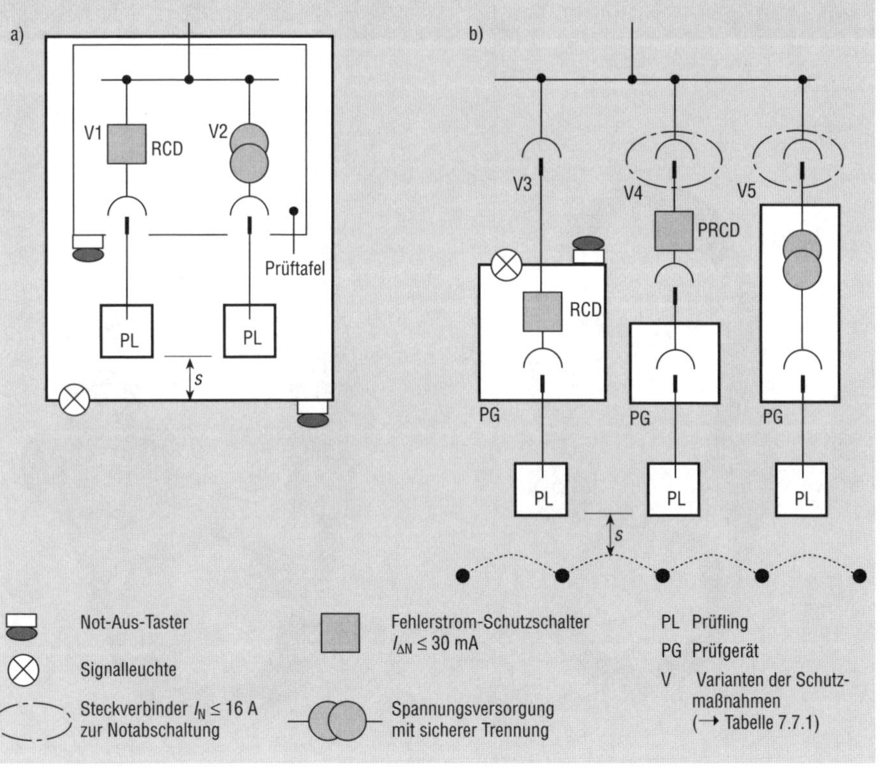

Bild 7.7.1
Schema für ortsfeste und mobile Prüfplätze; Möglichkeiten der Anwendung der Sicherheitseinrichtungen und Schutzmaßnahmen nach DIN VDE 0104

a) ortsfester Prüfplatz; feste Abgrenzung mit Mindestabstand s, abhängig von der Schutzart der Abgrenzung und örtlichen Gegebenheiten (z. B. ≤ IP 1X 1300 cm, ≥ IP 5X beliebig); Ausstattung mit einer oder mehrerer der Varianten V1 bis V5

b) zeitweilige ortsfeste oder mobile Prüfplätze; mobile Abgrenzung, Mindestabstand s = 1300 mm; Ausstattung mit einer oder mehrerer der Varianten V3 bis V5

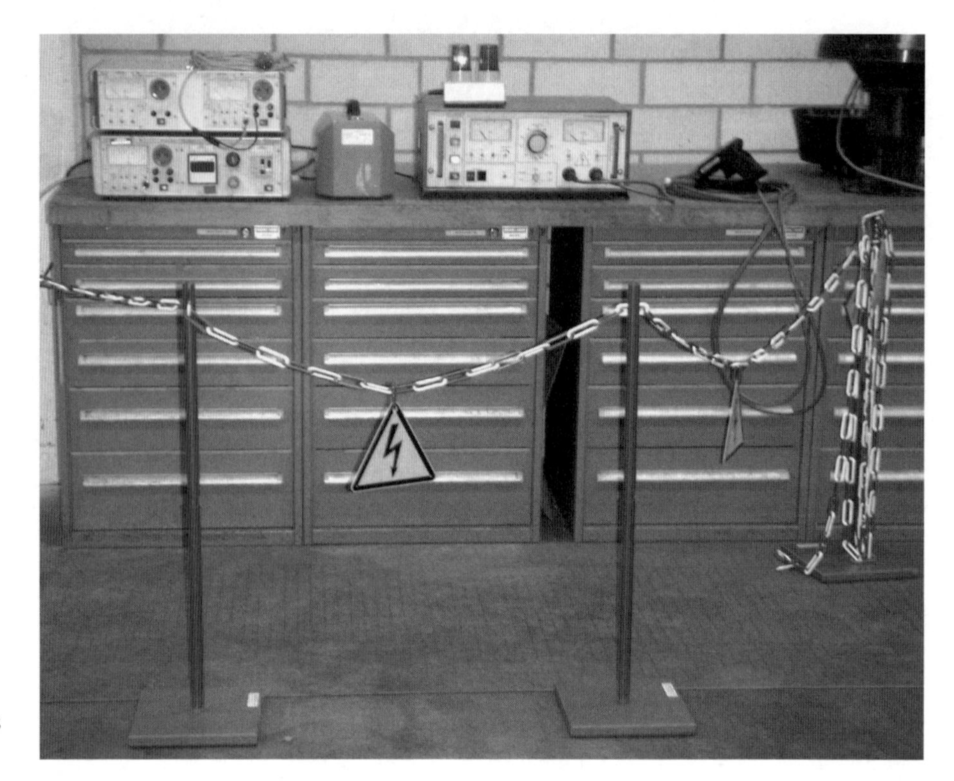

Bild 7.7.2
Beispiel für das Einrichten eines zeitweiligen ortsfesten Prüfplatzes
Foto Euler

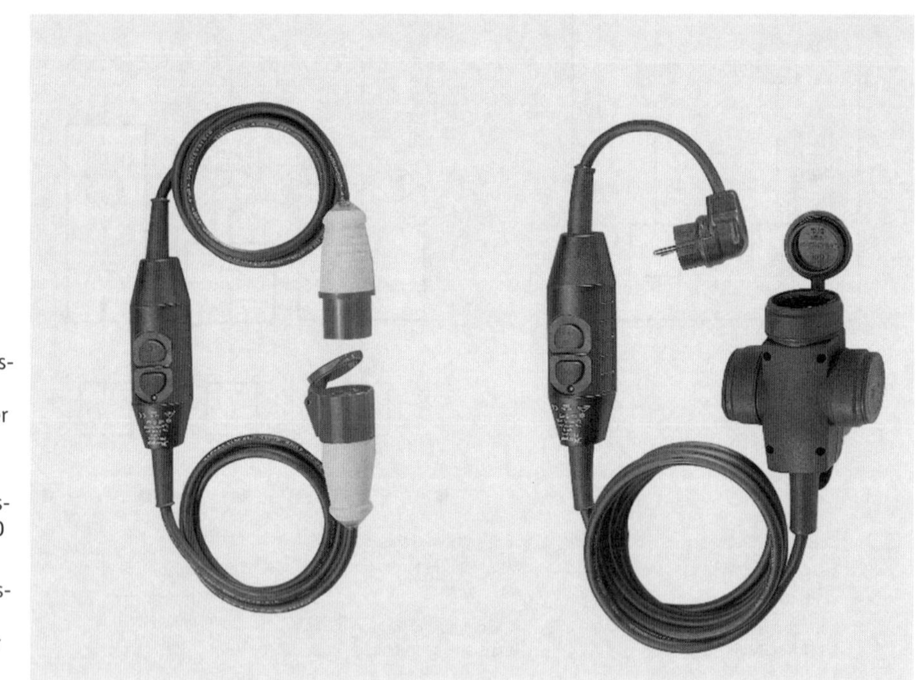

Bild 7.7.3
Beispiele für ortsveränderliche FI-Schutzschalter (PRCDs mit $I_{\Delta N} \leq 30\,mA$)

a) Verlängerungsleitung mit PRCD *(Kopp)*

b) Verlängerungsleitung mit Dreifachverteiler *(Kopp)*

defekten Prüflingen, bewussten oder unbewussten Verstößen gegen die Verhaltensvorgaben und untauglichen Prüfmitteln gerechnet werden muss.
Die für Prüfplätze geltenden Sicherheitsvorgaben sind in DIN VDE 0104 [2.8] festgelegt. Je nach der Art der Prüfung und des jeweils erforderlichen Prüfplatzes sind sie auf verschiedene Weise umzusetzen. Wie das zu erfolgen hat, d. h. welche Art eines Prüfplatzes von wem jeweils einzurichten ist, muss in der Gefährdungsbeurteilung festgelegt werden. Die/der mit dem Einrichten und/oder Betreiben des Prüfplatzes betraute Elektrofachkraft/Verantwortliche hat auch die in *Tabelle 7.7.1* aufgeführten Prüfungen vorzunehmen bzw. zu veranlassen. Bezüglich der Prüfgeräte bestehen keine besonderen Anforderungen.

7.7.3 Hinweise

H 7.7.01 Vermeiden der Möglichkeiten des Entstehens von Durchströmungen

Die Vorgabe, dass Prüfaufbauten immer über FI-Schutzschalter ($I_{\Delta N} \leq 30$ mA) zu versorgen sind, sichert lediglich das schnelle Abschalten einer Durchströmung (→ Bild 4.5.1). Die Durchströmung selbst wird nicht verhindert und auch nicht begrenzt. Ein Schock und durch Erschrecken hervorgerufene Folgeunfälle sind somit trotz dieser Schutzmaßnahme möglich. Somit muss es das Ziel der Gestaltung eines Prüfplatzes und seiner Prüfung sein, die Möglichkeiten von Durchströmungen zu erkennen und – soweit wie es der Prüfablauf zulässt – auch zu beseitigen. In diesem Sinn ist dafür zu sorgen, dass sich im Handbereich des Prüfers keine, das Erdpotential führenden Teile befinden. Tischplatten und Fußböden aus isolierendem Material, Abdeckungen vor fremden leitenden Systemen, Versorgung von Prüfgeräten der Schutzklasse I über Trenntransformatoren sind einige der Möglichkeiten.
Damit wird außerdem verhindert, dass durch defekte Prüflinge oder gelöste Messleitungen eine Spannung verschleppt werden kann.

H 7.7.02 Prüfung/Kontrolle der Prüfplätze

Erfahrungsgemäß wird von den die Prüfung vornehmenden Fachkräften der ordnungsgemäßen, arbeitschutzgerechten Einrichtung ortsveränderlicher oder mobiler Prüfplätze wenig Aufmerksamkeit geschenkt. Ebenso ist das mit der Prüfung/Kontrolle der selbst genutzten Prüfplätze. Dieser Umstand sollte beim Erarbeiten der Gefährdungsbeurteilung (→ A 12.1) sowie bei der Unterweisung und den Kontrollen durch den jeweils Verantwortlichen besonders beachtet werden.

7.8 Prüfen und Messen an Blitzschutzanlagen und Überspannungs-Schutzeinrichtungen

7.8.1 Allgemeines, Prüf- und Messaufgaben

Ob ein Gebäude mit einem Blitzschutzsystem (→ Kasten) auszustatten ist und in welcher Schutzklasse das System dann ausgeführt werden muss, um den im Einzelfall notwendigen Sicherheitsanforderungen gerecht zu werden, haben der Bauherr bzw. der Eigentümer eines Gebäudes festzulegen.
Grundlage dieser Festlegung sind die gesetzlichen Vorgaben in den Landesbauordnungen, Richtlinien oder Verordnungen der Länder. So heißt es z. B. in der **Brandenburgischen** bzw. **Bayrischen Bauordnung:**
„Bauliche Anlagen, bei denen nach Lage, Bauart oder Nutzung Blitzeinschlag leicht eintreten oder zu schweren Folgen führen kann, sind mit dauernd wirksamen Blitzschutzanlagen zu versehen."
Und in der **Thüringischen Verkaufsstättenverordnung** steht:
„Gebäude mit Verkaufsstätten müssen Blitzschutzanlagen haben."
Für den Blitzschutz wesentlich sind außerdem die Normen DIN V VDE V 0185 Teil 1 bis Teil 4 [2.16].
Welche Prüfungen aus welchem Anlass bzw. zu welchem Zeitpunkt und Zweck durchgeführt werden sollen, wird durch die gesetzlichen Vorgaben bzw. nach DIN V VDE V 0185 Teil 3 oder Teil 4 geregelt.
Die in den folgenden Abschnitten beschriebenen Prüfungen sind eine der wichtigsten Voraussetzungen für das Instandhalten und die Wirksamkeit eines Blitzschutzsystems. Durch sie soll sichergestellt werden, dass

- ▷ das Blitzschutzsystem den zum Zeitpunkt seiner Planung und Errichtung gültigen Normen bzw. dem derzeitigen akzeptierten Stand der Technik entspricht,
- ▷ bauliche Veränderungen keine Veränderungen am Blitzschutzsystem erforderlich machen oder
- ▷ eine aufgrund baulicher Veränderungen notwendig gewordene Änderung am Blitzschutzsystem normgerecht erfolgt und
- ▷ etwaige Fehler im System aufgedeckt werden.

Ohne eine ordnungsgemäße und rechtzeitige Prüfung des Blitzschutzsystems kann die erforderliche Sicherheit für Personen, Nutztiere und Sachen nicht erreicht werden.
Daraus entsteht folgende

Akzeptierbares Schadensrisiko R_a
Maximalwert des Schadensrisikos, der für ein zu schützendes Objekt toleriert werden kann

Blitzinformationsdienst (BLIDS)
Kann Auskunft über alle Blitzentladungen geben, die sich an einem bestimmten Ort Deutschlands ereignet haben.
Adresse: Blitzinformationsdienst BLIDS, Siemens AG, PF 21 1262, D-76181 Karlsruhe

Blitzschutz
äußerer Blitzschutz: Teil des Blitzschutzsystems eines Bauwerks, bestehend aus der Fangeinrichtung, den Ableitungen und der Erdungsanlage
innerer Blitzschutz: Teil eines Blitzschutzsystems; Maßnahmen zur Verminderung der Auswirkungen des Blitzstroms innerhalb des zu schützenden Raumes zusätzlich zum äußeren Blitzschutz

Blitzschutz-Fachkraft
Es existiert keine offizielle Definition. Unter Bezug auf VDE V 0185-3, HA 1, Ziffer 3.35 kann aber definiert werden: „Blitzschutz-Fachkraft ist eine aufgrund ihrer fachlichen Qualifikation geeignete juristische Person (Mensch, Unternehmen, Anstalt, Körperschaft), die Kenntnisse und Erfahrungen im Planen, Errichten und Prüfen von Blitzschutzsystemen besitzt. Sie hat umfassende Kenntnisse über die einschlägigen Normen, das geltende Baurecht und den aktuellen Stand der Technik."

Blitzschutz-Potentialausgleich (⟶ A 4.2)
Alle Maßnahmen des Potentialausgleichs, die geeignet sind, durch Blitzstrom verursachte Potentialunterschiede zu reduzieren (z. B. Potentialausgleichsleitungen verlegen, Überspannungs-Schutzgeräte (SPDs) einschalten)

Blitzschutzsystem
Gesamtheit des äußeren und inneren Blitzschutzes (LEMP-Schutz) zum Schutz einer baulichen Anlage und ihres Inhalts

BSPA
Blitzschutz-Potentialausgleich

Elektromagnetischer Impuls des Blitzes
Gesamtheit der durch den Blitz erzeugten transienten Erscheinungen, wie Blitzströme, elektrisches und magnetisches Feld, induzierte Spannungen und induzierte Ströme

Erproben (⟶ K 2)
Nach DIN V VDE V 0185 ist das Erproben im Gegensatz zur üblichen Betrachtungsweise ein Teil des Besichtigens. In diesem Abschnitt 7.8 des Buches werden die Arbeitsschritte beider Prüfgänge zusammengefasst.

Gefährdungspegel
Kriterium für die Bewertung der Sicherheit und für die Gestaltung des Blitzschutzsystems.
Jeder Schutzklasse ist ein bestimmter Gefährdungspegel (I bis IV) zugeordnet.
Jeder Gefährdungspegel wird durch die ihm zugeordneten
▷ Maximumwerte (Dimensionierungskriterien) und
▷ Minimumwerte (Einfangkriterien)
des Blitzstroms fixiert. Zu jedem Gefährdungspegel gehört ein bestimmter Blitzkugelradius.

HPAK
Hauptpotentialausgleichsklemme

HPAS (→ PAS)
Hauptpotentialausgleichsschiene

LEMP
vom Blitz verursachter elektromagnetischer Impuls (englisch: lightning elektromagnetic potential)

LEMP-Schutz
Diese Bezeichnung wird in DIN V VDE V 0185-4 verwendet, zwar nicht definiert, aber inhaltlich als *„Blitzschutz von elektrischen und elektronischen Systemen in baulichen Anlagen"* bezeichnet. Er ist somit ein Teil des inneren Blitzschutzes und damit auch ein Teil des Blitzschutzsystems.

LPS
Blitzschutzsystem (englisch: lightning protection system)

PAS
Potentialausgleichsschiene

Schutzklasse eines Blitzschutzsystems (auch Überspannungsklasse) (→ A 9.1)
Satz von Konstruktions-/Bewertungsregeln (z. B. für Abstände, Maschenweiten, Schutzwinkel, Leiterquerschnitte) für ein Blitzschutzsystem nach [2.16], ausgelegt nach dem zugehörigen Gefährdungspegel. Die Schutzklasse wird durch Abschätzung des Schadensrisikos ermittelt, soweit sie nicht durch Vorschriften festgelegt ist. Ihre Wirksamkeit nimmt von Schutzklasse I zu Schutzklasse IV ab.

Sicherheitsabstand d_s
Abstand, der zum Vermeiden gefährdender Einwirkung von zu hohen magnetischen Feldstärken auf elektronische Systeme zum räumlichen Schirm des Blitzschutzsystems einer Blitzschutzzone eingehalten werden muss.

SPD
Überspannungs-Schutzgerät (englisch: surge protective device)
(In TAB 2000 sind die SPDs als Blitzstrom-Ableiter bezeichnet)

Trennstelle, Messstelle
Dieser Begriff ist in DIN V VDE V 0185 nicht direkt, aber über die Bilder in der Norm definiert. Hieraus kann abgeleitet werden, dass in der Regel die Trennstelle auch die Messstelle ist.

Trennungsabstand s
Abstand, der zum Vermeiden von gefährlicher Funkenbildung (allgemein auch als Überschläge bezeichnet) zwischen dem äußeren Blitzschutzsystem und den leitenden, geerdeten Teilen eingehalten werden muss (→ Bild 7.8.3).

Überspannungs-Schutzgerät
Gerät, das zum Begrenzen von transienten Überspannungen und zur Ableitung von Stoßströmen eingesetzt werden kann.

Vollständige Prüfung
Diese Bezeichnung ist weder in DIN V VDE V 0185 noch an anderer Stelle definiert und sehr irreführend. Eine vollständige Prüfung umfasst das Besichtigen/Erproben und Messen, beginnend bei der Prüfung der Planung bis zur Abnahmeprüfung (→ Bild 7.8.2).

Prüfaufgabe:
Es ist nachzuweisen, dass die Schutzfunktion des Blitzschutzsystems in der jeweiligen Schutzklasse gewährleistet ist. Das erfolgt durch
- das Prüfen des äußeren Blitzschutzes einschließlich des Blitzschutzpotentialausgleichs (BSPA) mit den Überspannungs-Schutzgeräten (SPD) und
- das Prüfen des inneren Blitzschutzes (LEMP-Schutz) einschließlich der Dokumentation und aller Komponenten durch Besichtigen/Erproben und Messen.

Die Prüfungen müssen von einer Blitzschutz-Fachkraft (→ Kasten) vorgenommen werden. Dabei muss die Dokumentation des zu prüfenden Blitzschutzsystems vollständig zur Verfügung stehen.

Diese Prüfaufgabe ist auch im **Zusammenhang mit der Erstprüfung oder einer Wiederholungsprüfung** der elektrischen Anlage eines Gebäudes zu berücksichtigen. Eine ordnungsgemäße und sichere Funktion der in einem Gebäude vorhandenen elektrischen und elektronischen Anlagen und Betriebsmittel ist nur gewährleistet, wenn auch das Blitzschutzsystem seine Schutzfunktion wahrnimmt.

Die Prüfungen sind durchzuführen

▷ **bei neu zu errichtenden Blitzschutzsystemen**
  - während der Planung und der Errichtung (baubegleitende Prüfung),
  - nach der Fertigstellung (Abnahmeprüfung/Erstprüfung, Sichtprüfung),

▷ **bei bestehenden Blitzschutzsystemen**
  - **in regelmäßigen**, gegebenenfalls durch gesetzliche Vorgaben (z. B. Landesbaurecht) bestimmten **Zeitabständen** (Wiederholungsprüfung; *Tabelle. 7.8.1*),
  - **nach einer Instandsetzung** bzw. einer Änderung an oder dem Austausch von Komponenten des Blitzschutzsystems, insbesondere denen des LEMP-Schutzes *(Tabelle 7.8.2),*
  - **nach einem Blitzeinschlag** in das System oder anderen besonderen Ereignissen (Zusatzprüfung; → Tabelle 7.8.2).

Beim Festlegen des Zeitabstands der Wiederholungsprüfungen sind vom Betreiber die besonderen Umstände des Einzelfalls (Gefährdungspegel, akzeptierbares Schadensrisiko, Art der LEMP-Schutz-Komponenten, Beanspruchung durch korrosive Stoffe im Boden und in der Luft) zu berücksichtigen.

Ergänzend sollte an Blitzschutzsystemen von baulichen Anlagen mit erhöhter Schutzbedürftigkeit (Schutzklasse I oder II) zwischen zwei Wiederholungsprüfungen eine Sichtprüfung vorgenommen werden (→ Tab. 7.8.1).

Das Ergebnis jeder Prüfung ist zu dokumentieren (→ A. 7.8.4).

Tab. 7.8.1 Empfohlene Zeitabstände zwischen den Wiederholungsprüfungen der Blitzschutzsysteme von baulichen Anlagen [2.16]

Schutzklasse Gefährdungspegel	Zeitabstand zwischen den Wiederholungsprüfungen	Zeitabstand der Sichtprüfung vor der Wiederholungsprüfung
I	2 Jahre	1 Jahr
II	4 Jahre	2 Jahre
III, IV	6 Jahre	3 Jahre

Tab. 7.8.2 Besondere Ereignisse, die unabhängig von den Wiederholungsprüfungen Anlass für die Zusatzprüfungen an Blitzschutzsystemen von baulichen Anlagen sind [2.16]

Nutzungsänderung **in** der baulichen Anlage, z. B. Umwandlung eines Warenlagers in ein Bürohaus mit Rechenzentrum
Änderung **an** der baulichen Anlage, z. B. Aufstockung und/oder Anbau
Ergänzung, Erweiterung, Reparatur an der blitzgeschützten baulichen Anlage, z. B. Dach oder Fassade
Blitzeinschlag in das Blitzschutzsystem
Änderung am Blitzschutzsystem
Erhöhte oberirdische oder unterirdische Korrosionsgefahr durch aggressive Umweltbedingungen
Anlage mit erhöhtem Schutzbedürfnis, z. B. Anlage der Schutzklasse I oder II und Anlage mit LEMP-Schutz
Instandsetzung, Änderung oder Austausch von Komponenten des Blitzschutzsystems, insbesondere des LEMP-Schutzes

7.8.2 Arten und Durchführen der Prüfung

Die Arten und der Ablauf der Prüfungen an einem Blitzschutzsystem sind in den *Bildern 7.8.1* und *7.8.2* dargestellt. Anlass und Aufgaben der einzelnen Prüfungen können den Erläuterungen zu den Bildern entnommen werden.

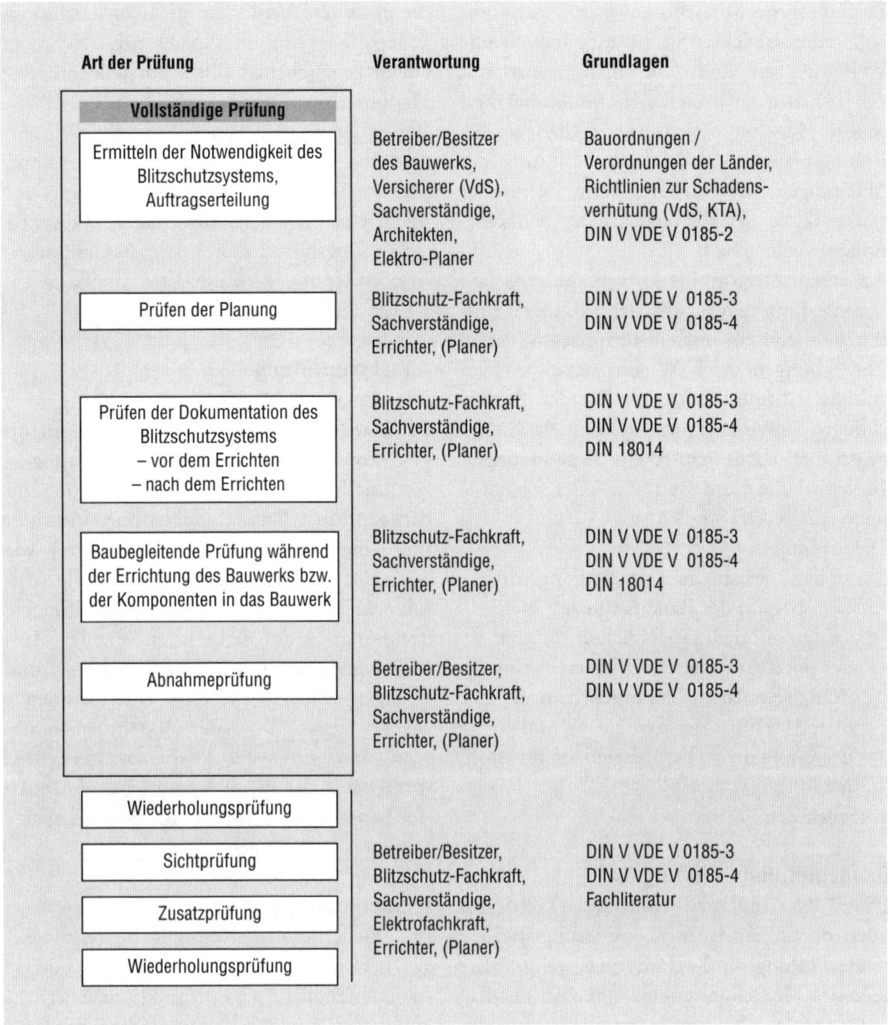

Art der Prüfung	Verantwortung	Grundlagen
Vollständige Prüfung		
Ermitteln der Notwendigkeit des Blitzschutzsystems, Auftragserteilung	Betreiber/Besitzer des Bauwerks, Versicherer (VdS), Sachverständige, Architekten, Elektro-Planer	Bauordnungen / Verordnungen der Länder, Richtlinien zur Schadensverhütung (VdS, KTA), DIN V VDE V 0185-2
Prüfen der Planung	Blitzschutz-Fachkraft, Sachverständige, Errichter, (Planer)	DIN V VDE V 0185-3 DIN V VDE V 0185-4
Prüfen der Dokumentation des Blitzschutzsystems – vor dem Errichten – nach dem Errichten	Blitzschutz-Fachkraft, Sachverständige, Errichter, (Planer)	DIN V VDE V 0185-3 DIN V VDE V 0185-4 DIN 18014
Baubegleitende Prüfung während der Errichtung des Bauwerks bzw. der Komponenten in das Bauwerk	Blitzschutz-Fachkraft, Sachverständige, Errichter, (Planer)	DIN V VDE V 0185-3 DIN V VDE V 0185-4 DIN 18014
Abnahmeprüfung	Betreiber/Besitzer, Blitzschutz-Fachkraft, Sachverständige, Errichter, (Planer)	DIN V VDE V 0185-3 DIN V VDE V 0185-4
Wiederholungsprüfung Sichtprüfung Zusatzprüfung Wiederholungsprüfung	Betreiber/Besitzer, Blitzschutz-Fachkraft, Sachverständige, Elektrofachkraft, Errichter, (Planer)	DIN V VDE V 0185-3 DIN V VDE V 0185-4 Fachliteratur

Bild 7.8.1 Erläuterung der Prüfungen an einem Blitzschutzsystem

Erläuterungen zu den in Bild 7.8.1 dargestellten Prüfarten

Prüfen der Planung

Das Prüfen der Planung wird in der Regel eine ingenieurtechnische Leistung sein. Dieses Prüfen und das Prüfen der dazu erstellten technischen Dokumentation müssen vor dem Ausführen der Bauleistung erfolgen und sicherstellen, dass alle Komponenten des Blitzschutzsystems den geltenden Normen und dem aktuellen Erkenntnisstand entsprechen. Diese Prüfung wird in Zukunft immer wichtiger, da sich mit der gewachsenen Kompliziertheit der zu schützenden Objekte die Errichtung von Blitzschutzanlagen von der bloßen Handwerksarbeit zur anspruchsvollen Ingenieurarbeit entwickelt hat.

Prüfen der Dokumentation

Die zu prüfende technische Dokumentation des Blitzschutzsystems umfasst Entwurfskriterien, Entwurfsbeschreibung, technische

Zeichnungen, Blitzschutzbücher, Prüfprotokolle oder -berichte. Sie ist auf hinreichende Vollständigkeit und Übereinstimmung mit den Normen zu prüfen. Zur Vollständigkeit gehört, dass die Zeichnungen (Fanganlage, Erdungspläne, Pläne über die Führung der Ableitungen bei verdeckter Bauweise) vorliegen und die Wirklichkeit an der baulichen Anlage wiedergeben.
Außerdem ist zu prüfen, ob die planerischen Vorgaben mit den praktischen Lösungen zum Blitzschutzsystem übereinstimmen und keine Abweichungen oder Widersprüche zu den gültigen Normen aufweisen. Werden Abweichungen von der Norm festgestellt, ist zu prüfen, ob dafür schriftliche Begründungen vorliegen und vom Betreiber oder Eigentümer verantwortet werden.
Die Prüfung ist

- an den Dokumenten der Planung **vor dem Beginn der Bauausführung** sowie
- an den mit dem tatsächlichen Zustand des Blitzschutzsystems in Übereinstimmung gebrachten Dokumenten **nach dem Abschluss der Errichtung** und vor der Übergabe an den Betreiber (Abnahmeprüfung)

vorzunehmen.

Baubegleitende Prüfung

Diese, den Bau des zu schützenden Gebäudes oder dessen Änderung/Erweiterung begleitende Prüfung wird erforderlich, wenn Bauteile des Blitzschutzsystems während des Errichtens des Bauwerkes verdeckt in die bauliche Anlage eingebracht oder natürliche Bauteile des Baukörpers als Teil des Blitzschutzsystems benutzt werden, die anschließend nicht mehr zugänglich sind. Das betrifft in der Regel Fundamenterder, Ableitungen und Schirmungen (LEMP-Schutz) in den Wänden oder auch unter Fassaden.
Die Kontrolle (Besichtigen und Erproben) umfasst die Verbindungsstellen, Anschlussfahnen bzw. Anschlussfestpunkte auf der Betonoberfläche vor dem Einbetonieren, Zumauern oder Anbringen von Vorhängewänden und -fassaden, solange das noch möglich ist. Es ist auch zu kontrollieren, dass die nach dem Verdecken nicht mehr zugänglichen Teile und die später nur noch von außen zugänglichen Blitzschutzteile mit den Planunterlagen überstimmen.

Es ist ratsam, bei baubegleitenden Prüfungen von den Teilen des Blitzschutzsystems, die in die bauliche Anlage integriert werden, eine ausreichende Anzahl fotografischer Dokumentationen vor dem Betonieren, Mauern oder Zudecken von Fassaden anzufertigen.

Abnahmeprüfung

Die Abnahmeprüfung ist die Prüfung nach Fertigstellung und erfolgt durch Besichtigen/Erproben und Messen. Hauptaufgabe ist festzustellen, ob die bauliche Ausführung mit den geprüften Planunterlagen übereinstimmt und die vorgegebenen Kennwerte, wie Schutzklasse, Schutzwinkel, Werkstoffe, Anforderungen an die Klemmen, Leitungen, Trennungs- und Sicherheitsabstände, Ausbreitungswiderstände, LEMP-Schutz und Übergangswiderstände, eingehalten wurden.

Es ist ratsam, bei jeder Abnahmeprüfung von wichtigen und kritischen Bereichen und Teilen des Blitzschutzsystems eine ausreichende Anzahl fotografischer Dokumentationen anzufertigen

Wiederholungsprüfung

Die Wiederholungsprüfung ist die regelmäßige (periodische) Prüfung des Blitzschutzsystems bezüglich seiner Funktionssicherheit. Sie erfolgt durch Besichtigen/Erproben und Messen. Die empfohlenen Zeitabstände sind in Tabelle 7.8.1 angegeben. Für den LEMP-Schutz gelten sie sinngemäß.
Bei der Wiederholungsprüfung ist auch zu kontrollieren, ob die technische Dokumentation nach Änderungen oder Erweiterungen des Blitzschutzsystems dem aktuellen Stand angepasst wurde.

Zusatzprüfung

Die Zusatzprüfung ist eine unabhängig von der Wiederholungsprüfung durchzuführende Prüfung. Sie erfolgt durch Besichtigen/Erproben und Messen und wird immer dann erfor-

derlich, wenn mindestens eines der in Tabelle 7.8.2 aufgeführten Ereignisse stattgefunden hat.
Der erforderliche Umfang der Prüfung ergibt sich aus ihrem Anlass und ist vom Prüfer zu bestimmen.

Sichtprüfung

Auch die Sichtprüfung ist eine unabhängig von der Wiederholungsprüfung durchzuführende Prüfung. Sie umfasst das Besichtigen/Erproben des Blitzschutzsystems in einem Umfang, der sich aus dem Anlass der Prüfung, dem Zustand des Systems und den jeweiligen Umständen ergibt. Die möglichen Prüfschritte können den Tabellen 7.8.3 bis 7.8.5 entnommen werden.
Die Sichtprüfung wird erforderlich (→ Tab. 7.8.2) bei

▷ baulichen Anlagen mit erhöhter Schutzbedürftigkeit (z. B. Schutzklasse I und II, LEMP-Schutz),
▷ Blitzschutzsystemen mit kritischen Bereichen (z. B. aggressive Umgebung, erhöhte Korrosionsgefahr).

Die Sichtprüfung sollte auch im Zusammenhang mit den Prüfungen an der Elektroinstallation des betreffenden Gebäudes vorgenommen werden.

Anmerkung: Leider wird diese Prüfung in DIN V VDE V 0185 Teil 3 als „Sichtprüfung" und im Teil 4 als „Besichtigen" bezeichnet. In beiden Fällen wird aber z. B. gefordert zu prüfen, ob keine losen Verbindungen vorhanden sind. Um Irrtümer auszuschließen, wird in diesem Abschnitt des Buches entsprechend der Aufgabe der Sichtprüfung immer die Bezeichnung „Besichtigen/Erproben" verwendet.
Das „Besichtigen“ ist dann eine optische Kontrolle, bei der festzustellen ist, ob sich das Blitzschutzsystem in einem ordnungsgemäßen Zustand befindet und mit der technischen Dokumentation übereinstimmt.
Das „Erproben“ ist dann die Kontrolle der mechanischen Festigkeit der Komponenten mit der Hand oder mit geeigneten Hilfsmitteln (Handprobe).

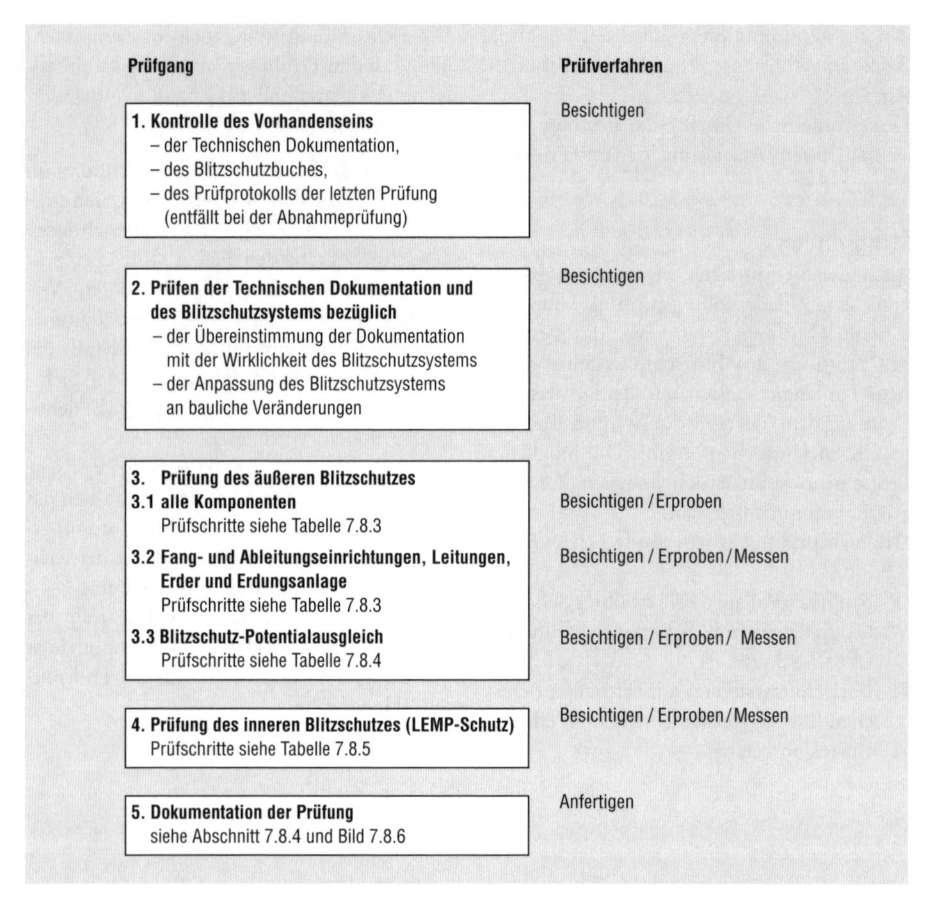

Bild 7.8.2
Ablauf und Prüfgänge der vollständigen Prüfung des äußeren und inneren Blitzschutzes

Erläuterungen zu dem in Bild 7.8.2 dargestellten Ablauf der Prüfung

Prüfaufgabe nach den Bauvorgaben der Bundesländer und DIN VDE V 0185 Teil 1 bis 4:

„Durch die im Bild aufgeführten Prüfungen ist mit unterschiedlichen Prüfmethoden und zu unterschiedlichen Zeitpunkten der Nachweis zu führen, dass das Blitzschutzsystem normengerecht und funktionsfähig bzw. funktionstüchtig ist.
Alle festgestellten Abweichungen sind in der Dokumentation der Prüfung schriftlich als Mängel aufzuzeigen (→ Bild 7.8.6).“

In *Bild 7.8.2* werden alle Prüfgänge aufgeführt, die am Blitzschutzsystem bei der Abnahmeprüfung und ebenso bei der Wiederholungsprüfung durchzuführen sind.
Die erforderlichen Prüfschritte

- ▷ für den äußeren Blitzschutz werden in den *Tabellen 7.8.3* und *7.8.4*
- ▷ für den inneren Blitzschutz in *Tabelle 7.8.5*

angegeben. Typische Schwachstellen der Blitzschutzsysteme, auf die bei allen Prüfungen besonders zu achten ist, sind in *Tabelle 7.8.6* aufgeführt.

Tab. 7.8.3 Prüfschritte am äußeren Blitzschutz und seinen Komponenten

Prüfschritt, Ziel der Kontrolle, zu erbringender Nachweis des ordnungsgemäßen und normgerechten Zustands	Prüfverfahren	Bemerkung
Gesamter äußerer Blitzschutz auch hinsichtlich der Übereinstimmung mit der technischen Dokumentation, Vorhandensein und ordnungsgemäßer Zustand der Komponenten, insbesondere der **Auffangstangen, Ableitungen, Trennstellen , Systembauteile und Erdanschlüsse/-einführungen.** Hierzu gehören: – die ordnungsgemäße Befestigung der Teile des Blitzschutzsystems, – dass Kupferbauteile nicht über Aluminiumbauteile angeordnet sind, – die Kontrolle, ob der an den Erdeinführungen notwendige Korrosionsschutz vorhanden ist (mind. bis 0,3 m oberhalb der Erdoberfläche), – die Kontrolle, ob Teile – besonders in der Nähe der Erdoberfläche, an den Austrittsstellen der Leitungen aus dem Baukörper oder an Austrittsstellen von korrosiven Abgasen – durch Korrosion deutlich geschwächt sind – der Nachweis der richtigen Trenn- und Sicherheitsabstände in der Dokumentation, – der Nachweis der richtigen Trenn- und Sicherheitsabstände bei Näherungen des Blitzschutzsystems an Installationen – die Angabe des Blitzschutzpotentialausgleichs in der Dokumentation Zu klären ist auch, ob die Vollständigkeit des Gebäudeblitzschutzes bei aneinandergereihten Gebäudeteilen gegeben ist	**Besichtigen** Vergleich mit der technischen Dokumentation an und in der baulichen Anlage	beim Feststellen von Abweichungen Mängelanzeige erstellen
Kontrolle, ob **Änderungen an der baulichen Anlage** vorgenommen sind, die veränderte Blitzschutzmaßnahmen erfordern	**Besichtigen**	wenn ja, Mängelanzeige
Kontrolle, ob **Änderungen am Blitzschutzsystem** vorgenommen wurden	**Besichtigen**	wenn ja, Mängelanzeige
Kontrolle der **Befestigungsteile** (z. B. Leitungs- und Stangenhalter); sie müssen bestimmungsgemäß nach den Herstellervorschriften am Untergrund befestigt sein oder haften	**Besichtigen/ Erproben**	
Kontrolle der **Klemmen** (richtige Klasse, Anzahl der Schrauben)	**Besichtigen/ Erproben**	
Kontrolle aller **Teile, die eine mechanische Schutzfunktion haben** oder das Berühren verhindern	**Besichtigen/ Erproben**	

Tab. 7.8.3 Fortsetzung

Prüfschritt, Ziel der Kontrolle, zu erbringender Nachweis des ordnungsgemäßen und normgerechten Zustands	Prüfverfahren	Bemerkung
Kontrolle der **Leitungen** (keine Unterbrechungen und keine losen Verbindungen, richtige Querschnitte und Längen, Durchgängigkeit der Verbindungen).	**Besichtigen/ Erproben und Messen**	(→ A 7.8.3: 1. Messung u. 3. Messung)
Kontrolle der **Erdungsanlage** und ihrer Verbindungen. Bei Erdungsanlagen, die älter als 10 Jahre sind, ist die Anlage stellenweise freizulegen, um den tatsächlichen Zustand des Erders und seiner Verbindungen (Korrosion) beurteilen zu können.	**Besichtigen/ Erproben und Messen**	(→ A 7.8.3: 1. Messung u. 2. Messung)
Kontrolle der **Schutzbereiche** von Fangeinrichtungen für die Dachaufbauten oder für zu schützende Einrichtungen, Bauwerks- oder Gebäudeteile.	**Messen**	(→ A 7.8.3: 4. Messung)
Kontrolle der **Trennungs- und Sicherheitsabstände** bei den Näherungen des Blitzschutzsystems an Installationen.	**Messen**	(→ A 7.8.3: 5. Messung)

Tab. 7.8.4 Prüfschritte am Blitzschutz-Potentialausgleich (BSPA) und seinen Komponenten

Prüfschritt, Ziel der Kontrolle, zu erbringender Nachweis des ordnungsgemäßen und normgerechten Zustands	Prüfverfahren	Bemerkung
Gesamter Blitzschutz-Potentialausgleich, auch hinsichtlich der Übereinstimmung mit der technischen Dokumentation einschließlich Vorhandensein und ordnungsgemäßer Zustand der Komponenten, insbesondere der SPDs (→ Kasten Seite 234) für den Blitzschutz-Potentialausgleich	**Besichtigen**	beim Feststellen von Abweichungen Mängelanzeige erstellen
Lückenloser **Blitzschutz-Potentialausgleich** für alle neu hinzugekommenen Versorgungsanschlüsse, die im Innern der baulichen Anlage seit der letzten Prüfung eingebaut wurden	**Besichtigen**	beim Feststellen von Abweichungen Mängelanzeige erstellen
Überspannungs-Schutzgeräte (SPDs): Es dürfen keine Auslösungen (Sichtfenster, Markierungen, Fernmeldung) vorliegen	**Besichtigen**	wenn ja, Mängelanzeige
Sicherungen vor den SPDs (Vorsicherungen): Es dürfen keine Auslösungen vorliegen	**Besichtigen**	wenn ja, Mängelanzeige
Verbindung zwischen dem äußeren Blitzschutz und dem Hauptpotentialausgleich (HPAS/PAS) der Elektroinstallation; **Potentialausgleichsverbindungen** innerhalb der baulichen Anlage, gegebenenfalls auch in höher und tiefer gelegenen Bauwerksebenen (Vorhandensein entsprechend den Vorgaben der Blitzschutz- und Elektroinstallation, z. B. LEMP-Schutz) und auch mit neu hinzugekommenen/ergänzten Versorgungssystemen	**Besichtigen/ Erproben und Messen**	(→ A 4.4 und A 7.8.3: 1. Messung)
Kontrolle der **Überspannungs-Schutzgeräte (SPDs)** hinsichtlich – des Vorhandenseins bei allen Energie- und Informationssystemen, – ihres richtigen Anschlusses (Normen- und Herstellervorgaben), – ihrer Anschlusslängen, – etwaiger Beschädigungen sowie des schaltungstechnischen und mechanischen Einbaus gemäß Norm [2.16] und Herstellervorschriften, – einer etwaigen Auslösung (Sichtfenster/Markierung/ Fernmeldung), – ihrer energetischen Koordination zueinander und der Länge ihrer Installationsleitungen	**Besichtigen/ Erproben und Messen**	(→ A 7.8.3: 6. Messung u. 7. Messung); Prüfgerät (→ Bild 7.8.5)

Tab. 7.8.5 Prüfschritte am inneren Blitzschutz (LEMP-Schutz) und seinen Komponenten

Prüfschritt, Ziel der Kontrolle, zu erbringender Nachweis des ordnungsgemäßen und normgerechten Zustands	Prüfverfahren	Bemerkung
Gesamter innerer Blitzschutz (LEMP-Schutz) auch hinsichtlich – der Übereinstimmung mit der technischen Dokumentation, – des **äußeren Blitzschutzes** – des **Blitzschutz-Potentialausgleichs** – des Vorhandenseins und des ordnungsgemäßen Zustandes der **Komponenten** (SPDs, Raumschirme, Kabel- und Leitungsschirme) – einer gegenüber der Dokumentation unveränderten **Leitungsführung** – des Einbaus der **Überspannungsschutzeinrichtungen** in alle energie- und informationstechnischen Netze/Systeme bis zum Endgerät (Jede neu hinzugefügte Komponente oder jedes Teil der Systeme der baulichen Anlage, die den LEMP-Schutz beeinflussen können, müssen sachgerecht in den LEMP-Schutz einbezogen werden.)	**Besichtigen**	beim Feststellen von Abweichungen Mängelanzeige erstellen
Nachweis des funktionsfähigen **äußeren Blitzschutzes** durch positiven Ausgang der Prüfung nach Tabelle 7.8.3	**Besichtigen/ Erproben und Messen**	Prüfprotokoll
Nachweis des funktionsfähigen **Blitzschutz-Potentialausgleichs** durch positiven Ausgang der Prüfung nach Tabelle 7.8.4	**Besichtigen/ Erproben und Messen**	Prüfprotokoll
Nachweis des funktionsfähigen und sicheren **Anschlusses** der Potentialausgleichsleitungen, Raumschirme, Geräteschirme und Kabelschirme (keine beschädigten und keine lockeren Verbindungen, keine Unterbrechungen)	**Besichtigen/ Erproben und Messen**	(→ A 4.4 und A 7.8.3: 1. Messung)
Kontrolle des **Sicherheitsabstandes** d_s zu den Raumschirmungen	**Besichtigen/ Erproben und Messen**	(→ A 7.8.3: 5. Messung)
Kontrolle des **Überspannungsschutzes mit SPDs** hinsichtlich – des Vorhandenseins bei allen Energie- und Informationssystemen, – ihres richtigen Anschlusses (Normen- und Herstellervorgaben), – ihrer Anschlusslängen, – etwaiger Beschädigungen sowie des schaltungstechnischen und mechanischen Einbaus gemäß Norm [2.6] und Herstellervorschriften, – einer etwaigen Auslösung (Sichtfenster/Markierung/ Fernmeldung), – ihrer energetischen Koordination zueinander und der Länge ihrer Installationsleitungen	**Besichtigen/ Erproben und Messen**	(→ A 7.8.3: 6. Messung u. 7. Messung)

Tab. 7.8.6 Typische Schwachstellen und Fehlbauweisen der Blitzschutzsysteme

In der Dokumentation nicht ausgewiesener Trennungsabstand s oder Sicherheitsabstand d_s [2.16]
Trennungsabstand zwischen blitzstromführenden Teilen und metallenen Teilen von Dachaufbauten, die im Schutzbereich stehen, ist unzureichend (Funkenbildung)
Dachaufbauten (z. B. Antennen, Lüfter) liegen nicht im Schutzbereich. Blitzteilstrom wird in das Gebäude eingeleitet.
Verbindung von Teilen der Blitzschutzanlage direkt oder indirekt (Funkenstrecke) mit metallenen Dachaufbauten, die konstruktiv metallen in das Gebäude weitergeführt sind. Blitzteilstrom wird in das Gebäude eingeleitet.
Fehlende Fangspitzen auf Firstenden, Attika, Vorbauten usw.
Korrosion bei in die Dachfläche (meist Flachdach) oder seitlich in die Wand eingeführten Ableitungen
Korrosion bei Ableitungen aus Aluminium bei Berührung mit anderen Werkstoffen (Beton, Kalkstein, Kupfer)
Fehlende Zweimetallverbindungen zwischen Aluminium und Kupfer
Anordnung von Kupferleitungen über Aluminiumleitungen im Nassbereich
Fehlende Ausdehnungsstücke in großflächigen Fanganlagen
Schleifenbildung der Ableitungen
Trennstellen auf dem Dach (ausnahmsweise nur zulässig bei integrierter Bauweise der Ableitungen mit natürlichen Bestandteilen (Bewehrung) in Verbindung mit dem Fundament)
Fehlende Bezeichnung der Trenn- bzw. Messstellen
Ohne Korrosionsschutzmantel verlegte Ableitungen aus Aluminium auf Beton oder unter Fassaden ohne gesicherten Abstand
Fehlende Einbeziehung der Vorhängefassaden (Potentialausgleich der Fassadenteile!)
Fehlender Korrosionsschutz an den Erdeinführungen oberhalb und unterhalb der Erdoberfläche
Fehlender Korrosionsschutz der Anschlussfahnen
Fehlender Korrosionsschutz von Klemmverbindungen im Erdreich (Kontrollmöglichkeit nur vor dem Einbringen in das Erdreich oder in den Beton, im Erdreich später nur durch Freilegen)
Korrosion der Anschlussfahnen
Fehlender Anschluss der metallenen Fallrohre, Leitern, Außentreppen u. ä. in der Nähe des Erdbodens an die Erdungsanlage (Blitzschutzpotentialausgleich)
Fehlende Potentialausgleichsleitung zwischen Blitzschutzsystem und HPSA

Tab. 7.8.6 Fortsetzung

Fehlender Anschluss der metallenen Konstruktion des Aufzugschachts an den Potentialausgleich
Fehlende oder unzureichende Bezeichnungen an den Potentialausgleichsschienen
Fehlender Potentialausgleich (Schirme, SPDs) der Energie-, Telefon- und Datenleitungen
Falscher Einbau der SPDs (Herstellerangaben nicht eingehalten), Ausblasraum für Funkenstrecken nicht eingehalten/vorhanden
Staffelschutz der SPDs (unterschiedliche Hersteller?) ordnungsgemäß? Entkopplungsdrossel?
Zuordnung der Sicherungen der SPDs entsprechend Herstellerangaben?
Anschlusslängen an die SPDs nicht eingehalten
Unzulässige Verbindungen zwischen Neutral- und Schutzleiter durch Schirmleiter
Mehrfaches Anklemmen von Schirmleitern unter einer Klemme
Einseitig geerdete Schirmleiter (keine Reduktionswirkung bezüglich induzierter Spannungen)
Erdungen über Trennfunkernstrecken auch wirksam? Liegt wirklich Erdungspotential an?

7.8.3 Messverfahren, Messeinrichtungen, Messergebnisse und -fehler

Durch die Messungen können

- die an den Komponenten des Blitzschutzsystems vorhandenen Mängel/ Fehler festgestellt und
- der Zustand des Systems zum Abschluss einer Prüfung ermittelt und dokumentiert werden.

Nachstehend werden die beim Prüfen des Blitzschutzsystems durchzuführenden Messungen aufgeführt und erläutert. Die Messwerte sind im Prüfbericht/Protokoll zu dokumentieren. Abweichungen von den Vorgaben sind als Mängel auszuweisen (→ A 7.8.4).

Die Betriebsmessabweichung der gängigen Prüfgeräte hat bei diesen Messungen in Anbetracht der zu erwartenden äußeren Einflüsse auf die Messstrecken und damit auf die Messwerte keine Bedeutung. Die zu verwendenden Prüf-/Messgeräte sind beispielhaft in den Abschnitten 4.6 oder 7.6 aufgeführt.

1. Messung: Durchgang der Verbindungen

Die Verbindung jeder Fangeinrichtung mit der Erdungsanlage sowie die Verbindung des äußeren Blitzschutzes mit allen leitenden Systemen des Gebäudes ist nachzuweisen. Das erfolgt durch das Messen des Widerstands an

▷ allen Verbindungsstellen, Anschlüssen der Fangeinrichtungen, Ableitungen, Schirmen (dazu zählt auch eine Bewehrung), Potentialausgleichsleitungen zum HPAS und zu den leitenden Systemen,
▷ allen Trenn-/Messstellen zur Erdungsanlage.

Das Durchführen der Messung wird im Abschnitt 4.2 beschrieben.
Für den Widerstand einer Verbindungsstelle gilt der **Richtwert < 1 Ω.**

2. Messung: Erdungswiderstand

Zu messen sind

▷ der Erdungswiderstand (Erdausbreitungswiderstand) jedes einzelnen Erders (Horizontalerder/Oberflächenerder oder Vertikalerder/Tiefenerder – nach Norm mit Typ A bezeichnet – sowie Ringerder oder Fundamenterder – nach Norm mit Typ B bezeichnet) und
▷ der Gesamterdungswiderstand des Erdungssystems.

Die Messungen sind positiv zu bewerten, wenn

▷ der in der technischen Dokumentation angegebene Wert erreicht oder unterschritten wird,
▷ die Erder für die gewählte Schutzklasse den Anforderungen nach DIN V VDE V 0185 Teil 3, Abschnitt 4.4 entsprechen.

Ist das nicht der Fall, so muss der Erdungswiderstand durch geeignete Maßnahmen verbessert werden.

Anmerkung: In DIN V VDE V 0185 Teil 3, HA 1. ist bezüglich des Erdungswiderstands folgende Bemerkung enthalten: *„Anmerkung 2 :Die Mindestlänge nach Bild 2 darf außer Acht gelassen werden, wenn ein Erdungswiderstand des (d. Verf.: Einzel-)Erders von weniger als 10 Ω erreicht wird (gemessen mit einer von der Netzfrequenz und deren Oberwellen abweichenden Frequenz, um Interferenzen zu vermeiden).“*

Die Anwendung dieser Anmerkung für Blitzschutzerder kann in kritischen Fällen sehr hilfreich sein und vorteilhaft zu einer praktikablen Lösung führen.
Bei einer Wiederholungsprüfung soll der gemessene Wert mit dem der letzten Prüfung (Abnahmeprüfung/Wiederholungsprüfung) in etwa übereinstimmen. Bei wesentlichen Abweichungen ist deren Grund zu ermitteln.
Das Durchführen der Messungen wird im Abschnitt 4.6 beschrieben. Für eine rationelle Prüfung eignen sich besonders die Erdungs-(Strom-)messzangen (→ Bild 7.6.6 und A 9.2). Bei ihrer Anwendung und Auswertung der Messwerte ist

zu beachten, dass sich diese aus einer Schleifenwiderstandsmessung ergeben. Der Prüfer muss somit aus dem Messwert den richtigen Widerstand des betreffenden Erders ableiten.
Alle anderen im Abschnitt 7.6 vorgestellten Messmethoden sind jedoch ebenso anwendbar und liefern praxisnahe, untereinander vergleichbare Messergebnisse. Sie erfordern allerdings einen größeren Vorbereitungs- und Messaufwand. Beispiele für die Messeinrichtungen sind im Abschnitt 7.6 aufgeführt.
Zu beachten ist, dass das in Bild 7.8.5 als Beispiel gezeigte **Ableiterprüfgerät** zur rationellen elektrischen Funktionsüberprüfung der Überspannungs-Schutzgeräte des gleichen Herstellers vorgesehen ist. Für die verschiedenen Steckerarten der Überspannungs-Schutzgeräte werden entsprechende Adapter vom Hersteller bereitgehalten.

3. Messung: Abmessungen und Querschnitte der Komponenten

Durch Messen sind die Abmessungen (Durchmesser, Dicken) und daraus die Querschnitte aller Fang- und Ableitungen, Fangeinrichtungen (Fangstangen), Erdeinführungen und Erder sowie der in die Blitzschutzanlage einbezogenen natürlichen Bauteile zu bestimmen. Als Messmittel dürfen Gliedermaßstäbe und Schiebelehren als hinreichend genau angesehen werden.
Die mit den Tabellen 4 bis 10 in DIN V VDE V 0185 Teil 3, HA 1, Abschnitt 4.6 Werkstoffe und Abmessungen angegebenen Mindestwerte dürfen nicht unterschritten werden.

4. Messung: Schutzbereiche von Fangeinrichtungen

Es ist zu prüfen, ob sich die Dachaufbauten (Antennen, Abluftanlagen, Solaranlagen usw.) im Schutzbereich der Fangeinrichtungen *(Bild 7.8.3)* befinden. Dafür kann das Schutzwinkelmessgerät *(Bild 7.8.4)* angewandt werden.

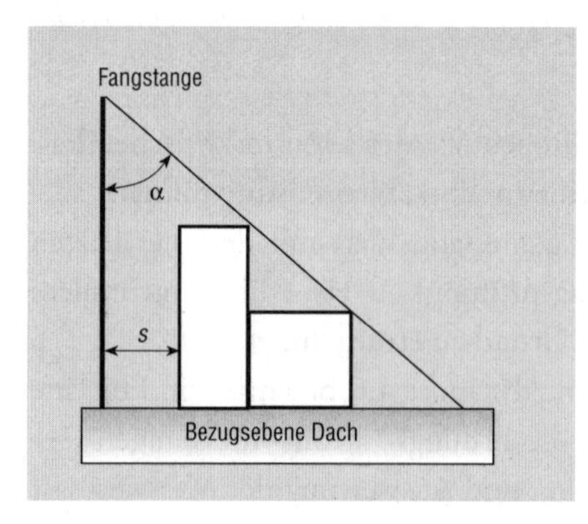

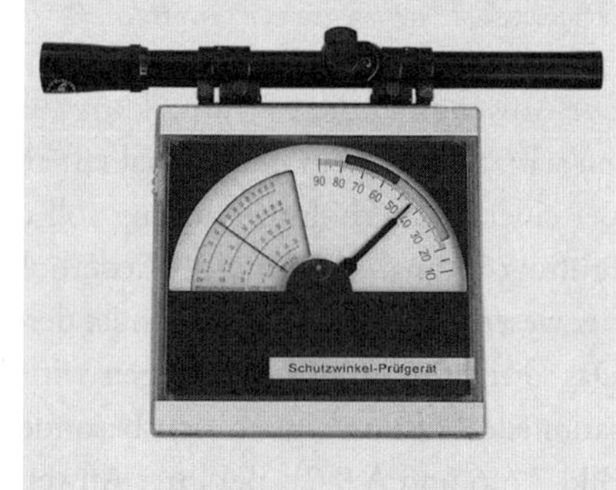

Bild 7.8.3 (links) Schutzbereich der Fangeinrichtung mit Schutzwinkel α und einzuhaltendem Trennungsabstand *s*

Bild 7.8.4 (rechts) Schutzwinkelmessgerät mit Zielfernrohr und Laser (NaLe, Dresen)

5. Messung: Trennungsabstand *s* und Sicherheitsabstand d_s

Zu prüfen ist, ob der Trennungsabstand *s* (→ Bild 7.8.3) zwischen blitzstromführenden Teilen der Blitzschutzanlage und anderen geerdeten metallenen Teilen (z. B. Dachaufbauten) und auch zu elektrischen Leitungen bzw. der Sicherheitsabstand d_s zwischen dem Raumschirm und einem elektronischen System (z. B. Betriebsmittel) eingehalten ist. Als Messmittel sind Gliedermaßstab oder Bandmaß geeignet und ausreichend genau.

6. Messung: Länge der Installationsleitungen der Überspannungs-Schutzgeräte (SPDs)

Die Anschlusslängen der Leitungen zu den Überspannungs-Schutzgeräten sind zu messen. Als Messmittel dürfen nur die für elektrische Betriebsstätten zugelassenen Meterstäbe oder gleichwertige Längenmesser benutzt werden.
Die in DIN VDE 0100-534, Anhang C, Bild C.1 [2.6] angegebenen maximalen Anschlusslängen dürfen nicht überschritten werden. Danach gilt:

a) Für Stichleitungen soll die Anschlusslänge $l \leq 0{,}5\,\mathrm{m}$ betragen. Das gilt sowohl für die Anschlussleitung zum aktiven Leiter als auch für die Anschlussleitung zur Hauptpotentialausgleichsschiene (HPAS) oder Hauptpotentialausgleichsklemme (HPAK).
b) Für v-förmigen Anschluss sind keine Anschlusslängen vorgeschrieben, weil elektrisch dann bezüglich der Schutzpegel keine Verschlechterung eintritt. Deshalb stellt der v-förmige Anschluss die alternative Lösung dar, wenn die Längen der Stichleitungen unzulässig überschritten sind.

Hinweis zur Arbeitssicherheit:
Beim Arbeiten an und in der Nähe elektrischer Anlagen sind die Unfallverhütungsvorschriften der Berufgenossenschaft zu beachten. Im Zusammenhang mit Blitzschutz besonders BGV A3 „Elektrische Anlagen und Betriebsmittel" und auch BGV B11 „Elektromagnetische Felder".

7. Messung: Funktionsfähigkeit der Überspannungs-Schutzgeräte (SPDs)

Elektrische Messungen sind in der Norm nicht verlangt. Vielmehr verlässt man sich auf die optische Kontrolle und Feststellung, ob „Beschädigung oder Auslösung" vorliegt. Eine Vielzahl von SPDs ist jedoch nicht mit eigenen oder fremden (vorgeschaltete Sicherungen) Auslösevorrichtungen ausgerüstet. Es kann der Umstand eingetreten sein, dass die nicht mehr wirksame Schutzfunktion nicht erkannt wird. Diese Unsicherheit im Betrieb und die Lücke in der Zustandserkennung können jedoch durch zwischenzeitliche Messungen mit herstellerspezifischen Ableiterprüfgeräten *(Bild 7.8.5)* und mit den SPD-Steckerarten entspre-

Bild 7.8.5
Ableiterprüfgerät PM 10 zur Kontrolle der Ansprechspannung
(Dehn + Söhne)

chenden Adaptern geschlossen werden. Durch diese Messungen kann festgestellt werden, ob die SPDs die (Überspannungs-) Schutzpegel im vorgegebenen Bereich zum Zeitpunkt der Prüfung noch gewährleisten.
Nicht alle SPDs, und das gilt vor allem für hochblitzstromtragfähige Funkenstrecken mit großem Netzfolgestrom-Löschvermögen, lassen sich mit diesen normalen kleinen und transportablen Ableiterprüfgeräten prüfen. Für diese, auf der Basis reine Funkenstrecke aufgebauten SPDs bleibt nur eine Isolationsmessung übrig, bei der nur der im Katalog angegebene Isolationswiderstand für das jeweilige SPD nachgeprüft werden kann, nicht aber seine übrigen blitzstrombegrenzenden Parameter, z. B. die Schutzpegelspannung.
Deshalb wird sogar in Ergänzung der Technischen Anschlussbedingungen TAB 2000 [1.10] Abschnitt 12 in Verbindung mit der dort genannten Richtlinie, Abschnitt 3.8 für alle im Hauptstromversorgungssystem zugelassenen und eingesetzten SPDs gefordert, diese mindestens alle vier Jahre einer Isolationswiderstandsmessung zu unterziehen.

7.8.4 Dokumentation der Prüfergebnisse

Die Ergebnisse der Prüfungen und die Messwerte der Messungen nach Abschnitt 7.8.3 sind zu dokumentieren. Der beim Errichten üblichen Praxis folgend, sollte auch die Dokumentation getrennt für den äußeren und den inneren Blitzschutz erstellt werden. Die Notwendigkeit einer solchen Dokumentation für den Errichter der Blitzschutzanlage ist im Hinblick auf die möglichen Folgen einer mangelhaften Anlage und der ohne diese Dokumentation nicht ausreichend nachweisbaren ordnungsgemäßen Prüfung nicht zu übersehen (→ K 11).

Die Form der Dokumentation ist nicht vorgeschrieben. Zweckmäßig ist es aber, für alle im Bild 7.8.1 genannten Arten der Prüfung immer wieder die gleichen Vordrucke *(Bild 7.8.6)* zu verwenden, in denen die Ergebnisse der Prüfschritte abgefragt werden. So sind die Prüf- bzw. Messergebnisse gut vergleichbar und es ist gewährleistet, dass nichts vergessen wird.
Bei Abnahmeprüfungen ist die fotografische Dokumentation der wichtigen Komponenten zweckmäßig und auch bei der baubegleitenden Prüfung sollten wesentliche Komponenten vor dem Einbetonieren fotografiert werden.
Im Fall von Mängelanzeigen ist es angeraten, im Prüfbericht den Warnhinweis zu geben, dass nach DIN VDE V 0185-3, -4 der Betreiber der Anlage die Verantwortung dafür trägt, dass die bei der Prüfung festgestellten Mängel ohne Verzögerung behoben werden.

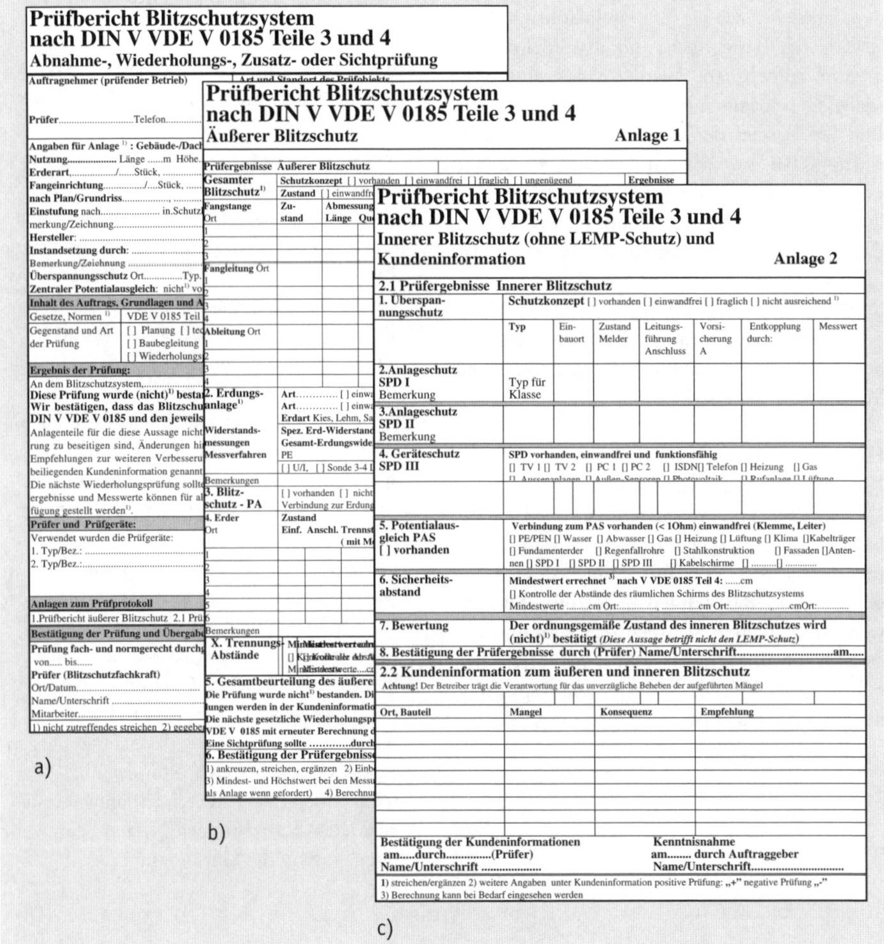

Prüfbericht Blitzschutzsystem nach DIN V VDE V 0185 Teile 3 und 4
Abnahme-, Wiederholungs-, Zusatz- oder Sichtprüfung

a)

Prüfbericht Blitzschutzsystem nach DIN V VDE V 0185 Teile 3 und 4
Äußerer Blitzschutz **Anlage 1**

b)

Prüfbericht Blitzschutzsystem nach DIN V VDE V 0185 Teile 3 und 4
Innerer Blitzschutz (ohne LEMP-Schutz) und Kundeninformation **Anlage 2**

2.1 Prüfergebnisse Innerer Blitzschutz
1. Überspannungsschutz – Schutzkonzept [ ] vorhanden [ ] einwandfrei [ ] fraglich [ ] nicht ausreichend [1]
2. Anlageschutz SPD I
3. Anlageschutz SPD II
4. Geräteschutz SPD III
5. Potentialausgleich PAS [ ] vorhanden
6. Sicherheitsabstand
7. Bewertung – Der ordnungsgemäße Zustand des inneren Blitzschutzes wird (nicht)[1] bestätigt *(Diese Aussage betrifft nicht den LEMP-Schutz)*
8. Bestätigung der Prüfergebnisse durch (Prüfer) Name/Unterschrift ...am...

2.2 Kundeninformation zum äußeren und inneren Blitzschutz

Ort, Bauteil	Mangel	Konsequenz	Empfehlung

c)

Bild 7.8.6 Dokumentation der Prüfung
a) Prüfprotokoll, Prüf-/Messbericht
b) Anlage 1 zum Protokoll: Prüfung äußerer Blitzschutz
c) Anlage 2 zum Protokoll: Prüfung innerer Blitzschutz und Kundeninformation
Quelle: AK Blitzschutz, E-Mail: ETV-Berlin@t-online.de

7.8.5 Hinweise

H 7.8.01 Prüfung des Blitzschutzsystems bei der Wiederholungsprüfung der Elektroinstallation

In den Vorgaben für das Prüfen der Elektroinstallation wird nicht ausdrücklich gefordert, auch das Blitzschutzsystem in die jeweilige Prüfung einzubeziehen. Das ist – insbesondere bei der Wiederholungsprüfung – ein ernsthafter Mangel, da Defekte im äußeren oder im inneren Blitzschutz auch die elektrische Sicherheit und die Funktion der Elektroinstallation erheblich gefährden können. Insofern sollte der für die Prüfung der Elektroinstallation verantwortliche Prüfer zumindest die wesentlichen in den Tabellen 7.8.3 bis 7.8.5 aufgeführten Prüfschritte des Besichtigens mit in sein Prüfprogramm aufnehmen. Werden Mängel festgestellt, so sind sie mit dem Prüfprotokoll (→ Bild 7.8.6) oder der Kundeninformation dem Auftraggeber zu benennen. Eine Reparatur und gegebenenfalls eine gründliche Wiederholungsprüfung des Blitzschutzsystems sollten dann – als Voraussetzung für die Sicherheit der Elektroinstallation – vom Auftraggeber gefordert werden, da er nach DIN V VDE V 0185-3, -4 die Verantwortung dafür trägt, dass die bei der Prüfung festgestellten Mängel ohne Verzögerung behoben werden.

H 7.8.02 Mängelschwerpunkte des Blitzschutzsystems

Die Elektrofachkräfte der Elektroinstallation haben erfahrungsgemäß wenig Erfahrungen mit dem Prüfen von Blitzschutzsystemen. In der Tabelle 7.8.6 wurden daher die üblicherweise vorhandenen Schwachstellen zusammengestellt, um das unter H 7.8.01 geforderte Besichtigen als Teil der Wiederholungsprüfung der Elektroinstallation zu erleichtern.

H 7.8.03 Erfahrungen aus der Prüfung

Erfahrungsgemäß ergeben sich auch beim Prüfen immer wieder die gleichen Unterlassungssünden, die dann zu spät bemerkt und nur mit Mühe und viel Aufwand behoben werden können. Wir führen Sie daher hier nochmals auf, damit Sie dem Leser immer wieder ins Auge fallen.

- ▷ Bei der Isolationswiderstandsmessung (→ A 4.3) und bei einer Spannungsprüfung (→ A 8.4) müssen die SPDs von der Anlage getrennt werden, sofern die Messspannung über der Ansprechspannung liegt.
- ▷ Beim Dokumentieren des Gesamterdungswiderstands der Erdungsanlage für das Blitzschutzsystem (→ A 7.8.1) ist anzugeben, ob die Erdungsanlage beim Messen mit der Hauptpotentialausgleichsschiene (HPAS) verbunden war oder nicht.
- ▷ Vor dem Messen (→ A 7.8.1) ist zu prüfen, ob eine Trennung der Erdungsanlage für das Blitzschutzsystem von der HPAS ohne Gefahren für Mensch und Anlage und ohne Betriebsstörungen möglich ist. Im Zweifelsfall ist eine Trennung zu unterlassen.
- ▷ Beim Messen des Erdungswiderstands im Zusammenhang mit einer Wiederholungsprüfung sind die jahreszeitlich bedingten Witterungsänderungen zu berücksichtigen. Abweichungen von bis zu 30 % des ursprünglichen Wertes liegen noch in der Toleranz. Treten Abweichungen dagegen nur bei einzelnen Erdern auf, müssen diese untersucht, die Gründe festgestellt und Mängel abgestellt werden.
- ▷ Bei der Kontrolle des Trennungsabstands/Sicherheitsabstands ist zu beachten, dass keine diesbezüglichen Orte und Systeme übersehen werden. Der Abstand wird benötigt zur Einhaltung des Schutzes gegen elektrischen Überschlag von der Blitzschutzanlage zu elektrisch leitfähigen und geerdeten Einrichtungen/Netzen beim weiteren Ausbau des Gebäudes.

8 Spezielle Messverfahren

8.1 Messen von Feldstärken

8.1.1 Allgemeines, Prüf- und Messaufgaben

Bei sämtlichen elektrischen und elektronischen Systemen zur Informationsbearbeitung, Informationsübertragung, Materialbearbeitung und Energieübertragung entstehen zwangsläufig elektrische, magnetische und elektromagnetische Felder. Je nach dem Aufbau dieser Systeme reichen die erzeugten Felder deutlich über sichtbare Grenzen wie Gehäuse, Räume und Gebäude hinweg bis in die Umgebung hinein.
In ihrer Nachbarschaft können sich wiederum andere elektrische Einrichtungen befinden, deren Funktionen durch diese Felder des fremden Prozesses mehr oder weniger gestört werden und dann nicht mehr bestimmungsgemäß wirksam werden können. Derartig über die Felder miteinander verbundene Systeme werden als **elektromagnetisch unverträglich** bezeichnet.
Der Verlauf und die Größe der magnetischen und elektrischen Felder sind daher von großem Interesse für das störungsfreie Nebeneinander von elektrischen und elektronischen Einrichtungen. Die zu beachtenden Grenzwerte hängen von den Eigenarten der jeweiligen Einrichtungen ab.
Hinzu kommt, dass in der Nähe dieser Systeme und der durch sie erzeugten Felder Menschen wohnen und arbeiten. Auch sie dürfen keinen Feldstärken ausgesetzt werden, die – in Abhängigkeit von der Einwirkdauer – Gesundheitsschäden verursachen können. Aus diesem Grund wird neben der elektromagnetischen Verträglichkeit technischer Systeme im zunehmenden Maß auch die Einwirkung elektrischer, magnetischer und elektromagnetischer Felder auf

Lebewesen berücksichtigt. Mittlerweile existieren normativ vorgegebene Grenzwerte, die auf gesicherten Erkenntnissen beruhen und, mit einem gewissen Sicherheitszuschlag, beim Errichten und Betreiben elektrischer Anlagen zu beachten sind.

Aus diesem Zusammenhang ergibt sich für Errichter/Betreiber elektrischer Anlagen und Geräte die Notwendigkeit, an den betreffenden Standorten die jeweils vorhandenen und die höchsten zulässigen Feldstärken zu bestimmen. Zu gewährleisten ist, dass

- ▷ die Arbeitsplätze und deren Umgebung vor gefährdenden Feldstärken gesichert sind und dass
- ▷ aus der Anlage keine Gefahr bzw. Gesundheitsschäden durch Feldstärken für Mitarbeiter oder Anwohner entstehen können.

Dies führt zu folgender

Prüf- / Messaufgabe:
Sofern durch den Betreiber/Prüfer festgestellt oder angenommen wird, dass

- ▷ Anlagen oder Personen durch elektrische/magnetische/elektromagnetische Felder unzulässig gestört werden oder
- ▷ Anlagen ihrerseits als Störquelle wirken,

ist zu ermitteln, ob und welche Feldstärken an den betreffenden vorgegebenen Orten vorhanden sind. Dabei sind alle, durch betriebliche und andere Umstände bedingte Veränderungen der Felder zu beachten.

Es ist nicht Aufgabe des Prüfers die Messorte festzulegen. Diese werden durch die vom Betreiber zu klärenden betrieblichen Abläufe oder dessen persönliche Ansichten bestimmt. Allerdings sollte der Prüfer den mitunter nicht fachkundigen Betreiber bezüglich der Notwendigkeit und Art der Messungen beraten. Er muss auch dafür sorgen, dass die messtechnischen Belange bei der Wahl des Messorts berücksichtigt werden.

In den Normen zur Sicherheitsprüfung elektrischer Anlagen wird das Messen der genannten Felder nicht gefordert. Bei der Erstprüfung oder den Wiederholungsprüfungen sollte der Prüfer jedoch darüber nachdenken, ob bestimmte Betriebsmittel als Störgrößen wirken und die Schutzfunktionen (Betriebsfunktionen) der zu prüfenden elektrischen Anlage beeinträchtigen können. Ob derartige – dem Betreiber noch unbekannte – Einflüsse vorhanden sein können, ist bei diesen „Sicherheitsprüfungen“ zu klären und gegebenenfalls dem Betreiber in der Prüfdokumentation mitzuteilen.

8.1.2 Art, Parameter und Ursachen der Felder; Messvorgaben

Eine ordnungsgemäße Messung der Felder ist nur möglich, wenn der Prüfer über die Art der Felder und deren Messmöglichkeiten gut informiert ist. Die nachstehenden Erläuterungen können nur Anregungen geben, welche Kenntnisse erforderlich sind. Gründliche Information durch das Studium der Betriebsanleitungen der Messeinrichtungen und viele praktische Erfahrungen/Übungen müssen vorhanden sein, um exakt messen zu können.

Wichtig ist zunächst, die am jeweiligen Messort vorhandenen Felder und ihre Kennwerte zu bestimmen.

Elektrische, magnetische und elektromagnetische Felder lassen sich durch ihre Amplitude (Feldstärke), Wellenlänge, Frequenz und Signalform beschreiben. Dabei ist zwischen **Gleichfeldern, niederfrequenten** und **hochfrequenten Feldern** zu unterscheiden. Diese bilden zusammen mit der optischen Strahlung den Bereich der nicht ionisierenden Strahlung.

Strahlen mit höheren Frequenzen (Ultraviolett-, Gamma-, Röntgenstrahlen) gehören dagegen der so genannten **ionisierenden Strahlung** an, die eine ausreichende Energie besitzt, um Moleküle und Atome zu ionisieren.

Elektrische Felder (Maßeinheit V/m) treten auf, sobald eine elektrische Spannung vorhanden ist.

Magnetische Felder (Maßeinheit A/m) entstehen erst beim Fließen eines Stroms in einem Betriebsmittel bzw. dessen Zuleitung. Sie werden üblicherweise auch durch ihre magnetische Flussdichte (Maßeinheit Tesla) beschrieben.

Elektrische oder magnetische **Gleichfelder (statische Felder)** entstehen nicht nur in unmittelbarer Nähe von Geräten und Anlagen, die mit Gleichspannung bzw. -strom betrieben werden, wie bei Straßen- und U-Bahnen, in der Elektrochemie (Elektrolyse) oder im Medizinbereich (Kernspintomographie). Sie treten auch in der Natur auf, in Form des Erdmagnetfelds (magnetische Flussdichte ca. 45 Tesla) oder, hervorgerufen durch die Potentialdifferenzen in der Atmosphäre, als elektrostatische Felder (bis zu 20000 V/m bei Gewitter).

Im **Niederfrequenzbereich** von > 0 Hz bis 100 kHz können elektrische und magnetische Felder (bis 30 kHz) getrennt voneinander betrachtet werden. Sie entstehen überwiegend um Freileitungen, Trafostationen usw. der öffentlichen Stromversorgung (50 Hz) oder bei Bahnstromanlagen (16 ⅔ Hz) sowie im Industrie- oder im Haushaltsbereich. Hervorgerufen werden sie durch Geräte und Anlagen, die einen hohen Stromverbrauch aufweisen (Induktionsöfen, Schweißgeräte, Elektromotoren, Boiler, Haarfön, Heizdecken usw.) oder Transformatoren bzw. Magnetspulen enthalten (Halogenleuchten, Fernseher u. a.).

Die Stärke der niederfrequenten elektrischen und magnetischen Felder nimmt mit der Entfernung von der Quelle sehr rasch ab.
Im **Hochfrequenzbereich** von 100 kHz bis 300 GHz sind die Wirkungen der elektrischen und magnetischen Felder eng miteinander verknüpft und können dadurch nicht mehr getrennt betrachtet werden. Diese gekoppelten, so genannten **elektromagnetischen Felder** werden meistens absichtlich erzeugt, um Informationen in Form von Daten oder Gesprächen zu übertragen (Mobilfunk, Rundfunk, Bluetooth, WLAN usw.). Solche Felder bzw. Wellen breiten sich von Sendeantennen bzw. -anlagen mit Lichtgeschwindigkeit und einer bestimmten elektromagnetischen Leistungsflussdichte S (Maßeinheit W/m^2 bzw. W/cm^2) aus.
Elektromagnetische Felder entstehen auch an Arbeitsplätzen, z. B. bei induktivem Löten und Härten, dielektrischem Schweißen, sowie an Diebstahlsicherungssystemen *(Tabelle 8.1.1)*.
Wichtig sind dann die Grenzwerte, die am Einsatz- bzw. Aufenthaltsort der technischen/biologischen Systeme höchstens vorhanden sein dürfen. Sie sind vom Betreiber der Anlage auf der Grundlage seiner Kenntnisse über den Arbeitsplatz und die dafür geltenden gesetzlichen Vorgaben festzulegen.
Es gehört nicht zur Aufgabe des Prüfers, die elektromagnetische Verträglichkeit der technischen Systeme des Betreibers oder die für dort tätige Personen vertretbare Feldstärke zu ermitteln.
Mit dem Ermitteln der zumutbaren Feldstärken und dem Festlegen der vertretbaren Grenzwerte beschäftigen sich laufend mehrere nationale und internationale Fachgremien. Da hoch- und niederfrequente Felder unterschiedlich auf den menschlichen Körper einwirken (z. B. Reizwirkungen bis 100 kHz bzw. thermische Effekte im Hochfrequenzbereich), wurden frequenzbezogene Grenzwerte sowohl für die Bevölkerung allgemein als auch im Rahmen des Arbeitsschutzes in mehreren Normen, Gesetzen und Verordnungen festgelegt.
Besondere Bedeutung hat die berufsgenossenschaftliche Vorschrift BGV B11, „Elektromagnetische Felder", die sich an Unternehmer sowie deren Mitarbeiter/Versicherte richtet, die elektrischen oder magnetischen Feldern ausgesetzt sind. Die einzuhaltenden Grenzwerte *(Bilder 8.1.1 und 8.1.2)* werden in dieser Vorschrift in vier Expositionsbereiche *(Tabelle 8.1.2)* unterteilt.
Neben diesen Vorschriften bzw. Verordnungen sind gegebenenfalls, wenn die Notwendigkeit einer solchen Messung erkannt wurde, bestimmte Produktnormen zu beachten (z. B. EN 50366 für Haushaltsgeräte).

Tab. 8.1.1 Orte/Anlagenteile, an denen störende Felder auftreten können, die möglicherweise eine Messung der Feldstärke zweckmäßig werden lassen

Ort, Ursache	Auswirkung, Zweck der Messung
Potentialausgleichsleiter, fremde leitende Systeme	Ermitteln von vagabundierenden Strömen und deren Störpotentialen, Störungen elektronischer Geräte
Getrennt geführte Neutral- oder Schutzleiter	
Einadrige Kabel/Leitungen	Störungen elektronischer Geräte
Transformatoren, Schutzspulen in Verteilern und Schaltschränken	Einfluss auf messende Relais, FI-Schutzschalter usw. Störungen elektronischer Geräte
Geräte, die betriebsmäßig Lichtbogen erzeugen	
Relaiskombinationen, -steuerungen	
Schweißgeräte	Störungen von nahe liegenden Messkreisen und elektronischen Geräten
Regelbare Antriebe, Umrichter	
Transformatoren	Einfluss auf ortsfeste Relais, mobile Messeinrichtungen
Kabelzuführungen	Störungen elektronischer Geräte
Vorschaltgeräte	
Schaltnetzteile	
Mikrowellengeräte	
Wandheizungen	

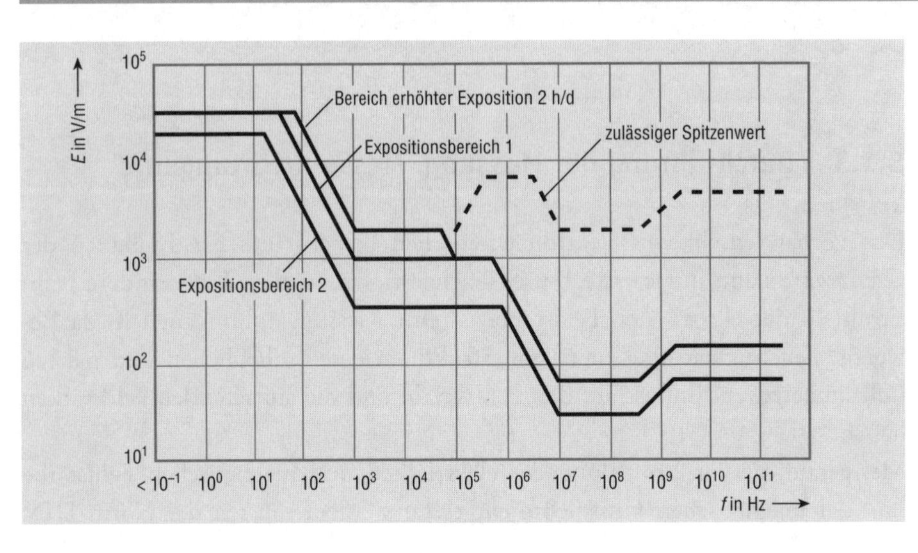

Bild 8.1.1 Zulässige Werte der elektrischen Feldstärke in den Expositionsbereichen 1 und 2 sowie im Bereich erhöhter Exposition (nach BGV B11)

Tab. 8.1.2 Bereiche unterschiedlicher Beanspruchung (Expositionsbereiche) durch elektromagnetische Felder *Quelle: BGV B11*

Expositionsbereich	Beschreibung
2	alle frei zugänglichen Bereiche eines Unternehmens
1	kontrollierter Bereich, in dem aufgrund der Betriebsweise oder der Aufenthaltsdauer sichergestellt ist, dass eine Exposition nur in begrenzter Zeit erfolgt (2 Stunden pro Tag im Niederfrequenzbereich bzw. 6 Minuten im Hochfrequenzbereich)
Bereich erhöhter Exposition	Bereich, in dem die Werte des Expositionsbereichs 1 überschritten werden
Gefahrenbereich	Bereich, in dem die Grenzwerte für den Bereich erhöhter Exposition überschritten werden und der daher nur mit persönlicher Schutzausrüstung betreten werden darf

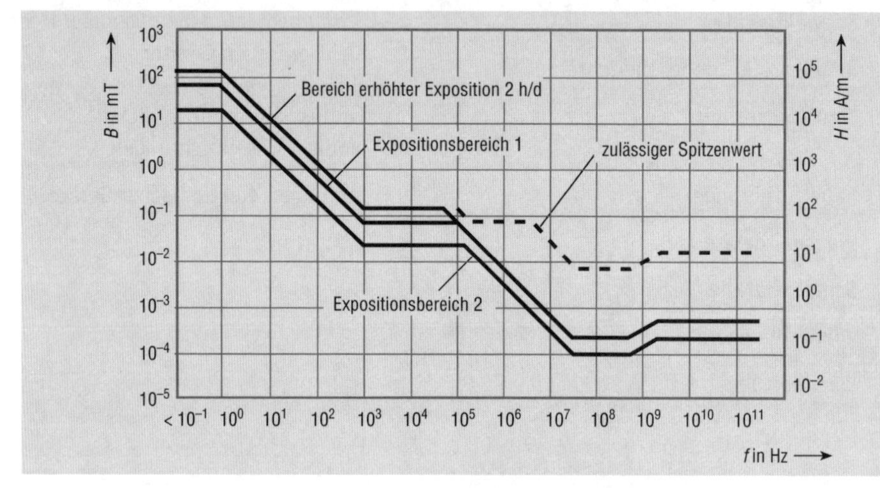

Bild 8.1.2
Zulässige Werte der magnetischen Flussdichte in den Expositionsbereichen 1 und 2 sowie im Bereich erhöhter Exposition (nach BGV B11)

8.1.3 Durchführung der Messung, Messeinrichtungen

Das Vorhandensein von elektromagnetischen Feldern und das Einhalten der Grenzwerte kann nur messtechnisch nachgewiesen werden. Insbesondere beim Ermitteln der elektrischen Feldstärke ist eine Messung unumgänglich, da Bewuchs, Feuchtigkeit oder metallene Strukturen einen erheblichen und nahezu unkalkulierbaren Einfluss auf den Feldverlauf und die auftretenden Feldstärken haben.

Messgeräte die zur Ermittlung der elektrischen und magnetischen Feldstärke und der magnetischen Flussdichte eingesetzt werden, müssen der Norm DIN

VDE 0848 Teil 1 entsprechen. Sie beschreibt die Mess- und Berechnungsverfahren zur Beurteilung der Sicherheit von Personen in elektrischen, magnetischen und elektromagnetischen Feldern im Frequenzbereich von >0 Hz bis 300 GHz.
Je nach der Art und dem Frequenzbereich der Feldquelle sollten die Messgeräte das Messen der

▷ elektrischen Feldstärke E (in V/m),
▷ magnetischen Feldstärke H (in A/m),
▷ magnetische Flussdichte B (in Tesla) oder
▷ der elektromagnetischen Leistungs(fluss)dichte S (in W/m^2)

gestatten.
Besonders empfehlenswert sind Messgeräte, bei denen die vorgegebenen Grenzwerte bzw. Grenzwertkurven der gesetzlichen Vorgaben in der Software hinterlegt sind. Damit wird eine direkte prozentuale Bewertung der Feldgröße in Bezug auf den Grenzwert möglich.
Einige Messgeräte bieten zusätzlich eine Frequenzanalyse des auftretenden Feldes auf der Grundlage einer Fast-Fourier-Transformation (FFT). Ebenfalls von Nutzen ist zur Messwertauswertung eine im Gerät integrierte Oszilloskop-Funktion, die eine schnelle visuelle Beurteilung des Signals ermöglicht.
Moderne handelsübliche Feldmesssysteme, wie sie beispielhaft in den Bildern 8.1.3 bis 8.1.5 dargestellt und in *Tabelle 8.1.3* charakterisiert werden, sind für die Messung stationärer elektrischer und magnetischer Felder im Frequenzbereich bis 400 kHz konzipiert.
Beim **elektrischen Feld** erfolgt die Messwertaufnahme dreidimensional, z. B. mit einer 80 mm großen Kugelsonde (→ Bild 8.1.3). Der Aufbau der Sonde sowie die Verwendung eines isolierenden Stativs garantieren das Minimum der zwangsläufig entstehenden Feldverzerrung. Die Messinformation wird z. B. mittels Lichtwellenleiter zur Auswerteeinheit übertragen und dort angezeigt. Die Empfindlichkeit der Sonden kann verändert werden (Messbereichsumschaltung).
Die **Magnetfeldmessung** erfolgt über eine eingebaute oder eine externe Magnetfeldsonde (→ Bild 8.1.4), die nach DIN VDE 0848 über eine Messfläche von 100 cm^2 verfügen muss. Das Feld wird dreidimensional mit drei in der Sonde angeordneten Induktionsspulen erfasst. Die induzierte Spannung wird verstärkt und mit einem A-D-Wandler digitalisiert. Die zumeist steckbaren und somit beliebig austauschbaren Sonden sind hochempfindliche Antennen, deren Signale von dem Erfassungsteil erfasst und angezeigt werden. Die Anzeige bzw. Erfassung kann auch über Bildschirm oder Schreiber erfolgen.

Tab. 8.1.3 Beispiele für die Daten handelsüblicher Feldmessgeräte

Merkmale, Daten		**Werte handelsüblicher Geräte**	
Niederfrequenzbereich *(Bilder 8.1.3 und 8.1.4)*			
E-Feld-Messung	Bandbreite	5 Hz … 400 kHz	5 Hz … 32 kHz
	Messdynamik	1 V/m … 30 kV/m	0,7 V/m … 100 kV/m
M-Feld-Messung	Bandbreite	10 … 400 kHz*	5 Hz … 32 kHz
	Messdynamik	10 nT … 250 mT*	4 nT … 32 mT
Gleichfeldmessung	Bandbreite	0 … 500 Hz	–
	Messdynamik	1 µT … 1 T	–
Frequenzanalyse (FFT)		ja, bis 91 kHz (Option)	ja, bis 32 kHz (Option)
Oszilloskop-Funktion		ja (Option)	–
Bewertungsfunktion		nach BGV B11, ICNIRP, 26. BImSchV und EN 50366	nach BGV B11, ICNIRP, 26. BImSchV und EN 50366
Analogausgang		Analogausgang oder Sondensignal	–
Messwertspeicher		1 MB	3600 Einzelwerte
Schnittstelle und Software		standardmäßig	standardmäßig
Hochfrequenzbereich *(Bild 8.1.5)*			
Bandbreite		100 kHz … 2,5 GHz	100 kHz … 3 GHz
Elektrische Feldstärke		0,1 V/m … 199,9 V/m	0,2 V/m … 320 V/m
Leistungsdichte		0,1 … 1999 µW/cm^2	0,01 µW/cm^2 … 27 µW/cm^2
Sonden		isotrop und polarisiert	isotrop
Alarm-Funktion		ja**	ja**
Messwertspeicher		1920 Messungen	–
Schnittstelle und Software		ja	ja

* je nach Sonde
** untere und obere Alarmschwelle einstellbar

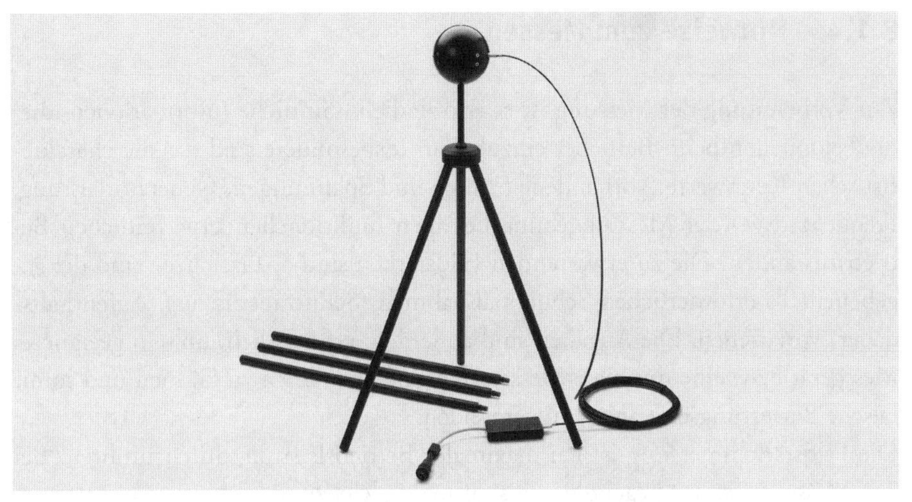

Bild 8.1.3
Kugelsonde mit isolierendem Stativ zur Messung der elektrischen Feldstärke
(Chauvin-Arnoux)

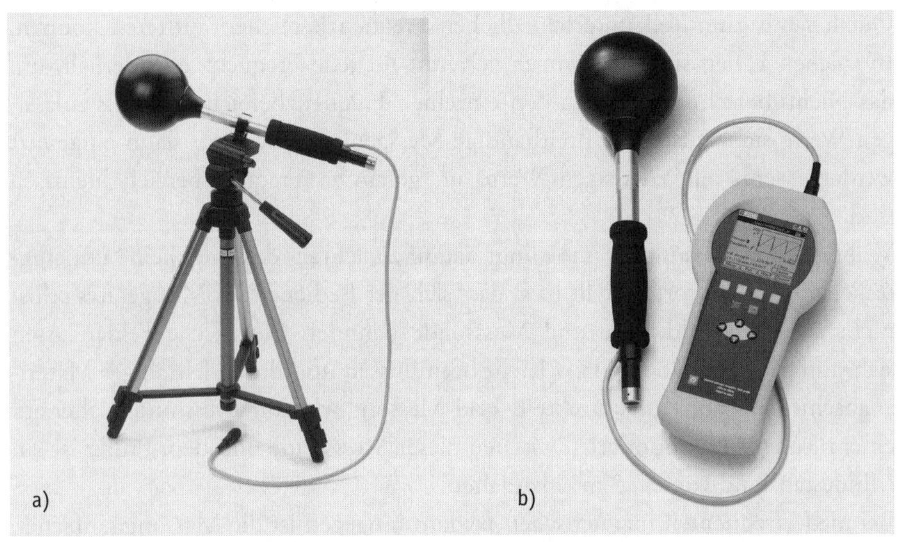

Bild 8.1.4
Messgerät zur Messung der magnetischen Feldstärke niederfrequenter Felder

a) Magnetfeld-Sonde MF400 (Chauvin-Arnoux)

b) Magnetfeld-Sonde MF400 und Feldstärkenmesser C.A 42 (Chauvin-Arnoux)

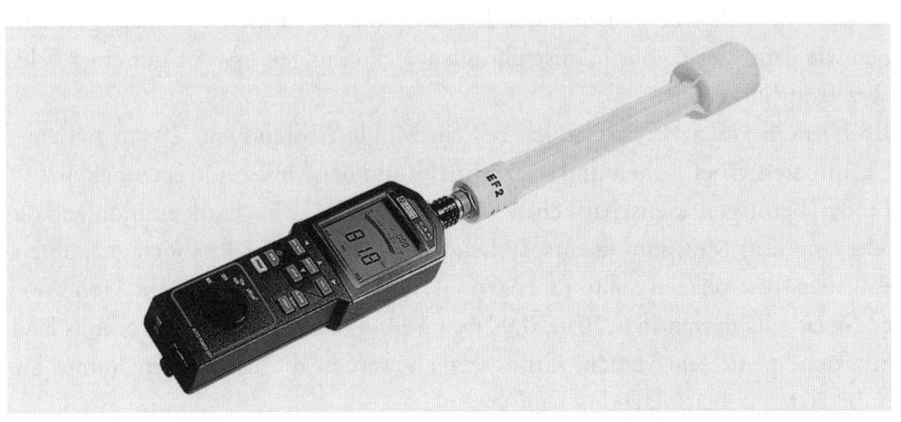

Bild 8.1.5
Feldstärkemesser C.A 43 für hochfrequente elektromagnetische Felder
(Chauvin-Arnoux)

8.1.4 Hinweise zum Messen

Zur Vorbereitung der Messung ist es erforderlich, sämtliche Informationen über die Feldquellen beim Betreiber einzuholen. Insbesondere sind das die charakteristischen Kennwerte (vorhandene Ströme und Spannungen, Generatorleistung, Frequenz usw.) der Messumgebung bei allen funktionellen bzw. zeitlichen Betriebszuständen. Die zu erwartenden Feldstärken sind abzuschätzen und die gegebenenfalls erforderlichen Schutzmaßnahmen (Schutzausrüstung, Aufenthaltsdauer) vorzusehen. Die Angaben sind außerdem erforderlich, um ein geeignetes Messgerät bzw. eine optimale Messeinrichtung auswählen zu können und somit falsche Bewertungsergebnisse zu vermeiden.

Die Feldstärkenmessung ist bei maximaler Betriebsleistung durchzuführen. Bei der Messung ist zu beachten, dass oftmals gleichzeitig Felder von mehreren Quellen mit zum Teil unterschiedlichen Frequenzbereichen auftreten können. In solchen Fällen sind Messungen getrennt für jede Frequenz erforderlich, um das Nichtüberschreiten der in den einzelnen Frequenzbereichen jeweils zulässigen Werte sicherzustellen. Breitbandige Messgeräte dürfen nur dann eingesetzt werden, wenn alle zulässigen Werte im gesamten Frequenzbereich identisch sind.

Während der Messung ist unbedingt darauf zu achten, dass sich keine unbefugte Person am Messort aufhält bzw. dass sich der Bediener des Messgerätes selbst nicht zwischen Feldquelle und Messsonde befindet. Elektrische Felder lassen sich durch Gegenstände relativ leicht beeinflussen und durch leitfähiges Material abschirmen. Für eine korrekte E-Feld-Messung wird die Messsonde daher auf einem Isolierstativ montiert. Zwischen dieser Messsonde und dem Prüfer ist ein Mindestabstand von ca. 5 m einzuhalten.

Bei niederfrequenten magnetischen Feldern hingegen ist die Messung einfacher, da diese fast alle Materialien durchdringen. Nur bei größeren Metallgegenständen wie Fahrzeugen, Blechkonstruktionen, Armierungen usw. ist mit einer Feldverzerrung zu rechnen.

Im Niederfrequenzbereich ist generell ein Mindestabstand von 20 cm zwischen berührbaren Oberflächen und dem Mittelpunkt der Messsonde einzuhalten.

In der berufsgenossenschaftlichen Vorschrift BGV B11 wird empfohlen, die Messorte und Messpunkte entsprechend der Tätigkeit der Personen zu wählen. An Steharbeitsplätzen sollte in 1,90 m, 1,55 m, 1,20 m und 0,90 m Höhe und an Sitzarbeitsplätzen in 1,20 m, 0,90 m, und 0,45 m Höhe über der Stand- bzw. Sitzfläche gemessen werden. Grundsätzlich werden die Messungen immer am unbesetzten Arbeitsplatz durchgeführt.

Für den Hochfrequenzbereich können Breitbandmessgeräte eingesetzt werden (→ Tabelle 8.1.3). Bei ihnen wird die Gesamtfeldstärke in dem vom Messgerät vorgegebenen Frequenzbereich angezeigt. Sind in dem zu untersuchenden Frequenzbereich unterschiedliche Grenzwerte festgelegt, so sind auch hier frequenzselektive Messeinrichtungen einzusetzen oder die Feldquellen im Einzelbetrieb zu messen.
Im Hochfrequenzbereich muss auch unterschieden werden ob Nah- oder Fernfeldbedingungen vorliegen. Im Nahfeld sind die elektrischen und magnetischen Felder getrennt zu messen. Im Fernfeld dagegen sind die beiden Größen streng über den Feldwellenwiderstand ($Z = 377\ \Omega$) miteinander verknüpft, sodass eine Berechnung der einen Größe aus dem Messwert der anderen möglich ist.
Messungen zum Nachweis von Feldern, die von Personen subjektiv als unangenehm oder schädigend empfunden werden, sind technisch gesehen genauso durchzuführen, wie eben geschildert. Eine Bewertung des Feldes hinsichtlich seiner biologischen Wirkungen ist jedoch nicht möglich. Dafür gibt es derzeit keine gesicherten allgemeingültigen Grenzwerte; das subjektive Empfinden von Personen ist sehr unterschiedlich. Eine Bewertung der bei derartigen Messungen an bestimmten Stellen festgestellten Feldstärken und ihrer Auswirkung auf biologische Systeme sollte immer dem Betreiber überlassen werden.

8.1.5 Dokumentation der Messungen

Das Messprotokoll sollte folgende Angaben enthalten:
Standort/Betreiber, Ort und Zeit der Messung, klimatische Bedingungen, Anlagenbezeichnung, Typ, Fabriknummer, Hersteller, Baujahr, Feldquelle, Verwendungszweck, Betriebsart, Arbeitsfrequenz, Ausgangsleistung, Betriebsspannung und -strom, gegebenenfalls Mastbild und Bodenabstand der Leiterseile (Energieversorgung und Bahnstromanlagen), effektive Expositionszeit pro Tag, Taktzeiten, verwendete Messgeräte, Lage der Messorte und Messpunkte, Lageplan oder -skizze, Messwerte, Messunsicherheit, klimatische Bedingungen, Name des Messenden.

8.2 Messen der Beleuchtungsstärke

8.2.1 Allgemeines, Prüf- und Messaufgaben

Als zu bewertende Größe wird bei einer Beleuchtungsanlage die Beleuchtungsstärke E (→ Kasten) verwendet. Diese Bewertung kann durch

- ▷ die Angabe des Mittelwerts $\overline{E}$ der Beleuchtungsstärken E mehrerer Punkte der zu beleuchtenden Fläche (→ A 8.2.3) oder durch
- ▷ die Angabe der Beleuchtungsstärke E eines bestimmten Punktes vorgenommen werden.

Beleuchtungsstärke E in Lux (lx = lm/m²)

Auf eine Fläche A aufgestrahlter Lichtstrom Φ in lm dividiert durch diese Fläche A in m²

Es bedeuten:

$\overline{E}_m$	für bestimmte Arbeiten vorgegebene mittlere Beleuchtungsstärke (→ Tabelle 8.2.1) [$\overline{E}$ steht für Mittelwert, m für Wartung (maintenance)]
$\overline{E}_m/w$	Planungswert der Beleuchtungsstärke
E_{mess}	an einem Punkt/Rasterpunkt (→ Bild 8.2.5) gemessene Beleuchtungsstärke
$\overline{E}_{mess}$	arithmetischer Mittelwert aller auf einer Fläche gemessenen Einzelwerte, berechnet aus $\overline{E}_{mess} = 1/n \cdot (E_{mess\,1} + E_{mess\,2} + E_{mess\,3} + \ldots + E_{mess\,n})$ (n Anzahl der Messpunkte auf der Fläche)

Lichtstrom Φ in Lumen (lm)
Maß für das von einer Lichtquelle abgegebene Licht (Lichtleistung)
(Wird für eine Lampe oder Leuchte in ihrem Datenblatt angegeben)

Lichtmenge Q in Lumenstunde (lmh)
In einer Zeiteinheit aus- bzw. aufgestrahlter Lichtstrom

Wartungsfaktor w
Faktor, durch den der Wert der für die Arbeitsaufgabe erforderlichen Beleuchtungsstärke zu dividieren ist, um den „Planungswert" für die zu errichtende Beleuchtungsanlage zu erhalten.
Dieser Faktor berücksichtigt die beim Betreiben der Beleuchtungsanlage durch Alterung und Verschmutzung zu erwartende Verringerung der Beleuchtungsstärke und sichert eine ordnungsgemäße, vorgabengerechte Beleuchtung (Beleuchtungsstärke nach Tabelle 8.2.1) bis zur ersten Wartung.

Das **Gleichmäßigkeitsverhältnis** der Beleuchtungsstärke auf einer bestimmten Fläche charakterisiert die örtliche Verteilung der Beleuchtungsstärke auf dieser Fläche. Hierzu dienen 2 Werte:

$$g_1 = \frac{\textit{Minimalwert}}{\textit{Mittelwert}}, \text{ d.h. } \left(\frac{E_{min}}{\overline{E}}\right) \text{ bzw. } g_2 = \frac{\textit{Minimalwert}}{\textit{Maximalwert}}, \text{ d.h. } \left(\frac{E_{min}}{E_{max}}\right)$$

Quantitative Vorgaben zur Beleuchtung von Arbeitsplätzen, Wegen, Treppen und anderen Räumen oder Bereichen sowie zur Gestaltung von Beleuchtungsanlagen sind in Gesetzen, Vorschriften und in den Arbeitsstättenrichtlinien[5] zu finden. Die konkret erforderliche Qualität der Beleuchtung wird dabei in Abhängigkeit von der Art der an diesen Orten auszuübenden Tätigkeit oder anderen Faktoren u. a. durch die Vorgabe von Mindestwerten der Beleuchtungsstärke festgelegt.

Das Prüfen von Beleuchtungsanlagen hinsichtlich ihrer elektrischen Sicherheit wird durch die Vorgaben in den Normen für die Erst- und Wiederholungsprüfung mit erfasst (→ A 4.1), ein messtechnischer Nachweis der von diesen Anlagen zu erbringenden Beleuchtungsstärke wird jedoch nicht ausdrücklich gefordert. Somit bleibt offen, ob die in den Gebäuden/Bereichen einer zu prüfenden elektrischen Anlage vorhandenen Beleuchtungen

- ▷ ihre ja auch der Sicherheit von Personen dienende Aufgabe des Beleuchtens von Arbeitsplätzen, Wegen usw. erfüllen können sowie
- ▷ ein ordnungsgemäßes, sicheres Bedienen der elektrischen Anlage ermöglichen,

und ob die Notbeleuchtungen ihre Aufgabe als Rettungswege- und Antipanikbeleuchtung erfüllen bzw. eine Sicherheitsbeleuchtung der Arbeitsplätze mit besonderer Gefährdung sicherstellen.

Dies ist – soll die Sicherheit umfassend verstanden und gewährleistet werden – eigentlich ein erheblicher Mangel.

Es wird ausschließlich dem Prüfer einer elektrischen Anlage überlassen, über die Notwendigkeit der Messung der Beleuchtungsstärke zu entscheiden und gegebenenfalls – über sein Normen-Pflichtprogramm hinaus – diese Messung durchzuführen. Will oder soll er sich dieser Aufgabe stellen, so lautet seine

Prüfaufgabe:
Kontrolle der Qualität der Beleuchtungsverhältnisse an Anlagenteilen und Orten, an denen eine ausreichende Beleuchtungsstärke

- ▷ Voraussetzung für das sichere Bedienen elektrischer Betriebsmittel und andere der Sicherheit dienende Tätigkeiten ist oder
- ▷ für den Einsatzfall der Notbeleuchtung vorgeschrieben wird.

An diesen Orten ist die Beleuchtungsstärke zu messen sowie mit den gesetzlichen oder normativen Vorgaben *(Tabellen 8.2.1 und 8.2.2)* zu vergleichen.

5 Arbeitsstätten-Richtlinien ASR 7/3: Künstliche Beleuchtung und ASR 7/4: Sicherheitsbeleuchtung.

Tab. 8.2.1 Vorgaben nach DIN EN 12646 Teil 1 „Beleuchtung von Arbeitsstätten in Innenräumen" und Teil 2 „... im Freien" für die Beleuchtungsstärke $\bar{E}_m$ der normalen Beleuchtung

Raum/Tätigkeit	Beleuchtungsstärke $\bar{E}_m$ in lx
Verkehrszonen	100
Fahrwege mit Personenverkehr	150
Treppen, Rolltreppen, Fahrbänder	150
Laderampen, Ladebereiche	150
Kontroll-, Schaltgeräteräume	200
Vorrats-, Lagerräume	100
wenn dauernd besetzt	200
Elektroindustrie: feine Montagearbeiten	750
sehr feine Montagearbeiten	1000
Ständig besetzte Arbeitsplätze in verfahrentechnischen Anlagen	300
Messräume, Laboratorien	500
Qualitätskontrolle	1000
Maschinenhallen in Kraftwerken	200
Schaltanlagen in Gebäuden	200
Schaltwarten	500
Büroräume	500
Unterrichtsräume mit Abendnutzung	500

Tab. 8.2.2 Vorgaben nach DIN EN 1837 „Notbeleuchtung" für die Beleuchtungsstärken E_{min} und $\bar{E}_m$ der Notbeleuchtungsarten

Art der Notbeleuchtung	Beleuchtungsstärke E_{min}	$\bar{E}_m$
Sicherheitsbeleuchtung für Rettungswege	> 1,0 Lux*	–
Antipanikbeleuchtung	> 0,5 Lux*	–
Sicherheitsbeleuchtung für Arbeitsplätze mit besonderer Gefährdung	> 15 Lux	> 10 % der normalen Beleuchtung

* Das Verhältnis der größten zur geringsten Beleuchtungsstärke darf den Wert von 40:1 nicht überschreiten

Die Ergebnisse des Vergleichs stellen im Zusammenhang mit der Anlagenprüfung eine wichtige Information für den Betreiber dar.
In den für Beleuchtungsanlagen zu beachtenden Normen und Vorschriften werden für die Beleuchtungsstärke Werte vorgeschrieben, die bei bestimmten Tätigkeiten

- ▷ für die Arbeitsflächen oder
- ▷ für bestimmte Raumzonen

einzuhalten sind. Dabei wird als vorzugebende bzw. zu bewertende Größe für eine Beleuchtungsanlage die jeweils durch sie hervorgerufene Beleuchtungsstärke E verwendet (→ Kasten Seite 264).
In *Tabelle 8.2.3* sind die Werte des Wartungsfaktors für die Berechnung der Planungswerte $\bar{E}_{\mathrm{m}}/w$ der Beleuchtungsstärke aufgeführt. Diese Planungswerte müssen die Beleuchtungsanlagen bei ihrer Inbetriebnahme aufweisen, damit ihre **Wartungswerte $\bar{E}_{\mathrm{m}}$ der Beleuchtungsstärke** während des Betriebs bis zur ersten Wartung zu keinem Zeitpunkt unterschritten werden. Sie sind für die jeweilige Fläche als Mittelwerte mit einem vorgegebenen örtlichen Gleichmäßigkeitsverhältnis (→ Kasten Seite 264) definiert.
Zu bewerten und mit dem Wartungswert der Beleuchtungstärke zu vergleichen sind je nach der Aufgabenstellung

- ▷ der Mittelwert $\bar{E}_{\mathrm{mess}}$ aller auf einer Fläche gemessenen Beleuchtungsstärken (→ A 8.2.3) oder
- ▷ die an einem bestimmten Punkt gemessene Beleuchtungsstärke E_{mess}.

Das Messen der durch eine Beleuchtungsanlage erbrachten Beleuchtungsstärke ist aus zwei Gründen erforderlich:

1. **Zum Nachweis der ordnungsgemäßen Planung**
   Ausgangsüberlegung ist, dass der nachzuweisende Planungswert der Beleuchtungsstärke durch das Berücksichtigen eines Wartungsfaktors *„w"* (→ Kasten) größer als der vorgegebene Wartungswert sein muss. Durch diese aus wirtschaftlichen Gründen praktizierte Verfahrensweise soll gesichert werden,

Tab. 8.2.3 Wartungsfaktoren

Bedingungen der Beleuchtungsanlage	Wartungsfaktor *w*
Sehr saubere Raumatmosphäre; modernste Lampen- und Leuchtentechnologie	0,80
Saubere Raumatmosphäre; moderne Lampen- und Leuchtentechnologie	0,67
Normale Raumatmosphäre; konventionelle Lampen- und Leuchtentechnologie	0,57
Schmutzige Raumatmosphäre; alte Lampen- und Leuchtentechnologie	0,50

dass auch unter den zu erwartenden Bedingungen der Praxis eine möglichst lange Betriebszeit zur Verfügung steht, bis die erste Wartung (Beginn der Wartungsnotwendigkeit) erforderlich wird. Der Wartungsfaktor w liegt in der Praxis je nach Art und Beanspruchung der Beleuchtungsanlage und der sie beeinflussenden Umgebungsbedingungen im Bereich von 0,5 bis 0,8 (→ Tabelle 8.2.3).

Die bei der Abnahme/Erstprüfung gemessene Beleuchtungsstärke E_{mess} eines Punktes bzw. die für eine Fläche aus mehreren Einzelmessungen (→ Bild 8.2.6) berechnete (→ A 8.2.3) mittlere Beleuchtungsstärke $\bar{E}_{mess}$ müssen somit über dem in Tabelle 8.2.1 vorgegebenen Wartungswert $\bar{E}_m$ liegen, also einen Wert

$\bar{E}_{mess} \geq \bar{E}_m / w$ für **Flächen** und

$E_{mess} \geq \bar{E}_m / w$ für **Punkte**

aufweisen.

2. **Zum Ermitteln der Notwendigkeit einer Wartung**

Spätestens dann, wenn im Verlauf des Betriebs einer Beleuchtungsanlage die Gefahr des Unterschreitens der in Tabelle 8.2.1 vorgegebenen Werte durch

▷ Alterung und/oder Verschmutzung der Anlage selbst und/oder

▷ Verschmutzung der Raumbegrenzungsflächen

entstanden ist, muss eine Wartung erfolgen. Diesen Zeitpunkt hat der Betreiber der Anlage durch messtechnische Überprüfungen rechtzeitig festzustellen. Unabhängig davon, ob diese Pflicht wahrgenommen wurde oder nicht, sollte die Messung der Beleuchtungsstärke auch im Zusammenhang mit den regelmäßigen Wiederholungsprüfungen der elektrischen Anlage vorgenommen werden.

Die in diesem Fall gemessene/berechnete Beleuchtungsstärke E_{mess} bzw. $\bar{E}_{mess}$ sollte ebenfalls über dem in Tabelle 8.2.1 vorgegebenen Wartungswert $\bar{E}_m$ liegen. Unter Beachtung des ermittelten Werts der Beleuchtungsstärke sowie des Zustands der Anlage und der örtlichen Bedingungen ist dann – vom Betreiber (!) – zu entscheiden, ob bzw. wann eine Wartung erforderlich ist. Die Messwerte und die Beurteilung sollten in die Dokumentation der Prüfung (→ Bild 11.1a) aufgenommen werden.

Bei der Messung der Beleuchtungsstärke von Notbeleuchtungsanlagen ist festzustellen, ob der vorgegebene Mindestwert E_{min} der Beleuchtungsstärke (→ Tabelle 8.2.2) vorhanden ist, der auch am Ende der geforderten Betriebszeit der Notbeleuchtung (Berücksichtigung des Rückgangs der Batteriekapazität!) eingehalten werden soll.

8.2.2 Messgeräte

Beleuchtungsstärkemesser (Luxmeter) bestehen aus einem lichtelektrischen Empfänger und einem elektrischen Messgerät. Beide Teile können konstruktiv getrennt oder in einem Gerät angeordnet sein *(Bild 8.2.1)*. An den lichtelektrischen Empfänger werden zwei wesentliche Grundanforderungen gestellt:

- ▷ eine **gute Anpassung** an die spektrale Augenempfindlichkeit des Menschen, weil die in den Beleuchtungsanlagen eingesetzten Lampen ein stark unterschiedliches Spektrum aufweisen können. Sie wird als „V(λ)-Anpassung" bezeichnet.
- ▷ eine **ordnungsgemäße Bewertung** des auf die Empfängerfläche auffallenden Lichts. Sie wird als cos-getreue Bewertung bezeichnet. Durch sie wird bei der Messung sichergestellt, dass auch bei unter einem Winkel γ einfallendem Licht die Beleuchtungsstärke definitionsgemäß mit $E_{mess} = E_{\gamma} = E_0 \cdot \cos \gamma$ bewertet und angezeigt wird *(Bild 8.2.2)*.

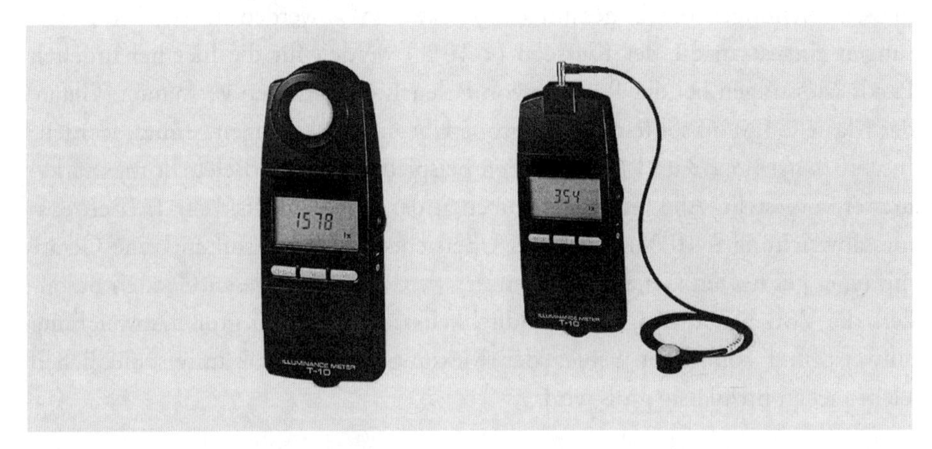

Bild 8.2.1
Beleuchtungsstärkemesser ILLUMINANCE METER T-10 mit integriertem (links) und separatem (rechts) Messempfänger *(Minolta)*
Einstellung des Messbereichs (0,01 lx bis 299 900 lx) automatisch oder manuell; Messungen an intermittierenden Lichtquellen möglich; Schnittstelle zur Darstellung und Verarbeitung der Messergebnisse mit dem PC vorhanden

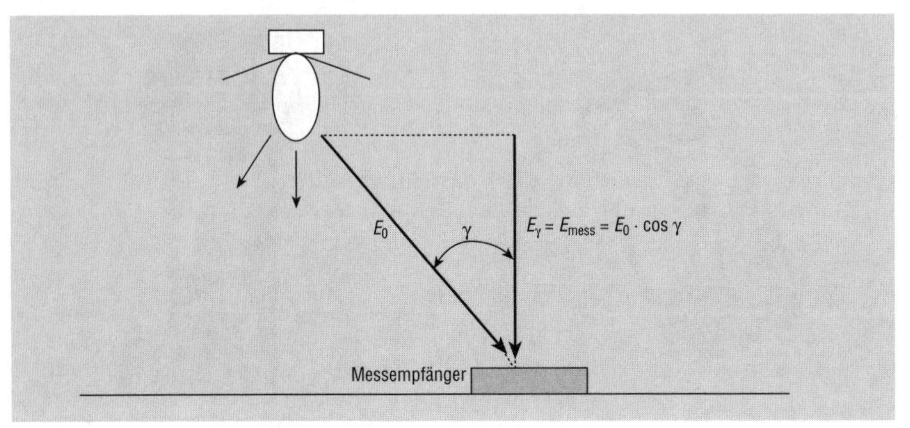

Bild 8.2.2
Zusammenhang zwischen der gemessenen und der von einem unter dem Winkel γ einfallendem Licht hervorgerufenen Beleuchtungsstärke

Beiden Anforderungen muss durch besondere konstruktive Maßnahmen am Empfängerelement Rechnung getragen werden.
Das elektrische Messinstrument muss einen Anzeigebereich von 10^{-2} bis 10^5 lx aufweisen, möglichst mit Messbereichsumschaltung. Die Anzeige kann digital oder analog sein.
Neben den genannten Grundanforderungen (V(λ)-Anpassung, cos-getreue Lichtbewertung) werden an Beleuchtungsstärkemesser noch folgende Anforderungen gestellt:

▷ Bewertung des arithmetischen Mittelwerts bei zeitlich pulsierendem Licht,
▷ gute Linearität und niedriger Anzeigefehler,
▷ geringe Alterung und Ermüdung des lichtelektrischen Empfängers,
▷ geringer Temperatureinfluss,
▷ geringer Frequenzeinfluss.

Die Beleuchtungsstärkemesser werden nach ihren Einzel- und Gesamtfehlern in Klassen eingeteilt. Beleuchtungsstärkemesser der Klassen L und A mit Betriebsmessabweichungen von insgesamt < 3 % bzw. < 5 % werden für Präzisionsmessungen eingesetzt; die der Klasse B (< 10 %) werden für die hier behandelten Praxis-Messungen bei der Prüfung von Beleuchtungsanlagen verwendet. Geräte der Klasse C (20 %) sollten nur für grobe Übersichtsmessungen genutzt werden. In den *Bildern 8.2.3* und *8.2.4* werden beispielhaft weitere Beleuchtungsstärkemesser vorgestellt. Alle Geräte entsprechen der Genauigkeitsklasse B (Betriebsmessabweichung ≤ 10 %). Auch bei Übersichtsmessungen sollten keine Geräte mit einer geringeren Genauigkeit benutzt werden, da bei diesen Geräten besonders die V(λ)-Kurve (Augenempfindlichkeitskurve) eine zu große Abweichung aufweist und somit der Fehler der Messung bei spektral unterschiedlichen Lichtquellen unzulässig groß wird.

Bild 8.2.3 (links)
Handluxmeter miniluxmeter
6 Messbereiche (2 lx bis 200 klx) mit automatischer oder manueller Umschaltung; externer oder interner Messempfänger; Kurzspeicher für 9 und Speicher für 2000 Messwerte; Schnittstelle mit spezieller Software „Mini-Control" zum Ausdrucken und statistischen Auswerten der Messwerte (OPTRONIK)

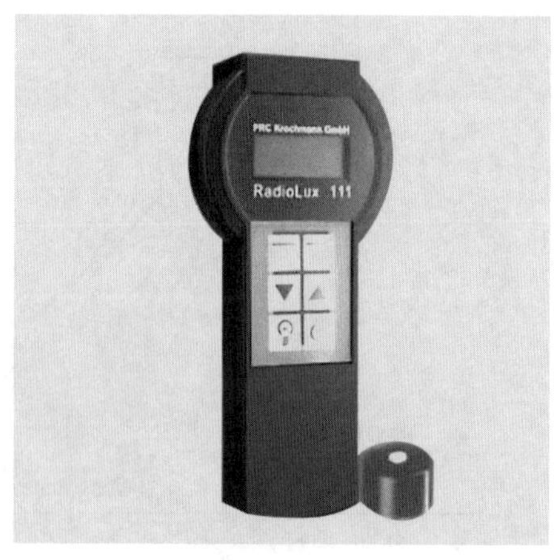

Bild 8.2.4 (rechts)
Handluxmeter RadioLux 111
Digitales Anzeigegerät mit externem Photometerkopf; Messbereich 0,01 lx bis 360 klx; Der Messwertspeicher gestattet Mittelwertbildung (PRC Krochmann)

Alle Gerätehersteller weisen auf die Notwendigkeit einer Nachkalibrierung im 2jährigen Rhythmus (auch bei Nichtbenutzung des Gerätes in dieser Zeit) hin und bieten einen entsprechenden Kalibrierungsservice an.

8.2.3 Messverfahren, Durchführen der Messungen

Die Messung der Beleuchtungsstärke muss bei Dunkelheit erfolgen, damit der Einfluss des Tageslichts entfällt. Anders ist es, wenn gleichzeitig die Auswirkungen des Tageslichts mit bewertet werden sollen, z. B. beim Ermitteln der Beleuchtungsstärke einer mit tageslichtabhängiger Regelung ausgerüsteten Beleuchtungsanlage.
Der Empfänger des Messgerätes muss parallel zur Ebene, auf der die Beleuchtungsstärke gemessen werden soll, angeordnet werden *(Bild 8.2.5)*. Besser ist es allerdings, den Empfänger auf ein Stativ zu setzen. Dabei muss für die horizontale Ebene in der Nutzebene gemessen werden, d. h. für Arbeitsflächen in einer Höhe von 0,75 m über dem Fußboden, für Verkehrswege auf dem Fußboden.
In leeren Räumen misst man die Beleuchtungsstärke auf der Horizontalebene in einem Rasterfeld. Dieses Rasterfeld wird durch die Teilung der Raumlänge und der Raumbreite in p bzw. q gleichmäßige Abschnitte erzeugt *(Bild 8.2.6)*. Die Messpunkte liegen in der Mitte der Rasterfelder. Die Rasterfelder brauchen nicht quadratisch zu sein, sollten jedoch nicht zu stark von der Quadratform abweichen. Sind die Räume eingerichtet, so erfolgt die Messung in den interessierenden Raumzonen oder direkt an den Arbeitsplätzen.
Die Messungen können auch in vertikalen oder geneigten Ebenen erfolgen, z. B. an den Bedienelementen in den Fronten der Schaltschränke oder auf geneigten

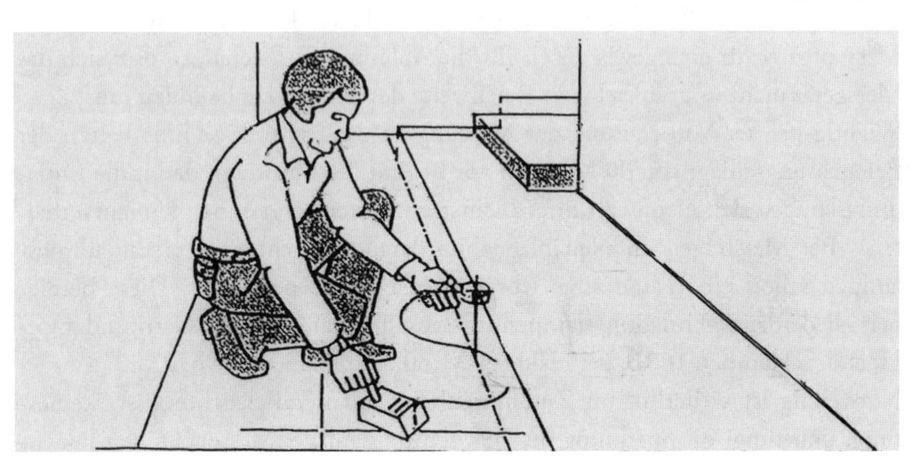

Bild 8.2.5
Messung der Beleuchtungsstärke in der Horizontalebene

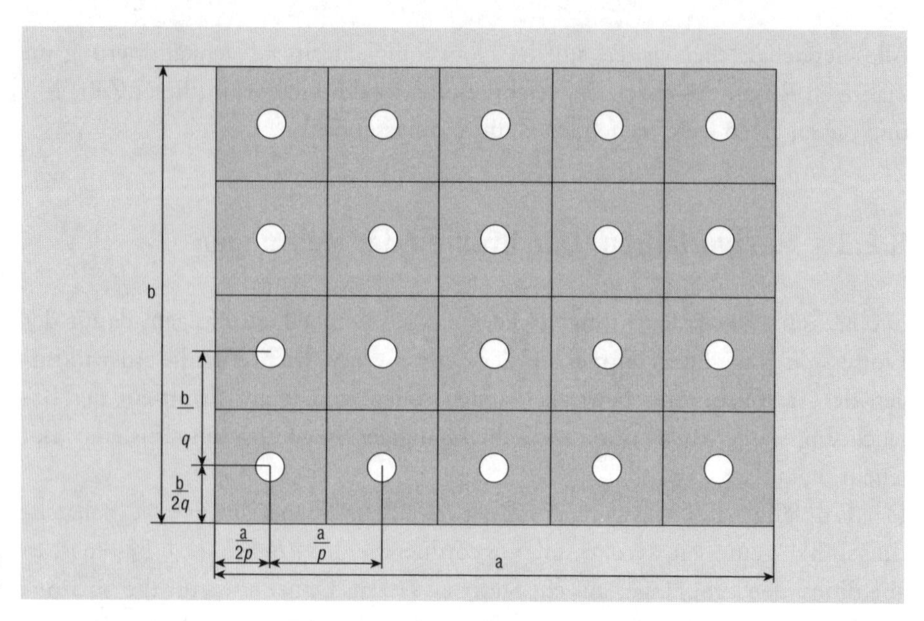

Bild 8.2.6
Messpunktraster

Anzeigetableaus. Zur Mittelwertbildung dürfen nur die auf der gleichen Neigungsebene oder auf Vertikalebenen gleicher Richtung gemessenen Werte herangezogen werden. Den Mittelwert der Beleuchtungsstärke einer Fläche bestimmt man bei $n = p \cdot q$ Rasterpunkten aus den Werten der in den Rasterpunkten vorhandenen Beleuchtungsstärken $E_1 \dots E_n$ mit

$$\overline{E} = 1/\mathrm{n} \cdot (E_1 + E_2 + E_3 + \dots + E_n).$$

Besonders bei Luxmetern mit eingebautem Fotoelement muss bei der Messung darauf geachtet werden, dass die Messwerte durch den Körperschatten des Messenden nicht verfälscht werden (→ Bild 8.2.5). In dieser Hinsicht ist es vorteilhafter, Messgeräte mit separatem Empfänger einzusetzen. Einige Messgeräte mit fest eingebautem Empfänger ermöglichen deshalb, den Messwert nach dem Messvorgang für eine gewisse Zeit für die Ablesung zu fixieren, so dass sich das Messgerät nicht in unmittelbarer Reichweite des Messenden befinden muss.

Wichtig bei der Vorbereitung der Messung ist das rechtzeitige Einschalten der Beleuchtungsanlage (ca. 30 Minuten vor Beginn der Messung), damit die Entladungslampen den Nennwert ihres Lichtstroms erreichen können (Anlaufverhalten). Bei Messungen an Neuanlagen ist darauf zu achten, dass Entladungslampen schon eine Mindestbetriebszeit erreicht haben müssen. Diese beträgt bei Niederdruck-Entladungslampen, Quecksilberdampf- und Natriumdampf-Hochdrucklampen 100 h, bei Halogen-Metalldampflampen 15 h.

Notwendig ist weiterhin im Zusammenhang mit der Beleuchtungsstärkemessung, unbedingt die Spannung der Beleuchtungsanlage (Messort an den Leuchten) sowie die Temperatur im Raum und in der Leuchtenebene zu messen, da der Lichtstrom aller Lampentypen von der Versorgungsspannung und bei vielen Lampentypen auch von der Umgebungstemperatur abhängig ist. Die Angaben der Lampenhersteller für den Lichtstrom beziehen sich auf eine Umgebungstemperatur von 25 °C. Der Lichtstrom von Entladungslampen nimmt sowohl bei geringeren als auch höheren Temperaturwerten ab. Für den Fall, dass die Betriebsspannung der Lampen bei helligkeitsgeregelten Anlagen nicht sinusförmig ist, sind Spannungsmesser mit Effektivwert-Anzeige (→ A 9.1.5) zu verwenden.

8.3 Messen von Spannungen

8.3.1 Allgemeines, Messaufgaben

Das Messen von Spannungen gehört zum Arbeitsalltag jeder Elektrofachkraft. Zumeist soll „nur" festgestellt werden, ob an der Messstelle die betreffende, d. h. eine bestimmte zu erwartende, Spannung anliegt oder nicht. Gegebenenfalls interessiert noch die Größenordnung, d. h. ob der Wert der gemessenen Spannung – unter Beachtung der betriebsmäßigen Abweichungen – dem Normalfall entspricht oder ob ein Fehler vorliegen kann. Die Betriebsmessabweichung ist bei diesen Messungen nicht wichtig. Es genügt, das Messergebnis in die Kategorien „In Ordnung – nicht in Ordnung" oder „Spannungsfreiheit vorhanden – Spannung liegt an" einordnen zu können.

Im Zusammenhang mit der Erst- oder Wiederholungsprüfung von elektrischen Anlagen und Geräten ist es

- ▷ eigentlich immer erforderlich, das Vorhandensein und die Größenordnung zumindest der Netzspannung nachzuweisen, aber im Gegensatz dazu ist es
- ▷ nicht oder nur in besonderen Fällen notwendig, exakte Werte der Spannungen zu ermitteln oder eine Netzanalyse vorzunehmen (→ A 4.10 und A 8.7).

Somit besteht folgende

Messaufgabe:
Es ist festzustellen, ob am Prüfling die Netz- oder Prüfspannung anliegt, um

- ▷ zu wissen, ob es sich möglicherweise um ein „Arbeiten unter Spannung" handelt und die entsprechenden Maßnahmen (5 Sicherheitsregeln!) zu berücksichtigen sind **– in diesem Fall muss durch die Spannungsmessung der Nachweis der Spannungsfreiheit erbracht werden –** und
- ▷ sicherzustellen, dass die Prüfung/Messung ordnungsgemäß erfolgt.

Beides ist erforderlich, um die Sicherheit beim Umgang mit dem Prüfling zu gewährleisten: zum einen für den Prüfer selbst und zum anderen für den späteren Anwender des geprüften Erzeugnisses. Gegebenenfalls kann es ergänzend nötig sein, das Einhalten des vorgegebenen Spannungsfalls zu ermitteln (→ A 4.10).

8.3.2 Vorbereiten der Messung

Unverzichtbare Voraussetzungen für eine sachgerechte Messung sind, dass

- ▷ ein zuverlässiges, d. h. normgerechtes Mess-/Prüfgerät verwendet wird (DIN VDE 0411/0404/0413; GS-Zeichen),
- ▷ durch die richtige Auswahl des zur Anwendung kommenden Mess-/Prüfgeräts eine zuverlässige Messaussage gewährleistet ist,
- ▷ sicheres normgerechtes Prüfzubehör zur Anwendung kommt (DIN VDE 0411, *Bild 8.3.1)* und
- ▷ der Prüfer diese Mess-/Prüfmittel bestimmungsgemäß einsetzt.

Bei allen Spannungsmessungen muss vor der eigentlichen, für das Bewerten/Dokumentieren erforderlichen Messung nachgewiesen werden, dass das Messgerät ordnungsgemäß funktioniert. Dazu sollte – zumindest vor der ersten Anwendung des Geräts – der richtige Ablauf des Bedienens/Messens anhand der Bedienanleitung so lange „geübt" werden, bis das Bedienen praktisch zur Routine geworden ist. Dennoch sollte sich der Prüfer aber grundsätzlich vor jeder Messung davon überzeugen, dass das Gerät ordnungsgemäß funktioniert, und zwar durch das Messen einer bekannten Spannung unter Verwendung des

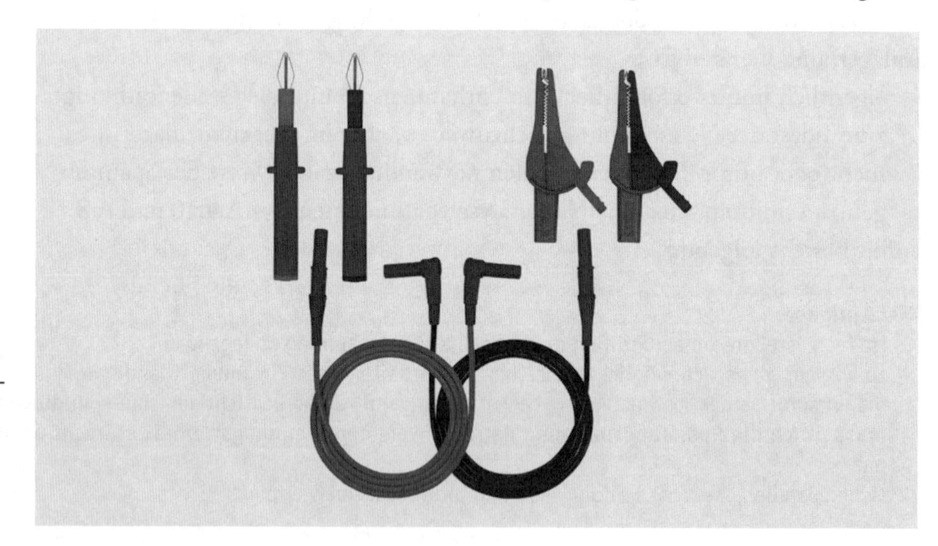

Bild 8.3.1 Normgerechtes Messzubehör: Sicherheitsset, bestehend aus berührungsgeschützten Messleitungen, Prüfspitzen und Krokodilklemmen *(BEHA)*

gleichen Messbereichs (Wahlschalterstellung), der auch für die eigentliche Messung vorgesehen ist.
Notwendig ist auch, dass der Prüfer sich überlegt, wie die Messaufgabe zu erfüllen ist. Er muss entscheiden, ob

- ▷ eine routinemäßige Orientierungsmessung oder
- ▷ eine genaue Messung unter Beachtung der Betriebsmessabweichung erforderlich ist, und ob
- ▷ infolge sich ändernder Bedingungen am Messobjekt mehrere Messungen oder eine Netzanalyse (→ A 8.7) durchgeführt werden sollten.

8.3.3 Auswahl der Prüfgeräte, Durchführen der Messung

Je nach Prüf- oder Messaufgabe kann das Anwenden des einen oder anderen Gerätetyps sinnvoll sein.

Prüfgeräte nach DIN VDE 0404 oder DIN VDE 0413

Die zum Nachweis bestimmter Kennwerte vorgesehenen Geräte verfügen zumeist über die Funktion der Spannungsmessung, mit Messbereichen bis 500 V und mehr. Sie sollten bevorzugt eingesetzt werden, da sie für den rauen Einsatz auf Montagestellen ausgelegt sind. Bei ihrer Verwendung sind eine zuverlässige Messaussage und die erforderliche Sicherheit für den Prüfer gewährleistet. Sie sind auch so ausgelegt (→ K 10), dass bei ihrem versehentlichen Anlegen an Teile mit einer Spannung bis zu 1,73 U_N keine Schäden am Gerät und keine Gefährdungen für die messenden Personen entstehen können.
Da jeder Prüfer ohnehin über diese Prüfgeräte verfügt, wird nachdrücklich empfohlen, sie grundsätzlich auch für Spannungsmessungen einzusetzen.

Multimeter

Ihre Eigenschaften werden im Abschnitt 9.1 erläutert. Ihr sicherer Einsatz setzt voraus, dass auch normgerechtes Zubehör verwendet wird. Dies gilt vor allem für die Messleitungen und die Messspitzen (→ Bild 8.3.1). Auch bei den Multimetern ist es notwendig, sich mit allen ihren Funktionen gründlich vertraut zu machen, um Bedienungs- und Messfehler zu vermeiden.
In Anbetracht der vielfältigen Einstellmöglichkeiten der Multimeter und der damit relativ hohen Wahrscheinlichkeit einer falschen Einstellung sollten sie nicht verwendet werden, um die Spannungsfreiheit zur Vorbereitung des „Arbeitens unter Spannung“ festzustellen.

Zweipolige Spannungsprüfer (Spannungssucher)

Bei den zweipoligen Spannungsprüfern ist zu unterschieden zwischen solchen mit digitaler Anzeige *(Bild 8.3.2 a)* und solchen mit z. B. einer LED-Anzeige, die nur über das Vorhandensein einer Spannung und deren Größenordnung informiert *(Bild 8.3.2 b)*. Die Messwerte des digital anzeigenden Geräts mit einer Betriebsmessabweichung von z. B. ±3 % können zum Nachweis des ordnungsgemäßen Zustands der Anlage und einer ordnungsgemäßen Prüfung verwendet und dokumentiert werden. Aufgrund ihrer Aussage kann entschieden werden, ob alle Prüfungen/Messungen mit der Bemessungsspannung vorgenommen wurden und die Messergebnisse somit als ordnungsgemäß gelten können oder nicht. Die LED-Anzeigen der anderen Geräte (→ Bild 8.3.2b) sind dafür nicht geeignet bzw. nicht genau genug, um in der Dokumentation eine unanfechtbare Aussage über das Einhalten der Grenzwerte der zu messenden Größen treffen zu können. Mit ihnen kann lediglich festgestellt werden, ob die zu messende Spannung eine bestimmte Größenordnung hat oder nicht.

Unabhängig von ihrer Anzeigeart muss der Messvorgang der zweipoligen Spannungsprüfer nach DIN VDE 0682-401 durch das Betätigen von zwei, jeweils in den Messspitzen angeordneten Drucktastern eingeleitet werden. Es wird jedoch nicht gefordert, ältere, nicht so ausgestattete Spannungsprüfer auszusondern. Die mögliche Gefährdung durch die Einhandbedienung – mitunter ist das unzulässige Einklemmen einer Messspitze am Prüfling üblich – muss dann Gegenstand der Unterweisung sein.

Der Nachweis der Spannungsfreiheit sollte aber nur mit den DIN VDE 0682-401 entsprechenden Geräten erfolgen, weil der dann infolge des verringerten Innenwiderstands erforderliche Messstrom von 200 mA (nach Betätigen der beiden Tasten) eine Fehlanzeige praktisch ausschließt.

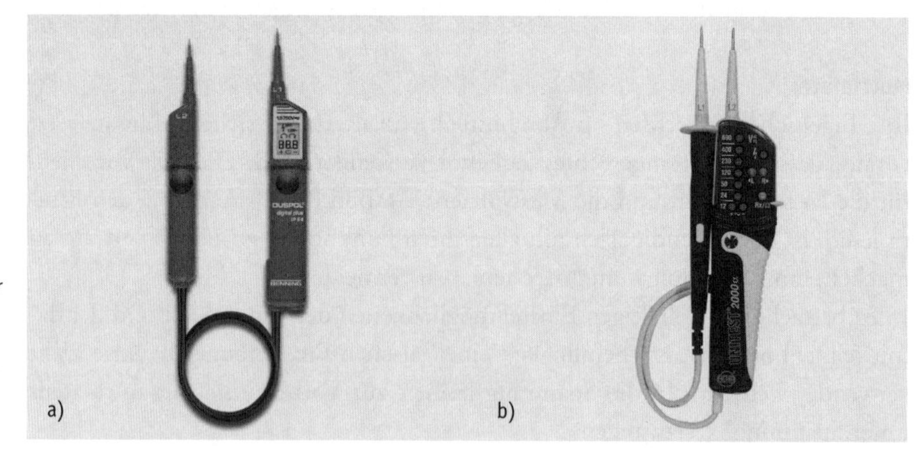

Bild 8.3.2
Zweipolige Spannungsprüfer
a) DUSPOL digital plus mit digitaler Anzeige (Benning)
b) UNITEST 2000 α mit LED-Anzeige (BEHA)

Einpolige Spannungsprüfer

Diese Spannungsprüfer sind unabhängig von ihrer Bauart keine Mess- sondern lediglich Kontrollgeräte, deren Anzeige auf einer Glimmlampe beruht. Funktion/Anzeige/Erkennbarkeit dieser Spannungsprüfer hängen von mehreren, vom Benutzer nicht exakt zu beurteilenden Bedingungen am Messort ab. Dazu gehört auch der Isolationswiderstand des Standorts und der Fußbekleidung. Somit ist es nicht vertretbar, ihre „Glimmen“ oder „Nicht-Glimmen“ als Beweis

- ▷ für das Vorhandensein einer bestimmten, zum ordnungsgemäßen Betrieb der Anlagen/Geräte erforderlichen Spannung oder
- ▷ für die Spannungsfreiheit eines leitenden Teils

anzusehen. Ihre Anwendung ist immer mit dem relativ großen Risiko verbunden, sich beim Beurteilen der Spannungsfreiheit zu irren und unwissentlich an unter Spannung stehenden Teilen mit $U > 50\,V$ zu arbeiten. Jeder Elektrofachkraft, die sich aufgrund der einfachen Handhabbarkeit trotzdem der einpoligen Spannungssucher bedient, wird empfohlen, die Funktionsfähigkeit nicht nur allgemein vor Arbeitsbeginn, sondern auch unter den Bedingungen des jeweiligen Messorts (Isolation am Standort) zu erproben. Vielfach entsprechen diese Geräte trotz vorhandener CE- oder anderer Prüfzeichen – vor allem in der Kombination mit Schraubendreher, Kugelschreiber o. ä. – nicht den für sie geltenden Sicherheitsvorgaben.

8.3.4 Messen von Restspannungen

Aktive Teile eines elektrischen Erzeugnisses dürfen nach dessen Trennen vom Versorgungsnetz nur noch eine begrenzte Zeit unter Spannung stehen. Es muss durch die Art des Erzeugnisses oder z. B. durch geeignete Entladevorrichtungen dafür gesorgt werden, dass keine die Sicherheit beeinträchtigenden Zustände entstehen können. Das heißt:

- ▷ An berührbaren leitfähigen Teilen, z. B. an Steckerstiften, muss die Spannung innerhalb der Zeitspanne abgebaut sein, die bei den Schutzmaßnahmen gegen elektrischen Schlag als höchstzulässige Abschaltzeit zugelassen ist (⟶ Bild 4.5.1). Dafür wird z. B. in DIN VDE 0113 als Richtwert 1 s genannt.
  Ist das nicht möglich, so müssen entweder geeignete Abdeckungen (IP 2X) oder entsprechende Warnschilder vorhanden sein.
- ▷ An nicht berührbaren leitfähigen Teilen muss die Spannung innerhalb von 5 s auf höchstens 24 V AC bzw. 60 V DC (Spannungsbereich I [2.5]) abgebaut sein.

Ist das nicht möglich, so müssen entsprechende Warnschilder vorhanden sein, mit denen auf die Zeit der Entladung bis zu den genannten Werten hingewiesen wird.

▷ Entstehen bei Prüflingen ohne Entladevorrichtung (Kabel) kapazitive Aufladungen, ist nach Abschluss der Prüfung z. B. durch das Anlegen eines niederohmigen Spannungsmessgeräts für eine Entladung zu sorgen.
Wenn durch das Einwirken dieser Spannungen in der zugelassenen Entladezeit die bestimmungsgemäße Funktion von Sicherheitseinrichtungen oder anderen Betriebsmitteln beeinträchtigt wird, müssen geeignete Entladevorrichtungen oder ein entsprechender Hinweis auf die Beeinträchtigung der Schutzfunktion vorhanden sein.

Bei Erzeugnissen mit EMV-Beschaltungskondensatoren ist die Restspannungsmessung *(Bild 8.3.3)* im Zusammenhang mit der Prüfung nicht bzw. nur dann erforderlich, wenn sie in der Produktnorm oder vom Hersteller ausdrücklich gefordert wird. Bei Erzeugnissen mit Leistungs- oder Beschaltungskondensatoren ergibt sich damit die

Prüf- /Messaufgabe:
Messen der Restspannung nach dem Abschalten an
▷ im betriebsmäßigen Zustand berührbaren aktiven Teilen oder
▷ aktiven Teilen, die betriebsmäßig zugänglich werden können,
wenn durch die Restspannung eine Gefährdung für Personen entstehen kann oder Sicherheitseinrichtungen in ihrer Funktion beeinträchtigt werden können.

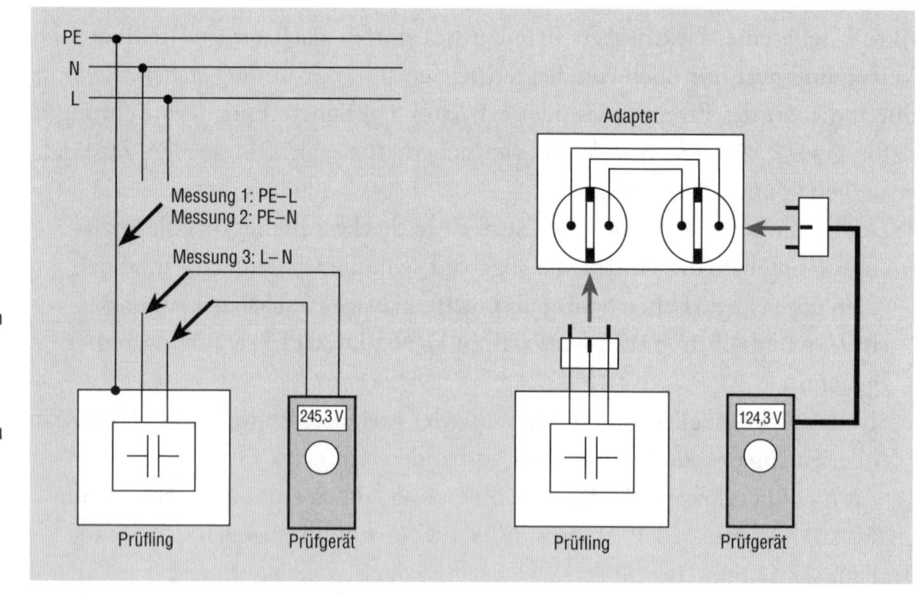

Bild 8.3.3
Messen der Restspannung an einem zu prüfenden Erzeugnis nach DIN VDE 0113
Rechts: Messaufbau unter Verwendung eines vom prüfenden Betrieb selbst hergestellten Adapters (→ K 12)

Das Messen erfolgt am besten mit einem Prüfgerät nach DIN VDE 0404 bei elektrischen Geräten oder DIN VDE 0413 bei elektrischen Anlagen/Ausrüstungen unter Verwendung von berührungsgeschützten Messleitungen (→ Bild 8.3.1). Wird diese Messung regelmäßig oder häufig vorgenommen, ist eine geeignete Adaptierung des Prüflings sinnvoll (→ Bild 8.3.3). Es ist zu beachten, dass Gleichspannungen bis zur Höhe der Bemessungs-Gleichspannung bzw. bis zur Höhe der etwa 1,5fachen Bemessungs-Wechselspannung des betreffenden Erzeugnisses auftreten können.
Das exakte Messen der Entladezeit ist nur bei Typprüfungen bzw. bei der Stückprüfung des Herstellers erforderlich. Bei Erst- und Wiederholungsprüfungen genügt es, wenn bei der sofort nach dem Abschalten erfolgenden Messung das Einhalten der Grenzwerte der Spannung betätigt wird.

8.3.5 Hinweis

H 8.3.01 Ist das Messen einer Spannung immer ein „Arbeiten in der Nähe unter Spannung stehender Teile"?

Die Möglichkeit, beim Messen ein aktives Teil des Prüflings zu berühren, ist nicht vom Messgerät oder von den Messhilfsmitteln abhängig. Ob mit den Messgeräten oder anderen Werkzeugen an oder in der Nähe unter Spannung stehender Teile gearbeitet wird, hängt immer vom betreffenden Objekt bzw. von dessen Berührungsschutz ab. Voraussetzung ist natürlich, dass normgerechte, bei bestimmungsgemäßer Anwendung gegen das Berühren aktiver Teile geschützte Prüfgeräte/Hilfsmittel *(Bild 8.3.4)* angewandt werden.
Wenn es nötig ist, bei der Prüfung z. B. eines Verteilers an inneren Teilen eine Spannungsmessung vorzunehmen oder den Strom im Neutralleiter mit einer Strommesszange zu messen, so ist das „Arbeiten in der Nähe unter Spannung stehender Teile" oft unumgänglich. Ursache der Gefährdung sind dann aber nicht die Messgeräte, sondern die Tätigkeit an einem bestimmten Objekt. Sie muss dann Gegenstand der Gefährdungsbeurteilung sein (→ K 12); durch eine entsprechende Organisation der Arbeit am Verteiler, die Auswahl der Messgeräte sowie der Messpunkte, durch Abdeckungen und die Isolierung des Standorts ist die Gefährdung dann zu minimieren.
Nicht das Messen an unter Spannung stehenden Teilen, sondern das Arbeiten in/am Verteiler – u. a. mit Messgeräten – ist somit die Ursache für ein „Arbeiten in der Nähe unter Spannung stehender Teile".
Auch wenn Prüfhilfsmittel angewandt werden, die keinen Berührungsschutz aufweisen, ist es möglich, den Prüfaufbau im spannungsfreien Zustand herzustellen und für die Dauer der Messung den Schutz gegen Berühren – durch Abdecken oder durch Abstand – zu sichern.

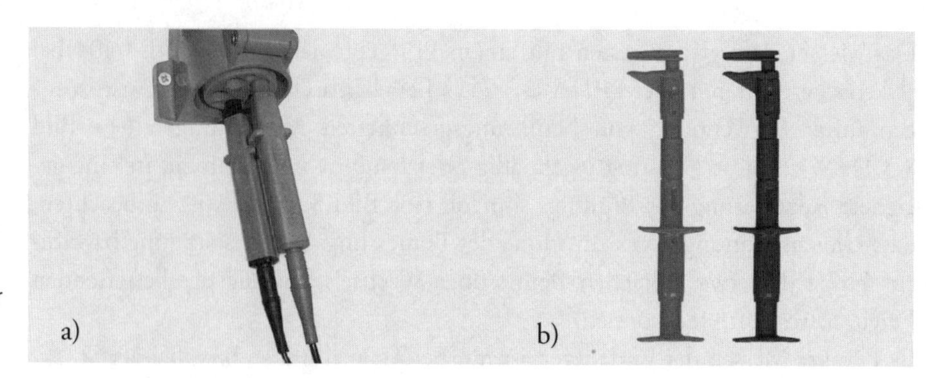

Bild 8.3.4
Messleitungen zum Erfassen der Restspannung (a) und Abgreifklemmen für Stromschienen (b) *(BEHA)*

8.4 Hochspannungsprüfung, Nachweis der Spannungsfestigkeit

8.4.1 Allgemeines, Prüfaufgabe

In der Praxis der Prüfung von Betriebsmitteln oder Anlagenteilen (Schaltgerätekombinationen) der Niederspannungsanlagen wird die Bezeichnung „Spannungsprüfung" oder „Hochspannungsprüfung" (HS-Prüfung) verwendet für

▷ den **Nachweis der Spannungsfestigkeit** (→ Kasten) bzw. der Bemessungsstehspannung im Zusammenhang mit der Typprüfung oder
▷ die Kontrolle des **Zustands der Isolierungen,** d.h. zum Ermitteln von Isolationsfehlern durch das Anlegen einer hohen Spannung bei **Erst- oder Wiederholungsprüfungen.**

Der erste Nachweis des Vorhandenseins einer ausreichenden Spannungsfestigkeit wird bei Erst- und Wiederholungsprüfungen elektrischer Anlagen oder elektrischer Betriebsmittel/Geräte durch das Besichtigen erbracht. Dabei wird kontrolliert, ob die richtigen, d.h. nach ihren Normen „spannungsfesten" Be-

Spannungsfestigkeit
Fähigkeit elektrischer Betriebsmittel und Anlagen, allen Spannungen mit vorgegebenem zeitlichem Verlauf bis zur Höhe der jeweiligen Stehspannung standzuhalten.

Stehspannung (Stehstoß- oder Stehwechsel- oder Stehgleichspannung)
Spannung von vorgegebenem zeitlichem Verlauf, der die Isolierungen unter vorgegebenen Bedingungen gerade noch standhalten.

Prüfspannung
An den Prüfling zum Messen des Isolationswiderstands oder zum Bestimmen der Spannungsfestigkeit angelegte Spannung. Bei Prüfwechselspannungen Angabe des Effektivwerts, bei Stoßspannungen Angabe des Scheitelwerts.

triebsmittel eingesetzt wurden und keine offensichtlichen Schäden zu erkennen sind.

Anschließend ist es zweckmäßig bzw. nach einigen Normen auch erforderlich, die Spannungsfestigkeit durch eine Hochspannungsprüfung nachzuweisen. Das betrifft z. B.

- ▷ selbst hergestellte Betriebsmittel, Anlagenteile und Schaltgerätekombinationen [2.17] oder
- ▷ Bauteile, die unter Verwendung unbekannter Isolierstoffe hergestellt wurden.

Diese Prüfung wird hier nicht behandelt.

Im Folgenden geht es um eine (Hoch-)Spannungsprüfung, die im Zusammenhang mit einer Erst- oder Wiederholungsprüfung ergänzend oder anstelle der Isolationswiderstandsmessung vorgenommen werden kann. Durch die im Vergleich zur Isolationswiderstandsmessung höhere Prüfspannung und die in der Regel zur Verfügung stehende höhere Leistung erfolgen besonders an Fehlerstellen eine Ionisation und gegebenenfalls ein Durch- oder Überschlag. Somit wird mit der Hochspannungsprüfung oftmals eine präzisere Aussage erzielt. Ob eine Hochspannungsprüfung zu erfolgen hat oder ob es dem Prüfer freigestellt ist, sie anzuwenden, wird in der für das Erzeugnis geltenden Prüfnorm festgelegt. Aber auch wenn keine dieser Festlegungen besteht, kann die Hochspannungsprüfung angewandt werden, wenn der Prüfer dies als notwendig oder vorteilhaft ansieht, um Isolationsmängel zu entdecken oder zu lokalisieren. Ähnlich wie beim Messen des Isolationswiderstands (→ A 4.3) lautet die

Prüfaufgabe:
Durch das Anlegen einer ausreichend hohen Prüfspannung sind etwaige, durch Alterung oder aus anderen Gründen (Schmutz, Nässe, Risse, Verzunderung, Quetschung usw.) entstandene Isolationsfehler zu ermitteln.

8.4.2 Notwendigkeit und Prinzip der Hochspannungsprüfung

Der Unterschied zwischen der hier behandelten „Hochspannungsprüfung" (U_P > 1000 V) und den anderen allgemein üblichen Prüfungen/Messungen zum Nachweis des Isoliervermögens, d. h. der

- ▷ Isolationswiderstandsmessung (→ A 4.3) oder der
- ▷ Ableitstrommessung (→ A 4.4)

besteht in der Höhe der Prüf- bzw. Messspannung und auch in der Art und Weise, wie eine Fehlerstelle oder der Isolierstoff auf das Einwirken der Prüfspannung reagiert *(Tabelle 8.4.1)*.

Tab. 8.4.1 Daten der Prüfverfahren für Anlagen/Betriebsmittel bis 1000 V

Prüfverfahren	Daten der Prüfung	Prüfergebnis, Bewertung
Isolations-widerstandsmessung	Prüfspannung im Allgemeinen bis 500 V DC, aber auch bis zu 5 kV AC oder DC; Prüfzeit (abhängig vom Prüfgerät und vom Prüfer) 5 bis 20 s; bei DC-Prüfspannung Aufladevorgang berücksichtigen	Anzeige des Widerstands; bei hohen Spannungen gegebenenfalls auch Über-/Durchschlag
Hochspannungs-prüfung	**Prüfspannung AC** – allgemein 2 · U_N + 1000 V (bis 5 kV) – bei doppelter/verstärkter Isolierung 4 kV – siehe auch Vorgaben in speziellen Normen – Prüfzeit 3 bis 5 s **Prüfspannung DC** – Richtwert: 1,5 · Wechsel-Prüfspannung – Prüfzeit 3 bis 5 s, Aufladevorgang beachten	Durch- oder Überschlag
Stoßspannungs-prüfung	Prüfspannungsimpulse bis zu 6 kV in Abständen von ca. 3 s	Durch- oder Überschlag

Bei defekten oder aus schlechten Isolierstoffen (Lufteinschlüsse, ungleichmäßige Struktur) aufgebauten Isolierungen sowie bei verschmutzten Kriech- und Luftstrecken hat die Prüf-Hochspannung Teilentladungen und Erwärmungen zur Folge, die das Isoliervermögen des betreffenden Teils herabsetzen und gegebenenfalls zum Durchschlag führen.

Ob es notwendig ist, diese Prüfung vorzunehmen, weil mit ihr die im Prüfling vorhandene Fehler der Isolation besser entdeckt werden können als mit den anderen Verfahren, kann wegen der immer wieder verschiedenen Bedingungen des Einzelfalls nicht allgemeingültig festgelegt werden. Das muss der Prüfer unter Beachtung der folgenden Fakten selbst entscheiden:

▷ Viele der Mängel, die mit der Hochspannungsprüfung gefunden werden können, sind bei sorgfältigem Besichtigen
  – der Bauelemente insbesondere der Leitungen während des Errichtens oder
  – der Anschluss- und Einführungsstellen der Leitungen bei bestehenden Anlagen

bereits zu erkennen.

▷ Das Prüfverfahren „Messen des Ableitstroms im Betriebszustand" (→ A 4.4) ist wesentlich leichter anzuwenden; mit ihm werden alle aktiven Teile und somit alle Isolierungen erfasst.

▷ Bei der Hochspannungsprüfung werden – ebenso wie bei der Isolationswiderstandsmessung (→ A 4.3) – die hinter den Kontakten elektrisch betätigter Schalteinrichtungen liegenden aktiven Teile und deren Isolierungen **nicht** erreicht. Allerdings können, wie es auch in vielen Prüfvorschriften festgelegt ist, z. B. durch mechanische Betätigung oder Arretierung von Schützen diese Bereiche in die Prüfung einbezogen werden.

▷ Um eine Schädigung von Bauelementen zu vermeiden, deren Spannungsfestigkeit eng begrenzt ist, sollte vor dem Anlegen der Prüfspannung immer kontrolliert werden, ob am Prüfgerät der richtige Spannungsbereich eingestellt wurde. Um das zu ermöglichen, sind nur solche Prüfgeräte zu verwenden, die entsprechend den Vorgaben in DIN VDE 0432 die Prüfspannung im Sekundärkreis messen und dann anzeigen.

▷ Durch die in steigender Anzahl in den Anlagen und auch bei einzelnen Betriebsmitteln eingesetzten Überspannungs-Schutzeinrichtungen wird die mögliche Höhe der Prüfspannung durch deren Schutzpegel begrenzt. Das schränkt die Wirkungsmöglichkeit des Prüfverfahrens „Hochspannungsprüfung“ erheblich ein, sofern das Trennen dieser Geräte von der Anlage mit unakzeptablem Aufwand verbunden ist.

Gegenwärtig wird die Hochspannungsprüfung im Wesentlichen nur noch als Prüfgang bei einer Typprüfung bzw. in der Serienfertigung als Stichprobenkontrolle durchgeführt. Festlegungen dazu sind in der jeweiligen DIN- bzw. DIN-EN-Norm des betreffenden Erzeugnisses enthalten.

Zu empfehlen ist aber, sie aufgrund ihrer hohen Erfolgsquote beim Entdecken der Fehler – unter Beachtung der oben genannten Fakten – immer dann gezielt und für bestimmte Anlagenteile/Betriebsmittel einzusetzen, wenn

▷ in alten Anlagen/Erzeugnissen verdeckte Mängel gefunden werden müssen (verzunderte Isolationen) und/oder

▷ der Verdacht besteht, dass Verschmutzungen und/oder Nässe das Isoliervermögen von Kriech- oder Luftstrecken gefahrbringend beeinträchtigen und/oder

▷ ein unentdeckter Isolationsfehler und seine Folgen – Zerstörung durch hohe Kurzschlussleistung, Produktionsausfall, fehlende Überwachung – möglicherweise einen erheblichen Schaden verursachen können

und keine andere Möglichkeit besteht, diese Isolationsfehler zu finden.

Gegenüber dem Originalzustand verminderte Luftstrecken der Niederspannungs-Betriebsmittell (z. B. von 3 auf 1 mm) werden durch die Hochspannungsprüfung nicht mit Sicherheit gefunden, weil trockene, staubfreie Luft eine Durchschlagsfestigkeit von mehr als 25 kV/cm aufweist.

8.4.3 Vorbereiten der Hochspannungsprüfung

Zunächst ist zu klären, ob in der jeweiligen Norm für das Prüfen des betreffenden Erzeugnisses Festlegungen zur Hochspannungsprüfung enthalten sind. Neben Art und Höhe der Prüfspannung sowie der Prüfzeit werden mitunter auch die Mindestleistung des Prüfgeräts bzw. sein Mindestkurzschlussstrom vorgegeben. Das ist für Erst- oder Wiederholungsprüfungen aber nur selten der Fall. Oftmals liegt allerdings die Scheinstromaufnahme des Prüflings über dem Wert, der für ihn in der Norm angegeben wird (→ H 8.4.01). Zu bedenken ist allerdings, dass

- ▷ sich in einer Anlage möglicherweise Bauelemente/Betriebsmittel befinden, die nicht normgerecht hergestellt wurden und somit nicht über die im Allgemeinen übliche und eigentlich vorauszusetzende Spannungsfestigkeit verfügen (→ A 6.3), sodass eine dann zu erwartende Zerstörung des betreffenden Bauelements/Betriebsmittels möglicherweise der Prüfung bzw. dem Prüfer angelastet wird, und dass
- ▷ der Scheitelwert der Prüfspannung unter dem Ansprechwert einer zum Prüfling gehörenden Überspannungs-Schutzeinrichtung liegen muss oder diese vom zu prüfenden Erzeugnis zu trennen ist.

Wird vom Prüfer entschieden, dass eine Hochspannungsprüfung erforderlich und auch unter Beachtung der oben genannten Besonderheiten empfehlenswert ist, muss festgelegt werden,

- ▷ welche Art und Höhe der Hochspannung zur Anwendung kommen soll *(Tabelle 8.4.2)* und
- ▷ welches Prüfgerät für die beabsichtigte Prüfung geeignet ist (Beispiele *Bild 8.4.1).*

Im Allgemeinen ist es zum Ermitteln von Isolationsfehlern im Niederspannungsbereich gleichgültig, ob eine Prüfgleich- oder Prüfwechselspannung angewandt wird. Bei Prüflingen mit Kondensatoren oder hoher Eigenkapazität, wie längeren Kabeln oder Netzgeräten mit Y-Kondensatoren im Eingang, ist es bei Serienfertigung/-prüfungen günstiger, eine Prüfgleichspannung zu verwenden, weil dann kleinere und damit kostengünstigere Geräte zum Einsatz kommen können.

Um etwaige Isolationsfehler zu finden, muss die Prüfspannung wesentlich höher sein als die übliche Messspannung der Isolationswiderstandsmessung (→ A 4.3). Sie sollte mindestens $2 \cdot U_N + 1000\,V$ betragen (→ Tabelle 8.4.1).

Bei der Auswahl der aktiven Teile des Prüflings, die mit der Prüfspannung beaufschlagt werden, ist darauf zu achten, dass

Tab. 8.4.2 Werte der Spannungsfestigkeit

Bemessungs-spannung	Anlagenteil, Betriebsmittel	Überspannungs-kategorie	Geforderte/vorhandene Stehstoßspannung, Spannungsfestigkeit	Bemerkung
50 V	Fernmeldetechnik, Elektronik	I	330 V	
300 (230/400) V	ortsveränderliche Geräte Installationen	II III	2,5 kV 4 kV	
1000 V	allgemein	–	4 bis 12 kV	
–	feste Isolierstoffe	–	10...40 kV/mm	je nach Material
–	Luftstrecken	–	1...3 kV/mm	je nach Form der Elektroden

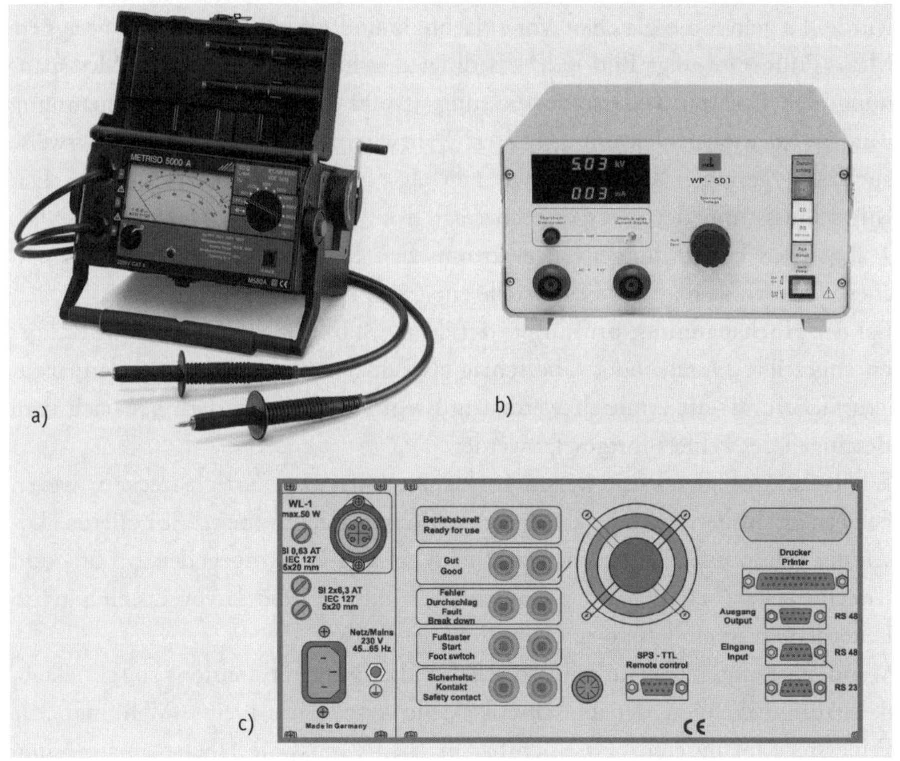

Bild 8.4.1
Beispiele für Hochspannungsprüfgeräte

a) HS-Isolationsmessgerät METRISO 5000 A (GMC))

b) HS-Prüfgerät WP-501 (HCK-Elektronik)

c) Anordnung der Bedien- und Sicherheitselemente auf der Rückseite des HS-Prüfgeräts WP-501

▷ alle Teile, die nicht in die Prüfung einbezogen werden sollen, vom Prüfstromkreis getrennt sind *(Bild 8.4.2)* und dass
▷ die Prüfspannung nicht auf fremde leitfähige Teile oder z. B. über Melde- oder Messleitungen verschleppt werden kann.

Um Letzteres zu gewährleisten, ist für eine galvanische Trennung des Prüfstromkreises vom Versorgungsnetz zu sorgen und der Prüfling am jeweiligen Prüfplatz isoliert aufzustellen *(Bild 8.4.3)*.

Da die Hochspannungsprüfung als „Arbeit unter Spannung" einzustufen ist, müssen auch die entsprechenden Vorgaben des Arbeitsschutzes (→ A 8.4.6 und K 12) beachtet werden.

8.4.4 Durchführen der Hochspannungsprüfung

Bedingt durch die Prüfaufgabe und die Trennung empfindlicher Bauelemente vom Prüfstromkreis kann die Prüfspannung in voller Höhe auf den Prüfling geschaltet werden.

Erfolgt eine **Messung des Isolationswiderstands** (→ Bild 8.4.2 a), so ist diese genauso durchzuführen und zu bewerten, wie es im Abschnitt 4.3 beschrieben wurde. Es gelten die gleichen Vor-/Nachteile und Grenzwerte. Dafür geeignete Mess-/Prüfgeräte zeigt Bild 4.2.5. Bedingt durch die gegenüber der Messspannung der Isolationswiderstandsmessung (≤500 V DC) höhere Prüfspannung werden Isolationsfehler mit größerer Wahrscheinlichkeit und möglicherweise auch zu geringe Abstände zwischen L–N und PE–N gefunden. Der Kurzschlussstrom der Messgeräte beträgt max. 3,5 mA (→ H 8.4.03), sodass – abgesehen bei Prüfungen an elektronischen Bauelementen – keine zusätzlichen Zerstörungen an der Fehlerstelle entstehen können.

Bei der **Hochspannungsprüfung** (→ Bild 8.4.2 b) gilt, dass jeder vom Prüfgerät angezeigte Durch- oder Überschlag als Fehler anzusehen ist und dann Fehlerursache und -ort ermittelt werden müssen. Die Prüfung darf erst nach dem Beseitigen des Fehlers fortgesetzt werden.

Ein Isolationsfehler kann wegen zu kleiner Luft- und Kriechstrecken, wegen Fehlern im Isolierstoff oder infolge von Montagefehlern (beim Abisolieren, Lösen der Adern usw.) auftreten. Das Nichteinhalten der vorgegebenen Luft- und Kriechstrecken bereits bei der Konstruktion oder bei der Layouterstellung von Leiterplatten ist ein häufig zu beobachtender Fehler.

Wenn ein Durchschlag auftritt, so schaltet das Prüfgerät meistens so schnell ab, dass zum Erkennen der Durchschlagstelle keine Zeit bleibt. Will man die Fehlerstelle lokalisieren bzw. „sichtbar machen", muss die Überstromauslösung

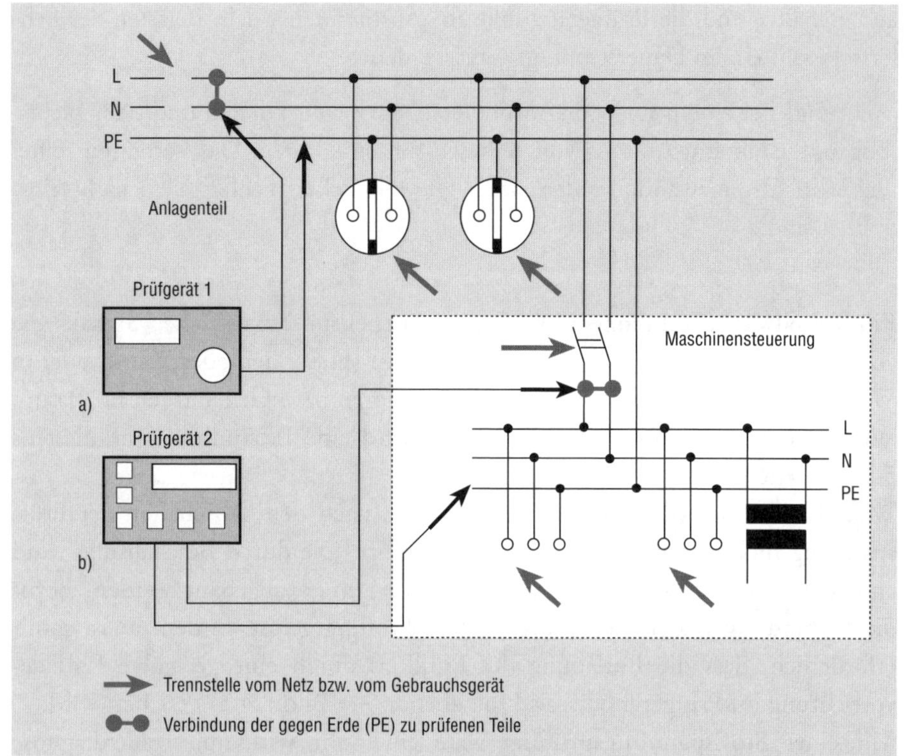

Bild 8.4.2
Anlegen des Prüfgeräts an einen Prüfling bei Messungen/Prüfungen mit Hochspannung

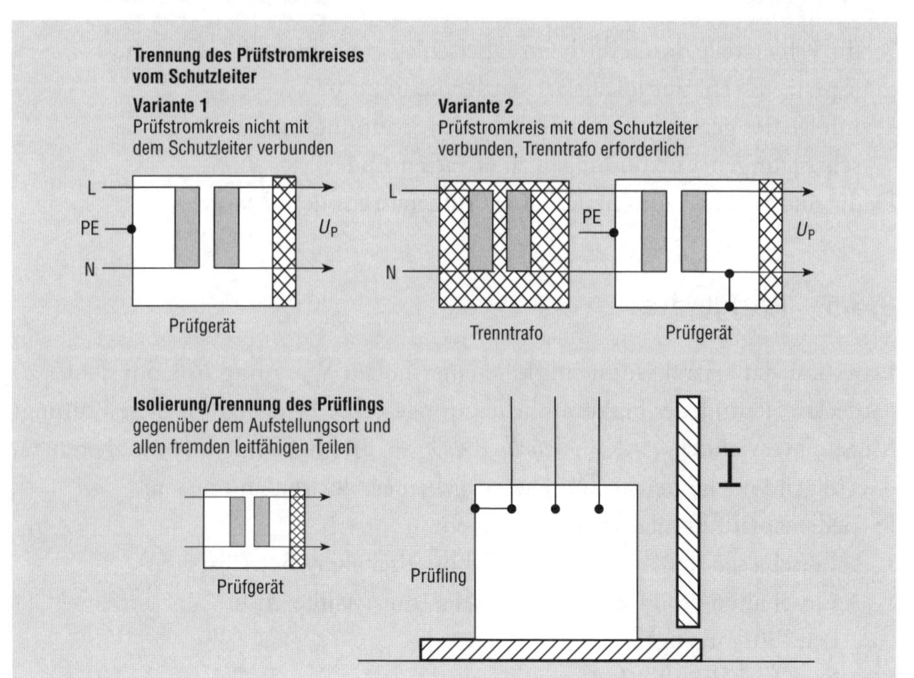

Bild 8.4.3
Erforderliche Isolation des Prüfstromkreises und des Prüflings bei einer Hochspannungsprüfung

ausgeschaltet und die Prüfgerätefunktion „Ausbrennen“, d. h. Belasten der Fehlerstelle mit einem Dauerstrom, genutzt werden.

Achtung! Bei einem solchen „Ausbrennen“ entstehen Funken und/oder Lichtbogen, die zur Entzündung von Bränden führen können. Das Verfahren sollte daher nicht angewandt werden, wenn die möglichen Fehlerstellen nicht einsehbar sind.

Ein Vorteil des „Ausbrennens“ sind die optischen und akustischen Signale, die von den Fehlerstellen z. B. in Flächenheizungen (Fußboden oder Wand) oder in Wicklungen großer Elektromotoren (Fahrmotoren bzw. Generatoren für Bahn-, Windenergie- u. ä. Anlagen) ausgehen. Es wird eine Leistung von mindestens 500 VA benötigt.
Weiterhin ist zu bedenken, dass der Prüfling nach dem Abschalten der Prüfspannung möglicherweise noch Spannung führt. Die durch Beschaltungs- und andere Kondensatoren entstehende Aufladung muss abgebaut werden, bevor die Verbindungen zwischen Prüfgerät und Prüfling gelöst werden. Es ist somit erforderlich, dass die Entladung des Prüflings durch eine geeignete Entladevorrichtung im Prüfgerät oder als Prüfzubehör (→ Bild 8.4.4) gesichert wird.
Mit einer **Stoßspannungsprüfung** wäre eine sehr wirksame Fehlerdiagnose möglich, weil
- ▷ die Fehlerstelle durch die beim Überschlag entstehenden Geräusche (Spratzen) sehr gut lokalisiert werden kann und
- ▷ infolge des geringen Energieinhalts der Spannungsimpulse keine Beschädigungen/Entzündungen zu erwarten sind.

Dafür sind zurzeit kaum praktikable Prüfgeräte auf dem Markt.

8.4.5 Prüfgeräte

Da es nur darauf ankommt, mithilfe einer hohen Spannung Isolationsfehler zu entdecken, kann jedes herkömmliche normgerechte Prüfgerät für diese Prüfung/Messung verwendet werden *(Tabelle 8.4.3,* → Bild 8.4.1). Das heißt aber auch, dass folgende sicherheitstechnische Vorgaben erfüllt werden müssen:
- ▷ Bedienablauf in folgenden drei Stufen:
  - Einschalten des Prüfgeräts mit Schlüsselschalter (Betriebsbereit),
  - Einschalten des Hochspannungsteils (Einschaltbereit für den Prüfvorgang),
  - Start (der Prüfung/Prüfspannung);

Tab. 8.4.3 Wesentliche Kenndaten der Hochspannungs-Prüf-/Messgeräte

Kenngröße	Wert der Kenngröße
Prüfspannung	0,1 ... 5 kV; 0,5 ... 6 kV; bis 5 kV DC
Prüfstrom	max. 3,5 mA; max. 3 oder max. 100 mA einstellbar; bis 1,4 mA
Strombegrenzung	einstellbar
Widerstandsmessbereich	wenn vorhanden bis 3 GΩ oder 500 GΩ
Masse	2 bis 5 kg

- ▷ Schutz gegen automatisches Wiedereinschalten bei Wiederkehr der Netzspannung nach einem Netzausfall;
- ▷ Abschalten der Prüf-Hochspannung nach einem Durchschlag;
- ▷ Sicherheitskreis (Not-Aus) zum Abschalten der Prüf-Hochspannung;
- ▷ sichere Trennung des Prüf-Hochspannungsstromkreises vom Versorgungsnetz bei Spannungen über 1 kV (das heißt, es darf kein Spartrafo zum Einsatz kommen);
- ▷ Begrenzung des Prüfstroms auf einen Wert von max. 3 mA;
- ▷ Entladen der Kapazitäten des angeschlossenen Prüflings sofort nach dem Abschalten der Hochspannung.

Bei der vorn genannten Prüfaufgabe und den zu prüfenden Geräten, Verteilern, Schaltschränken und Anlagenteilen des Spannungsbereichs bis 1000 V reicht es aus, wenn Prüfspannungen bis 4(6) kV und eine Prüfleistung von 500 VA zur Verfügung stehen (→ H 8.4.01).

Günstig ist es, Prüfgeräte zu wählen, die das stufenlose oder kleinstufige Einstellen der Begrenzung des Prüfstroms auf einen bestimmten Abschaltwert gestatten. Geräte, die das nicht ermöglichen, sind zwar oft preiswert, können aber wegen des fest eingestellten Abschaltwerts zur Beschädigung des Prüflings führen.

Moderne Geräte haben eine automatische Prüflingsentladung. Bei Prüfspannungen bis 20 kV kann sie unsichtbar im Gerät untergebracht werden. Die Höhe der jeweils anliegenden Ausgangsspannung sollte entsprechend DIN VDE 0432 durch das Prüfgerät in seinem Sekundärkreis gemessen und dann angezeigt werden.

8.4.6 Arbeitsschutz bei der Hochspannungsprüfung (→ K 12)

Hochspannungsprüfungen sind grundsätzlich

- ▷ an einem in Kapitel 12 beschriebenen ortsfesten Prüfplatz nach DIN VDE 0104 oder
- ▷ bei der Prüfung einer Anlage nur nach sorgfältigem Ermitteln der möglichen Spannungsverschleppung und entsprechender Absperrung des betroffenen Bereichs

vorzunehmen.

In jedem Fall ist zu klären, ob die Entladung des Prüflings automatisch erfolgt, oder ob dafür manuell, gegebenenfalls mit entsprechenden Hilfsmitteln *(Bild 8.4.4)*, zu sorgen ist.

Die Prüflinge sind soweit wie möglich gegen Berühren zu schützen *(Bild 8.4.5)*. Sie sind bei der Prüfung an einem Prüfplatz auch gegenüber Erde (auch Schutzleiter, Potentialausgleichleiter, geerdete Systeme usw.) zu isolieren, um das bei einem Isolationsfehler entstehende Verschleppen der Prüfspannung auf andere Teile des Prüfplatzes oder in andere Bereiche zu verhindern. Ist der Hochspannungsausgang des Prüfgeräts mit seinem Schutzleiter verbunden, so ist es durch einen Trenntrafo gegenüber dem Versorgungsnetz zu isolieren (Schutzmaßnahme „Schutztrennung“).

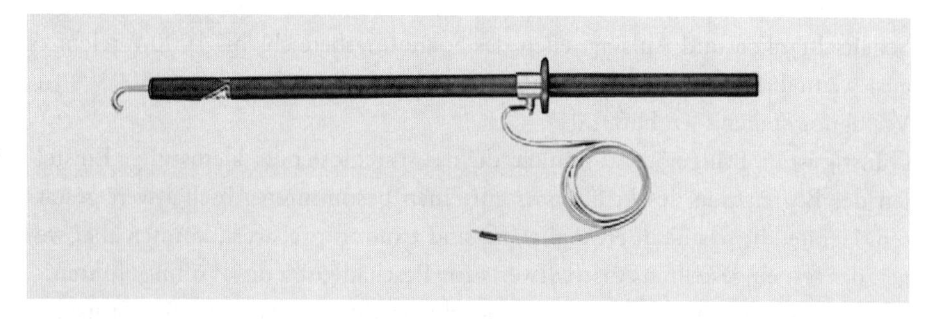

Bild 8.4.4
Entladestab zum gefahrlosen und ordnungsgemäßen Abführen der kapazitiven Ladung nach dem Anwenden einer Prüfgleichspannung *(HCK-Electronic)*

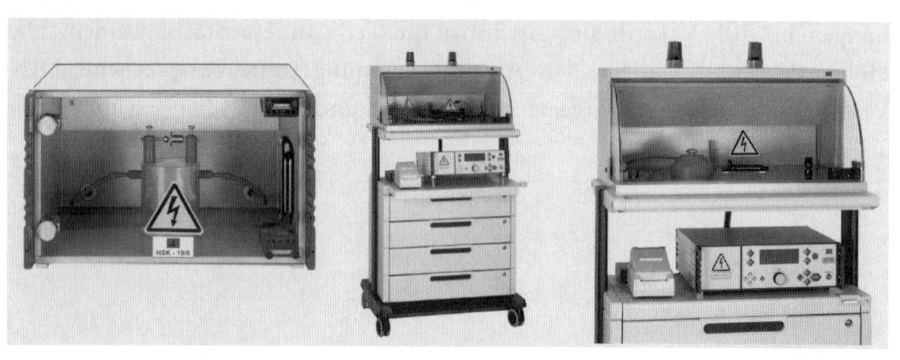

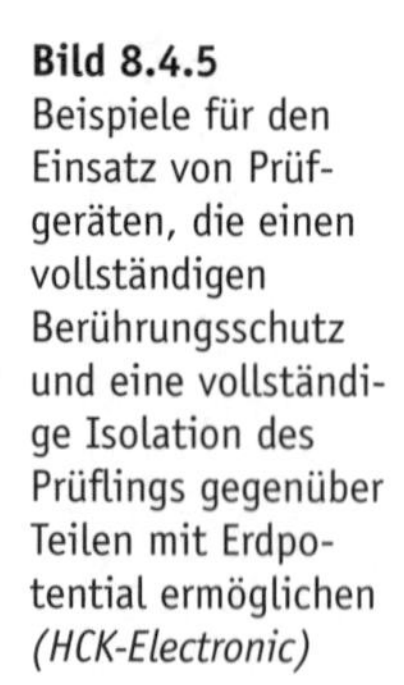

Bild 8.4.5
Beispiele für den Einsatz von Prüfgeräten, die einen vollständigen Berührungsschutz und eine vollständige Isolation des Prüflings gegenüber Teilen mit Erdpotential ermöglichen *(HCK-Electronic)*

Das Anlegen der Prüfspannung sollte grundsätzlich mit den zum Prüfgerät gehörenden Sicherheits-Prüfspitzen vorgenommen werden. Vor deren Anwendung ist eine zusätzliche Unterweisung über ihre **besonderen Risiken** erforderlich!.

Alle diese Maßnahmen sind trotz einer Begrenzung des Prüfstroms auf höchstens 3,5 mA (→ H 8.4.03) notwendig, da auch eine Durchströmung mit dieser geringen Stromstärke zum Erschrecken und dann zum Folgeunfall führen kann.

8.4.7 Hinweise

H 8.4.01 Ermitteln der erforderlichen Leistung des Prüfgeräts

Für das Hochspannungsprüfgerät ist der Prüfling ein Gebrauchsgerät, das eine bestimmte Leistung aufnimmt. Ist das Prüfgerät nicht geeignet, diese Leistung aufzubringen, so sinkt mit der Prüfspannung die Qualität der Prüfung. Die erforderliche Leistung kann ermittelt werden, wenn der Ableitstrom des Prüflings bekannt ist.

Bei elektrischen Geräten und anderen Erzeugnissen in dieser Größenordnung kann davon ausgegangen werden, dass der Ableitstrom bei einer Netzspannung von 230 V den Wert 3,5 mA nicht überschreitet. Die dann erforderliche Leistung des Hochspannungsprüfgeräts bei einer eingestellten Prüfspannung von 2 kV errechnet sich zu

$$3{,}5\ \text{mA} \cdot \frac{2000\ \text{V}}{230\ \text{V}} \cdot 2000\ \text{V} \approx 60\ \text{VA}.$$

Daraus ist zu ersehen, dass in diesem Fall ein Hochspannungsprüfgerät mit der Leistung 200 VA ausreichend dimensioniert ist. Welche Leistung bei den jeweiligen Prüfspannungen abgegeben werden kann, zeigt *Bild 8.4.6.*

Werden ausschließlich Erzeugnisse mit einem geringeren Ableitstrom geprüft, so ist es dann natürlich sinnvoll, auch ein Hochspannungsprüfgerät mit geringerer Leistung (leichter, billiger, sicherer) einzusetzen.

H 8.4.02 Prüfen von Isolierungen, Isoliergehäusen

Bei Geräten mit der Schutzmaßnahme „verstärkte/doppelte Isolierung“ (Schutzisolierung), die keine berührbaren leitfähigen Teile aufwei-

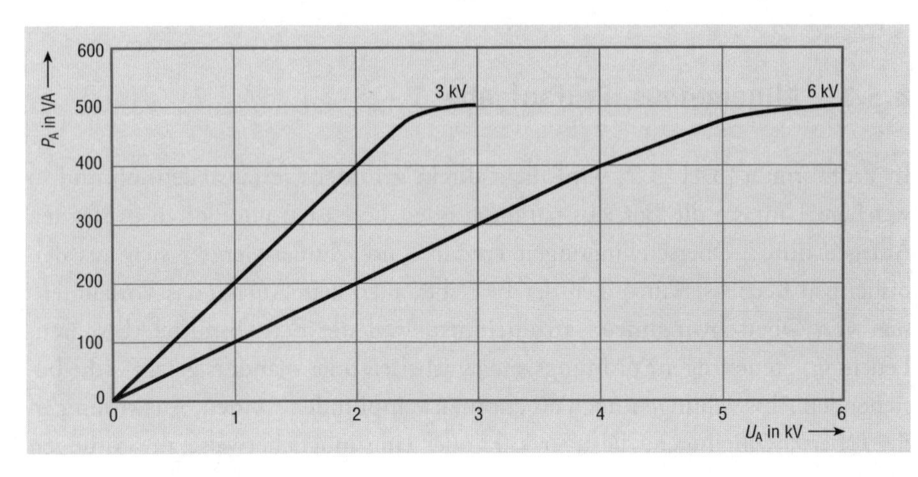

Bild 8.4.6
Ausgangsleistung eines Hochspannungsprüfgeräts mit einer Bemessungsscheinleistung von 500 VA als Funktion seiner Ausgangsspannung

sen, ist der Nachweis des Isoliervermögens recht kompliziert bzw. aufwändig (→ H 6.3.03). In diesem Fall bestehen folgende Möglichkeiten, die Isolierungen möglichst vollständig und durchgehend zu erfassen und mit der Prüfspannung zu beaufschlagen:

- ▷ Das Isoliergehäuse des Prüflings wird mit Aluminiumfolie (dünne Haushaltsfolie) umwickelt, die mit einem geeigneten Werkzeug (Holzspatel o. ä.) in Einkerbungen und Vertiefungskonturen des Gehäuses zu drücken ist.
- ▷ Der Prüfling wird in ein mit Stahlkugeln (Durchmesser 2 bis 3 mm) gefülltes Gefäß eingebracht.
- ▷ Die Gestaltung des Prüflings lässt eine Prüfung im Wasserbad zu (Beispiel: Fühlerleitungen im Kühlkreislauf von Kraftfahrzeugen).

Die beiden ersten Methoden sind nur bei Typprüfungen anwendbar, für die Fehlersuche bei Erst- oder Wiederholungsprüfungen aber nicht bzw. nur in Ausnahmefällen sinnvoll.
Die 3. Methode lässt sich auch für Stückprüfungen anwenden. Ist diese nicht anwendbar, aber eine Stückprüfung erforderlich, dann müssen formschlüssige Konturwerkzeuge Verwendung finden. Diese werden mit einem Leitlack leitfähig gestaltet.

H 8.4.03 Strombegrenzung/Prüfleistung der Hochspannungsprüfgeräte

Leider finden sich in den nationalen und internationalen Normen unterschiedliche Vorgaben für den bei einem Messvorgang im Kurzschlussfall höchstens zulässigen Strom und damit für die für Prüfgeräte zu fordernde Strombegrenzung (VDE 0104 z. B. 3 mA, andere EN- oder DIN-VDE-Normen 3,5 oder 5 mA). Problematisch wird diese Situation, wenn 5 mA verbindlich vorgegeben werden und somit entsprechende Prüfgeräte einzusetzen sind, obwohl der Prüfstrom weit unter 3 mA liegt.
Ähnlich ist es auch mit den Vorgaben für die Prüfleistung (200 bis 500 VA) und den maximalen Kurzschlussstrom (bis zu 200 mA).
Diese Vorgaben der Normen sind Empfehlungen für die Höchstwerte und somit nicht für alle Anwendungsfälle verbindlich. Die Entscheidung über das Prüfverfahren und somit über die Daten des anzuwendenden Prüfgeräts trifft immer der Prüfer.

8.5 Messen der Oberschwingungen mit Strommesszangen

8.5.1 Allgemeines, Prüfaufgabe

In Prüfnormen [3.1] [3.2] wird nicht direkt gefordert, festzustellen, ob und in welchem Umfang die Betriebsspannung oder die Lastströme der zu prüfenden Anlagen durch Oberschwingungen verzerrt sind. Zumeist ergibt sich aus den bisherigen Betriebserfahrungen der Betreiber auch kein Anlass, das Vorhandensein von Oberschwingungen anzunehmen, weil die Betriebsmittel (Motoren, Leuchten, Steuerungen) ordnungsgemäß arbeiten oder – anders gesagt – die bestehenden Abweichungen noch als „normal“ empfunden werden. Auswirkungen der Oberschwingungen, die über kurz oder lang möglicherweise zu Störungen

(Informationsanlagen) oder Schäden (Neutralleiterüberlastungen) bzw. „nur“ zu nicht mehr optimalen Funktionsabläufen (Verlustleistungen) führen können, werden nicht bemerkt.
Den Betreibern elektrischer Anlagen – sowohl in Industrie und Gewerbe, als auch vor allem in Wohn- und Verwaltungsgebäuden – ist oft nicht bekannt, dass die „moderne Technik“ in Gestalt der Regelungen und Steuerungen mit dem schnell erforderlichen Bereitstellen, Anpassen und Rückführen von Elektroenergie Strom- und Spannungsänderungen im Zeittakt der Oberschwingungen bis zu einigen kHz erzwingt und somit zu unangenehmen Konsequenzen führen kann (→ A 4.13). Die entstehenden Oberschwingungsströme haben ihrerseits dann wieder Spannungsfälle an den Leitungsimpedanzen im gesamten Netz und somit weitere Verzerrungen zur Folge.
Da eine derartige Technik überall verbreitet ist (geregelte Antriebe und Haushaltgeräte, Dimmer, Schaltnetzteile der PCs usw.), sind Oberschwingungen in jeder Anlage vorhanden und nachzuweisen. Um rechtzeitig zu erkennen, ob bzw. in welchem Umfang diese elektrischen „Verschmutzungen“ vorhanden sind, sollten zumindest bei den Wiederholungsprüfungen Orientierungsmessungen mit oberschwingungstauglichen Strommesszangen erfolgen. Nur dann können die Betreiber der Anlagen rechtzeitig informiert und sich anbahnende Ausfälle vermeiden werden.
Eine Pflicht zu dieser Messung lässt sich aus [3.2] ableiten, da das Ausstatten mit dieser Technik als eine *„… nach der ersten Inbetriebnahme vorgenommene Änderung …“* anzusehen ist, die ebenso berücksichtigt werden muss, wie eine Umstellung der Raumnutzung, der Raumtemperatur usw. Somit besteht die

Prüfaufgabe:
Es ist festzustellen, ob und in welchem Umfang Oberschwingungen in der Betriebsspannung und den Betriebsströmen vorhanden sind, und ob dadurch eine Beeinträchtigung der Sicherheit der Anlage zu erwarten ist.

Es gehört nicht zum Prüfumfang, die Ursachen der Oberschwingungen zu ermitteln, und es ist auch nicht Aufgabe des Prüfers, Maßnahmen für deren Beseitigung vorzuschlagen. Das ist Sache des Errichters bzw. des Betreibers der Anlage. Die Messergebnisse und die möglichen Einflüsse auf die Sicherheit sind in der Dokumentation (→ Bild 11.1) aufzuführen.
Weitere Informationen über die Auswirkungen der Oberschwingungen und über die Messfehler, die beim Messen mit „normalen“, d. h. nicht oberschwingungstauglichen Messgeräten/Strommesszangen auftreten, sind in den Abschnitten 4.13 bzw. 9.2 zu finden.

8.5.2 Durchführen der Messung, Messgeräte

Oberschwingungsmessungen sollten vorgenommen werden an den

- ▷ Hauptleitungen der Anlage/Anlagenteile,
- ▷ Zuleitungen zu Betriebsmitteln, die als Ursache der Oberschwingungen anzusehen oder ihnen gegenüber als besonders empfindlich bekannt sind *(Tabelle 8.5.1)* und, sofern eine solche Belastung festgestellt wurde, auch an den
- ▷ Verbindungen zum Potentialausgleichssystem.

Tab. 8.5.1 Quellen, Ursachen und Auswirkungen von Oberschwingungen

Betriebsmittel/Messort	Ursache, Auswirkung	Bemerkung
Antrieb mit Frequenzregelung	Anschnitt-/Abschnittssteuerung Überlastung des Neutralleiters höhere Blindleistung/Verlustwärme	
Größere Anzahl Dimmer		(→ A 4.9)
Größere Anzahl PCs mit Schaltnetzteilen		
Stromrichter	Oberschwingungen durch die Brückenschaltung	
Niederspannungs-transformatoren	konstruktiv bedingt, schlechte Qualität	Entstehen von Überspannungen (Schwingkreise mit Kondensatorenbatterien)
Kleintransformatoren		Billigprodukte
Kompensationsanlage	Überlastung, Erwärmung	
Motoren	unrundes Drehfeld, Lärm, Rütteln, Leistungsminderung	
Neutralleiter	erhebliche Überlastung möglich (Klemmen!) Anheben des N-Potentials	Klemmentemperatur (→ A 8.6)
Schutzeinrichtungen	ungewolltes Auslösen durch höhere Stromamplitude	
Informationseinrichtungen	Störungen durch Induktion	
Regeleinrichtungen		
Kompensierte Leuchten	Überspannung; Geräusche	Resonanz mit Drossel
Messgeräte, elektronische Geräte	Bemessungsbedingungen nicht gegeben	Fehlmessung
Netzersatzanlagen	konstruktiv bedingt, schlechte Qualität	3. Oberschwingung bis zu 15 %
Rundsteueranlagen	Funktionsbeeinträchtigung	

Zur Messung sind Strommesszangen *(Bild 8.5.1)* zu verwenden, die das Ermitteln der interessierenden Daten *(Bild 8.5.2)* bis mindestens zur 25. Oberschwingung ermöglichen. Wie sie anzuwenden sind, wird im Abschnitt 9.2 beschrieben.

Grenzwerte für die Verträglichkeit sind in DIN VDE 0839-2-4 vorgegeben. In *Tabelle 8.5.2* sind die Verträglichkeitswerte für den Normalfall einer elektrischen Anlage (Klasse 2: öffentliches Netz, Abnehmeranlage) mit hinsichtlich der Verträglichkeit normalen Geräten aufgeführt.

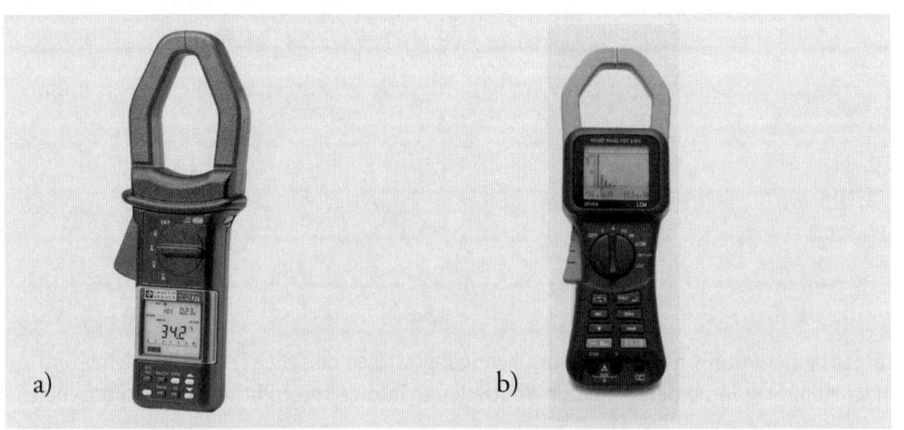

Bild 8.5.1
Beispiele für Strommesszangen zur Oberschwingungsanalyse
a) Analysezange F 25 (Chauvin Arnoux)
b) Oberwellenzange Analyst 2060 (LEM)

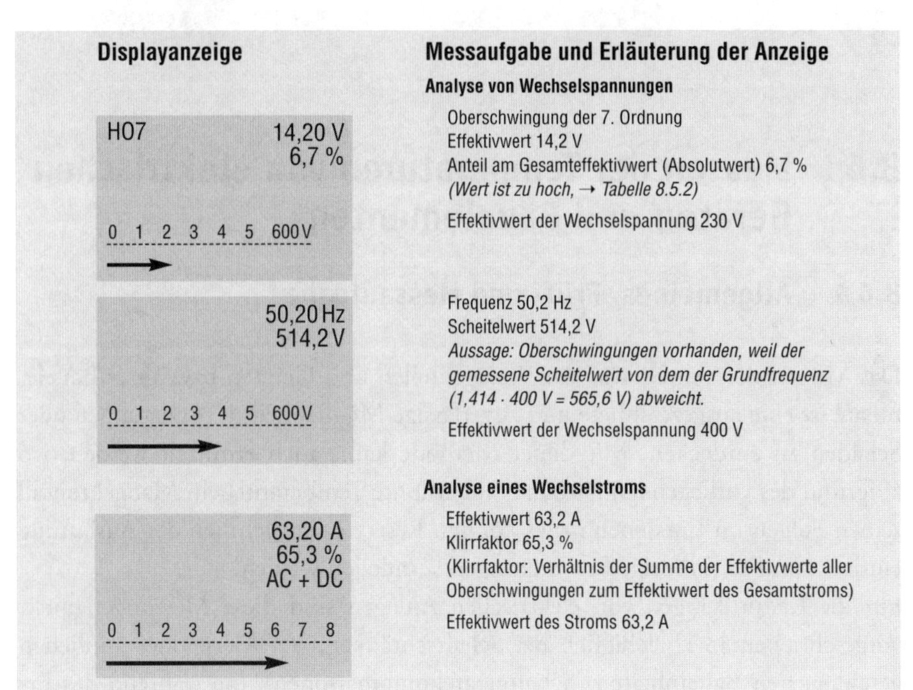

Bild 8.5.2
Beispiele für Messwertanzeigen einer Oberschwingungsanalyse-Zange

Tab. 8.5.2 Verträglichkeitspegel Klasse 2 für Oberschwingungen in der Versorgungsspannung

Ordnung „*n*" der Oberschwingung	Anteil in %
3	3 (!)
5	3
9	1,5 (!)
11	3
13	3
15	0,3 (!)
17	2
19	1,5
21	0,2 (!)
23	1,5
25	1,5

Anmerkung: In den Außenleitern fließende Oberschwingungsströme der mit (!) gekennzeichneten Ordnung (Vielfache von n = 3) addieren sich im Neutralleiter infolge ihrer Phasenlage nicht zu null (→ A 4.9).

8.6 Messen der Temperaturen von elektrischen Geräten und Bauelementen

8.6.1 Allgemeines, Prüf- und Messaufgabe

Das Messen der Temperatur von Anlagenteilen und Geräten bzw. ihrer Bauelemente ist eine ausgezeichnete und zuverlässige Möglichkeit, Überlastungen oder Schäden zu entdecken. Mit dieser Methode kann auch ermittelt werden, wo aufgrund des vorliegenden Zustands (überhöhte Temperatur) ein Mangel mit all seinen Folgen im Entstehen ist; es können Reserven hinsichtlich der Auslastung entdeckt und so unnötige Erweiterungen vermieden werden.

Für die Erstprüfungen von elektrischen Anlagen sind diese Messungen nicht vorgeschrieben [3.1], lediglich bei Schaltschränken, Verteilern oder ähnlichen geschlossenen Baueinheiten (Schaltgerätekombinationen), die während des Er-

richtens einer Anlage hergestellt oder gegenüber ihrem Originalzustand verändert worden sind, werden Temperaturmessungen als Teil der dann durchzuführenden Typprüfung verlangt [2.17].
Bei Wiederholungsprüfungen von Anlagen oder Geräten werden Messungen ebenfalls nicht ausdrücklich verlangt [3.2]; noch nicht, möchte man sagen, denn von erfahrenen Prüfern wird diese sehr rationelle Möglichkeit bereits erfolgreich genutzt. In Anbetracht der Wirksamkeit dieser Prüfmethode wäre zu wünschen, dass ein Temperaturmessgerät zur Standardausstattung jedes Prüfers gehört.
Bisher ging es in den Sicherheitsnormen vornehmlich um den Schutz gegen elektrischen Schlag und weniger um den Schutz gegen Überlast und den Brandschutz. Bei den Festlegungen zur Prüfung wurde daher die Möglichkeit bzw. Notwendigkeit, durch Temperaturmessungen zum Gewährleisten der Sicherheit und indirekt auch zur Wirksamkeit der Schutzmaßnahmen beizutragen, nicht ausreichend berücksichtigt. In den letzten Jahren kam es infolge der technischen Entwicklung und der Veränderung der Gebrauchsgewohnheiten der Abnehmer vielfach zu technischen Sachverhalten (Auslastung der Steigleitungen, Neutralleiterüberlastung, höhere Innentemperatur von Verteilern durch höhere Packungsdichte der Bauelemente), die zu „betriebsmäßigen“ Übertemperaturen und auch zu Bränden führten. Um dieser Entwicklung begegnen zu können, entsteht die

Prüf- und Messaufgabe:
Systematisches Durchführen von Temperaturmessungen an den als Ausgangspunkt von Schäden bekannten oder stark belasteten, Strom führenden Bauelementen, insbesondere bei der Wiederholungsprüfung von elektrischen Anlagen.

8.6.2 Messverfahren, Messgeräte, Messgenauigkeit

Temperaturmessungen an elektrischen Anlagen oder Geräten sind keine Präzisionsmessungen. Ebenso sind die vorgegebenen Grenzwerte – die ermittelten zulässigen Belastungen, der angenommene Bedarf an Elektroenergie und die vorausgesagten äußeren Bedingungen – nur sehr grobe Richtwerte. Es ist praktisch nicht möglich, die im normalen (bestimmungsgemäßen) Betrieb tatsächlich entstehende Temperatur der Bauelemente auf ein oder zwei °C genau zu berechnen oder vorauszusagen. Abweichungen in der Größenordnung von 5 °C können durchaus betriebsmäßig entstehen. Demzufolge ist es auch nicht möglich, die Zulässigkeit einer bestimmten gemessenen Temperatur bzw. den ord-

nungsgemäßen Zustand eines Bauelements vom exakten Vorhandensein eines ganz bestimmten Temperaturgrenz- oder -richtwerts abhängig zu machen. Festzustellen ist vielmehr, ob sich die gemessenen Temperaturen in dem für die Bauelemente, Verteiler, Handgriffen usw. üblichen/empfohlenen/vorgegebenen Temperaturbereichen befinden.
Wesentlich für das Beurteilen eines Messwerts und damit für den Zustand des Messobjekts ist vor allem sein Vergleich

- ▷ mit dem bei einer vorangegangenen Prüfung unter gleichen Bedingungen ermittelten Temperaturwert an der gleichen Messstelle und/oder
- ▷ mit dem Temperaturwert anderer gleicher, etwa gleich belasteter Bauelemente in gleicher Umgebung und mit gleicher Wärmeabführung.

Beim Beurteilen der gemessenen Temperatur ist auch zu berücksichtigen, wie lange und wie oft die zulässige Temperatur *(Tabelle 8.6.1)* überschritten wird, in welchem Zustand sich das betreffende Bauelement (z. B. seine Isolierung) befindet und ob die Erwärmung/Temperatur z. B. bereits Auswirkungen (Verfärbung, Verzunderung usw.) zur Folge hatte. Insofern spielt bei diesen Messungen die Genauigkeit (Betriebsmessabweichung; → K 10) der im Folgenden dargestellten Messgeräte in der Regel keine Rolle.
Zu berücksichtigen ist gegebenenfalls die von der Größe und dem Material abhängende Wärmekapazität des Teils, an dem gemessen werden soll. Bei kleinen Messobjekten, und besonders bei denen mit einer guten Wärmeleitfähigkeit, ist es durchaus möglich, dass

- ▷ durch den Messfühler oder
- ▷ nach dem Abschalten durch die Umgebung

schnell Wärme abgeführt und somit die zu messende Temperatur gesenkt wird. Dass heißt:

- ▷ Wenn nicht während des Betriebs des Messobjekts gemessen werden kann, sollte das in jedem Fall sofort nach dem Abschalten erfolgen. Ob ein solcher Abkühleffekt vorhanden ist und Einfluss auf den Messwert genommen hat, kann durch mehrere zeitlich versetzte Messungen und die daraus zu erkennende Tendenz der Temperaturabnahme festgestellt werden.
- ▷ Erfolgt die Messung durch Berührungskontakt, so muss die Masse des Messfühlers gegenüber der des Messobjekts sehr klein sein (mind. 1:10).

Da sich die Teile einer elektrischen Anlage im Allgemeinen recht langsam erwärmen und auch ebenso langsam wieder abkühlen, genügen die Reaktionszeiten der angebotenen Messgeräte in jedem Fall. Zu beachten ist allerdings, dass das Ablesen/Registrieren des Messwerts erst nach dem Erreichen des Wärmegleichgewichts (→ Kasten) erfolgen darf. Erst dann kann eine ordnungsgemäße

Tab. 8.6.1 Zulässige Temperatur (Grenzwerte) von elektrischen Bauelementen, Geräten und Anlagenteilen

Betriebsmittel/Messort	Ursache, Auswirkung	Bemerkung
Leitungen mit Nennlast – Adern – Oberfläche der Isolierung	 gummiisoliert 60 °C kunststoffisoliert 70 °C unter 60/70 °C, je nach Umgebungstemperatur	Herstellernorm, je nach Typ andere Werte
Klemmen bei ca. 20 °C Umgebungstemperatur und Nennstrom	im Bereich von 80 bis 100 °C kein Aufheizen der angeschlossenen Leiter	Herstellernorm
Schaltkontakte (bei Nennlast)		
Sicherungen (bei Nennlast)		
Körper von Einbaugeräten bei Nennlast des Geräts	50 bis 60 °C	Herstellernorm, je nach Einbauart höhere Temperaturen bei Transformatoren, Dimmern usw.
Zulässige Umgebungs-temperatur der Einbaugeräte	bis 40 °C	höhere Temperaturen bei gegenseitigem Aufheizen
Innentemperatur von Verteilern	bis 40 °C	–
Teile, die – nicht berührt, – berührt, – in der Hand gehalten werden	 Metallteile 80 °C, Kunststoffteile 90 °C Metallteile 70 °C, Kunststoffteile 80 °C Metallteile 55 °C, Kunststoffteile 65 °C	(→ Tabelle 8.6.3)

Wärmegleichgewicht

Jedes vom Strom durchflossene elektrische Bauelement wird durch seine betriebsmäßige Belastung bzw. die dann zwangsläufig entstehende Verlustleistung ($I^2 \cdot R$) „aufgeheizt". Das gilt für

▷ Bauelemente aus Isolierstoffen, in oder auf denen infolge einer anliegenden elektrischen Spannung (Betriebsspannung) Ableit-, Fehler- oder Kriechströme fließen, und ebenso für

▷ Bauelemente aus leitenden Werkstoffen, die vom Betriebsstrom durchflossen werden.

Befinden sich diese Bauelemente in einem ordnungsgemäßen Zustand und werden sie bestimmungsgemäß eingesetzt, d. h. mit ihren Bemessungs- oder Nennwerten (Bemessungs-Strom, -Spannung, -Frequenz, -Umgebungstemperatur, -Luftfeuchte usw.) belastet/beansprucht, so erreichen sie infolge der dabei entstehenden Verlustwärme die zulässige bzw. vorgegebene **Betriebstemperatur.**

Bei dieser „Bemessungs-Betriebstemperatur" (Nennbetriebstemperatur), für die das betreffende Erzeugnis ausgelegt wurde, ergibt sich das so genannte **„Wärmegleichgewicht".** Das heißt, die entstehende Verlustwärme wird vollständig an die Umgebung abgeführt *(Bild 8.6.1)*. Jede höhere Betriebstemperatur ist dann Anzeichen für einen „unnormalen" Zustand, der auf einen Fehler/Mangel hindeutet und z. B. durch

▷ unzulässige, d. h. von den Bemessungswerten abweichende Beanspruchungen (Überspannung, Überstrom u. a.) oder durch

▷ negative Veränderungen des betreffenden Bauelements (Alterung, äußere Einwirkung u. a.)

entstanden sein kann.

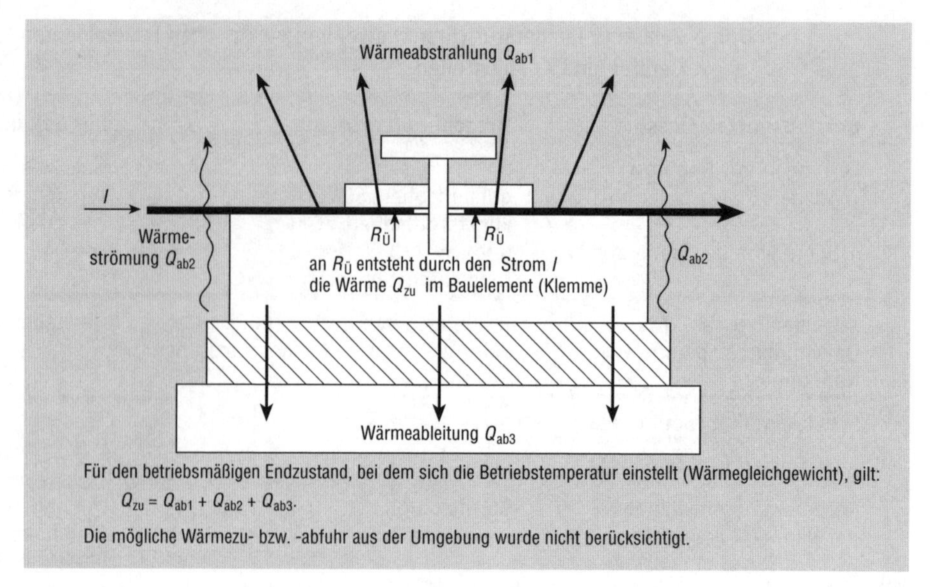

Bild 8.6.1 Prinzipdarstellung der Wärmebilanz eines Bauteils (Schrank, Gerät, Bauelement) einer elektrischen Anlage am Beispiel einer Klemmverbindung mit dem Übergangswiderstand $R_Ü$

Aussage über die Temperatur und damit den Zustand des Messobjekts getroffen werden. Es ist – je nach Größe, Art und Material des Messobjekts – mit Zeiten zwischen einigen zig Minuten (Klemme) und 2 bis 3 Stunden (Schaltschrank) zu rechnen, bis die Endtemperatur (Wärmegleichgewicht) des Messobjekts erreicht wird. Im Vergleich dazu ist die Reaktionszeit des Temperaturmessgeräts sehr gering.

Möglicherweise müssen

▷ der Zeitpunkt der Messung nach einer Rücksprache mit dem Anlagenbetreiber festgelegt werden und/oder

▷ Messungen mehrfach zu verschiedenen Zeitpunkten vorgenommen werden, um die auftretenden Maximaltemperaturen feststellen zu können.

Die bei elektrischen Anlagen und Geräten zu messenden Temperaturen (–20 bis etwa +200 °C) können mit allen nachstehend aufgeführten technischen Messgeräten ermittelt werden. Die wesentlichen Daten der Messgeräte sind in *Tabelle 8.6.2* aufgeführt.

Es wird empfohlen, sich mit dem jeweiligen Temperaturmessgerät durch ein gründliches Lesen der Bedienanleitung und vor allem durch intensives Üben vertraut zu machen.

Besondere Beachtung verdient bei den Temperaturmessungen auch der Arbeitsschutz, da sich der Prüfling vor und während der Messung im Betriebszustand befinden muss und somit – zumindest zeitweise – unter Spannung steht (→ K 12).

Tab. 8.6.2 Wesentliche Daten der Temperaturmessgeräte

Messgeräteart	Daten, Eigenschaften Messbereich in °C	Reaktionszeit	Genauigkeit	Bemerkung
Flüssigkeits-thermometer	je nach Medium	Minuten	±2 °C	Kontakt mit dem Messobjekt erforderlich
Digitalthermometer	- 50 ... + 130	mehrere Sekunden	±0,3 %	
	- 40 ... + 150		±2 %	
Thermometer mit Thermoelement und Fühler	-20 ... +250 -60 ... +1000 -50 ... +200		2 % 1,5 % 0,5 %	
Infrarothermometert	-30 ... +500	0,3 s	±2 %	kein Kontakt mit dem Messobjekt erforderlich mit und ohne Lasermarkierung
	-20 ... +500	1 s	±3 %	
	-18 ... +260	0,5 s	±2 %	

„Messungen" durch die Temperaturempfindlichkeit des menschlichen Körpers

Die Haut des Menschen ist mit Sensoren für das Bewerten der Temperatur ihrer Umgebung ausgestattet. Sowohl Wärmestrahlung als auch Wärmeübergang werden sehr schnell festgestellt und durch körpereigene, den Menschen schützende Reaktionen bewertet und quittiert.

Durch dieses „Messgerät" und die Erfahrungen beim Bewerten der täglich zu erlebenden Umgebungstemperaturen kann jeder Prüfer hervorragend einschätzen, ob die ihm aus einem elektrischen Erzeugnis entgegenstrahlende oder bei einer Berührung entgegenströmende Wärme einen „normalen" fehlerfreien oder einen „unnormalen" fehlerhaften Zustand signalisiert. Auf die genaue Angabe eines Temperaturwerts kommt es dabei gar nicht an, da der Prüfer im Falle einer unnormalen Temperatur deren Ursache in jedem Fall suchen und dann bewerten muss.

Natürlich hat auch diese Messmethode ihre Grenzen. Bei komplizierten oder umfangreichen Erzeugnissen versteckt sich ein überhitztes Teil im „Temperaturschatten" anderer Bauelemente. Mitunter sind Teile nicht ausreichend zugänglich oder können im Betriebszustand nicht berührt oder „erfühlt" werden.

In *Tabelle 8.6.3* sind die Bewertungsmaßstäbe des „Messgeräts Haut" angegeben. Angewandt wird dieses Verfahren z. B. bei der Beurteilung der Temperatur von Flächen, Handgriffen und ähnlichen Teilen. Wenn auf diese Weise eine Übertemperatur festgestellt wird, deren Ursache nicht durch Besichtigen geklärt werden kann, so ist ergänzend der Einsatz eines technischen Temperaturmessgeräts zweckmäßig, um Ort und Ursache des Fehlers exakt zu bestimmen.

Tab. 8.6.3 Maßstab zur Beurteilung der Temperatur von Gegenständen bei ihrer Berührung durch eine Person

Temperatur (Metall/Isolierstoff)	Subjektive Empfindung	Bemerkung
20 bis etwa 40 °C	angenehm, normal	–
Über etwa 40 bis 55/65 °C	zu warm, noch nicht unangenehm	intensivere Empfindung beim Berühren von Metallteilen
Über 55/65 °C bis 65/75 °C	zu warm, schon unangenehm	
Über 65/75 °C bis 75/80 °C	heiß, unangenehm	
Bis 80/90 °C	sehr heiß, schon schmerzhaft	
Über 80/90 °C	zu heiß für eine Berührung, sehr schmerzhaft	Verletzung/Verbrennungen beim Berühren von Metallteilen möglich

Messung mit Thermometern

Mit Flüssigkeits- oder Widerstandsthermometern, vor allem mit solchen, die eine Maximum-Minimum-Anzeige aufweisen, lassen sich auf einfache Weise die Innentemperaturen von Schaltschränken, Verteilern usw. feststellen und der Bereich erkennen, in dem die Temperatur in Abhängigkeit vom Betriebsgeschehen schwankt.

Infolge ihrer relativ langen Reaktionszeit sind diese Thermometer allerdings für „schnelle" Kontrollmessungen innerhalb der Erst- oder Wiederholungsprüfung nicht geeignet. Ihre Anwendungsgebiete sind

- ▷ Typprüfungen, bei denen länger andauernde Erwärmungsvorgänge und die sich dann einstellenden Endtemperaturen zu beurteilen sind und
- ▷ Kontrollen, mit denen die während längerer Zeiträume auftretenden höchsten und niedrigsten Temperaturen ermittelt werden sollen.

Bei Schränken/Verteilern sollte die Temperatur immer im oberen Bereich (unmittelbar unter dem Dach) und im unteren Bereich (1/3 Schrankhöhe) gemessen werden, um die inneren Wärmeströmungen und damit eventuelle Schwachstellen erkennen zu können. Wenn in einem Schrank infolge der Anordnung der Einbaugeräte oder durch Geräte mit hoher Verlustleistung (Transformatoren, Schützspulen, voll ausgelastete LS-Schalter usw.) ein Wärmestau auftreten kann, dann muss an diesen Stellen gemessen werden. Bei aufgereihten Einbauteilen sollte auch die Temperatur in der Mitte der Reihe bzw. an den leistungsstärksten Geräten gegebenenfalls durch Thermoelemente erfasst werden. Die ermittelte Innentemperatur ist dann die Umgebungstemperatur der Einbaugeräte (→ H 6.8.02).

Die Zeit bis zum Erreichen der Endtemperatur (Reaktionszeit) ist stark vom Typ des Thermometers, vom Kontakt mit dem Messobjekt sowie von der Wärmeabführung an die Umgebung abhängig und kann bis zu 10 min und mehr betragen.

Der Einsatz dieser Thermometer zum Messen von Temperaturen auf Flächen oder an Bauteilen ist möglich, aber meist nicht sinnvoll, da der Wärmeübergang und damit das Messergebnis sehr stark von der Art der Befestigung auf dem Messobjekt abhängen. Um ein brauchbares Messergebnis zu erhalten, muss das Thermometer

- ▷ mit dem Messobjekt in einen unmittelbaren, zuverlässigen Kontakt gebracht und
- ▷ vor allem am Messpunkt gegenüber seiner Umgebung sehr gut thermisch isoliert werden.

Der Messfehler (Betriebsmessabweichung) eines Thermometers liegt bei ±1 … 2 °C und ist somit beim Prüfen bedeutungslos. Ein größerer Fehler wird vor allem durch fehlerhaftes Anbringen des Thermometers, Luftströmungen oder falsches Verhalten des Messenden (Kopfhaltung beim Ablesen usw.) hervorgerufen.

Anstatt der Flüssigkeitsthermometer können auch Digitalthermometer *(Bild 8.6.2)* verwendet werden, die mit Thermoelementen ausgestattet sind und meist auch den Anschluss von Temperaturfühlern zulassen. Ihr Einsatz bei Typprüfungen (große Anzahl von Messstellen) ist jedoch – wegen der Kosten – nicht sinnvoll.

Messgeräte mit Temperaturfühlern (Thermoelementen)

Zur Messung an Teilen, die nicht unter Spannung stehen, können elektronische Thermometer zusammen mit dem Messobjekt angepassten Fühlern verwendet

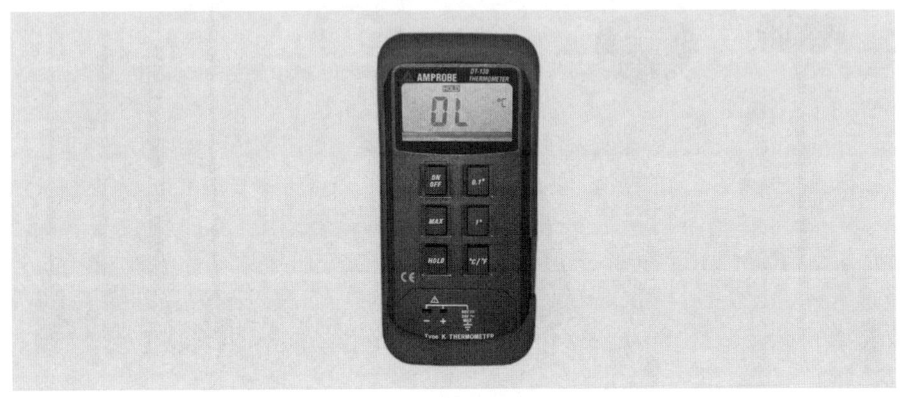

Bild 8.6.2
Digitalthermometer DT-130
(Amprobe)

werden *(Bild 8.6.3)*. Ihre Funktion beruht auf dem Kontakt eines Thermoelements mit dem Messobjekt; sie sind also nicht geeignet zum Messen an sich bewegenden oder unter Spannung stehenden Teilen (Funktionsbeeinträchtigung, Arbeitsschutz). Wenn das „Arbeiten in der Nähe unter Spannung stehender Teile" nicht zu vermeiden ist, so müssen die Arbeitsprinzipien des „AUS" (→ K 12) zur Anwendung kommen oder berührungslose Messverfahren angewandt werden.

Die Temperaturfühler sind der Form (Rohr, Fläche) und der Art des Messobjekts (Flüssigkeiten, Gase, feste Stoffe) sowie dem Messort (Oberflächen- oder Einstechfühler) angepasst (→ Bild 8.6.3 c). Ihre Reaktionszeit liegt im Sekundenbereich. Unschlagbar sind diese Messgeräte und ihre Fühler, wenn es um das Messen von Temperaturen in Wicklungen und/oder an versteckten inneren Stellen der Betriebsmittel geht.

Zu beachten ist bei den Thermoelementen, dass beim Säubern der mitunter durch das Messobjekt verschmutzten Kontaktflächen sehr vorsichtig verfahren werden muss. Mechanische Beschädigungen führen zur Zerstörung bzw. zu erheblichen Messfehlern.

Messung mit Strahlungsmessgeräten

Auf der Basis der Wärmestrahlung (Infrarot) arbeitende Temperaturmessgeräte bieten eine moderne, exakte und für den Prüfer sichere Messmethode. Ihre Handhabung ist äußerst einfach, das Messergebnis kann in Anbetracht der Reaktionszeit von meist unter 1 s sofort abgelesen werden.

Da die Geräte *(Bild 8.6.4)* klein, handlich und schutzisoliert sind, lassen sich auch versteckte Messobjekte leicht anpeilen. Zu beachten ist, dass die Größe der Fläche, deren Temperatur gemessen und angezeigt wird, vom Abstand zwischen dem Messgerät (Empfänger) und dieser Fläche (Messfleck) abhängt *(Bild 8.6.5)*.

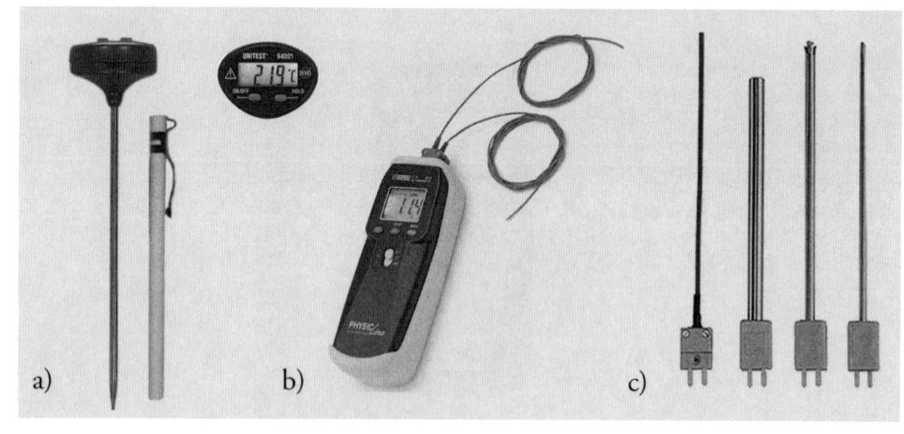

Bild 8.6.3
Temperaturmessung durch Kontakt eines Fühlers (Thermoelements) mit dem Messobjekt

a) Unitest Oberflächenthermometer 94001, Ansicht und Draufsicht (BEHA)

b) Temperaturdifferenzthermometer C.A 863 (Chauvin Arnoux)

c) Beispiele für Temperaturfühler (GMC)

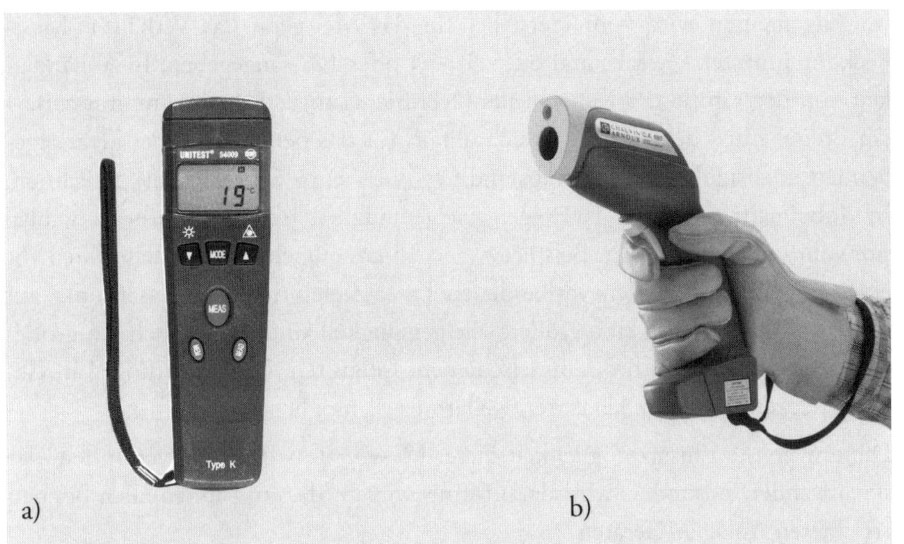

Bild 8.6.4
Berührungslose Temperaturmessung mit Infrarot

a) Unitest Infrarot-Thermometer 94009 (BEHA)

b) Infrarot-Laser-Temperaturfühler C.A 880 (Chauvin Arnoux)

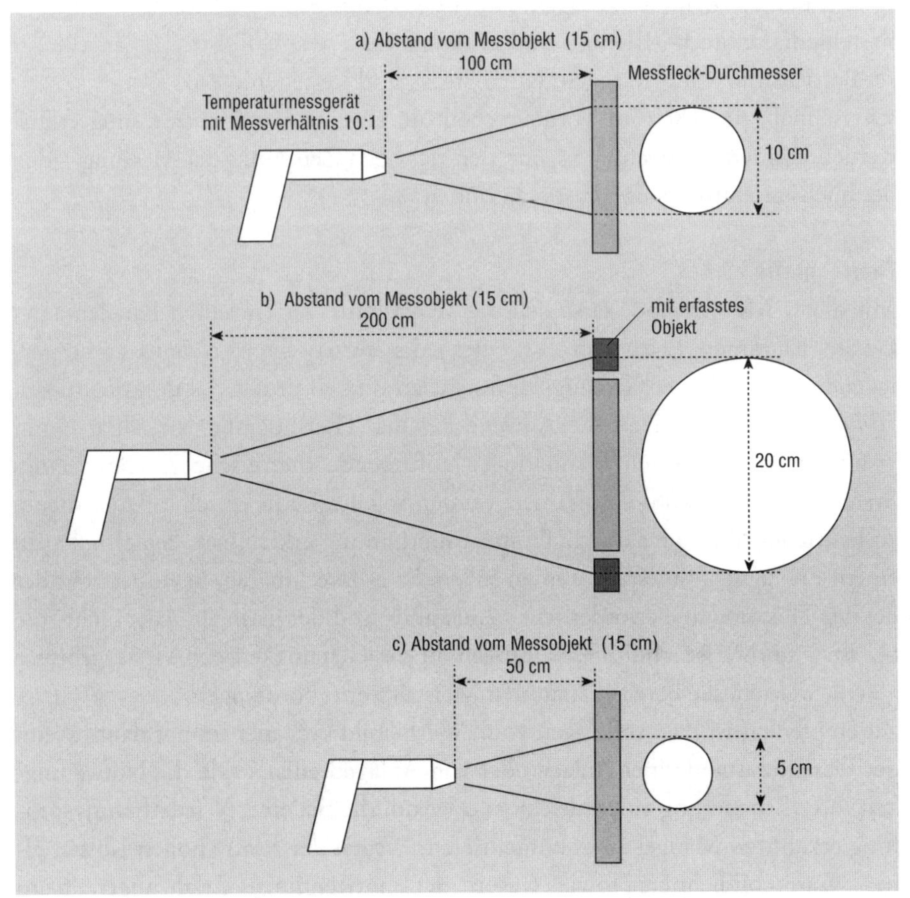

Bild 8.6.5
Abhängigkeit des zulässigen Messabstands eines Infrarotmessgeräts mit dem Messverhältnis 10:1 bei einem Messobjekt mit 15 cm Durchmesser

a) Messobjekt wird ordnungsgemäß erfasst

b) Außer dem Messobjekt werden weitere unbekannte Objekte erfasst – falsches Messergebnis

c) Messobjekt wird nur dann richtig erfasst, wenn es durchgängig homogen ist und durchgängig die gleiche Temperatur hat

Im Allgemeinen wird vom Hersteller für das Messgerät das Verhältnis Messfleckdurchmesser/Messabstand mit z. B. 6:1 oder 12:1 angegeben. In Abhängigkeit von der Größe des Messobjekts (NH-Sicherung oder Klemme mit z. B. 4 cm Breite) muss der Prüfer den sich daraus für das betreffende Messgerät ergebenden höchstzulässigen Messabstand (a_{max} = 4 cm · 6:1 = 24 cm) berechnen. In Anbetracht der nicht 100%igen Zielgenauigkeit ist ein Sicherheitsabschlag sinnvoll, sodass bei diesem Beispiel a_{max} = 15 cm eingehalten werden sollte. Mit einer bei einigen Geräten vorhandenen Laser-Zieleinrichtung (Laserpunkt auf dem Messobjekt) sind eine größere Zielgenauigkeit und damit auch ein größerer Messabstand (z. B. bei Sammelschienen, Isolatoren, Durchführungen in Gebäudedecken, Kabel in Schächten/Kellern usw.) möglich.

Die universelle Einsatzmöglichkeit dieser Messgeräte wird jeden verblüffen, der sie anwendet. Besonders wird darauf hingewiesen, dass mit ihnen auch bei neu errichteten Anlagen/Geräten

- ▷ nicht ausreichend festgezogene Anschlussklemmen,
- ▷ fehlerhafte Steck-, Klemm- und Lötkontakte,
- ▷ Betriebsmittel mit Mängeln (auch Steck- und Verteilerdosen)

sehr schnell, praktisch im Vorübergehen, durch eine Vergleichsmessung erfasst werden können. Notwendig ist nur, den richtigen Zeitpunkt der Messung – den der höchsten auftretenden Last – zu finden.

Thermografie

Mit dieser Messmethode lässt sich die Temperatur der einzelnen Bauelemente, Geräte, Klemmen, Leitungen usw. eines jeden elektrischen Erzeugnisses hervorragend und mit hoher Genauigkeit feststellen und eindrucksvoll dokumentieren *(Bild 8.6.6).* Sinnvoll ist die Anwendung der Thermografie vor allem dann, wenn unter bestimmten Bedingungen auftretende thermische Zustände eines Systems erkannt und dokumentiert werden sollen. Wenn einzelne Bauelemente zu beurteilen sind oder durch Temperaturerhöhung erkennbare Fehlerstellen in einem Erzeugnis festgestellt werden sollen, ist es zweckmäßig, in Anbetracht des bei der Thermografie erforderlichen Aufwands und der geringen Ansprüche, die bei Erst- und Wiederholungsprüfungen an die Genauigkeit der Messergebnisse gestellt werden, die bereits genannten Messgeräte zu bevorzugen.
Zu empfehlen ist das Anfertigen von „Wärmebildern“ aber immer dann, wenn der Gesamtzustand einer Anlage oder von Anlagenteilen sowie die Notwendigkeit ihrer Erneuerung zu ermitteln ist oder um die bei einer Wiederholungsprüfung erkannten Mängel zu dokumentieren. Wegen der relativ hohen Kosten einer Wärmebildkamera sowie wegen der notwendigen Erfahrungen beim

Anwenden dieser Prüfmethode und beim Auswerten der Messergebnisse sollte eine Spezialfirma mit dieser Untersuchung beauftragt werden.

Dokumentation der Messwerte

Wie bei allen anderen Messungen sind auch in diesem Fall die Messergebnisse zu dokumentieren. Da es bei der Erst- und der Wiederholungsprüfung elektrischer Anlagen und Geräte

- ▷ um das Ermitteln von Fehlerstellen geht und somit nur die Größenordnung der Temperatur des Messobjekts interessant ist und
- ▷ die Fehler vor dem Abschluss der Prüfung beseitigt werden müssen und
- ▷ es ja primär nicht um die Temperatur, sondern um den Mangel geht, der zur Übertemperatur geführt hat,

müssen keine exakten Messwerte (z. B. 72,6 °C oder 43,7 °C), sondern können verbale Bewertungen (z. B. „zu hohe Temperatur durch zu geringen Kontaktdruck“ oder „Temperaturen im normalen Bereich“) angegeben werden. In jedem Fall sollte in der Kundeninformation (→ Bild 11.1) auf die Ursachen der Mängel und das zu ihrem Vermeiden nötige Verhalten des Betreibers hingewiesen werden.

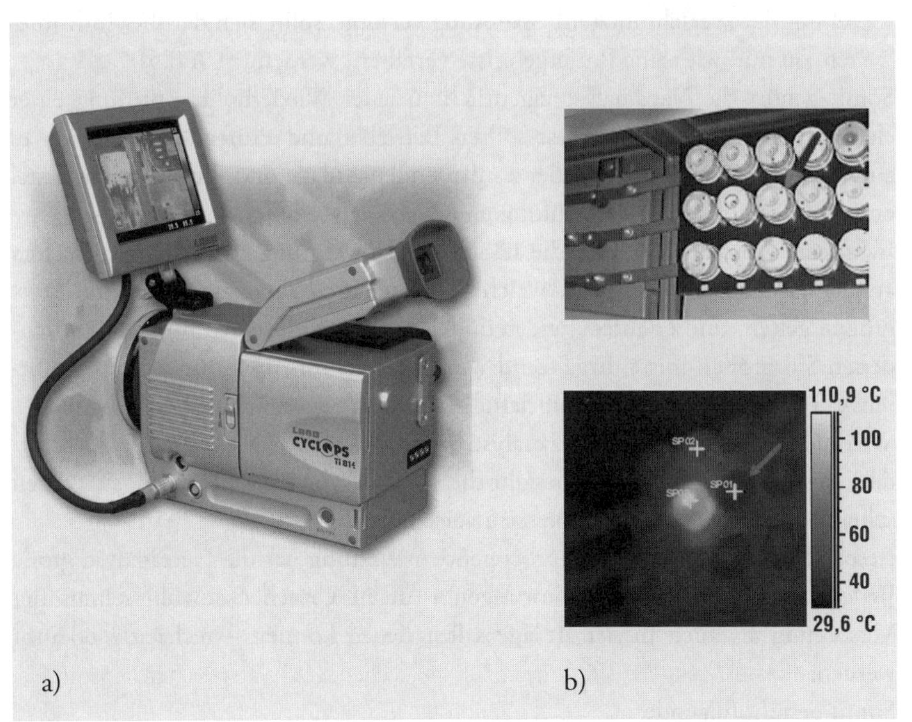

Bild 8.6.6
Thermografie

a) Wärmebildkamera TI 814 (Land Instruments)

b) Beispiel für eine Aufnahme mit der Wärmebildkamera und deren Auswertung (Foto: THERMOBILD)

8.7 Netzanalysen

8.7.1 Allgemeines, Prüf- und Messaufgaben

Durch die in großer Anzahl zum Einsatz kommenden so genannten „nicht linearen“ Lasten (meist Computersysteme mit Schaltnetzteilen oder Geräte der Leistungselektronik) kommt es seit mehreren Jahren und auch weiterhin zunehmend zu einer „Verschmutzung“ der Spannungsform der öffentlichen und betrieblichen Versorgungsnetze.

Diese Netzstörungen beeinträchtigen die Funktion vieler elektrischer Geräte und Anlagen, die mit dem betroffenen Netz verbunden sind. Das heißt:

1. Jeder, der ein solches Netz oder die von ihm versorgten Betriebsmittel betreibt, sollte darüber informiert sein, welche Störungen vorhanden sind und mit welcher Intensität sie wirken. Nur dann kann er
   - einschätzen, welche Konsequenzen sich für das Betriebsverhalten der angeschlossenen Betriebsmittel sowie für die Wirksamkeit der Schutzmaßnahmen und Sicherheitseinrichtungen ergeben können und
   - festlegen, welche Gegenmaßnahmen erforderlich sind.
2. Jeder, der ein an dieses Netz angeschlossenes Gerät prüft oder seine Prüfmittel mit der „verschmutzten“ Spannung versorgt, sollte sich darüber informieren, ob und wie seine Prüfergebnisse verfälscht werden (→ A 8.5).

Somit gehört die Netzanalyse eigentlich zu jeder Wiederholungsprüfung einer elektrischen Anlage. Zumindest sollten Betreiber und Prüfer überlegen, ob es aufgrund der Besonderheiten der zu prüfenden Anlage und ihrer Betriebsmittel empfehlenswert ist, vor der Prüfung eine Netzanalyse durchzuführen.

In diesem Abschnitt werden die häufigsten Netzstörungen und ihre Ursachen aufgezeigt. Es wird dargelegt, welche Normen und Grenzwerte für die Störgrößen gelten, und erläutert, wie man den Wert der einzelnen im Netz vorhandenen Störgrößen misst. Ergänzend wurde bereits im Abschnitt 8.5 das Ermitteln der Oberschwingungen mit dafür geeigneten Strommesszangen behandelt.

Wird der Prüfer mit einer Netzanalyse beauftragt oder hält er es selbst für erforderlich sie durchzuführen, so besteht die Messaufgabe zunächst darin, sich einen schnellen Überblick über das Netz zu verschaffen.

Besonders im Rahmen einer vorbeugenden Wartung hat die Netzanalyse große Bedeutung, weil zukünftige Störungen – deren Ursachen sowohl seitens der Versorgung als auch in der Anlage selbst liegen können – rechzeitig erkannt werden.

Somit besteht folgende

Prüf- / Messaufgabe:
Feststellen der Abweichungen, die bei den für die Netzspannung festgelegten Kennwerten/Qualitätsmerkmalen zwischen deren Istwerten und den in den Normen vorgegebenen Grenzwerten bestehen.

Es ist dabei nicht Aufgabe des Prüfers, auch

- ▷ die erforderlichen Maßnahmen zum Beseitigen der Störungen vorzuschlagen oder
- ▷ die Auswirkungen der Störgrößen auf die angeschlossenen Betriebsmittel festzustellen.

Wichtig ist für ihn aber zu wissen, welche Störgrößen auftreten können und ob seine Prüfmittel und Prüfergebnisse von der verschmutzten Spannung beeinflusst werden können.
Um die Netzanalyse erfolgreich vornehmen zu können, muss der Prüfer zunächst wissen, auf welche Besonderheiten und Zusammenhänge er achten muss. Folgende Parameter sollten gleichzeitig gemessen und deren Störgrößen gleichzeitig festgestellt werden:

- ▷ Spannung, Stromstärke und Frequenz,
- ▷ Wirk-, Blind- und Scheinleistung sowie
- ▷ Energieverbrauch (Arbeit).

8.7.2 Art, Parameter und Ursachen der Störgrößen, Messvorgaben

Von einem Energieversorgungsunternehmen wird verlangt, dass es ein „Qualitätsprodukt" liefert, d. h. ununterbrochen

- ▷ eine absolut sinusförmige Wechselspannung des jeweiligen Nennwerts
- ▷ mit der Frequenz 50 Hz und
- ▷ absolut gleichmäßig in allen 3 Phasen.

Einige Netzbetreiber bieten Sonderverträge für industrielle Großkunden an, in denen eine über die allgemeinen Versorgungsbedingungen [1.10], [1.11] hinausgehende Qualität der Energieversorgung zugesichert wird.
Nur wenn die o. g. Merkmale gegeben sind,

- ▷ stimmt die dem Kunden gelieferte Leistung mit dem überein, was auf der Abrechnung steht, und
- ▷ kann der Prüfer davon ausgehen, dass seine Messergebnisse richtig sind.

Damit Anbieter und Anwender elektrischer Energie hinsichtlich der Anforderungen an die Netzspannung und hinsichtlich der Qualitätssicherung der

Stromversorgung dieselbe Sprache verwenden, wurden oder werden einige Normen geschaffen, in denen die zu verwendenden Fachausdrücke und deren Definitionen festgelegt wurden.
Beispielsweise regelt bzw. definiert die Norm EN 50160
▷ die Qualitätsmerkmale einer Netzspannung und
▷ die zu betrachtenden Arten von Störungen, die beim Kunden am Übergabepunkt auftreten können.
Betrachtet werden dabei Schwingungsform, Spannungspegel, Frequenz und bei Drehstromnetzen die Unsymmetrie der Phasen. Aufgelistet werden auch die zu überwachenden Netzparameter und die für die einzelnen Parameter bei einer Analyse notwendige Überwachungsdauer.
In den Normen
▷ IEC/EN 61000-4-30 wurden die Messverfahren für jeden dieser Parameter sowie die einzuhaltenden Messbedingungen und Messabläufe und in den Normen
▷ IEC 61000-2-2 und IEC 61000-2-12 für Niederspannungs- bzw. Mittelspannungsnetze die für jeden dieser Parameter zulässigen Grenzwerte, d. h. die „Netz-Kompatibilität" festgelegt.

Amplitude der Netz-Wechselspannung

Die Amplitude der Spannung ist das entscheidende Merkmal der Qualität eines Netzes. Aus diesem Grund legen sich die Netzbetreiber normalerweise auf eine von ihnen zu liefernde Nennspannung fest. Durch vielerlei Einwirkungen auf das Verteilernetz (Zu- und Abschaltung von Kraftwerken, Netz-Management, automatische Sicherheitseinrichtungen) kann es aber zu Störungen – von der Spannungsschwankung bis zum Komplettausfall – kommen. Solche Ereignisse werden üblicherweise durch zwei Parameter beschrieben:
▷ durch die Abweichung von der vorgegebenen Spannungsamplitude und
▷ durch die Dauer der Abweichung (Schwankung).
Bei der Art der Störung sind neben den langsamen Schwankungen zu unterscheiden:
▷ Spannungsabsenkungen (Einbrüche),
▷ Unterbrechungen der Spannung sowie
▷ Überspannungen.
Um ihre Bewertung zu ermöglichen und vergleichbar zu machen, sind diese Störungen und ihre Parameter in den Normen definiert worden.
Die Netzbetreiber verpflichten sich üblicherweise, die Phase-Phase-Spannung in einem Bereich von ± 10 % konstant zu halten. Man spricht von Überspannun-

gen, wenn die Obergrenze dieses Schwankungsbereichs überschritten, und von Spannungseinbrüchen, wenn die Untergrenze dieses Bereichs unterschritten wird. Die Dauer der Über-/Unterschreitung und die Abweichung ΔU sind jeweils zu messen *(Bild 8.7.1)*. Üblicherweise dauern solche Störungen in Mittel- und Hochspannungsnetzen weniger als 0,2 Sekunden. Im Verlauf eines Jahres können

▷ einige Dutzend bis zu Tausend Spannungseinbrüche und
▷ einige Dutzend bis einige Hundert kurzzeitige Unterbrechungen – Zeitdauer unter normalen Umständen nicht länger als 1 Sekunde – auftreten.

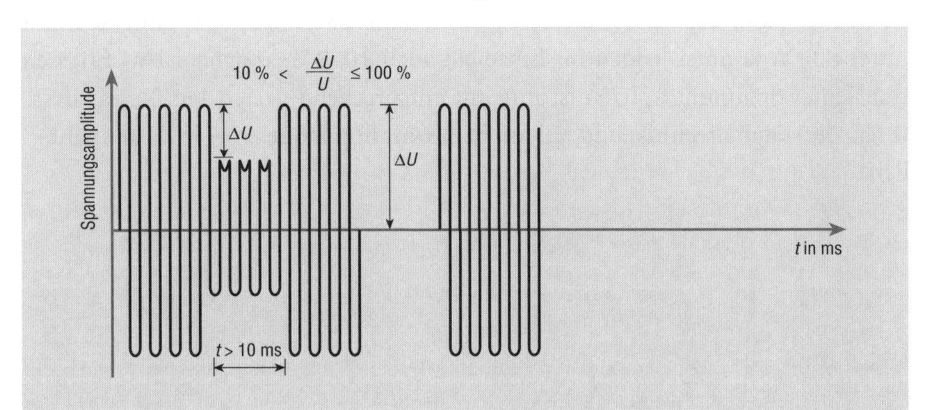

Bild 8.7.1 Zeitdauer der Spannungseinbrüche

Spannungsänderungen

Sie können z. B. folgende und unterschiedliche Ursachen haben:

▷ Beim Erzeuger, d.h. im Netz bis zum Hausanschluss der Abnehmer, entstehen sie meist durch zufällige Ereignisse wie Blitzeinschlag, Kurzschluss, Isolationsfehler, Leitungsunterbrechungen (Bagger, umstürzende Bäume) usw.
▷ Beim Verbraucher/Abnehmer liegen die Ursachen meist in dessen eigener Elektroinstallation. Beim Einschalten hoher Lasten kann die Spannung z. B. „einbrechen", wenn die Leitung am Übergabepunkt falsch dimensioniert wurde. Motoren hoher Leistung, große Transformatoren oder Kondensatorbatterien sind Lasten, die beim Einschalten häufig solche Spannungseinbrüche hervorrufen. Sie häufen sich, wenn mehrere derartige Verbraucher über denselben Stromkreis versorgt werden. Alle an dem betreffenden Stromkreis angeschlossenen Abnehmer haben unter diesen Spannungsschwankungen zu leiden. Bei in Betrieb befindlichen Motoren können die Auswirkungen eines Spannungseinbruchs geradezu dramatische Folgen haben.

Gemessen werden die 10-Minuten-Mittelwerte des Effektivwerts der Spannung.

Plötzliche kurzeitige Änderungen (transiente Überspannungen)

Überspannungen mit einer Dauer von weniger als 10 ms (das entspricht der Zeitdauer einer Halbwelle bei 50 Hz) werden als transiente Überspannungen bezeichnet *(Bild 8.7.2)*. Sie entstehen durch Blitzeinschläge oder wesentlich häufiger durch Schaltvorgänge in elektrischen Anlagen mit induktiv wirkenden Bauelementen oder Belastungen. Sie entstehen auch beim leicht zeitversetzten Durchschalten von zwei Thyristoren, die dabei einen kurzzeitigen Kurzschluss von zwei Phasen verursachen. Auch das Einschalten eines Schützes kann durch die dabei auftretende Stromspitze zu einem Spannungseinbruch führen.
In Niederspannungsnetzen bleiben solche transienten Überspannungen meist unter 800 V, können jedoch im Einzelfall auch 1000 V erreichen. Das Erfassen transienter Spannungsspitzen ist nur mit entsprechend geeigneten Netzanalysatoren der Digitaltechnik und mit hoher Samplingfrequenz (→ Kasten) möglich.

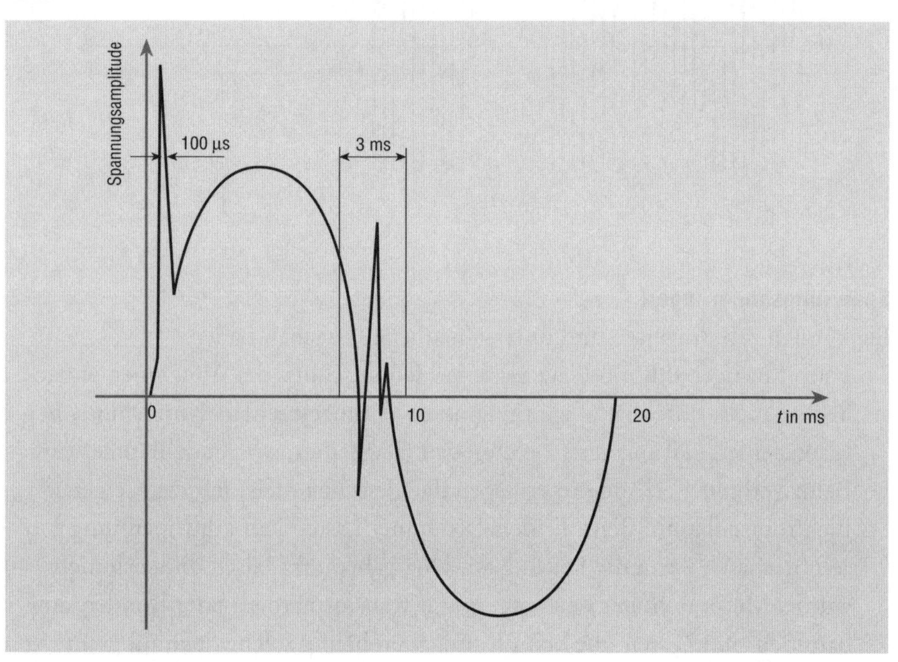

Bild 8.7.2
Transiente Überspannungen

Schnelle Spannungsschwankungen

Schnelle Spannungsschwankungen *(Bild 8.7.3)* – englisch „Flicker“ – führen zu Änderungen der Beleuchtungsstärke, z. B. dem „Flimmern" oder „Flackern" von Bildschirmen. Sie können sich damit sehr störend auf das menschliche Sehvermögen auswirken, zur Erregung oder Kopfschmerzen führen und sogar epileptische Anfälle auslösen.

Crestfaktor
Verhältnis des Scheitelwertes zu seinem Effektivwert. Bei reinen sinusförmigen Signalen beträgt der Crest- bzw. Scheitelfaktor $\sqrt{2}$

Echt-Effektivwert
Quadratischer Mittelwert einer Wechselgröße. Der Effektivwert eines Wechselstroms ist derjenige Wert eines Gleichstroms, der in einem Widerstand dieselbe Erwärmung hervorrufen würde. Im Englischen steht die Abkürzung **RMS** (root mean square) für den Effektivwert einer AC-Größe

Flicker
Leuchtdichteänderung durch Spannungsschwankungen (Flackerndes Licht). Kurzzeit-Flickerstärken (Pst) werden über 10-minütige Intervalle ermittelt, Langzeit-Flickerstärken (Plt) über 2 Stunden

Fourier-Analyse
Eine Schwingung beliebiger Form wird in eine sinusförmige Grundschwingung mit der Netzfrequenz (50 Hz) und mehrere sinusförmige Oberschwingungen mit der 2-, 3-, 4-, 5-fachen Frequenz (d. h. 100, 150, 200, 250 Hz usw.) zerlegt.

Grundschwingung
Sinusförmige Schwingung mit der Netzfrequenz

Oberschwingung (Harmonische)
Sinusförmige Schwingung, deren Frequenz ein ganzzahliges Vielfaches der Netzfrequenz ist

Ordnungszahl
Verhältnis der Oberschwingungsfrequenz zur Netzfrequenz

Rundsteuersignale
Signalspannungen mit einer bestimmten Frequenz, die der Versorgungsspannung überlagert sind um Informationen zu übertragen (Einschalten der Straßenbeleuchtung, Tarifumschaltung von Tag- auf Nachtstrom)

Samplingfrequenz
Frequenz, mit der ein Signal abgefragt wird, um eine Folge von Messwerten zu erhalten

THD (Total Harmonics Distortion)
Gesamtoberschwingungsgehalt. Der Wert enthält sämtliche auftretende Oberschwingungen

Transiente Ereignisse
Flüchtige Ereignisse, die kurzzeitig im Spannungs-, Strom und Leistungsverlauf auftreten

Zwischenharmonische
Sinusförmige Schwingung, deren Frequenz kein ganzzahliges Vielfaches der Netzfrequenz ist

Diese „Flicker" sind, wie in der Norm IEC/EN 61000-4-15 definiert, nur statistisch erfassbar. Meist werden sie durch schnell variierende Lasten, wie Lichtbogenöfen, Mikrowellenherde, Laserdrucker oder Klimaanlagen verursacht. Das Messverfahren sollte das subjektive Störempfinden durch solche Lichtschwankungen und die Besonderheiten des menschlichen Sehvermögens berücksichtigen. Daher sind Flicker-Messungen immer über einen ausreichend langen Zeitraum durchzuführen und statistisch auszuwerten, da die Stärke der Flicker erheblich und völlig unregelmäßig variieren kann.

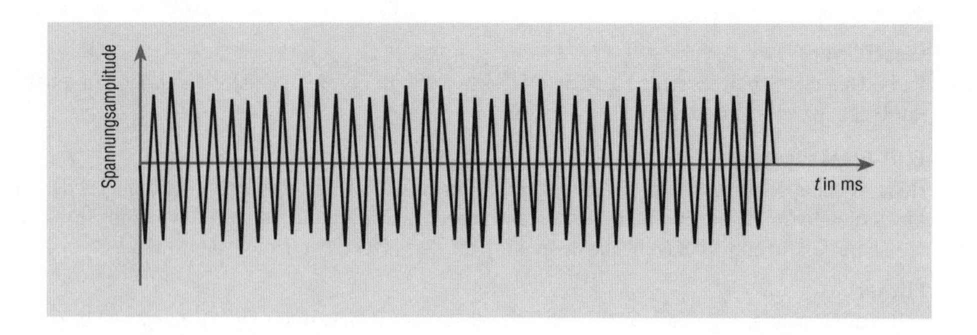

Bild 8.7.3 Schnelle Spannungsschwankungen

Um kurzfristige Flicker-Phänomene – sie werden als „Pst" bezeichnet – richtig beurteilen zu können, wurde eine Messzeit von 10 Minuten festgelegt. Diese Zeit reicht aus, um

- ▷ den Einfluss isoliert auftretender Spannungsschwankungen nicht überzubewerten und um
- ▷ die Störung richtig wahrnehmen zu können.

Andererseits ist diese Messzeit kurz genug, um den Einfluss von den die Flicker hervorrufenden Störquellen mit langen Betriebszyklen ausreichend präzise bewerten zu können. Das 10-Minuten-Messverfahren für Flicker-Störungen kurzer Dauer wird zur Bewertung von Störungen benutzt, die von einzelnen Verursachern stammen, wie Walzstraßen, Wärmepumpen oder Elektro-Haushaltsgeräten.

Falls mehrere Störquellen mit unregelmäßigen Betriebszyklen zusammenwirken (Schweißanlagen oder Antriebsmotoren) oder wenn die Flicker-Störquellen langfristige oder schwankende Störungen verursachen (Lichtbogenöfen), muss die Störung über einen längeren Zeitraum beurteilt werden. Diese langfristigen Flicker-Phänomene werden als „Plt“ bezeichnet. Eine Messzeit von 2 Stunden gilt für das ausreichende Erfassen solcher Störquellen mit langen Betriebszyklen als angemessen und entspricht einer als anhaltend empfundenen subjektiven Störung. Die Berechnung des „Plt“ erfolgt einfach durch Summierung der in kürzeren Abständen gemessenen „Pst“-Flicker-Störungen.

Bei einigen Netzanalysatoren bzw. Störungsschreibern ist diese Funktion standardmäßig vorgesehen.

Langsame Spannungsänderungen

Ihr Vorhandensein wird durch das Bestimmen des 10-Minuten-Mittelwerts der Effektivwerte der Spannung ermittelt. Nach EN 50160 sollen 95 % der im Messzeitraum berechneten Mittelwerte im Bereich von ± 10 % der Versorgungsspannung liegen.

Spannungsunterbrechungen

Derartige Störungen (Black-Out) sind zufällige Ereignisse, deren Wahrscheinlichkeit oder Häufigkeit durch eine 10-Tages-Analyse allein nicht zu ermitteln ist. Um sie auszuschließen bzw. die Möglichkeit ihres Herannahens rechtzeitig zu erkennen, müssen Wiederholungsprüfungen regelmäßig und mit entsprechender Gründlichkeit vorgenommen werden. Für Versorgungsnetze gilt (EN 50160), dass 50-mal im Jahr eine Unterbrechung entstehen darf. Für ein ordnungsgemäßes Betreiben von Produktionseinrichtungen und EDV-Anlagen ist das allerdings nicht zu akzeptieren. Für die Abnehmeranlagen selbst gibt es keine derartigen Vorgaben. Ist mit solchen Unterbrechungen zu rechnen, so müssen gegebenenfalls Ersatzstromerzeuger vorgesehen werden.

Oberschwingungen, Harmonische und Zwischenharmonische

Bei Geräten mit einer so genannten nicht linearen Lastcharakteristik ist es funktionsbedingt, dass sie dem Versorgungsnetz einen gegenüber der Sinusform verzerrten Strom entnehmen. Diese nicht sinusförmigen Ströme haben wegen des Spannungsfalls an den Leitungsimpedanzen auch eine Verzerrung der Netzspannung und somit störende Wirkungen (bis zum Totalausfall) anderer an die Anlage bzw. das Netz angeschlossener Betriebsmittel zur Folge.
Zu den Verursachern dieser als „Oberschwingungen" oder „Harmonische" bezeichneten Netzstörungen *(Bild 8.7.4)* zählen insbesondere Geräte, die mit leistungselektronischen Bauelementen zur Spannungsregelung ausgestattet sind, wie Schaltnetzteile, Wechselrichter, Frequenzumrichter und Schweißgeräte, aber

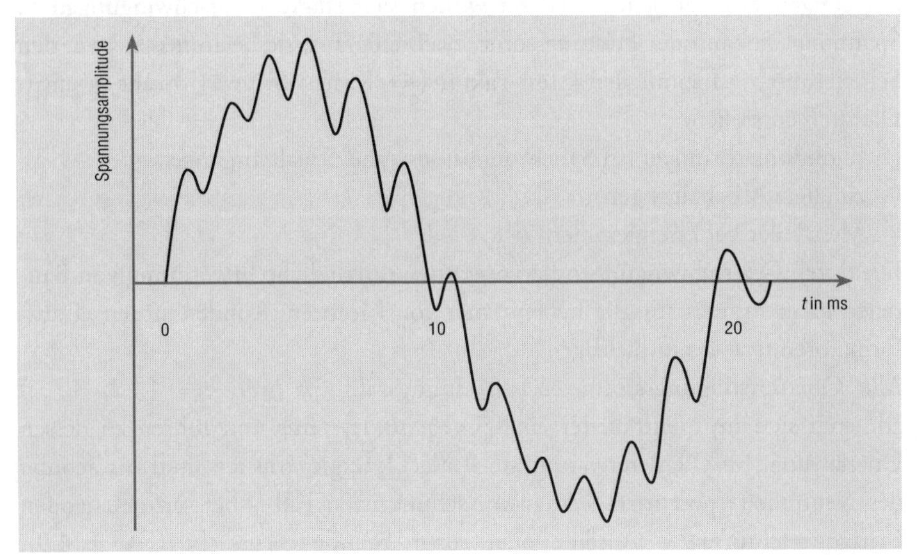

Bild 8.7.4
Oberschwingungen oder Harmonische (Spannungsverzerrung durch Oberschwingungen)

auch ganz einfache Dimmer oder PC-Netzteile. Die durch diese Geräte mit der so genannten Phasenanschnittsteuerung erzeugten Oberschwingungen (Harmonische) sind ein Teil der bereits genannten „Netzverschmutzung" des Niederspannungsnetzes (→ Tabelle 8.5.1).
Um die einem Strom oder einer Spannung überlagerten Harmonischen zu messen bzw. um deren Amplituden zu ermitteln, wird die so genannte Fourier-Transformation (FT) benutzt.
Durch die zunehmende Verbreitung von Frequenzumrichtern, Drehzahlstellern usw. entstehen im Netz neuerdings auch Oberschwingungen, deren Frequenz (z.B. 175 Hz) kein ganzzahliges Vielfaches der Grundfrequenz 50 Hz ist. Sie werden als „Zwischen-Harmonische" bezeichnet.
Die Summe aller Oberschwingungen ist ein Maß für den „Verschmutzungsgrad" einer Spannung bzw. des jeweiligen Netzes, der auch als THD (Total Harmonics Distortion) bezeichnet wird (→ Kasten Seite 313). Bei der THD-Messung wird üblicherweise der Frequenzbereich von 100 bis 2000 Hz, d. h. Oberschwingungen von der 2. bis zur 40. Ordnung erfasst. Die jeweils maximal zulässigen Pegel für jede einzelne Oberschwingung sind in den Normen IEC 61000-2-2 und IEC 61000-2-12 für Niederspannungs- bzw. Mittelspannungsnetze festgelegt.
Netzanalysatoren müssen diese Oberschwingungen problemlos erfassen und anschließend die Ermittlung des THD-Werts durchführen können, damit eine ausreichend genaue Aussage über die Netzstörungen und die möglichen Verursacher möglich ist.
Bei einigen elektronischen Geräten wirken sich starke Oberschwingungen in Spannung, Strom oder Leistung sofort nachteilig aus; sie beeinflussen u. a. den Scheitelwert und somit den Crest-Faktor (→ Kasten Seite 313) sehr intensiv. Dadurch entstehen:

▷ Funktionsstörungen bei Synchronisations- und Schaltvorgängen,
▷ zufällige Abschaltungen,
▷ Messfehler bei Energiezählern usw.

Die durch Oberschwingungen hervorgerufene zusätzliche Erwärmung von Bauteilen kann mittelfristig die Lebensdauer von Motoren, Kondensatoren, Transformatoren usw. beeinträchtigen.
Alle Oberschwingungsströme der Ordnungszahl $3k$ (mit k = 1, 2, 3, ...) addieren sich im Neutralleiter eines Drehstromsystems und führen zu dessen Überlastung bzw. Übererwärmung. Außer Energieverlusten und Anhebung des Neutralleiterpotentials werden im schlimmsten Fall – bei unzureichenden Leiterquerschnitten – Ausfälle oder sogar Brände verursacht (→ A 4.9).

Die Übertragung von Rundsteuersignalen (→ Kasten Seite 313) kann ebenfalls durch Oberschwingungen bzw. Zwischenharmonische erheblich beeinträchtigt werden, sodass Rundsteuersignalempfänger auf einen Befehl nur sporadisch oder überhaupt nicht reagieren. Einige Netzanalysatoren verfügen über eine Funktion zur Erkennung und Analyse solcher Rundsteuersignale (→ Tabelle 8.7.1)

Unsymmetrische Lasten

Ein Drehstromverbraucher, der die einzelnen Phasen ungleichmäßig belastet, aber auch ungleichmäßig auf die Phasen verteilte Ein-Phasen-Verbraucher können im Netz zu einem unsymmetrischen Verlauf der einzelnen Phasenspannungen führen *(Bild 8.7.5)*. Moderne Netzanalysatoren besitzen eine Funktion „Unsymmetrie", in der die Phasen-Unsymmetrie der Spannung dargestellt wird. Bei Netz-Unsymmetrien unter 2 % geht man davon aus, dass sich für die angeschlossenen Betriebsmittel keine Probleme ergeben.

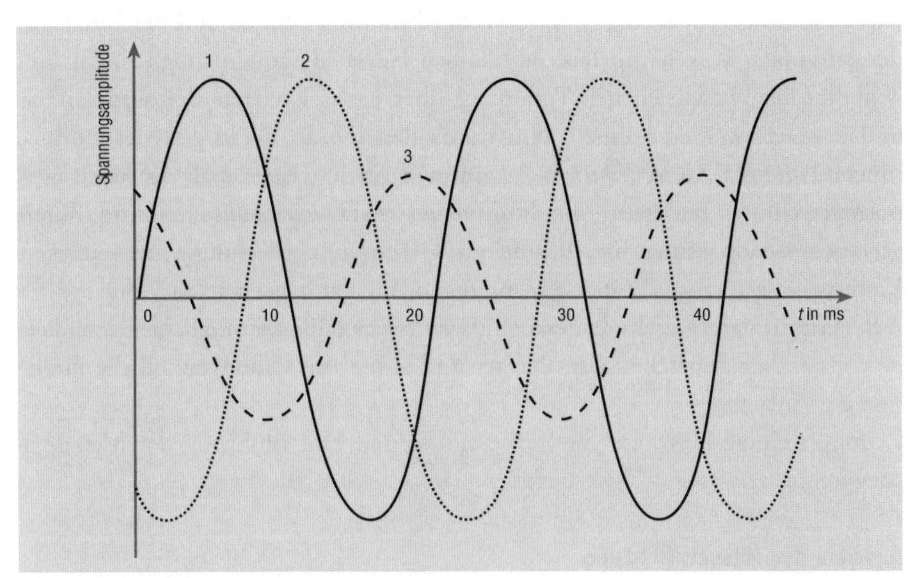

Bild 8.7.5 Unsymmetrischer Verlauf der einzelnen Phasenspannungen

Netzfrequenzschwankungen *(Bild 8.7.6)*

Diese Störungen treten praktisch nur in Netzen auf, die nicht im europaweiten Verbund arbeiten, wie etwa auf einigen Inseln (z. B. Korsika) oder bei eigenständiger Dieselaggregat-Versorgung. Unter normalen Bedingungen liegt der zulässige Schwankungsbereich um die Nennfrequenz von 50 Hz bei 1 %, also zwischen 49,5 und 50,5 Hz.

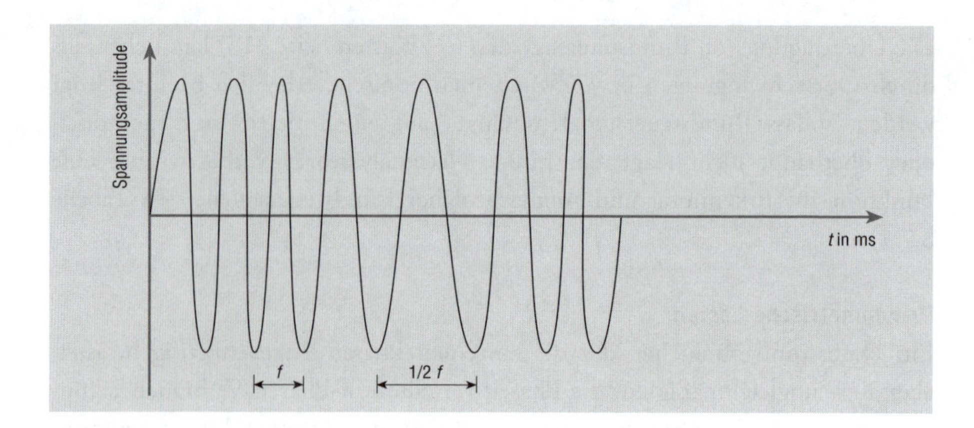

Bild 8.7.6
Schwankungsbereich um die Nennfrequenz 50 Hz

8.7.3 Durchführen der Messung/Netzanalyse, Messeinrichtungen

Das Bestimmen der Netzqualität bzw. das Ermitteln der Art und der Intensität der Störungen ist nur mit leistungsfähigen Netzanalysatoren möglich, mit denen die oben beschriebenen Parameter über einen längeren Zeitraum erfasst und bewertet werden können. Nur durch den Einsatz derartiger Messeinrichtungen *(Bild 8.7.7* und *Tabelle 8.7.1)* ist es möglich, das Ausmaß der Störungen normgerecht zu bewerten, die Störquellen exakt zu lokalisieren und durch geeignete Maßnahmen für Abhilfe zu sorgen. Die Messung einer einzigen Einflussgröße (z. B. der Oberschwingungen mit dafür geeigneten Geräten, → A 8.5) ist für ganz gezielte Untersuchungen zweckmäßig, ermöglicht jedoch keine vollständige Beurteilung des Netzes und seiner Auswirkungen auf die Funktion der Anlagen.

Es folgen einige Hinweise zur Vorbereitung und Durchführung der Messung/Analyse.

Auswahl der Messeinrichtung

Die größte Schwierigkeit besteht in der exakten Messung des Zeitpunkts, der Dauer und der Amplitude der genannten Störungen, besonders wenn sie in den drei Phasen mit unterschiedlicher Intensität bzw. Dauer auftreten. Dann hilft nur der Einsatz von „echten" Drehstrom-Störschreibern oder 3-Phasen-Netzanalysatoren (→ Bild 8.7.7). Andere Messeinrichtungen lassen nur die Analyse einzelner Parameter zu. Dadurch kann die Gleichzeitigkeit der Änderungen verschiedener Parameter nicht exakt ermittelt und somit keine umfassende Aussage getroffen werden.

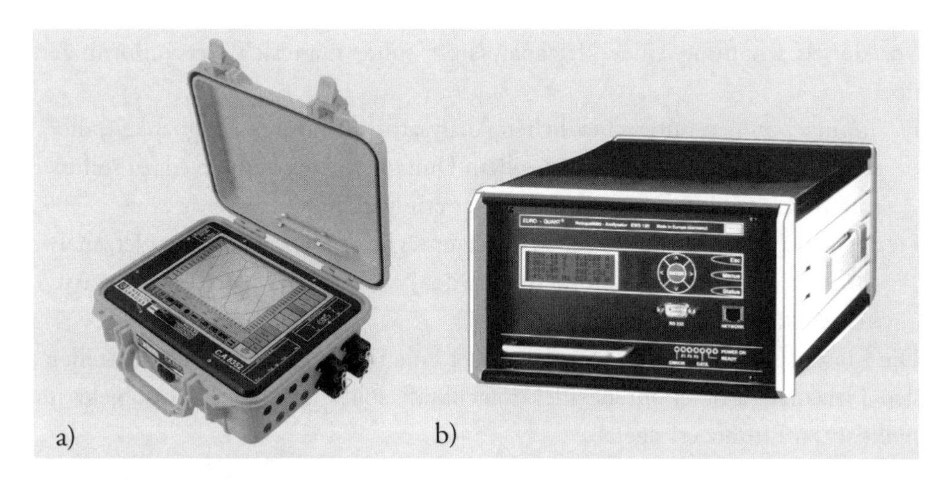

Bild 8.7.7
Messeinrichtungen für die Netzanalyse am Einsatzort (Beispiele)
a) C.A 8352 (Chauvin Arnoux)
b) Euro Quant (HAAG)

Tab. 8.7.1 Beispiele für die Daten handelsüblicher Netzanalysatoren (→ Bild 8.7.7)

Merkmale, Daten	**Beispiele der üblichen/erforderlichen Daten**	
Messeingänge	4 x U; 4 x I	4 x U; 4 x I
Spannung	500 V (effektiv)	600 V (effektiv)
Strom	10 mA ... 3000 A, je nach Stromwandler	bis 12 000 A, je nach Stromwandler
Leistungsdaten	Watt, VA, Var, pF	Watt, VA, Var, pF
Oszilloskop-Funktion	8 Kanäle (4 x U + 4 x I)	über Software
Vektorielle Darstellung	ja (4 x U + 4 x I)	über Software
Oberschwingungsanalyse	bis zur 50. Ordnung	bis zur 200. Ordnung
Flickermeter	Pst und Plt	Pst und Plt
Auswertung nach EN 50160	ja	ja
Transientenrecorder	ja	ja
Netzsymmetrie/Netzimpedanz	ja/ja	ja/–
Rundsteuersignale	ja, bis zu 9 Signale	Pegel
Abtastrate	9,6 bis 34,4 kHz	50 kHz
Anzeige	berührungssensitiver Farb-Bildschirm (800 x 600)	4-zeilige LED
Synchronisation	zeitgesteuert	GPS
Speicher	Festplatte > 10 GB	2 GB
Schnittstellen	USB, RS 232, Ethernet	RS 232, Ethernet
Modemanschluss	ja	ja
Datenauswertung	direkt im Gerät oder über PC-Software	über Software (Damon)

Vor der Anschaffung eines Netzanalysators sollte man sich stets informieren über

- ▷ die angebotenen unterschiedlichen Analysatoren und ihre Möglichkeit, die erforderlichen Netzanalysen in vollem Umfang durchzuführen (dazu sollte eine Beratung durch den/die Hersteller erfolgen),
- ▷ die vom Hersteller angebotenen Updatemöglichkeiten, damit der Netzanalysator den wachsenden Anforderungen der Netzqualitäts-Normen angepasst werden kann.

Die Einweisung durch den Hersteller oder eine im Umgang mit dem betreffenden Netzanalysator erfahrene Elektrofachkraft sollte an einem Messobjekt im praktischen Einsatz erfolgen.

Anschluss und Einstellung der Messeinrichtung

Der Anschluss der Analysatoren muss unmittelbar an das zu kontrollierende Messobjekt (Netz, Betriebsmittel, Anlageteil) erfolgen, für das die Störungen und ihre Parameter ermittelt werden sollen. Die Möglichkeit einer Verfälschung der Messergebnisse durch zwischen dem Anschlussort und dem Messobjekt liegende Bauelemente (Klemmen, Schaltkontakte) oder Leitungsstrecken (Dämpfung) sollte so gering wie möglich gehalten werden.

Der Prüfer hat dafür zu sorgen, dass die Parametrierung des Netzanalysators und besonders die Triggereinstellungen so durchgeführt werden, dass die zu erwartenden Störgrößen aussagekräftig erfasst und dargestellt werden können.

Es ist möglich, die Analysatoren in allen Netzformen (TN/TT und IT) sowie in einphasigen Stromkreisen einzusetzen.

Zeitpunkt und Dauer der Messung

Eine zuverlässige Störungsanalyse erfordert eine kontinuierliche Aufzeichnung der Störungen über mindestens eine Woche. Es muss gewährleistet sein, dass alle Betriebszustände aller Geräte, die voraussichtlich Ursache der Störungen sind oder bei denen sich die Störungen der Versorgungsspannung auswirken (Rückkopplung), im Messzeitraum erfasst werden.

Die ständige Anwesenheit des Prüfers ist nicht erforderlich, eine tägliche Kontrolle jedoch empfehlenswert. Eine Auswertung der bereits aufgezeichneten Daten sollte mit der Messeinrichtung jederzeit möglich sein. Moderne Netzanalysatoren bieten eine Fernabfrage der Messdaten über Modem oder Ethernet von einem PC aus.

Umwelteinflüsse

Besondere Forderungen bezüglich der Umgebungsbedingungen bestehen bei den Analysatoren nicht. Die am Messort üblicherweise zu erwartenden elektromagnetischen Felder haben keinen Einfluss auf das Messergebnis.

8.7.4 Dokumentation der Messungen durch ein Analyseprotokoll

Es ist aufgrund des Umfangs der Daten oftmals nicht möglich, alle Messwerte in **einem** Protokoll bereitzustellen. Besonders beim Einsatz von hochwertigen Analysatoren, die gleichzeitig und lückenlos alle wesentlichen Netzparameter aufzeichnen, können bis zu einigen Gigabytes an Messwerten anfallen. Eine solche Datensammlung kann nur in Verbindung mit einer leistungsfähigen Software vom Prüfer bzw. von einer dafür spezialisierten Fachkraft ausgewertet werden. Solche Auswertesoftware bieten zahlreiche Protokolliermöglichkeiten, um auch dem Betreiber eine aussagekräftige Information über Art und Umfang der in seiner Anlage auftretenden Netzstörungen zu liefern.

Das Analyseprotokoll sollte zumindest alle jene Netzstörungen bzw. Ereignisse enthalten, deren Werte die vorgegebenen Grenzwerte übersteigen. Es ist auch empfehlenswert, die wichtigsten der erfassten Nutz- und Störpegel mit Zeitangabe in Form von Tabellen und/oder Grafiken bzw. Oszillogrammen so darzustellen, dass eine umfassende Beurteilung der Netzqualität gewährleistet wird *(Bild 8.7.8)*.

Außerdem sollte das Prüfprotokoll auch alle wichtigen Informationen über die zu analysierende Anlage (Messort, Messpunkt ...), die Messbedingungen (Betriebszustände, Laständerungen usw.) sowie über das verwendete Messgerät (Konfiguration, Abtastrate usw.) enthalten.

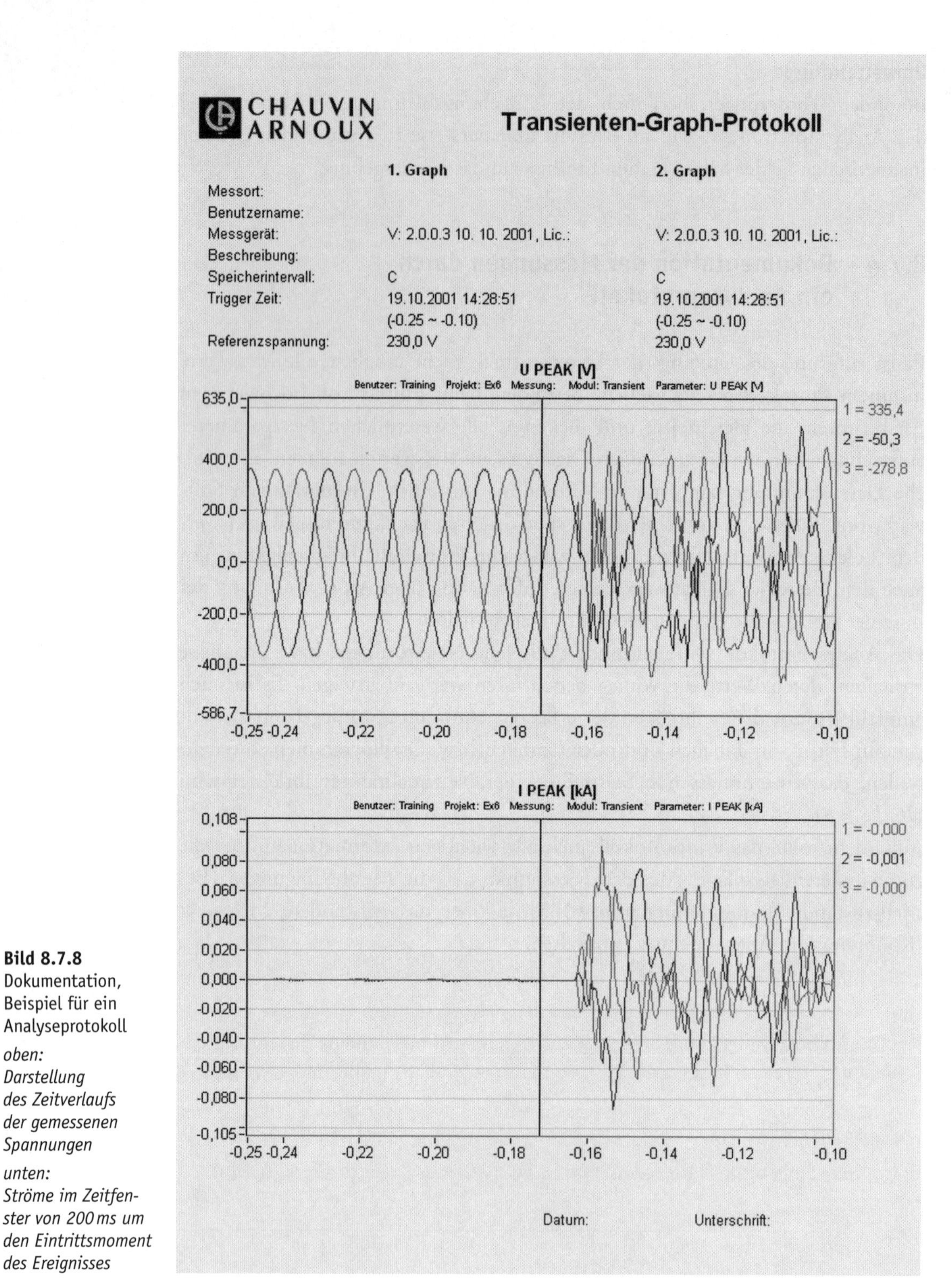

Bild 8.7.8
Dokumentation, Beispiel für ein Analyseprotokoll

oben: Darstellung des Zeitverlaufs der gemessenen Spannungen

unten: Ströme im Zeitfenster von 200 ms um den Eintrittsmoment des Ereignisses

8.8 Messen der Material- oder Bauwerksfeuchte

8.8.1 Allgemeines, Messaufgaben

Im Zusammenhang mit dem Prüfen elektrischer Anlagen und Betriebsmittel wird das Bestimmen der Feuchtigkeit im Allgemeinen nicht gefordert. Eine derartige Messung kann jedoch nützlich sein, wenn z. B. in einem älteren Bauwerk oder nach einer Überflutung (Wasserrohrbruch, Hochwasser) ein sehr geringer Wert des Isolationswiderstands (→ A 4.3) oder ein ungewöhnlich hoher Wert des Ableitstroms (→ A 4.4) der elektrischen Installationsanlage festgestellt wurde.
Um diese **Merkmale bewerten und ihre Entwicklungstendenzen einschätzen zu können,** sind eine oder mehrere in zeitlichen Abständen vorgenommene Feuchtemessungen der Wände, in denen sich elektrische Bauteile befinden, durchaus sinnvoll. Und schließlich ist der Grad der Bauwerks- und/oder Luftfeuchte auch ein Merkmal, aus dem auf den künftigen Zustand und mögliche zu erwartenden Mängel (Korrosion, Übergangswiderstand) geschlossen werden kann.
Das gilt z. B. auch für das Beurteilen eines Erdungswiderstands und eines Erders. Es ist eigentlich nur bei Kenntnis der im Augenblick der Erdermessung (→ A 7.6) vorhandenen Erdbodenfeuchte möglich, den durch die Witterung bedingten Schwankungsbereich des Erdungswiderstands richtig einzuschätzen und die Messwerte verschiedener, zeitlich versetzter Prüfungen/Messungen miteinander zu vergleichen.
Deshalb wird die Möglichkeit der Material- bzw. Bauwerksfeuchtemessung in diesem Buch mit erläutert.
Dass auch die Luftfeuchte einer der zu berücksichtigenden klimatischen Einflussfaktoren ist, die bei der Auswahl der Betriebsmittel und der für ein zuverlässiges Betreiben vom Planer/Betreiber zu treffenden Maßnahmen Bedeutung haben (DIN VDE 0100-510[6]), sei der Vollständigkeit halber noch erwähnt. Streng genommen kann der Prüfer den normgerechten Zustand (Schutzart) einer elektrischen Anlage gar nicht bestätigen, ohne über den Grad der Luftfeuchte in ihrer Umgebung (Luft, Mauerwerk, Erdboden usw.) informiert zu sein.

6 Die äußeren Einflüsse auf eine Anlage werden bezüglich der sie umgebenden Luft sowie der relativen und absoluten Luftfeuchte in die Kategorien AB1 bis AB8 eingeteilt.

In den Labors der Hochspannungstechnik sind aus Gründen der Messgenauigkeit und – wie in elektrischen Hoch- und Höchstspannungs-Betriebsräumen auch – wegen der Betriebssicherheit Hygrometer zum Bestimmen der Luftfeuchte zu finden. Das Durchführen dieser eigentlich nicht zum üblichen Erscheinungsbild der Elektrofachbetriebe gehörenden Messungen der Feuchte kann auch in anderen Fällen als Dienstleistung nützlich sein.

8.8.2 Durchführen der Messung, Messgeräte

Ebenso wie die Methoden der Materialfeuchtemessung sind auch ihre Anwendungsgebiete sehr vielfältig. Sie reichen vom Schüttgut über Baumaterialien bis hin zu den Bauteilen und den Einrichtungen der Gebäude. Im Zusammenhang mit dem Prüfen elektrischer Anlagen und den Aufgaben des Elektrohandwerks/-anlagenbaus ist vor allem die im Folgenden dargestellte Feuchtemessung in Baumaterialien relevant.

Mit den im *Bild 8.8.1* dargestellten einfachen Messgeräten wird die Oberflächenfeuchte der zu beurteilenden Materialien/Bauteile bestimmt. Sie verfügen über zwei Sonden (-nadeln) als Messfühler, die in die zu bestimmende Oberfläche leicht eingedrückt werden.

Als Messverfahren wird in den meisten Fällen das Widerstandsmessprinzip angewendet *(Bild 8.8.2)*. Möglich sind auch das kapazitive und das Mikrowellenmessverfahren, die u. a. bei Messungen der Feuchte von Schüttgut Verwendung finden.

Um eine Aussage über die Beanspruchung der Teile einer elektrischen Anlage durch die Feuchte zu erhalten, muss auf/in dem in deren unmittelbarer Nähe vorhandenen Baustoff gemessen werden. Um Messungen in tiefer liegenden Materialien durchführen zu können, sind Sondenverlängerungen zu verwenden, für deren Einsatz Kernbohrungen in das betreffende Material eingebracht und sehr sorgfältig ausgeführt werden müssen. So muss gesichert sein, dass die Sonden wirklich auf dem Material aufsetzen, dessen Feuchte bestimmt werden soll. Die Messung darf erst dann durchgeführt werden, wenn sich das durch das Bohren erwärmte Material abgekühlt hat.

Was bei der Messung zu beachten ist, wird im Folgenden am Beispiel des häufigsten Anwendungsfalls, der Bestimmung von Holzfeuchte, dargelegt.

Bei der Materialfeuchtemessung von Hölzern gibt es zwischen den einzelnen Holzarten kleinere Unterschiede. Entsprechende Korrekturtabellen befinden sich in den Bedienungsanleitungen der Geräte oder sind teilweise auf den Gerä-

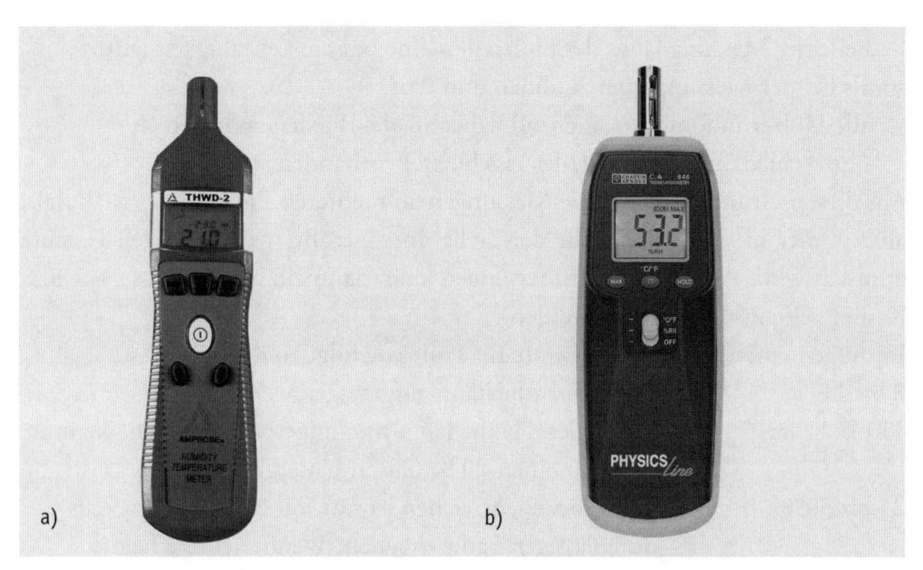

Bild 8.8.1
Beispiele für Feuchte- und Temperaturmessgeräte
a) THWD 2 (Amprobe)
b) C.A 846 (Chauvin Arnoux)

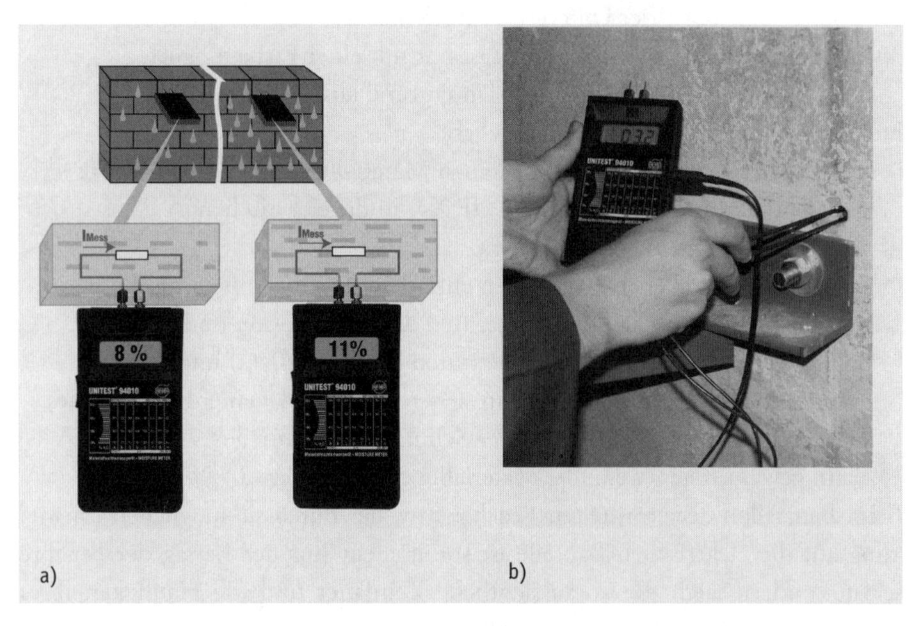

Bild 8.8.2
Widerstandsmessverfahren zum Ermitteln der Bauwerksfeuchte (BEHA)
a) Prinzipdarstellung
b) Handhabung

ten angegeben. Außer der Art des Holzes hat auch seine Temperatur einen Einfluss auf das Messergebnis. Hierfür gibt es ebenfalls Korrekturvorgaben. Bei einer Messung im Fichtenholz bei z. B. + 5 °C muss beispielsweise der Anzeigewert 20 % insgesamt auf 26 % korrigiert werden. Die einzelnen Korrekturfaktoren sind bei den Geräten verschiedener Hersteller unterschiedlich. Bei der Messung von Holz gilt es besonders zu beachten, dass

▷ bei einer Messung längs der Holzfasern eine bessere Leitfähigkeit auftritt als bei der Messung quer zu ihnen und dass
▷ alle Hölzer inhomogen sind und daher an verschiedenen Stellen eine unterschiedliche Feuchte (Messergebnisse) vorhanden sein kann.

Aus diesen Gründen sollten die Messungen an mehreren Punkten des Materials, aber immer in sinnvoller Nähe der Stelle durchgeführt werden, deren Feuchte ermittelt wird. Aus allen Einzelmessungen kann dann ein Mittelwert (→ A 8.2, Kasten Seite 264) berechnet werden.

Im Allgemeinen sind die Messwerte für Holz wie folgt zu deuten:

0 bis 11 %:	trocken, Farbe kann aufgetragen werden;
11 bis 21 %:	lufttrocken, Farbe kann nur aufgetragen werden, wenn diese für einen 20 % nassen Untergrund ausgelegt ist;
21 bis 30%:	windtrocken, Streichen ist nur mit einer feuchtigkeitsdurchlässigen Farbe möglich; Wenn mehrere Lagen aufgetragen werden müssen, sollte man warten, bis der Untergrund trockener ist;
30 % und mehr:	nass, Streichen ist nur mit einer Farbe möglich, die für nassen Untergrund ausgelegt ist.

Für elektrische Bauteile gilt grundsätzlich:

▷ Bei nassen oder bei nur windtrockenen Materialien kann deren Feuchte auch bei sehr guter Abdichtung (≥ IP X5) in die elektrischen Anlagenteile/Bauelemente kriechen.
▷ Auch bei lufttrockenen Materialien entstehen durch Temperaturschwankungen möglicherweise Kondenswasser und damit Korrosion und
▷ selbst im Bereich normaler Temperaturen (–5 bis +40 °C) und ihren zu erwartenden Schwankungen ist ein sicherer Betrieb bei einer bezüglich des „Hineinkriechens“ geringen Wasser-Schutzart der Bauteile (≤ IP X4) nur dann gewährleistet, wenn die Materialfeuchte unter etwa 5 % liegt.

Beim Beurteilen der ermittelten Feuchte bzw. der durch sie möglichen Einwirkung auf die elektrischen Bauteile ist somit nicht nur der Betrag der Feuchte selbst, sondern auch die voraussichtliche Zeitdauer und die Häufigkeit ihres Vorhandenseins/Einwirkens zu berücksichtigen.

8.9 Suche von Leitungen und deren Defektstellen im Baukörper und im Erdboden

8.9.1 Allgemeines, Prüf- und Messaufgabe

Leitungen sind Teile der zu prüfenden elektrischen Anlage. Leitungswege und Orte, an denen sich Verbindungsstellen befinden, müssen bekannt sein, um die erforderlichen Kontrollen und Wartungsarbeiten vornehmen zu können. Sehr oft sind jedoch keine Installationspläne vorhanden, mitunter wurden die vorgegebenen Installationszonen nicht eingehalten oder beliebige, sich vor Ort ergebende Möglichkeiten zum Unterbringen von Leitungen genutzt (Schornstein, Luftschacht, Zwischendecken usw.). Zum Beurteilen der Anlage ist es dann erforderlich, die Lage der Leitungen und unbekannter Klemmstellen zu ermitteln. Wenn bei einer Prüfung Mängel festgestellt werden, so müssen diese lokalisiert und behoben werden. Bei einer Wiederholungsprüfung muss der Prüfer außerdem die Merkmale des entdeckten Fehlers und deren Ursachen bestimmen, damit gleichartige Mängel vermieden werden. Auch in diesen Fällen ist es erforderlich, den Ort des Schadens festzustellen. Das jedoch kann meist nicht durch Besichtigen, sondern nur durch den Einsatz einer speziell dafür vorgesehenen Messtechnik erfolgen.

Die Elektrofachbetriebe können damit über ihr eigentliches Fachgebiet hinaus weitere und vielseitige Aufgaben eines Dienstleistungsanbieters übernehmen. Es geht dann nicht nur um die Betreuung von elektrischen Anlagen und in diesem Zusammenhang um die Leitungs- oder Störungssuche (→ Kasten), sondern

Anwendungsmöglichkeiten der Leitungssuchgeräte

- ▷ Auffinden von elektrischen Leitungen, einschließlich denen der Informationstechnik und ihres Verlaufs in Wand und Boden
- ▷ Orten von Leitungen in Zwischendecken oder Kabelböden
- ▷ Feststellen der Orte von Unterbrechungen, Kurz- oder Erdschlüssen in elektrischen Leitungen/Kabeln
- ▷ Zuordnung von Leitungen/Stromkreisen/Anschlussstellen zu ihren Schutzeinrichtungen
- ▷ Auffinden von versehentlich eingeputzten/übertapezierten Abzweig- und anderen Dosen/Kästen
- ▷ Auffinden von nicht elektrischen metallenen Leitungen (Gas-, Heizungs-, Wasserrohre)
- ▷ Zuordnen einzelner Kabel auf Kabeltrassen/in Kabelbündeln
- ▷ Auffinden der Lage von Leerrohren, durch das Einführen einer Leitung, an die dann der Signalgeber angeschlossen wird
- ▷ Orten von Erderleitungen und Erdern

unter anderem auch um fachübergreifende Beratungen, die durch das berufsspezifische „elektrische Know-how" einer Elektrofachkraft möglich werden. Mit den in verschiedener Ausführung und Nutzungsarten vorhandenen Leitungssuchgeräten stehen dafür geeignete und vielseitig einsetzbare Hilfsmittel zur Verfügung. Der Vorteil dieser Methode liegt auf der Hand: Die Notwendigkeit, möglicherweise auch zerstörende Suchmethoden anzuwenden, um eine sichere Aussage über die Lage von Leitungen und den Ort der Fehlerstellen treffen zu können, gehört der Vergangenheit an.

8.9.2 Messprinzip

Grundsätzlich bestehen Leitungssuchgeräte immer aus einem Geber und einem Empfänger *(Bild 8.9.1)*. Der Geber speist eine modulierte Wechselspannung auf diejenige Leitung, deren Verlauf oder Fehlerstelle ermittelt werden soll. Diese Wechselspannung erzeugt ein elektromagnetisches Feld in der Umgebung der Leitung bzw. des Leiters. Wird der Empfänger mit seiner auf die entsprechende Frequenz abgestimmten Empfangsspule in die Nähe des betroffenen elektrischen Leiters, also in das elektromagnetische Feld gebracht, so wird in der Spule eine Spannung induziert. Diese wird von der Elektronik des Empfängers verstärkt, ausgewertet und zur Anzeige gebracht.
Die Empfindlichkeit des Empfängers kann manuell eingestellt und entsprechend der jeweiligen Verlegungstiefe erhöht oder reduziert werden.
Die **Stärke des angezeigten Signals** (Anzeigewert, optische oder akustische Meldung) ist ein **Maß für die Nähe des betreffenden Leiters.** Durch das Bewerten der Stärke dieses Signals beim systematischen Bewegen des Empfängers im elektrischen Feld der gesuchten Leitung kann deren Lage genau bestimmt werden.
Die Tiefe der Wand, bis zu der eine Leitung mit diesem Prinzip bzw. mit diesem für den Praxisseinsatz konzipierten Geräten geortet werden kann, ist vom Baumaterial (Mauerwerk, Beton, Gips) abhängig; sie beträgt bis zu 40 cm und mehr. Im Erdboden können Leitungen in Abhängigkeit von der Bodenart und -feuchte und der Witterung bis zu einer Tiefe von 250 cm und mehr entdeckt werden. Außerdem hängt die mögliche Ortungstiefe auch von der Art der Anwendung bzw. vom Messprinzip ab (→ A 8.9.3).
Der Ort einer **vollständigen Unterbrechung** eines Leiters oder der Verbindung (**Kurzschluss**) zwischen zwei Leitern wird gleichfalls erkannt, da an dem hinter dieser Stelle liegenden Teil der Leitung kein Signal mehr empfangen wird. In den im *Bild 8.9.2* dargestellten Fällen ist es recht einfach, zum Erfolg zu kom-

men. Um in der praktischen Anwendung auch bei einer schwierigen Sachlage erfolgreich zu sein, sind

- ▷ das theoretische Verständnis der wirksamen physikalischen Zusammenhänge sowie der Funktionsweise der Leitungssuchgeräte und
- ▷ einige praktische Erfahrungen im Umgang mit dem Leitungssuchgerät erforderlich.

Der Anwender derartiger Leitungssuchgeräte sollte vor seinem ersten Feldeinsatz ein intensives Training an einer bekannten Anlage durchführen, um sich mit der Bedienung des Geräts und dem Auswerten der Signale vertraut zu machen.

Zu empfehlen ist, sich vor der Messung so weit wie möglich über die Struktur und die Materialien des Bauwerks bzw. über die Beschaffenheit des Erdbodens zu informieren, in denen sich die zu (unter-)suchenden Leitungen befinden.

8.9.3 Einsatz der Leitungssuchgeräte, Anwendungsfälle

Es wird zwischen dem Einsatz der Leitungssuchgeräte

- ▷ mit Kontaktgabe an einer spannungslosen Leitung (→ Bilder 8.9.1 a und 8.9.2),
- ▷ mit Kontaktgabe an einer unter Spannung stehenden Leitung *(Bild 8.9.3)* oder
- ▷ ohne unmittelbaren Kontakt mit der zu untersuchenden Leitung (→ Bild 8.9.1 b)

unterschieden.

Die Messung an **spannungslosen Leitungen** dient dem Auffinden von Unterbrechungen der Leitungsadern, vornehmlich von Installationsleitungen. Typisch für diesen Anwendungsfall ist z. B. die Suche nach versehentlich unter Tapeten, Gips oder Putz versteckten Schalter- oder Abzweigdosen. Jeder kennt diese Situation: Bei der Neuinstallation gesetzte Schalter- und Abzweigdosen und ebenso die Leitungen sind nicht mehr auffindbar, nachdem die Wände verputzt/tapeziert wurden. In diesem Fall reicht es aus, das Signal von einem Pol des Senders auf eine beliebige, nicht mit Erde (PEN, N, PE) verbundene Ader der zu verfolgenden Leitung zu geben. Der zweite Pol des Senders erhält durch die Verbindung mit dem Schutzleiter (Steckdosenschutzkontakt) das Erdpotential (→ Bild 8.9.2 a).

Die zu untersuchende Leitung/Leitungsader darf keine geerdete oder mit Erde in Kontakt stehende Abschirmung besitzen und in ihr sollten sich auch keine geerdeten Leiter (N, PE, PEN) befinden. In beiden Fällen wird das elektrische Feld weitgehend abgeschirmt und kann vom Empfänger nicht bzw. nur schlecht erfasst werden. Gegebenenfalls ist die Leitung – einschließlich des Schutzleiters – vor der Untersuchung völlig freizuschalten.

Bei dieser Messung muss außerdem der Baustoff der Wand, in der sich die Leitung befindet, bereits getrocknet sein, um eine solche abschirmende Wirkung ebenfalls zu vermeiden.

Das Anwenden an einer **Spannung führenden Leitung** ist z. B. sinnvoll, wenn es darum geht, einem bestimmten Stromkreis, einem Gebrauchsgerät oder einer Anschlussstelle die zugehörige Überstromschutzeinrichtung zuzuordnen, ohne zu diesem Zweck eine Abschaltung – möglicherweise versehentlich der falschen Leitung – vornehmen zu müssen. Das ist häufig in alten Anlagen erforderlich,

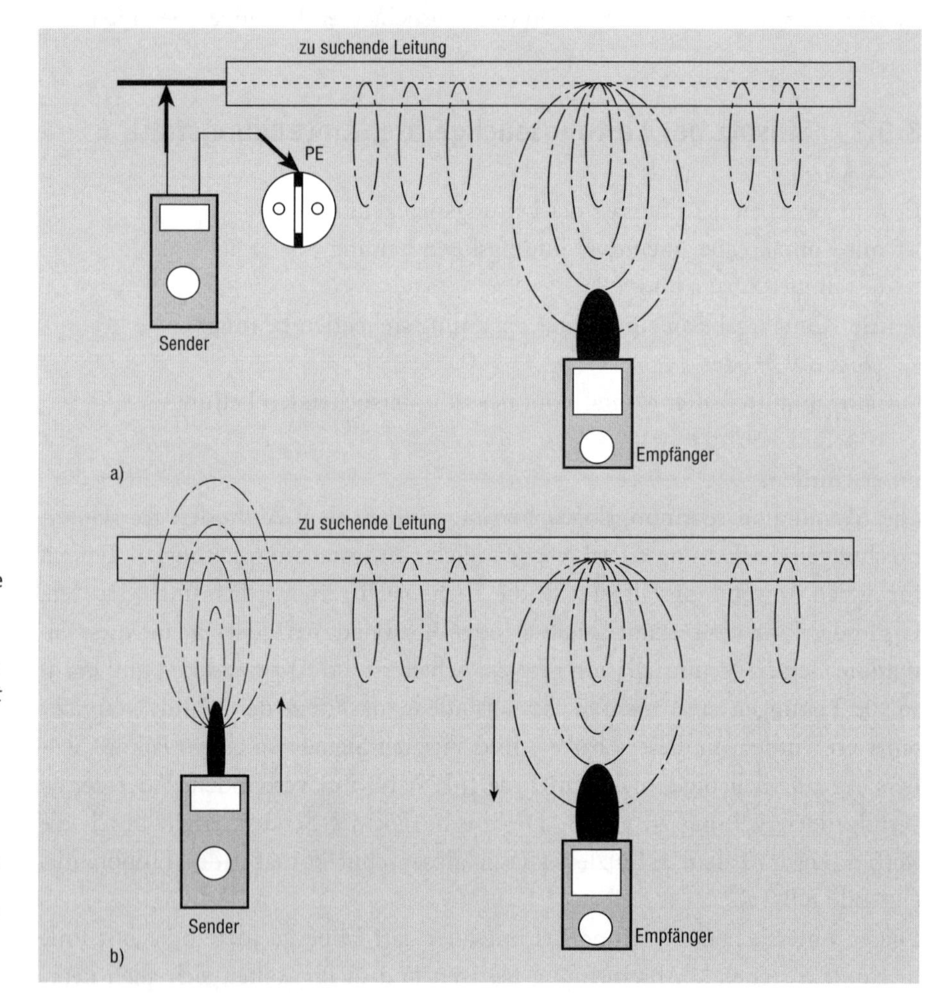

Bild 8.9.1 Prinzipielle Wirkungsweise der Leitungssuchgeräte

a) Übertragung der modulierten Spannung durch direkten Kontakt auf die zu suchende Leitung (→ Bild 8.9.4)

b) Übertragung der modulierten Spannung durch Induktion auf die zu suchende Leitung (→ Bild 8.9.5)

bei denen die Beschriftung der Stromkreise/Schutzgeräte und eine ordnungsgemäße Dokumentation fehlen.
Der Anschluss des Senders erfolgt in diesem Einsatzfall direkt an Außenleiter und Neutralleiter. Bei dieser Anwendung wird die mögliche Signalortungstiefe reduziert, da sich die elektrischen Felder der Netz-Wechselspannung und des Senders gegenseitig beeinflussen. Das ist beim o. g. zweiten Einsatzfall nicht wesentlich, da die zuzuordnenden Leitungen im geöffneten Verteilerschrank direkt zugänglich sind.
Zu beachten ist bei dieser Methode, dass die Spannungsfestigkeit des Senders größer sein muss als die Netzspannung der zu untersuchenden Leitung. Die Geräte müssen das CE- und das GS-Zeichen aufweisen. Genaue Vorgaben sind der Bedienungsanleitung des Leitungssuchgeräts zu entnehmen.

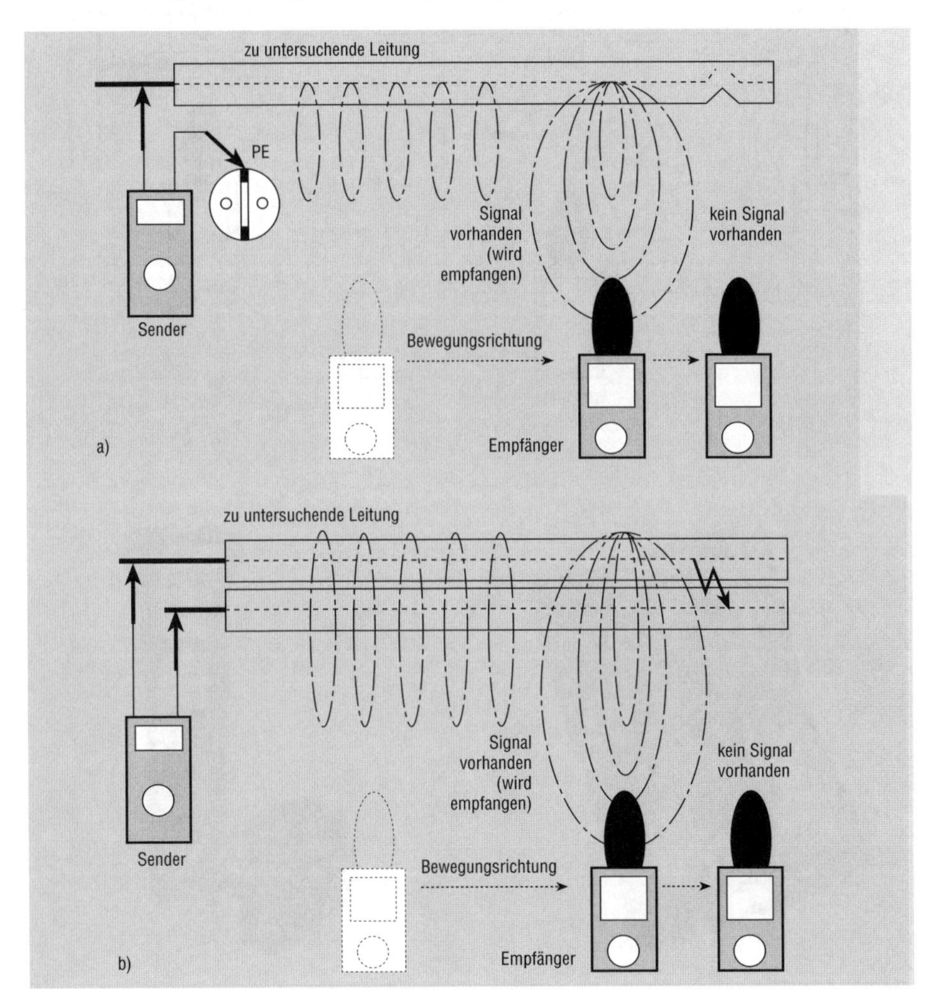

Bild 8.9.2 Anschluss des Leitungssuchgeräts an eine spannungslose Leitung

a) einer Leitungsunterbrechung

b) einer Leiterverbindung (z. B. Kurzschluss)

Mit dem **kontaktlosen Übertragen eines hochfrequenten Signalimpulses** auf die zu ortende Leitung bietet das beispielhaft im Bild 8.9.5 dargestellte Leitungssuchgerät die Möglichkeit, den Leitungsverlauf auch an Stellen zu orten, an denen die Leitungsadern nicht zugänglich sind.

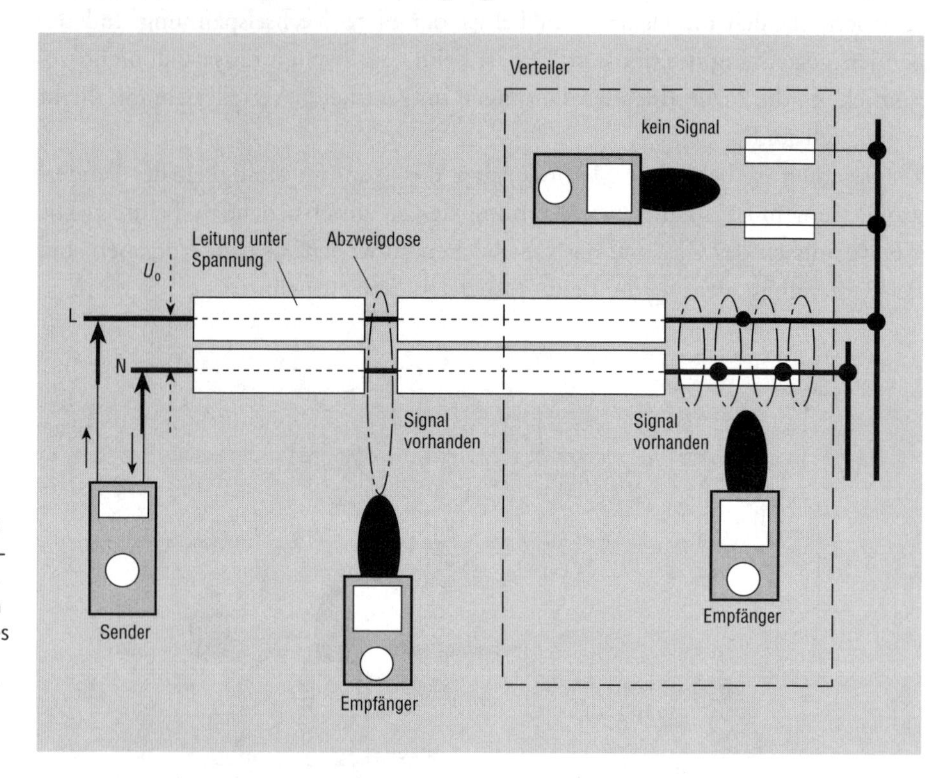

Bild 8.9.3
Anschluss des Leitungssuchgeräts an eine unter Spannung stehende Leitung zum Ermitteln der Zuordnung eines Stromkreises/einer Anschlussstelle zur Schutzeinrichtung im Verteiler

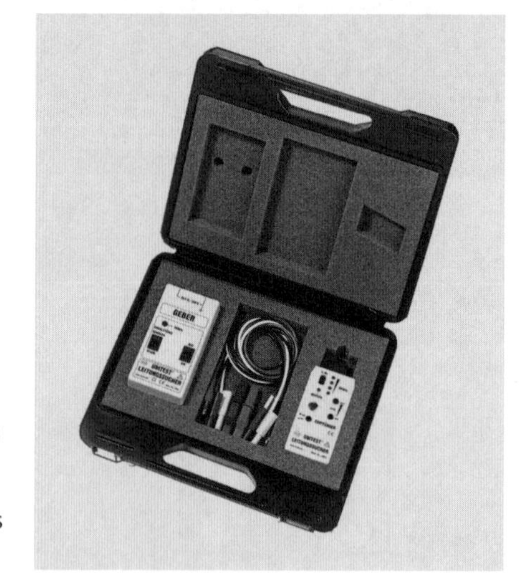

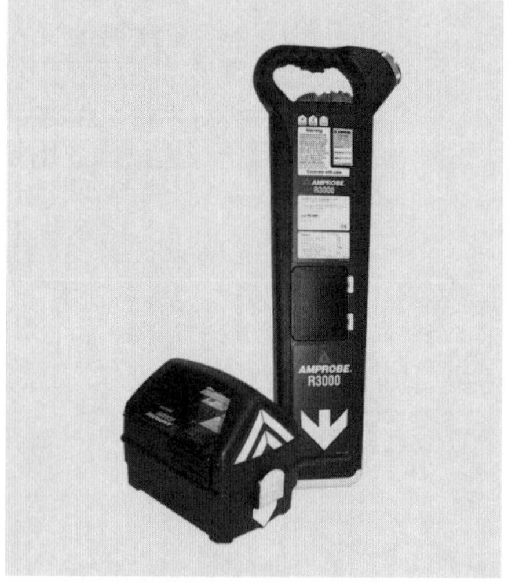

Bild 8.9.4 (links)
UNITEST Leitungssucher professional *(BEHA)*

Bild 8.9.5 (rechts)
Sender (links) und Empfänger (rechts) des Kabelsuchgeräts AT 3000 *(Amprobe)*

Schwierigkeiten bei der Ortung können bei allen genannten Methoden mehr oder weniger entstehen, wenn

- ▷ die betreffende Leitung durch geerdete Umhüllungen (Rohre, Schirme) abgeschirmt ist oder
- ▷ sich in der Nähe der Leitung Armierungseisen, andere leitende Systeme oder Träger befinden.

Anwendungsbeispiel

Bei der Suche nach „unsichtbaren" Abzweig-/Schalterdosen eines Stromkreises sind die Adern der zugehörigen Installationsleitung meist nur am Leuchtenauslass zugänglich. Dort wird das Signal des Senders eingespeist wie es bei der spannungslosen Anwendung beschrieben wurde. Die Verbindung zum Erdpotential erfolgt durch den Anschluss des zweiten Pols des Signalsenders an den Schutzkontakt einer nahe gelegenen Steckdose, gegebenenfalls über eine Verlängerungsleitung. Nun wird dem Verlauf der Leitung unter Putz gefolgt, bis das Signal

- ▷ an einer Schalterdose infolge der Leiterunterbrechung nicht mehr empfangen wird oder
- ▷ sich an der Stelle einer Abzweigdose infolge des dort veränderten Feldverlaufs (andere Stärke der Überdeckung) deutlich verändert.

Am Empfänger kann die Empfindlichkeit manuell vom Bediener verändert werden, da sie möglicherweise – je nach der Verlegungstiefe in der Wand – erhöht oder reduziert werden muss, um das Signal deutlich zu empfangen.

Bei dieser spannungslosen Anwendung ist eine gute Verbindung des Signalsenders mit dem Schutzleiteranschluss (Erde) wichtig, um eine ordnungsgemäße Funktion des Empfängers zu gewährleisten. Wird die vom Signalsender zum Schutzkontakt (Erde) führende Leitung mit dem Empfänger angetastet, darf kein Signal empfangen werden. Ist das doch der Fall, muss die Erdverbindung korrigiert werden.

9 Anwendung spezieller Mess- und Prüfgeräte

9.1 Multimeter

9.1.1 Allgemeines

Multimeter (MM), auch Vielfachmessgeräte genannt, sind die am häufigsten verwendeten Messgeräte. Mit ihnen lassen sich alle wesentlichen elektrischen Größen einfach, schnell und sicher ermitteln. Multimeter haben ihren Platz überall dort, wo die Elektrizität genutzt wird und ihre Wirkungen zu bewerten sind. Sie befinden sich in den Werkzeugtaschen der Handwerker fast aller Gewerke, beim Kundendienst, in Werkstätten, Prüffeldern und Unterrichtsräumen. Wegen ihres umfassenden Anwendungsbereichs sind sie sogar im Sortiment von Baumärkten und Handelsketten sowie in vielen Privathaushalten anzutreffen. Vor allem aber sind sie wegen ihrer hervorragenden technischen Eigenschaften – hohe Auflösung, Messgenauigkeit, Messgeschwindigkeit – das bevorzugte Messmittel in Laboratorien.
Alle diese Anwendungsfälle sind dadurch gekennzeichnet, dass die am Messobjekt auftretende Kurzschlussleistung zumeist relativ gering ist und/oder spezielle Schutzeinrichtungen der jeweiligen Anlage (RCD mit $I_{\Delta N} \leq 30\,\text{mA}$) im Schadensfall einen zusätzlichen Schutz für Personen bieten.

Beim Anwenden der Multimeter in **Starkstromanlagen** werden sie hingegen an Teilen mit gefährlichen Spannungen und hohen Kurzschlussleistungen eingesetzt. Im Fall eines unsachgemäßen Gebrauchs und/oder beim Anwenden eines ungeeigneten Multimeters kann es zu erheblichen Gefährdungen, Unfällen und Sachschäden kommen.

Da die Einsatzmöglichkeiten der modernen Multimeter infolge ihrer vielfältigen Funktionen und des zahlreich vorhandenen Messzubehörs in den letzten Jahren erheblich zugenommen haben, ist ihr Gebrauch für die Elektrotechniker eine Selbstverständlichkeit. Allerdings hat das auch zur Unterschätzung der mit ihrer Anwendung verbundenen Gefährdungen geführt. Unwissenheit des Messenden und damit zwangsläufig Fehlbedienung oder falsche Anwendung, leichtsinniges Nichtbeachten von Bedien- oder Warnhinweisen, Überschreitung von Sicherheitsgrenzwerten, aber auch ungeeignete Multimeter mit unzuverlässigen Bauteilen, falschen Messaussagen oder mangelhaften Betriebsanleitungen waren Ursache von zum Teil großen Personen- und Sachschäden. Diese sind insbesondere dann erheblich, wenn ein solcher Fehler beim Messen in einer Starkstromanlage mit hoher Kurzschlussleistung passiert.

Deshalb wird der Anwender eines Multimeters **nachdrücklich** auf Folgendes hingewiesen:

- ▷ Multimeter sollten von Laien auf keinen Fall in Starkstromanlagen angewandt werden. Laien können nicht wissen, welches Multimeter für welchen Anwendungsfall geeignet ist, und wie sie sich zu verhalten haben, um Fehler/Gefährdungen/Unfälle zu vermeiden.
- ▷ „Billigprodukt"-Multimeter dürfen in Starkstromanlagen überhaupt nicht zum Einsatz kommen, auch nicht durch Elektrofachkräfte. Diese „leichtgewichtigen" Multimeter verfügen erfahrungsgemäß nicht nur über ein mehr oder weniger schlechtes Messwerk, sondern vor allem nicht über die erforderlichen Sicherheitsvorkehrungen und Schutzeinrichtungen, mit denen Gefährdungen vermieden oder die möglichen Folgen eines Fehlers/Schadens begrenzt werden.
- ▷ Multimeter, die in früheren Jahren und damit noch nicht nach der Norm DIN EN 61010-1 (VDE 0411 Teil1):2002-04 „Sicherheitsbestimmungen für elektrische Mess-, Steuer-, Regel- und Laborgeräte; Allgemeine Anforderungen" [3.5] (auch IEC 61010-1:2th edition) hergestellt wurden, verfügen nicht über alle Sicherheitseigenschaften und Sicherheitskennzeichnungen, die heute als notwendig angesehen und im folgenden Text behandelt werden.

Das heißt:

- ▷ Bei den nach der genannten Norm von 2002 hergestellten und jetzt auf dem Markt angebotenen normgerechten Multimetern (gegebenfalls mit GS-Zeichen) werden die beim Messen mit Multimetern in Starkstromanlagen entstehenden Gefährdungen besonders berücksichtigt.

▷ Die bei der Anwendung älterer Multimeter bestehende Gefährdung muss in den betrieblichen Unterweisungen sowie in den Gefährdungsbeurteilungen (→ K 12) berücksichtigt werden.

Das gilt auch für das Multimeter-Zubehör, das nunmehr der Norm DIN EN 61010-31 (VDE 0411 Teil 31):2004-11 „Sicherheitsbestimmungen für handgeführtes Messzubehör zum Messen und Prüfen" [3.6], entsprechen muss.
Für Messaufgeben in der Starkstromtechnik werden aus praktischen Gründen nur Handmultimeter, sowohl als Analogmultimeter (AMM), überwiegend aber als Digitalmultimeter (DMM), angewandt. Weil Multimeter in Tischausführung ausschließlich in Laborbereichen genutzt werden, wird im Folgenden auf deren Eigenschaften nicht eingegangen.

9.1.2 Merkmale und Eigenschaften von Multimetern

Fast alle am Markt erhältlichen Multimeter *(Bilder 9.1.1 und 9.1.2)* sind mit den Standardmessfunktionen

- ▷ Messung von Gleich- und Wechselspannung/-strom,
- ▷ Messung des ohmschen Widerstands,
- ▷ Durchgangprüfung und
- ▷ Diodentest

ausgestattet. Je nach Hersteller und Einsatzziel wird das Messen weiterer Größen ermöglicht, z. B. Pegel der Spannungen (dB), Kapazität, Frequenz, Temperatur, Leistung und Tastverhältnis.

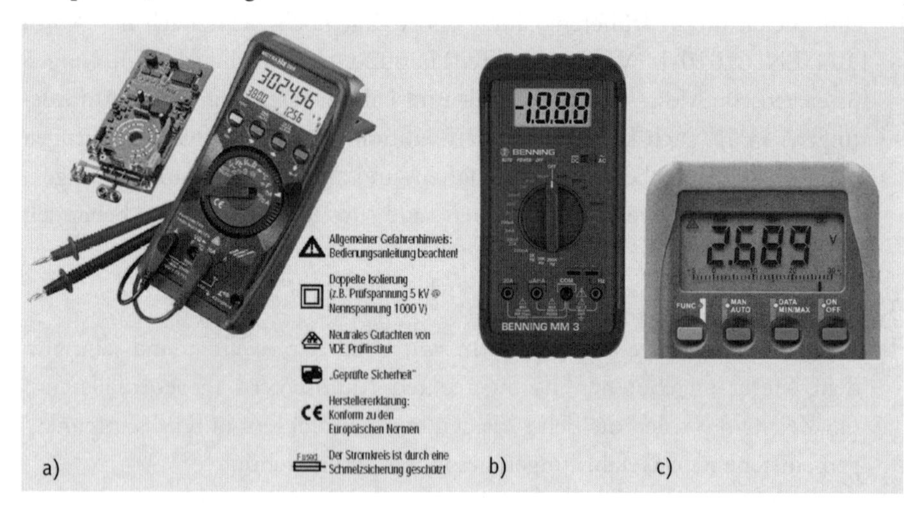

Bild 9.1.1
Digitalmultimeter (DMM)
a) MetraHit 29S, einschließlich Erläuterung der Aufschriften (GMC)
b) MM 3 (Benning)
c) Display eines DMM mit Quasi-Analoganzeige (GMC)

Über einen zentralen Drehschalter können die Messfunktionen, Messgrößen und Messbereiche ausgewählt werden. Viele Geräte verfügen über einen zweiten Drehschalter und/oder weitere Funktionstasten zum Umschalten auf andere Messfunktionen. Die Funktion des Ein/Ausschaltens ist zumeist im Zentralschalter integriert, teilweise wird sie durch einen gesonderten Schalter oder Taster ermöglicht.

Durch Stromwandler, Zangenstromwandler, Sicherheits- bzw. Hochspannungstastköpfe, Temperaturmessvorsätze und anderes Zubehör wird das Einsatzgebiet der Multimeter über die genannten Funktionen hinaus noch wesentlich erweitert *(Bild 9.1.3)*.

Moderne **Digitalmultimeter** (DMM) ermöglichen dank der digitalen Messwertverarbeitung außerdem

▷ Zusatzfunktionen, z. B. Speicher für Maximal-/Minimalwerte, Polaritätsumkehr, akustisches Signal, Ereigniszähler, Stoppuhr, Quasi-Analoganzeige und ggf. eine Spreizung der Messwertanzeige (Zoom) sowie

▷ das Speichern und Weiterverarbeiten der gemessenen Daten über besondere Schnittstellen und mithilfe spezieller Software.

Digitalmultimeter verfügen überwiegend über eine automatische Messbereichswahl, lediglich für die höchsten Strombereiche – der Messkreis wird dann meist über gesonderte Buchsen angeschlossen – ist eine Auswahl durch den Benutzer erforderlich. In diesem Fall erfolgt die Versorgung der Elektronik über eine interne Batterie.

Bei **Analogmultimetern** (AMM) mit Messverstärker ist gleichfalls eine Batterie erforderlich, bei AMM ohne Verstärker dient die Batterie lediglich als Stromquelle für die Widerstandsmessung.

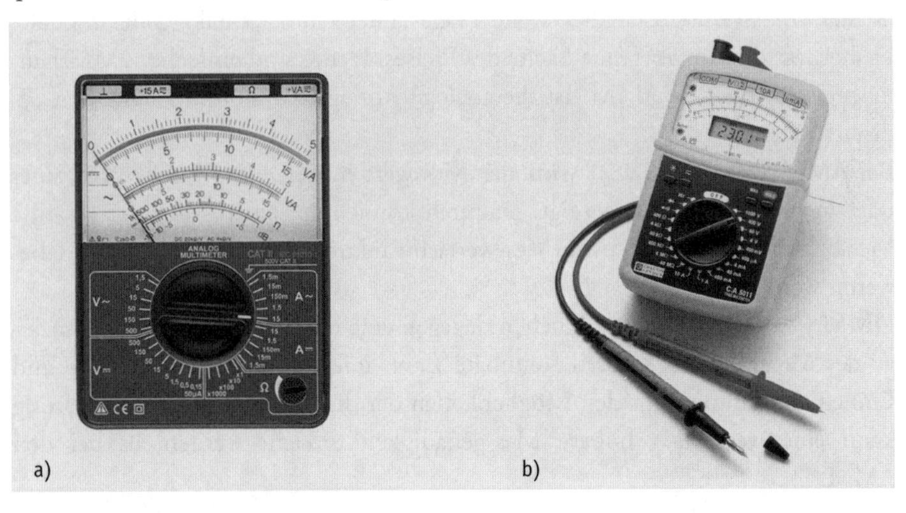

Bild 9.1.2
Analogmultimeter (AMM)
a) MetraHit 2A (GMC)
b) C.A 5011 (Chauvin Arnoux)

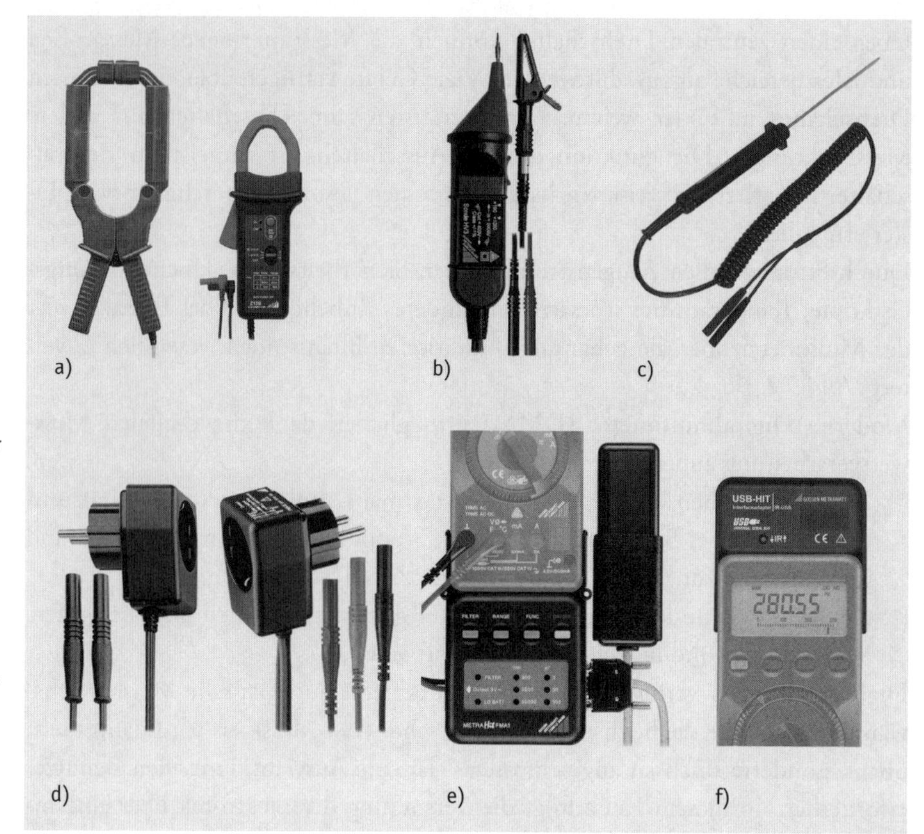

Bild 9.1.3
Beispiele für das Multimeter-Zubehör (GMC)
a) Zangenstromwandler
b) Spannungstastkopf zum Messen von Spannungen bis 3 kV
c) Temperaturfühler
d) Strom- oder Leistungsmessadapter
e) Feldmessadapter
f) Speicheradapter

Wesentlich ist, dass der Anwender die Merkmale/Unterschiede von Digital- und Analogmultimetern kennt. Für ihn ist neben den Messfunktionen eine übersichtliche, gut ablesbare Messwertanzeige sicherlich das wichtigste Merkmal „seines" Messgeräts. Erst die zweite Frage lautet dann: „Analog oder digital?" Früher war die Antwort eine Sache des Preises. Heute sind einfache DMM häufig preisgünstiger als AMM. Ist die analoge Anzeige damit vom Aussterben bedroht? Keineswegs.

Bei **AMM** (→ Bild 9.1.2) wird der Messwert mittels eines Zeigers auf einer oder mehreren Skalen angezeigt. Dadurch können auf einen Blick der gesamte Messbereich überblickt sowie Messwertschwankungen leicht erkannt und bewertet werden.

DMM (→ Bild 9.1.1) ermöglichen dagegen eine direkte und eindeutige Anzeige des Messwerts als sofort erkennbare Zahl, mit Kommastelle, Polarität und Einheit. Zusammen mit den Möglichkeiten der digitalen Messwertverarbeitung kann eine wesentlich höhere Messgenauigkeit erreicht werden als bei den AMM.

Ein **Analogmultimeter (AMM)** ist immer dann von Vorteil, wenn es gilt, das Verhalten einer Messgröße zu erkennen, beispielsweise durch Beobachten von Schwankungen, Sprüngen oder Tendenzen.

Ein **AMM mit Drehspulmesswerk** ist auch in Bezug auf die Reaktionsgeschwindigkeit (einige ms) einem DMM (einige hundert ms) weit überlegen. Besonders wenn Kontaktunterbrechungen oder Widerstandsänderungen bei einer Durchgangsprüfung oder Isolationswiderstandsmessung festgestellt werden sollen, ist die schnelle Reaktion des AMM ein erheblicher Vorteil.

Ein **Digitalmultimeter (DMM)** bietet den Vorteil, dass selbst von einer messtechnisch weniger geübten Person ein mehrstelliger Messwert schnell, kommastellenrichtig und fehlerfrei abgelesen werden kann. Die Digitalanzeige ist somit die bessere Lösung, wenn der Wert einer Messgröße exakt ermittelt werden soll.

Zu beachten ist, dass der Messfehler (die Messunsicherheit)
▷ bei AMM in % vom Skalenendwert und
▷ bei DMM in % vom Messwert
angegeben wird.
Mitunter sehr nützlich und daher zu bedenken ist auch die von einem DMM gebotene Möglichkeit, dem Messenden über das Display zusätzliche Angaben, z. B. über das jeweilige Messverfahren, zu übermitteln.
Im Bild 9.1.2 wird ein **Analogmultimeter mit dem heute üblichen Skalenaufbau** gezeigt. Die wesentlichen Merkmale dieser Skale,
▷ die gemeinsame und lineare Skalenteilung für Gleich- und Wechselstromgrößen sowie
▷ die Art der Bereichseinteilung (→ A 9.1.4, Wahl des Messbereichs),
sind zu erkennen. Auf eine Spiegelskale zur Erhöhung der Ablesegenauigkeit (→ A 9.1.5) wird aus Kostengründen zumeist verzichtet.
Das Verteilen des gesamten Anzeigebereichs eines AMM auf mehrere Skalen ist wegen der Messgenauigkeit sinnvoll. Wäre nur eine Skale vorhanden, so würde eine auf deren Skalenendwert bezogene Messabweichung im unteren Teil des Messbereichs zu einem unakzeptablen Messfehler (Messunsicherheit) führen.

Beispiel:
Bei einer Skale mit einem Skalenendwert von 300 mA und einer Messunsicherheit von 3 % vom Skalenendwert, also 9 mA, würde bei einem Messwert von z. B. 30 mA die Messunsicherheit 30 % betragen.

Systembedingt ist die Skale für Widerstandswerte, mit dem Nullpunkt bei Vollausschlag, logarithmisch aufgeteilt. Eine Ausnahme sind AMM mit einem Messverstärker, der einen linearen Skalenverlauf und eine bei null beginnende Skala ermöglicht.

Die **Anwendbarkeit digitaler Multimeter** (DMM) sollte vom Anwender vor allem hinsichtlich

- ▷ der Auflösung (Wert, z. B. in mV oder mA, der letzten Stelle der Anzeige im ausgewählten Messbereich, angegeben in Digit) und
- ▷ des Anzeigenumfangs (höchster möglicher Anzeigewert des ausgewählten Messbereichs)

beurteilt werden.

Die **Bezeichnung der DMM** erfolgt üblicherweise nach der Stellenzahl des Anzeigewerts in Digit und lautet beispielsweise

- ▷ DMM 0000 bis 1999 Digit (auch als 3½-stelliges DMM bezeichnet) oder
- ▷ DMM 0000 bis 2999 Digit oder 2DMM 0000 bis 6000 Digit (auch als 3¾-stelliges DMM bezeichnet) oder
- ▷ DMM 00000 bis 29999/59999 Digit (auch als 4¾-stelliges DMM bezeichnet).

Warum die jeweils in Klammern stehenden Bezeichnungen in dieser Form entstanden sind, ist nicht logisch nachvollziehbar.

Beim **Anwenden eines DMM** muss berücksichtigt werden, dass mit dem Überschreiten des Maximalwerts eines Messbereichs und dem dann erforderlichen Umschalten auf den nächsten höheren Messbereich der Verlust einer Dezimalstelle des angezeigten Messwerts verbunden ist. Anders ausgedrückt, die Wertigkeit der letzten Stelle der Messwertanzeige auf dem Display ändert sich mit der Umschaltung um eine Zehnerpotenz (→ Beispiel unter A 9.1.5).

Einige DMM sind mit einer elektronischen **Quasi-Analoganzeige** ausgestattet. Deren Ausführung erfolgt auf verschiedene Weise, z. B. durch eine Balkendarstellung (→ Bild 9.1.1 c) oder durch die Simulation eines Zeigers.

Die Zeitspanne zwischen einer Änderung des zu messenden Werts bis zur Reaktion der Anzeige wird durch den Analog-Digital-Wandler der Digitalanzeige bestimmt. Diese, zur Unterdrückung der netzfrequenten Einflüsse erforderliche, systembedingte „Totzeit" beträgt etwa 20 ms. Das heißt,

- ▷ Vorgänge (Änderungen) mit einer Zeitdauer von weniger als 20 ms werden eventuell gar nicht wahrgenommen oder nur mit Verzögerung wiedergegeben und ggf. durch die Eingangsfilter abgeschwächt (verfälscht) und
- ▷ steile Änderungssprünge werden nur verzögert oder nicht vollständig wiedergegeben

Somit sind **Quasi-Analoganzeigen**

- ▷ **gut geeignet** für das Darstellen von Änderungen, die sich über einen Zeitbereich von mehr als 300 ms erstrecken (bei DMM sind die mehrfachen Messwertänderungen, die in einem solchen „relativ langen" Zeitraum auftreten, sehr schwer zu überblicken und zu beurteilen) und
- ▷ **ungeeignet** für das Darstellen von schnellen Änderungen im Zeitbereich von < 300 ms.

Für Messungen, bei denen es auf das Beobachten schneller Änderungen im Millisekunden-Bereich ankommt, das sind spontane Änderungen des Isolationswiderstands, Spannungseinbrüche, Widerstandsänderungen bei korrodierten und/oder gelockerten Kontakten usw., sind nur Multimeter mit analogen Messwerken geeignet.

9.1.3 Sicherheit durch die konstruktive Gestaltung der Multimeter

Zur Sicherheit beim Messen in elektrischen Anlagen gehören

- ▷ der Schutz des Messenden und anderer am Messort anwesender Personen,
- ▷ der Schutz der Anlage oder Anlagenteile, in denen gemessen wird, und
- ▷ der Schutz des Messgeräts.

Um das nach der Betriebssicherheitsverordnung zu gewährleistende sichere Anwenden zu ermöglichen, muss das Messgerät nach den einschlägigen Vorschriften und Normen, d. h. nach

- ▷ dem im Kapitel 2 bereits behandelten Geräte- und Produktsicherheitsgesetz (GPSG) [1.2] und
- ▷ den im Abschnitt 9.1.1 aufgeführten IEC-/DIN-EN-Sicherheitsnormen [3.5] [3.6] hergestellt werden.

Wesentlich sind vor allem folgende Festlegungen der genannten Normen:

- ▷ *„Vielfachmessgeräte und ähnliche Geräte dürfen in jeder möglichen Kombination der angegebenen Eingangsspannungen, Funktions- und Bereichseinstellungen keine Gefährdung verursachen. Mögliche Gefährdungen schließen elektrische Schläge, Feuer, Funkenbildung und Explosion mit ein."*
- ▷ *„Die Konformität wird durch folgende Prüfung nachgewiesen:*
  Die höchste angegebene Bemessungsspannung für irgendeine Funktion wird an jedes Paar der Anschlüsse nacheinander angelegt, in jeder Kombination von Funktion und Bereichseinstellung ... Während und nach der Prüfung darf keine Gefährdung auftreten."

Das heißt, bei jedem Messstromkreis sowie bei jeder Funktions- und Bereichseinstellung des jeweiligen Multimeters muss ein Schutz vorhanden sein, der der höchsten am Gerät angegebenen Messkategorie (→ Tabelle 9.1.1) und der zugeordneten Bemessungsspannung entspricht.

In der Vergangenheit, d. h. bei noch nicht nach [3.5] Ausgabe 2002-04 gefertigten Messgeräten bzw. bei den nach [3.6] Ausgabe 2004-11 gefertigten Multimetern und Zubehör – war das nicht erforderlich. Die Hersteller der Multimeter durften bisher einzelne Messfunktionen oder Bereiche, z. B. den Widerstandsmessbereich, bezüglich der Überspannungsfestigkeit oder des Überstromschutzes weniger gut ausführen.

Infolge der Wichtigkeit für die Sicherheit der in **Starkstromanlagen messenden Elektrofachkraft** wird nochmals betont:

▷ Es sollten nur noch Messgeräte und Zubehör verwendet werden, die den neuesten Ausgaben der Sicherheitsnormen entsprechen sowie das Prüfzeichen einer akkreditierten Prüfstelle (z. B. das GS-Zeichen) aufweisen oder
▷ beim Anwenden der älteren Multimeter sind die erforderlichen Einschränkungen bezüglich Messort/Messaufgabe bzw. die erforderlichen Verhaltensanforderungen (→ K 12 und Tab. 9.1.1) zu beachten.

Mit den am Gerät angebrachten CE-Zeichen bestätigt der Hersteller oder Importeur „lediglich“ die Übereinstimmung mit den zutreffenden EU-Richtlinien (→ K 10).

Mit dem GS-Zeichen wird dagegen für das Multimeter bestätigt, dass

▷ die Prüfung von einer neutralen Stelle vorgenommen wurde und
▷ eine Übereinstimmung mit allen erzeugnisbezogenen und allgemeinen, für das Erzeugnis geltenden aktuellen Sicherheitsnormen besteht und
▷ das Anpassen an die aktuellen Vorgaben durch eine turnusmäßige Kontrolle durch die Prüfstelle gesichert wird.

Eine besondere Bedeutung hat der Schutz gegen die durch Überspannungen oder Kurzschlussströme entstehenden Gefährdungen beim Messen in Energieanlagen (Starkstromanlagen). Dabei können die Multimeter durch durch energiereiche transiente Überspannungen beansprucht werden, die z. B. durch Blitzeinschläge oder Schaltvorgänge entstehen (→ A 7.8). Um die Ausführung der jeweiligen Anlagenteile/-orte den zu erwartenden unterschiedlichen Überspannungen anpassen zu können, wurden so genannte Überspannungskategorien eingeführt und den Anlagenteilen zugeordnet *(Tabelle 9.1.1).*

Tab. 9.1.1 Zuordnung der Messkategorie zu den Messobjekten

Messkategorie	Bedingung	Messobjekte (Anlagenteil, Messort)
CAT I	Messobjekte, die nicht mit der Netzversorgung verbunden sind	Beispiele sind Messungen an – Stromkreisen, die nicht vom Netz abgeleitet sind, – vom Netz abgeleiteten Stromkreisen, die besonders gegenüber Überspannung geschützt sind, – Batterieanlagen (Überspannungskategorie I)
CAT II	Messungen an – Stromkreisen, die elektrisch direkt und – Betriebsmittel, die über Steckverbinder mit dem Niederspannungsnetz verbunden sind (vorgeordnete Sicherung < **16 A**)	Endstromkreise mit ortsfesten Gebrauchsgeräten, ortsveränderliche Haushaltsgeräte, tragbare Werkzeuge und ähnliche Geräte, Steuerungen (Überspannungskategorie II)
CAT III	Messungen an der elektrischen Gebäudeinstallation im Bereich der Zähler und Verteiler, an Endstromkreisen (vorgeordnete Sicherung < **63 A**)	feste Installation in Gebäuden; Verteilertafeln, Leistungsschalter, Verteilungen, Schutzeinrichtungen; Geräte für den industriellen Einsatz sowie andere Geräte, wie stationäre Motoren mit dauerndem Anschluss an die feste Installation (Überspannungskategorie III)
CAT IV	Messungen in Netzen, am Speisepunkt der Niederspannungsinstallation	Sekundärseite von Mittelspannungstransformatoren, Freileitungs- und Kabel-Verteilungsnetze (Überspannungskategorie IV)
	Messungen im Bereich des Hausanschlusses bis einschließlich der Hauptverteilung	Einspeisung von Abnehmeranlagen/Werkstätten/Großgeräten (Überspannungskategorie IV)

Bei dieser Festlegung wurde berücksichtigt, dass die Gefährdung umso größer ist, je höher die Überspannung, d. h. je kürzer die dämpfende Leitungsstrecke zwischen der Messstelle und dem Entstehungsort der Überspannung ist. Bei Messungen an Anlageteilen mit einer hohen Überspannungskategorie – z. B. am Speisepunkt einer Anlage – ist die Gefährdung somit wesentlich größer als bei einer Messung am Verteiler oder an den Anschlussstellen/Gebrauchsgeräten der Endstromkreise. Die gleichen Überlegungen gelten auch für die im Fall eines Bedienfehlers am Multimeter (z. B. versehentliche „Spannungsmessung“ mit einem Strommessbereich des Multimeters) oder bei einer anderen Fehlhandlung des Messenden möglicherweise entstehenden Kurzschlussströme.

Der Schutz für den Messenden muss somit durch Schutzmaßnahmen/-einrichtungen „im" Multimeter, d. h., durch eine Kurzschlüsse weitgehend verhindernde Gestaltung und durch den Einsatz für eine sichere Abschaltung geeigneter Schutzeinrichtungen (geeignete Gerätesicherungen), gewährleistet werden.
Zur Klassifizierung der erforderlichen Widerstandsfähigkeit der Messgeräte gegenüber den Überspannungen und anderen Beanspruchungen (z. B. Kurzschluss) wurden die in Tabelle 9.1.1 erläuterten **Messkategorien** eingeführt. Bei der Zuordnung der Messstellen und der dafür erforderlichen Messkategorie der Multimeter zu den Orten/Teilen der Anlage wurden andere, üblicherweise vorhandene Sicherheitseigenschaften/Schutzeinrichtungen der Anlagen (z. B. Sicherungen bestimmter Nennstromstärke) mit berücksichtigt. Das heißt:

- ▷ an bestimmten typischen Messorten/Anlagenteilen mit einer bestimmten Gefährdung
- ▷ sollten nur Multimeter mit einer bestimmten, zur Abwehr dieser Gefährdung erforderlichen oder einer höheren Messkategorie

verwendet werden.
Die nach den neuen Vorgaben hergestellten Multimeter der Messkategorien II, III und IV müssen somit nicht nur

- ▷ mit Bemessungsspannung und/oder Bemessungsstrom, sondern auch
- ▷ mit der entsprechenden Messkategorie („CAT II", „CAT III" oder „CAT IV")

gekennzeichnet werden. Die Aufschriften müssen sich in der Nähe der Messanschlüsse befinden (→ Bild 9.1.1 b). Alle Anschlüsse von Messkreisen der gleichen Messkategorie müssen auch die gleiche Bemessungsspannung aufweisen.
In diesem Zusammenhang ist weiterhin zu beachten:

- ▷ Am einfachsten und sichersten ist es, grundsätzlich ein – natürlich etwas teureres – Multimeter der Messkategorie CAT IV zu verwenden und Multimeter mit anderen Messkategorien oder ältere Multimeter ohne diese Angabe nur gezielt bei bestimmten Prüfobjekten oder Prüfverfahren zu verwenden
- ▷ Bei Anwendungen von Multimetern mit einer der Messkategorien II bis IV in Starkstromanlagen ist immer auch die Übereinstimmung der auf dem Multimeter angegebenen zulässigen Spannung mit der Bemessungsspannung gegen Erde der betreffenden Anlage zu beachten.
- ▷ Spannungsbereiche von Multimetern, deren Endwert höher ist als die gemeinsam mit der Messkategorie (CAT) genannte Bemessungsspannung, dürfen für das Messen von Spannungen mit Werten über der Bemessungsspannung nur verwendet werden, wenn die Messstelle der Kategorie I entspricht. Es sei denn, das Multimeter ist bei der Messung

– gegenüber Erde isoliert und
– wird nur von Personen bedient, die ebenfalls gegenüber Erde isoliert sind.

▷ Die Bemessungsspannung oder der Bemessungsstrom werden bei den Multimetern immer als Effektivwert angegeben, wenn es sich um Wechselgrößen handelt (→ A 9.1.6).

▷ Multimeter müssen nach den aktuellen Sicherheitsnormen vor Überlastungen geschützt sein. Das ist bei Modellen (besonders Analogmultimetern), die vor dem 1.1.2002 in Verkehr gebracht wurden, nicht immer der Fall.

▷ Bei einigen Funktionen oder Messbereichen kann eine Überlastung zum Auslösen von Schutzorganen oder auch zum Servicefall führen. Eine Gefährdung von Personen oder Sachen darf damit – nach Sicherheitsnorm [3.5] [3.7] – nicht verbunden sein.

▷ Die in den Multimetern zum Einsatz kommenden Sicherungen haben ein Abschaltvermögen, das der jeweiligen Messkategorie und dem am zugelassenen Messort im Kurzschlussfall höchstens zu erwartenden Kurzschlussstrom entspricht. Voraussetzung für das sichere Anwenden der Multimeter ist, dass immer einige der vom Hersteller vorgeschriebenen Sicherungen bereitgehalten werden.

▷ Das Zubehör muss ebenso wie die Multimeter selbst mit der Messkategorie gekennzeichnet sein.

9.1.4 Umgang mit dem Multimeter

Es gibt viele Möglichkeiten, ein Multimeter mit dem Messobjekt zu verbinden. Nur eine davon ist richtig, mindestens eine der anderen Varianten kann zum Totalausfall des Multimeters oder zu anderen Schäden führen. Die Kurzbezeichnungen der Anschlüsse am Multimeter sind für den geübten Prüfer eindeutig. Wer allerdings zum ersten Mal oder nach langer Zeit wieder einmal ein Multimeter anwenden will, kann sich aber sehr leicht irren. Darum unser Ratschlag: Ein Multimeter sollte man erst dann an das Messobjekt anschließen, wenn man

▷ sich selbst oder einem Mitarbeiter die Bedeutung aller Anschlüsse des Multimeters erklären kann und

▷ nachdem man die Messschaltungen für die Spannungsmessung bzw. die Strommessung aufgebaut und sich den Messablauf in einer „Trockenübung" eingeprägt und

▷ die Betriebsanleitung gelesen und verstanden hat.

Es folgen einige Hinweise für den richtigen Umgang mit dem Multimeter.

Betriebsanleitung

Eine ausreichend sicheres Messen bzw. Bedienen ist nur dann möglich, wenn die in den Normen enthaltenen Vorgaben sowie die auf dem Gerät und die in der Betriebsanleitung genannten Sicherheitshinweise des Herstellers vollständig beachtet werden. Der Anwender erhält dadurch Hinweise u. a. auf besondere Gefahren, Grenzen der Anwendungsbereiche und der Überlastbarkeit, die Art und den richtigen Einsatz der Verschleißteile (Gerätesicherungen), sowie über die Bedingungen für den richtigen und sichereren Umgang mit dem Gerät.

Daher ist es wichtig, dass sich der Anwender mit dem Multimeter vor Beginn der Arbeit und dann vor dem Anschluss des Geräts an einen Messkreis mit den Vorgaben der Betriebsanleitung vertraut macht.

Messleitungen, Zubehör

Als Messleitungen sind grundsätzlich nur die Typen zu verwenden, die von den Herstellern der Multimeter als Zubehör bereitgestellt oder benannt werden. Man kann dann (mit Ausnahme von „Billigprodukten") davon ausgehen, dass die Leitungen den Sicherheitsnormen [3.5] [3.7] entsprechen.

Besonders wichtig für den Anwender ist die Kenntnis der zulässigen Bemessungsspannung gegen Erde und in Verbindung damit die Kennzeichnung mit der Messkategorie. Bei neueren Messleitungen bzw. anderem Zubehör muss die Kennzeichnung (Messkategorie CAT und Nennwert der zulässigen Strombelastung) direkt auf der Leitung bzw. dem Zubehör aufgebracht sein. Anderenfalls sollten die entsprechenden Angaben in der dazugehörigen Betriebsanleitung bzw. den Firmenunterlagen (→ Anhang 3) zu finden sein.

Messen von Spannungen und Widerständen

Vor dem Beginn einer Spannungsmessung muss geklärt werden,

▷ welcher Messbereich zu wählen ist (gegebenenfalls den höchsten Messbereich des Multimeters verwenden),

▷ ob das Multimeter die Kennzeichnung mit der für das Messobjekt erforderlichen Messkategorie/Bemessungsspannung hat (wichtig bei Messungen am Versorgungsnetz bzw. netzversorgten Betriebsmitteln),

▷ welche Kurvenform der Messspannung zu erwarten ist (eine orientierende Messung, → A 8.7, ist im eigenen Interesse bei jeder Prüfung angebracht),

▷ ob ein Multimeter erforderlich ist, das die Bewertung der zu messenden Spannung als
  - Mittelwert (MW) oder Effektivwert (RMS oder TRMS, → Kasten am Ende des Abschnitts 9.1.5) ermöglicht und einen

– ausreichenden Frequenzgang im gewählten Messbereich aufweist (→ A 9.1.5, Effektivwert von Wechselgrößen).

Wenn es bei der Messung auf eine besonders große Genauigkeit ankommt, ist zu klären, welche Messabweichung (Messunsicherheit) sich im Anwendungsfall tatsächlich ergibt. Zu betrachten sind dazu

▷ die vorhandene Eigenabweichung (Eigenunsicherheit) des Multimeters,
▷ die am Messort auftretenden Änderungen der Umgebungstemperatur,
▷ die in den Messgrößen vorhandenen Anteile mit höheren Frequenzen sowie
▷ der Einfluss des Eingangswiderstands/der Eingangsimpedanz des Multimeters.

Für **moderne Multimeter** (DMM und AMM mit Messverstärker) wird bei Spannungs- und Widerstandsmessungen ein zuverlässiger Überspannungsschutz gesichert. Auch für weitere Messfunktionen, wie Frequenz, Diodentest, Pegel, Kapazität oder Temperatur, bei denen diese Eingangskreise ebenfalls genutzt werden, ist der Überspannungsschutz gewährleistet, nicht aber für die Strommessbereiche. Bei den **modernen AMM** kommt es dank dieser Schutzprinzipien nur dann zu Ausfällen, wenn sie nicht bestimmungsgemäß, d. h. nicht nach Betriebsanleitung, genutzt oder unsachgemäß behandelt werden.

Während durch die Einführung der Messkategorien der Umgang mit den neuen Multimetern wesentlich einfacher und somit sicherer geworden ist, muss bei der Beurteilung der nach **früheren Ausgaben** der Norm hergestellten Multimeter wesentlich mehr Mühe aufgewandt werden. **Bei ihnen war es zugelassen, bei den einzelnen Messfunktionen unterschiedliche Grenzbedingungen des Schutzes gegen Überspannungen anzuwenden.** Da es praktisch kaum möglich ist, sich Informationen darüber zu beschaffen, was zu tun ist, um die älteren Multimeter eines bestimmten Typs ordnungsgemäß und sicher anzuwenden, sollte ihr Einsatz auf den Bereich von CAT I begrenzt bleiben. Das gilt besonders für einige Typen der Multimeter, die in den 70er Jahren hergestellt wurden, und bei denen die Gestaltung dieses Schutzes mangels hinreichender Erfahrungen sehr mangelhaft war und somit (insbesondere bei Analogmultimetern) häufig Defekte im Spannungsmessbereich auftraten. Eine Kennzeichnung des eingeschränkten Anwendungsbereichs dieser Multimeter sowie die entsprechende Unterweisung aller mit diesen Geräten arbeitenden Personen sind unbedingt erforderlich (→ K 12).

Achtung! Es wird nochmals besonders darauf hingewiesen, dass bei Messungen in Anlagen (CAT III), aber auch bereits bei Messungen an elektrischen Geräten (CAT II), nur solche Analogmultimeter zu verwenden sind, die allseitigen Überlastungsschutz im Rahmen dieser Messkategorien gewährleisten. Alle anderen sind lediglich für Anwendungen in CAT-I-Anwendungsbereichen geeignet.

Möglichkeiten der Strommessung im Zusammenhang mit dem Prüfen:

- ▷ **Direktmessungen** durch Einschleifen eines Messgeräts in den Messkreis (Anwendung bei Strömen bis max. 15 A, sofern Auftrennung des Stromkreises möglich ist)
- ▷ **Messung als Spannungsfall** über einen eingeschleiften Widerstand (Shunt; Anwendung umständlich und nur in Sonderfällen sinnvoll)
- ▷ **Messen über einen eingeschleiften Stromwandler** (Anwendung umständlich und nur in Sonderfällen sinnvoll)
- ▷ **indirekte Messung** mit einem Zangenstromwandler (Strommesszange, → A 9.2).

Anmerkung: Der **Einsatz einer Strommesszange** anstatt eines Multimeters ist sinnvoll, wenn:

- ▷ die zu messenden Ströme höher sind als der Endwert des höchsten Strombereichs des Multimeters oder
- ▷ Ströme unterbrechungslos gemessen werden sollen oder
- ▷ eine berührungslose und damit bezüglich der Sicherheit vorteilhafte Messung erforderlich ist.

Vorsicht beim Auftrennen des Stromkreises!

Bevor ein Stromkreis aufgetrennt wird, muss 100%ig sicher sein, dass keine Folgen durch das Unterbrechen eines Stroms eintreten können. Kontrollmöglichkeiten – sie sind nur mehr oder weniger anwendbar und sicher – sind:

- ▷ eindeutige Zuordnung z. B. einer geöffneten Schalteinrichtung,
- ▷ Messung mit der Strommesszange,
- ▷ Feststellen der Spannungsfreiheit.

Ein solches Auftrennen ist vom Prinzip her eine Gefahr bringende Tätigkeit und muss daher beim Erarbeiten der Gefährdungsanalyse für Prüf-/Messarbeiten mit berücksichtigt werden (→ K 12). Folgende Konsequenzen der kurzzeitigen Unterbrechung sind zu bedenken:

- ▷ Der kurzzeitige Ausfall einer Phase kann zur Abschaltung von Antrieben und damit zur Stillsetzung von Maschinen oder ganzen Anlagen führen.
- ▷ Die Stillsetzung von Stromkreisen der analogen Messwertverarbeitung bewirkt das Auslösen von Warnungen oder Abschaltungen.
- ▷ Eine Unterbrechung der Sekundärstromkreise von Stromwandlern kann Überschläge und in Extremfällen das Zünden von Lichtbogen bewirken.
- ▷ Das Trennen von Schutz- oder Potentialausgleichsleitern setzt Schutzmaßnahmen außer Kraft, kann Funkenbildung, Entzündung von brennbarem Material, Folgeunfälle durch Erschrecken und andere negative Auswirkungen zur Folge haben.

Messen von Strömen (→ Kasten)

Bei Strommessungen wird der Messkreis (Messwerk) gewissermaßen als ein „Fremdkörper" in den Stromkreis eingefügt. Dessen damit zusätzlich in den Stromkreis eingebrachte Impedanz muss so klein sein, dass der Wert des zu messenden Stroms nicht unzulässig beeinflusst wird.

Diese Forderung ist besonders bei Messungen in Stromkreisen mit geringer Betriebsspannung schwer zu erfüllen. So beträgt z. B. bei dem niedrigsten Messbereich eines Multimeters die Messwerksimpedanz ca. 35 mW (einschließlich Widerstand der Gerätesicherung). Rechnet man den Widerstandswert der Messleitungen hinzu, beträgt die gesamte zusätzlich eingefügte Impedanz ca. 150 mW. Erfolgt die Messung in einem Bereich von z. B. 1 bis 10 A, so wird durch den zusätzlich im Messkreis entstehenden Spannungsfall (0,15...1,5 V) eine Verfälschung von 1 bis 10 % und mehr entstehen, wenn die Betriebsspannung gering ist (< 20 V).

Bei Messungen in Starkstromanlagen mit Netzspannungen von 230/400 V und mehr spielt der Spannungsfall im Messkreis und in den Messleitungen allerdings keine Rolle.

Die bezügliche des Messens wünschenswerten niedrigeren Werte des Messkreiswiderstands/-impedanz führen allerdings bei einer der möglichen Fehlbedienungen zu hohen Kurzschlussströmen und damit häufig zu einer Zerstörung des Multimeters sowie einer Gefährdung des Messenden. So tritt bei einem versehentlichen Anlegen des oben genannten Strommessbereichs an Teile mit einer Spannung von 230 V ein Kurzschlussstrom in der Größenordnung von 200 ... 1000 A (230 V/(0,15 Ω + Z_{Sch}) auf, der trotz der in wenigen Millisekunden erfolgenden Abschaltung durch den Überstromschutz der Anlage zu einer völligen Zerstörung des Multimeters (Explosion) führen kann.

Um derartige Totalschäden zu verhindern, werden die Strommesskreise der Multimeter entsprechend robust gestaltet (Dimensionieren der Leiterbahnen) sowie durch interne superflinke und strombegrenzende Gerätesicherungen geschützt, die eine der Messkategorie (CAT) entsprechende hohe Abschaltleistung bewältigen.

Damit sichergestellt ist, dass diese Schutzmaßnahme bzw. diese Sicherungen ordnungsgemäß vorhanden und den auftretenden Beanspruchungen gewachsen sind, müssen

- ▷ normgerechte, mit dem GS-Zeichen versehene Multimeter zur Anwendung kommen und
- ▷ nur mit der entsprechenden Messkategorie gekennzeichnete Geräte (→ Bild 9.1.4) eingesetzt und

▷ die Sicherungen nach einem Auslösen durch dafür geeignete (Netzspannung, Bemessungsstrom, Abschaltleistung) Ersatzsicherungen entsprechend der Herstellerangabe in der Betriebsanleitung ersetzt werden.

Da auch die Abschaltleistung der in älteren Multimetern (insbesondere Analogmultimetern) vorhandenen Sicherungen den Kurzschlussleistungen der heutigen Netze nicht genügt, ergibt sich ein weiterer Grund für das unter „Spannungsmessung" empfohlene Begrenzen ihrer Anwendung auf den Bereich der Messkategorie I.

Eingangswiderstand

Der Eingangswiderstand von **AMM mit Drehspulmesswerk** ist unterschiedlich hoch. Bei Geräten, die im Starkstrombereich eingesetzt werden sollen, liegt er bei den Gleich- und Wechselspannungsmessbereichen oft um 1000 Ω/V. Der Messstrom beträgt dann um 1 mA. Dadurch ist je nach Messbereich ein anderer Eingangswiderstand vorhanden, die Eingangskapazität bleibt gleich.

Der Eingangswiderstand von **DMM und AMM mit Messverstärkern** liegt für alle Messbereiche bei 10 MΩ. Bei einigen Multimetern sind die Messbereiche für Spannungsmessungen in Starkstromanlagen mit einem konstanten Eingangswiderstand zwischen 300 kΩ und 1 MΩ ausgestattet Bei Messungen an **hochohmigen Spannungsquellen** ist dieser konstante Eingangswiderstand bzw. die Eingangsimpedanz von großem Vorteil. Allerdings können durch das Zuschalten eines Messgeräts die Spannungsverhältnisse des Stromkreises infolge der Belastung durch den Eingangswiderstand bzw. die Eingangsimpedanz so verändert werden, dass sich falsche Messaussagen ergeben. Bei Messungen in **elektrischen Anlagen** sind diese Einflüsse wegen der dort vorhandenen kleinen Innenwiderstände der Spannungsquellen vernachlässigbar.

Anderseits kann ein hoher Eingangswiderstand zu lästigen Fehlmessungen führen, wenn z. B. Spannungen an freigeschalteten Leitungsabschnitten gemessen werden. Ursache ist die Kapazität zwischen Spannung führenden Leitungen und den Leitungen des frei geschalteten Abschnitts. Die Kapazität und der hochohmige Eingangswiderstand des Multimeters bilden dann einen Spannungsteiler und es wird die am Eingangswiderstand des Multimeters abfallende Spannung gemessen. Deshalb ist für diese Anwendungen ein niedrigerer Eingangswiderstand sinnvoll.

Fehlbedienungen

Erfahrungsgemäß kommt es bei der Anwendung von Multimetern zu folgenden, eine Überlastung bewirkenden Fehlhandlungen:

▷ der bereits erwähnte Versuch einer Spannungsmessung mit einem Strommesswerk, in dessen Buchsen sich versehentlich noch die Messleitungen befinden;
▷ versehentliches Einstellen eines Messbereichs, dessen Endwert durch den Messwert erheblich überschritten wird.

Eine Zerstörung/Gefährdung wird durch die bereits erläuterte Gestaltung der Multimeter und die Gerätesicherungen weitgehend vermieden, kann jedoch nicht in allen Fällen (sehr hohe Kurzschlussleistung, unzureichende Schutzeinrichtung der Anlage, lange Einwirkdauer) verhindert werden. Als weitere Sicherheitsmaßnahmen werden bei einigen Multimetern

▷ eine gegenseitige mechanische Verriegelung der Messbuchsen *(Bild 9.1.4)* vorgesehen, mit der ein Umschalten auf einen Spannungsmessbereich verhindert wird, wenn sich in den Strombuchsen noch Messleitungen befinden, oder
▷ es erfolgt eine akustische Warnung bei der Umschaltung auf einen Spannungsmessbereich.

Beides sind Hilfen, die zwar auch nicht 100%ig wirksam sein können, aber doch den Prüfer wenigstens bei einem Teil der Fehlhandlungen rechtzeitig auf seinen möglicherweise folgenschweren Irrtum aufmerksam machen.

Auch hier zeigt sich wieder, dass bei Messungen an leistungsstarken Stromquellen, beispielsweise an Netzeinspeisungen oder an Akkumulatorenbatterien sowie in Verteilungen, für den Messenden und für die Anlage mit deren Umfeld eine erhebliche Gefahr entstehen kann, wenn die Messung nicht fachgerecht und nicht mit geeigneten Messgeräten vorgenommen wird bzw. wenn derartige Messaufgaben einer unerfahrenen Person statt einer erfahrenen Elektrofachkraft übertragen wurden.

Sicherheitsmaßnahmen, mit denen der Prüfer den Folgen solcher Irrtümer entgegenwirken kann, sind:

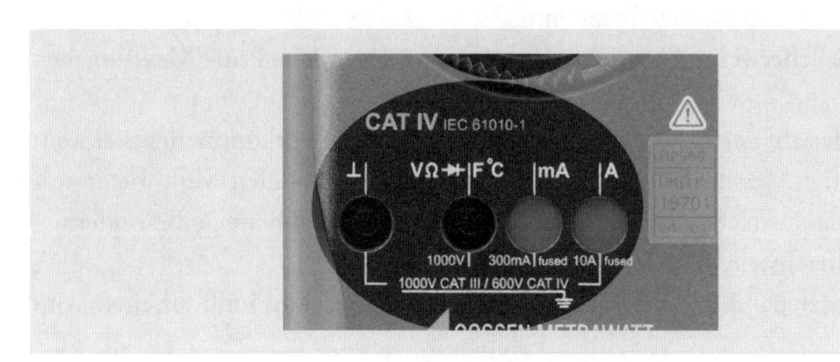

Bild 9.1.4
Gegenseitige Verriegelung der Strom- und Spannungsmessbuchsen eines Multimeters durch den Wahlschalter

Deutlich zu erkennen: Messkategorie und Bemessungsspannung

1. Die ausschließliche Verwendung von Multimetern (einschließlich Zubehör), die den neuesten Sicherheitsanforderungen [3.7] entsprechen.
2. Das Verwenden eines Spannungstastkopfes (→ Bild 9.1.3) bei Messungen an leistungsstarken Stromquellen oder hoch abgesicherten Stromkreisen, um
   - den Strom zu begrenzen, wenn bei Spannungsmessung irrtümlich ein Strombereich eingestellt oder die Messleitungen in den Strommessbuchsen belassen wurden,
   - etwa entstehende Lichtbogen sofort zu löschen und
   - den Spannungsmessbereich zu erweitern.

   Bei einer durch den Tastkopf entstandenen Erweiterung des Messbereichs ist zu beachten, dass in Abhängigkeit von der für das Multimeter angegebenen Bemessungsspannung (→ Bild 9.1.4) möglicherweise eine gegenüber Erde isolierte Aufstellung der Messanordnung mit dem Multimeter erforderlich ist.
3. Wenn der Wert des zu messenden Stromes nicht genau bekannt ist, so sollte zuerst der höchste Strombereich des Multimeters gewählt und dann heruntergeschaltet werden. Bei sinnvoll konstruierten Multimetern werden die Strombereiche überbrückend geschaltet, sodass beim Umschalten der Strom nicht unterbrochen wird.
4. Zur Messung von Wechselströmen in der Größenordnung ab einigen Ampere ist es ratsam, mit Strommesszangen zu arbeiten (→ A 9.2).

Wahl des Messbereichs

Bei der Auswahl eines geeigneten Multimeters spielen die Messbereiche des Geräts eine wesentliche Rolle. Werden häufig etwa gleich große Werte gemessen, z. B. die Netzspannungen 230/400 V oder Wechselströme bis ca. 10 A (bei Gebrauchsmitteln mit einer Leistung bis 2000 W), so ist nahezu jedes Multimeter dafür geeignet.

Die beiden wichtigsten Auswahlkriterien für den Prüfer sind

▷ der kleinste und der größte Messbereich sowie

▷ die geeignete Messbereichsstaffelung,

die er möglicherweise bei den von ihm zu lösenden Prüf-/Messaufgaben benötigt.

Für die Mehrzahl der beim Prüfen elektrischer Anlagen vorkommender Anwendungen ist der Messumfang, den die meisten der angebotenen Multimeter aufweisen, völlig ausreichend. Einige vom Anwendungsfall abhängige Besonderheiten werden nachstehend aufgeführt.

Wer in Niederspannungsanlagen im Bereich der Energietechnik arbeitet, wird mit

▷ den Spannungsmessbereichen 230 bis 600 V zum Messen der Netzspannungen sowie gegebenenfalls ab 24 V für Kleinspannungen und
▷ den Strommessbereichen bis 10 oder 16 A (Direktmessung) sowie den für den Anschluss von Strommesszangen geeigneten kleinen Messbereichen

völlig zufrieden sein.

Wer Messungen in den Sekundärkreisen von Strom- und Spannungswandlern ausführt, sollte darauf achten, dass der Messbereich des Multimeters möglichst dem des sekundären Nennwerts der Wandler entspricht, wobei die zulässige Dauerüberlastung der Wandler in Höhe von 120 % mit zu berücksichtigen ist. Das heißt, für die Stromwandler mit sekundärem Nennstrom von 1 A ist ein Messbereich von 1,2 A AC, für die mit 5 A ein Messbereich von 6 A AC oder etwas darüber notwendig. Für die Spannungswandler mit der sekundären Nennspannung von 100 V wird ein Messbereich von etwas über 120 V AC benötigt.

Wenn in Anlagen mit analoger Messwertverarbeitung gemessen wird, sollte darauf geachtet werden, dass die genormten Ausgangssignale 0 ... 5 mA, 0 ... 20 mA bzw. 0 ... 10 V gut messbar sind, d. h. die Messwerte möglichst im oberen Drittel der Skale angezeigt werden. Dabei ist zu berücksichtigen, dass die Messwerte um 20 % ansteigen, wenn an einem vorgeschalteten Messwertumformer die verfahrenstechnische Größe auf 120 % ansteigt.

Wer häufig Widerstandsmessungen vorzunehmen hat, sollte unbedingt ein Digitalmultimeter wählen, weil die von diesem Gerät angebotene Genauigkeit den doch etwas mühsamen Einsatz von Messbrücken meist überflüssig macht. Zu beachten ist, dass beim üblicherweise verwendeten Widerstandsmessbereich 0 ... 300,0 Ω die an der letzten Stelle mögliche Messabweichung in „Digit" einem Wert von 0,3 Ω entspricht.

9.1.5 Messgenauigkeit, Messunsicherheit, Messfehler

Im Kapitel 10 wird die Betriebsmessabweichung der Prüfgeräte nach DIN VDE 0404 und 0413 erläutert. Da bei den Multimetern leider andere Fachausdrücke bzw. Definitionen und zum Teil auch eine etwas andere Verfahrensweise zum Beschreiben der Messgenauigkeit üblich sind, muss hier einiges dazu gesagt werden.

Die **Genauigkeit der Messung** wurde bei elektrischen Messgeräten bisher mit **Messabweichung** gegenüber dem Istwert (angegeben als „wahrer" Wert) definiert. Der vom Messgerät einzuhaltende **Grenzwert der Messabweichung,** wurde als Fehlergrenze bezeichnet, er ist in der Gerätenorm vorgegeben und wird vom Hersteller garantiert.

Jede so angegebene Fehlergrenze gilt jedoch nur innerhalb bestimmter, ebenfalls angegebener Bereiche der **Referenzbedingungen,** z. B. bei einer Umgebungstemperatur von 23 ± 2 °C oder – bei Wechselgrößen – bei einer Frequenz von 45 ... 65 Hz und einer vorgegebenen Speisespannung.
Abweichungen von diesen Referenzbedingungen verursachen einen zusätzlichen Fehler, den so genannte **Einflusseffekt,** der in der Dokumentation der Hersteller meist gesondert angegeben wird.
Nunmehr gibt es Bemühungen, international einheitliche Bezeichnungen einzuführen:

- ▷ **Messabweichung** wird durch **Messunsicherheit** ersetzt.
- ▷ Demzufolge wird nun vom **Grenzwert der Messunsicherheit** und für ein bestimmtes Messgerät auch vom Grenzwert der Eigenunsicherheit gesprochen.
- ▷ Die Fachausdrücke **Referenzbedingungen** und **Einflusseffekt** behalten ihre bisherige Bedeutung.

Bei **Zeigermessgeräten** (z. B. Analogmultimetern) wird der Ausdruck Genauigkeitsklasse (DIN EN 60051-9) benutzt. Die Genauigkeitsklassen sind wie folgt genormt: Klasse 0,1, Klasse 0,2, Klasse 0,5, Klasse 1,0, Klasse 1,5 und Klasse 2,5. Die als Klasse ausgewiesene Zahl gibt den **maximal zulässigen Messfehler** als ±-Wert in % des **Messbereichsendwerts** an. Dieser Fehler gilt für alle im jeweiligen Messbereich angezeigten Werte. Das heißt, der tatsächliche Fehler ist bei **Zeigermessgeräten** umso größer, je kleiner der angezeigte Messwert bzw. der Zeigerausschlag ist *(Tabelle 9.1.2).* Messwerte, die nur bei etwa 10 % des Messbereichsendwerts (100 %) liegen, haben somit etwa den 10-fachen Fehler gegenüber einem Messwert, der etwa so groß wie der Messbereichsendwert ist.

Das ist ein wesentlicher **Unterschied zu den Digitalmultimetern,** bei denen sich der Messfehler immer auf den Messwert bezieht.

Zum Vermeiden der genannten Fehler bei den Analogmultimetern (Zeigermessgeräte) sollte immer der Messbereich (→ Bild 9.1.2) gewählt werden, bei dem der Messwert (Zeigerausschlag) im letzten Drittel der Skale liegt. Um dies zu ermöglichen, wurde auch die im Abschnitt 9.1.2 erläuterte und auf den ersten Blick etwas eigenwillig wirkende Messbereichseinteilung gewählt.
Zu beachten ist, dass der Messbereich (Bereich in dem gemessen werden soll) nicht immer mit der gesamten Länge der Skale (Anzeigebereich) übereinstimmt. Wenn sich Anzeigebereich und Messbereich nicht decken, ist der Messbereich mit kleinen Punkten oder einem dick ausgezogenen Skalenbogen gekennzeichnet.

Für die im Zusammenhang mit den Erst- und Wiederholungsprüfungen in elektrischen Anlagen sowie bei ähnlichen Aufgaben durchzuführenden Messungen werden AMM der Klassen 1,5 oder 2,5 eingesetzt.
Bei den **Digitalmultimetern (DMM)** wird der Messfehler gemäß DIN 43751 als **Eigenabweichung** (Eigenunsicherheit) bezeichnet und auf den Messwert bezogen. Er ist prozentual gesehen (relativer Fehler) innerhalb des gesamten Messbereichs gleich groß. Hinzu kommt ein fester Fehler in Digit (D), d. h. in Anzeigeschritten, der sich aus der Quantisierung der Messwerte und aus dem erforderlichen Berücksichtigen von Ungenauigkeiten bei der Messwerterfassung und -verarbeitung ergibt.
Bei DMM ausländischer Herkunft wird statt der „Eigenabweichung" meist der Ausdruck „Genauigkeit" (engl. accuracy) verwendet, obwohl eigentlich „Ungenauigkeit" die richtige Bezeichnung wäre.
Die **Eigenabweichung** (Eigenunsicherheit) **bei DMM** ist – abhängig von der Messgröße – unterschiedlich groß (→ Tabelle 9.1.2). Bei Wechselgrößen ergeben sich, bedingt durch die Gleichrichtung, größere Eigenabweichungen.
Bei den DMM ist zu beachten, dass infolge des in Digit angegebenen festen Fehleranteils bei kleinen Messwerten eine höhere Messabweichung (Messunsicherheit) entsteht als bei Messwerten, die im oberen Teil der Messbereichs liegen. Dieser Mangel lässt sich durch die Wahl des richtigen DMM vermeiden bzw. einschränken.

Tab. 9.1.2 Vergleich der Messgenauigkeiten (Messunsicherheiten) von AMM und DMM der mittleren Preisklasse

Messgröße	**Art des Multimeters**		
	AMM	**3 3/4-stelliges DMM**	**4 3/4-stelliges DMM**
Gleichspannung	± 1,5 % v. E.	± (0,2 % v. M. + 2 D)	± (0,5 % v. M. + 3 D)
Gleichstrom	± 1,5 % v. E.	± (0,5 % v. M. + 2 D)	± (0,2 % v. M. + 5 D)
Wechselspannung (45...65 Hz)	± 2,5 % v. E.	± (0,5 % v. M. + 3 D)	± (0,5 % v. M. + 30 D)
Wechselstrom (45....65 Hz)	± 2,5 % v. E.	± (1,0 % v. M. + 3 D)	± (1,0 % v. M. + 30 D)
Widerstand	± 1,5 % v. E.	± (0,5 % v. M. + 3 D)	± (0,1 % v. M. + 5 D)
v. E. vom Messbereichsendwert v. M. vom Messwert		D = Digit	

Beispiel: (→ Tabelle 9.1.2):
Es ist eine Spannung von 230 V zu messen.

▷ Bei einem 3½-DMM wird ein Messwert von 230 V angezeigt, der Istwert liegt entsprechend der Eigenabweichung mit 3 Digit zwischen 227 und 233 V.
▷ Bei einem 3¾-DMM wird ein Messwert von 230,0 V angezeigt, der Istwert liegt entsprechend der Eigenabweichung mit 3 Digit zwischen 229,7 und 230,3 V.
▷ Bei einem 4¾-DMM wird ein Messwert von 230,00 V angezeigt, der Istwert liegt dann zwischen 229,07 und 230,03 V.

Für die DMM ist zusammenfassend festzustellen, dass die Genauigkeit beim Ablesen einer digital ausgegebenen Zahl bzw. die Messgenauigkeit digital anzeigender Messgeräte oft überschätzt wird. Die in den technischen Spezifikationen angegebene hohe Genauigkeit gilt oft nur für die Messung von Gleichspannung und in etwa auch für die Widerstandsmessung. Für Wechselspannung, Gleich- und Wechselströme sind die Messfehler erheblich größer (→ Tabelle 9.1.2). Dabei ist es gleichgültig, ob 3¾- oder 4¾-DMM eingesetzt werden; es ergeben sich gleich große Fehler, weil die gleichen Gleichrichterschaltungen zum Einsatz kommen.

Effektivwert bei Wechselgrößen

Mit den Multimetern sind häufig Ströme oder Spannungen zu messen, die einen nicht sinusförmigen Verlauf haben. Besonders Eingangsströme von elektrischen Gebrauchsgeräten und Maschinensteuerungen können sehr stark vom sinusförmigen Verlauf abweichen. Genannt sein hier nur (→ A 8.5 und A 4.13)

▷ die elektronischen Frequenzumrichter- und Konvertertechniken (PCs, NV-Beleuchtungstechnik),
▷ Kleingeräte in Industrie, Gewerbe und Haushalt, deren Einweggleichrichter zu Gleichanteilen in den Messgrößen führen, sowie
▷ die überall vorhandenen, mehr oder weniger verzerrten Spannungen der Versorgungsnetze.

Deswegen können bei der Verwendung von Multimetern mit ungeeigneter Bewertung von Wechselgrößen erhebliche Messfehler entstehen, die wesentlich größer sind als die Fehler, die bei der Kalibrierung mit einer Sinusspannung festgestellt werden.

Bei Anlagen und Geräten der Starkstrom-/Energietechnik werden die Bemessungsgrößen, z. B. Spannung oder Strom, immer mit ihren Effektivwerten angegeben. Daher müssen zu ihrem Messen auch immer **Multimeter mit Effektivwertbewertung** der Wechselgrößen eingesetzt werden, um zufrieden stellende, d. h. ausreichend genaue Messergebnisse zu erhalten.

Werden dagegen die – meist preisgünstigen – Multimeter mit der so genannten

Mittelwertgleichrichtung verwendet (Bewertung des arithmetischen Mittelwerts, → Kasten), können bei nicht sinusförmigen Wechselgrößen **erhebliche Messfehler** entstehen, die wesentlich größer sind als die Messfehler, die ein ordnungsgemäß kalibriertes Multimeter aufweist.
Als **Effektivwert** wird der so genannte **quadratische Mittelwert** bezeichnet (→ Kasten). Der Effektivwert eines Wechselstroms z. B. entspricht dem Wert eines Gleichstroms, der an einem ohmschen Widerstand die gleiche Wärmeleistung umsetzt wie dieser Wechselstrom.
Bei einer **Gleichgröße** sind der Effektivwert und der arithmetische Mittelwert gleich groß.
Bei einer rein **sinusförmigen Größe** besteht ein fester Zusammenhang (Formfaktor = Effektivwert/arithmetischer Mittelwert = 1,111) zwischen beiden Werten (→ Bild 9.1.5). Das heißt, wenn der arithmetische Mittelwert einer rein sinusförmigen Größe gemessen wird, kann vom Multimeter auch problemlos ihr Effektivwert gemessen und angezeigt werden.

Werden mit einem Multimeter,
- ▷ bei dem die Mittelwertgleichrichtung verwendet wird und bei dem der nur für sinusförmige Größen geltende Formfaktor 1,111 eingeeicht wurde,
- ▷ Ströme oder Spannungen gemessen, die Oberschwingungen aufweisen und deren Kurvenform somit von der Sinusform abweicht,

entspricht der angezeigte Wert nicht wie beabsichtigt dem Effektivwert der zu messenden Größe.

Bild 9.1.5 zeigt den Zusammenhang der Kennwerte für eine sinusförmige Größe, *Tabelle 9.1.3* für einige nicht sinusförmige Größen. Es ist deutlich zu erkennen, dass der vorstehend behandelte Messfehler sehr erheblich sein und zu einer völlig falschen, in ihren Auswirkungen möglicherweise gefährlichen, Entscheidung führen kann.

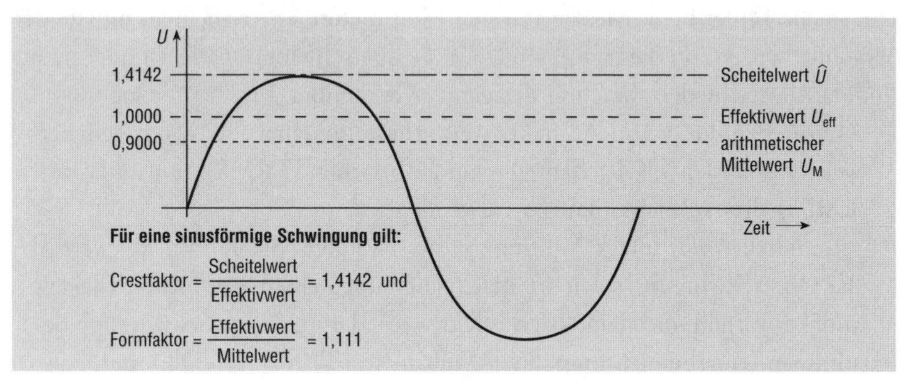

Bild 9.1.5
Sinuskurve mit ihren Kenngrößen am Beispiel einer Spannung

Tab. 9.1.3 Verschiedene übliche Kurvenformen, zugehörige Form- und Crestfaktoren sowie Größe der Anzeigefehler, die beim Messen einer derart geformten Größe mit einem für sinusförmige Größen geeichten Multimeter entstehen

Kurvenform	Formfaktor der Kurve	Crestfakror der Kurve	Anzeigefehler eines Multimeters mit Mittelwertgleichrichtung, das für das Messen sinusförmiger Größen geeicht ist
U	1,111	1,4142	ohne
U	1,0	1,0	+ 10 %
U	1,154	1,732	– 5 %
U; 0 T/4 T/2 T	1,561	2,0	– 35 % (die Werte sind abhängig von der Aussteuerung)

Das Verwenden eines Multimeters mit falscher Bewertung kann zur Brandursache werden, wenn infolge des damit zwangsläufig vorhandenen Messfehlers nicht erkannt wird, dass z. B. bei einer NV-Beleuchtungsanlage mit elektronischen Konvertern ein für die Zuleitung zu hoher Betriebstrom fließt.

Um solche Fehler beim Messen mit den Multimetern zu vermeiden, müsste der Messende wissen, ob die zu messende Größe oberschwingungsfrei ist oder nicht, und dann entscheiden, welches Messgerät er verwendet. Besser ist jedoch,

- ▷ Multimeter, die zwar den Effektivwert ermitteln, dabei aber den möglicherweise vorhandenen Gleichanteil nicht einbeziehen (TRMS), nur unter Beachtung dieser Beschränkung anzuwenden,
- ▷ grundsätzlich nur solche Multimeter zu verwenden, die den Effektivwert jeder Oberschwingung sowie zusätzlich auch noch einen eventuellen Gleichanteil ermitteln und daraus den Effektivwert der gesamten Schwingung bestimmen (Kurzbezeichnung dieser Multimeter: TRMS AC+DC) und

▷ Multimeter, die nicht den Effektivwert, sondern den Mittelwert (MW) bestimmen, nur dann einzusetzen, wenn der Anteil der Oberschwingungen nachweisbar vernachlässigt werden kann.

Ein wichtiges Merkmal bei der Auswahl der „effektivwerttauglichen“ Multimeter ist der so genannte Crestfaktor CF (→ Kasten). Er beschreibt die Fähigkeit des Multimeters, auch Wechselgrößen mit hohen Amplituden (Spitzenwerten) verarbeiten (messen) zu können. Üblicherweise vorhandene und ausreichende CF-Werte sind bei

Tischmultimetern CF = 5 … 6 und bei
Handmultimetern CF = 1,5 … 3.

Wichtig ist zu wissen: Bei Messungen am oberen Ende des Messbereichs ist üblicherweise nur ein CF ≈ 1,5 vorhanden, d. h. nur annähend reine Sinusspannungen/-ströme sind verarbeitbar/messbar. Nur in den unteren Teilen der Messbereiche sind höhere CF-Werte erreichbar. Das heißt, wenn Signale mit gegenüber dem Effektivwert hohen Spitzenwerten auftreten, sind die Messbereiche so wählen, dass der Messwert der Messung bei ca. 30 bis 60 % des Messbereichsendwerts liegt. *Bild 9.1.6* zeigt diesen Zusammenhang.

Um die Effektivwerte der höherfrequenten Anteile von Spannungen/Strömen mit einem hohem CF (Frequenzumrichter, Konverter) richtig erfassen zu können, ist ein entsprechend weit reichender Frequenzgang der Messbereiche eine wichtige Voraussetzung. Die Bandbreite eines Multimeters sollte daher mindestens von der Netzfrequenz bis zur ca. 40-fachen Netzfrequenz, d. h. bei 50-Hz-Netzen bis 2 kHz und bei Netzen mit 400 Hz mindestens bis 16 kHz, reichen.

Achtung! Bei den meisten Digitalmultimetern reicht im „bis-1000-V-Bereich“ die Bandbreite, in der „effektivwertgerecht“ gemessen werden kann, nur bis 2…3 kHz.

Kalibrierung

In Anbetracht der Sicherheit für den Prüfenden und der erforderlichen Gewissheit, in der Größenordnung richtige Messwerte zu erhalten, ist eine Kalibrierung des Multimeters durch eine dafür autorisierte Stelle bzw. den Hersteller im Abstand von 2 Jahren zu empfehlen. Von einer Eigen-Kalibrierung wird wegen der relativen Kompliziertheit der Multimeter abgeraten.

Effektivwert (quadratischer Mittelwert)
Durchschnitt der Wirkungen z. B. der Ströme (Wärmeleistung $I_{eff}^2 \cdot R$)

$$I_{eff} = \sqrt{\frac{I_1^2 + I_2^2 + I_3^2 + \ldots + I_n^2}{n}}$$

Mittelwert (arithmetischer Mittelwert)
Durchschnitt aller (gleichgerichteten) Momentanwerte, z. B. des Stroms

$$I_M = \frac{I_1 + I_2 + I_3 + \ldots + I_n}{n}$$

Kurzbezeichnungen für die Effektivwerte bei digitalen Messgeräten (DMM)
(*Achtung:* Es existieren keine genormten Begriffsbestimmungen, deswegen kommt es leider zu unterschiedlichen/falschen Angaben in den Katalogen und anderen Veröffentlichungen.)

MW	Mittelwertgleichrichtung (arithmetischer Mittelwert)
RMS	Effektivwert (Root Mean Square)
TRMS (TRMS AC)	Effektivwert für Wechselgrößen ohne DC-Anteil (True Root Mean Square)
TRMS AC+DC	Effektivwert für Wechselgrößen mit DC-Anteil

Crestfaktor CF
Spitzenwert : Effektivwert

Genauigkeit, Messgenauigkeit
Grad der Übereinstimmung zwischen angezeigtem und wahrem Wert (Istwert)

Messfehler, Messabweichung (nunmehrige Bezeichnung: Messunsicherheit)
Angezeigter Wert eines Messgerätes minus wahrer Wert (Istwert)

Eigenabweichung (Eigenunsicherheit)
Messabweichung (Messunsicherheit) eines Messgerätes, wenn unter Referenzbedingungen gemessen wird

Grenzwert der Eigenabweichung (Eigenunsicherheit)
Eigenabweichung (Messunsicherheit), die bei einem bestimmten Messgerät höchstens vorhanden ist und vom Hersteller garantiert wird

Grenzwert der Messabweichung (Messunsicherheit)
Vorgabe der höchstzulässigen Messabweichung (Messunsicherheit), die vom Hersteller garantiert wird

Messunsicherheit
Statistisch mögliche Abweichung des Messwerts/Anzeigewerts vom wahren Wert (Istwert) (→ A 3.5)

Referenzbedingungen
Bedingungen, bei deren Vorhandensein die angegebenen Grenzwerte der Eigenabweichung (Eigenunsicherheit) eingehalten werden

Einflusseffekt
Zusatzfehler, der durch den Einfluss einer oder mehrerer Einflussgrößen (z. B. Frequenz, Temperatur, Lage, Netzspannung) auftritt

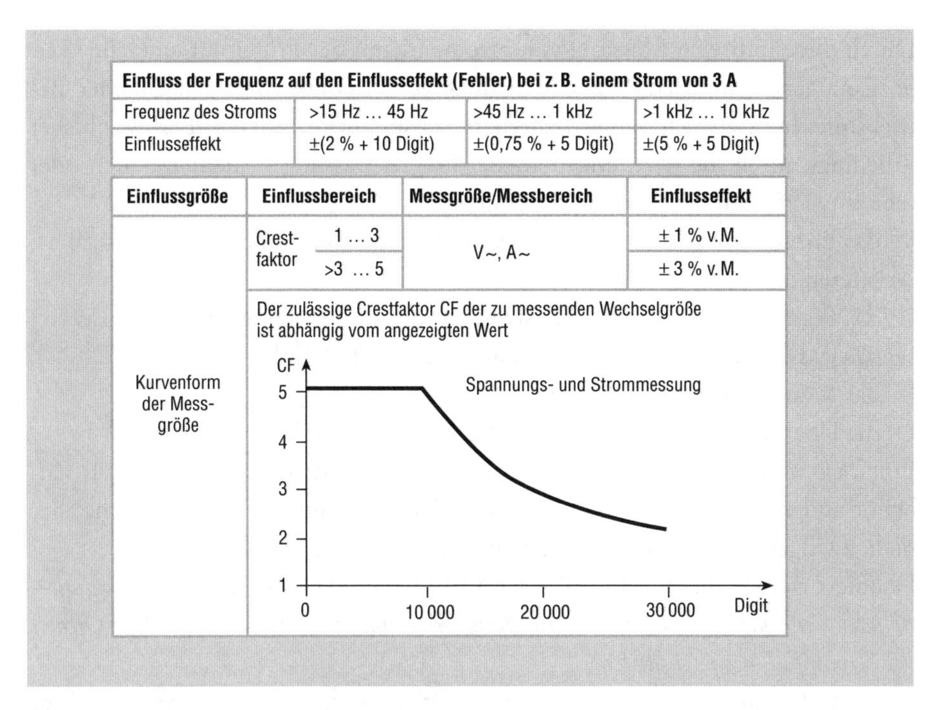

Einfluss der Frequenz auf den Einflusseffekt (Fehler) bei z. B. einem Strom von 3 A			
Frequenz des Stroms	>15 Hz ... 45 Hz	>45 Hz ... 1 kHz	>1 kHz ... 10 kHz
Einflusseffekt	±(2 % + 10 Digit)	±(0,75 % + 5 Digit)	±(5 % + 5 Digit)

Einflussgröße	Einflussbereich		Messgröße/Messbereich	Einflusseffekt
Kurvenform der Messgröße	Crestfaktor	1 ... 3	V~, A~	± 1 % v. M.
		>3 ... 5		± 3 % v. M.
	Der zulässige Crestfaktor CF der zu messenden Wechselgröße ist abhängig vom angezeigten Wert			

Bild 9.1.6 Abhängigkeit des Einflusseffekts (Fehler) von der Frequenz der zu messenden Größe; Einfluss des Anzeigewerts bzw. des gewählten Messbereichs auf die Spitzenwerte, die vom Messgerät verarbeitet werden können

9.2 Strommesszangen

9.2.1 Allgemeines

Mit Strommesszangen (auch Zangenstromwandler genannt) können Ströme gemessen werden, ohne den betreffenden Strompfad öffnen und damit den zu messenden Strom zum Verschwinden bringen zu müssen.

Diese sehr vorteilhafte Messmethode ermöglicht – gegebenenfalls gemeinsam mit einer Spannungsmessung – das Beurteilen von Energie- und Informationsanlagen, Stromkreisen und Geräten jeder Art, ohne deren Betrieb einzuschränken. Das mühsame und fehlerträchtige Ab- und Wiederanklemmen wird vermieden. Messtechnisch gesehen ist kein „Freischalten“ erforderlich und der Messkreis zwangsläufig netzpotentialfrei. Das alles sind wesentliche Vorteile gegenüber der herkömmlichen direkten Messung des Stroms. Sicherlich wird es künftig ein selbstverständliches Merkmal einer jeden Anlage, eines jeden Verteilers oder großen Betriebsmittels sein, dass Messungen mit Strommesszangen an allen Anschlüssen problemlos möglich sind.

Durch diese indirekte Messung von Strömen kann der Prüfer auf einfache Weise, ganz gezielt und jederzeit betriebsmäßige Zustände von Anlagen oder Betriebsmitteln überwachen und fehlerhafte Zustände analysieren. Das war bisher – bedingt durch die dazu erforderliche direkte Messung – nicht möglich oder sehr schwierig. Zu nennen sind besonders

▷ das Ermitteln von unzulässigen Belastungen des Neutralleiters (→ A 4.9) oder anderer Leiter,
▷ das Festellen von Ableit-/Fehlerströmen, vagabundierenden Strömen usw. sowie das Lokalisieren von Isolationsfehlern (→ A 4.4),
▷ das Messen von Anlaufströmen,
▷ die Überprüfung und Analyse der Netzqualität (→ A 8.7).

Eine Strommesszange kann für sich allein zum Messen eingesetzt oder als Zubehör anderer Geräte (Multimeter, → A 9.1) verwendet werden. Üblich, aber nicht zwingend erforderlich ist, sie beim Messen in der Hand zu halten.

Definiert werden diese „Zangen" nach DIN VDE 0411-2-032 als *„handgehaltene oder handbediente Stromsensoren, dazu bestimmt, Strommessungen ohne Öffnen des Strompfads durchzuführen"*.

Angewandt werden sie vornehmlich beim Prüfen elektrischer Anlagen und ihrer Betriebsmittel, aber auch – soweit eine Einsatzmöglichkeit besteht – zur Bewertung der von der Anlage getrennten elektrischen Geräte. Sie werden künftig – noch mehr als die Multimeter (→ A 9.1) – ein vor allem für die Wiederholungsprüfung unverzichtbares Prüfgerät sein. Ihre ordnungsgemäße Anwendung sowie der richtige Umgang mit den Messbedingungen und Messwerten setzen allerdings ein entsprechendes Fachwissen und viele Erfahrungen voraus. Noch mehr als bei den allseits bekannten, fast bedienfehlersicheren Prüfgeräten kommt es bei den Strommesszangen sehr auf das richtige Handhaben der Zange und das fachgerechte Interpretieren ihrer Messwerte durch den Prüfer an.

Die verschiedenen Einsatzmöglichkeiten bzw. die dementsprechend gestalteten Strommesszangenarten sind in *Tabelle 9.2.1* aufgeführt.

9.2.2 Funktionsweise der Strommesszangen

Zum Messen von **Wechselströmen** wird das **Prinzip des Transformators** angewandt. Der Leiter mit dem zu messenden Strom wird von den beiden **starren** Zangenbacken derart umfasst, dass in der Betriebs-(Mess-)stellung ein geschlossener Einsenkern entsteht *(Bild 9.2.1 a)*. Ausgeklügelte Herstellungsverfahren und hochwertiges Material sichern einen Luftspalt von praktisch null Millime-

Tab. 9.2.1 Arten der Strommesszangen und Beispiele ihrer wesentlichen Daten

Art	Messbereich A	Auflösung A	max. Zangen-öffnung mm	Betriebsmess-abweichung vom Messwert	Frequenz-bereich Hz
Strommesszangen für AC	1…10	1 %	12	max. ±4 %	40…50
	1…10		15	max. ±3 %	40…5000
	30	1 %	19	±(1 % + 1 mA)	0…100 kHz
	0,1…200	0,1	32	±(1,9 % + 8 D)	40…60
Strommesszangen für AC und DC	0,05…400	0,01	30	±(2 % + 10 D)	40…50
	0,1…400	0,01	30	±(2,5 % + 10 D)	40…50
Strommesszangen für AC und DC	40…1000	0,01…1	50	±1 %	10 kHz
	40…1000	0,01…1	19	±1 %	100 kHz
Strommesszangen für Ober-schwingungen	300 mA…1000 A		30	±(2 % +2 D)	0,5 Hz…20 kHz
	500 mA…1500 A		50	±(2 % +2 D)	10 Hz…20 kHz
Flexible Strom-wandler für AC	200		15	±(1 % + 5 mA)	10 kHz
	1200		54	±(1,5…0,5 %)	10/40 kHz
	3000		178	±1 %	20/50 kHz

tern. Auf jeder Zangenbacke sitzt streng gleichmäßig und symmetrisch angeordnet jeweils eine Wicklung, in die vom elektromagnetischen Feld des zu messenden Stroms eine der Stromstärke proportionale Spannung induziert wird. Durch den Aufbau des Eisenkerns (Masse, Querschnitt, Materialkennwerte) werden die maximale Stärke sowie der Frequenzbereich des Stroms bestimmt, der von der betreffenden Zange gemessen werden kann. Hinzu kommen als wesentliche Bauteile die Abschirmungen des Messkreises gegenüber Fremdfeldern sowie – je nach Zangentyp – die batteriegespeiste Displayanzeige und/oder die Strom-/Spannungsausgänge zum Anschluss z. B. eines entsprechend ausgestatteten Multimeters (→ A 9.1).

Bei den flexiblen Strommesszangen (biegsamer Kunststoff mit Schnappverschluss) wird das gleiche Prinzip, allerdings ohne Verwendung eines Eisenkerns angewandt *(Bild 9.2.1 b)*. Sie können zum Verstärken des Ausgangssignals mehrfach und in beliebiger Form um den betreffenden Leiter gelegt werden.

Der im *Bild 9.2.2* dargestellte Einsatzfall macht deutlich, welche Vorteile dieser Zangentyp dem Praktiker bietet. Generell ist bei flexiblen Strommesszangen eine Hilfsspannung erforderlich. Durch den Verzicht auf einen Eisenkern können Ströme mit Frequenzen bis zu 1 MHz gemessen werden.

Ein Vergleich der Merkmale von starren und flexiblen Strommesszangen *(Tabelle 9.2.2)* zeigt, dass beide Bauformen ihre Existenzberechtigung haben.

Zum Messen von **Gleich- oder Mischströmen** werden nach dem **Hall-Prinzip** funktionierende Strommesszangen verwendet. Bei ihnen befindet sich im Luftspalt ihres Eisenkerns eine so genannte Hall-Sonde, die ein der Induktion proportionales Messsignal abgibt. Dieses Messsignal muss allerdings wie bei der flexiblen Strommesszange verstärkt werden. Ihr Einsatzbereich ist infolge der erheblichen Temperaturabhängigkeit des „Hall-Generators" (ein dünnes Plättchen aus leitfähigem Material) eingeschränkt. Sonderkonstruktionen minimieren durch Kompensationsschaltungen diesen Temperatureinfluss und ermöglichen auch Messungen in Frequenzbereichen bis 100 kHz.

Ihr Einsatz wird erforderlich, da Schutzleiter und PEN-Leiter in zunehmenden Maß von Strömen mit DC-Anteilen verseucht werden, die sowohl Einfluss auf die Korrosionsbeständigkeit von Erdungsanlagen als auch Einfluss auf die Sicherheit der Anlage haben.

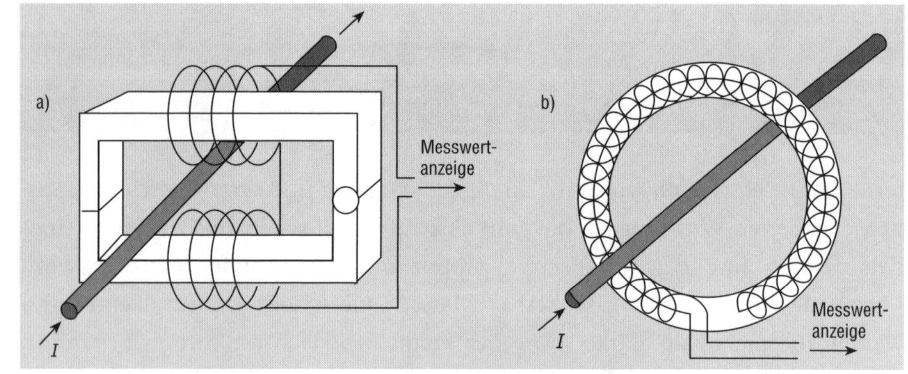

Bild 9.2.1
Prinzipaufbau der Strommesszange
a) starre Strommesszange, transformatorisches Funktionsprinzip
b) flexible Strommesszange, Prinzip der Rogowski-Spule

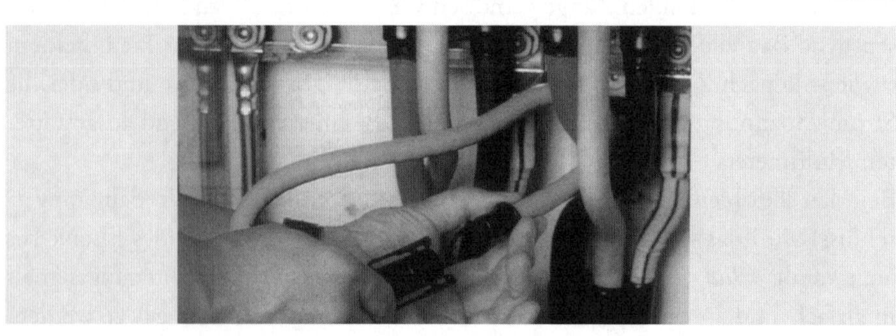

Bild 9.2.2
Beispiel für die universelle Einsatzmöglichkeit einer flexiblen Strommesszange (LEM)

Zu erwähnen ist außerdem die spezielle Anwendung einer Strommesszange zum Messen von **Erdungswiderständen**/Erdschleifenwiderständen (→ A 7.6) im Zusammenhang mit der Prüfung der Schutzmaßnahmen gegen elektrischen Schlag (→ A 4.6) oder der Blitzschutzanlagen (→ A 7.8).

Tab. 9.2.2 Vergleich starrer und flexibler Strommesszangen

Eigenschaft	**Starre Strommesszange** *(Bild 9.2.3)*	**Flexible Strommesszange** *(Bild 9.2.4)*
Aufbau	einfach, robust	einfach, robust
Anzeigen	Anzeige auch im mA-Bereich möglich	Anzeige im mA-Bereich nicht bzw. nur mit hoher Betriebsmessabweichung möglich
Hilfsspannung	nicht zwingend erforderlich (nur wenn Display vorhanden)	erforderlich
Strommessbereich	eingeschränkt (Sättigung)	praktisch unbegrenzt
Frequenzmessbereich	eingeschränkt (Sättigung)	praktisch unbegrenzt
Verwendbarkeit an schwierigen Messobjekten	eingeschränkt wegen starrem Aufbau	auch an schwer zugänglichen Stellen einsetzbar, geringes Gewicht
Anlegen an unter Spannung stehende Leiter	ohne zusätzliche Maßnahmen möglich	nur mit Schutzhandschuhen oder durch andere Maßnahmen möglich
Lageabhängigkeit	in der Regel abhängig von der Lage des Leiters zur Zange	lageunabhängig

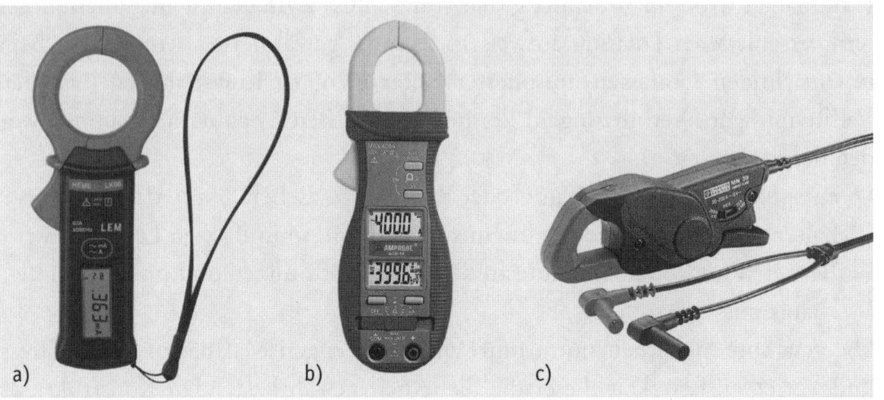

Bild 9.2.3 Beispiele für starre Strommesszangen

a) Ableitstrommesszange LK 60 (LEM)

b) Stromzange ACD-14 (Amprobe)

c) Minizange MN 39 (Chauvin Arnoux)

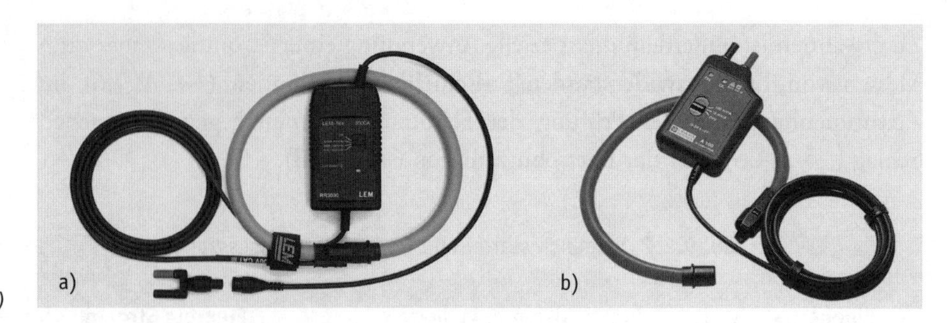

Bild 9.2.4
Beispiele für flexible Strommesszangen
a) LEM-flex RR3030 (LEM)
b) Ampflex A 100 (Chauvin Arnoux)

9.2.3 Sicherheitsvorgaben für Strommesszangen

Strommesszangen werden grundsätzlich zum Messen an Strom führenden und unter Spannung stehenden Anlagen eingesetzt. Das ist zumeist auch mit ihrem Anlegen an unter Spannung stehende Leiter/Teile verbunden und somit – abgesehen von Messungen an Anlagen/Geräten mit der Schutzmaßnahme Kleinspannung (→ A 4.12) – ein „Arbeiten unter Spannung". Eine der dann im Zusammenhang mit der Gefährdungsbeurteilung (→ K 12) festzulegenden bzw. erforderlichen Sicherheitsmaßnahmen besteht darin, nur die für die jeweilige Messaufgabe bzw. den jeweiligen Messort **zugelassene** Strommesszange zu verwenden.

In der Sicherheitsnorm DIN VDE 0411 Teil 2-032: „Sicherheitsbestimmungen für elektrische Mess-, Steuer-, Regel- und Laborgeräte; Besondere Anforderungen für handgehaltene und handbediente Stromsonden für elektrische Messungen" werden die Strommesszangen in die Klassen A, B oder C eingeteilt:

Strommesszangen Klasse A

Sie müssen neben dem Schutz gegen elektrischen Schlag auch einen beim Handhaben wirksamen Schutz gegen Kurzschluss zwischen nicht isolierten Leitern verschiedener Polarität aufweisen. Es muss gewährleistet sein, dass es beim unvorsichtigen Umfassen unisolierter Leiter nicht zu Kurzschlüssen (Schäden, Verbrennungen, Verblitzungen) kommen kann. Beide Schutzmassnahmen werden durch

▷ entsprechende Abstände und/oder Barrieren zwischen den in der Hand gehaltenen Teilen und den in ungünstigster Position umfassten Leitern bzw.
▷ Barrieren und/oder Abstände an den Zangenöffnungen und im Zangenmechanismus verwirklicht.

Die genannte Sicherheitsnorm führt zu sehr strengen Maßstäben an die Stress- und Verschleißfestigkeit dieser die Sicherheit gewährleistenden Konstruktionsteile und ebenso für die durchzuführenden Tests, sodass mit dem Erhalt der Schutzwirkungen während der gesamten Lebensdauer der Strommesszange gerechnet werden kann.

Strommesszangen Klasse B

Soll mit diesen Zangen an einem unter Spannung stehenden (aktiven) Leiter gemessen werden, so muss vor ihrem Anlegen der Schutz gegen Berühren gewährleistet werden. Das heißt

- ▷ die Anlage bzw. der betreffende Stromkreis muss spannungsfrei geschaltet werden oder
- ▷ es sind persönliche Schutzausrüstungen (Schutzhandschuhe) zu verwenden.

Der Schutz gegen das versehentliche Kurzschließen von zwei im Bereich der Zange vorhandenen Leitern ist allerdings gewährleistet.

Die im Abschnitt 9.2.2 vorgestellten flexiblen Strommesszangen (→ Bilder 9.2.2 und 9.2.4) entsprechen dieser Klasse B.

Strommesszangen Klasse C

Diese Zangen sind meist nur mit einem Schutz gegen Berühren, aber nicht mit dem Schutz gegen Kurzschließen ausgestattet; manchmal fehlt beides. Sie dürfen nur verwendet werden, wenn die zu umfassenden sowie andere im Arbeitsbereich vorhandenen Leiter zumindest die Basisisolierung aufweisen oder freigeschaltet wurden. Der vom Hersteller angegebene Anwendungsbereich ist strikt einzuhalten.

Ab 1. November 2005 (Ende der Übergangsfrist) müssen neu gefertigte Strommesszangen der Klasse A mit dem Symbol 102 *(Bild 9.2.5 a)*, die Strommesszangen der Klassen B und C mit dem Symbol 101 *(Bild 9.2.5 b)* gekennzeichnet werden. Das Symbol 101 bedeutet, dass während des Umfassens des Leiters und auch beim Bedienen der Strommesszange besondere Vorsicht erforderlich ist und die Vorgaben in der Bedienanleitung des Herstellers zu beachten sind.

Bild 9.2.5 Klassen-Kennzeichen der Strommesszangen

a) Klasse A: Symbol 102

b) Klassen B und C: Symbol 101

Zu beachten sind weiterhin die so genannten **Messkategorien** der Strommesszangen. Sie entsprechen praktisch der Überspannungskategorie der elektrischen Anlagen und sagen aus,

▷ welchen möglicherweise in der Anlage (am Messort) auftretenden Überspannungen/Kurzschlussströmen die betreffende Strommesszange widerstehen kann und
▷ an welchem Teil der Anlage (Hausanschluss – Zählerschrank – Endstromkreis) sie daher verwendet werden darf bzw. nicht eingesetzt werden sollte.

Eine Erläuterung der Messkategorie kann der Tabelle 9.1.1 im Abschnitt 9.1.3 entnommen werden. Die Messkategorie und damit der Einsatzbereich der jeweiligen Strommesszange werden an ihrer Frontseite mit z. B. **„XXX Volt CAT II"** (bzw. CAT III, CAT IV) angegeben (→ Bild 9.1.4).

Ist keine solche Angabe oder gegebenenfalls nur ein Warndreieck vorhanden, darf die Strommesszange nicht in elektrischen Anlagen, sondern nur in speziellen Stromkreisen nach Angabe des Herstellers verwendet werden.

Beispiel:
Eine Strommesszange mit dem Zeichen **300 V CAT III** darf

▷ nur in einer Verteileranlage oder einem Stromkreis verwendet werden und
▷ das auch nur dann, wenn diese mit einer Spannung von höchstens 300 V gegen Erde (Sternpunkt) betrieben werden.

In einer Gebäudeinstallation mit 230/400 V ist sie somit im Bereich zwischen dem Zählerschrank-Eingang und den Verbrauchsgeräten/Steckdosenanschlüssen, Verlängerungsleitungen in den Endstromkreisen einschließlich der angeschlossenen ortfesten oder ortsveränderlichen Geräte anwendbar.
Keinesfalls darf sie in Energierichtung gesehen vor diesem Bereich, d. h. am Hausanschluss oder im einspeisenden Freileitungs- oder Kabelnetz oder in Industrienetzen mit einer verketteten Spannung von 660 V zum Einsatz kommen.
Am Hausanschluss wäre eine Strommesszange mit der Angabe **300 V CAT IV** bzw. im Industrienetz mit der Angabe **600 V CAT IV** erforderlich.
Anmerkung: Eine Strommesszange mit der Angabe 600 V CAT III ist in der Regel auch für 300 V CAT IV geeignet, wobei aber die Herstellerangaben zu beachten sind.

9.2.4 Hinweise für das Anwenden der Strommesszangen

Die Vielzahl der Varianten der Strommesszangen (Tabelle 9.2.1, *Bild 9.2.6)* ermöglicht eine sehr gute Anpassung an die Messaufgabe und an das Messobjekt. Ob es allerdings sinnvoll ist, mehrere Strommesszangen unterschiedlicher Ausführung anzuschaffen, kann nur aus betrieblicher Sicht und unter Berücksichtigung der Messaufgaben, der Prüfobjekte sowie der Häufigkeit derartiger Messungen entschieden werden. Es sollte berücksichtigt werden, dass bei den Prüfungen an einer elektrischen Anlage im Allgemeinen keine hohen Anforderungen an die Genauigkeit der Messergebnisse gestellt werden. In erster Linie geht es darum, mit den Zangen eine orientierende Messung dort vornehmen zu können, wo bisher meist gar keine Beurteilung möglich war.

Beim Messen ist zu beachten:

▷ Vor der Messung sollte sich der Prüfer Klarheit über den Aufbau der Anlage bzw. die Eigenarten des betreffenden Stromkreises verschaffen, um einschätzen zu können, ob und welche Ströme mit seiner Messung erfasst werden *(Bild 9.2.7)*.

▷ Das Messen mit Strommesszangen ist grundsätzlich als „Arbeit unter Spannung" anzusehen. In der Gefährdungsbeurteilung muss festgelegt werden, welche Maßnahmen zum Gewährleisten der Sicherheit bei der Anwendung der verschiedenen Zangentypen an bestimmten Messobjekten erforderlich sind (→ K 12).

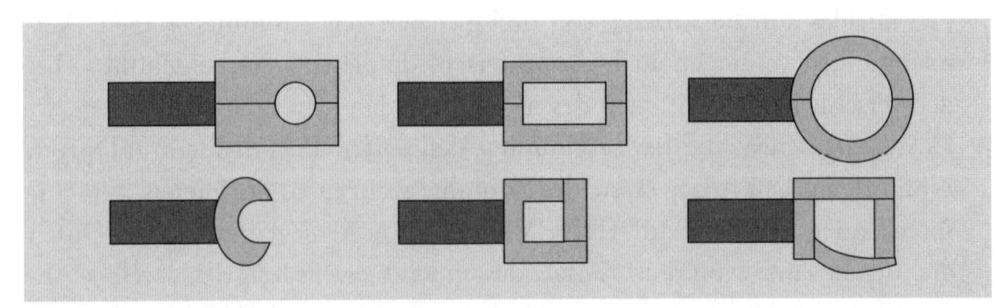

Bild 9.2.6
Formen der Greifzangen für starre Strommesszangen in Abhängigkeit von der Form und der Anzahl der zu umschließenden Leiter/Leitungen

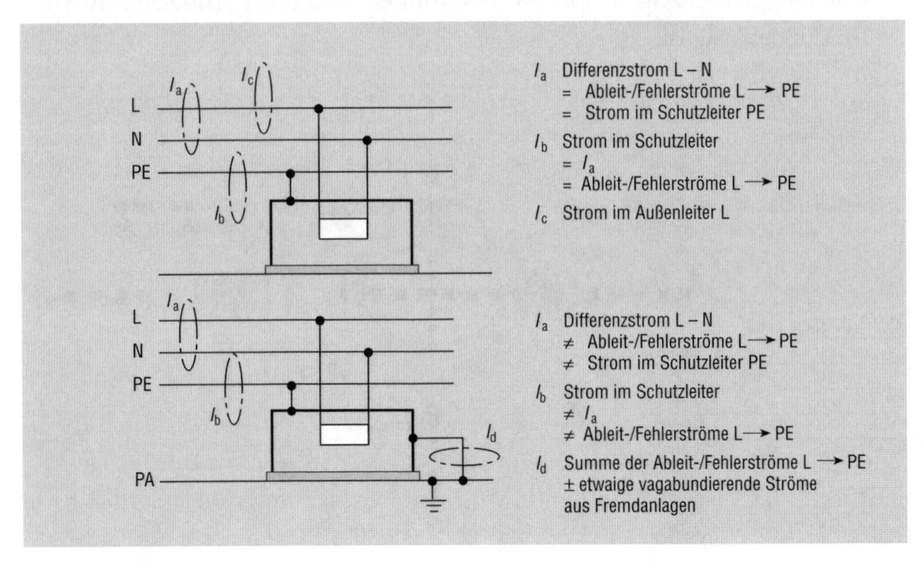

Bild 9.2.7
Beispiele für das Erfassen von Strömen mit der Strommesszange

▷ Beim Messen kleiner Ströme ist zu klären, welche Messfehler bei den Messergebnissen bei der zur Anwendung kommenden Zange zu erwarten sind. Die auf dem Markt angebotenen Strommesszangen (→ Bilder 9.2.3 und 9.2.4) reagieren sehr unterschiedlich auf
- Fremdfelder, z. B. von anderen Leitern, Transformatoren, Schützspulen usw.,
- Veränderungen der Lage des stromführenden Leiters im Zangenmaul,
- Lageveränderungen der Zange selbst während der Messung.

Es wird daher empfohlen,
- mit der eigenen Zange Probemessungen vorzunehmen, um ihr Verhalten unter bestimmten Bedingungen kennen zu lernen und
- vor jeder Messung eine Leerlaufmessung in unmittelbarer Nähe des Messorts durchzuführen, um eventuelle Fremdfeldeinflüsse zu erkennen.

Tabelle 9.2.1 lässt erkennen, wie unterschiedlich die Daten der Zangen teilweise sind. Wie wichtig es ist, sich vor der Anschaffung über die Daten zu informieren, zeigen die im *Bild 9.2.8* dargestellten Auswirkungen eines Fremdfeldes auf die Anzeige von drei gleichartigen Strommesszangen. Aufmerksamkeit verdienen auch die Unterschiede dieser Fremdfeldeinflüsse bei den verschiedenen Positionen des stromführenden Leiters bzw. der Zange.

▷ Es ist vorgesehen, die bei bestimmten definierten Fremdfeldern zulässigen Einflüsse auf den Anzeigewert der Strommesszangen zu normieren. Ein entsprechender Normentwurf (DIN VDE E 0404-4) liegt bereits vor. Durch die Angabe einer (von drei) Einsatzklassen wird jeweils festgelegt, welche Abweichung der Anzeige bei einem bestimmten Fremdfeld (100 A/m, 30 A/m, 10 A/m) zulässig ist.

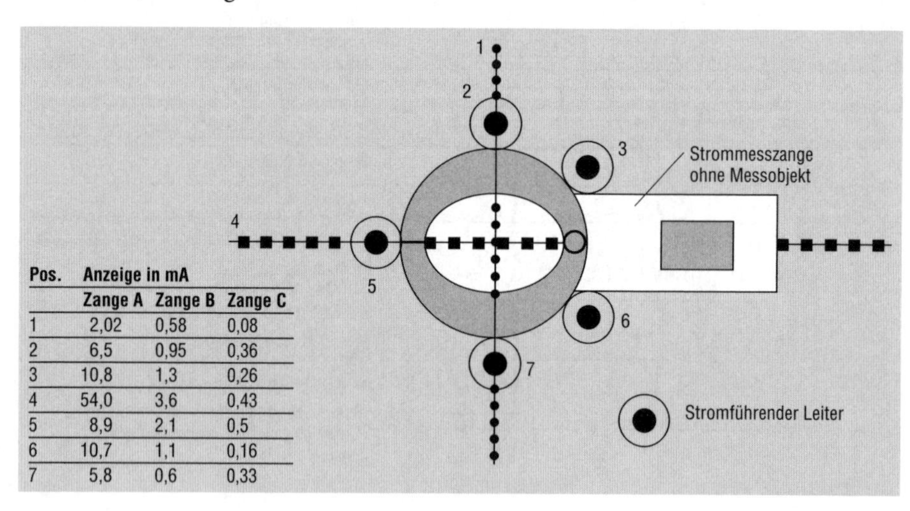

Pos.	Anzeige in mA		
	Zange A	Zange B	Zange C
1	2,02	0,58	0,08
2	6,5	0,95	0,36
3	10,8	1,3	0,26
4	54,0	3,6	0,43
5	8,9	2,1	0,5
6	10,7	1,1	0,16
7	5,8	0,6	0,33

Bild 9.2.8 Unterschiedliche Anzeige von drei gleichartigen Strommesszangen als Folge des elektromagnetischen Felds eines stromführenden Leiters (100 A; 50 Hz) in Abhängigkeit von den Positionen 1 bis 7 des Leiters zur Strommesszange

▷ Die vom Hersteller angegebene Betriebsmessabweichung gilt unter ganz bestimmten, vom Hersteller in der Betriebsanleitung anzugebenden Bemessungsbedingungen. Diese sind z. B.
  - rechtwinklige Stellung der Zange zum Leiter, dessen Strom gemessen werden soll,
  - zentrische Lage des Leiters im Zangenmaul, wenn dieses nicht voll ausgefüllt wird,
  - Bündelung der Leiter, wenn mehrere umfasst werden,
  - absolut saubere, unbeschädigte Auflagefläche der Schenkel des Magnetkreises.

▷ Für jeden zu messenden Strom sollten mindestens zwei Messungen vorgenommen werden. Ergeben sich unterschiedliche Messwerte, die nicht aus den betrieblichen Zuständen erklärbar sind, sollte mindestens eine dritte Messung erfolgen.

Einfluss der Einsatzorte

Vor jeder Messung muss der Messort bezüglich etwa vorhandener Fremdfelder untersucht werden. Transformatoren, Schütze, Schweißgeräte und alle anderen Geräte mit Magnetkernen sind Störquellen. Die in anderen Geräten (Stromversorgung) oder z. B. in Arbeitstischen enthaltenen, nicht sichtbaren magnetischen Bauelemente sind zu beachten.

Beim Auswerten der Messung ist zu beachten:

▷ Die Strommesszangen messen jeden Strom, der ihre Zangen durchquert, unabhängig davon, welche Ursache er hat und auf welchem Weg er zur Messstelle gekommen ist. Bezeichnungen wie „Leckstromzange" oder „Fehlerstromzange" sind daher irreführend. Selbstverständlich kann von der Zange die Art bzw. die Ursache des von ihr gemessenen Stroms nicht identifiziert und benannt werden. Leider werden auch in den Normen oder in der Fachliteratur die Bezeichnungen für die zu messenden Ströme (Leckstrom, Streustrom), die Messverfahren oder die Messaufgabe (Leckstrommessung, Ableitstrommessung) oftmals falsch bezeichnet, so dass der Prüfer möglicherweise nochmals irritiert wird (→ Bild 9.2.7, A 4.4, A 6.4).
Wird vom Prüfer ein Strom gemessen, so sind dessen Wert, der Leiter, in dem er fließt, und der Messort im Prüfbericht zu benennen.

Beispiel:
Verteiler 2.3, Stromkreis 1:
- Strom im Außenleiter L (oder Außenleiterstrom) 52 A,
- Strom im Schutzleiter (oder Schutzleiterstrom) ca. 20 mA.

Den Strom im Schutzleiter genauer zu definieren oder seine Ursache anzugeben, indem er als Fehlerstrom, Leckstrom, Ableitstrom, Differenzstrom o. ä. bezeichnet wird, ist nur dann möglich, wenn der Zustand des Stromkreises und alle etwaigen Verbindungen seiner Leiter untereinander und mit Erde genau bekannt sind.

▷ Die Messungen der Ströme in einer elektrischen Anlage sind keine Präzisionsmessungen. Da sich die Lastzustände der Anlage immer wieder ändern, ist es gar nicht möglich, einen ganz bestimmten Wert als allgemein gültigen „Festwert" anzugeben. Hinzu kommt, dass infolge der im Text genannten vielfachen Einflüsse mit den Strommesszangen keine Präzisionsmessungen möglich sind. Insofern sind „exakte" Angaben wie „32,6 A" im Messprotokoll unsinnig. Es ist exakter und genügt für die Beurteilung völlig, wenn z. B. „33 A" oder bei schwankenden Werten „ca. 30 A" angegeben wird.
Bei Strömen im mA-Bereich gilt das ebenso. Angaben wie z. B. „3,5 mA" sind fragwürdig und wie z. B. „1,2 mA" direkt falsch, da die Betriebsmessabweichung möglicherweise fast so groß ist wie der Messwert selbst.

▷ Es ist auch zu überlegen, ob in manchen Fällen nicht mit vergleichenden Messungen (Relativmessungen)
- des gleichen Leiters zu verschiedenen Zeiten oder
- gleichartiger Leiter (Außenleiter, Schutzleiter) zur gleichen Zeit bzw. im gleichen Betriebszustand

derselbe Zweck – das Erkennen von Unregelmäßigkeiten – erreicht wird. Die absolute Genauigkeit der Strommessung ist dann nicht mehr so wichtig. Allerdings sind diese Messungen dann möglichst immer oder wenigstens annähernd an derselben Stelle, in derselben Position und unter etwa denselben Betriebsverhältnissen durchzuführen.

Wartungsangaben beachten

Strommesszangen sind zwar meist robust beschaffen, haben aber manchmal einen „weichen", d. h. empfindlichen Kern. Obwohl die Form meist frappant einem Schraubenschlüssel ähnelt, sollte die Strommesszange nach Gebrauch nicht, salopp gesagt, „in die Ecke gefeuert" werden. Die magnetischen Materialeigenschaften verändern sich durch Stöße und Vibrationen! Auf die unbedingte Schmutz- und Staubfreiheit des Luftspaltes ist besonders zu achten, will man zuverlässige Messwerte erhalten. Der Transport und die Lagerung in einer/m geschlossenen, regelmäßig zu reinigenden Tasche/Kasten ist empfehlenswert. Bei manchen Strommesszangen mit Lamellenkern und Schutzkragen ist es sinnvoll, regelmäßig Bürste und Pinsel zur Reinigung zu verwenden. Die Wartungsangaben der Hersteller sind dabei unbedingt zu beachten.

9.3 Prüfgeräte mit Ja/Nein-Aussagen

9.3.1 Allgemeines

Die Aufgabe des Prüfers besteht darin, nicht nur die vom Prüfgerät angezeigten Messwerte, sondern auch den Prüfling, die Messleitungen und das Geschehen in seiner Umgebung zu beobachten. Er muss sich außerdem bei allen Handlungen arbeitsschutzgerecht verhalten.
Um ihn dabei zu unterstützen, geben einige Prüfgeräte akustische oder optische Meldungen ab, wenn der Messwert den Normengrenzwert über- bzw. unterschreitet. Bei einigen anderen Prüfgeräten *(Bilder 9.3.1 und 9.3.2)* wird auf die übliche Messwertanzeige vollständig verzichtet. Der Prüfer erhält lediglich die Informationen „Grenzwert der Norm eingehalten" oder „nicht eingehalten" bzw. „Prüfung bestanden" oder „nicht bestanden". Er muss keinen Messwert, sondern nur ein „o. k." oder „nicht o. k." im Messbericht notieren.
Diese Art der Prüfgeräte ist u. a. gemeint, wenn „*... für den Einsatz bei der Prüfung durch elektrotechnisch unterwiesene Personen geeignete Prüfgeräte ...*" gefordert werden [1.13] oder die Bemerkung „Für elektrotechnisch unterwiesene Personen geeignet" in den Katalogen der Prüfgerätehersteller erscheint.
Beide Formulierungen erwecken leider den Anschein, dass eine normgerechte Prüfung gewährleistet ist, wenn man einer elektrotechnisch unterwiesenen Person neben den zu prüfenden Geräten solch ein Ja/Nein-Prüfgerät übergibt. Das

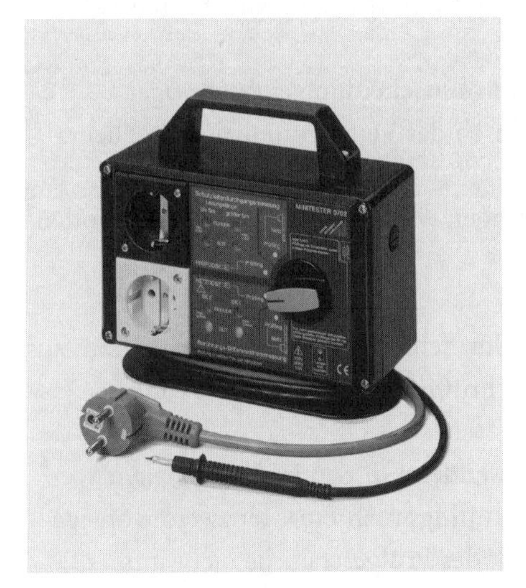

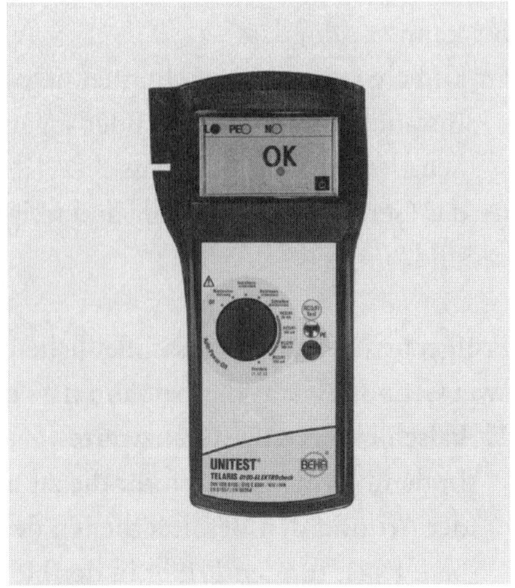

Bild 9.3.1 (links)
Minitester (GMC)

Bild 9.3.2 (rechts)
TELARIS 0100-ELEKTROcheck (BEHA)

ist falsch! Über den Zustand eines elektrischen Erzeugnisses kann nur eine im Prüfen erfahrene, d.h. eine „befähigte" [1.1] Elektrofachkraft sachgerecht entscheiden, die neben den durch das Besichtigen gewonnenen Eindrücken auch über konkrete Messwerte verfügt.

Eine Entscheidung auf der Grundlage geringerer Kenntnissen und weniger Informationen ist nicht ausreichend! Sie erbringt nicht die hier notwendige Gewissheit über den sicheren Zustand des Prüflings. Eine derartige Prüfung ist gewiss nicht unnütz, aber eben allein nicht ausreichend, um, wie z.B. in der Norm DIN VDE 0105 Teil 100 vorgegeben wird, durch die Wiederholungsprüfung „*... Mängel auf(zu)decken, die nach der Inbetriebnahme aufgetreten sind und den Betrieb behindern oder Gefährdungen hervorrufen können*".

9.3.2 Möglichkeiten und Grenzen

Bei der Anwendung der Ja/Nein-Prüfgeräte erhält der Prüfer – in der Regel eine elektrotechnisch unterwiesene Person (EUP) – nach dem Ablauf des von ihm eingeleiteten Messvorgangs lediglich die Aussage, ob

- der für die zu messende Größe (z. B. Schutzleiterwiderstand) vorgegebene (einprogrammierte) Grenzwert eingehalten wurde (grün) oder nicht (rot), oder
- ob die zu kontrollierende Eigenschaft (z. B. Durchgang der Außenleiter) vorhanden ist oder nicht.

Mit dieser Ja/Nein-Aussage wird vom **Prüfgerät entschieden,** ob die Prüfung bestanden wurde, oder ob der Prüfling der Instandsetzung zuzuführen ist. Dabei kann es sein, dass

- als Folge einer unberechtigten negativen Entscheidung ein unnötiger Instandsetzungsaufwand oder sogar durch das Verschrotten ein erheblicher Schaden entsteht oder dass
- das Gerät positiv beurteilt und freigegeben wird, obwohl Mängel vorhanden sind.

Prüfgeräte mit einer ausschließlichen Gut/Schlecht-Entscheidung bieten aus zwei Gründen nicht die Gewähr, dass der Prüfling richtig beurteilt wird:

1. **Falsch eingestellte Grenzwerte**
   In den Normen werden für die zu messenden Größen in Abhängigkeit von der Art und den Besonderheiten des Prüflings mehrere Grenzwerte vorgegeben. Es ist für den Prüfer in der Hektik des Prüfgeschehens nicht immer

möglich, die Merkmale, nach denen der zutreffende Grenzwert bestimmt und eingestellt werden muss, schnell genug und sicher zu erkennen. Das heißt, vom Prüfgerät wird der Messwert vielfach mit einem unzutreffenden Grenzwert verglichen. Zum Glück kann durch eine damit sehr leicht mögliche unberechtigte „Gut-Entscheidung“ keine Gefährdung entstehen, weil

- ▷ zwischen den unterschiedlichen Grenzwerten (z. B. Isolationswiderstand 0,5/1/2 MΩ) nur sehr geringe, praktisch bedeutungslose Unterschiede und
- ▷ zwischen ihnen und den Istwerten eines ordnungsgemäßen Prüflings (Isolationswiderstand 5/20 MΩ) sehr große Abstände

bestehen. Es ist ja egal, ob z. B. als Grenzwert für den Isolationswiderstand die Werte 1 oder 2 MΩ eingestellt werden. Jeder dieser geringen Messwerte ist Ausdruck eines ungenügenden Isoliervermögens und damit Anlass, der Ursache auf den Grund zu gehen (→ H 9.3.02).

2. **Nicht exakte Gut-Entscheidung**
   Durch die in den Normen vorgegebenen Grenzwerte werden die Messwerte und damit die Erzeugnisse, an denen gemessen wurde, in die Bereiche „gut, sicher“ und „schlecht, unsicher“ eingeteilt (→ Bild 3.6). Die Aussage „gut, sicher“, d. h. von dem Erzeugnis geht im Moment der Prüfung keine Gefährdung aus, ist jedoch nicht gleichbedeutend mit der Feststellung „Das Erzeugnis ist fehlerfrei und zuverlässig sicher“.
   Die Gut-Entscheidung, die das Prüfgerät auch dann trifft, wenn der Grenzwert mit „Mühe und Not erreicht“ wurde, darf jedoch auf der Grundlage der oben zitierten Angaben über die „*... für die Prüfung nach VDE 0702 geeigneten Prüfgeräte ...* “ als zweifelsfreie Aussage interpretiert und der betreffende Prüfling bedenkenlos freigegeben werden. Somit besteht die Möglichkeit, dass aufgrund der Aussage dieser Prüfgeräte auch Prüflinge mit geringfügigen oder selbst mit erheblichen Mängeln weiter verwendet werden.

Im Gegensatz dazu wird der Prüfer bei der Verwendung von Prüfgeräten mit Messwertanzeigen auch über den Zustand des Prüflings informiert. Er kann den Anzeigewert interpretieren und dank seiner Erfahrungen einschätzen, wie sich der Zustand des Prüflings entwickeln wird.

Besonders kritisch muss man die Anwendung der Ja/Nein-Geräte bei der Messung von Isolationswiderstand oder Ableitstrom betrachten. Im Gegensatz zum Schutzleiterwiderstand wird von den Ja/Nein-Prüfgeräten auch eine **Messung, die falsch oder gar nicht durchgeführt wurde, indem z. B. eine Unterbrechung der Messleitung nicht bemerkt wird, als „gut“ bewertet.**

Jede verantwortliche Elektrofachkraft, die Prüfungen zu organisieren und zu beaufsichtigen hat, muss diese Besonderheiten der Ja/Nein-Prüfgeräte und die begrenzten Kenntnissen/Erfahrungen einer diese Prüfgeräte bedienenden EUP bei der Organisation des Prüfprozesses und der Beurteilung/Freigabe der Prüflinge beachten.

9.3.3 Anwendung

In allen Normen für das Prüfen von elektrischen Anlagen, Ausrüstungen oder Geräten wird verlangt, dass der Nachweis der Sicherheit des betreffenden Erzeugnisses zu erbringen ist. Die darüber hinaus enthaltenen einzelnen Vorgaben sind zum Teil etwas widersprüchlich, da sie z. B. das Prüfen in Stichproben [3.2] zulassen und auch Grenzwerte vorgeben, die keineswegs einem zuverlässig sicheren Zustand entsprechen. Es ist, wie im Kapitel 3 ausführlich begründet wurde, Aufgabe der mit dem Prüfen beauftragten Elektrofachkraft, festzulegen, wie geprüft werden muss.

Auch über den Einsatz der richtigen, im Einzelfall geeigneten Prüfgeräte und der geeigneten EUP muss diese für das Prüfen verantwortliche Elektrofachkraft befinden. Das heißt (→ A 9.3.2), von ihr muss für jeden Einsatzfall geklärt werden, wie die

Prüfaufgabe:

im jeweiligen Einsatzfall lautet, und ob sie *(Tabellen 9.3.1 und 9.3.2)*

▷ mit einem Ja/Nein-Prüfgerät unter Beachtung dessen Möglichkeiten und – gegebenenfalls –

▷ durch eine elektrotechnisch unterwiesene Person (EUP) erfüllt werden kann.

Tab. 9.3.1 Eignung eines Ja/Nein-Prüfgeräts für bestimmte Prüfaufgaben

Prüfaufgaben an Geräten	**Prüfer**	**Entscheidung/Empfehlung über die Eignung**
Komplette Prüfungen nach DIN VDE 0701/0702	EUP EF	nicht geeignet
Einzelne Messungen bei einer Prüfung nach DIN VDE 0701/0702	EF EUP	bedingt geeignet, wenn die Elektrofachkraft abschließend das Vorhandensein der Sicherheit durch z. B. die Messung des Schutzleiterstroms feststellt
Kontrollen bei der Ausgabe, Zwischenprüfungen oder Prüfung vor Schichtübergabe usw. nach DIN VDE 0702	EF EUP	geeignet, unter der Verantwortung einer Elektrofachkraft Eine solche Prüfung darf nicht als turnusmäßige Wiederholungsprüfung nach DIN VDE 0702 gelten.
Prüfaufgaben an Anlagen	**Prüfer**	**Entscheidung/Empfehlung über die Eignung**
Komplette Prüfung nach DIN VDE 0105 Teil 100 oder DIN VDE 0100 Teil 610	EUP	nicht geeignet und streng genommen nach den Grundsätzen von BGV A3 nicht zulässig
	EF	als alleinige Messmöglichkeit nicht geeignet
Einzelne Messungen bei einer Prüfung nach DIN VDE 0100 Teil 610 oder DIN VDE 0105 Teil 100 gegebenenfalls Stichproben	EF EUP	geeignet, wenn dies von der verantwortlichen Elektro fachkraft entschieden wird gut geeignet, wenn es um das Einhalten eines funktionell bedingten Grenzwerts – z. B. für den Schleifenwiderstand – geht
Zwischenprüfungen einzelner Eigenschaften, Anlagenteile, Geräte	EF EUP	geeignet, unter der Verantwortung bzw. nach Auftrag einer EF
Kontrollen vor dem Anschluss ortsveränderlicher Verteiler, Geräte	EF EUP Laie	geeignet (Bemerkung zum Laien: Der Unternehmer/Verantwortliche einer ortsveränderlichen Anlage hat die Verantwortung für die Sicherheit und kann entscheiden, diese Prüfung als befähigte Person selbst vorzunehmen)

Tab. 9.3.2 Zu beachtende Grenzen der Aussage eines Ja/Nein-Prüfgeräts

Zu messende Größe, Eigenschaft	Grenze, Einschränkung
Alle Größen	Grundsätzliche Mängel der Prüfgeräte - Dem Prüfer ist es nicht möglich, die vorhandene Abweichung des Istwerts vom Grenzwert und damit die Schwachstellen des Prüflings zu erkennen. Erzeugnisse mit Mängeln können mit „gut" bewertet werden. - Durch objektive Umstände begründete oder durch die Norm zugelassene Abweichungen vom Grenzwert werden mit „schlecht" bewertet.
Isolationswiderstand Gut-Aussage bei 0,25 bis ca. 2 MΩ	Eine Gut-Aussage erfolgt auch dann, wenn der Istwert weit unter dem Wert liegt, der einem ordnungsgemäßen Zustand der Isolation entspricht.
Berührungsstrom Gut-Aussage bei 0,5 mA	Eine nicht ordnungsgemäß durchgeführte Messung führt zu einer Gut-Aussage. Gefährdung für den Prüfer, wenn der „echte Ableitstrom im Betrieb" gemessen wird.
Schutzleiterstrom Gut-Aussage bei 3,5 mA	Eine nicht ordnungsgemäß durchgeführte Messung führt. zu einer Gut-Aussage. Gefährdung für den Prüfer, wenn der „echte Ableitstrom im Betrieb" mit dem direkten Verfahren gemessen wird (Schutzleiter unterbrochen!). Durch Beschaltungen verursachte, in den Herstellernormen zugelassene Überschreitungen des Grenzwerts werden mit „schlecht" bewertet.
Schutzleiterwiderstand Gut-Aussage bei 0,3 Ω	Unregelmäßigkeiten (z. B. Parallelverbindungen) werden nicht entdeckt.
Schleifenimpedanz, Berührungsspannung, Auslösestrom von FI-Schutzschaltern	Der Vergleich der Messwerte mehrerer Anschlussstellen mit dem Sollwert ist nicht vorhanden. Die Möglichkeit des Entdeckens von Mängeln wird damit eingeschränkt.

9.3.4 Hinweise

H 9.3.01 Ist es zulässig, dass eine nicht als EUP unterwiesene und/oder nicht berufene Person (Hausmeister, Haushandwerker, Reinigungskraft u. ä.) Prüfungen mit diesen Geräten vornimmt?

Nach der Betriebssicherheitsverordnung muss jeder Unternehmer eine „befähigte Person" mit den Wiederholungsprüfungen beauftragen. Was unter „befähigt" zu verstehen ist, und inwieweit er dabei den allgemeinen Regeln/Empfehlungen folgt, hat der Unternehmer bzw. die von ihm beauftragte weisungsfreie Fachkraft selbst zu entscheiden. Kommt es zu Unfällen oder Schäden, die auf eine unsachgemäße Prüfung durch diese Person zurückzuführen sind, wird gegebenenfalls der Unternehmer bzw. die weisungsfreie Fachkraft zur Rechenschaft gezogen.

Aus Sicht der Autoren ist jede Prüfung – und besonders wenn die in ihrer Aussagekraft eingeschränkten Ja/Nein-Prüfgeräte verwendet werden – unter Leitung und Aufsicht einer „für die Beurteilung elektrischer Geräte befähigten" Person durchzuführen. Ist diese Leitung und Aufsicht gewährleistet und liegt somit die Verantwortung für die Organisation der Prüfung, die Unterweisung der prüfenden Person und die Auswahl der Prüfgeräte bei einer Elektrofachkraft, so ist es durchaus vertretbar, eine der oben genannten Personen als Prüfer einzusetzen.

Natürlich ist nicht zu vermeiden, dass Prüfungen mit diesem Gerät oder auch mit anderen Prüfgeräten auf Weisung eines Verantwortlichen (Unternehmer, Vorgesetzter usw.) durchgeführt werden, ohne eine Elektrofachkraft zu konsultieren oder zu beauftragen. Bei dem Beurteilen einer solchen Situation sollte man berücksichtigen, dass vielfach überhaupt nicht geprüft wird und dass eine solche Aktivität zumindest als Anfang einer in jeder Hinsicht vorschriftsmäßigen Prüfung angesehen werden kann. Es sollte jedoch jeder, der als Nichtfachkundiger Verantwortung für den ordnungsgemäßen Zustand elektrischer Anlagen und Betriebsmittel trägt, darauf hingewiesen werden, dass er zur Verantwortung gezogen wird, wenn durch die nicht ausreichende Befähigung der von ihm ausgewählten „befähigten Person" Unfälle/Schäden entstehen.

H 9.3.02 Einstellen der Grenzwerte

Die vom Hersteller eingestellten bzw. teilweise auch vom Anwender einstellbaren Grenzwerte entsprechen zum Teil den in den Normen vorgegeben Werten. Werden die Prüfgeräte so eingesetzt, dass beim Bewerten einer Größe, z. B. des Isolationswiderstands, je nach der Art des Prüflings (Schutzklasse) ein anderer Grenzwert gilt, müsste eine Änderung der Einstellung erfolgen. Um den damit verbundenen Aufwand zu vermeiden, ist es sinnvoll, alle Prüfungen mit der gleichen Einstellung (Schutzleiterwiderstand 0,3 Ω, Isolationswiderstand 2 MΩ; Ableitströme 0,5 mA) vorzunehmen. Das führt bei den Geräten, für die ein anderer Grenzwert gilt, zu einer höheren Sicherheit. Eine höhere Ausfallquote ist kaum zu erwarten, da bei einwandfreien Geräten aller Schutzklassen auch diese Werte nicht erreicht werden.

Alle Prüflinge, die mit „schlecht" beurteilt werden, sind der Elektrofachkraft vorzustellen.

H 9.3.03 Bewertung der Eignung der Ja/Nein-Prüfgeräte

Diese Prüfgeräte werden in einigen Richtlinien als „für elektrotechnisch unterwiesene Personen (EUP) geeignete Prüfgeräte" bezeichnet. Worin diese Eignung besteht und warum eine bei jeder Prüfung immer notwendige „Eignung" des Prüfgeräts bei den EUP, nicht aber bei anderen prüfenden Personen verlangt wird, bleibt offen.

Eine derartige Zuordnung eines bestimmten Prüfgeräts zu einer in bestimmter Weise qualifizierten Person kann nur die Elektrofachkraft bzw. der Verantwortliche vornehmen, der auch die prüfende Person und die mit diesem Gerät zu prüfenden/bewertenden Prüflinge kennt. Es ist auch inhaltlich unverständlich,

▷ wieso eine laut Definition (→ Anhang 1) für Arbeiten an elektrischen Erzeugnissen hinreichend qualifizierte Person nicht in der Lage sein soll, mit einem üblichen, die Messwerte anzeigenden Prüfgerät zu arbeiten und

- warum ohne zwingenden Grund das Anwenden weniger guter Prüfgeräte verfügt und somit die Qualität der Messung und der Messaussage vermindert wird.

Die Bedingung für den Einsatz einer EUP „... *wenn Prüfgeräte zur Verfügung stehen, an denen das Ergebnis leicht abgelesen werden kann und ein automatischer Funktionsablauf gewährleistet ist*“, ist nicht nur inhaltlich unbegründet, sondern auch im Hinblick auf die Festlegung in DIN VDE 1000 Teil 10 zum Weisungsrecht gegenüber einer Elektrofachkraft als unberechtigt anzusehen.

10 Prüfeinrichtungen – Vorgaben, Auswahl, Anwendung

10.1 Allgemeines, Anforderungen an die Prüfeinrichtungen

Im Sprachgebrauch der Elektrotechniker hat sich die normengerechte Bezeichnung **„Prüfeinrichtung"** (→ Kasten) nicht durchsetzen können. Der Praktiker spricht kurz und knapp von **Prüfgeräten.** Damit wird auch treffend zum Ausdruck gebracht, dass es sich um besondere Messgeräte handelt, die speziell für die Praxis des mitunter etwas rauen Prüfgeschehens geschaffen wurden. Bei ihnen kommt es nicht in erster Linie auf die Genauigkeit der Messung, sondern vielmehr darauf an, dass sie

- ▷ dem Prüfer gut in der Hand liegen,
- ▷ einfach bedient und abgelesen werden können,
- ▷ trotz der schwierigen Bedingungen auf Bau- und Montagestellen zuverlässig funktionieren,
- ▷ den Prüfablauf nicht komplizieren und
- ▷ nur so genau wie nötig messen.

Sie müssen auch, und das ist eigentlich das Wichtigste, so gebaut sein, dass der Prüfer sicher prüfen kann, keine anderen Personen gefährdet werden und das Prüfergebnis eine zuverlässige Beurteilung des Prüflings ermöglicht.

Diese und weitere Anforderungen wurden in den Normen

- ▷ **DIN VDE 0404 Teil 1 und Teil 2** Prüf- und Messeinrichtungen zum Prüfen der elektrischen Sicherheit von elektrischen Geräten und

Adapter
Prüfhilfsmittel ohne eigene Messwerterfassung, -bewertung und -anzeige zur Anpassung des Prüflings an das Prüfgerät

Bemessungsbedingungen, Referenzbedingungen (→ A 9.1.5)

Betriebsmessabweichung (Gebrauchsfehler)
Unter Bemessungsbedingungen festgestellte Messabweichung des Prüfgeräts

Eigenabweichung, Eigenunsicherheit (→ Betriebsmessabweichung)
Unter Referenzbedingungen festgestellte Messabweichung des Prüfgeräts

Genauigkeit, Ungenauigkeit, Fehlanzeige
Dafür Betriebsmessabweichung verwenden

Kalibrieren
Bestimmen der Eigenabweichung durch den Vergleich mit einem Größennormal

Messabweichung (Messfehler, Messunsicherheit) (→ A 9.1)
allgemeine = Messwert – Istwert (richtiger oder wahrer Wert)

prozentuale = $\frac{\text{Messabweichung} \times 100}{\text{Istwert}}$

zufällige = subjektiver Fehler des Messenden

Messleitung
Verbindung zwischen den Anschlussklemmen des Prüfgeräts und dem Prüfling

Netzsteckdose
Steckdose am Prüfgerät, an die der Prüfling angeschlossen werden kann und zum Zweck des Messens/Erprobens mit Netzspannung versorgt wird

Prüfeinrichtung, Prüfgerät
Zum Prüfen nach einer DIN-VDE-Norm geeignetes und nach DIN VDE 0404/0413 hergestelltes Gerät

Prüfsteckdose
Steckdose am Prüfgerät, an die der Prüfling angeschlossen werden kann und zum Zweck des Messens/Erprobens über einen vom Versorgungsnetz des Prüfgeräts sicher getrennten Prüfstromkreis mit der Messspannung versorgt wird

Zubehör, Prüfhilfsmittel
Wahlweise mit dem Gerät zu verwendendes Teil, das notwendig und/oder geeignet ist, den beabsichtigten Gebrauch des Gerätes zu gestatten, zu erleichtern oder zu verbessern oder auch zusätzliche Funktionen hinzuzufügen. Das Zubehör kann allein nicht als Prüfgerät verwendet werden.

▷ **DIN EN 61557 VDE 0413 Teile 1 bis 12** Messgeräte zum Prüfen, Messen oder Überwachen von Schutzmaßnahmen

festgelegt und müssen von den Herstellern der Prüfgeräte konsequent beachtet werden. Grundlage für die Herstellung der Prüfgeräte ist weiterhin die Norm

▷ **DIN EN 61010-1 VDE 0411 Teil 1** Sicherheitsbestimmungen für elektrische , Mess-, Steuer-, Regel- und Laborgeräte; Allgemeine Anforderungen..

Je nach dem Typ sowie den Anwendungsgebieten/Einsatzorten können spezielle Anforderungen für das Prüf-/Messgerät und für seine Anwendung durch den Prüfer bestehen. Auch darüber muss sich der Prüfer informieren (→ A 9.1 und A 9.2).

Die Funktionsabläufe und Messverfahren wurden in den vorangegangenen Kapiteln zusammen mit den Prüfaufgaben und der Durchführung der Prüfung bereits behandelt.

Die nach diesen Normen hergestellten Prüfgeräte

▷ **müssen** für die bei Erst- und Wiederholungsprüfungen elektrischer Erzeugnisse erforderlichen Messungen eingesetzt werden und

▷ **können** auch für Typ- und andere Prüfungen verwendet werden, obwohl sie hinsichtlich der einzusetzenden Messverfahren, der Gestaltung und der Sicherheit für die Anwender nicht ausdrücklich dafür entwickelt wurden

Zu beachten ist weiterhin: Nicht jedes Messgerät, das z. B. einen Widerstand oder einen Ableitstrom messen kann, erfüllt alle Bedingungen, die in den oben genannten Normen an die entsprechenden, bei Erst- oder Wiederholungsprüfungen anzuwendenden Messverfahren oder an die zu gewährleistende Sicherheit gestellt werden. Ein solches Messgerät zu verwenden, kann negative Auswirkungen auf

▷ die Sicherheit für den Prüfer sowie anderer Personen und

▷ die Qualität der Prüfung (Sicherheit der Prüflinge)

haben.

10.2 Normenvorgaben, Gestaltung und Kennwerte

10.2.1 Betriebsmessabweichung

Die oben genannten Normen sind Sicherheitsbestimmungen. Außer der Sicherheit für den Prüfer besteht ihr Schutzziel darin, **Prüf-/Messverfahren und Kennwerte vorzugeben, die ein exaktes Beurteilen der Sicherheit der Prüflinge ermöglichen.**

Das heißt aber auch: Um ein konstantes Niveau der Sicherheit zu gewährleisten, müssen in den Normen so genannte **Bemessungsbedingungen** vorgegeben werden. Wenn der Prüfer die Prüfgeräte unter Beachtung dieser Bemessungsbedingungen *(Tabelle 10.1)* einsetzt, kann er darauf vertrauen, dass die ausgewiesenen Eigenschaften/Kennwerte/Messverfahren des Prüfgeräts ordnungsgemäß zur Verfügung stehen und dass bei allen Messungen die vom Hersteller angegebenen Betriebsmessabweichungen *(Tabelle 10.2)* eingehalten werden (→ A 3.6).

Tab. 10.1 Bemessungsbedingungen der Prüfgeräte

Bemessungsbedingungen	**Zuläss. Bereich DIN VDE 0404**	**VDE 0413**
Netzspannung	85 ... 110 %	keine Vorgabe
Frequenz der Netzspannung	±1 %	keine Vorgabe
Umgebungstemperatur	0 ... 35 °C	keine Vorgabe
Abweichung von der normalen (Referenz-)Lage	±90°	keine Vorgabe
Luftfeuchte	80 % bei Temperaturen bis 31 °C	
Phasenwinkel des Netzes	–	< 18°
Batteriespannung	Anzeige	Anzeige
Geeignet für Verschmutzungsgrad	2	2
Ausgelegt für Überspannungskategorie (nur bei Messungen am Netz)	II	III
Mechanische Festigkeit	Fall aus 1 m Höhe unter Prüfbedingungen	
Schutzleiter strom- und spannungsfrei	ja	ja
Elektromagnetische Verträglichkeit	in Vorbereitung	

Wichtig ist, dass der Prüfer den Wert der Betriebsmessabweichung – **den Messfehler unter Bemessungsbedingungen** – für jedes Messverfahren „seines" Prüfgeräts kennt (→ H 10.01). Er muss in der Lage sein, bei jeder Messung den angezeigten Messwert sofort bewerten zu können (→ Bild 3.4).

Das Bewerten des angezeigten Messwerts sowie der Betriebsmessabweichung verlangt gute Kenntnisse über die Messaufgabe und den Prüfvorgang. Bei jeder der nach den Normen vorzunehmenden Messungen sind Abweichungen vom einzuhaltenden Grenzwert und die auftretende Betriebsmessabweichung anders zu beurteilen. Das wird jeweils beim Erläutern der Messvorgänge in den Kapiteln 4 bis 6 behandelt. Ganz allgemein ist dazu zu sagen, dass bei allen diesen Messungen keine exakte Bewertung möglich ist, da die Grenzwerte selbst zumeist keine exakte Grenze zwischen „gut" und „schlecht" darstellen (→ A 3.6). Der Messwert muss allerdings immer einen für den jeweiligen Fall ausreichenden Abstand vom Grenzwert haben.

Tab. 10.2 Betriebsmessabweichungen der Prüfgeräte

Kenngrößen	**Vorgaben der Normen DIN VDE**		**Übliche Werte**	
	0404	**0413**	**Üblicher Wert**	**Fehler bei kleinen Werten**
Schutzleiter-widerstand	15 %	±30 % v. M.	≤ ±10 % v. M. oder ±5 % + 10 Digit	bei 0,1 Ω 10 ... 25 %
Schleifen-widerstand/-impedanz	–			10 % v. M.
Erdungs-widerstand	–			–
Isolations-widerstand	15 %			bei 0,5 MΩ 10 ... 100 %
Ableitstrom	15 %	–	±10 % + 5 Digit	bei 0,1 mA 10 ... 100 %
Auslösestrom	–	10 %	–	10 ... 100 %
Auslösezeit	–	10 %	±2 % v. M.	±2 %
Berührungs-spannung	–	0 ... +20 % von U_L	6 ... 20 % v. M.	10 ... 100 %

v. M. vom Messwert

Einige Prüfgeräte berücksichtigen bei der Bewertung der Messergebnisse ihre Betriebsmessabweichung, sodass der Prüfer von der Berücksichtigung der Messunsicherheit des Prüfgerätes entlastet wird. Wichtig ist, dass der Prüfer sich darüber informiert, ob „sein“ Prüfgerät diese Anpassung vornimmt oder nicht.

10.2.2 Gestaltung der Prüfgeräte

Die beim Prüfen erforderliche Sicherheit für den Prüfer, für andere im Prüfbereich anwesende Personen sowie für Sachen und die Umgebung hat zu weiteren Vorgaben in den Normen geführt. Es ist erforderlich, dass sich der Prüfer darüber informiert, um sich ebenfalls sicherheitsgerecht verhalten zu können:

- ▷ Mit den am Gerät angebrachten **CE-Zeichen** bestätigt der Hersteller oder Importeur die Übereinstimmung mit den zuständigen EU-Richtlinien. Das sind neben der Niederspannungsrichtlinie und der EMV-Richtlinie praktisch auch die Sicherheitsnormen [3.5] [3.7]

Der Anwender kann dann „vermuten", dass die Vorgaben der Sicherheitsvorschriften eingehalten wurden. Eine Bestätigung dieser Aussagen durch eine neutrale Stelle muss nicht erfolgen. Insofern können diese Aussagen und damit die Sicherheit eines Gerätes, trotz des CE-Zeichens, je nach Typ oder je nach Hersteller sehr unterschiedlich sein. Zu empfehlen ist, grundsätzlich nur Messgeräte/Prüfgeräte zu verwenden, die außer dem CE-Zeichen das Prüfzeichen einer akkreditierten Prüfstelle (z. B. das GS-Zeichen) aufweisen. Dann kann mit hoher Wahrscheinlichkeit angenommen werden, dass folgende Voraussetzungen gesichert sind:

- ▷ Zu jedem Prüfgerät gehört **eine Betriebsanleitung** in der Landessprache. Sie muss das Handhaben des Geräts bei allen Messabläufen und bei allen anderen Funktionen verständlich erläutern.
- ▷ **Anschlussstellen** müssen so ausgebildet sein, dass ein zufälliges Berühren aktiver Teile nicht möglich ist und die Messleitungen zuverlässig mit dem Gerät verbunden werden können.
- ▷ Durch das Messen darf keine **gefährliche Berührungsspannung** verursacht werden. Wenn durch den Prüfprozess Berührungsspannungen über 50 V AC entstehen, muss das Prüfgerät sich bzw. den betreffenden Ausgang nach spätestens 40 ms abschalten.
- ▷ Der **Ausgangsstrom** des Prüfgeräts darf bei Prüfspannungen über 50 V AC höchstens 3,5 mA betragen.
- ▷ Die **Aufschriften** einschließlich der Anzeigen auf dem Display, müssen den Prüfer in die Lage versetzen, ordnungsgemäß und sicher zu prüfen.

▷ Mit Netzspannung zu betreibende Prüfgeräte müssen über den so genannten **Schutzleitertest** verfügen. Dieser Test funktioniert nach dem Prinzip des Spannungsprüfers. Eine im Griffbereich des Prüfgeräts angeordnete Metallplatte erhält bei einer Berührung durch den Prüfer Erdpotential, wodurch ein Isolationsfehler in der zu prüfenden Anlage angezeigt wird (Schutzleiter führt ein Potential gegenüber Erde).

▷ So weit wie prüftechnisch möglich, werden die Prüfspannungen der Prüfstromkreise vom Versorgungsnetz sicher getrennt (→ A 4.12). Dies ist bei den Messungen
- des Schutzleiterwiderstands,
- des Isolationswiderstands und
- des Ersatz-Ableitstroms (Geräteprüfung)

möglich. Bei den anderen Prüfverfahren können folgende Gefährdungen auftreten (→ K 12):
- Berührung der aktiven, die Netzspannung führenden Leiter des Prüflings und des Messaufbaus;
- Berührung von infolge eines Defekts unter Spannung stehenden Teilen des Prüflings;
- Verschleppen der Netzspannung auf fremde leitfähige Teile.

▷ Im Allgemeinen werden die Prüfgeräte so gestaltet, dass sie für den Verschmutzungsgrad 2, d.h. für den industriellen Einsatz, eine dort übliche, nicht leitfähige Verschmutzung und gelegentliche Betauung (im kalten Pkw transportierte/gelagerte Geräte werden in warme Räume gebracht), geeignet sind.

Was hinsichtlich des Messorts zu beachten ist, für den die Prüfgeräte bezüglich des möglichen Einwirkens von Überspannungen/Kurzschlussströmen geeignet sein müssen, wird im Abschnitt 9.1 ausführlich behandelt.

10.3 Arten der Prüfgeräte

Bedingt durch die in den Normen enthaltenen Vorgaben bleiben den Herstellern nur wenige Freiheiten beim Entwickeln neuer Prüfgeräte. Unterschiedliche Formen und Arten ergaben sich durch die im Verlauf der Entwicklung entstandenen neuen Prüfaufgaben und Prüfverfahren: Auch die je nach Prüfaufgabe zweckmäßige Kombination bestimmter Messverfahren in einem Gerät, das Bemühen um eine günstige – ergonomische – Gestaltung und ein originelles

Design der Prüfgeräte führen zu mitunter sehr eigenwilligen Lösungen. Bemerkenswert sind auch die Bezeichnungen (z. B. „Bettenprüfgerät“, „0701-Prüfer“, „Leckstromzange“). Selbst eine erfahrene Elektrofachkraft kann daraus nicht immer erkennen, welche technischen Möglichkeiten ihr geboten werden. Wer sich ein Prüfgerät anschafft, der ist gut beraten, wenn er gründlich nachfragt und sich von einem(r) erfahrenen Fachkollegen(in) über den fachlichen Inhalt der werbewirksamen Verpackung informieren lässt.

Prüfgeräte nach DIN VDE 0404 zur Prüfung von Geräten nach DIN VDE 0701/0702

Zum Prüfen elektrischer Geräte sind Prüfgeräte nach DIN VDE 0404 [3.4] zu verwenden. So verlangen es die Prüfnormen und so ist es jedem Prüfer, der rationell und sicher prüfen will, auch anzuraten. *Bild 10.1* lässt erkennen, welche Prüfungen mit schon etwas älteren und mit den heutigen modernen Prüfgeräten (→ Bild 6.1.5) vorgenommen werden können. Nachstehend wird der grundsätzliche Aufbau erläutert.

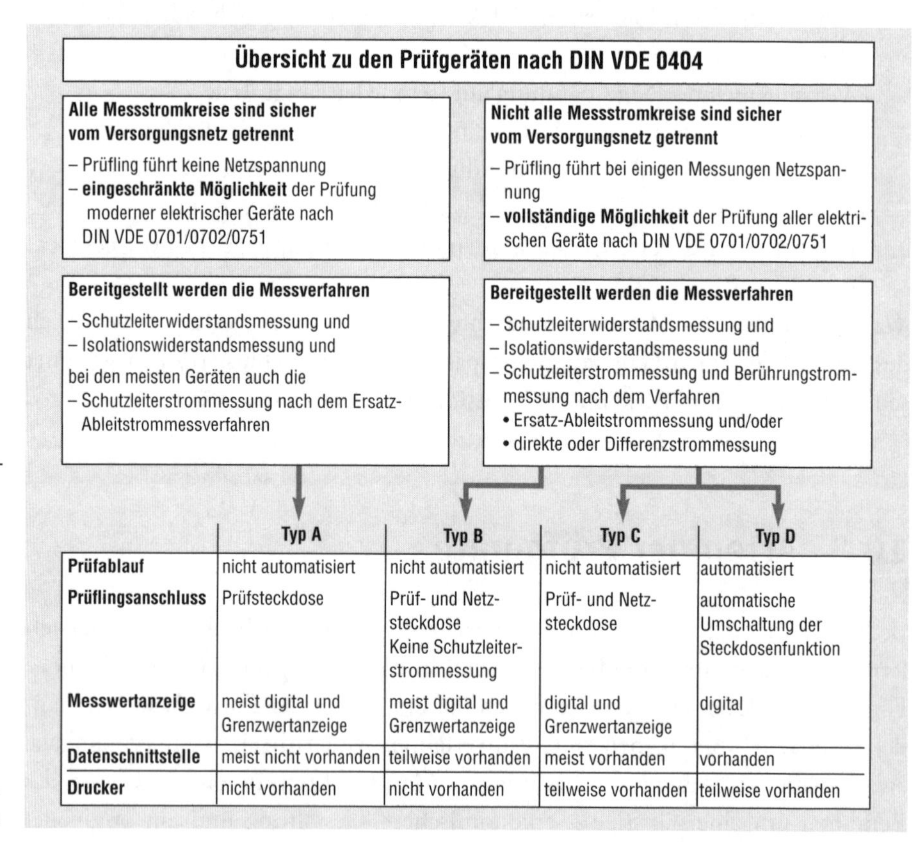

	Typ A	Typ B	Typ C	Typ D
Prüfablauf	nicht automatisiert	nicht automatisiert	nicht automatisiert	automatisiert
Prüflingsanschluss	Prüfsteckdose	Prüf- und Netzsteckdose Keine Schutzleiterstrommessung	Prüf- und Netzsteckdose	automatische Umschaltung der Steckdosenfunktion
Messwertanzeige	meist digital und Grenzwertanzeige	meist digital und Grenzwertanzeige	digital und Grenzwertanzeige	digital
Datenschnittstelle	meist nicht vorhanden	teilweise vorhanden	meist vorhanden	vorhanden
Drucker	nicht vorhanden	nicht vorhanden	teilweise vorhanden	teilweise vorhanden

Bild 10.1
Einteilung der nach DIN VDE 0404 hergestellten Prüfgeräte zum Prüfen elektrischer Geräte nach DIN VDE 0701/0702/0751
Die Einteilung erfolgt nach den wesentlichen Merkmalen (Prüfverfahren, Arbeitssicherheit) und den Anwendungsmöglichkeiten der Prüfgeräte

Das Ziel der Prüfung elektrischer Geräte war schon immer der Nachweis der Wirksamkeit der Schutzmaßnahmen gegen elektrischen Schlag. Dazu genügten früher

- ▷ die Schutzleiterwiderstandsmessung – Prüfung der Schutzleiterschutzmaßnahme (Schutzklasse I) und
- ▷ die Isolationswiderstandsmessung – Prüfung der Schutzisolierung (Schutzklasse II).

Bei der Prüfung medizinischer elektrischer Geräte wurde anstelle der Isolationswiderstandsmessung die Messung des Ableitstroms als notwendig erachtet, da dieser als Maß für die mögliche Gefährdung der Anwender der Geräte (→ Bild 6.4.4) anzusehen ist. Diese Erkenntnis setzte sich auch bei nicht medizinischen Geräten durch und führte auch hier – als Maßstab für die vorhandene Gefährdung von Personen – zur Messung des Ableitstroms, und zwar

- ▷ mithilfe einer vom Versorgungsnetz sicher getrennten Ersatz-Messschaltung (gemessen wurde bisher mit dieser Schaltung vorwiegend der Ableitstrom von Geräten der Schutzklasse I, nach heutigem Verständnis also der Schutzleiterstrom) und
- ▷ als so genannte Prüfung der Spannungsfreiheit (aus heutiger Sicht der Berührungsstrom an berührbaren leitenden, nicht an den Schutzleiter angeschlossenen Teilen (→ A 6.4) vorwiegend bei Geräten der Schutzklasse II).

Bei der Prüfung medizinischer elektrischer Geräte wird auch noch der so genannte Patientenableitstrom der Anwendungsteile (→ A 6.4.2) gemessen. Die Messung erfolgt ähnlich wie die Berührungsstrommessung. Aufgrund der erhöhten Gefährdung müssen hier aber die AC- und DC-Anteile ermittelt werden.

Schließlich mussten als Folge der Entwicklung der elektrischen/elektronischen Geräte neue Prüfverfahren entwickelt werden, wie das Messen des Ableitstroms bei Netzspannung (→ Bild 6.4.5). Damit wurde allerdings zwangsläufig das ursprüngliche Sicherheitsprinzip verlassen, Prüfstromkreise immer mit Sicherheitskleinspannung oder Strombegrenzung zu betreiben.

Ein weiterer Aspekt dieser Entwicklung ist das Anwenden unterschiedlicher Messverfahren bei den Prüfungen in Produktion, Wartung und Instandsetzung. So akzeptieren die Hersteller der Medizintechnik nur selten Prüfverfahren beim Anwender, wenn diese nicht auch in den Herstellernormen vorgegeben werden. Diese Entwicklung der Prüf- und Messverfahren fand ihren Niederschlag in den jeweils angebotenen Arten/Typen der Prüfgeräte und ist auch im Bild 10.1 zu erkennen.

Prüfgeräte des Typs A (Bild 10.2)

Sie bestimmten lange Zeit das Prüfgeschehen, werden aber heute nicht mehr hergestellt. Da sie noch vielfach als kleines handliches Einzelgerät oder als Einbaugerät in Prüftafeln vorhanden sind, werden sie natürlich auch noch vielfach eingesetzt.

Ihr Nachteil, dass nur elektrische Geräte ohne elektrisch zu betätigende Schalteinrichtungen geprüft werden können, wird in der Praxis vielfach nicht erkannt, d. h., in diesen Fällen wird unwissentlich falsch geprüft und bewertet.

Es ist jedoch nicht erforderlich, diese Geräte auszumustern. Sie müssen nur bewusst unter Beachtung ihrer begrenzten Möglichkeiten eingesetzt werden (→ H 10.02). Unumgänglich ist jedoch, dass jeder Prüfer, der noch ein solches Prüfgerät besitzt, auch ein zweites Prüfgerät des Typs C oder D zur Verfügung hat.

Prüfgeräte des Typs B

Für diese Geräte gelten die gleichen Bemerkungen wie zum Typ A. Es besteht lediglich der Unterschied, dass mit den Geräten des Typs B das Messen des Berührungsstroms mit Netzspannung (Netzsteckdose) vorgenommen werden kann. Mit diesem Messverfahren (Messen des Berührungsstroms, früher Prüfen der Spannungsfreiheit) wurde erstmals die Netzspannung als Prüfspannung eingesetzt. Das war hinsichtlich des Arbeitsschutzes aber noch problemlos, da die berührbaren leitenden Teile des Messkreises (Messsonde) mit dem Schutzleiter verbunden sind. Es gelten die gleichen Einschränkungen bezüglich der prüfbaren Geräte wie beim Typ A. Das Anwenden dieser Prüfgeräte ist nach wie vor möglich und sinnvoll, wenn vorwiegend elektrische Geräte der Schutzklasse II zu prüfen sind.

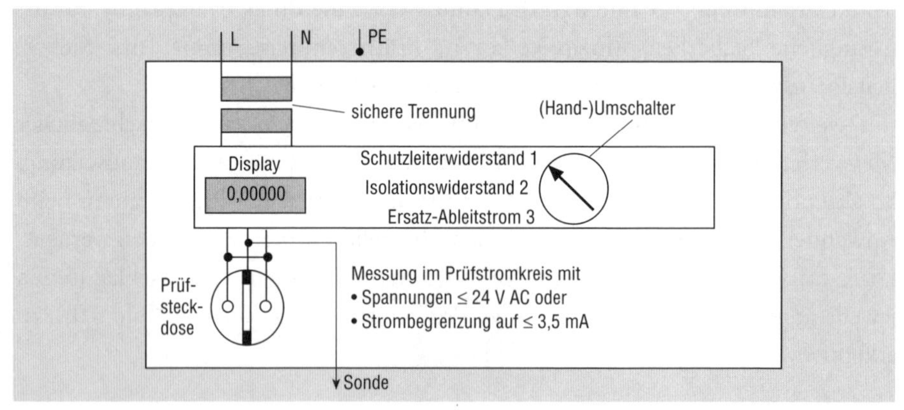

Bild 10.2 Prinzipschaltbild eines herkömmlichen **Prüfgeräts Typ A** zum Messen des Schutzleiter- und des Isolationswiderstands sowie des Schutzleiterstroms mit der Ersatz-Ableitstrommessmethode über die Prüfsteckdose

Prüfstromkreise sind vom Versorgungsnetz sicher getrennt

Prüfgeräte des Typs C (Bild 10.3)

Diese Geräte ermöglichen das Messen aller nach den Normen DIN VDE 0701/0702 und teilweise DIN VDE 0751 zu messenden Kennwerte. Darüber hinaus sind – je nach Hersteller – weitere Kennwerte wie Netzspannung, Betriebsstrom, Kapazität usw. messbar und/oder Zubehör wie Temperaturfühler, Strommesszangen usw. vorhanden.

Auf folgende Besonderheiten ist zu achten:

▷ Die zur Anwendung kommenden Verfahren zum Messen der Ableitströme mit Netzspannung sind unterschiedlich. Sowohl der Schutzleiterstrom als auch der Berührungsstrom werden direkt oder indirekt gemessen (→ Bild 6.4.5). Die Vor- und die Nachteile dieser Messmethoden sollten beim Kauf eines solchen Geräts beachtet werden.

▷ Die Geräte verfügen über die Netz- und eine Prüfsteckdose (→ Bild 10.3). Ein Hinweisschild muss den Prüfer auf die einzuhaltende Reihenfolge der Prüfgänge aufmerksam machen.

Speicher für die Messwerte und eine Schnittstelle für die Datenübertragung zum PC gehören heute schon zur Standardausstattung.

Prüfgeräte des Typs D (Bild 10.4)

Der Unterschied zu den Geräten des Typs C besteht darin, dass der Prüfablauf und die Bewertung der Messergebnisse automatisch erfolgen, eine manuelle Betätigung aber wahlweise möglich ist. Damit verbunden ist die Versorgung des

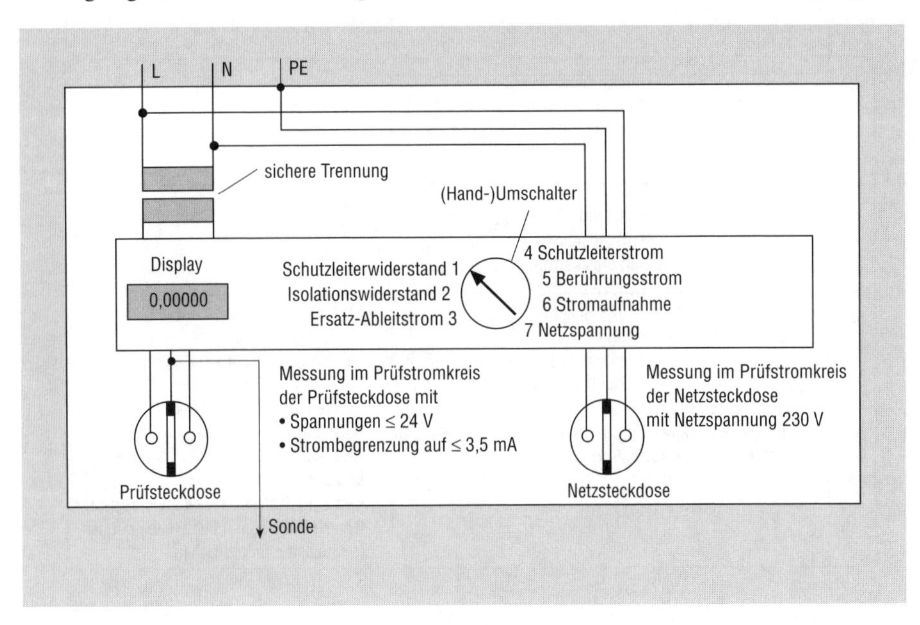

Bild 10.3 Prinzipschaltbild eines **Prüfgeräts Typ C** zum Messen

- des Schutzleiter- und des Isolationswiderstands sowie des Schutzleiterstroms/Berührungsstroms mit der Ersatz-Ableitstrommessmethode über die Prüfsteckdose (Prüfstromkreise vom Versorgungsnetz sicher getrennt) und
- des Schutzleiterstroms/Berührungs stroms mit Netzspannung über die Netzsteckdose

Prüflings über nur eine Steckdose, die beim automatischen Prüfablauf vom Prüfgerät entsprechend dem jeweiligen Prüfschritt/Messverfahren dem Sicherheitstransformator des Geräts oder dem Netz zugeordnet wird. Bei einigen der Geräte dieser Art wird der Prüfer durch Texte auf dem Display über die erforderlichen Hilfsleistungen (z. B. Anlegen der Sonden, Einschalten des Prüflings) informiert. Die Identifizierung der Schutzklasse der Prüflinge erfolgt über die Art des in die Steckdose eingeführten Steckers. Bezüglich der Messverfahren (→ Bild 6.4.5) bestehen keine Unterschiede zu den Geräten des Typs C. Ein solches Prüfgerät, das außer den nach den Normen DIN VDE 0701/0702 geforderten Messverfahren auch noch zusätzliche Messungen ermöglicht (Temperaturmessung, Auslösung/Auslösezeitmessung von FI-Schutzschaltern u. a.), zeigt *Bild 10.5*.

Diese Prüfgeräte des Typs D werden zum Teil auch so ausgerüstet, dass mit ihnen alle zum Prüfen medizinischer elektrischer Geräte nach DIN VDE 0751 Teil 1 erforderlichen Messungen durchgeführt werden können (→ Bilder 10.4 und 6.4.11).

Prüfgeräte nach DIN EN 61557 VDE 0413 zur Prüfung von Anlagen nach DIN VDE 0100 Teil 610 und DIN VDE 0105 Teil 100

Zum Prüfen elektrischer Anlagen sind Prüfgeräte nach DIN EN 61557 VDE 0413 [3.7] zu verwenden. So verlangen es die Prüfnormen und so ist es jedem Prüfer, der rationell und sicher prüfen will, auch anzuraten. Im Gegensatz zu ei-

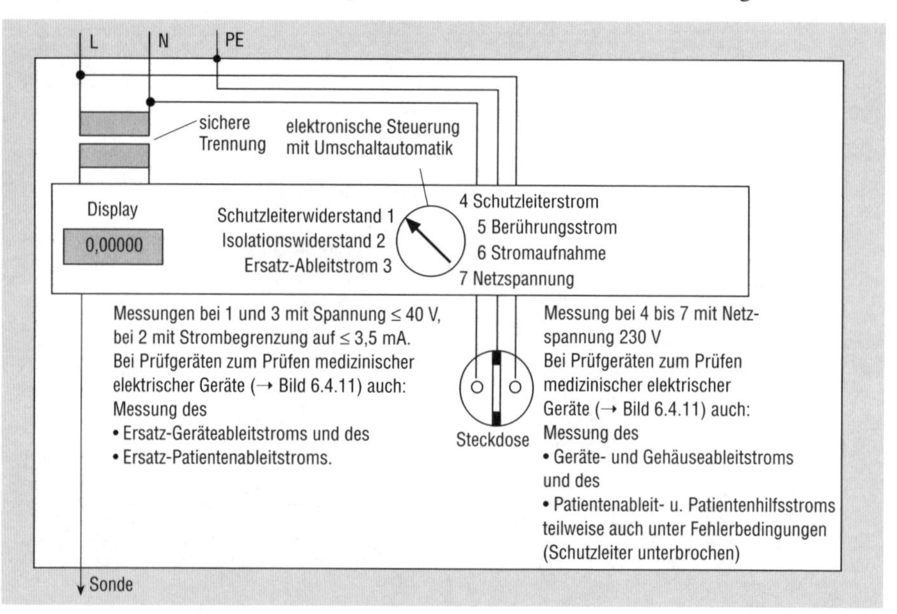

Bild 10.4
Prinzipschaltbild eines **Prüfgeräts Typ D** zum Messen
– des Schutzleiter- und des Isolationswiderstands sowie der Ableitströme mit der Ersatz-Ableitstrommessmethode (Prüfstromkreise vom Versorgungsnetz sicher getrennt) und dann
– der Ableitströme mit Netzspannung
Alle Messungen erfolgen über eine Steckdose, deren Funktion (Prüf- und Netzsteckdose) von der Elektronik des Geräts automatisch von Prüf- auf Netzsteckdose umgeschaltet wird, nachdem die ersten Prüfgänge positiv abgeschlossen wurden. Vor dem Umschalten muss der Prüfer den beginnenden Prüfablauf mit Nennspannung gegenüber dem Prüfgerät bestätigen

nem Prüfgerät nach DIN VDE 0404, das mit sämtlichen, bei der Geräteprüfung erforderlichen Prüfverfahren ausgestattet sein muss, bleibt es bei diesen Geräten dem Hersteller überlassen, ob er seine Erzeugnisse jeweils nur mit einem bzw. einigen Prüfverfahren (→ Bild 4.2.5) oder als Kombiprüfgerät (→ Bild 4.5.4) mit allen Prüfverfahren ausstattet. Im *Bild 10.6* sind die Varianten der Geräte aufgeführt, die üblicherweise zur Verfügung stehen.

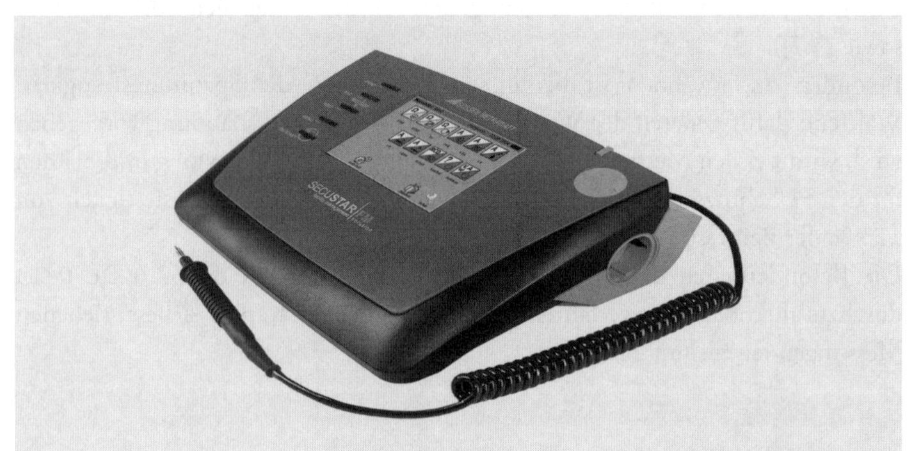

Bild 10.5
Beispiel für ein Prüfgerät Typ D nach DIN VDE 0404 (Secustar GMC)

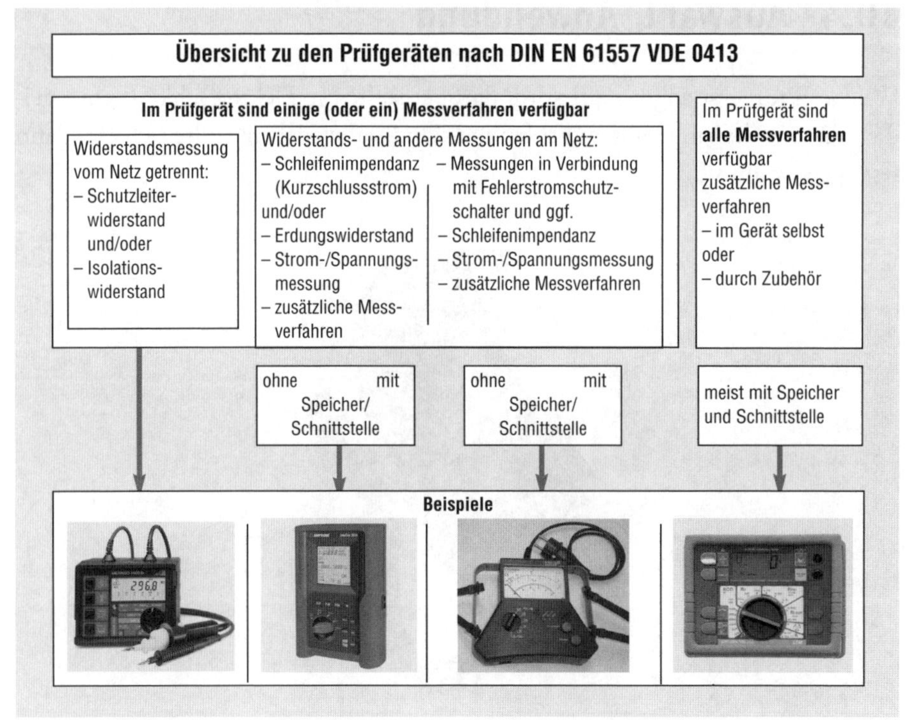

Bild 10.6
Einteilung der nach DIN EN 61557 VDE 0413 hergestellten Prüfgeräte zum Prüfen elektrischer Anlagen nach DIN VDE 0100-610 und 0105-100

Die Einteilung erfolgt nach der Möglichkeit, alle oder nur einige der erforderlichen Messungen mit dem Gerät durchführen zu können, sowie nach der Art der zur Verfügung stehenden Messverfahren

Unter Beachtung der ihnen bekannten Kundengewohnheiten/-wünsche und konstruktiver Gesichtspunkte sowie mit dem Ziel einer rationellen Gestaltung der Geräte kommen die Hersteller zu unterschiedlichen, ihnen zweckmäßig erscheinenden Lösungen hinsichtlich der Kombination der Messverfahren. *Bild 10.7* zeigt beispielhaft eines der komfortabel ausgestatteten Kombiprüfgeräte. Wesentlich ist, dass die an das jeweilige Gerät gestellten Forderungen jeweils in einem besonderen Teil der Norm aufgeführt sind (→ Tabellen 10.1 und 10.2 sowie [3.7]).

Besonders zu erwähnen ist bei diesen Prüfgeräten die Spannungsfestigkeit. Während dafür generell der Wert 120 % der Bemessungsspannung vorgegeben wird, wird bei den Messverfahren der Schleifenwiderstandsmessung und bei den für den FI-Schutzschalter genutzten Prüfverfahren eine Spannungsfestigkeit von 173 % der Bemessungsspannung gefordert und gesichert.

Die Besonderheiten der mit den Geräten nach DIN EN 61557 VDE 0413 durchzuführenden Messverfahren werden bei den im Kapitel 4 beschriebenen Messungen jeweils mit behandelt.

10.4 Auswahl, Anwendung

Welches Prüfgerät angeschafft wird, darüber sollte die Elektrofachkraft entscheiden, die mit diesem Gerät zu prüfen hat. Und sie wiederum sollte sich erst dann festlegen, wenn sie

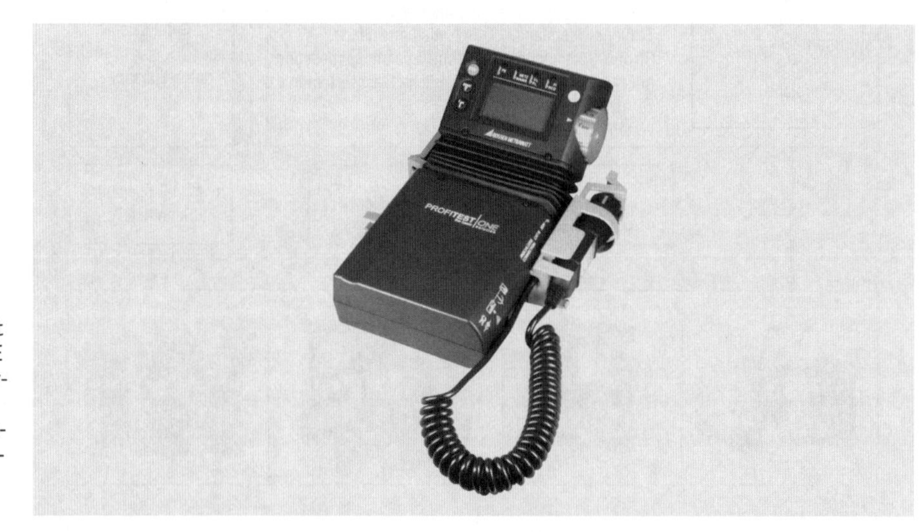

Bild 10.7
Beispiel für ein Kombiprüfgerät, mit dem alle in DIN VDE 0100-610 aufgeführten und zusätzliche Prüfverfahren durchgeführt werden können
(Profitest II GMC)

- ▷ durch die Teilnahme an einem mindestens zweitägigen Messseminar mehrere Prüfgeräte kennen gelernt und
- ▷ die Meinung eines erfahrenen Prüfers über das in die engere Wahl gekommene Gerät eingeholt hat.

Das ausgewählte Prüfgerät muss sehr einfach und auch von einem unerfahrenen Prüfer nach kurzer Einweisung problemlos bedienbar sein. Der Ablauf aller Bedien- und Prüfgänge muss unbedingt auch ohne Betriebsanleitung nach kurzer Überlegung zu verstehen sein und dann fehlerfrei eingeleitet werden können. Messungen, bei denen erst überlegt werden muss, welches „Knöpfchen“ zu drücken und welcher Anschluss zu verwenden ist, werden über kurz oder lang „vergessen“. Sie kosten zu viel Zeit. Werden die Prüfgeräte auch von noch unerfahrenen Prüfern oder nur gelegentlich verwendet, so ist es vorteilhaft, wenn die Bedienanleitung und andere für den Prüfablauf nötige Informationen über das Display abrufbar sind. Vorteilhaft ist weiterhin, wenn die Messwerte gespeichert oder zumindest für einen bestimmten Zeitraum „gehalten“ werden können (Hold-Funktion).

Einen besonderen Stellenwert für den Prüfer hat das konsequente Verwenden von normgerechten und damit sicheren Prüfgeräten, die am GS-Sicherheitszeichen zu erkennen sind.

Einfluss auf die Entscheidung haben natürlich auch betriebliche Gesichtspunkte:

- ▷ Von der betrieblichen Organisation hängt es ab, ob Prüfgeräte mit Speicher und PC-Anschlussstelle sinnvoll oder sogar unbedingt erforderlich sind (→ K 11).
- ▷ Unbedingt ist darauf zu achten, dass der Messgerätepark überschaubar bleibt und alle Prüfgeräte möglichst mit einheitlicher Software arbeiten (→ K 11).
- ▷ Das Verwenden von Prüfgeräten nur eines Herstellers gestattet eine einheitliche Software, eine einheitliche Organisation der Kalibrierung und vereinfacht die Einweisung/Schulung usw. der Mitarbeiter sowie eine rationellere Lagerhaltung des Messzubehörs.

Prüfgeräte nach DIN VDE 0404

Zu entscheiden ist eigentlich nur noch, ob Geräte des Typs C oder D anzuschaffen sind. Auf die bei ihnen vorhandenen, von der Netzspannung abhängigen Messfunktionen kann nicht verzichtet werden. Zusätzlich können dann die bereits vorhandenen Geräte des Typs A oder B für bestimmte ausgewählte Prüfungen zum Einsatz kommen. Ob Geräte mit der so genannten Ja/Nein-Bewertung eingesetzt werden sollen, ist sehr umstritten. Die mit diesen Geräten ver-

bundenen und erheblich vom Einsatzfall abhängenden Vor- und Nachteile hinsichtlich der Prüfqualität und der Einsparungen an Prüfzeit sind sorgfältig abzuwägen (→ A 9.3). Eine Fehlentscheidung ist sehr teuer.
Gut zu überlegen ist auch, ob sich die Anschaffung eines Geräts des Typs D hinsichtlich des automatischen Prüfablaufs lohnt. Bei einer größeren Anzahl zu prüfender Geräte macht sich besonders bemerkbar, dass kein Umstecken zwischen der Prüf- und der Netzsteckdose erforderlich ist. Sind komplizierte oder vielfach fehlerbehaftete Geräte zu prüfen, bei denen der Prüfablauf dann den mehrfachen Eingriff des Prüfers erfordert, so sollte besser ein Prüfgerät des Typs C verwendet werden. Das gilt auch für Prüfungen während und nach der Instandsetzung von Geräten, wenn die einzelnen Messungen während der Instandsetzung und am geöffneten Gerät vorzunehmen sind.

Prüfgeräte nach DIN EN 61557 VDE 0413

Sind mehrere Personen gleichzeitig mit der Prüfung einer Anlage beschäftigt, so ist der Einsatz von mehreren Prüfgeräten mit Einzelfunktionen sinnvoll. Wird von einem Prüfer allein die Prüfung einer Anlage vorgenommen, empfiehlt sich das Verwenden eines Kombiprüfgeräts (→ Bilder 10.7 und 4.5.4), das alle nötigen Messungen ermöglicht. Zu bedenken ist allerdings, dass Einzelgeräte zumeist einfacher zu bedienen sind als Kombiprüfgeräte, was bei weniger erfahrenen Prüfern sowie für Einzelprüfungen und kurzfristig zu erledigende Aufträge nützlich sein kann.
Einfluss auf die Auswahl hat auch die Art der häufig durchzuführenden Messungen. In Gebieten, die vorwiegend mit der Schutzmaßnahme TT-System mit FI-Schutzeinrichtung ausgestattet sind, oder wenn es bei Kontrollen hauptsächlich auf das Prüfen der FI-Schutzschalter ankommt, wird ein dementsprechendes Gerät (→ Bild 4.7.7) vorteilhaft sein.
Für alle bei der Anlagenprüfung zu verwendende Prüfgeräte gilt:

- ▷ Sie müssen – bequem! – um den Hals gehängt und dann mit nur einer Hand bedient werden können.
- ▷ Die Messvorgänge müssen eingeleitet werden können, ohne dass der Prüfer seine Hände von den Messspitzen o. ä. lösen muss.
- ▷ Das Ablesen des Displays muss in der Arbeitshaltung, ohne zusätzliches Schwenken des Geräts möglich sein.
- ▷ Den Prüfer darf keine provisorische Befestigung des Zubehörs behindern.
- ▷ Der Nullabgleich der Messverfahren/Messleitungen muss ohne Zutun des Prüfers erfolgen.

10.5 Wartung, Prüfung, Kalibrierung

Eine ordnungsgemäße Betreuung und Pflege der Prüfgeräte ist unumgänglich. Das achtlose Transportieren, Lagern oder Herumliegen lassen ist „Gift“ für diese hochwertigen und – trotz ihrer relativen Robustheit – empfindlichen Prüf- bzw. Messgeräte.
In jedem Unternehmen – auch für den Meister in einem Einmannbetrieb – muss es eine Prüfanweisung o. ä. geben (→ K 12), in der die Verhaltensregeln für den Umgang mit den Prüfgeräten eindeutig benannt und vorgegeben werden.

Der Verantwortliche des jeweiligen Betriebs bzw. der Elektrowerkstatt muss mit Konsequenz und unnachsichtig dafür sorgen, dass sich alle seine Mitarbeiter an die Prüfanweisung halten. Der ordnungsgemäße Zustand der Prüfgeräte ist eine Voraussetzung für

- die Sicherheit des Prüfers und
- für die Sicherheit der Betreiber der Anlagen, die mit diesen Geräten geprüft worden sind.

In dieser Prüfanweisung muss festgelegt werden,

- in welchen zeitlichen Abständen und auf welche Weise eine Prüfung erfolgt – es genügt der Vergleich der Messwerte mit einem Prüfnormal *(Bild 10.8)* – und
- wann das Kalibrieren durch eine dazu autorisierte Institution vorzunehmen ist.

10.6 Hinweise

H 10.01 Ermittlung der Betriebsmessabweichung eines Prüfgeräts

Die Betriebsmessabweichung eines Prüfgeräts ist durch eine Messung an dem Messnormal (→ Bild 10.8) der jeweiligen Größe vorzunehmen. Gegebenenfalls kann auch an einem bestimmten, nach den betrieblichen Möglichkeiten ausgewählten Messobjekt eine Vergleichsmessung mit einem kurz zuvor kalibrierten Prüfgerät vorgenommen werden, dessen Betriebsmessabweichung dann ja bekannt ist. Es kommt – wie die Bewertungen der Messergebnisse in den Kapiteln 4 bis 6 zeigen – bei diesen Messungen nicht auf ein besonders genaues Ergebnis, sondern vielmehr darauf an, die Größenordnung der Abweichung festzustellen.

H 10.02 Ist die Verwendung von älteren Prüfgeräten zulässig, die nicht den aktuellen Normen entsprechen?

Mit dem Erscheinen einer neuen, d. h. aktualisierten Norm, entsprechen die vor diesem Zeitpunkt hergestellten Prüfgeräte nicht mehr allen aktuellen Anforderungen. Es kann sich dabei um die Betriebsmessabweichung, die Sicherheit für den Prüfer oder die Ausstattung mit den erforderlichen Messverfahren handeln. Das ist jedoch kein Grund, das betreffende Prüfgerät auszusondern. Allerdings sollte sich jeder Prüfer über die Unterschiede informieren, die zwischen seinem „älteren" Prüfgerät und dem der neuen Generation bestehen.

Wenn ein Prüfer ein solches Prüfgerät verwendet, kann er sich z. B. auf folgende in DIN VDE 0702 enthaltene Festlegung berufen: *„Es sind Prüfgeräte zu verwenden, die*

- *DIN VDE 0404 entsprechen oder*
- *gleiche Messergebnisse und Messbedingungen sicherstellen."*

Natürlich muss er dann gegebenenfalls nachweisen können, dass die Besonderheiten seines Prüfgeräts bei der Organisation der Prüfung bzw. beim Zuordnen der Prüflinge zum Prüfgerät ordnungsgemäß beachtet werden und z. B. keine nachteiligen Folgen für die Messergebnisse haben.

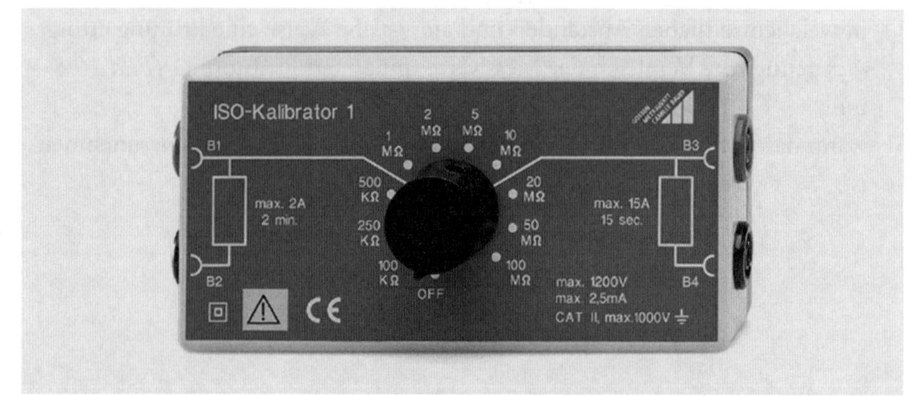

Bild 10.8
Beispiel eines Kalibrators zur regelmäßigen Kontrolle der Prüfgeräte bezüglich ihrer Betriebsmessabweichung (Iso-Kalibrator GMC)

11 Dokumentation der Prüfung und der Messergebnisse

11.1 Allgemeines, Pflicht zur Dokumentation

In der Betriebssicherheitsverordnung [1.1] wird neben der Pflicht zur Prüfung der Arbeitsmittel (→ K 2) im § 11 auch die Pflicht zum Dokumentieren dieser Prüfung wie folgt festgelegt:
„Der Arbeitgeber hat die Ergebnisse der Prüfungen nach § 10 aufzuzeichnen. … Die Aufzeichnungen sind über einen angemessenen Zeitraum aufzubewahren, mindestens bis zur nächsten Prüfung".
Damit ist alles Notwendige gesagt. Arbeitgeber, das ist hier der Auftraggeber der Prüfung bzw. der Betreiber des zu prüfenden Erzeugnisses. Dieser muss somit vom Prüfer die Bestätigung der normgerecht durchgeführten Prüfung verlangen.
In weiteren Gesetzen und Verordnungen wird diese grundsätzliche Festlegung mehr oder weniger detailliert untersetzt. So heißt es z. B. in der Unfallverhütungsvorschrift BGV A3 [1.9]:
„Auf Verlangen der Berufsgenossenschaft ist ein Prüfbuch mit bestimmten Eintragungen zu führen."
Für den Prüfer, der die Prüfung auftragsgemäß durchführt, gleichgültig, ob es sich um eine Elektrofachkraft aus dem eigenen Unternehmen oder eines Fremd-

betriebs handelt, ergibt sich die Pflicht zum Dokumentieren aus dem ihm erteilten Auftrag, der entsprechend den geltenden gesetzlichen Vorgaben durchzuführen ist. Sie entsteht auch aus den allgemein gültigen Vorgaben oder aus den vertraglichen Festlegungen, nach denen die allgemein anerkannten technischen Regeln (z. B. DIN-VDE-Normen) einzuhalten sind. In diesen heißt es z. B.:

- ▷ DIN VDE 0100 Teil 600 (E) 2004-08
  „Nach vollständiger Durchführung der Prüfung. . . .muss ein Prüfprotokoll der Erstprüfung erstellt werden."
- ▷ DIN VDE 0701
  „Die bestandene Prüfung . . . ist in geeigneter Weise zu dokumentieren. Sollte sich ein Gerät als nicht sicher erweisen, ist dies am Gerät deutlich zu kennzeichnen und der Betreiber ist darüber schriftlich in Kenntnis zu setzen."

In welcher Form die Dokumentation erbracht werden soll und welche Prüfergebnisse zu dokumentieren sind, wird nur bei der Prüfung besonderer Anlagen oder bei besonderen Prüfungen (Brandschutz, Überwachungspflicht, Versicherungspolice u. ä.) ganz konkret und bis in die Details festgelegt. Aber auch in allen anderen Fällen – in denen dem Prüfer etwas mehr Freizügigkeit eingeräumt wird – heißt es recht eindeutig z. B.

- ▷ in DIN VDE 0100 Teil 600 (E): 2004-08
  „Die Dokumentation muss Details des Anlagenumfangs . . . mit einem Bericht über das Besichtigen und die Ergebnisse der Erprobungen und Messungen enthalten" und
- ▷ in DIN VDE 0702: 2004-06
  „Es wird empfohlen, die Prüfung in geeigneter Form zu dokumentieren und die Messwerte aufzuzeichnen".

Weitere Einzelheiten dazu sollten zwischen Prüfer/Auftragnehmer und Auftraggeber vereinbart werden.

11.2 Inhalt und Art der Dokumentation

Da der Auftraggeber zumeist nicht fachkundig genug ist, um die Notwendigkeit der Dokumentation und der aufzunehmenden Daten der Prüfung zu erkennen, obliegt es der prüfenden Elektrofachkraft, eine Dokumentation anzufertigen, die den Anforderungen/Nachweispflichten genügt, die möglicherweise an den Auftraggeber oder den Auftragnehmer gestellt werden. Das heißt, mit dieser Dokumentation hat der Prüfer gegenüber dem Auftraggeber zu erklären,

▷ nach welchen Vorgaben (Gesetze, Normen usw.),
▷ an welchen Anlagen/Anlagenteilen/Geräten,
▷ nach welchen Unterlagen (Schaltpläne usw.) und
▷ mit welchem Ergebnis
die Prüfung von ihm vorgenommen wurde.

Zu sichern ist, dass mit der Dokumentation
▷ ausgesagt wird: *„Die Elektrosicherheit des geprüften Erzeugnisses entspricht den gesetzlichen Vorgaben"* (**Prüfprotokoll**, → *Bilder 11.1 a* und *11.2 a*);
▷ die Prüf-/Messergebnisse zur Verfügung stehen, mit denen dem Auftraggeber und gegebenenfalls auch anderen Adressaten (Berufsgenossenschaft, Gewerbeaufsicht, Versicherung, Gericht) die ordnungsgemäße Durchführung der Prüfung glaubhaft gemacht werden kann (**Prüf-/Messbericht**, → *Bilder 11.1 b* und *11.2 b*);
▷ über etwaige Besonderheiten des Prüflings, die beim Prüfen erkannten Schwachstellen, zu empfehlende Änderungen usw. sowie über die zum Umsetzen der Prüfergebnisse erforderlichen Aktivitäten des Kunden informiert wird (Kundeninformation, → *Bilder 11.1c* und *11.2c*).

Darüber hinaus ist diese Dokumentation für den Prüfer eine wichtige Information über das Erzeugnis und die nötigen/möglichen Arbeiten sowie eine Möglichkeit, dessen künftige Prüfungen rationeller und auch gründlicher durchführen zu können.
Welche Form diese dem Auftraggeber zu übergebende Dokumentation haben soll, und ob alle Prüf-/Messergebnisse detailliert anzugeben sind, ist ebenfalls nur für spezielle Erzeugnisse festgelegt. Das kann somit vom prüfenden Elektrofachbetrieb entschieden bzw. mit dem Auftraggeber vereinbart werden. Für den Prüfer ist es allerdings in jedem Fall und auch im ganz persönlichen Interesse empfehlenswert, alle Prüf-/Messergebnisse betriebsintern auf herkömmliche Weise zu archivieren oder elektronisch zu speichern.
Die üblichen Möglichkeiten des Dokumentierens sind in *Tabelle 11.1* aufgeführt sowie in den Bildern 11.1 bis 11.5 dargestellt. Welche davon genutzt werden, hängt von den betrieblichen Gegebenheiten, der Häufigkeit der Prüfung, der Betriebsorganisation und der Ausstattung der vorhandenen Prüfgeräte ab.
Für spezielle Erzeugnisse, z. B. für medizinische elektrische Geräte, können auch vom Hersteller vorgegebene oder vom Betreiber festgelegte erzeugnisspezifische Mess-/Prüfprotokolle erforderlich sein. Immer muss die Dokumentation aber einen ordentlichen und vertrauenswürdigen Eindruck hinterlassen. Der Prüfer

und sein Arbeitsergebnis – die Sicherheit der elektrischen Erzeugnisse – werden auch danach beurteilt.

Es bleibt dabei dem Prüfer überlassen, ob die Ergebnisse der Prüfschritte (Messwerte bzw. Erprobungs- und Besichtigungsergebnisse) als Zahlenwerte oder verbal (z. B. „o. k." oder „in Ordnung" oder „entsprechend der Norm") eingetragen werden.

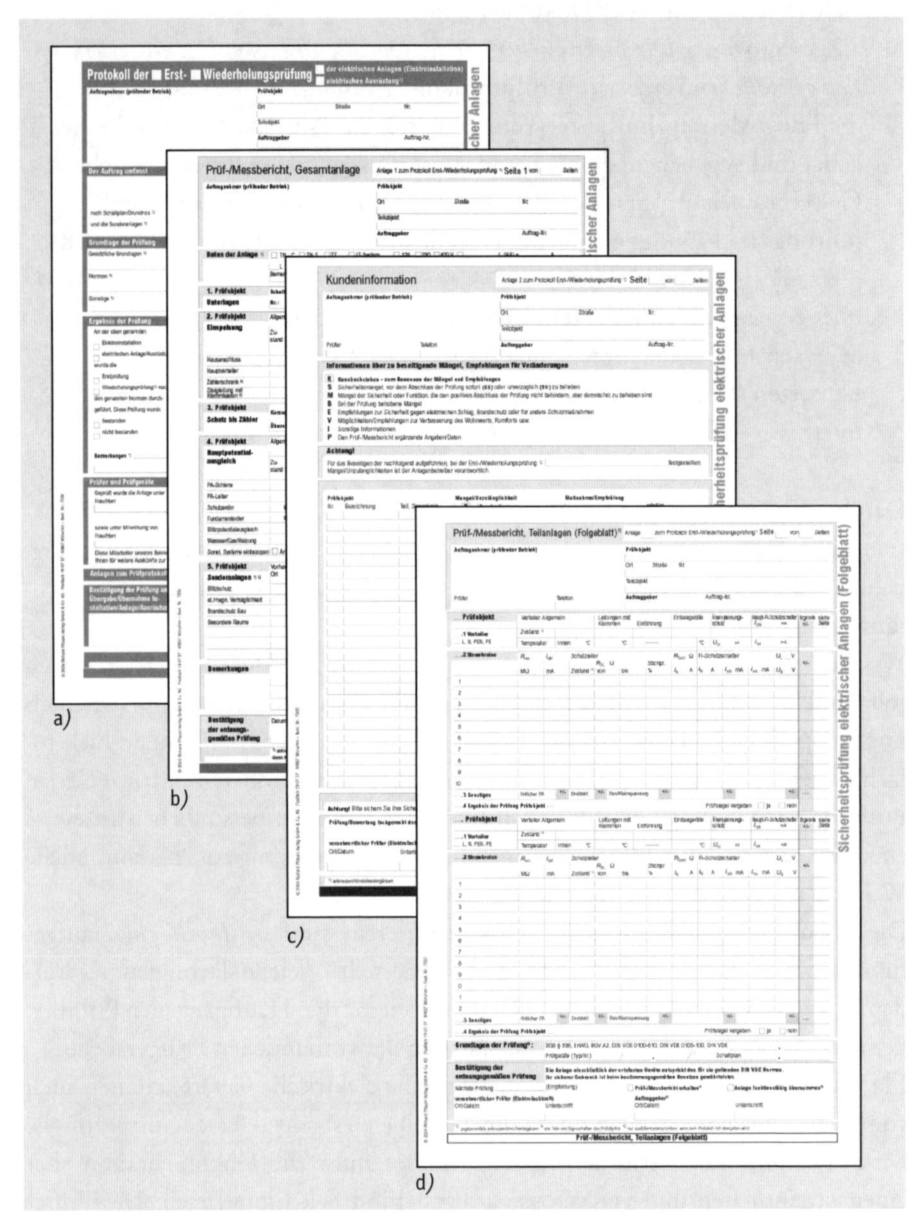

a) Protokoll der ■ Erst- ■ Wiederholungsprüfung der elektrischen Anlagen (Elektroinstallation) / elektrischen Ausrüstung

b) Prüf-/Messbericht, Gesamtanlage

c) Kundeninformation

Informationen über zu beseitigende Mängel, Empfehlungen für Veränderungen

d) Prüf-/Messbericht, Teilanlagen (Folgeblatt)

Sicherheitsprüfung elektrischer Anlagen (Folgeblatt)

Bild 11.1 Dokumentation der Erst- oder Wiederholungsprüfung einer elektrischen Anlage mit eigenem Anschluss an das Versorgungsnetz (Pflaum Verlag München)

Formularsatz (Bestell-Nr. 7000) bestehend aus:

a) Prüfprotokoll;

b) Prüf-/Messbericht;

c) Kundeninformation;

d) nicht zum Formularsatz gehörendes Folgeblatt (Bestell-Nr. 7003), das auch als Prüfprotokoll für Anlagenteile (Verteiler, Wohnung, Werkstattbereich) eingesetzt werden kann

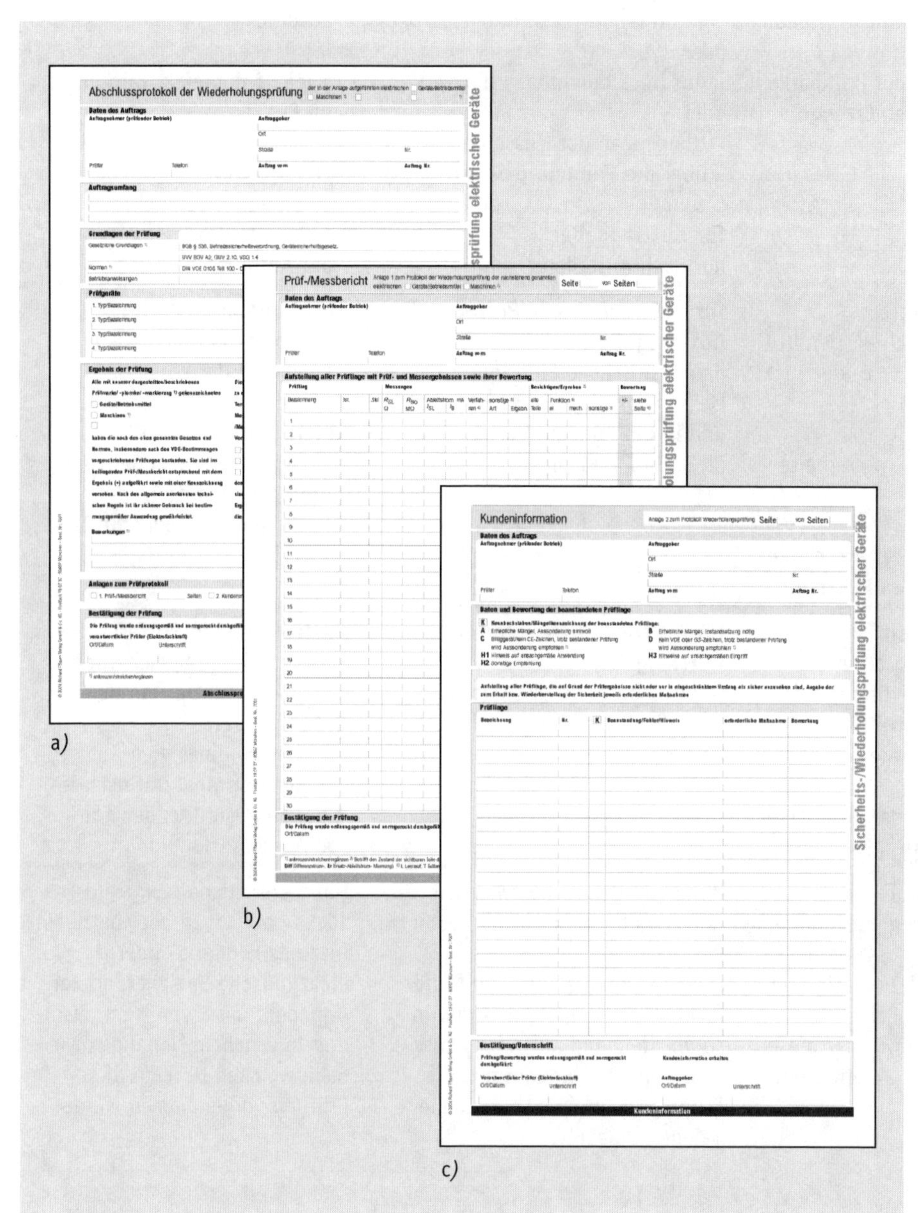
a)

Abschlussprotokoll der Wiederholungsprüfung

Daten des Auftrags

Auftragsumfang

Grundlagen der Prüfung

Prüfgeräte

Ergebnis der Prüfung

Anlagen zum Prüfprotokoll

Bestätigung der Prüfung

Sicherheits-/Wiederholungsprüfung elektrischer Geräte

b)

Prüf-/Messbericht

Seite von Seiten

Daten des Auftrags

Aufstellung aller Prüflinge mit Prüf- und Messergebnissen sowie ihrer Bewertung

Bestätigung der Prüfung

Sicherheits-/Wiederholungsprüfung elektrischer Geräte

c)

Kundeninformation

Seite von Seiten

Daten des Auftrags

Daten und Bewertung der beanstandeten Prüflinge

Prüflinge

Bestätigung/Unterschrift

Kundeninformation

Sicherheits-/Wiederholungsprüfung elektrischer Geräte

Bild 11.2 Dokumentation der Wiederholungsprüfung elektrischer Geräte (Pflaum Verlag München)

Formularsatz (Bestell-Nr. 7001) bestehend aus:

a) Prüfprotokoll;

b) Prüf-/Messbericht;

c) Kundeninformation

Tab. 11.1 Möglichkeiten zur Dokumentation der Ergebnisse einer Prüfung

Bestätigung der Prüfung für den Auftraggeber durch:	Benennen der Ergebnisse der einzelnen Prüfschritte/Messungen	Archivierung beim Prüfer und beim Kunden durch:
1. Möglichkeit – Vermerk auf der Rechnung oder – betriebsinternes Formular **und** – Anbringen der Prüfmarke am geprüften Erzeugnis	**für Auftragnehmer/Prüfer:** – handschriftliche Eintragung im Messprotokoll und in der Kundeninformation (z. B. Bild 11.1 b/c) oder – Ausdruck durch das Prüfgerät oder – Übertragen der Messergebnisse über die Prüfgeräte-Schnittstelle zum PC **für Auftraggeber:** nur nach Anforderung	**Auftragnehmer/Prüfer:** – Speicherung der Daten durch Messprotokoll oder Prüfgeräteausdruck oder – Speicherung elektronisch im PC oder **Auftraggeber:** – Übergabe (Ausdruck) an den Auftraggeber auf Anforderung
2. Möglichkeit Handschriftlich ausgefüllte – Vordrucke (→ Bilder 11.1 bzw. 11.2) oder – betriebsintern erarbeitetes Formular **und** – Anbringen der Prüfmarke am geprüften Erzeugnis	**für Auftragnehmer/Prüfer und Auftraggeber:** handschriftliche Eintragung im Messprotokoll (z. B. Bild 11.1 b) und in der Kundeninformation (z. B. Bild 11.1.c)	**Auftragnehmer/Prüfer:** – Speicherung durch das Aufbewahren der Kopie der ausgefüllten Vordrucke **Auftraggeber:** – Übergabe des Originals der Prüfdokumentation (→ Bilder 11.1 oder 11.2)
3. Möglichkeit – Bestätigung der normgerechten Prüfung durch ein Prüfprotokoll der Prüfgerätesoftware **und** – Anbringen der Prüfmarke am geprüften Erzeugnis	**für Auftragnehmer/Prüfer und Auftraggeber:** Übertragen der Messergebnisse über die Prüfgeräte-Schnittstelle zum PC	**Auftragnehmer/Prüfer:** – elektronische Speicherung der Dokumentation im PC **Auftraggeber:** – Übergabe eines vom Auftragnehmer original unterschriebenen Ausdrucks der Prüfdokumentation
4. Möglichkeit Nur Anbringen der Prüfmarke am geprüften Erzeugnis (nicht üblich und mit dem Risiko verbunden, dass Kontrollinstanzen/Justiz diese Lösung nicht akzeptieren)	**ohne** (in Absprache zwischen Auftraggeber und Auftragnehmer/Prüfer) (Gegebenenfalls muss der Prüfer fachlich so kompetent sein und so überzeugend auftreten, dass man ihm die ordnungsgemäße Prüfung auch ohne schriftliche Belege glaubt)	Handschriftliche (z. B. Bild 11.1a oder 11.2a oder betriebsinternes Formular) oder elektronische Speicherung der Angaben, dass, von wem, wann und in welchem Umfang sowie nach welchen Normen die Prüfung vorgenommen wurde

Das exakte Angeben der Messwerte ist nicht zwingend erforderlich, weil

- ▷ mit dem Bestätigen des positiven Prüfergebnisses gesagt wird, dass die in der Norm genannten Grenzwerte eingehalten wurden und
- ▷ die Messwerte ohnehin zumeist in Bereichen liegen (z. B. > 30 MΩ; < 0,1 mA), in denen die Istwerte mit den anzuwendenden Prüfgeräten nicht zu erfassen sind, und
- ▷ keine im Laborbetrieb üblichen Messwerte möglich/nötig sind (→ K 3).

Wenn allerdings vom Prüfer entschieden wird, trotz etwaigem Nichteinhalten eines Grenzwerts den Messwert positiv zu beurteilen, oder wenn sich unübliche Messwerte ergeben, dann sollte er die Messwerte so exakt wie möglich notieren sowie den Sachverhalt durch eine entsprechende Notiz in der Kundeninformation deutlich machen und seine Entscheidung begründen.

Nicht genutzte Spalten/Zeilen usw. sollten deutlich durchgestrichen werden, um damit eindeutig zum Ausdruck zu bringen, dass dieser Prüf-/Messschritt nicht erfolgt ist. Zahlenwerte sollten in Anbetracht der hier nötigen/möglichen Genauigkeit höchstens zwei Stellen umfassen und höchstens eine Stelle hinter dem Komma aufweisen.

In jedem Fall ist zu beachten, dass

- ▷ die erforderlichen Informationen den Beteiligten auf möglichst rationelle Weise, eindeutig und übersichtlich zur Verfügung gestellt werden (es darf nicht mehr Zeit zum Dokumentieren als zum Prüfen benötigt werden) und
- ▷ die Dokumentation so erfolgt, dass sie eindeutig, vollständig und somit auch gerichtsfest ist.

11.3 Dokumentation mit herkömmlichen Vordrucken

Wer nur gelegentlich prüft oder noch nicht oft geprüft hat, sollte seine Erfahrungen auf jeden Fall auch dadurch sammeln, dass er zum Dokumentieren Vordrucke verwendet, wie sie in den Bildern 11.1 bzw. 11.2 dargestellt werden. Diese Formulare können wie Checklisten verwendet werden und bieten somit eine erhebliche Hilfe. Sie ermöglichen dem Prüfer auch,

- ▷ das Prüfen zu erlernen und zu begreifen,
- ▷ seinen Prüfablauf selbst zu organisieren und gegebenenfalls selbst zu korrigieren, ohne an vorgegebene Abläufe gebunden zu sein,

▷ seinen Mitarbeitern und dem Betreiber den Prüfablauf und die Prüfergebnisse schnell zu erläutern.

Ein auf diese Weise „erlernter" Prüfablauf lässt sich dann Schritt für Schritt in das elektronisch gesteuerte Prüfen und Dokumentieren „übersetzen", ohne von den Anweisungen der Software überrollt zu werden.

Um eine eindeutige Zuordnung der geprüften Anlagen/Geräte zur Prüfdokumentation zu gewährleisten und den Anwender über die Prüfung sowie den nächsten Prüftermin zu informieren, sollten die im *Bild 11.3* dargestellten Prüfmarken auf dem geprüften Gerät bzw. an den Verteilern/Einspeisungen der geprüften Anlagen angebracht werden. Das gilt auch für die elektronische Dokumentation.

Die Prüfmarken (→ Bilder 11.3 a bis c) werden als alleinige Dokumentation der Prüfung bisher nicht anerkannt (→ Tabelle 11.1). Wenn eine solche Lösung zum Rationalisieren der Prüfarbeit für die im eigenen Verantwortungsbereich zum Einsatz kommenden eigenen Arbeitsmittel gewählt wird, sollte sie unbedingt mit den zuständigen Sicherheitsfachkräften/Aufsichtsbeamten abgesprochen und vereinbart werden.

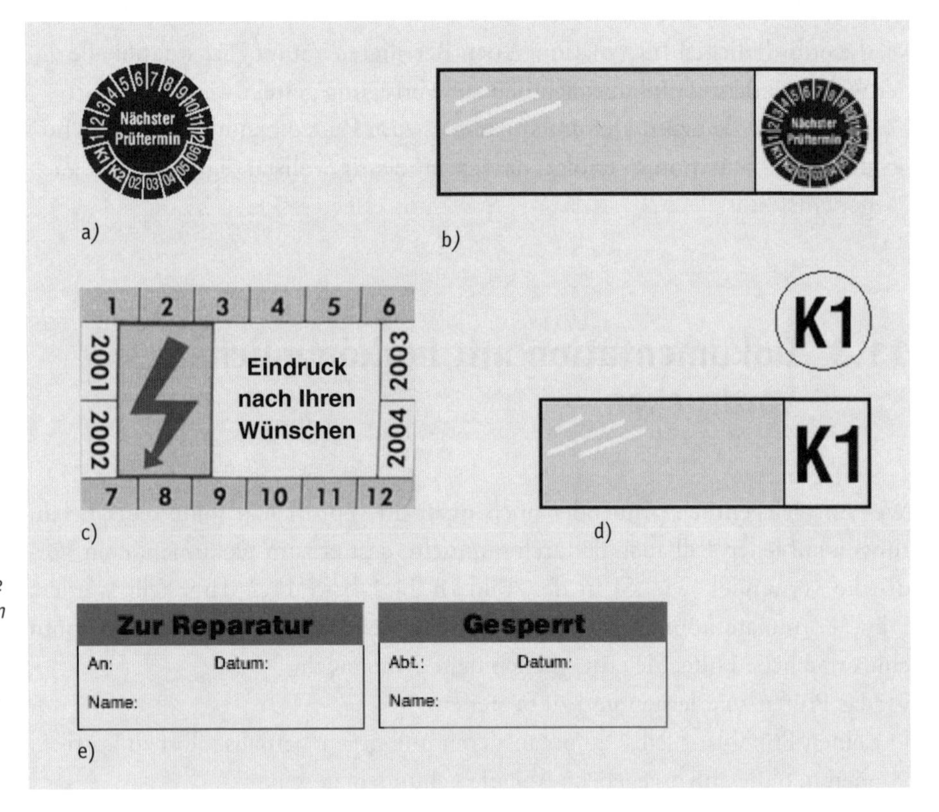

Bild 11.3 Kennzeichnung (Prüfmarken) von elektrischen Anlagen oder Geräten (Brewes)

a) Firmenneutrale Prüfplakette für z. B. einen Verteiler oder ein Gerät

b) Firmenneutrale Prüfkennzeichnung für Leitungen/Kabel

c) Prüfkennzeichnung mit Firmenanschrift (Stempel oder Eindruck) für Verteiler/Großgeräte

d) Kennzeichnung der Einsatzkategorie für ortsveränderliche Geräte/Leitungen

e) Beispiele für die Kennzeichnung von Betriebsmitteln nach einer nicht bestandenen Prüfung

11.4 Elektronische Dokumentation

Für den Inhalt und die Aussagen der elektronischen Dokumentation gelten die gleichen Grundsätze und Anforderungen, wie sie vorstehend aufgeführt wurden.

Eine Variante der Dokumentation zeigt *Bild 11.4*. Möglich ist es auch, Protokolle, wie sie in den Bildern 11.1 und 11.2 gezeigt werden, über die Software auszudrucken. Die diesem Buch beiliegende CD-ROM gibt einen Einblick in die elektronische Dokumentation. Die enthaltene Demo-Software kann vom Leser auf seinem PC installiert werden, um sich über diese Möglichkeit zu informieren.

Viele Prüfgeräte verfügen neben dem Speicher auch über einen Drucker, mit dem die Messdaten als Ergänzung eines schriftlichen Protokolls oder zur Sofortinformation z. B. des Auftraggebers bereitgestellt werden können. Diese Daten können dann außerdem zum PC übertragen und weiterverarbeitet werden. Eine elektronische Datenspeicherung (→ Bild 11.4) im PC ist zumindest dann empfehlenswert, wenn z. B. das Prüfen von elektrischen Anlagen täglich erfolgt oder eine große Anzahl (>100) elektrischer Geräte des eigenen Unternehmens bzw. der Stammkunden ständig regelmäßig zu prüfen sind.

Die von den Herstellern der Messgeräte angebotene Software bieten die Möglichkeiten, auch Protokolle und Messwertlisten (ähnlich wie in den Bildern 11.1 und 11.2 dargestellt) mit relativ wenig Aufwand zu erstellen.

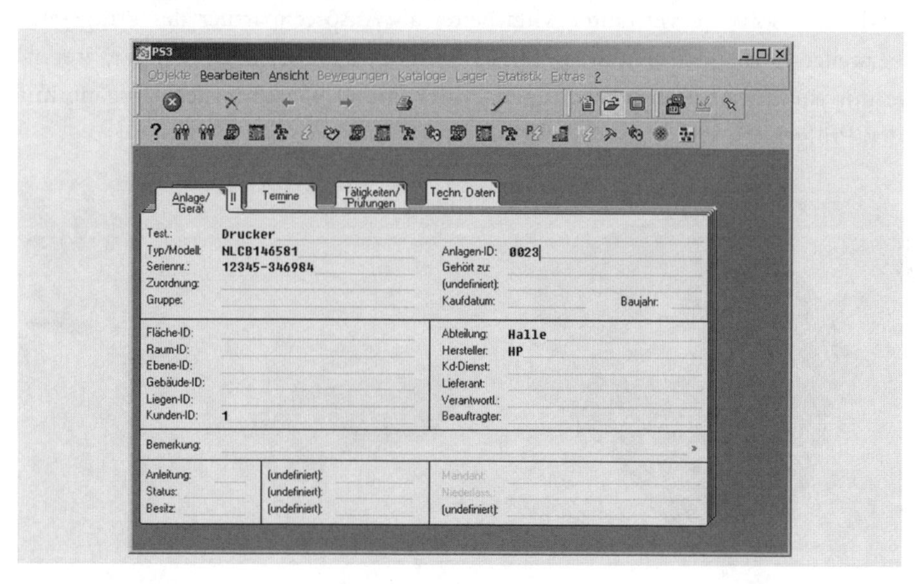

Bild 11.4
Elektronische Karteikarte für das Verwalten elektrischer Geräte mit Speicherung der Daten der Wiederholungsprüfung, der Instandsetzung usw. (siehe beiliegende CD-ROM)

Über besondere Vorkommnisse, Defekte, Schwachstellen, nötige Aussonderungen usw. ist der Auftraggeber mit einer betriebsinternen Information (ähnlich wie im Bild 11.1 c dargestellt) gesondert zu informieren.
Grundsätzlich wird empfohlen, sich bei einem Hersteller, dessen Prüfgeräte man bereits kennt, über die angebotenen Möglichkeiten der elektronischen Speicherung der Daten, die auszudruckende Dokumentation und die anderen, dem Rationalisieren dienenden Feinheiten zu informieren. Eine solche Möglichkeit ist die Kennzeichnung mit Barcodes, die sich in der Warenwirtschaft seit Jahren bestens bewährt hat. Die Etiketten sind sehr preiswert und einfach herzustellen *(Bild 11.5a)*. Die Lesegeräte *(Bild 11.5b)* können in der Regel mehrere unterschiedliche Codes lesen. Das jeweilige System muss sich in die vorhandene betriebliche EDV einfügen oder das Einrichten einer elektronischen Betriebsorganisation ermöglichen, die auf

▷ die Prüflinge bezogen und/oder auf
▷ die Kunden/Betriebsabteilungen bezogen

ist.
Wichtig ist auch, dass mit dem Hersteller der Prüfgeräte/Software ein Wartungsvertrag abgeschlossen wird. Dadurch wird das System immer an den Stand der Technik, die Normenvorgaben und andere aktuelle Erfordernisse angepasst. Die jährlichen Kosten für Wartungsverträge betragen ca. 10 bis 20 % des Systempreises und liegen daher wesentlich unter den Kosten, die bei der Übernahme der Daten eines neuen Systems anfallen.
Nicht übersehen werden darf, dass im Unternehmen ein mit den Prüfgeräten und ihrer Software vertrauter Mitarbeiter als Ansprechpartner des Prüfgeräteherstellers vorhanden sein muss. Dieser Sachkundige wird auch benötigt, um alle mit Routinearbeiten beschäftigten Prüfer immer wieder in den Umgang mit den Prüfgeräten und in aktuelle Erfordernisse einzuweisen.

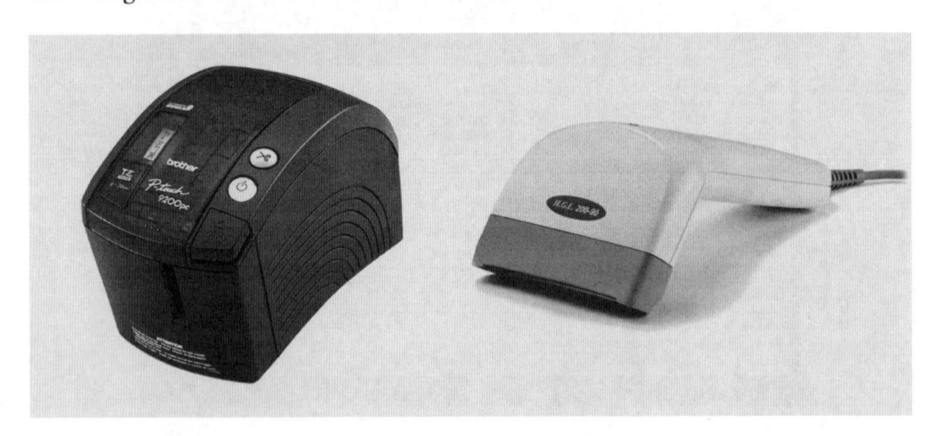

Bild 11.5
Barcodedrucker (a) und Barcodeleser (b) (GMC)

Zu beachten ist vor dem Einführen bzw. beim Verwenden der elektronischen Dokumentation außerdem:

- ▷ Die Dokumentation ist verloren, wenn der Rechner bzw. das Speichermedium defekt ist. Daher müssen die Daten regelmäßig, z. B. auf einer CD-ROM (ca. 10 Jahre Datenerhalt), gesichert werden.
- ▷ Der Zeitraum einer regelmäßigen Datensicherung ist in erster Linie von der Datenmenge, die in einem bestimmten Zeitabschnitt anfällt, bzw. von dem dafür erforderlichen Aufwand abhängig. Wenn z. B. jeden Tag einige hundert Geräte oder Anlagen durch mehrere Mitarbeiter geprüft werden, sollte die Sicherung jeden Tag erfolgen, weil ein Datenverlust in Anbetracht der zu wiederholenden Prüfungen einige Tausend Euro kosten kann.
- ▷ Elektronische Daten können nicht direkt eingesehen werden – man benötigt immer einen Rechner und entsprechende Software, um die Dokumentation sichtbar zu machen. Beides unterliegt heutzutage einem sehr schnellen Änderungszyklus. Es ist daher in Anbetracht der für die Dokumentation geltenden Aufbewahrungszeiträume von mehreren Jahren sicherzustellen, dass ebenso wie das passende Programm auch eine zuverlässige Hardware verfügbar ist, auf der das Programm laufen soll. So ist es z. B. heute nur noch mit großem Aufwand möglich, Daten und Programme, die noch vor 10 Jahren unter DOS oder Windows 3.xx funktionierten, unter Windows XP weiterzuführen.

12 Arbeitsschutz beim Prüfen und Messen

12.1 Allgemeines, Gefährdungsbeurteilung und Gefahrenabwehr

Gefährdungen durch das Berühren aktiver Teile, durch Einwirkungen von Lichtbögen oder aus anderen Gründen sind beim Prüfen elektrischer Erzeugnisse nicht auszuschließen. Sie ergeben sich im Wesentlichen durch

- ▷ das nicht immer zu vermeidende Arbeiten an oder in der Nähe unter Spannung stehender Teile der Prüflinge oder der Prüfstromkreise,
- ▷ defekte Geräte oder Bauteile der Prüflinge und
- ▷ fehlende Informationen oder Erfahrungen und falsches Verhalten der Prüfer.

Betroffen sind allerdings nicht nur die Prüfer selbst, sondern möglicherweise auch andere Personen, die sich im Prüfbereich aufhalten. Auch Sachen können direkt oder indirekt durch die beim Messen benötigten oder ungewollt entstehenden Prüfströme/-spannungen erfasst, überlastet und zerstört werden. Es ist die Pflicht der jeweils mit dem Prüfen beauftragten Elektrofachkraft bzw. des für die Prüfung verantwortlichen Unternehmers/Vorgesetzten *(Tabelle 12.1)*, diese Gefährdungen zu erkennen und soweit wie möglich abzuwenden [1.1] [1.2] f.

Zunächst sind die möglichen Gefährdungen vollständig zu erfassen. Zumeist sind sie typisch für das Prüfen und die zu prüfenden Erzeugnisse. Abhängig von deren Besonderheiten und den Prüfverfahren können jedoch immer wieder neue Überlegungen nötig sein, um Gefährdungen zu erkennen und zu beseitigen. Das heißt, dem Unternehmer obliegt die

Prüfaufgabe:
gemeinsam mit seinen Elektrofachkräften

▷ eine Gefährdungsbeurteilung *(Bild 12.1)* zu erarbeiten [1.1], mit der dann auch die zur Abwehr dieser Gefährdungen erforderlichen Maßnahmen festzulegen sind, und
▷ dafür zu sorgen, dass alle mit der Prüfung beauftragten oder von ihr betroffenen Mitarbeiter/Personen ausreichend und immer wieder aktuell informiert werden.

Tab. 12.1 Verantwortung und erforderliche organisatorische Maßnahmen für den Arbeitsschutz beim Prüfen/Messen

1. Unternehmer oder Vorgesetzter (Führungsverantwortung)
- Ein oder mehrere Mitarbeiter sind zu beauftragen, bei den Aufträgen zum Prüfen als „Arbeitsverantwortliche" (verantwortlicher Prüfer) des Unternehmens/des Betriebsbereichs zu wirken.
- Gemeinsam mit den Arbeitsverantwortlichen und den betroffenen Mitarbeitern ist die Gefährdungsbeurteilung vorzubereiten und festzulegen.
- In einer betrieblichen Anweisung sind alle Verhaltensregeln und Maßnahmen festzulegen, die den Arbeitsschutz für die Prüfer und die möglicherweise anwesenden anderen Personen am Prüfort gewährleisten. Darin ist u. a. festzulegen
  - in welchen Fällen und durch wen das Arbeiten in der Nähe unter Spannung stehender Teile erfolgen darf. Festzulegen ist welche Maßnahmen des Arbeitsschutzes in diesen Fällen anzuwenden und welche Schutzmaßnahmen erforderlich sind und
  - dass nur die betrieblich zugelassenen Prüf- und Messmittel angewandt werden dürfen.
- Alle erforderlichen Prüf-/Messmittel, Prüfhilfsmittel und alle mit der Gefährdungsbeurteilung festgelegten, dem Arbeitsschutz dienenden Ausrüstungen sind anzuschaffen.
- Die erforderlichen Unterweisungen sind vorzunehmen.
- Die Kontrolle der Einhaltung der Festlegungen durch die Mitarbeiter muss regelmäßig erfolgen.

2. Verantwortlicher Prüfer (Arbeitsverantwortlicher)
- Mitwirkung beim Vorbereiten der Gefährdungsbeurteilung und der Betriebsanweisung
- Zustimmung zur Übernahme der Aufgabe und der damit verbundenen Verantwortung
- Absprache des Prüfablaufs mit dem jeweiligen Auftraggeber (Anlagenverantwortlicher)
- Information (Unterweisung) des nicht fachkundigen Auftraggebers/Kunden und dessen Mitarbeitern (Familienmitglieder) über die entstehenden Gefährdungen und ihr erforderliches Verhalten
- Umsetzen der festgelegten Maßnahmen zum Abwenden von Gefährdungen
- Verhindern des Herantretens von nicht fachkundigen Personen an das Prüfobjekt (z. B. Absperrung, Aufsicht durch einen Mitarbeiter oder den Kunden)
- Ergänzende Unterweisung der Prüfer über die am Prüfort auftretenden Gefährdungen sowie über die Art und Weise, wie die festgelegten Maßnahmen am Ort umgesetzt werden
- Kontrolle der Anwendung und der ausreichenden Wirksamkeit der für den Arbeitsschutz festgelegten Maßnahmen.

3. Prüfer (mitarbeitende Elektrofachkraft/elektrotechnisch unterwiesene Person)
- Sicherheitsgerechtes Verhalten nach den allgemein geltenden Regeln sowie der Betriebsanweisung/Gefährdungsbeurteilung
- Anleitung und Kontrolle der anwesenden nicht fachkundigen Personen
- Information des Vorgesetzten über auftretende Gefährdungen/Unregelmäßigkeiten

Arbeitsbereich:	Baustelle/Räume des Auftraggebers
Qualifikation:	Elektromonteur
Tätigkeit:	Prüfung von neu errichteten oder bestehenden elektrischen Anlagen mit ihren Betriebsmitteln
Prüfverfahren:	Erst- und Wiederholungsprüfung nach UVV BGV A3
Unterweisungsgrundlagen:	DIN VDE 0100-610, DIN VDE 0105-100, DIN VDE 0413, DIN VDE 0702

Gefährdung/Belastung	Maßnahmen (Beispiele)
Elektrische Durchströmungen durch: – defekte Anlage/Betriebsmittel des Kunden – defekte/falsche/unzulässige Prüfmittel – versehentliches Berühren aktiver Teile • im Prüfling • der Prüfmittel • der Prüf- und Messleitungen – Verschleppen von Prüfspannung/Prüfstrom auf • Anlagenteile • fremde leitfähige Teile – falsches Verhalten, Leichtsinn – fehlende Absprache, schlechte Organisation – ungenügende/fehlende Unterweisung/ Einweisung – unnötiges/vorschriftswidriges Arbeiten an/in der Nähe unter Spannung stehender Teile **Sachschäden durch:** – zu hohe Prüfströme/Prüfspannung – Funkenbildung beim Unterbrechen der Fehler-/Prüfströme – Prüfspannung an elektronischen Bauteilen – Prüfströme/-spannung auf Datenleitungen – Überschläge/Durchschläge **Sonstige Gefährdungen durch technische Ursachen:** – defekte oder ungeprüfte Arbeitsmittel – mechanische Einwirkungen der Prüflinge (sich drehende Teile, Messer usw.) **Gefährdungen durch falsches Verhalten:** – fehlende Prüfvorbereitung – fehlende Unterlagen über die zu prüfenden Maschinen/Betriebsmittel/Stromkreise – Prüfung an offensichtlich defekten oder unbekannten Anlagen/Betriebsmitteln – unklare Aufgabenstellung, fehlende Abstimmung des Prüfers (Arbeitsverantwortlicher) mit dem Betreiber (Anlagenverantwortlicher) – erhöhter/unsicherer Standort beim Prüfen – fehlende 1. Hilfe – Fehlverhalten fremder Personen – fehlende Qualifikation der Prüfer – Einsatz von nicht/schlecht unterwiesenen Hilfskräften – Einzelarbeitsplatz bei gefährlicher Arbeit ohne entsprechende Maßnahmen zur Sicherheit	**Technische Maßnahmen** **Prüfmittel** (im Prüfturnus): – Anwendung von Prüfgeräten nach aktueller DIN VDE 0413 und 0404, bei Multimetern nach aktueller DIN VDE 0411 und nur mit GS-Zeichen (CAT-Kennzeichnung) – Verwendung nur zugelassener berührungsgeschützter Hilfsmittel und Messleitungen – konsequente Anwendung zugelassener Werkzeuge, Trenntrafos, FI-Schutzschalter (PRCD-S) **Prüfverfahren:** – Sicht- und Schutzleiterprüfung sowie Isolationswiderstandsmessung vor den Prüfungen mit Netzspannung vornehmen – soweit wie möglich keine Abdeckungen abnehmen, – keine Fehlersuche an Teilen unter Spannung – Anschluss/Verbindung der Prüfmittel so, dass kein Berühren aktiver Teile möglich ist – zu prüfende Verteiler im vorgeordneten Verteiler freischalten (5 Sicherheitsregeln) – Isolierung des Standortes **Sicherungsmaßnahmen:** – Personenbezogene Schutzmittel (Isoliermatte, PRCD, Werkzeug ggf. Schutzanzug) – Absperren, ggf. Aufsichtsposten – Unterweisen aller anwesenden Personen – Schulung und Unterweisung zum Verhalten beim Anwenden der Prüfgeräte/Prüfverfahren – Unterweisung zum sicherheitsgerechten Verhalten beim Prüfen vierteljährlich/vor jedem Auftrag – Arbeitsmedizinische Vorsorgeuntersuchung **Verhalten:** – Abstimmen mit dem Anlagenverantwortlichen – konsequentes Anwenden der 5 Sicherheitsregeln – Kontrollen vor Beginn der Arbeit – sicherer Standort beim Prüfen – keine fremden Arbeitsmittel benutzen – eigene Arbeitsmittel pfleglich behandeln – Anwesenheit einer weiteren Person sichern, die ggf. Hilfe geben und/oder herbeiholen kann, oder Überwachungseinrichtungen einsetzen – Abbruch der Prüfung, wenn die Sicherheit nicht gewährleistet ist – Mitwirkung von Lehrlingen nur gemäß Betriebsanweisung

Bild 12.1
Beispiel einer betrieblichen Gefährdungsbeurteilung für das Prüfen [1.14]

Von den Verantwortlichen (→ Tabelle 12.1) sind darüber hinaus die Besonderheiten der jeweiligen Prüfaufgaben (Prüfspannung-, -umfang -verfahren) und der Prüforte (Werkstatt, Baustelle, Kundenwohnung) zu berücksichtigen (→ Kasten). Die Festlegungen müssen gegebenenfalls auch am Ort der Prüfung ergänzt bzw. aktualisiert werden. Im Zusammenhang mit der Gefährdungsbeurteilung sind ebenfalls festzulegen:

▷ die zum Abwehren der ermittelten Gefährdungen erforderlichen Arbeitsmittel, Arbeitsschutzmittel, Prüfgeräte usw.
▷ die innerbetrieblichen organisatorischen Maßnahmen für das Festlegen der Verantwortungen zum Arbeitsschutz beim Vorbereiten, Durchführen und Auswerten der Prüfungen sowie für das arbeitsschutzgerechte Verhalten der Mitarbeiter.

Mögliche Gefährdungen beim Messen

▷ Provisorische oder alte Messleitungen ohne ausreichenden Berührungsschutz
▷ Arbeiten an unter Spannung stehenden Erzeugnissen von einem hohen Standort aus
▷ Erschrecken durch eine Durchströmung infolge des Berührens der Teile mit Prüfspannung bei der Isolationswiderstandsmessung
▷ Verschleppen der Prüfspannung in andere Räume/Anlagenteile
▷ Durchführen von Messungen mit Netzspannung vor dem Nachweis der ordnungsgemäßen Schutzleiterverbindungen oder der Isolationswiderstandsmessung
▷ Spannungsverschleppung durch Nässe und Schmutz
▷ versehentliches Einschalten von Teilen, die sich mechanisch bewegen
▷ versehentliches Einschalten der Versorgungs-/Prüfspannung vor dem Anschluss des Prüflings
▷ Unterlassen der rechtzeitigen Unterweisung der Mitarbeiter/anderer Personen

12.2 Hinweise

H 12. 01 Notwendigkeit einer zweite Person beim Prüfen

Beim Arbeiten unter Spannung oder bei anderen als gefährlich erkannten Tätigkeiten/Situationen, die sich beim Messen ergeben können, muss immer gewährleistet sein, dass im Fall eines elektrischen Unfalls Erste Hilfe geleistet werden kann. Ob vom Arbeitsverantwortlichen aus diesem Grund ein Mitarbeiter mit der Aufgabe „Zweite Person" betraut wird oder die Erste Hilfe bzw. das Einleiten von Erster Hilfe durch eine ohnehin anwesende Person (Mitarbeiter des Auftraggebers, Familienmitglied) wahrgenommen werden kann, ist vom verantwortlichen Prüfer (Arbeitsverantwortlichen) zu entscheiden.

H 12.02 5 Sicherheitsregeln, Freischalten – „Arbeiten unter Spannung"

Ob beim Messen freigeschaltet werden kann oder ob die Spannung zum Erfüllen der Arbeitsaufgabe nötig ist, muss durch den verantwortlichen Prüfer auf der Grundlage betrieblicher Vorgaben (Arbeitsanweisung) für jedes Prüfverfahren bzw. in jedem Einzelfall, unter Beachtung der möglichen Gefährdung, festgelegt werden. Dabei gilt:

Es ist in der Regel kein **„Arbeiten unter Spannung"**, wenn

- ▷ normgerechte Prüfgeräte/Messspitzen/Messleitungen usw. an Buchsen von Steckdosen (Berührungsschutz IP 2X) herangeführt werden und
- ▷ Taster, Schaltelemente usw. an Betriebsmitteln betätigt werden, wenn der Fingerschutz gesichert ist.

Als **„Arbeiten unter Spannung"** ist jedoch anzusehen:

- ▷ die Fehlersuche in einer Steuerung, einem Schaltkasten, einem Gerät oder das Abklemmen von Leitungsadern nach dem Abnehmen der Abdeckung (IP 00), wenn keine Freischaltung im vorgeordneten Verteiler erfolgte, und
- ▷ das Messen, wenn dabei die Messmittel an Klemmen, Betriebsmitteln usw. nach dem Abnehmen der Abdeckung (z. B. der Verteiler, IP 00) herangeführt werden oder diese; z. B. beim berührungslosen Messen von Temperaturen, versehentlich berührt werden können.

H 12.03 Verwendung selbst hergestellter oder geliehener Prüfgeräte

Bei Prüfgeräten, die von einem bekannten Hersteller bezogen wurden und das GS-Zeichen aufweisen, können eine ordnungsgemäße, sichere Gestaltung und Arbeitsweise vorausgesetzt werden. Sie sind, wie im Kapitel 10 beschrieben, der regelmäßigen Prüfung zuzuführen und dann mit einem aktuellen Prüfnachweis (→ Prüfmarke, Bild 11.3) zu versehen.

Werden ein Prüfgerät oder ein Prüfhilfsmittel selbst hergestellt, so muss der Nachweis einer sicheren und normgerechten Gestaltung [2.8] [3.5] (→ A 7.7) selbst erbracht werden. Die für das Prüfen verantwortliche Elektrofachkraft muss die Vorgaben für das Prüfen dieses Geräts erarbeiten, den positiven Ausgang der Prüfung bestätigen und den Prüfturnus festlegen. Wird ein solches Gerät für den Eigenbedarf anderen betriebsfremden Personen geliehen, verkauft, geschenkt, so ist das ein „In-den-Verkehrbringen" [1.2]. In diesem Fall ist die Prozedur zur Beantragung/Zuerkennung einer CE-Kennzeichnung erforderlich.

Es dürfen **keine provisorischen Prüfgeräte** oder Messleitungen angefertigt/verwendet werden. Das ist eine leider noch vielfach übliche, gedankenlose und leichtsinnige Handlungsweise, die unverständlicherweise oftmals auch von der verantwortlichen Elektrofachkraft toleriert wird.

Fremde Prüfmittel sollten nur ausgeliehen und eingesetzt werden, wenn

- ▷ dazu die Genehmigung des Arbeitsverantwortlichen vorliegt,
- ▷ bei der Übernahme eine Besichtigung auf offensichtliche Mängel vorgenommen wird,
- ▷ das betreffende Prüfmittel eine aktuelle Prüfkennzeichnung aufweist und
- ▷ die ordnungsgemäße Funktion durch eine Prüfung/Messung kontrolliert wurde.

Anhang

Anhang 1 Begriffe (Fachausdrücke undihre Definitionen)

Ergänzend zu den folgenden allgemein gültigen Fachausdrücken werden weitere spezielle Fachausdrücke in den jeweiligen Kapiteln und Abschnitten dieses Buches aufgeführt und definiert.

Fachausdruck	**Definition**
Anerkannter Sachverständiger/ Sachkundiger	Sachverständiger, der amtlich (oder durch eine Institution) anerkannt wurde
Anlagen-verantwortlicher	Person, der unmittelbare Verantwortung für den Betrieb der elektrischen Anlage übertragen wurde. Hierzu gehören auch die Belange – der Instandhaltung und des erforderlichen Prüfens dieser Anlage sowie – des Arbeitsschutzes und damit das Einweisen und die Aufsicht über alle Personen (auch anderer Gewerke, z. B. des prüfenden Elektrofachbetriebs), die an oder im Bereich dieser Anlage arbeiten.
Anpassung	Verändern einer bestehenden Anlage oder eines ihrer Teile derart, dass deren Gebrauchsfähigkeit und/oder Elektrosicherheit den für neu zu errichtende Anlagen geltenden aktuellen Vorgaben entsprechen
Arbeitsschutz	Summe der rechtlichen, organisatorischen, medizinischen und technischen Maßnahmen, die zum Schutz der körperlichen und geistigen Unversehrtheit und der Persönlichkeitsrechte der Arbeitnehmer bei der Arbeit getroffen werden müssen. Die Maßnahmen des Arbeitsschutzes führen zu Sicherheit und Gesundheitsschutz am Arbeitsplatz.
Arbeits-verantwortlicher	Person, der die unmittelbare Verantwortung für das Durchführen der Arbeit übertragen wurde. Hierzu gehören auch – alle mit dieser Arbeit verbundenen Prüfschritte und – die Belange des Arbeitsschutzes und damit das Einweisen und die Aufsicht über andere Gewerke und/oder Personen, die an oder im Bereich dieser Anlage arbeiten.
Befähigte Person (für das Prüfen)	Person die durch ihre Berufsausbildung, ihre Berufserfahrungen und ihre in der letzten Zeit ausgeübte berufliche Tätigkeit über die erforderlichen Fachkenntnisse zum Prüfen/Messen an elektrischer Anlagen und/oder Betriebsmitteln (ihres Verantwortungsbereichs) verfügt. (siehe Elektrofachkraft)

Fachausdruck	Definition
Bestandsschutz	Eigenschaft einer Anlage, – die nach den zum Zeitpunkt ihrer Errichtung geltenden technischen Regeln (z. B. DIN-VDE-Normen) errichtet wurde und – für die in keiner aktuellen technischen Regel und durch keine der dazu berechtigten Institutionen eine Forderung nach einer Anpassung an die aktuellen technischen Regeln erhoben wurde und – die nach dem Urteil einer Elektrofachkraft (Ergebnis der Wiederholungsprüfung) so beschaffen ist, dass keine Gefährdung für Personen, Nutztiere oder Sachwerte besteht und somit keine Anpassung erfolgen muss *(Es gibt keine offizielle und allgemein gültige Definition für den Bestandsschutz elektrische Erzeugnisse)* (s. Anpassung)
Bestimmungsgemäße(r) Verwendung (Gebrauch)	Anwendung unter solchen Bedingungen, die den Nenn-(Bemessungs-)werten entsprechen, – für die das Betriebsmittel/die Anlage nach den Angaben des Herstellers/Importeurs geeignet ist oder – die sich aus deren Bauart und Ausführung üblicherweise ergeben. *(Hierzu zählen auch Bedienung, Wartung, Befestigung, Einsatzort usw. sowie das voraussehbare Fehlverhalten der Anwender.)*
Digit	Zeichen zur Darstellung von Zahlenwerten *(Bit: Binary Digit; kleinste (vom PC) darstellbare Informationseinheit)*
Elektrofachkraft, Elektro-Fachmann/ Fachfrau (für das Prüfen)	Person, die die fachliche Qualifikation für das Errichten, Ändern und Instandsetzen elektrischer Anlagen und Betriebsmittel sowie ausreichende Erfahrungen und Kenntnisse über das Prüfen von Anlagen und Betriebsmitteln besitzt, die ihr übertragenen Arbeiten sowie die dabei erforderlichen Maßnahmen des Arbeitsschutzes beurteilen und die möglichen Gefahren erkennen kann. *(Sie muss z. B. die Vorgaben der Prüfnormen den Besonderheiten der zu prüfenden Erzeugnisse entsprechend interpretieren und anwenden können.)*
Elektrofachkraft für festgelegte Tätigkeiten (des Prüfens)	Person, die aufgrund ihrer fachlichen Ausbildung in Theorie und Praxis, ihrer Kenntnisse und Erfahrungen sowie ihrer Kenntnis der zu beachtenden Bestimmungen die ihr übertragenen festgelegten Arbeiten beurteilen und mögliche Gefahren erkennen kann *(Werden ihr Prüfarbeiten übertragen, muss sie befähigt sein (s. befähigte Person), bei den ihr vorgestellten elektrischen Betriebsmitteln* *– die Art (Schutzklasse) und die angewandte Schutzmaßnahme,* *– den Zustand und typische Fehler durch Besichtigen sowie* *– die technische Bedeutung der Aussagen des Prüfgeräts zu erkennen und* *– die Funktion der ihr zugeordneten Prüfgeräte durch Erproben zu beurteilen.* *Sie muss die Vorgaben der Gesetze und Normen, deren rechtliche und technische Bedeutung sowie deren Zusammenhang mit den ihr übertragenen Prüfaufgaben und angewandten Prüfverfahren kennen.)*

Fachausdruck	Definition
Elektrofachkraft, verantwortliche (für das Prüfen)	Elektrofachkraft, der vom Unternehmer/Vorgesetzten die Leitung und Aufsicht (Verantwortung, Fachverantwortung) für ein bestimmtes, abgegrenztes Aufgaben- oder Arbeitsgebiet übertragen wurde *(Fällt in ihren Verantwortungsbereich das Vorbereiten und/oder Durchführen von Prüfungen, so muss sie in der Lage sein, Prüfprozesse zu organisieren und Prüfverfahren/Prüfplätze zu entwickeln/errichten.)*
Elektrotechnisch unterwiesene Person (für das Prüfen)	Person, die durch eine Elektrofachkraft über die ihr übertragenen Aufgaben und die bei unsachgemäßem Verhalten möglichen Gefahren unterrichtet bzw. angelernt sowie über die notwendigen Schutzeinrichtungen und Schutzmaßnahmen belehrt wurde *(Werden ihr Prüfarbeiten übertragen, muss sie befähigt sein, bei den ihr vorgestellten elektrischen Betriebsmitteln – deren Zuordnungen zu den ihr vorgegebenen Prüfabläufen sowie – den Zustand sowie typische ihr genannte Fehler durch Besichtigen zu erkennen und die Funktion der ihr zugeordneten Prüfgeräte durch das Anwenden ihr vorgegebener Kriterien beurteilen zu können. Sie muss wissen, dass den ihr übertragenen Aufgaben Vorgaben aus Gesetzen und Normen zugrunde liegen und welche grundsätzliche rechtliche und technische Bedeutung diese haben.)*
Gefahr	Sachlage, die bei ungehindertem Ablauf mit hoher Wahrscheinlichkeit zu einem Schaden oder anderen, z. B. gesundheitlichen Beeinträchtigungen führt
Gefährdung	Möglichkeit eines Schadens oder einer anderen, z. B. gesundheitlichen Beeinträchtigung
Inbetriebnahme	erste bestimmungsgemäße Anwendung eines Geräts/Systems nach dem Inverkehrbringen, nach einer Änderung oder einer Instandsetzung
Inspektion	Gesamtheit aller Maßnahmen zur Feststellung und Beurteilung des Istzustands
Instandhaltung	Kombination von technischen und organisatorischen Maßnahmen, einschließlich der Überwachung, mit denen eine Anlage/Betriebsmittel im funktionsfähigen Zustand erhalten oder in ihn zurückversetzt werden soll *(Hierzu gehören auch die Wiederholungs- oder andere vom Betreiber nach der ersten Inbetriebnahme veranlasste Prüfungen.)*
Instandsetzung	Maßnahmen zur Wiederherstellung des festgelegten Sollzustands
In-Verkehr-Bringen	Überlassen (Übergabe, Verkauf, Verleih u. ä.) eines Produktes an einen anderen, unabhängig davon, ob es neu ist oder bereits gebraucht bzw. ob es geändert oder instand gesetzt wurde.
Normgerechter Zustand	Übereinstimmung mit den aktuellen Vorgaben der Normen (bei Anlagen mit Bestandsschutz aber Übereinstimmung mit den zum Zeitpunkt des Errichtens geltenden Normen)

Fachausdruck	Definition
Ordnungsgemäßer Zustand	normgerechter Zustand, frei von Schäden, Ausführung entsprechend den Grundsätzen handwerklicher Qualität
Sachkundiger, Sachverständiger (für das Prüfen)	siehe Elektrofachkraft
Sicherheit	Zustand bzw. Eigenschaft einer elektrischen Anlage oder eines elektrischen Betriebsmittels, wenn es den geltenden Normen und den gegebenenfalls darüber hinaus geltenden Vorgaben entspricht, sodass die Auswirkungen der Elektrizität auf ungefährliche Werte begrenzt sind *(Die in den Normen enthaltenen Festlegungen sind die Mindestanforderungen an die Sicherheit. Für bestimmte Bereiche können durch dazu berechtigte Gremien weitere Festlegungen getroffen und somit für die erforderliche Sicherheit ein höheres Niveau festgelegt werden.)*

Anhang 2 Zu messende Größen, Maßeinheiten, Vorsätze

Größen und Maßeinheiten

Größe	Einheit	Benennung	Zeichen	Zusammenhang
Länge	l	Meter	m	SI-Basisgrößen
Zeit	t	Sekunde	s	
Masse	m	Kilogramm	kg	
Temperatur	T	Kelvin	K	
Lichtstärke	I_v	Candela	cd	
Stoffmenge	n	Mol	mol	
Elektr. Stromstärke	I	Ampere	A	
Elektrische Größen				
Spannung	U	Volt	V	
Widerstand	R	Ohm	Ω	$1\ \Omega = 1\ V/A = 1\ m^2 \cdot kg \cdot s^{-3} \cdot A^{-2}$
Leistung	P	Watt	W	$1\ W = A^2 \cdot \Omega = 1\ m^2 \cdot kg \cdot s^{-3}$
Elektr. Feldstärke	E	Volt pro Meter	V/m	$1\ V/m = 1\ m \cdot kg \cdot s^{-3} \cdot A^{-1}$
Magn. Feldstärke	H	Ampere pro Meter	A/m	$1\ A/m = 1\ A \cdot m^{-1}$

Größen und Maßeinheiten (Fortsetzung)

Größe	Einheit	Benennung	Zeichen	Zusammenhang
Kapazität	C	Farad	F	$1\ \text{F} = 1\ \text{m}^{-2} \cdot \text{kg}^{-1} \cdot \text{s}^4 \cdot \text{A}^2$
Induktivität	L	Henry	H	$1\ \text{H} = 1\ \text{m}^2 \cdot \text{kg} \cdot \text{s}^{-2} \cdot \text{A}^{-2}$
Beleuchtungsstärke (sr Raumwinkel)	E_v	Lux	lx	$1\ \text{lx} = 1\ \text{m}^{-2} \cdot \text{cd} \cdot \text{sr}$
Sonstige Größen				
Arbeit, Energie	A, E	Joule	J	$1\ \text{J} = 1\text{N} \cdot \text{m} = 1\ \text{m}^2 \cdot \text{kg} \cdot \text{s}^{-2}$
Druck (technische Atmosphäre)	p	Bar Atmosphäre*	bar atü	$1\ \text{bar} = 10^{-5}\ \text{Pa}$ $1\ \text{atü} = 0{,}98 \cdot 10^{-5}\ \text{Pa} = 1\ \text{kp} \cdot \text{cm}^{-2}$
Frequenz	f	Hertz	Hz	$1\ \text{Hz} = 1/\text{min} = 1/60\ \text{s}^{-1}$
Kraft	F	Newton Pond*	N p	$1\ \text{N} = 1\ \text{m} \cdot \text{kg} \cdot \text{s}^{-2}$ $1\ \text{p} = 0{,}98\ 10^{-2}\ \text{N}$
Leistung	P	Pferdestärke*	PS	1 PS = 735,5 W
Wärmemenge	Q	Joule Kalorie*	J cal	$1\ \text{J} = 1\ \text{W} \cdot \text{s} = 1\ \text{N} \cdot \text{m} = 1\ \text{m}^2 \cdot \text{kg} \cdot \text{s}^{-2}$ 1 cal = 4,1868 J

* ungültige Einheiten

Vorsätze der Maßeinheiten

Vorsatz	Zeichen	Faktor	Vorsatz	Zeichen	Faktor
Exa	E	10^{18}	(Maßeinheit)		1
Peta	P	10^{15}	Dezi	d	10^{-1}
Tera	T	10^{12}	Zenti	c	10^{-2}
Giga	G	10^{9}	Milli	m	10^{-3}
Mega	M	10^{6}	Mikro	µ	10^{-6}
Kilo	k	10^{3}	Nano	n	10^{-9}
Hekto	h	10^{2}	Piko	p	10^{-12}
Deka	da	10	Femto	f	10^{-15}
			Atto	a	10^{-18}

Fremde und historische Maßeinheiten

Einheit	Zeichen	Umrechnung
Ar	a	100 m^2
amphore		26,26 Liter
Elle		0,45 m; 0,495 m; 0,524 m
Fuß	′	0,3048 m
gallon	gal	$0{,}378 \cdot 10^{-2}$ m^3
Hand		¾ Fuß = 16 Finger = 0,229 m
Hefnerkerze	Hf	0,903 Candela
Hektar	ha = 100 a	10000 m^2
Karat	k	0,2 g
Knoten	kn	1 sm/h = 0,514 m/s
Liter	l	10^{-3} m^3
Meile (Seemeile, nautische Meile)	sm, ns	1,852 km
Paar, Dutzend, Mandel, Schock, Gros		2, 12, 15, 60, 144 Stück
Pfund	Pf	500 g, (pound 453 g)
Unze	oz	28,34 g (apoth. 31,1 g)
Yard	yd	0,9144 m
Zoll	″	0,0254 m

Anhang 3 Hersteller von Prüfgeräten und Prüfhilfsmitteln

Name, Firmen-bezeichnung		Adresse	Informationen zu erhalten unter Telefon	Internet	E-Mail	Bemer-kungen
Amprobe	Amprobe Europe GmbH	Lürriper Str. 62 D-41065 - Mönchengladbach	02161/59906-0	www.amprobe.de	info@amprobe.de	VDE-Mess- und Prüf-geräte
BEHA	Ch. Beha GmbH	In den Engematten 14 D 79289 Glottertal	7684/8009-0	www.beha.com	info@beha.de	VDE-Mess- und Prüf-geräte
Bender	Dipl. Ing W. Bender GmbH & Co. KG	Londorfer Str. 65 D 35305 Grünberg	06401807-0	www. bender-de.com	info@bender-de.com	Isolations- und Differenz-stromüber-wachungs-geräte Prüfgeräte
BGFE	Berufsge-nossenschaft der Fein-mechanik und Elektrotechnik	Gustav Heine-mann Ufer 130 D 50968 Köln	0221/342503	www.bgfe.de	hv@bgfe.de	Unfallver-hütungs-vorschriften
	Carl Heyne-manns-Verlag KG	Luxemburger Str. 449 50939 Köln	0221/94373-0	www. heynemanns.com	verkauf@ heymanns.com	Unfallver-hütungs-vorschriften
BENNING	BENNING Elektrotechnik und Elekronik GmbH & Co KG	Münsterstr. 135–137 D 46397 Bocholt	02871/ 93 420	www.benning.de	duspol@benning.de	Prüfgeräte für Installa-tionstechnik
brewes	brewes Sieb-druck, Schilder-fabrikation	Lindenallee 1–2 02829 Markers-dorf	035829/628-11	www.brewes.com	brewes@t-online.de	Prüfmarken, Kennzeich-nungen
Chauvin Arnoux	Chauvin Arnoux GmbH	Straßburger Str. 34, D-77694 Kehl/ Rhein	07851 9926-0	www. chauvin-arnoux.de	info@ chauvin-arnoux.de	VDE-Mess- und Prüf-geräte
DEHN+ SÖHNE	Dehn + Söhne	Hans-Dehn-Str. 1, D-92318 Neumarkt/OPF	09181/906-0	www.dehn.de	info@dehn.de	Überspan-nungs- und Blitzschutz Ableiterprüf-geräte
Gossen-Metra-watt	Gossen Metrawatt GmbH	Thomas-Mann-Str.20, D-90471 Nürnberg	0911/8602-0	www.gossen-metrawatt.de	info@gmc-instruments.com	VDE-Prüf-geräte für Geräte- und Anlagen-prüfung

Name, Firmen - bezeichnung		Adresse	Informationen zu erhalten unter Telefon	Internet	E-Mail	Bemer- kungen
Haag	Haag Elektro- nische Mess- geräte GmbH	Emil Hum Str. 18–20 65620 Waldbrunn	06436/4035	www. haag-messgeraete.de	info@ haag-messgeräte.com	Elektro- nische Mess- geräte Netzanalyse- geräte
hjs-elektronic		H.J. Suck Funkschneise 5–7 28309 Bremen	0421/413323	www. hjs-elektronik.com	hjsuck@ hjs-elektronik.com	elektrische Messgeräte
Kopp	Heinrich Kopp GmbH	Alzenauer Str. 68 63796 Kahl	06188/40-0	www.heinrich- kopp.de	vertrieb@heinrich- kopp.de	ortsveränder- liche FI- Schutz- schalter
LEM Instruments		Marienberg- str. 80, D-90411 Nürnberg	0911/95575-0	www.lem.com	info@LEM.com	VDE-Mess- und Prüf- geräte
Müller- Ziegler	Müller-Ziegler Fabrik elek- trischer Mess- geräte	Industriestr. 23 D 91710 Gunzen- hausen	09831/5004-0	www.mueller- ziegler.de	mueller-ziegler@ t-online.de	VDE-Mess- und Prüf- geräte
HCK Electronic GmbH		Stauderstr. 83–85 45326 Essen	0201/21763-0	www.hck- electronic.de	info@hck- electronic.de	Hochspan- nungs-, Isolations-, Schutz- leiter-, Isolieröl- prüfgeräte
Neutec	Neutec- Elektronic GmbH	Aidenbachstr. 144a, D 81479 München	089/785811- 80/81	www. neutec.elektronic	neutec.elektronic@ t-online.de	elektrische Messgeräte
Pflaum Verlag		Lazarettstr. 4 80636 München	089/12607-0	www.pflaum.de	kundenservice@ pflaum.de	Prüfdoku- mentation, -protokolle, Fachbücher
VDE VERLAG Berlin		Bismarckstr. 33, 10625 Berlin	030/348001-52	www.vde-verlag.de		DIN-VDE- Normen, Fachbücher
Verband der Ver- sicherungswirtschaft		Amsterdamer Str. 174 50735 Köln	0221/7766-122 0227766-66 -108 Bestellfax	www.vds.de		Regeln, Vorschriften

Literaturverzeichnis

Gesetze, Verordnungen, Richtlinien

[1.1] Betriebssicherheitsverordnung (BetrSichV)
[1.2] Geräte- und Produktsicherheitsgesetz (GPSG)
[1.3] Landesbauordnungen, Landesverordnungen zum Blitzschutz, für besondere Bauten usw.
[1.4] Medizinproduktegesetz (MPG)
[1.5] Medizinprodukte-Betreiberverordnung (MedBetreibV)
[1.6] Richtlinien der Europäischen Union (Niederspannungs-, EMV-, Maschinenrichtlinie)
[1.7] VdS-Richtlinien vom Gesamtverband der Deutschen Versicherungswirtschaft (GDV) Köln zum Brandschutz, Blitzschutz und zu elektrischen Einrichtungen
[1.8] Muster-Richtlinie über brandschutztechnische Forderungen an Leitungsanlagen (zu beachten sind auch die Landes-Richtlinien)
[1.9] Unfallverhütungsvorschrift „Elektrische Anlagen und Betriebsmittel" mit Durchführungsanweisungen (BGV A3). Carl Heymanns Verlag, Köln
[1.10] Technische Anschlussbedingungen für den Anschluss an das Niederspannungsnetz (TAB 2000). VWEW Energie-Verlag Frankfurt/M.
[1.11] Verordnung über allgemeine Bedingungen für die Elektrizitätsversorgung von Tarifkunden (AVBEltV)
[1.12] Technische Richtlinien für Erdungen in Starkstromnetzen. VWEW Energie-Verlag Frankfurt/M.
[1.13] Bürgerliches Gesetzbuch (BGB)
[1.14] Arbeitsschutzgesetz (ArbSchG)
[1.15] EMV-Gesetz

Normen zum Errichten/Herstellen

Eine komplette aktuelle Aufstellung der Normen mit ihren vollständigen Titeln ist auf einer vom VDE VERLAG kostenlos zu beziehenden „VDE-Katalog-CD-ROM" aufgeführt (→ Adresse im Anhang 3).
Nutzer des „VDE-Vorschriftenwerks auf CD-ROM" (ab Mai 2005 auch auf DVD) haben diese aktuelle Übersicht mit dieser CD-ROM bzw. DVD bereits verfügbar.
Die aktuellen Listen sind auch im Internet unter http://www.vde-verlag.de/normen/auswahlen.html abrufbar. Zusätzliche Informationen finden sich auf www.dke.de.

[2.1] VDE 1000 Teil 10 Anforderungen an die im Bereich der Elektrotechnik tätigen Personen
[2.2] DIN VDE 0100 Errichten von Niederspannungsanlagen mit Spannungen bis 1000 V in Gebäuden

[2.3] – Teil 200 Begriffe
[2.4] – Teil 300 Allgemeine Bestimmungen
[2.5] – Teile 410 bis 481 Schutzmaßnahmen (→ A 4.1)
[2.6] – Auswahl und Errichtung elektrischer Betriebsmittel: Teil 510 Allgemein, Teil 520 Leitungen, Teile 530/537 Schalt- und Steuergeräte, Teil 534 Überspannungsschutzgeräte, Teil 540 Erdung u. Schutzleiter, Teil 550 Steckvorrichtungen u. a. m.
[2.7] – Besondere Betriebsstätten, Räume und Anlagen besonderer Art: Teile 701 bis 739
[2.8] DIN EN 50191; VDE 0104 Errichten und Betreiben elektrischer Prüfanlagen
[2.9] DIN EN 60990; VDE 0106 Teil 102 Verfahren zur Messung von Berührungs- und Schutzleiterstrom
[2.11] DIN VDE 0108 Starkstromanlagen und Sicherheitsstromversorgung in baulichen Anlagen für Menschenansammlungen
Teil 1 Allgemeines, Teil 2 Versammlungsstätten bis Teil 8 fliegende Bauten
[2.12] DIN EN 60204; VDE 0113 Elektrische Ausrüstungen von Maschinen – Allgemeine Anforderungen
[2.13] DIN EN 61140, VDE 0140 Teil 1 Schutz gegen elektrischen Schlag, gemeinsame Anforderungen für Anlagen und Betriebsmittel
[2.14] DIN VDE V 0140 Teil 479:Wirkung des elektrischen Stroms auf Menschen und Nutztiere
[2.15] DIN V EN 50178, VDE 0160 Ausrüstung von Starkstromanlagen mit elektronischen Betriebsmitteln
[2.16] DIN V VDE V 0185 Blitzschutz (Vornorm)
Teil 1 Allgemeine Grundsätze, Teil 2 Risikomanagement, Teil 3 Schutz von baulichen Anlagen und Personen, Teil 4 Elektrische und elektronische Systeme in baulichen Anlagen
[2.17] DIN EN 60947 VDE 0660 NS-Schaltgerätekombinationen
[2.18] DIN EN 61008/9 VDE 0664 Teil 10 Fehlerstrom-/Differenzstrom-Schutzschalter und weitere Teile
[2.20] DIN EN 60335 VDE 0700 Sicherheit elektrischer Geräte für den Hausgebrauch
[2.21] DIN EN 60601-1 VDE 0750 Teil 1 Medizinische elektrische Geräte, Allgemeine Festlegungen für die Sicherheit
[2.22] DIN VDE 0800 Fernmeldetechnik, Anforderungen und Prüfungen
[2.23] DIN EN 60950 VDE 0805 Sicherheit von Einrichtungen der Informationstechnik, einschließlich von Büromaschinen

Normen mit Vorgaben zum Prüfen bei der Erst- und/oder Wiederholungsprüfung

[3.1] DIN VDE 0100-610 Errichten von Niederspannungsanlagen Teil 6-61: Prüfung, Erstprüfung

[3.2] DIN VDE 0105 Teil 100 Betrieb von elektrischen Anlagen

[3.3] DIN VDE 0403 Durchgangsprüfgeräte

[3.4] DIN VDE 0404 Teil 1 und Teil 2 Prüf- und Messeinrichtungen zum Prüfen der elektrischen Sicherheit von elektrischen Geräten

[3.5] DIN EN 61010-1 VDE 0411 Teil 1 Sicherheitsbestimmungen für elektrische , Mess-, Steuer-, Regel- und Laborgeräte, Allgemeine Anforderungen

[3.6] DIN EN 61010-31 VDE 0411 Teil 31 Sicherheitsbestimmungen für handgeführtes Messzubehör zum Messen und Prüfen

[3.7] DIN EN 61557 VDE 0413 Teile 1 bis 12 Messgeräte zum Prüfen, Messen oder Überwachen von Schutzmaßnahmen

[3.8] DIN V VDE V 0185 Blitzschutz (Vornorm)
Teil 1 Allgemeine Grundsätze, Teil 2 Risikomanagement, Teil 3 Schutz von baulichen Anlagen und Personen, Teil 4 Elektrische und elektronische Systeme in baulichen Anlagen

[3.9] DIN VDE 0702 Wiederholungsprüfungen an elektrischen Geräten

[3.10] DIN VDE 0701 Instandsetzung, Änderung und Prüfung elektrischer Geräte

[3.11] DIN VDE 0751 Teil 1 Wiederholungsprüfungen und Prüfungen vor der Inbetriebnahme von medizinischen elektrischen Geräten und Systemen

[3.12] DIN EN 60051 Direkt wirkende, anzeigende elektrische Messgeräte und ihr Zubehör; Messgeräte mit Skalenanzeige

Fachliteratur zum Messen und Prüfen

[4.1] *Altmann, Jühling, Kieback, Zürneck:* Elektrounfälle in Deutschland. Bundesanstalt für Arbeitsschutz und Arbeitsmedizin

[4.2] *Berndt:* Elektrostatik; Band 71 der VDE-Schriftenreihe. VDE VERLAG, Berlin/Offenbach

[4.3] *Biegelmeier* u. a: Schutz in elektrischen Anlagen Band 1: Gefahren durch den elektrischen Strom; Band 80 der VDE-Schriftenreihe. VDE VERLAG, Berlin/Offenbach

[4.4] *Bödeker, Kindermann:* Erstprüfung elektrischer Gebäudeinstallationen; Reihe Elektropraktiker-Bibliothek. Verlag Technik, Berlin

[4.5] *Bödeker, Kindermann, Matz:* Wiederholungsprüfung nach DIN VDE 0105; Elektrische Gebäudeinstallationen und ihre Betriebsmittel. Hüthig & Pflaum Verlag, München/Heidelberg

[4.7] *Bödeker* u. a.: Prüfen elektrischer Geräte in der betrieblichen Praxis; Band 62 der VDE Schriftenreihe. VDE VERLAG, Berlin/Offenbach

[4.8] *Bödeker:* Der Prüfplatz in der Elektrowerkstatt; Reihe Elektropraktiker-Bibliothek. Berlin, Verlag Technik

[4.9] *Böttke, Boy, Clausing:* Elektrische Mess- und Regeltechnik. Würzburg, Vogel-Verlag

[4.10] *Egyptien:* Leitlinien zum Arbeitsschutzgesetz und zur Betriebssicherheitsverordnung. Elektropraktiker 57 (2003) Heft 10

[4.11] *Hotopp* u. a.: Schutzmaßnahmen gegen elektrischen Schlag; Band 9 der VDE Schriftenreihe. VDE VERLAG, Berlin/Offenbach

[4.12] *Hochbaum:* Schadenverhütung in elektrischen Anlagen; Band 85 der VDE Schriftenreihe. VDE VERLAG, Berlin/Offenbach

[4.13] *Hochbaum, Hof:* Kabel- und Leitungsanlagen; Band 68 der VDE Schriftenreihe. VDE VERLAG, Berlin/Offenbach

[4.14] *Hofheinz:* Schutztechnik mit Isolationsüberwachung; Band 114 der VDE Schriftenreihe. VDE VERLAG, Berlin/Offenbach

[4.15] *Hofheinz:* Wirkungsweise von Schutzmaßnahmen in IT-Systemen. ETZ Heft 23-24/2000

[4.16] *Kammler, Nienhaus, Vogt:* Prüfungen vor Inbetriebnahme von Niederspannungsanlagen; Band 63 der VDE Schriftenreihe. VDE VERLAG, Berlin/Offenbach

[4.17] Komitee 224 der DKE. Betrieb von elektrischen Anlagen; Band 13 der VDE Schriftenreihe. VDE VERLAG, Berlin/Offenbach

[4.18] *Kopecky:* EMV, Blitz- und Überspannungsschutz von A bis Z. Hüthig & Pflaum Verlag, München/Heidelberg

[4.21] *Lienenklaus:* Elektrischer Explosionsschutz nach DIN VDE 0165; Band 65 der VDE Schriftenreihe. VDE VERLAG, Berlin/Offenbach

[4.22] *Meuser:* Elektrische Sicherheit und elektromagnetische Verträglichkeit; Band 58 der VDE Schriftenreihe. VDE VERLAG, Berlin/Offenbach

[4.23] *Möller* u.a.: Starkstromanlagen in Krankenhäusern und in anderen medizinischen Einrichtungen; Band 17 der VDE-Schriftenreihe. VDE VERLAG, Berlin/Offenbach

[4.24] *Müller, C.:* Vorsicht Falle! Fehler beim Messen vermeiden. de 13 bis 24/2001 und 2002

[4.25] *Müller, R.:* Lexikon Elektrotechnik. Verlag Technik, Berlin

[4.26] *Nienhaus,* Thaele: Halogenbeleuchtungsanlagen mit Kleinspannung; Band 75 der VDE Schriftenreihe. VDE VERLAG, Berlin/Offenbach

[4.27] *Rosenberg, Henning:* Prüfung nach VBG 4; Band 43 der VDE-Schriftenreihe. VDE VERLAG, Berlin/Offenbach

[4.28] *Rudolph:* Einführung in DIN VDE 0100 Elektrische Anlagen von Gebäuden, Band 39 der VDE Schriftenreihe. VDE VERLAG, Berlin/Offenbach

[4.29] *Rudolph, Winter:* EMV nach VDE 0100; Band 66 der VDE-Schriftenreihe. VDE VERLAG, Berlin/Offenbach

[4.31] *Rudolph:* EMV-Fibel für Elektroinstallateure und Planer; Band 55 der VDE Schriftenreihe. VDE VERLAG, Berlin/Offenbach

[4.32] *Sandner:* Netzgekoppelte Photovoltaikanlagen. Hüthig & Pflaum Verlag, München/Heidelberg

[4.33] *Sattler:* Leuchten; Band 12 der VDE Schriftenreihe. VDE VERLAG, Berlin/Offenbach

[4.34] *Schmolke:* Brandschutz in elektrischen Anlagen. Hüthig & Pflaum Verlag, München/
Heidelberg

[4.35] *Schmidt:* Brandschutz in der Elektroinstallation; Reihe Elektropraktiker-Bibliothek. Verlag Technik, Berlin

[4.36] *Slischka:* Elektroanlagen für die ambulante Medizin; Reihe Elektropraktiker-Bibliothek. Verlag Technik, Berlin

[4.37] *Vogt:* Elektroinstallation in Wohngebäuden; Band 45 der VDE Schriftenreihe. VDE VERLAG, Berlin/Offenbach

[4.39] *Vogt:* Potentialausgleich, Fundamenterder, Korrosionsgefährdung; Band 35 der VDE Schriftenreihe. VDE VERLAG, Berlin/Offenbach

[4.41] *Urbanitzky:* Die Elektrizität im Dienste der Menschheit. A. Hartleben's Verlag, Wien/Pest/Leipzig 1885

[4.42] *Winkler* u. a.: Sicherheitstechnische Prüfungen von Anlagen mit Nennspannungen bis 1000 V; Band 47 der VDE Schriftenreihe. VDE VERLAG, Berlin/Offenbach

[4.43] *Sacklowski, Drath:* Einheitenlexikon, Entstehen, Anwendung, Erläuterung von Gesetz und Normen. Beuth Verlag, Berlin

Sachregister